仿生雾水收集工程材料

Biomimetic Engineering Materials for Fog Harvesting

郭志光　刘维民　著

科学出版社

北　京

内 容 简 介

近年来，淡水资源短缺已成为世界性问题。自 1976 年科学家们发现纳米布沙漠中的昆虫可以从雾中获取水分开始，雾水收集也逐渐成为研究者们关注的热点。本书作者从自然中获得灵感，从仿生角度出发，开发出了多种雾水收集工程材料。本书首先分析了目前全球水资源的分布现状，表明了雾水收集及开发雾水收集工程材料的必要性；接着列举了仿生雾水收集的自然原型，详细介绍了自然界中生物原型的雾水收集策略，阐述了雾水收集的基本理论，并提出了关于吸附机制的大气水收集理论模型，同时讲解了两类雾水收集体系，介绍了在非相变仿生雾水收集工程中常用到的收集基底材料的关键特性；最后围绕雾水收集的潜在应用展开论述，科学评估雾水收集应用的可行性，展望了现在乃至未来雾水收集的应用前景。

本书可供能源领域科研工作者、学生以及工程技术人员参考使用。

图书在版编目（CIP）数据

仿生雾水收集工程材料 / 郭志光，刘维民著. -- 北京 ：科学出版社，2024. 9. -- ISBN 978-7-03-078687-6

I. TV213.4

中国国家版本馆 CIP 数据核字第 2024VC9246 号

责任编辑：周　涵　孔晓慧 / 责任校对：彭珍珍

责任印制：赵　博 / 封面设计：无极书装

科学出版社 出版

北京东黄城根北街 16 号

邮政编码：100717

http://www.sciencep.com

涿州市般润文化传播有限公司印刷

科学出版社发行　各地新华书店经销

*

2024 年 9 月第　一　版　开本：720×1000　1/16

2025 年 1 月第二次印刷　印张：23 1/4

字数：465 000

定价：198.00 元

（如有印装质量问题，我社负责调换）

前　言

在过去的一个世纪里，全球变暖极大地影响了许多地区的水资源分配以及全球和区域水文气候变化周期，使得降雨量的变化具有很大的不确定性，也使得水供应需求愈发增长，然而水的可供应量却在减少。地球上的许多地区淡水资源严重短缺，以高效清洁的方式从大自然中回收水对克服淡水短缺问题就显得尤为重要。受到自然界生物可以从空气中收集雾水的启发，研究者们开始广泛关注具有雾水收集能力的功能表界面材料。在一些极端恶劣的环境里，例如沙漠、戈壁等，水资源极其匮乏，这里的一些生物可以利用其表面独特的润湿性来捕获水汽，从而满足自身对水的需求。雾水收集与我们的生活工作密切相关，但目前只有极少数的文献资料对雾水收集的原理及应用领域进行了归纳总结。本书旨在阐述仿生雾水收集工程材料的基本研究方法和应用，以材料科学领域雾水收集问题为目标导向，在揭示生物界面雾水收集机制的基础上，通过物理、化学、机械等方法构造微纳米复合的结构表面，并进行适当表面处理和化学修饰，建立基于界面润湿视角的仿生雾水收集工程材料体系。通过调控不同微观结构和表面化学对于材料表面润湿特性的影响，进一步实现不同工况条件下高效率且稳定的雾水收集，并逐渐从单一的雾水收集扩展到可控多元的雾水收集系统。同时尽可能概括当前世界上雾水收集的最新成果，为读者提供系统且全面的雾水收集相关的科学与技术。

该领域涉及材料力学、物理学、化学工程、摩擦学以及仿生学等诸多学科，并在过去的 20 年间取得了突破性的进展。作者长期从事仿生摩擦学功能表面的设计、制备、性能及机制研究，并且系统地研究了特殊润湿生物体表面的优异性能(如超疏水、自洁净、变色、力学、摩擦学性能等)，同时借助仿生思想，制备了一系列适合于各种工况下的仿生雾水收集工程材料。因此，作者熟知整个研究领域，以严谨的学术态度阐述了仿生雾水收集工程材料的设计原则、构筑方法、发展趋势和应用前景。全书共七章：第 1 章对雾水收集进行了概述，并且归纳了仿生雾水收集材料的基本研究思路及方法；第 2 章从自然界生物获取灵感，阐述了一系列具有特殊润湿性的仿生雾水收集自然原型，为后续构筑仿生雾水收集工程材料提供诸多的灵感和思路；第 3 章作者对水收集的基本理论进行了梳理；第 4 章为非相变仿生雾水收集研究，主要结合仿生设计原理，介绍了雾水收集体系的基底材料、表面特殊结构的设计及制备、表面修饰化学的润湿性适配、结构协同化学的仿生雾水收集材料、仿生表面雾水收集材料的智能化设计和非相变仿生雾水收集的相关研究发展过程；第 5 章和第 6 章分别论述了大气环境水收集体系和雾水收集的应用；第 7 章对整个仿生雾水收集工程材料进行了归纳总结，并且提出了未来整个领域的发展趋势。本书内容翔实，图文并茂，并且每个章节都引用了大量的参考文献，使得相关的读者在处理雾水收集体系时可以分析出需要哪种特定的材料，而且可以运用书中的相关理论解决实际问题。同时，作者希望借助于本书，阐述和回顾仿生雾水收集工程材料的发展历程，重点介绍雾水收集体系的发展现状，并详细介绍近 20 年此领域研究的进展，为发展适合于更为广阔的工程化应用的仿生雾水收集工程材料提供新的思路。

从收集繁杂的科研文献资料，到结合作者自身的研究基础，作者最终完成了本书各个章节的撰写。在此，衷心感谢许成功、谢尚珍、王晓博、戴欣、刘聪、杨勇、张红亮等多位老师和研究生对本书进行了撰写和统稿，也感谢裴颗、黄贲、杨付超、郑自建、高新蕾、李霞、艾书伦、吴军等同事对书稿的认真校对。最后，还要感谢科学出版社的编辑，从本书策划到出版，一直给予我的支持和帮助。

由于本书涉及领域广泛，内容涵盖多个学科，加之作者水平有限，书中可能存在一些不妥之处，在此，敬请读者批评指正。

郭志光

2024 年 9 月于中国武汉

目　录

第 1 章 绪　　论

水是生存之本，没有水，生物就无法生存。地球的大部分面积被海洋所覆盖，其中占比 97.2%的海水不能直接使用，所以我们能够利用的水资源只是陆地上的淡水资源，包括河流水、淡水湖泊水、地下水和冰川等。但是，根据中国地质调查局网站上显示的数据，陆地上的淡水资源只占地球上水体总量的 2.53%左右，其中近 70%是固体冰川，分布在两极地区和中、低纬度地区的高山冰川，还很难加以利用。所以，人类比较容易利用的淡水资源，主要是河流水、淡水湖泊水，以及浅层地下水，储量约占全球淡水总储量的 0.3%，仅占全球总储水量的 0.007%。其中，除了海洋，其他水资源在地球水的体积占比中，冰川和冰盖水约占 1.8%，地下水约占 0.9%，湖泊、内陆海和河里的淡水约占 0.02%，大气中的水蒸气在任何已知的时候都约占 0.001%。正是因为水的存在，地球上才孕育出了生命，构成了地球上的生物多样性，而我们人类也得以生存和发展。然而，有限的淡水资源在陆地上分布不平衡。各国家和地区除了气候分布不同，人口总数也相差较大，这就加剧了淡水资源分布的不平衡性。例如，虽然我国的淡水资源总量为 28619 亿立方米，占全球水资源的 6%，名列世界第六位，但是我国拥有 14 亿人口，人均淡水资源低于世界平均水平。人口增长、各类水体污染和气候变化都加剧了淡水资源短缺的严峻形势。在 2015 年的年度风险报告中，世界经济论坛已经将水危机列为潜在影响最大的全球风险之一 [1]。

气候的急剧变化可能导致许多地区的供水情况发生重大变化。在过去的一个世纪里，全球变暖极大地影响了许多地区的水资源分配以及全球和区域水文气候变化周期，增加了降雨量变化的不确定性，也使得水供应需求愈发增长，然而水的可供应量却在减少 [2]。全球水资源短缺的本质是淡水需求和可用性之间在地理和时间上的不匹配 [3,4]。考虑到用水量和可用性的季节性波动，Mekonnen 等以高的空间分辨率评估全球每月蓝水 (地表水和地下水) 的稀缺性 [1]。如果每月的蓝水短缺 (Water Scarcity，WS) 小于 1.0，则蓝水短缺被归为低级别，在这种情况下，环境流量能够满足水的需求量。每月蓝水短缺在 $1.0 < \mathrm{WS} < 1.5$ 范围内为中度缺水，在 $1.5 < \mathrm{WS} < 2.0$ 范围内为重度缺水，在 $\mathrm{WS} > 2.0$ 范围内为严重缺水。研究发现，全球 71%的人口 (43 亿人，统计时段为 1996~2005 年) 每年至少有一个月生活在中度至严重缺水 ($\mathrm{WS} > 1.0$) 的条件下；约 66%(40 亿人) 每年至少有一个月生活在严重缺水 ($\mathrm{WS} > 2.0$) 的条件下。为此，如何有效地解决人口用水短缺的问题成为未来人类生存最迫切的问题之一。科学技术应该在这方面有所作为，也必须有所作为。

在技术方面，海水淡化被认为是缓解淡水短缺危机的有效途径 [5]。海水淡化在广义上可以分为热法 (蒸馏法) 和膜法两大类 [6]。热法海水淡化仍然是中东地区海水淡化的首选技术，但是膜法海水淡化，如反渗透 (Reverse Osmosis，RO)，自 20 世纪 60 年代以来迅速发展 [7]。目前，超过一半的海水淡化厂使用反渗透技术 [5]。然而，反渗透技术存在的最大问题之一就是高能耗，这可能会增加温室气体的排放等 [8]。在解决耗能问题上，科研工作者在海水淡化与可再生能源进行整合上已经做了很多工作 [9]，但在远离海洋的内陆地区，通过海水淡化来获取淡水是不实际的。并且，即便是小规模应用，海水淡化技术不仅需要可获得的微咸水源，还需要专业的操作和维护人员，这大大限制了海水淡化的应用范围 [10,11]。

在工程方面，为解决淡水资源分布不均、部分地区淡水短缺的问题，早在 20 世纪下半叶，中国就开始了南水北调工程，通过多条调水线路解决中国北方缺水的问题。这项庞大的工程解决了大部分缺水地区的淡水供应问题，但在一些偏远地区的供水仍表现出局限性，同时也面临很多现实问题，如在长期运输过程中水质变差，水源及水源地保护，居民在水源地取水时对生态平衡的破坏问题，运输成本，等等。该工程的可持续性也存在潜在的风险和不确定性。因此，通过高新科技手段为缺水地区解决生活用水和饮水问题也就成了最为迫切的任务之一。

可喜的是，大气中含有的淡水是地球上所有河流中淡水的 6 倍多，高达 13000 万亿升 [12]。即使在偏远地区和干旱沙漠，也有大量的水蒸气，大气中的水被认为是一个巨大的可再生水库 [13]。空气中的水蒸气含有较少的杂质和细菌，从空气中收集的水可以达到饮用水标准，无需复杂的净化和杀菌过程 [14,15]。收集空气中的水蒸气，不仅节省了大量的劳动力和能源成本，而且在地球上的广大地区具有普适性 [16]。此外，与海水淡化不同的是，从空气中提取水几乎不会破坏水循环，也不会因从附近重要的水源运输水后给其带来不利影响 [17]。此外，在机场周围，空气中雾的收集和清除可以最大限度地提高能见度，便于飞机起降。因此，发展高效的大气集水技术为利用大气水这部分资源提供了条件，从而为解决偏远或农村地区的淡水短缺问题 [18]、沙漠地区缺水问题、沙漠植物灌溉问题提供了可能，这也是本书的目的之所在。作者想尽可能概括当前世界上雾水收集的最新成果，为读者提供系统且全面的雾水收集的科学与技术。

1.1 大气水收集研究概述

大气中的水通常以三种基本形式存在: 空中飘浮的云、陆地附近的雾和空气中的水蒸气 [19]。大气中含有大约 13000 万亿升的淡水，其中 98%是水蒸气，只有 2%是液相 (云、雾)[20]。云和雾都是由微小的水滴组成的 (通常直径为 1~40 μm，而雨滴的大小为 0.5~5 mm)，但相比云来说，雾中水滴的浓度通常更高 [21]。水收集被分为气相收集和液相收集 [16]。其中，液相收集包括雨滴收集、露水收集和雾水收集。当空气中的水以液相的形式存在时，捕获效率通常随着液体直径的增加而增加。而当空气中的水以气相的形式存在时，水蒸气被捕获就要困难得多，需要借助特殊的材料结构和成分设计。Truscott 等对齿肋赤藓集水系统进行了详细的研究并指出，齿肋赤藓依靠自身多尺度的结构能够实现对不同尺度 (分子团簇、雾滴、雨滴) 水的捕获和收集 [22]。由此可见，在淡水资源稀缺的地区，在相对湿度 (RH) 处于较低水平的情况下，通过对材料的结构和化学成分进行特殊设计，可以实现高性能的水收集。

雾是水以液态的形式存在于空气中的小液滴，是相对于水蒸气而言更容易被收集的大气水。用简单的术语来说，雾就是接触地面的云，雾的类型由产生雾的物理过程决定。云层越过一座山，山就被雾覆盖，这种由云平流在较高地形上产生的雾往往比在陆地或海面产生的雾具有更高的液态水含量 [23,24]。这些高海拔的雾为干旱地区提供的水具有重要意义。雾水收集依赖于使用捕雾器捕捉低洼的云 (雾) 中的小水滴，水滴经过合并、生长、脱落后被收集。目前，有代表性的雾水收集器有三类，包括大型网格雾水收集器、“竖琴” 集雾器以及仿生雾水收集器。

其中，目前被广泛实际使用的是大型网格雾水收集器，该集雾器被垂直置于气流中 (如图 1-1 (a))。当放置在有雾的环境中，被风携带的水滴被推到网格上，而后经过水滴之间的合并生长为大液滴。当液滴达到一定体积时，它们可以通过重力被收集到水箱中。该收水器的网孔可采用不同的技术制备，通常是由纺织材料组成的编织网孔或针织网孔 [25,26]。这种网格用于雾水收集可能会存在两个问题。一方面是液滴对流损失。当水滴体积达到临界体积之前，由于空气动力学的作用，水滴逐渐增大，如果气动阻力超过表面黏附力，水滴就会重新回到空气中。另一方面是网格堵塞。当液滴体积小于临界体积时，网格对液滴的滞后润湿力超过重力排水力，液滴被固定在网格上，造成堵塞。这两个问题对网格集雾器的雾水收集效率有重要影响 [27]。因此，研究人员在制作网格时，会考虑网格的透气性。除此之外，受美国加利福尼亚州沿海红杉液滴捕获的启发，人们设计出类似结构的平行 “竖琴” 集雾器 [28]。图 1-1 (b) 即为 “竖琴” 集雾器。与大型网格雾水收集器相比，“竖琴” 集雾器利用超细尺度和未经处理的金属丝作为 “琴丝”，能够有效和持久地捕获和排出雾。垂直的导线平行于排水通道，减少了被捕获液滴表面的钉住力，即使是微米尺寸的导线，也能有效地排出小水滴 [21]。当然，在以色列也有类似的雾水收集装置。虽然它们形状各不相同，但基本原理很相似，都是向自然学习的结果，属于仿生学的应用，因此诞生了仿生雾水收集器。

图 1-1 (a) 摩洛哥正在使用的大型网格雾水收集器；(b)“竖琴” 集雾器用于雾水收集 [29]；(c)、(d) 仿生雾水收集器 [30]。(c) 为实验室设计的仿生雾水收集器的示意图；(d) 为仿生雾水收集器的雾水收集过程示意图：水滴的捕捉、凝结及运输移除，成功实现了完整的集水循环

关于仿生雾水收集器，仿生结构的合理开发促进了集水技术的发展，科研工作者受自然生物集水结构的启发设计了一系列雾水收集器/系统。目前自然界中被发现有雾水收集能力的典型案例有纳米布沙漠甲虫 [31]、蜘蛛丝 [32]、仙人掌 [33]、猪笼草 [34]、齿肋赤藓 [22] 等。一个完整的集水过程主要包括三个方面，即雾水捕获、雾水供应和水运输 (排出)[35-37]。雾水收集效率被认为是到达收集器水槽的水与给予收集器网格的液态水通量之间的比率。在雾的捕获过程中，捕获面的结构和润湿性对捕获效率有着重要影响。亲水材料表面尽管可以快速捕获雾水，但是其较强的水滴表面附着力也使得较大液滴或水膜快速形成，导致传热效率的降低和雾水捕获位点的减少。反之，疏水表面可以加速被捕获的微小水滴凝结成较大的水滴，而大水滴在重力作用下可以被快速移除，空出捕获位点。但是疏水表面不能快速捕获周围的雾滴，微液滴垂直打在疏水材料表面时部分会被反弹，这不利于雾水收集的高效进行。选择什么样的润湿特性材料来进行结构仿生，对于科研工作者是一道选择题，同时也是一道必答题。

不难想象，已凝结的液滴的移除使得新的雾滴能够在捕获位点再次凝结，从而形成一个连续且高效的收集循环，这就要求捕获表面具备有效的液滴运输能力。亲水表面利于液滴的捕获，但是不利于液滴的移除，而疏水表面更利于液滴的移除，那么怎样去设计捕获面以获得高效的雾水收集效率呢？动植物经过千百万年的进化，已经通过它们的选择展现了来自大自然的智慧。通过对自然界中具有雾水收集能力的动植物的研究，科学家发现这些动植物经过千百万年的进化已经形成一套完整的捕获、凝结和移除水滴的雾水收集系统。沙漠甲虫通过亲水性凸起、疏水性四周的结构来实现雾水的捕获和移除，它们这种亲疏相间的背部结构协调了雾水被捕捉和被移除的过程。而蜘蛛丝和仙人掌也都有一套完整的雾水捕获、运输和收集系统。蜘蛛丝的周期性纺锤和关节结构在潮湿环境中不仅能够有效捕获液滴，而且构成的曲率梯度和表面能梯度能够驱动液滴定向运输。仙人掌为实现高效的雾水收集，分化形成了多层次、功能化的结构的刺，对捕获、合并后的液滴进行定向运输，使得收集到的液滴最终在针刺根部的毛状体处被收集。自然界中这三个典型雾水收集案例是目前科学家们仿生的重要灵感来源。

除了以上提到的沙漠甲虫、蜘蛛和仙人掌三种动植物，猪笼草对雾水同样具有连续、定向运输的能力，也具备了完整的雾水收集系统 [34]。在潮湿环境中，猪笼草依靠自身的高吸湿性花蜜和表面具有微观结构的光滑水膜，减小了昆虫与其表面的摩擦力，进而用来捕捉昆虫 [38]。受到猪笼草的启发，人们制备出很多滑移灌注表面。由于滑移表面具有低表面能和高成核密度等特点，将其应用于雾水收集时，雾滴可以迅速凝结 [39,40]。另外，注入的润滑油层使得表面成为一个连续的、原子分布均匀的平坦表面，这不仅利于冷凝水滴，而且凝结在上面的水滴具有很低的接触角滞后和高滑动性，这保证了液滴的快速移除和新成核位点的形成 [41]。液滴在南洋杉表面倾向于沿着表面能降低的方向移动，受到启发后，师法自然，Wang 等所制备的仿南洋杉叶片表面可以在逆重力的情况下实现液滴的单向运输 [42]。可以肯定，未来我们也将进一步在对大自然的探索中学习到更多“智慧”，对雾水的捕获、供应、生长机制，以及液滴的运输和收集过程进行深入研究和优化。仿生是我们提高雾水收集效率、解决淡水短缺问题的源头活水，也是我们解决干旱地区生活用水的有效方法。

从师法自然到制备出高效的仿生雾水收集系统，关键是要让结构和化学组分产生有效的协同作用。科学家们在雾水收集领域经过不断探索，已经形成了一些成熟的仿生雾水收集设计思路，因此 1.3 节中我们将对仿生雾水收集的思路进行更进一步的讨论和总结。同时，随着纳米材料制备技术的不断发展，众多有着高雾水收集效率的仿生系统被相继报道，在本书的第 4 章将对其着重介绍，以期为后续仿生雾水收集器的制备提供思路和制备技术上相互关联的借鉴意义。除此之外，在雾水收集器的发展过程中，润湿理论为理解雾水收集过程和制备更高效的收集系统提供了不可或缺的指导作用，为体现整个雾水收集发展的概貌，理论研究结合实际应用，相关润湿理论将在 1.2 节——仿生雾水收集理论发展进程部分被提及。

雾水收集需要在多雾的条件 (接近 100% RH) 下进行，这在实际应用中限制了雾水收集技术的使用。在山区、干旱地区、沿海地区，潮湿的气团容易形成多雾条件，但存在缺水问题的地区却极难形成这样的条件，也就缺少了雾水收集的基本条件，而这类地区又恰恰是水收集的重点关注地区 [43]。对仿生雾水收集而言，尽管仿生结构为我们设计雾水收集器件或系统提供了很多灵感，但是目前的仿生雾水收集过程或者主要科学研究还停留于实验室高湿度环境 (超过 60% RH) 的测试中，将这项雾水收集技术应用于实际生活之前，还有很多问题需要解决 [44]。例如，在捕雾器的实际运行中，风向的改变可能会导致设备捕雾失效，这就需要捕雾器在一定程度上能够适应雾流的变化，随着雾流的改变而进行适当调整，要具备高的环境适用性 [45,46]。由于整个集雾过程是在室外进行的，强风 (含沙) 也可能对设备造成一定的摩擦磨损，形成不可逆的损坏，因此如何提高雾水收集器的耐用性和耐磨损性能更需要重视 [44]。很多仿生雾水收集器的表面都存在微纳米精细结构，倘若这些结构遭到破坏，雾水收集效率可能会显著降低甚至收集器失效。另外，许多收集器还将收集到的液滴暴露在空气中，导致水分蒸发 [47]，也就是说，雾水收集这个循环系统的设计还有很大的提升空间。还有一个值得关注的问题就是捕获水的安全性。在长期的雾收集过程中，潮湿的样品表面容易滋生细菌和腐蚀，功能性涂层可能会随着液滴滑下受到损伤，这都可能会导致收集到的水出现安全问题 [44]。

以上介绍了液相收集中雾水收集的概况，下面我们对露水收集进行简要的概述。露水收集不同于雾水收集的地方在于露水收集涉及相变过程，而雾水收集不涉及相变过程，仅为雾滴的凝结合并过程。露水系统冷却空气，直到饱和压力达到水的蒸气压 (露点)，发生水凝结现象 [20]。冷却过程可以使用主动或被动 (辐射) 热传递来完成 [18]。最初的研究主要集中在不需要额外能量输入的被动辐射冷凝器 [17,48]，但是在低湿度地区要得到高的露收集量，必须采用需要能量输入的主动冷却技术 [18]。然而在一些特定的环境温度和湿度条件下，主动冷却系统依然不能收集到任何水，这是因为在这些条件下露点非常低，达不到液体凝结的条件。与传统的水净化技术 (如反渗透) 相比，主动冷却收集露的能源消耗更高，因为冷凝过程需要大量的能量来克服潜热 (h_{fg}=2450 kJ·L^{-1}=680 kW·h·m^{-3}, 20℃)，才能使空气温度远低于露点 [49]。最先进的海水淡化反渗透技术需要 3.5~4.5 kW·h·m^{-3} 电比能耗 [49]。但如果再考虑设备成本、维护成本以及缺少咸水资源等几个因素，露作为一种分布式水源，比雾水收集受气候和地理限制的影响更小，露水收集是一种用于缓解淡水短缺问题的值得考虑的方案。

鉴于雾水收集和露水收集受到气候和地理的限制，基于吸附的大气环境水收集的研究受到很多科研工作者的关注 [49]，这一类的水收集具有更广泛的应用潜力。基于吸附的大气环境水收集是一种可以在较低的湿度下获取淡水资源的有效方式，吸附剂与空气中的水分子相互作用，使得空气中的水分子在吸附剂内部团簇形成液态水滴后被收集。这种通过在低表面能结构中捕获水分子来收集大气水的方法涉及水的相态转变过程，常用的吸附剂被分为以下几大类：传统吸附材料、金属有机骨架 (Metal-Organic Frame，MOF) 材料、聚合物凝胶基材料以及多孔碳等。在第 5 章中，我们将从大气环境水收集的基本理论、材料设计、相变集水的收集和释放以及相变大气集水的发展思考等四个方面对大气环境中水蒸气的收集进行着重介绍。尽管世界上开采淡水的价值巨大，但目前很少有商业运行的大气集水系统 [21]。Wang 等 [21] 提出任何可行的大气集水技术都必须满足五个主要标准: 高效、廉价、尺寸可调、适应性广，并且足够稳定，可以运行一整年或至少一个季风季节。然而，现有的商用大气水收集器没有一个满足所有这五个标准。

以上是关于液相收集 (雾水收集、露水收集) 和气相收集 (大气环境水收集) 的概述。基于不同的大气水收集 (AWH) 技术，各式各样的水收集器被设计和制备出来，然而这些收集器与水供应的反应体系结合起来才更能体现它们应有的价值。例如，基于吸附的大气环境水收集体系受气候和地理条件的限制较小，因此该体系可通过从大气中集水来为电能采集、化学反应等微反应体系提供稳定、可靠、优质的水源。因此，本书的第 6 章将从目前开发的一些集水应用实例报道中介绍水收集为微反应体系提供水源的应用潜能。

1.2 仿生雾水收集理论发展进程

仿生超润湿表面最早可以追溯到荷叶效应，随着近年来的研究，在纳米布沙漠甲虫、猪笼草、仙人掌刺和蜘蛛丝等仿生结构中都有突破与发展。在仿生雾水收集器件的发展过程中，基本的润湿理论起到了重要的指导作用，因此本节从润湿理论出发，先介绍静态润湿模型和动态运动理论模型，最后讲述仿生雾水收集的发展进程。

静态润湿模型起源于理想光滑的表界面，由于理想光滑的表界面周围分子或原子的不对称吸引，界面最外层的分子 (原子) 具有更大的能量，液滴接触表界面时，倾向于以最低的能量状态存在，从而形成了表观接触角，即液滴外部与固体表面之间的接触角，如图 1-2 所示。接触角是反映固体表面润湿性的重要参数，可以由静态接触角的杨氏 (Young) 方程描述，见下式:

$$\cos\theta = \frac{\gamma_{\mathrm{SV}} - \gamma_{\mathrm{SL}}}{\gamma_{\mathrm{LV}}} \tag{1-1}$$

其中，γ_{SV}、γ_{SL}、γ_{LV} 分别为固-气、固-液和液-气表面张力；θ 为表观接触角，当 $\theta < 90^\circ$ 时则认定表界面润湿性为亲水性，习惯上将液体在固体表面上的接触角 $\theta = 90^\circ$ 时定义为润湿与否的界线。$90^\circ < \theta < 150^\circ$ 则认定表界面润湿性为疏水性，当 $\theta \geqslant 150^\circ$ 时则认定表界面润湿性为超疏水性。然而杨氏方程仅用于描述理想光滑表面，不能适用于粗糙表界面。在实际应用中描述静态接触角仍然需要考虑到非理想粗糙表面的存在，这使得表界面科学得到进一步发展。

针对非理想粗糙表面的存在，研究者构建了两种经典理论模型解释表面粗糙度对液滴接触角的影响：Wenzel 模型和 Cassie-Baxter 模型。1936 年，Wenzel 首次将表面粗糙因素考虑进了静态润湿性理论中，建立了新的理论模型，如图 1-2(b) 和 (c) 所示。Wenzel 模型可以表示为液滴与表界面完全接触时，受表面粗糙因素影响，液滴“填满”粗糙度区域，Wenzel 描述见下式 [50,51]：

$$\cos\theta_{\mathrm{W}} = r\cos\theta \tag{1-2}$$

Wenzel 在杨氏方程的基础上引入了粗糙度 $r(r>1)$，粗糙表面的实际表面积与几何投影面积之比定义为粗糙度。因此，当接触角 $\theta>90°$ 时，θ_{W} 会增大；而 $\theta<90°$ 时，θ_{W} 会减小。然而，Wenzel 模型只能描述液-固相的均匀润湿状态。当液滴不能渗透进入粗糙表面的沟槽时，少量的气体被“锁”在固体表面沟槽内，因此，形成了液-固-气三相润湿态，这一现象被描述为 Cassie-Baxter 模型，见下式 [52]：

$$\cos\theta_{\mathrm{CB}} = f_{\mathrm{SL}}\cos\theta_1 + f_{\mathrm{LV}}\cos\theta_2 \tag{1-3}$$

正如图 1-2(d) 所示，这类模型具有如下两种情况：①液-固相接触 $(\cos\theta_1 = \cos\theta)$；②液-气相接触 $(f_{\mathrm{SL}} = 1 - f_{\mathrm{LV}}, \theta_2 = 180°)$。其中 f_{SL} 是液滴与固相的接触面积分数，f_{LV} 是液滴与气相的接触面积分数，且 $f_{\mathrm{SL}} + f_{\mathrm{LV}} = 1$；$\theta_1$ 是液滴在固相界面上的接触角，θ_2 是液滴在气相界面上的接触角。液滴在空气介质中 $\theta_2 = 180°$。因此，由公式 (1-2) 可以进一步简化 [53]，见下式：

$$\cos\theta_{\mathrm{CB}} = f_{\mathrm{SL}}\left(1 + \cos\theta_{\mathrm{W}}\right) - 1 \tag{1-4}$$

实际情况下，Wenzel 模型和 Cassie-Baxter 模型都描述了两种极端的润湿条件。因此，Marmur 等 [54] 提出了一种更真实的混合模型，在他们所描述的模型中，部分液滴会渗入粗糙结构的凹槽中，而部分气体会被“锁”在其中，具体见下式：

$$\cos\theta^{*} = r_{\mathrm{f}} f_{\mathrm{SL}}\cos\theta + f_{\mathrm{SL}} - 1 \tag{1-5}$$

其中，r_{f} 表示液体与固体相接触表面积占总表面积的比例。

总而言之，Wenzel 模型下的液滴具有较高的黏附性，而 Cassie-Baxter 模型下的液滴则易于滚动掉落。受到外界因素 (例如振动、冲击等) 的影响，Cassie-Baxter 态易转变为 Wenzel 态。

液滴的动态运动理论模型可以分为梯度润湿性运动、滚动、滑动、超滑移、亲水性结构运动、疏水性结构运动、亲水性管道运动和疏水性管道运动。在梯度润湿性表面，液滴倾向于从疏水性区域向亲水性区域运输，如图 1-2(e) 所示。利用梯度润湿性诱导液滴定向运输是水平基底实现液滴定向运输的常用方式。在倾斜表面上，由于重力的作用，液滴可以在不同润湿性表面进行不同的运输模式。例如，在 Wenzel 模型为主的润湿性表面上，运动模式主要为滑动模式；在 Cassie-Baxter

模型为主的润湿性表面上，由于液滴静态接触角较大，固液接触面积减小，黏附力较弱，则以滚动模式进行运动；在滑移表面，由于液滴与灌注液之间的张力差异会形成润湿脊等特殊结构，运动模式则为超滑移形式，其特点是滑移阻力低和易于滑移。

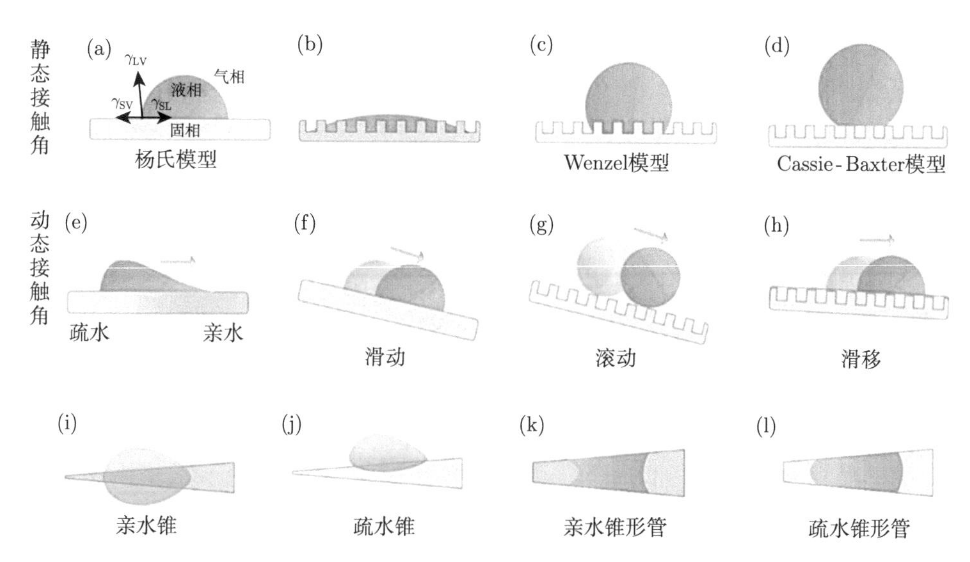

图 1-2 (a) 光滑表面的液滴；(b)、(c)Wenzel 状态下的液滴；(d)Cassie-Baxter 状态下的液滴；(e)~(h) 液滴的动态行为，包括在水平基底上润湿性梯度诱导液滴运动，在倾斜表面上液滴的滑动、滚动和滑移；(i)~(l) 在不同结构表面上液滴的运动状态，包括亲水锥、疏水锥、亲水锥形管和疏水锥形管等 [55]

观察到树木和灌木等障碍物的雾水收集过程可以追溯到数百年前，或者可以追溯到人类居住在雾蒙蒙的山顶 [24]。但在沙漠环境中，由于缺乏植被，雾在没有被拦截的情况下进入干燥的内陆地区后被蒸发掉了。雾水收集相关研究在较早的时期已经有了部分文献报道和小规模的实验，但是直到 1987 年，一个大规模的试点项目才开始实施，其目标是为智利一个 330 人的沿海村庄提供永久性的供水 [24,56]。智利高海拔地区 (780 m) 的液滴平均直径在 8~12 μm 范围内，液滴浓度通常为每平方米 100~400 滴，雾滴是通过一个简单的撞击过程被收集的。大型聚丙烯 (PP) 网被放置在液滴的路径上，当大量液滴接近表面时，其中一些液滴在物体周围流动，一些液滴撞击网的表面而被收集。智利雾水收集项目获得初步成功，以及 1990 年在秘鲁进行的实地雾水收集，这些项目的结果表明雾水收集可能广泛适用于有气候和地理条件的地区或国家 [24]。在发现自然界中动植物的集水能力后，各式仿生雾水收集器被设计出来。下面我们以纳米布沙漠甲虫、蜘蛛等具有集水能力的动植物为起点，介绍仿生雾水收集的发展进程 (如图 1-3)。

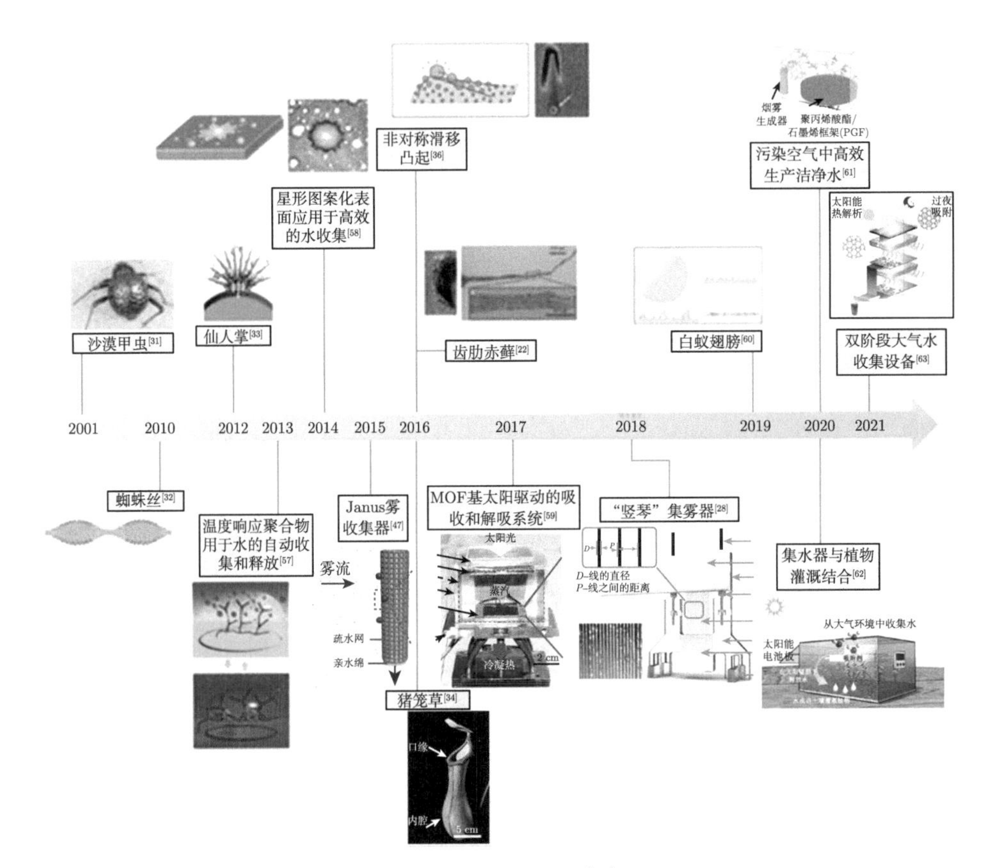

图 1-3　仿生雾水收集发展进程中的关键节点时间轴 [16]。时间轴依次展示了纳米布沙漠甲虫 [31]、蜘蛛丝 [32]、仙人掌 [33]、温度响应聚合物 [57]、星形图案化表面 [58]、Janus 雾收集器 [47]、猪笼草 [34]、非对称滑移凸起 [36]、齿肋赤藓 [22]、MOF 基太阳驱动的吸收和解吸系统 [59]、"竖琴" 集雾器 [28]、白蚁翅膀 [60]、污染空气中高效生产洁净水 [61]、集水器与植物灌溉结合 [62]、双阶段大气水收集设备 [63]

2001 年，Parker 和 Lawrence 发现了纳米布沙漠甲虫的生存技能 [31]。在沙漠甲虫的背部，亲水凸起上会积累来自雾气弥漫的风中的液滴，直到液滴达到临界尺寸后，沿着疏水的 "山谷" 滚动，最终汇集至甲虫的嘴部 [31,64]。此后，具有亲水/疏水的杂化表面引起了广泛的关注，多种多样基材的杂化集水材料被制备出来，如织物 [65,66]、纤维素膜 [67]、复合材料网 [68]、铜网/片 [68,69]、不锈钢网 [70] 等。迄今为止，仿沙漠甲虫制备的亲疏水杂化表面在表面结构设计和表面化学两个方面都进行了调控，取得了很多有价值的研究成果。经验证，具有周期排列的凹凸表面具有增强的集水性能，因为缩短了水的捕获和聚结过程，减少了微液滴的再蒸发。另外，还对比了具有不同图案形状的润湿表面的集水效果，包括无图案设计的超亲水表面和超疏水表面，圆形图案和星形图案的亲/疏杂化表面，发现无图案设计的超亲水和超疏水表面具有相对较低的水收集效率，而亲/疏杂化的星形图案显示出最大的集水性能 [58]。可以进一步证明的是，五点星形亲/疏杂化图案比其他点数的星形图案显示出更高的集水效率。研究还表明，收集效率对图案的实际大小很敏感，当总亲水面积不变，减小图案尺寸时，收集效率增强效果更明显。然而，高的雾水收集效率可能需要对表面图案进行复杂的处理，这不可避免地导致时间成本的增加和制造规模的受限。

蜘蛛网在我们的日常生活中随处可见，是蜘蛛捕捉猎物的工具。在雾蒙蒙的早晨，当太阳即将升起时，可以发现蜘蛛网上满是水滴。蜘蛛网能够以相当高的效率从潮湿的空气中收集水分 [32]。网状纤维由分布随机的纳米纤维组成的周期性纺锤节和由排列相对有序的纳米纤维组成的连接线周期性排布构成。因为纺锤节和连接处的粗糙度不同，纺锤节与连接处的纤维之间不仅存在几何结构梯度，还存在表面能梯度，这二者能够驱使水滴自发地由连接处向纺锤节运动。受到蜘蛛丝雾水收集的启发，科研工作者们制备了人造蜘蛛丝，目前用于构建仿生雾水收集器的技术可以被总结为四类：电动力学法、浸涂法、微流控法和流涂法 [71]。

高度干旱沙漠中的仙人掌科植物具有极强的耐旱性，这得益于仙人掌棘上的锥形结构和润湿性梯度的协同作用，它们表现出出色的捕雾能力和水滴的定向输送能力 [33,72]。表面能量梯度和拉普拉斯 (Laplace) 力的协同作用是仙人掌实现雾收集的关键原因。受仙人掌科植物的启发，相关研究人员通过磁性颗粒辅助成型法 [73]、静电纺丝、3D 打印 [72] 等各种制备策略，开发了许多人造锥形结构。针对影响雾水收集效率的因素，不同科研团队对锥形结构的顶点角和锥形脊的表面润湿性进行了研究和优化。研究表明，优化后的顶角出现在约 10°，捕获到的液滴在疏水层包覆的锥形表面上的定向运输有利于捕获位点的再生，这二者的协调可提高集水效率 [74]。另外，仙人掌上捕获的液滴向锥形结构根部定向运输最终被吸收以减少液滴蒸发启发我们，怎样收集和存储液滴也是一个重要的问题。因此，需要开发雾捕获-聚结-定向输送-收集一体的雾水捕获系统。面对这一需求，目前提出的设计方案有: 用 Janus 和多孔膜 (由疏水面和亲水面组成) 使得液滴单向渗透到亲水一面，然后液滴依靠重力滴落到收集容器中 [75]；或者，在锥形脊柱的根部组装超亲水吸水海绵，用于连续储水 [76]。

无能量输入的单向液体输送是集水的一个重要特征，可用于在特定位点自发地集水。在长时间的集水过程中，快速的运输过程有利于集水和尽量减少水分蒸发。Chen 等 [34] 经研究发现，猪笼草 (*Nepenthes alata*) 是一种具有通过叶片上缘多个沟槽微结构实现单向输送表面水分能力的植物。此外，Chen 等 [77] 还发现了 *Sarracenia*(瓶子草) 的毛状体表面超快的水收集能力和运输机制。液滴一旦受毛细力的诱导在毛状体表面的分层微通道上形成液膜后，其捕获的小液滴即可实现超快的液体传输，运输速度比在仙人掌脊柱中拉普拉斯压力诱导的液滴传输快三个数量级以上。超快的液滴运输是因为在液膜形成以后，再被捕获的小液滴驱动力从正常的毛细力转变为非液-固接触诱导的超滑毛细力。超疏水表面不仅不利于水分子的凝结成核，而且在使用过程中，被捕获在其微纳米结构中的气体被破坏，导致液滴从 Cassie 状态到“黏性”Wenzel 状态的不可逆转变。受猪笼草表面启发而制备的滑移灌注表面因为滑移液的存在，形成分子级别的光滑表面，可以大大提高液滴的移除效率，并且避免了超疏水表面疏水性质被破坏的缺点。受猪笼草和水稻叶片独特结构的启发，Wong 等 [78] 提出了一种亲水性定向表面，不仅有高的水滴成核密度，而且可以快速移除液滴。该表面由纳米纹理定向微槽组成，其中纳米纹理单独注入亲水液体润滑剂。通过分子动力学模拟，研究发现液滴的高效成核归因于亲水表面官能团，而液滴的快速去除是由于表面结构的定向作用和滑移界面上液滴黏附性的显著降低。进一步证明，由于制备的亲水定向滑移表面具有大表面积、亲水滑界面和定向驱液性的特点，在集水应用中优于传统的液滴运输表面。

齿肋赤藓 (*Syntrichia caninervis*) 是沙漠地区最丰富的苔藓之一，可以在水资源有限的极端干旱环境中生存。Truscott 等 [22] 在 2016 年发现齿肋赤藓具有利用每片叶子末端的微小毛状芒收集不同尺寸和形式的水分的能力，包括水分子簇、雾滴和雨滴。除了从土壤中输送水分的传统植物，这种倒置式的水收集系统能够直接从空气中收集水分。首先，空气中的水分子簇被捕获并在毛状芒上成核。之后，小雾滴聚集在有高密度小倒刺的地方，形成大水滴。然后，液滴沿芒定向快速传输到毛发基部的叶片上。而在雨天，柔性树叶和芒的高密度集群通过消散大部分冲击力和减少飞溅造成的水分损失，最大限度地保留下落的水滴。

由于白蚁翅膀 (termite wing) 上存在特殊微结构，白蚁可以在雨天飞行。白蚁翅膀的典型结构是由疏水的毛状柱和星形微光栅阵列组成的。当大水滴落在翅膀上时，它们会在毛状的支柱上弹跳脱落。当微小液滴接触翅膀表面时，星形微光栅可以锚定液滴。当微尺度的液滴合并长大后，液滴最终可以被反弹出去。Uchida 等 [60] 受白蚁翅膀的启发，利用紫外光 (UV) 照射诱导晶体生长技术再现了白蚁翅膀的双重润湿性，生长出两种大小明显不同的针状晶体。较小的针状晶体可以引起水滴的反弹，而较大的针状晶体具有对水滴的黏附特性。这种表面结构表现出了较高的集水潜力。

通过模仿自然物种的结构特征，研究人员巧妙地结合两种或两种以上不同的集水机制，制备了良好的集水系统，集水效率大大提高。例如，Park 和 Aizenberg 等 [36] 从具有亲水凸起和疏水四周的纳米布沙漠甲虫、具有几何结构梯度形态的仙人掌棘和具有润滑内表面的猪笼草中获得灵感，成功制备了不对称光滑表面，与其他表面相比，其雾水收集效率显著提高。顶点几何形状的协同组合，类似于仙人掌的刺，通过构建一个自由能剖面来驱动液滴沿斜坡向下，从而促进液滴的定向运输；注入液体的光滑表面 (灵感来自于猪笼草) 的运输性能可以进一步提高；凸起的灵感来自纳米布沙漠甲虫，从而实现液滴的快速捕获和生长。基于集水的三个基本过程，合理地设计集水系统，即使在不依靠重力让液滴滴落进行收集的情况下也能实现高效雾水收集。事实上，目前仿生雾水收集器件或系统的设计已经趋向于从单一仿生到多元仿生的发展趋势，更多的仿生思路我们将在 1.3 节进行描述。

除了上述取水方式，从空气中直接取水的方式也是发展大气水收集器件中重要的一部分。制备能够利用白天和夜间的温度差、相对湿度变化来捕获和释放水的集水材料是基于吸附的大气环境水收集的重要途径。通常情况下，水在相对湿度较高、温度较低的夜间被吸收，在白天被解吸 [79,80]。理想情况下，解吸所需的热量由太阳辐射提供，不需要额外的能量输入。Xin 等 [57] 开发了温度响应润湿性变化的聚 (N-异丙基丙烯酰胺) 海绵状棉织物，能够从潮湿的空气中自动收集和释放水分。在微观层面，温差引起温度响应聚合物的结构变化，并协同较高的表面粗糙度，使得海绵状棉织物实现了在超疏水态和超亲水态之间的可逆切换。夜间超亲水海绵状棉织物实现水收集，又在白天温度升高后转变为超疏水状态实现水的解吸。此后，研究人员从低能耗、易于加工的角度，重点关注了其他类型吸水性材料的开发，包括水凝胶、三维 (3D) 多孔框架、纺织品、纳米级粉末、二氧化硅纤维 [81-84]。例如，Kim 等开发了一种 Ni-IRMOF 74-Ⅲ 金属有机骨架 (MOF) 结构，其上附着偶氮吡啶分子 [85]。该 MOF 可以进行光化学诱导的顺式/反式转变，与其他类型的基于 MOF 的水收集器相比，即使在非常小的温度波动条件下也具有出色的集水能力。

水凝胶因其高亲水性和优异的储水能力而成为一种极具发展前景的水收集和储水材料 [86,87]。例如，Wang 等 [88] 开发了一种由潮解盐和水凝胶组成的柔性混合光热吸附剂，可以收集空气中的雾。与其他水凝胶不同的是，该盐凝胶含有吸湿、无毒、生态友好的 $CaCl_2$，即使在低湿度环境下也具有优异的吸水能力。由于水凝胶三维结构的特殊性，盐水凝胶在大量吸水后仍保持固体形态。当盐水凝胶掺杂了碳纳米管 (CNT) 时，其表现出典型的光热效应，在常规阳光照射下，可以快速释放水。得益于材料的合理设计，水凝胶能够在日落和日出时进行可循环的水收集和释放。

迄今为止，以吸附剂为策略的大气水收集系统每天进行一次集水循环，但通过这种方法获得的淡水仍然远远不能满足日益增长的饮用水需求。尽管尝试使用一些缩短吸附-解吸周期的方法，但是收集效率仍然受到循环时间长的限制 [89]。此外，吸收的水分需要在有阳光的天气释放，那么在非晴天的天气下淡水的最终生成量受到明显限制。此外，由于不同国家和地区的气候差异，以及不同季节的气候变化，吸附剂的集水能力可能会大大降低甚至是失效。尤其在干旱地区，由于材料在低湿环境下的吸水能力较低，大多数集水材料的集水性能较差。因此，在材料设计和制造过程中，必须考虑这些客观因素的潜在影响。随着科技的进步，研究人员正在开发新型复合材料，使其能够满足在低湿度条件下的正常使用，例如通过将吸湿盐限制在吸附剂基质内 [90,91]。

1.3　仿生雾水收集的仿生思路

位于非洲的纳米布沙漠是世界上最古老、最干燥的沙漠之一，也是世界上唯一的沿海沙漠，因此该沙漠是一个受雾水影响的广阔沙丘。来自大海的雾夹带着水，这些雾水资源是草、蛇、蜘蛛、甲虫和蜥蜴等在这片沙漠中的生存之本。经过千万年的进化，许多动物各显神通，形成了各自利用雾水来补充自我饮水需求的渠道和方式。例如，2001 年 Parker 等 [31] 报道的纳米布沙漠甲虫 (*Stenocara*) 的雾水收集机制。研究发现，甲虫背部具有疏水性质的蜡质层仅覆盖在背部凸起的四周，而凸起 (直径约 0.5 mm，相距 0.5~1.5 mm) 不含蜡质层，显示出亲水的性质。这种亲疏相间的分布模式被认为是甲虫能够进行有效雾水收集的重要原因。背部的亲水区域能够有效捕获微小液滴，使得被捕获的液滴快速在该区域聚集成大液滴。聚集到一定程度的大液滴借助疏水区域的疏水性质快速滚落至头部，最后被收集利用。受启发于这种亲水性凸起与疏水性周遭相间的组合结构，人们已开发出许多仿生材料并证明其具有优异的雾水收集能力。其中，具有微纳米级纹理的超疏水/超亲水图案化表面通过物理和化学的方法已被成功制备，并形成了相对成熟的制备技术，主要包括五类 [92]：光刻技术 [58,93]、机械微铣削技术 [94]、不同润湿性材料的复合技术 [95,96]、刺激响应雾水捕获技术 [57,97]、喷墨打印技术 [98]。

在仿沙漠甲虫制备雾水收集器方面，主要通过调控表面润湿性和设计图案化表面去强化雾水收集的效果。在调控表面的润湿性方面，我们通过选择性化学疏水修饰的方法，控制纤维织物上铁和钴颗粒的含量来制备具有不同亲疏粒子含量的表面 [96]。实验发现，增加疏水比例将缩短从纤维表面滚落第一滴水的时间，而增加亲水比例将延长这个时间。这样制备的超疏水/超亲水表面具有成本低廉、制备程序便捷的优势，但疏水和亲水颗粒在表面的分布是无序的，我们在后续的工作中发现不同亲疏水图案的排列方式对雾水收集有着重要影响 [99,100]。事实上，从表面形貌的角度看，制备的仿生表面在微纳尺度上存在显著差异，但在宏观尺度上并无很大差别。根据雾水收集理论可知，亲水区域的存在主要为了可以快速捕获液滴，在经历雾水供应阶段后，长大的液滴能够快速脱落，让亲水区域进行新一轮的雾水捕获，所以通过设计材料的几何结构来缩短水滴脱落的时间对有策略性地提高雾水收集效率有着重要的研究意义。对比半球形亲水凸起和线型亲水凸起两种图案化表面用于雾水收集的结果，我们发现在相同时间内液滴在线型排列的表面可以更快被捕获和聚集到一个临界尺寸，并且线型凸起的各向异性导致液滴下落时沿途带走更多液滴，因此，线型凸起表面表现出更好的雾水效率[99]。此外，从雾水的流体特性角度来说，不同的表面几何形貌将会对雾水中液滴的运动产生干扰，例如，Aizenberg 等[36]在研究水蒸气在湿滑凸起上凝结的实验中发现，表面的不连续处可以增强水蒸气的扩散通量，从而提高供水量。因此，与特殊表面润湿性模式相比，仿生表面的几何形貌对整个雾水收集的影响应该被重视，尤其是对雾水供应过程的影响值得投入更多精力去研究。为此，我们制备了一系列不同排布和数量的超疏水凸起表面，发现数量和排布对水滴生长速率的强化程度有着不同的影响[37]。借助 Fluent 软件，通过场流分析 CFD(Computational Fluid Dynamics) 可以清楚地表明，这些凸起可以改变表面上方的动态压力分布，将流体 (由微水滴和空气组成) 聚焦在凸起周围。凸起周围的雾滴相较于贴近平面的雾滴具有更高的运动速度，因此具有更高能量的这些液滴可以更快地被凸起的表面捕获。因此，这些凸起捕获的微水滴更多，液滴在其上的生长速度可以被大大提高。仿沙漠甲虫的图案化表面是依靠重力驱动液滴脱落的，那么怎样优化水的运输过程来提高雾水收集效率呢？以下将提到的蜘蛛丝和仙人掌将给我们更多灵感和方案，具体来说是驱动力可以由表面能梯度和拉普拉斯压力提供。如何优化设计雾水收集的三个基本过程以实现高效的雾水收集，是我们过去、现在和未来一直在努力的方向。

Zheng 等[32]于 2010 年首次报道了蜘蛛丝的雾水收集现象，他们发现蜘蛛丝在潮湿环境中形成了由直径较粗的锥形纺锤节和直径较细的连接点交替排布的纤维结构，该结构在定向水收集中起着关键作用。纺锤节部分由高度随机的纳米纤维组成，具有较高的粗糙度；而连接部分则由排列较为有序的纳米纤维组成，粗糙度较小。并且，纺锤节和连接点构成的每一个重复单元都可以看成一个纺锤形的结构，该结构的直径呈梯度变化。因此，潮湿环境中的蜘蛛丝具有独特的表面能梯度和几何结构梯度，这两种梯度可以为液滴的定向运输提供驱动力。表面能梯度使得液滴更倾向于由连接处向更亲水的纺锤节运动，几何结构梯度可以对液滴产生拉普拉斯压力差，驱使液滴从连接处 (高曲率区域) 向锥形纺锤节处 (低曲率区域) 运动。至此，蜘蛛丝结构实现雾水的捕获、凝结、运输和收集这一高效、连续的收集过程的奥秘被揭开，为更多科学工作者制备仿生雾水收集器提供了新思路与新方案。

显然，在制备仿蜘蛛丝雾水收集器件时，人造纺锤节的大小、表面形貌和纺锤节之间的距离等对雾水收集效率都有显著的影响。例如，Zheng 等[101]利用静电纺丝的方法制备了异质结构纺锤节微纤维，该方法通过改变流体中氯化钙的含量可以有效地控制纺锤节的形貌。实验证明，纺锤节的形貌将直接影响雾水收集的效率，更大的粗糙度意味着更大的表面能梯度，这可能会导致更高的雾水收集效率。另外，该技术还能通过调节流量来精确调控纺锤节和连接点之间的距离，结果表明当两个纺锤节间距增大时，相邻纺锤节上的液滴更难凝聚在一起，最大液滴形成时间延长，集水周期变长，造成集水效率降低。此外，关注液滴脱落临界体积的影响因素，发现所制备的仿蜘蛛丝纤维的几何结构对悬挂液滴的大小是有显著影响的，原因是驼峰 (纺锤节) 能通过斜坡和曲率效应的双重影响来提升三相接触线的稳定性，这为悬挂的液滴提供了足够的毛细黏附力 [102]。因此，为提升纤维悬挂水滴的能力和获得更高的水收集效率，在两个纺锤节之间增加小尺寸的纺锤节，构成多尺度、多梯度的仿生纤维，被证明是一种有效的策略 [103]。

仙人掌被视作一个多样化结构和功能集成的雾水收集系统。它的针刺由结构特征不同的三部分组成：尖端为定向倒钩，中部为渐变沟槽，根部为带状毛状体。三部分不同结构协同作用为液滴的捕获和定向运输提供了条件和驱动力 [33]。与蜘蛛丝雾水捕获和运输机制类似，液滴最初会同时在倒钩和针刺主干上被捕获并生长，然后倒钩上的大液滴将向倒钩根部移动并与主干上的液滴合并。由于针刺整体是一个锥形的几何结构，所以存在一个由尖端指向根部的拉普拉斯压力差。另外，针刺上面附着有疏水性的植物蜡层，而梯度凹槽的宽度存在梯度分布，针刺基部 (较不粗糙) 的微槽比针刺尖端 (较粗糙) 的微槽稀疏，因此针刺的尖端和根部之间还存在表面能梯度。所以，随着倒钩和针刺主干部分不断进行液滴的捕获和合并，合并后的大液滴在拉普拉斯压力差和表面能梯度的共同驱使下开始向根部方向运输，根部的毛状体会快速吸收和收集运输下来的液体，这避免了水分的蒸发损失。

受仙人掌雾水收集机制的启发，更多研究重点探究了液滴的捕获和移除 (运输) 机制，发现制备结构和润湿性双重梯度的锥形收集针刺能够在表面能梯度和结构梯度的双重梯度下促进液滴的自推进和收集位点的快速再生。我们通过预先修饰后沉淀的方法，在修饰后的超疏水铜针表面，使用亲水性微纳米颗粒对基底进行梯度沉积，获得从疏水尖端到亲水根部的润湿性梯度变化，得到具有连续的结构和润湿性梯度的表面 [104]。当液滴接触到同时具备结构与润湿性梯度表面时，即使在负角度状态下，液滴也能在结构与表面能梯度的驱动下进行反重力运输。得益于液滴快速运输的作用，该雾水收集器件能够快速再生雾水捕获表面、加快雾水收集循环，因此表现出了优异的雾水收集性能。同样还是仿仙人掌的锥形针刺结构，Liu 等 [105] 制备出了基于磁响应的柔性针刺阵列，提高了该雾水收集系统在低雾流速率环境中对雾滴的捕获和收集能力。在外加磁场作用下，摆动的锥针和雾滴碰撞的可能性增加，并且由于锥形针刺的周期性摆动，针刺的有效雾水收集面积被扩大。因此，磁控柔性锥形针刺阵列在低雾流环境中表现出良好的雾水收集能力，而相同的情况下，由于雾速较低，雾水很难被无外磁场的锥刺捕获，捕雾效率可以忽略不计。柔性锥形针刺的设计反映了科研工作者除了关注雾水捕获过程和运输环节，也考虑到了在雾水收集过程中雾流速率对雾水收集效率的影响。

受到纳米布沙漠甲虫、蜘蛛丝以及仙人掌刺三种典型的雾水收集“系统”的启发，人们设计和制备出具有亲疏相间的图案化表面、异质结构的纤维丝和锥形针刺等雾水收集器件。结构梯度和表面能梯度的协同作用能够使得液滴快速被移除，但是除此之外，雾水的捕获、凝结以及达到液滴脱落 (运输) 的临界体积前怎样减少蒸发都是实现高效雾水收集需要进一步考虑的问题。然而仅仅结合一种或两种特定的集水机制无法实现多功能一体化的雾水捕获-凝结-运输-收集过程。因此，设计新的多功能超浸润器件或系统、建立理论模型分析表面形貌和润湿性以及几何结构对雾水收集的影响机制是我们需要付出更多努力的方向。经过科研工作者在雾水收集领域的不懈探索，一些具有多重生物启发的多功能雾水收集系统被陆续报道出来，这些系统表现出了高效的液滴捕获-凝结-运输循环特性。同时，Lai 等 [44] 也总结了雾水收集器件的发展是从单一仿生走向多重仿生的过程，未来还可能发现更多具有高效收集机制的动植物。目前报道的多重仿生器件可以分为双重仿生、三重仿生甚至是四重仿生，怎样巧妙结合不同动植物雾水收集的机制来协调雾水收集的三个基本过程是雾水收集领域的前沿研究。我们将在本节简要介绍几个典型的多重仿生雾水收集系统的设计思路，以期读者能够对雾水收集系统的一体化设计和前沿发展形成一个系统性认识。

荷叶上下表面具有不同的润湿性，上层表现为超疏水性，下层表现为超亲水性。受荷叶非对称润湿性的启发，人们设计和制备出一系列具有不对称润湿性的 Janus 材料。对于 Janus 材料，两侧不对称的润湿性会对液滴产生润湿性驱动力，使得液滴从疏水侧单向运输到亲水侧，但是不能反向运输。在雾水收集过程中，Janus 材料可以使被捕获的雾滴加速单向渗透移除，改善因为依赖重力脱落而造成捕获位点再生缓慢和大液滴蒸发损失的问题。因此，很多研究团队将 Janus 材料与其他仿生器件合理整合到一个雾水收集系统中，以此实现比均质润湿性的表面更高的雾水收集效率。例如，将 Janus 材料与沙漠甲虫亲水性-疏水性相间的润湿性特点结合，我们通过水热生长和局部修饰的方式成功制备出亲水性-疏水性相间/超亲水泡沫铜 [106]。该 Janus 泡沫铜综合平衡了雾水收集的三个基本过程，亲疏相间的表面有利于雾水的捕获和凝结生长，而不对称的润湿性进一步促进了雾滴的运输与去除。因此，相比主要依靠重力诱导去除水滴的均相润湿性的泡沫铜，Janus 泡沫铜显示出更好的雾水收集效果。同样，结合仙人掌的锥形结构和 Janus 特性也是一种雾水收集器件的设计思路 [75]。

液体灌注滑移表面不仅有低的接触角滞后，而且快速的液滴移动利于成核位点的再生和冷凝传热 [41]。因此利用滑移灌注表面的优点，将其与其他仿生器件进行优化组合也就成为设计高效雾水收集系统的一种选择。例如，我们将沙漠甲虫的凸起结构及润湿性分布特征、仙人掌刺的锥形结构、水生植物对种子的驱动行为和猪笼草滑移表面进行融合设计，制备了一个多功能的四重仿生雾水收集系统 [30]。该雾水收集系统由超亲水铜针和规则的亲水性凸起、疏水性滑移四周的锌片基底组成。其中，凸起的顶部具有规则的圆形孔洞，超亲水铜针垂直插入其中，以海绵基底固定。大量被滑移表面捕捉到的液滴在凸起产生的油弯月面效应下快速移动至凸起顶部，大大促进了液滴的运输和成核位点的再生。类似种子向水生植被移动的方式，疏水性滑移表面上亲水凸起周围的油弯月面对液滴会产生毛细驱动力，使得各个方向的液滴向凸起移动。而锥形铜针的结构梯度和超亲水的润湿性可以帮助解决亲水凸起上因为形成水膜而阻碍液滴去除的问题，尽可能减少集水循环的时间。所以，这样一个多重仿生的雾水收集系统不仅可以实现液滴的捕获、单向泵送，还可以加速液滴的移除和存储，这体现了仿生多功能雾水收集系统在雾水收集三个基本过程的协调性。

最后值得一提的是，在雾水收集系统的设计和发展过程中，有相当一部分研究关注到了影响雾水收集的一个关键因素——到达雾水捕获面的雾流速度。在前面提到纳米布沙漠甲虫的仿生雾水收集思路的时候，我们关注到了表面凸起的几何结构可以影响雾水流体的流动分布，进一步影响收集过程中的雾水供应。因此，对于二维 (2D) 的雾水收集表面，亲水性凸起和疏水性四周的模式被普遍认为具有强化的雾水收集能力。但是，研究表明，相比于表面润湿性的影响，一维 (1D) 铜丝的直径对雾水收集效果的影响是更显著的 [107]。也就是说，我们应该意识到一维和二维材料被置于雾流中，它们对雾流的干扰是大不相同的。气流流经二维平面时会发生很大程度的绕流，但对于一维线状材料，这种偏离的程度被大大减小了，这就使得雾滴会以较高的能量被表面捕获。因此超疏水铜丝、超亲水铜丝、原始铜丝以及亲疏水相间铜丝的雾水捕获能力只表现出很小的差异。由此可见，我们在设计雾水收集器件的时候，应该有意识地将雾流干扰这个因素考虑进去，例如，在二维平面上设计锥形阵列的时候，应考虑阵列的排布方式 (四方、六方) 对雾流的干扰 [108]。

以上是我们对雾水收集的仿生思路进行的简洁概述，详细的雾水收集器件或系统的设计与制备将会在本书第 4 章进行详细分类介绍。在本书的第 3 章，我们从水分子的表面成核机制、表面液滴的生长理论以及表面传输行为三个基本理论方面来描述雾水收集的理论机制。目前雾水收集系统的设计是从单一仿生逐步走向多元仿生的过程，未来还将会有更多来自大自然中动植物的雾水收集智慧被融会贯通到雾水收集装置中。在目前普遍认为的三个雾水收集基本过程的基础上，还需要建立更加系统的理论模型去分析表面几何结构、润湿性对雾水收集的影响，促进理论-实践进展的反馈，以期对今后雾水收集系统的设计和应用起到真正的借鉴和指导意义。

1.4 仿生雾水收集性能评估

大气水收集有许多不同的技术，并且很难在同一标准下进行比较 [18]。原因有以下几个方面：首先，雾和露的收集受到气候和地理条件的影响较大，尤其雾的收集需要较高的环境湿度，而基于吸附的大气环境水收集适用的环境湿度范围更大。也就是说，通过对不同水收集技术的研究，在不同地区和环境下，我们应该合理选择水收集技术以达到因地制宜的效果。因此，大气水收集的性能评估如果不将适用的环境条件考虑进来是没有意义的。其次，雾水收集大气水中的小液滴在气流的带动下碰撞雾水收集器表面后被捕获和收集，中间不存在相变过程，也不需要能量的输入，是一种被动的收集方式。对雾水收集而言，气流提供的动力、雾滴的大小和密度等是影响雾水收集的关键环境因素。而露的收集和基于吸附的大气环境水收集都涉及相变过程，依据是否需要外部能量的输入将大气环境水收集分为基于冷却的大气环境水收集和基于吸附的大气环境水收集两大类 [109]。那么对于需要能量输入的主动式收集，评估其收集效果必然需要考虑收集速率和耗能两个方面。因此，下面我们将从目前采用的评估指标来简要分析哪些环境因素是影响各个集水技术性能的关键因素，旨在为大气水收集评估提供环境测试上的参考标准，让同类集水技术在比较性能时更有依据。

Wang 等 [21] 在关于大气水收集的进展总结中，指出通常采用三个指标，包括：①每单位集水面积每天的比产水量 (Specific Water Production，SWP)；②单位量产水比能耗 (Specific Energy Consumption，SEC)；③进风回收率 (Recovery Ratio，RR)。SWP 通常用于评价被动式大气水收集器的产水能力 (不需要能量输入)，而 SEC 和 RR 更常用于评价主动式大气水收集器的能量效率和水汽冷凝效果。对于直接冷却集水，SEC 和 RR 的定义如下：

$$\mathrm{SEC}=\frac{Q_{\mathrm{cond}}}{m_{\mathrm{H_2O}}}\approx C_p\left(\frac{\varepsilon_T}{\varepsilon_d}\right)\left(\frac{T_i-T_{\mathrm{cond}}}{d_i-d_{\mathrm{cond}}}\right)+h_{\mathrm{fg}} \tag{1-6}$$

$$\mathrm{RR}=\varepsilon_d\left(1-\frac{d_{\mathrm{cond}}}{d_i}\right) \tag{1-7}$$

式中，T_i 和 d_i 分别为冷凝器进风的温度和湿度比，T_{cond} 为冷凝温度，$m_{\mathrm{H_2O}}$ 是单位质量干空气的产水量 ($\mathrm{kg\cdot kg^{-1}}$)，ε_T 和 ε_d 分别为冷凝器的热交换效率和质量交换效率，湿空气的总冷负荷 Q_{cond} 是与湿空气温度变化相关的显热负荷和与冷凝焓 (h_{fg}) 相关的潜热负荷之和。显然，较小的显热负荷可能导致较小的 SEC，这意味着进口空气需要有较高的相对湿度。SEC 和 RR 的定义表明，低 T_{cond} 和低 T_i、高 d_i 的入口空气状态是最优的。与之相似地，Broday 等 [20,110,111] 提出的水分收集指数 (Moisture Harvesting Index，MHI) 已被普遍用作一个度量来量化收集露所需的能量。虽然它没有量化实际系统的能耗，但该指标考虑了在给定的入口空气状态下，冷凝所需的潜热 (即最低能量需求) 与每单位质量水的感能和潜热的比率 [49]。MHI 被定义为

$$\mathrm{MHI} = h_{\mathrm{fg}}/q \tag{1-8}$$

其中，$q = (h_{\mathrm{o}} - h_{\mathrm{i}}) / (r_{\mathrm{o}} - r_{\mathrm{i}})$，$h_{\mathrm{o}}$ 和 h_{i} 分别是空气在出口和进口状态下的焓，r_{o} 和 r_{i} 分别是出口和进口状态的湿度比 ($\mathrm{kg}_{水} \cdot \mathrm{kg}_{空气}^{-1}$)。MHI 的最大值为 1，即饱和时的纯水蒸气。一般，结露系统的出口状态设置为 4 ℃，出口湿度比为 5 $\mathrm{g}_{水} \cdot \mathrm{kg}_{空气}^{-1}$ [20]。当 MHI < 0 时，表示入口温度或湿度低于假设的出口状态。较高的 MHI 相对更有利于结露，表明较低的显冷需求和较高的进风产水量 [49]。MHI < 0.3 被认为是高度不实际的露收集条件，即便基于标准的操作条件使用最先进的结露系统 [20]。Bagheri[110] 在各种环境条件下测试了市售的结露系统，结果与预测的一致，结露系统的比能耗高度依赖于环境湿度和温度。SEC 与 MHI 可以用一个简单关系联系起来 [21]: $\mathrm{SEC} \times \mathrm{MHI} = h_{\mathrm{fg}}$。基于以上的分析，影响基于冷却的大气环境水收集性能的关键环境因素是湿度和温度。目前常用于表示露收集的比产水量的是 $\mathrm{kg \cdot d^{-1}}$(主动冷却器) 或 $\mathrm{kg \cdot m^{-2} \cdot d^{-1}}$(被动辐射冷却器)。而对于基于吸附的大气环境水收集，从吸附等温线中发现的材料中的平衡蒸气吸收 (每千克干吸附剂的吸水质量，$\mathrm{kg \cdot kg^{-1}}$) 常被用作水收集的比产水量指标。

事实上，雾水收集目前采用的就是单一 SWP 为评估指标。商用加湿器常用于实验室模拟多雾环境以测试仿生雾水收集的性能，一般能够控制的参数有温度 (T)、相对湿度 (RH)、雾流速率 ($\mathrm{cm \cdot s^{-1}}$)、雾水流率 ($\mathrm{mg \cdot s^{-1}}$)、样品倾斜角以及样品与加湿器之间的距离 (x)。这些参数对雾水收集性能的影响是怎样的，以及参数设置的合理性是如何确定的，这些问题可以回归到自然界中，具体在能够进行雾水收集的动植物所在的自然环境中去衡量。Parker 等 [31] 发现纳米布沙漠甲虫的雾水收集能力后，模拟沙漠甲虫的收集环境 (5 $\mathrm{m \cdot s^{-1}}$ 的沙漠风速，45° 的倾斜角)，利用欧拉第一定律，在这个风速 v 下，水滴会向下滚动：

$$v = \sqrt{\frac{4\rho_{\mathrm{water}}}{3\rho_{\mathrm{air}}} Rg\sin\theta} \tag{1-9}$$

其中，R 是液滴半径，g 是重力加速度 (9.8 $\mathrm{m \cdot s^{-2}}$)，θ 是倾斜角度，ρ 是介质的密度 ($\rho_{\mathrm{air}} = 1\ \mathrm{kg \cdot m^{-3}}$, $\rho_{\mathrm{water}} = 1000\ \mathrm{kg \cdot m^{-3}}$)。在这个测试环境下，球形液滴的直径需要大于 5 mm 才能滚落。沙漠甲虫在实际环境中观察到背部滚落的液滴大小直径为 4~5 mm，证明模拟计算的结果与实际情况相符。由此可知，风速相当于雾流速率会影响依靠重力滚落的滴液大小，从而影响雾水收集的效果。此外，一定的雾流速率还影响气流给予雾滴达到雾水收集器表面的动能，只有足够的动能才能使得雾滴与收集器表面发生碰撞而被捕获。当气流夹带雾滴接近雾水收集器

表面时，动能会有一部分因为摩擦阻力的缘故转换到黏性损耗能 W 里面，根据 Chandra 等 [112-114] 的工作，黏性损耗可估算为

$$W \sim \varphi V t_{\mathrm{c}} \tag{1-10}$$

其中，V 是雾滴体积，φ 是损耗函数，由下式给出：

$$\varphi \sim \mu (U/r)^2 \tag{1-11}$$

这里，μ 是水的黏度，U 是雾滴的运动速度，r 是雾滴的半径。t_{c} 被视为当雾滴以速度 U 与固体表面碰撞之后历经最大形变所需的时间，我们取最大值：

$$t_{\mathrm{c}} \sim r/U \tag{1-12}$$

另外，雾滴的动能为

$$\Delta E_{\mathrm{k}} = 0.5 m U^2 \tag{1-13}$$

其中，m 为雾滴的质量。对于捕获过程，系统需要克服能量势垒 E 以使雾滴被黏附在集雾器表面。从捕获期间系统的能量点出发，要使得雾滴能成功被材料表面捕获，必须满足如下关系：$E_{\mathrm{k}} > E + W$。也就是说，在碰撞过程中，雾滴除去黏性损耗的能量之外还需要有剩余的能量使得它被捕捉到雾水收集器表面。尤其当雾流流经材料表面发生偏移后，雾滴速率降低而使得其动能大大降低，此时雾流速率对收集效果的影响也会体现出来。边界层理论可以用来描述动态雾捕获的过程中雾滴到达捕获器表面之前形成的速度梯度 [31,37]。当雾滴流到物体表面时，沿表面垂直方向有一个速度梯度，这一薄层称为边界层 [44]。当雾滴撞击物体时，其速度会受到边界层的影响。边界层厚度与雾流速率呈负相关。雾流中雾滴的速度 U 可以认为是气流的速度 ($70\ \mathrm{cm \cdot s^{-1}}$)。雷诺数 (Reynolds number) Re 表示为

$$Re = \frac{\rho U d}{\mu'} \tag{1-14}$$

其中，ρ 和 μ' 分别代表雾流的密度和黏度；d 为平坦光滑板的标准长度，可定义为 1。计算出的 Re(约 5×10^4) 的流量小于标准值 (5×10^5)，因此雾流可视为层流。对于层流，板边界层厚度 (δ) 可由下式得到：

$$\delta = 5 x Re^{-0.5} \tag{1-15}$$

其中，x 为集雾器与雾流之间的距离 (一般范围为 $0 \sim 20$ mm)。由式 (1-15) 可知，计算得到的 $\delta < 45\ \mu\mathrm{m}$，说明液滴在通过集雾区域时减速急剧，液滴缓慢地落在平坦水膜上。较低的速度减少了单位时间内液滴与衬底的碰撞，动能难以完全

耗尽。而在有凸起的表面上，液滴在薄边界层结构不均匀的表面表现出更快的速度，这增加了液滴与衬底的碰撞频率，迅速消耗了液滴的动能，从而可以获得更好的捕雾效果 [44]。

此外，相对湿度和雾水流率直接影响气流中雾滴的密度，进而影响雾水收集效果。样品与加湿器的距离增大，加湿器的喷雾面积增大，到达集雾器表面的液滴直径变小、液滴密度减小。另外，温度作为客观环境条件被指出，多半是室温条件，并且测试一般用的都是商用加湿器，在高湿度环境中测试，因此，温度对实验室中测试仿生雾水收集性能的影响不大。

目前报道文献的试验条件和环境参数不同，难以比较这些雾水收集器的综合性能 [44]。通常文献中使用 SWP($\mathrm{mg \cdot cm^{-2} \cdot h^{-1}}$) 来作为单次雾水收集的测试结果。集雾器的雾水收集效率被定义为

$$\eta_{\mathrm{H}} = M_{\mathrm{H}}/M_{\mathrm{F}} \tag{1-16}$$

其中，M_{H} 是装置收获的雾水量，M_{F} 是流过收集器的雾水总量。针对目前文献报道中仿生雾水收集测试的环境条件不一致导致难以对比收集性能这一问题，我们在此处将影响评估仿生雾水收集性能的两个参数 (SWP 和雾水收集效率) 的环境因素考虑进去，以期能为雾水收集性能评估提供环境因素的参考：

$$\mathrm{SWP} = f(U) \cdot f(\mathrm{RH}) \cdot f(x) \tag{1-17}$$

其中，$f(U)$ 为雾滴运动速率函数，$f(\mathrm{RH})$ 为湿度条件 (与雾水流率的影响等效)，$f(x)$ 为雾水收集器表面与加湿器之间的距离条件。

参考文献

[1] Mekonnen M M, Hoekstra A Y. Four billion people facing severe water scarcity. Science Advances, 2016, 2: e1500323

[2] Orlowsky B, Hoekstra A Y, Gudmundsson L, et al. Today's virtual water consumption and trade under future water scarcity. Environmental Research Letters, 2014, 9: 074007

[3] Postel S L, Daily G C, Ehrlich P R. Human appropriation of renewable fresh water. Science, 1996, 271: 785-788

[4] Savenije H H G. Water scarcity indicators: The deception of the numbers. Physics and Chemistry of the Earth, Part B: Hydrology, Oceans and Atmosphere, 2000, 25: 199-204

[5] Wang H. Low-energy desalination. Nat Nanotechnol, 2018, 13: 273-274

[6] Greenlee L F, Lawler D F, Freeman B D, et al. Reverse osmosis desalination: Water sources, technology, and today's challenges. Water Research, 2009, 43: 2317-2348

[7] Loeb S, Sourirajan S. Sea Water Demineralization by Means of an Osmotic Membrane//Saline Water Conversion—Ⅱ. Washington, D. C.: American Chemical Society, 1963: 117-132

[8] Subramani A, Jacangelo J G. Emerging desalination technologies for water treatment: A critical review. Water Research, 2015, 75: 164-187

[9] Nassrullah H, Anis S F, Hashaikeh R, et al. Energy for desalination: A state-of-the-art review. Desalination, 2020, 491: 114569

[10] Gude V G. Desalination and sustainability—An appraisal and current perspective. Water Research, 2016, 89: 87-106

[11] Pinto F S, Marques R C. Desalination projects economic feasibility: A standardization of cost determinants. Renew Sust Energ Rev, 2017, 78: 904-915

[12] Lord J, Thomas A, Treat N, et al. Global potential for harvesting drinking water from air using solar energy. Nature, 2021, 598: 611-617

[13] Wahlgren R V. Atmospheric water vapour processor designs for potable water production: a review. Water Research, 2001, 35: 1-22

[14] Wang Y, Gao S, Xu W, et al. Nanogenerators with superwetting surfaces for harvesting water/liquid energy. Adv Funct Mater, 2020, 30: 1908252

[15] Zhu H, Guo Z, Liu W. Biomimetic water-collecting materials inspired by nature. Chemical Communications, 2016, 52: 3863-3879

[16] Wang B, Zhou X, Guo Z, et al. Recent advances in atmosphere water harvesting: Design principle, materials, devices, and applications. Nano Today, 2021, 40: 101283

[17] Nikolayev V S, Beysens D, Gioda A, et al. Water recovery from dew. Journal of Hydrology, 1996, 182: 19-35

[18] Rao A, Fix A, Yang Y, et al. Thermodynamic limits of atmospheric water harvesting. Energy & Environmental Science, 2022, 15: 4025-4037

[19] Beysens D, Milimouk I. The case for alternative fresh water sources. Pour les resources alternatives en eau. Secheresse, 2000, 11(4): 1-16

[20] Gido B, Friedler E, Broday D M. Assessment of atmospheric moisture harvesting by direct cooling. Atmospheric Research, 2016, 182: 156-162

[21] Tu Y, Wang R, Zhang Y, et al. Progress and expectation of atmospheric water harvesting. Joule, 2018, 2: 1452-1475

[22] Pan Z, Pitt W G, Zhang Y, et al. The upside-down water collection system of *Syntrichia caninervis*. Nature Plants, 2016, 2: 16076

[23] Schemenauer R, Joe P. The collection efficiency of a massive fog collector. Atmospheric Research, 1989, 24: 53-69

[24] Schemenauer R, Cereceda P. Fog-water collection in arid coastal locations. Ambio, 1991, 20: 303-308

[25] Algarni S. Assessment of fog collection as a sustainable water resource in the southwest of the Kingdom of Saudi Arabia. Water and Environment Journal, 2018, 32: 301-309

[26] Noman M T, Militky J, Wiener J, et al. Sonochemical synthesis of highly crystalline photocatalyst for industrial applications. Ultrasonics, 2018, 83: 203-213

[27] Park K, Chhatre S, Srinivasan S, et al. Optimal design of permeable fiber network structures for fog harvesting. Langmuir, 2013, 29: 13269-13277

[28] Shi W, Anderson M J, Tulkoff J B, et al. Fog harvesting with harps. ACS Appl Mater Interfaces, 2018, 10: 11979-11986

[29] Shi W, de Koninck L H, Hart B J, et al. Harps under heavy fog conditions: Superior to meshes but prone to tangling. ACS Applied Materials & Interfaces, 2020, 12(42): 48124-48132

[30] Zhou H, Jing X, Li S, et al. Near-bulge oil meniscus-induced migration and condensation of droplets for water collection: Energy saving, generalization and recyclability. Chemical Engineering Journal, 2021, 417: 129215

[31] Parker A R, Lawrence C R. Water capture by a desert beetle. Nature, 2001, 414: 33-34

[32] Zheng Y, Bai H, Huang Z, et al. Directional water collection on wetted spider silk. Nature, 2010, 463: 640-643

[33] Ju J, Bai H, Zheng Y, et al. A multi-structural and multi-functional integrated fog collection system in cactus. Nature Communications, 2012, 3: 1247

[34] Chen H, Zhang P, Zhang L, et al. Continuous directional water transport on the peristome surface of *Nepenthes alata*. Nature, 2016, 532: 85-89

[35] White B, Sarkar A, Kietzig A M. Fog-harvesting inspired by the Stenocara beetle—An analysis of drop collection and removal from biomimetic samples with wetting contrast. Applied Surface Science, 2013, 284: 826-836

[36] Park K C, Kim P, Grinthal A, et al. Condensation on slippery asymmetric bumps. Nature, 2016, 531: 78-82

[37] Zhong L, Zhu H, Wu Y, et al. Understanding how surface chemistry and topography enhance fog harvesting based on the superwetting surface with patterned hemispherical bulges. Journal Colloid Interface Science, 2018, 525: 234-342

[38] Bohn H F, Federle W. Insect aquaplaning: *Nepenthes* pitcher plants capture prey with the peristome, a fully wettable water-lubricated anisotropic surface. Proceedings of the National Academy of Sciences of the United States of America, 2004, 101: 14138-14143

[39] Adera S, Alvarenga J, Shneidman A V, et al. Depletion of lubricant from nanostructured oil-infused surfaces by pendant condensate droplets. ACS Nano, 2020, 14: 8024-8035

[40] Jing X, Guo Z. Durable lubricant-impregnated surfaces for water collection under extremely severe working conditions. ACS Applied Materials & Interfaces, 2019, 11: 35949-35958

[41] Anand S, Paxson A T, Dhiman R, et al. Enhanced condensation on lubricant-impregnated nanotextured surfaces. ACS Nano, 2012, 6: 10122-10129

[42] Feng S, Zhu P, Zheng H, et al. Three-dimensional capillary ratchet-induced liquid directional steering. Science, 2021, 373: 1344-1348

[43] Klemm O, Schemenauer R S, Lummerich A, et al. Fog as a fresh-water resource: Overview and perspectives. Ambio, 2012, 41: 221-234

[44] Yu Z, Zhu T, Zhang J, et al. Fog Harvesting devices inspired from single to multiple creatures: Current progress and future perspective. Advanced Functional Materials, 2022, 32: 2200359

[45] Wang Y, Zhang L, Wu J, et al. A facile strategy for the fabrication of a bioinspired hydrophilic-superhydrophobic patterned surface for highly efficient fog-harvesting. Journal of Materials Chemistry A, 2015, 3: 18963-18969

[46] Yin K, Du H, Dong X, et al. A simple way to achieve bioinspired hybrid wettability surface with micro/nanopatterns for efficient fog collection. Nanoscale, 2017, 9: 14620-14626

[47] Cao M, Xiao J, Yu C, et al. Hydrophobic/hydrophilic cooperative janus system for enhancement of fog collection. Small, 2015, 11: 4379-4384

[48] Khalil B, Adamowski J, Shabbir A, et al. A review: Dew water collection from radiative passive collectors to recent developments of active collectors. Sustainable Water Resources Management, 2016, 2: 71-86

[49] LaPotin A, Kim H, Rao S R, et al. Adsorption-based atmospheric water harvesting: Impact of material and component properties on system-level performance. Accounts of Chemical Research, 2019, 52: 1588-1597

[50] Wenzel R N. Surface roughness and contact angle. The Journal of Physical and Colloid Chemistry, 1949, 53: 1466-1467

[51] Wang B, Zhang Y, Shi L, et al. Advances in the theory of superhydrophobic surfaces. Journal of Materials Chemistry, 2012, 22: 20112-20127

[52] Whyman G, Bormashenko E, Stein T. The rigorous derivation of Young, Cassie-Baxter and Wenzel equations and the analysis of the contact angle hysteresis phenomenon. Chemical Physics Letters, 2008, 450: 355-359

[53] Nosonovsky M, Bhushan B. Patterned nonadhesive surfaces: Superhydrophobicity and wetting regime transitions. Langmuir, 2008, 24: 1525-1533

[54] Marmur A. Wetting on hydrophobic rough surfaces: To be heterogeneous or not to be? Langmuir, 2003, 19: 8343-8348

[55] Si Y, Dong Z. Bioinspired smart liquid directional transport control. Langmuir, 2020, 36: 667-681

[56] Schemenauer R S, Fuenzalida H, Cereceda P. A neglected water resource the Camachanca of South America. Bulletinof the American Meteorological Society, 1988, 69: 138-147

[57] Yang H, Zhu H, Hendrix M M R M, et al. Temperature-triggered collection and release of water from fogs by a sponge-like cotton fabric. Advanced Materials, 2013, 25: 1150-1154

[58] Bai H, Wang L, Ju J, et al. Efficient water collection on integrative bioinspired surfaces with star-shaped wettability patterns. Advanced Materials, 2014, 26: 5025-5030

[59] Kim H, Yang S, Rao S R, et al. Water harvesting from air with metal-organic frameworks powered by natural sunlight. Science, 2017, 356: 430-434

[60] Nishimura R, Hyodo K, Mayama H, et al. Dual wettability on diarylethene microcrystalline surface mimicking a termite wing. Communications Chemistry, 2019, 2: 90

[61] Yao H, Zhang P, Huang Y, et al. Highly efficient clean water production from contaminated air with a wide humidity range. Advanced Materials, 2020, 32: e1905875
[62] Yang J, Zhang X, Qu H, et al. A moisture-hungry copper complex harvesting air moisture for potable water and autonomous urban agriculture. Advanced Materials, 2020, 32: 2002936
[63] LaPotin A, Zhong Y, Zhang L, et al. Dual-stage atmospheric water harvesting device for scalable solar-driven water production. Joule, 2021, 5: 166-182
[64] Seely M K, Hamilton W J. Fog catchment sand trenches constructed by tenebrionid beetles, Lepidochora, from the Namib Desert. Science, 1976, 193: 484-486
[65] Wang Y, Wang X, Lai C, et al. Biomimetic water-collecting fabric with light-induced superhydrophilic bumps. ACS Applied Materials & Interfaces, 2016, 8(5): 2950-2960
[66] Gao Y, Wang J, Xia W, et al. Reusable hydrophilic-superhydrophobic patterned weft backed woven fabric for high-efficiency water-harvesting application. ACS Sustainable Chemical Engineering, 2018, 6: 7216-7220
[67] Xu C, Feng R, Song F, et al. Desert beetle-inspired superhydrophilic/superhydrophobic patterned cellulose film with efficient water collection and antibacterial performance. ACS Sustainable Chemistry & Engineering, 2018, 6: 14679-14684
[68] Knapczyk-Korczak J, Ura D P, Gajek M, et al. Fiber-based composite meshes with controlled mechanical and wetting properties for water harvesting. ACS Applied Materials & Interfaces, 2020, 12: 1665-1676
[69] Hou K, Li X, Li Q, et al. Tunable wetting patterns on superhydrophilic/superhydrophobic hybrid surfaces for enhanced dew-harvesting efficacy. Advanced Materials Interfaces, 2020, 7: 1901683
[70] Sarkar D, Mahapatra A, Som A, et al. Patterned nanobrush nature mimics with unprecedented water-harvesting efficiency. Advanced Materials Interfaces, 2018, 5: 1800667
[71] Chen W, Guo Z. Hierarchical fibers for water collection inspired by spider silk. Nanoscale, 2019, 11: 15448-15463
[72] Rykaczewski K, Jordan J S, Linder R, et al Microscale mechanism of age dependent wetting properties of prickly pear cacti (*Opuntia*). Langmuir, 2016, 32: 9335-9341
[73] Cao M, Ju J, Li K, et al. Facile and large-scale fabrication of a cactus-inspired continuous fog collector. Advanced Functional Materials, 2014, 24: 3235-3240
[74] Li X, Yang Y, Liu L, et al. 3D-printed cactus-inspired spine structures for highly efficient water collection. Advanced Materials Interfaces, 2020, 7: 1901752
[75] Zhou H, Zhang M, Li C, et al. Excellent fog-droplets collector via integrative janus membrane and conical spine with micro/nanostructures. Small, 2018, 14: e1801335
[76] Chen D, Li J, Zhao J, et al. Bioinspired superhydrophilic-hydrophobic integrated surface with conical pattern-shape for self-driven fog collection. Journal of Colloid and Interface Science, 2018, 530: 274-281
[77] Chen H, Ran T, Gan Y, et al. Ultrafast water harvesting and transport in hierarchical

microchannels. Nature Materials, 2018, 17: 935-942

[78] Dai X, Sun N, Nielsen S O, et al. Hydrophilic directional slippery rough surfaces for water harvesting. Science Advances, 2018, 4: eaaq0919

[79] Seo Y K, Yoon J W, Lee J S, et al. Energy-efficient dehumidification over hierachically porous metal-organic frameworks as advanced water adsorbents. Advanced Materials, 2012, 24: 806-810

[80] Rieth AJ, Yang S, Wang EN, et al. Record atmospheric fresh water capture and heat transfer with a material operating at the water uptake reversibility limit. ACS Central Science, 2017, 3: 668-672

[81] Ni F, Xiao P, Qiu N, et al. Collective behaviors mediated multifunctional black sand aggregate towards environmentally adaptive solar-to-thermal purified water harvesting. Nano Energy, 2020, 68: 104311

[82] Ni F, Xiao P, Zhang C, et al. Micro-/macroscopically synergetic control of switchable 2D/3D photothermal water purification enabled by robust, portable, and cost-effective cellulose papers. ACS Applied Materials & Interfaces, 2019, 11: 15498-15506

[83] Li R, Shi Y, Shi L, et al. Harvesting water from air: Using anhydrous salt with sunlight. Environmental Science & Technology, 2018, 52: 5398-5406

[84] Xing C, Huang D, Chen S, et al. Engineering lateral heterojunction of selenium-coated tellurium nanomaterials toward highly efficient solar desalination. Advanced Science, 2019, 6: 1900531

[85] Suh B L, Chong S, Kim J. Photochemically induced water harvesting in metal-organic framework. ACS Sustainable Chemistry & Engineering, 2019, 7: 15854-15859

[86] Sharshir SW, Algazzar AM, Elmaadawy KA, et al. New hydrogel materials for improving solar water evaporation, desalination and wastewater treatment: A review. Desalination, 2020, 491: 114564

[87] Wang M, Sun T, Wan D, et al. Solar-powered nanostructured biopolymer hygroscopic aerogels for atmospheric water harvesting. Nano Energy, 2021, 80: 105569

[88] Li R, Shi Y, Alsaedi M, et al. Hybrid hydrogel with high water vapor harvesting capacity for deployable solar-driven atmospheric water generator. Environmental Science & Technology, 2018, 52: 11367-11377

[89] Chen B, Zhao X, Yang Y. Superelastic graphene nanocomposite for high cycle-stability water capture-release under sunlight. ACS Applied Materials & Interfaces, 2019, 11: 15616-15622

[90] Xu J, Li T, Chao J, et al. Efficient solar-driven water harvesting from arid air with metal-organic frameworks modified by hygroscopic salt. Angewandte Chemie (International Edition in English), 2020, 59: 5202-5210

[91] Ejeian M, Entezari A, Wang R Z. Solar powered atmospheric water harvesting with enhanced LiCl/$MgSO_4$/ACF composite. Applied Thermal Engineering, 2020, 176: 115396

[92] Zhang S, Huang J, Chen Z, et al. Bioinspired special wettability surfaces: From fundamental research to water harvesting applications. Small, 2017, 13: 1602992

[93] Gou X, Guo Z. Hybrid hydrophilic-hydrophobic CuO@TiO_2-coated copper mesh for efficient water harvesting. Langmuir, 2020, 36: 64-73

[94] Yang X, Liu X, Lu Y, et al. Controllable water adhesion and anisotropic sliding on patterned superhydrophobic surface for droplet manipulation. The Journal of Physical Chemistry C, 2016, 120: 7233-7240

[95] Feng J, Zhong L, Guo Z. Sprayed hieratical biomimetic superhydrophilic-superhydrophobic surface for efficient fog harvesting. Chemical Engineering Journal, 2020, 388: 124283

[96] Wang B, Zhang Y, Liang W, et al. A simple route to transform normal hydrophilic cloth into a superhydrophobic-superhydrophilic hybrid surface. Journal of Materials Chemistry A, 2014, 2: 7845-7852

[97] ter Schiphorst J, van den Broek M, de Koning T, et al. Dual light and temperature responsive cotton fabric functionalized with a surface-grafted spiropyran-NIPAAm-hydrogel. Journal of Materials Chemistry A, 2016, 4: 8676-8681

[98] Zhang L, Wu J, Hedhili M N, et al. Inkjet printing for direct micropatterning of a superhydrophobic surface: Toward biomimetic fog harvesting surfaces. Journal of Materials Chemistry A, 2015, 3: 2844-2852

[99] Peng Z, Guo Z. Biomimetic fluorine-free 3D alternating hydrophilic-superhydrophobic surfaces with different bump morphologies for efficient water harvesting. Biomaterials Science, 2022, 10: 831-837

[100] Wang Q, Yang F, Wu D, et al. Radiative cooling layer boosting hydrophilic-hydrophobic patterned surface for efficient water harvesting. Colloids and Surfaces A: Physicochemical and Engineering Aspects, 2023, 658: 130584

[101] Liu Y, Yang N, Li X, et al. Water harvesting of bioinspired microfibers with rough spindle-knots from microfluidics. Small, 2020, 16: e1901819

[102] Tian X, Chen Y, Zheng Y, et al. Controlling water capture of bioinspired fibers with hump structures. Advanced Materials, 2011, 23: 5486-5491

[103] Hou Y, Chen Y, Xue Y, et al. Stronger water hanging ability and higher water collection efficiency of bioinspired fiber with multi-gradient and multi-scale spindle knots. Soft Matter, 2012, 8: 11236-11239

[104] Tang X, Huang J, Guo Z, et al. A combined structural and wettability gradient surface for directional droplet transport and efficient fog collection. Journal of Colloid and Interface Science, 2021, 604: 526-536

[105] Peng Y, He Y, Yang S, et al. Magnetically induced fog harvesting via flexible conical arrays. Advanced Functional Materials, 2015, 25: 5967-5971

[106] Zhou H, Jing X, Guo Z. Excellent fog droplets collector via an extremely stable hybrid hydrophobic-hydrophilic surface and Janus copper foam integrative system with hierarchical micro/nanostructures. Journal of Colloid and Interface Science, 2020, 561: 730-740

[107] Zhong L, Zhang R, Li J, et al. Efficient fog harvesting based on 1D copper wire inspired

by the plant pitaya. Langmuir, 2018, 34: 15259-15267

[108] Ju J, Yao X, Yang S, et al. Cactus stem inspired cone-arrayed surfaces for efficient fog collection. Advanced Functional Materials, 2014, 24: 6933-6938

[109] Bilal M, Sultan M, Morosuk T, et al. Adsorption-based atmospheric water harvesting: A review of adsorbents and systems. International Communications in Heat and Mass Transfer, 2022, 133: 105961

[110] Bagheri F. Performance investigation of atmospheric water harvesting systems. Water Resources and Industry, 2018, 20: 23-28

[111] Chaitanya B, Bahadur V, Thakur A D, et al. Biomass-gasification-based atmospheric water harvesting in India. Energy, 2018, 165: 610-621

[112] Chandra S, Avedisian C T. On the collision of a droplet with a solid surface. Proceedings of the Royal Society of London Series A: Mathematical and Physical Sciences, 1991, 432: 13-41

[113] Pasandideh-Fard M, Qiao Y M, Chandra S, et al. Capillary effects during droplet impact on a solid surface. Physics of Fluids, 1996, 8: 650-659

[114] Bussmann M, Mostaghimi J, Chandra S. On a three-dimensional volume tracking model of droplet impact. Physics of Fluids, 1999, 11: 1406-1417

第 2 章 仿生雾水收集的自然原型

在将近 38 亿年的进化与自然选择中，大自然本身已经发展成一个高度成熟的系统，可以利用最小资源来实现最大的功能 [1-4]。几乎所有的自然生物都具有独特的属性，展现了结构和功能之间的协调与统一，以帮助它们在严酷的大自然环境中生存 [5,6]。受这些自然生物的启发，具有特殊结构和功能的仿生材料也相应地出现在众多研究之中 [7-16]。

人类的生产生活离不开水，没有水，万物皆不存在 [17-22]。地球上的许多地区淡水资源严重短缺，以高效清洁的方式从大自然中回收水对克服淡水短缺问题具有重要意义。在潮湿的空气中，许多微滴以雾的形式存在。受到自然界生物从空气中收集雾水的启发，研究者们开始广泛关注具有雾水收集能力的功能表界面材料。在一些极端恶劣的环境里，例如沙漠、戈壁等，水资源极其匮乏；这里的一些生物可以利用其表面独特的润湿性来捕获水汽，从而满足自身对水的需求。雾水和露水是大气中水蒸气凝结形成的两种不同的现象。其作为一种潜在的淡水资源，早已显现出解决干旱地区淡水危机的巨大潜力 [23-25]。在沿海的沙漠地区，比如纳米布沙漠，降雨量常年不足，而大雾却是一种常见的气象 (图 2-1(a) 和 (b))。当地居民利用网状结构的设计有效地捕获并收集水雾 (图 2-1(c)~(e))，以满足日常淡水的需求 [26-28]。这种简单经济的方法对于缓解这些干旱地区淡水紧缺具有重要意义。

21 世纪初期，随着仿生学兴起，传统的雾水收集的研究也得到了进一步的发展。在自然界中，许多动物和植物进化出了特殊的结构和功能来从空气中收集水分，以满足自身对水的需求。比如，来自纳米布沙漠的甲虫能通过其背部交替的亲水凸起和疏水低谷来收集风中的雾水 [30]；蜘蛛的捕捉丝可以通过其自然排列的周期性纺锤节来实现持续运输和高效收集水滴 [31]；源于奇瓦瓦沙漠的仙人掌能通过其圆锥形的刺和毛状体结构来持续地捕获和定向地运输雾水 [32]。这些生物的集水行为和集水机制引起了人们的广泛兴趣。大量的研究结果表明，表面粗糙度梯度、圆锥体曲率和表界面润湿性变化对于凝聚态水滴的形成和运输起着决定性作用 [33,34]。受这些生物启发，研究人员开发了一系列仿生雾水收集材料，其中包括蜘蛛丝启发的人造纤维材料 [35-42] 和仙人掌刺启发的锥形结构材料等 [43-49]。除此之外，超润湿功能表界面材料的研究也源于大自然，由于自然界中物竞天择的生存规律，生物为适应多变的生存环境而不断进化。如图 2-2，随着时间的推移与科技的进步，大量具有超疏水和超亲水润湿特性的生物及其表面微观结构被陆续揭示 [31,50-55]。研究者们以大自然为师加以效仿，将具有独特润湿性生物的表皮结构作为模板，结合仿生学的理论思想，制备了各种各样的仿生功能化超浸润表界面雾水收集工程材料。在这本书中，将详细介绍并分析沙漠甲虫、蜘蛛丝、猪笼草和仙人掌等具有特殊润湿性和微观结构的生物。

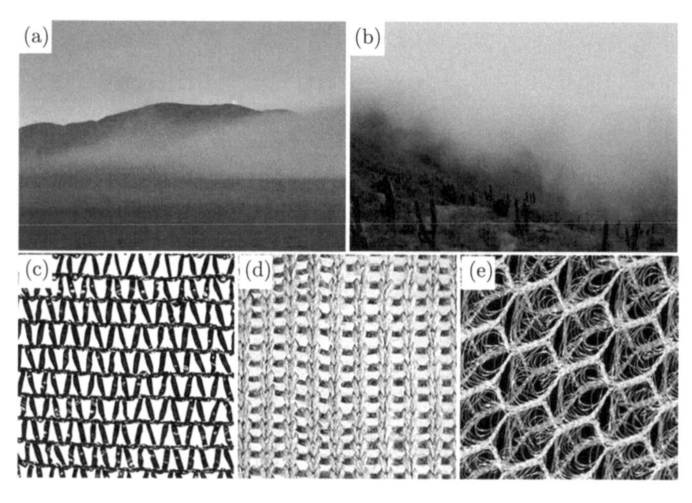

图 2-1　雾流分别从 (a) 大西洋和 (b) 太平洋进入内陆；(c)~(e) 三种收集雾水的网状结构设计 [23,29]

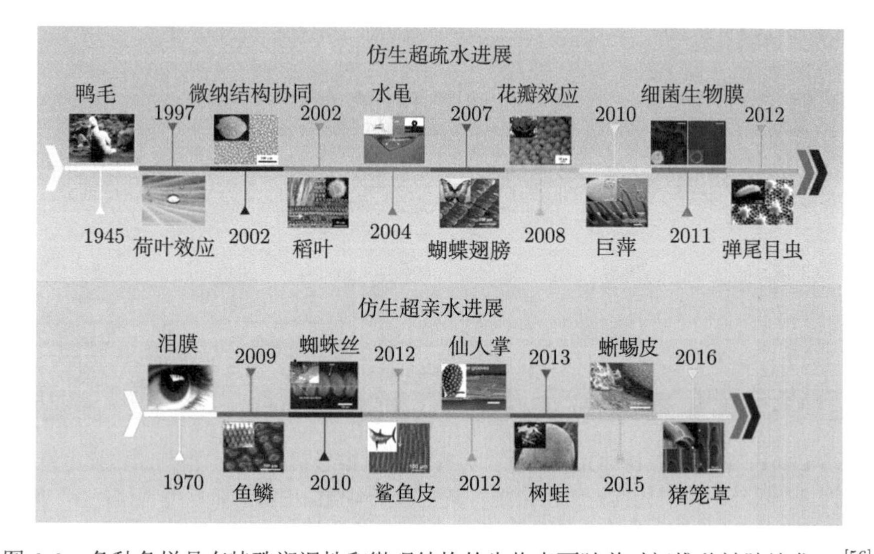

图 2-2　各种各样具有特殊润湿性和微观结构的生物表面随着时间推移被陆续发现 [56]

2.1　仿生雾水收集原型植物

2.1.1　仙人掌

仙人掌能够在干旱的沙漠中生存，除了经过长期的自然选择以减少水分的流失外，还与它多结构多功能的雾水收集系统有关。柏浩等 [32] 在报道了蜘蛛丝的集水行为后又研究了沙漠仙人掌刺的雾水收集行为。在仙人掌的茎上，簇状的针刺和毛状体结构均匀地生长在其表面 (图 2-3)。顶端的倒钩结构有助于对空气中的微小水滴进行捕捉，刺身中部存在的微纳米级的沟槽结构诱导了表面能梯度，使得越细微的沟槽具备更高的表面能；更重要的是，刺结构呈现为圆锥形，刺身直径从尖端到末端逐渐增大。类似于蜘蛛丝，该结构也能产生润湿驱动力及拉普拉斯附加压力驱动力。润湿驱动力是指在特殊润湿性表面上驱动液滴运动的力，润湿驱动力本质上是由化学润湿性梯度产生的，具体表现在接触角 (CA) 差异上。表面不同区域的接触角存在差异时，接触线就会受到异向润湿作用力。倘若这种力

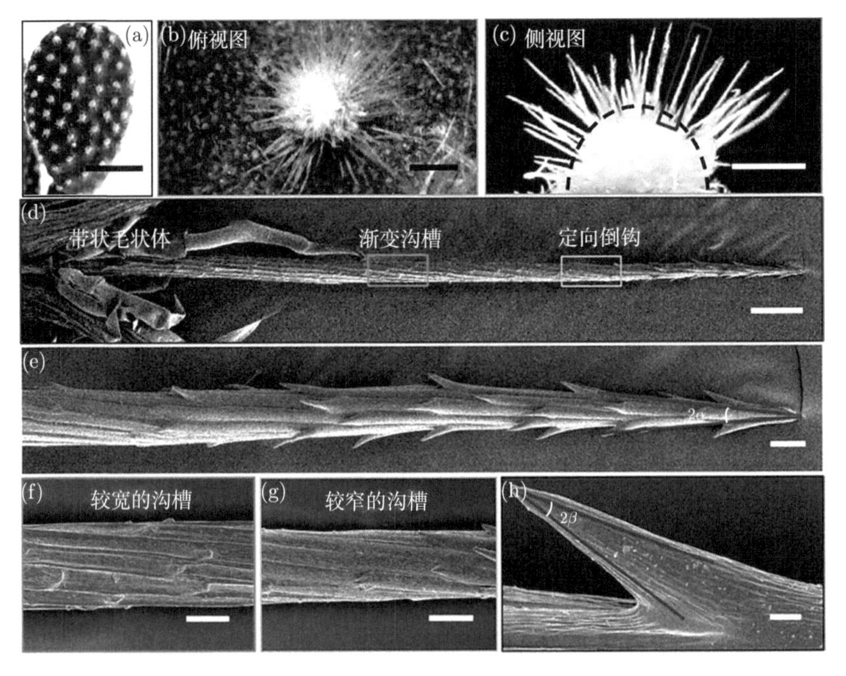

图 2-3　(a)~(c) 仙人掌植株的光学图像，叶片布满了锥形刺；(d) 单根刺的扫描电镜 (SEM) 图像分为三个区域：具有定向倒钩的尖端，具有渐变沟槽的中部，带状毛状体；(e) 具有定向倒钩的尖端；(f) 具有渐变沟槽结构的中部；(g) 较窄的沟槽；(h) 单个倒钩的放大图像。比例尺: (a) 5 cm，(b)、(c) 500 mm，(d) 100 mm，(e)~(g) 20 mm，(h) 2 mm[32]

大到能够克服界面上的摩擦阻力，液滴就会发生定向移动。而拉普拉斯附加压力驱动力是由拉普拉斯于 1805 年研究液滴内部的压力时发现的，这种压力来自于液体的表面张力。产生拉普拉斯压力梯度后，液滴自发地移动到锥形结构上的低曲率区域 (如仙人掌的脊柱)。

刺身表面的沟槽结构使得水滴在表面存在接触角滞后 (由在真实固体表面上存在一定程度的粗糙不平或者化学组成不均造成)，使得液滴更容易沿着刺方向移动。液滴从尖端被捕获开始到末端一直被驱动力驱动运输，运输的水还可以被针刺结构末端的细小绒毛所储存。仙人掌的刺结构和集雾系统可以启发设计具有协同效应的雾水收集系统，进一步提高雾水收集效率。如图 2-4 所示，空气中的雾水能够在尖端的倒钩上积聚，当其达到临界大小时，水滴向刺身中部移动。定向的倒钩结构形成了类似蝴蝶翅膀的不对称形态，使得水滴能够实现单向运输。此外，刺身中部独特的锥形结构和微亚微米沟槽分别能产生拉普拉斯压力梯度和润湿性梯度，在两者的协同作用下，仙人掌表面能实现水滴的捕获和定向运输。同时，锥形结构的刺尖的粗糙度大于根部，这导致刺尖和根部的接触角和表面能存

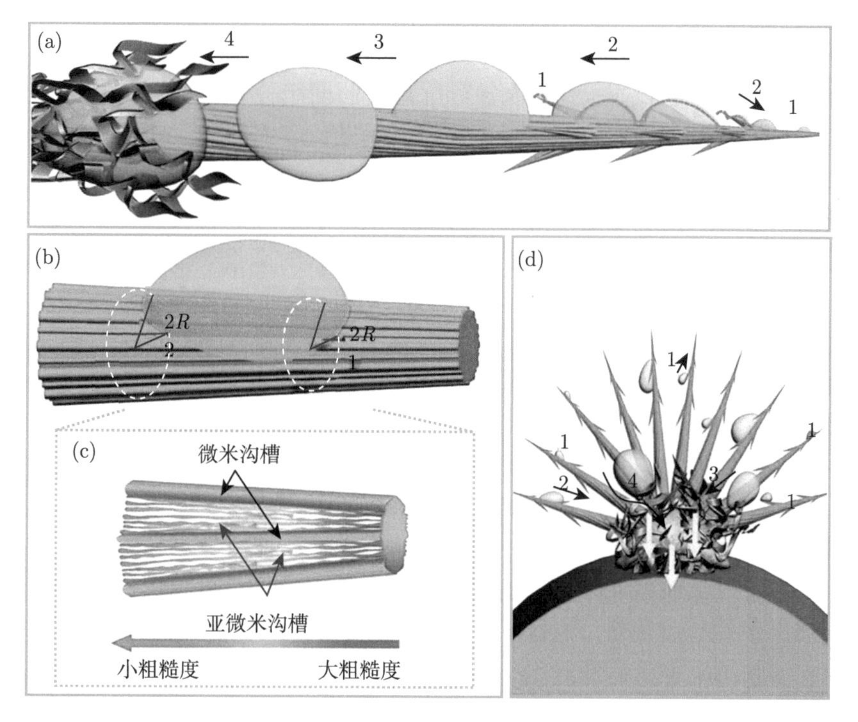

图 2-4　仙人掌刺的水雾收集机制。(a) 水滴在单根刺上单向运输的示意图；(b) 拉普拉斯压力梯度和表面自由能梯度形成了水滴定向运输的驱动力；(c) 多根刺和毛状体组合成的水雾收集系统；(d) 刺-表面协同作用下仙人掌从空气中获得水 [32]

在差异，使得水滴更容易移动到根部。同时梯度沟槽也具有一定的表面能梯度，能产生表面润湿性梯度力。此外，仙人掌刺尖的半径比根部的半径小，因此刺尖处的拉普拉斯压力大于根部，拉普拉斯压力差将促使水滴从刺尖移动到根部。锥刺刺尖和根部的表面能梯度和拉普拉斯压力差在仙人掌的雾水收集过程中起着至关重要的作用。仙人掌多功能的结构集成了雾水的捕获、收集、运输和储存过程，形成了一个高效的定向雾水收集系统。

受到仙人掌茎优异的吸水能力的启发 [57,58]，Lee 等 [59] 设计了一个以仙人掌茎为灵感的三维圆柱形双结构集水系统，用于干旱地区的雾水收集。装置是由超疏水的铜网和超亲水的互穿聚合物网络水凝胶组成，表现出超强的雾水收集性能，雾水收集速率为 209 $mg\cdot cm^{-2}\cdot h^{-1}$。该装置不仅具有抗蒸发功能的储水能力，还具有按需释放水的能力。Heng 等 [45] 将大量小氧化锌线分散在一根大的氧化锌电线上，制备出了一种人工的水收集材料，其中主线和分支线的长度分别控制在 1 mm 和 0.1 mm。同时，这些小氧化锌线的直径从底端到顶端逐渐变小，形成了一个圆锥形的结构，当水滴沉积在氧化锌的顶端时可以自发地向底部运动。在一个相对湿度为 100%的环境下，他们做了两组实验来研究人工材料和仙人掌刺的水收集性能，结果显示人工材料的水收集能力是仙人掌刺的数倍。

Lin 等 [60] 设计了一个受仙人掌叶脉启发的四级分层楔形轨道结构，用于增强定向集水效果。研究人员在室温下通过碱辅助将表面氧化，在聚二甲酸乙二醇酯柔性衬底上生长了氢氧化铜纳米线，表面的纳米线可以促进液滴吸收并为液滴的运输提供丰富的毛细通道。随后，分层的楔形轨道存在拉普拉斯压力差，使水能够自发地输送到某个蓄水区域。仿生雾水收集器的雾收集性能不仅与样品表面的润湿性和结构有关，还取决于含雾地区的风速大小 [61]。雾水收集器在有自然风的地区或一定风速的人造雾流下才能发挥作用。然而，在某些雾区，由于雾的流动能力较低，雾滴可能会在空中和地面上滞留，这将显著降低雾水收集器的收集效率 [62]。同样的，Peng 等 [47] 受启发于仙人掌刺的结构，结合机械穿孔和模板复制技术，将受仙人掌刺启发而设计的脊柱结构和磁性响应的柔性圆锥形阵列结合在一起，制备聚二甲基硅氧烷 (PDMS) 锥阵列，具体如图 2-5 所示，通过在孔中加入定量钴的磁性粒子，然后在磁场的作用下，圆锥形模具左右摆动，从而进行雾水收集。在无风条件下进行的磁感应诱导雾水收集，展示出锥阵列在无风条件下收集雾水的显著优势。Jiang 等 [43] 通过电化学方法制备了具有润湿梯度的仿生仙人掌刺结构表面。通过电化学腐蚀和化学修饰的方法获得了具有润湿性梯度的圆锥形铜线，使水可以自发有效地在其表面上运输。为了在铜线上构建圆锥形结构和实现电化学的梯度腐蚀，他们利用真空蒸发的方法，把一层薄且平的金纳米粒子涂覆在表面，然后将处理过的且尖端朝上的铜线垂直放在加有修饰剂的反应液中，并且在底部缓缓提高反应容器。在此过程中，电化学腐蚀和低表面能成分修饰同时进行，共同形成了一个综合的梯度力作用。研究者观察到水滴在结构表面上快速地迁移，最后聚集在圆锥形铜线的尖端。目前，化学或电化学腐蚀方法和模板成型法是制备仿仙人掌刺结构较常见的途径。然而，由于这些结构需要制成圆锥形，它们面临着易折易断的问题。因此，确保仿生仙人掌刺结构的机械性能和化学性能的稳定性是其在实际工程应用中顺利实施的至关重要的元素。

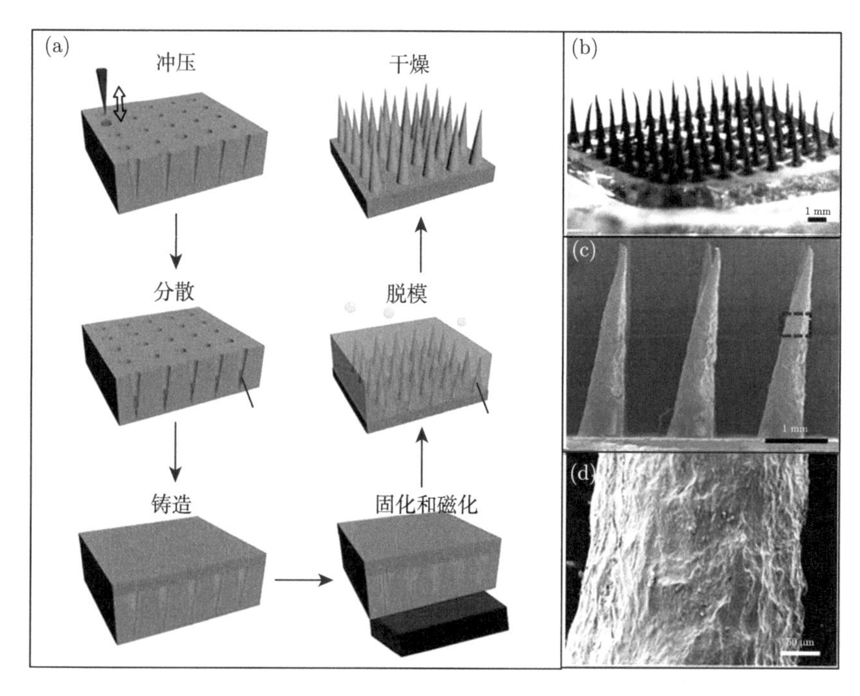

图 2-5 受仙人掌启发的有序磁锥阵列的制作原理图以及相应的光学和扫描电镜图像。(a) 磁锥阵列的制备过程；(b) 光学照片和 (c) 在非磁性衬底层上有序且整齐排列的磁性锥形阵列的 SEM 图像；(d) 磁锥中部的 SEM 放大图 [47]

2.1.2 猪笼草

在自然界中，猪笼草属的植物具有独特的叶子和吸取营养的捕虫笼，这是一个具有宏观和微观径向脊的表面结构，这种结构能够引诱和捕获昆虫等节肢动物，并进一步分解和消化猎物 [63-65]。在空气中，猪笼草的内表面被水润湿后形成水膜，液滴在其表面展示出极强的滑移特性，在一个很小的倾斜角度下，昆虫的脚能从表面迅速滑落，这是由于结构化表面上存在着不混溶的液体薄膜 [66]。首先，下雨或者雾水的凝结会润湿猪笼草开口处的表面，然后开口处蜜腺分泌的花蜜可以形成流体薄膜 (图 2-6(a))，这些蜜腺孔隙位于开口处内边缘的齿状凸起之间 (图 2-6(b))，利于花蜜散布在其表面。同时观察到开口处的结构是由直排的表皮细胞形成规则的径向脊结构所组成的 (图 2-6(c)、(d))，这种有方向性的结构利于将花蜜从内部的蜜腺中运输到表面的边缘。当湿滑的水罐边缘被水“激活”时，昆虫就会“滑水”进入陷阱，这种激活的有效性取决于边缘的表面化学成分和分层的微地形，被动的水激活陷阱需要满足两个条件：第一，水膜在捕虫方向上必须是连续的，沿着通往水罐的通道，以阻止滑动的昆虫重新站稳；第二，水膜必须是稳定的，防止脱水，以避免附着垫和周围的直接接触，从而导致昆虫“水滑”。这两种机制共同形成了一种有效的诱捕机制，使猪笼草能够捕获自然界中一些最熟练的攀登者 [67]。进一步研究其机制，研究者发现猪笼草的捕虫笼口缘处表皮的微纳米尺度的分层结构优化并增强了水分传递方向上的毛细上升作用，使液体可以持续正向填充分层结构，并通过将任何反向移动的水钉固定到位来防止回流，对液体的反向流动呈现出显著的润湿阻碍效应。在猪笼草的捕虫笼口缘处，竖直排列的平滑表皮细胞依次堆叠形成放射脊状结构，沿着捕虫笼内部的方向呈现台阶状层次结构。该结构允许液滴从猪笼草口缘处表皮的内侧传输到外侧，同时阻止了水分沿反方向的运输 (图 2-6(e))。在对肉食植物猪笼草的捕食笼进行仔细研究后，Jiang 等在 2016 年发现水分在猪笼草的捕虫笼口缘处表皮上定向连续输送。

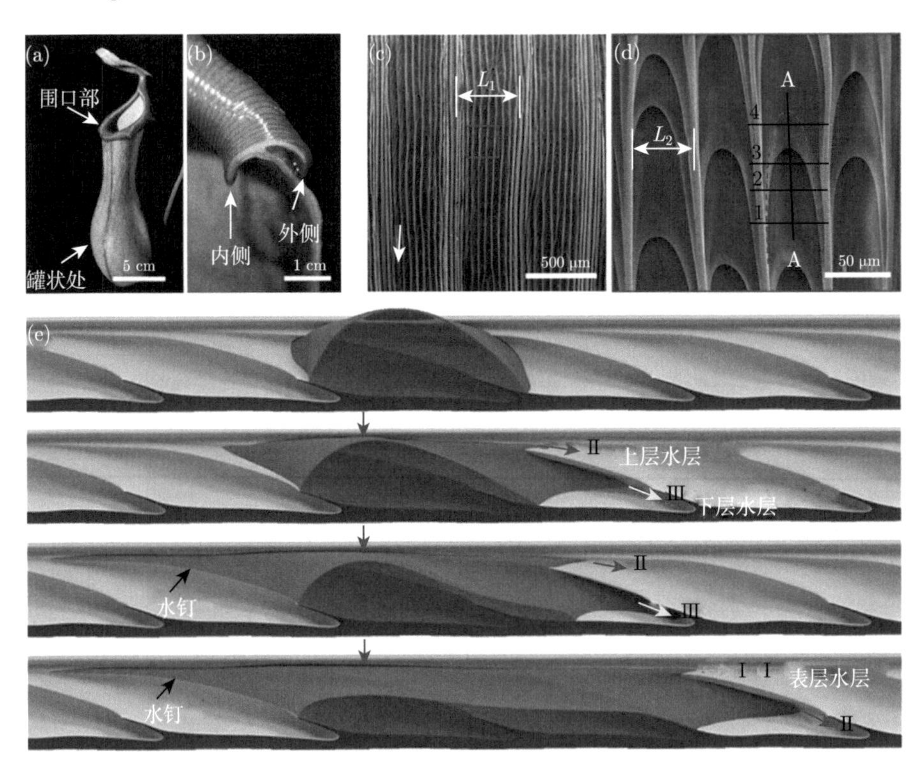

图 2-6 (a) 猪笼草捕虫笼的光学照片；(b) 捕虫笼口缘处的横截面图像；(c) 捕虫笼口缘表面的微槽；(d) 捕虫笼口缘表面的堆叠脊状结构；(e) 口缘处的液滴输送示意图 [68]

因此，猪笼草开口处的结构以及其润湿表面特性为制备雾水收集工程材料提供了潜在思路。

Zheng 等 [69] 设计了一种带有油层的疏水楔形结构来实现液滴运输。在这些结构梯度表面上发生的自发定向运输可以分为两种类型：不留下湿润轨迹的大块运动以及留下湿润轨迹的部分运动。基于猪笼草开口处的结构特征，具有结构梯度的表面被广泛用于多个领域，例如油水分离、雾水收集和微流体等方面 [70-72]。Wu 等 [73] 制备了仿生猪笼草周边表面的材料，主要仿生形貌包括三维楔形角和微沟槽内的锐边，以实现高密度微粒排列，这有助于微滴的超快生成。同时结合纳米颗粒系统 (NPS) 的功能元件，研究者在平行微通道中放置一排半椭圆倾斜微腔。利用毛细管效应，平行微槽将颗粒均匀分布到微通道中，半椭圆斜微腔能够精确捕获单个颗粒，或依次生成特定倾斜方向的微滴阵列。通过简单地调整仿生 NPS 上的前进/后退接触角，结合高密度微粒阵列实现了超快微液滴的生成 (图 2-7)。这种仿生猪笼草设计也为雾水收集工程材料提供了一种潜在的设计思路。目前，仿生猪笼草技术在液滴、颗粒以及细胞的操作方面已经实现了广泛的应用。然而，大多数现有技术需要复杂的流程、操作或外部设置，这值得进一步改善。

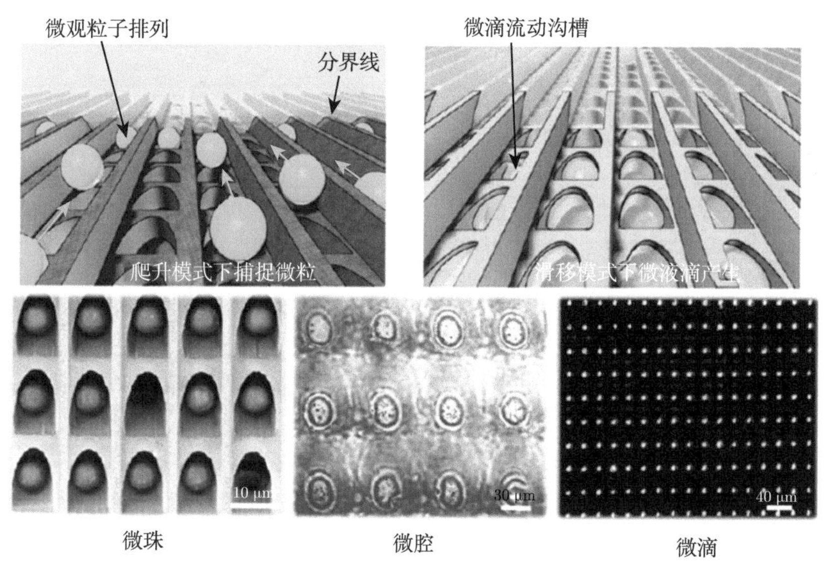

图 2-7　基于仿生猪笼草周缘表面结构上超快微滴的生成和高密度微粒排列图 [73]

2.1.3　铁兰

铁兰 (*Tillandsia*) 又被称为大气凤梨，是一类多年生附生的草本植物，植株无茎，叶呈莲座状丛生。铁兰种类繁多，常见的有淡紫花凤梨、银叶花凤梨和紫花凤梨等，主要分布在厄瓜多尔等美洲热带及亚热带地区。由于缺乏功能根，铁兰类植物依赖于叶片和茎表皮表面上的大型多细胞毛状体来吸收水分和养分以满足它们的生长需求，且该毛状体结构能够帮助铁兰在沙漠的超干旱条件下防止水分蒸发 [74]。以智利阿塔卡马沙漠中的铁兰为例，它们从空气中捕获水分的能力几乎完全依赖于覆盖在叶子上的毛状体 (图 2-8(a)~(c))，毛状体由死细胞组成，外细胞壁异常厚，位于圆顶细胞上 (图 2-8(d)~(f))，而圆顶细胞则是通过两个活细胞的短柄连接外层的盾牌和叶片的叶肉。此外，叶片的厚角质层在圆顶细胞和毛柄周围形成一个管状结构，从而将表面的水引导到足部细胞，在足部细胞内部被吸收 [75]。研究人员观察到，当环境干燥时，中央的屏蔽细胞就像一个不渗透的塞子，沉入圆顶细胞周围的空间，从而防止水向外扩散。而当环境潮湿时，毛状体膨胀，使其高于表皮，为液态水向内流动开辟了一条通道 [76]。在铁兰枝条切割端滴加水滴，研究人员跟踪了水滴在铁兰外表面的分布，实验结果证实了添加的水在这种“大气”附生植物的外表面上存在扩散。相比之下，在形态和生理上相似的缺乏表皮毛状体的植物中，添加到茎切面端的水是通过其内部的木质部流动的，

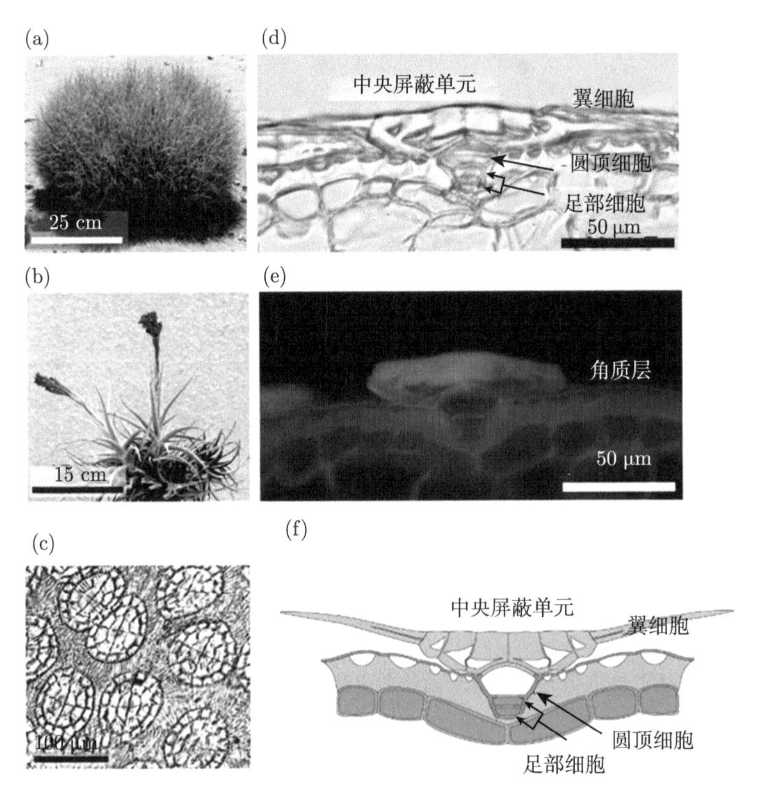

图 2-8 智利阿塔卡马沙漠中的一种铁兰类植物。(a) 和 (b) 沙漠中的铁兰；(c) 毛状体密集层的表面视图；毛状体的薄片的 (d) 透射光学显微照片和 (e) 复合荧光图像；(f) 毛状体结构图。蓝色表示活细胞，白色表示死细胞的腔 [77]

而不是通过其表皮流动的。因此，在铁兰表面水分的运动主要是通过毛状体之间的毛细作用进行的，毛状体在表面形成密集的毛被结构，导致水分不是通过木质部进行内部运输。铁兰的毛状体在水运输过程中是至关重要的，因为通过毛状体吸收水分是铁兰唯一可采用的途径 [77]。占据干旱微生境的“大气”附生藤本植物也受益于通过低枝条木质部的水力传导率，从而减少水分损失。“大气”附生藤本植物的毛状体能够在高和低水电导之间进行切换，这种机制可用于启发设计智能化的雾水收集工程材料。例如，Dumais 等 [78] 对铁兰的集水结构进行了仿生研究，他们用人工薄膜制造并模拟毛状体结构，提出了一种不对称的水运输策略，可用于设计和制备捕获雾水的网格。Truscott 等 [75] 对铁兰根部的苔藓类植物发生快速的水运输现象进行了研究，发现了苔藓类植物具有独特的多尺度结构，揭示了其水收集和运输的机制。这些源自铁兰类植物启发的水运输机制有望成为设计雾水收集和运输的灵感。

2.1.4 其他仿生植物对象

1. 齿肋赤藓

生活在沙漠地区的植物为了获取水分而衍生出多种生存策略，例如叶片面积最小化以减少水分流失 [79]、具有特殊结构的叶片用于获取水分 [80,81]、植物的几何结构与表面化学能量梯度能将水滴输送到植物的有利位置 [31,32]，具有强大根系结构以最大程度吸收地下水 [82,83]。不同于这些植物在沙漠地区的生存策略，齿肋赤藓这种沙漠苔藓植物具有一套独特的“自上而下”多尺度结构的综合集水系统，它不依靠根系吸收地下水而是利用叶片上特殊的芒尖结构从空气中捕获水分 [75]。如图 2-9(a) 所示，叶片顶端上长有白色麦芒，芒尖上分布着从纳米、微米到厘米的多尺度的凹槽和凸起结构。不同尺度的表面几何特征对应着不同的雾水捕获和运输机制。白色芒尖主要由密布的齿刺簇和微纳米级的凹槽组成，在毛细管的作用下，空气中的水分能被超亲水的齿刺迅速捕获，芒尖表面不均匀分布的齿刺簇作为成核位点，这是捕获水源的第一步。随后小水滴凝结并生长为尺寸较大的液滴，储存在芒尖微纳米级的凹槽中。最后当液滴足够大时，就会以较高的速度从芒尖的尖端运输到芒尖的基部，液滴的运输一旦完成，植物表面又开始下一阶段的液滴捕获、生长和运输。齿肋赤藓这种“小结构、大功能”的水分收集与传输系统，为干旱地区仿生雾水收集装置的设计与制备提供了新的思路和见解。

苔藓芒的多功能分级集水机制如图 2-10 所示 [75]，当大气达到露点时，气相中的水分子 (A 区域) 凝聚在苔藓芒的纳米槽上，形成一层薄水膜，填充纳米槽或微槽。当水以雾滴 (B 区域) 的形式存在时，雾滴在微槽和倒钩上撞击被收集，并被聚集成更大的水滴。苔藓芒上倒钩的不均匀分布形成了集水的区域，并为水传输准备更大的水滴 (黄色实线箭头)。当液滴变得足够大并从倒钩簇移动到芒底部时，会发生快速水传输 (C 区域)。当水滴大小超过临界值时，水滴可以以 10~20 mm·s^{-1} 的速度从齿刺簇传输到叶子 (在 50~200 ms 内从尖端传输到叶子)。一旦液滴达到足够大的体积，就会从齿刺簇移动到叶子上，那么湿润的齿刺簇将再次准备好继续收集，回到雾收集和水累积的阶段 (黄色虚线箭头)。

图 2-9　自然界中存在雾水收集现象的植物。(a) 齿肋赤藓 [75]；(b) 芫荽 [84]；(c) 百慕大草；(d) 落叶松；(e) 旱麦草

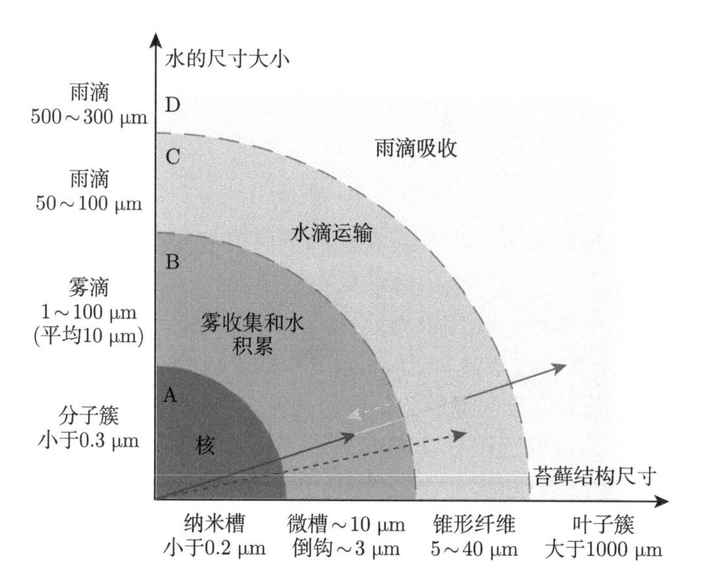

图 2-10 苔藓芒的多功能分级集水机制 [75]

2. 芫荽

芫荽 (*Cotula fallax*) 灌木源于南非，由密集的叶片和覆盖其上的细小绒毛组成，这种多层次的三维结构赋予了它高效的雾水收集性能 (图 2-9(b)) 。在高湿度环境下，小雾珠能在叶片顶端聚集和长大，直至叶片无法支撑而脱落到植物主体中，并与其他下落的液滴发生合并。合并后形成的较大液滴在叶子和绒毛的共同支撑下保存在植物结构中，直至其进一步长大后因失去平衡而落入下方的土壤。

3. 百慕大草 (狗牙根草)

百慕大草是一种随处可见的生物 (图 2-9(c))，属于一种热带草，具有一定的耐旱性，以及在空气中收集雾水的能力 [85]。该植物良好的雾水收集能力主要归因于两个特征表面结构：排列整齐的锥形尖端刺和相互连接的梯度沟槽。雾水首先被捕获并沉积在锥形尖端刺上，然后逐渐生长为大液滴，当达到临界值时，液滴通过相互连接的梯度沟槽输送到尖端底部。因此，百慕大草的表面结构具有捕获、生长、定向运输、收集液滴等特定功能。

4. 落叶松

落叶松是松科落叶松属乔木。小枝下垂或不下垂，枝条二型，有长枝和由长枝上的腋芽长出而生长缓慢的距状短枝；冬芽小，近球形，芽鳞排列紧密，先端钝。叶在长枝上螺旋状散生，在短枝上呈簇生状，倒披针状窄条形，扁平，呈四棱形，柔软 (图 2-9(d))。在我国，落叶松主要分布于大兴安岭、长白山、辽宁西北部等。落叶松的叶片和覆盖在叶片上的细毛构成了一种独特的三维层次结构，依靠该结构收集雾水以适应干旱的环境[84]。叶片上不均匀排列的细毛能形成支撑水滴的垫状结构，先以三维方式包裹水滴，然后通过精细的纳米级凹槽结构固定水滴，同时也防止水滴的脱落。

5. 旱麦草

旱麦草是中生短命禾草，为荒漠和荒漠草原植被的重要组成部分，常见于春季。在我国新疆北部，分布于天山北坡低山丘陵及山前冲积扇平原的荒漠和荒漠草原上。东方旱麦草植物的叶片依赖其多尺度分层表面结构在干旱气候条件下展示出非对称-各向异性雾水收集能力。该植物表面结构包括宏观尺度的凹槽、微观尺度的圆锥体 (沿水流方向倾斜) 和叠加的纳米纹理结构。Badyal 等[86] 通过软光刻技术结合纳米涂层沉积或功能纳米印迹技术制备了具有相似结构的仿生表面，实验表明其具有优异的雾水收集效果。

2.2　仿生雾水收集原型动物

2.2.1　沙漠甲虫

雾水收集的典型仿生对象之一就是纳米布沙漠中的甲虫。2001 年，Parker 和 Lawrence[30] 在国际知名期刊 *Nature* 上发表了一篇关于纳米布沙漠甲虫的研究工作，他们发现甲虫背部表面具有亲疏相间的结构，并证明了其在含雾风的天气条件下可进行高效的雾水收集。正是由于这种特殊的润湿性表面，甲虫在极其干旱的沙漠中也能够捕获水。研究学者发现其翅鞘表面随机分布着直径约为 0.5 mm 的凸起，凸起的间距约为 0.5~1.5 mm (图 2-11)。凸起的顶部表面光滑，形成非蜡质涂层亲水区域，而在凸起侧面以及凸起之间的凹槽区域表面覆盖有一层均匀的疏水蜡质层，从而形成亲疏水相间的特殊表面化学润湿性。当聚集在亲水区域的液滴尺寸达到临界值后，液滴会克服表面的毛细作用力沿着倾斜的背部表面滚落到甲虫的口部区域。另外，风速对液滴的运动轨迹也具有一定影响。利用欧拉第一定律的控制体形式，可以预测液滴沿着表面滚落时的风速：

$$v=\sqrt{\left(\frac{\rho_{\text{水}}}{\rho_{\text{空气}}}\right)\left(\frac{4}{3}\right)Rg\sin\theta} \tag{2-1}$$

其中，v 为风速，R 为液滴半径，g 为重力加速度 ($9.8\ \mathrm{m\cdot s^{-2}}$)，$\theta$ 为表面倾斜角，ρ 为介质密度 ($\rho_{\text{空气}}=1\ \mathrm{kg\cdot m^{-3}}$, $\rho_{\text{水}}=1000\ \mathrm{kg\cdot m^{-3}}$)。结果表明，当风速在 $5\ \mathrm{m\cdot s^{-1}}$ 的条件下 (纳米比亚地区)，液滴尺寸直径要超过 5 mm 才能在倾斜角为 45° 的表面上滚落，这与甲虫在自然界中的水收集行为相吻合，其表面的液滴直径要达到大约 4~5 mm 才能进行持续的水收集过程。沙漠甲虫背部特殊润湿性的发现为制备具有优异性能的雾水收集器提供了思路，对解决干旱地区水资源短缺问题具有重要意义。

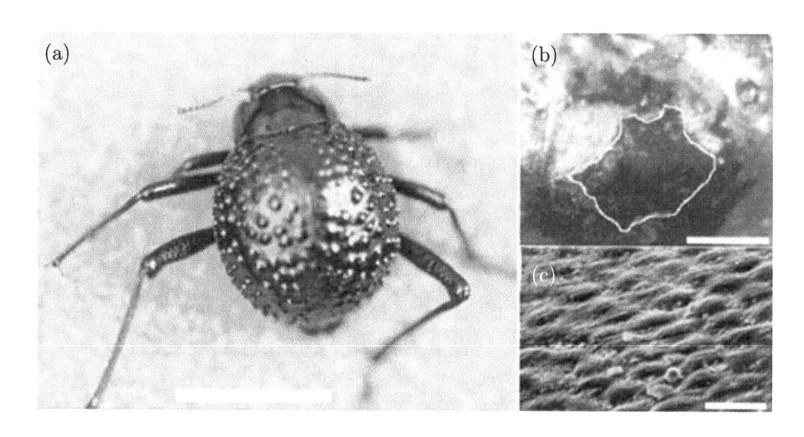

图 2-11 (a) 成年雌性沙漠甲虫背部分布有亲水凸起和疏水凹槽结构；(b) 凸起顶部为非蜡质涂层亲水区域，凸起侧面以及凹槽部分为覆有蜡质层的疏水区域；(c) 凹槽区域粗糙表面的扫描电子显微照片。比例尺分别为: (a) 10 mm，(b) 0.2 mm，(c) 10 μm[30]

自此之后，许多关于仿生纳米布沙漠甲虫背部表面的制备方法及水收集性能的相关研究被陆续报道。仿生制备纳米布沙漠甲虫的表面关键在于构建亲疏水相间的功能性结构。对于这样的一个特殊表面，至少在同一表面上构建两个不同的润湿性区域 (亲水性和疏水性)。目前，有四种常见的制备方法：亲疏水物质的混合法，喷墨打印法，基于面罩的光刻法，以及润湿性转变的响应法。

第一，所谓的混合法就是将疏水物质和亲水物质直接混合在一起，形成亲疏水相间的表面。Wang 等 [87] 采用了一种简单、易操作以及廉价的方法来制备亲水和超疏水相间的材料。Guo 课题组 [88] 也采用混合法制备出了仿甲虫模型的表面。将不同浓度比的铁和钴纳米粒子均匀地涂在织布上，然后用硫醇溶液修饰此表面，从而得到仿生的亲疏水相间的水收集表面。由于硫醇可以修饰钴粒子而不能修饰铁粒子，在合成的表面上钴粒子就充当疏水物质，铁粒子就充当亲水物质，从而形成了类似甲虫背部结构表面的混合复合材料。混合法技术是制备仿甲虫亲疏水相间表面的一种简单和快速的方法，可以大大节约生产成本，亦可在实际生产中广泛应用。

第二，喷墨打印法可精确沉积所需的喷涂液并形成已设计的图案。例如，Zhang 等 [89] 把配制好的多巴胺液滴喷印在超疏水表面，通过多巴胺的原位聚合作用，喷有多巴胺的区域都变成了超亲水的性质，成功在超疏水基底上制备了小的超亲水区域，因此形成了超疏水-超亲水相间的仿生材料表面。这个方法不仅大规模地实现超疏水表面上的图案设计和高度的稳定性，还可实现今后在超疏水表面上的复杂图案的设计。

第三，光刻法的原理与喷墨打印技术类似。带有面罩的光刻法也可以预先设计出想要的图案形状和尺寸，通过改变光面罩的形状和对光的距离就可以设计出不同的图案形状和大小 [90]。光刻法是一个比较复杂的制备仿生的甲虫模型表面的方法，它包括面罩准备、模式转移和模式润湿性的调整等多个步骤。

第四，响应法，仿生纳米布沙漠甲虫表面是在一个表面上构建两种不同的润湿性。一般是将亲水性和疏水性的物质或区域同时构建在同一个表面。在超润湿材料中，有一种可以实现润湿性转变的智能响应型材料。这些智能材料在外部刺激 (如光照、pH、温度、电场、磁场、湿度等) 的作用下，可以进行润湿性转变 [91-95]。但是，沙漠甲虫仿生表面的制备仍然从更精确地得到微纳米尺寸图案以及更合理的疏水/亲水比例出发。因此，Hu 等 [96] 基于声波镊子的方法被用于制造生物激发复合材料结构，采用氧等离子体刻蚀法将微粒暴露在 PDMS 表面，用 120 kHz 和 80 kHz 声波频率以及 1 h 蚀刻时间制成该仿生结构 (图 2-12)。与现有的生物激发复合材料表面制备的方法相比，基于声波镊子的工艺对材料性能的限制更少，只需颗粒与其周围介质 (如聚合物溶液) 之间存在密度差，比材料的电学、磁学、光学和热学性能要求更容易满足。合成的复合薄膜显示出比纯疏水或亲水薄膜具有更高的集水效率。

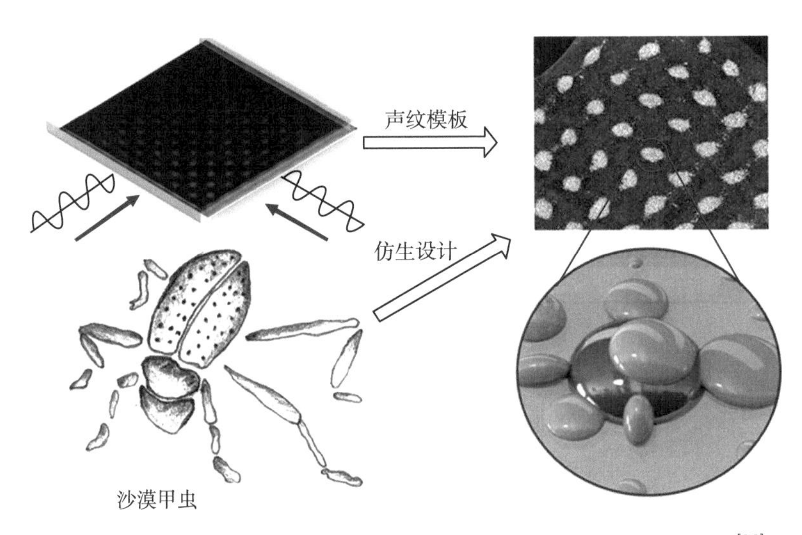

图 2-12　在雾水收集应用中，受沙漠甲虫启发的仿生复合材料设计 [96]

近十年来，这类无需外界能量输入，在非对称润湿性驱动力的作用下，液滴自发从疏水侧向亲水侧单向运输的模式，由于其潜在的价值而广泛运用于雾水收集工程。沙漠甲虫仿生复合材料表面具有更高的集水效率，因此，可以借用仿生复合材料设计和辅助制造技术的优势，设计出成本低、效益高、可持续和节能的仿生雾水收集材料。

2.2.2 草间妩蛛

蜘蛛丝是一种具有湿度感应的由亲水性鞭毛状蛋白组成的丝状纤维。20 世纪 90 年代后，蜘蛛丝由于其优异的生物机械性能一直被广泛关注 [97-99]，但直到 2010 年，其在潮湿空气中的集水能力才首次引起郑咏梅等研究者的关注 [31]。天然蜘蛛丝表面具有独特的纺锤节和接点等湿法重建结构 (图 2-13)，在纺锤节和接点的表面能梯度和拉普拉斯压力的共同影响下，蜘蛛丝表面能实现水滴的不断凝结和定向收集。在干燥状态下，草间妩蛛 (*Uloborus walckenaerius*) 的捕捉丝由周期性分布在两根主轴纤维上的蓬松结构和链接结构组成，它的主要成分是高湿

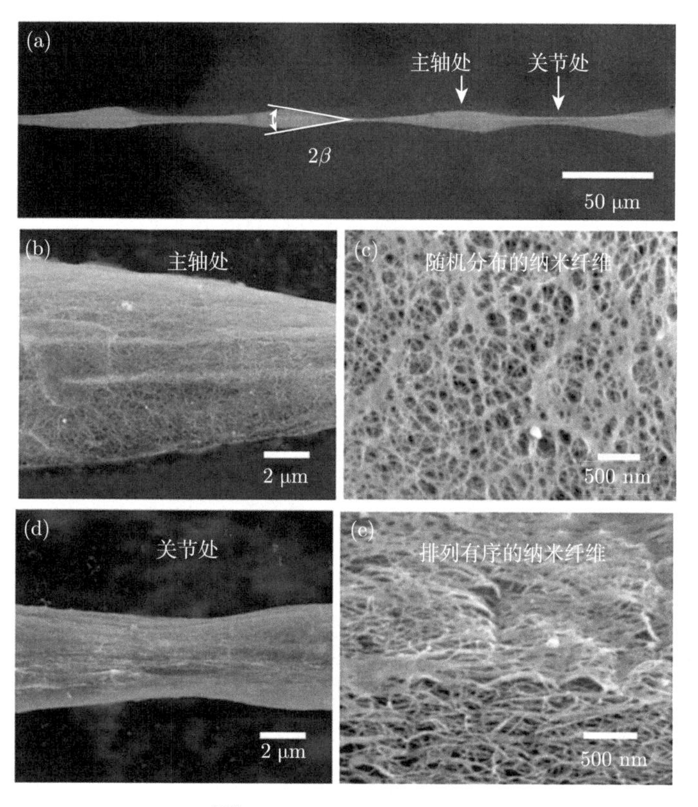

图 2-13 湿法重建蜘蛛丝的结构 [31]。(a) 周期性纺锤节连接细长接头的 SEM 图像，纺锤节的顶点角 (2β) 约为 19°；(b) 低倍率和 (c) 高倍率图显示纺锤节是由纳米纤维随机交织的；(d) 低倍率和 (e) 高倍率关节图，由相对平行于丝轴排列的纳米纤维组成

度敏感的亲水蛋白质。在潮湿状态下，这些蓬松结构能收缩成不透明的凸起，最后转变成具有周期性的直径较粗的纺锤结构和直径较细的链接结构 (图 2-13)。

纺锤结构和链接结构的直径分别约为 (21.0 ± 2.7) μm 和 (5.9 ± 1.2) μm，两者的间距约为 (89.3 ± 13.5) μm(图 2-13)。其中，纺锤结构由高度随机的纳米纤维组成，链接结构由相对平行于丝纤维轴的纳米纤维组成。虽然两者表面的化学组分差异不大，但纺锤结构表现出更大的粗糙度。此外，蜘蛛丝的每一个纺锤节的直径呈梯度变化。根据 Wenzel 方程 [100]：

$$\cos\theta_{\mathrm{W}} = r\cos\theta \tag{2-2}$$

其中，r 为表面粗糙度，θ 和 θ_{W} 分别为表观接触角和本征接触角。对于表面亲水的蜘蛛丝，纺锤结构区域的粗糙度较大因而比链接区域更加亲水 [101-103]。由表面粗糙度差异引起的表面能梯度所产生的力可以表示为 [104,105]

$$F = \int_{L_{\mathrm{j}}}^{L_{\mathrm{k}}} \gamma\left(\cos\theta_{\mathrm{ad}} - \cos\theta_{\mathrm{re}}\right)\mathrm{d}l \tag{2-3}$$

其中，γ 为水的表面张力，θ_{ad} 和 θ_{re} 分别为水滴在蜘蛛丝上的前进接触角和后退接触角，$\mathrm{d}l$ 是从链接结构 (L_{j}) 到纺锤结构 (L_{k}) 长度的积分变量。这个力会驱动液滴从链接区域移动到更加亲水的纺锤结构区域，从而实现液体的定向运输。驱动液滴定向运输的第二个可能的力来源于纺锤结构的几何特征。纺锤节可以看作两个相对弯曲并连接在一起的锥形物体，这种具有曲率梯度的圆锥体会引起拉普拉斯压力差，从而驱动水滴的定向运输。纺锤结构上的拉普拉斯压力差可以表示为 [31,32,106]

$$\Delta P = \int_{R_1}^{R_2} \frac{2\gamma}{\left(R+R_0\right)^2}\sin\beta\mathrm{d}z \tag{2-4}$$

其中，R 为锥形体局部半径；$R_0=(3V/4\pi)^{1/3}$ 为液滴半径, V 为液滴体积；γ 为水的表面张力；β 为纺锤节顶角的 1/2；$\mathrm{d}z$ 为纺锤节直径的积分变量。拉普拉斯压力在曲率较大的链接区域 (局部半径为 R_1) 大于曲率较小的纺锤结构区域 (局部半径为 R_2)，因此，水滴内部产生的拉普拉斯压力差会驱动液滴从链接区域向纺锤结构区域移动。

纺锤结构和链接结构的组合模式赋予了蜘蛛丝独特的表面能梯度和几何结构梯度。这两种梯度共同提供液滴定向传送的驱动力。表面能梯度提供了表面润湿驱动力，使得水滴更倾向于向更亲水区域运动，几何结构梯度可以对液滴产生拉普拉斯附加压力驱动液滴向着直径更大的方向运动。蜘蛛丝的亲水性及表面的纳米级纤维结构进一步强化了这种液滴定向传送的能力 (图 2-14)。这种特定的雾水收集机制为实现高效的雾水收集提供了理论基础和实验依据，对一维仿生超润湿材料的制备具有重要指导作用。

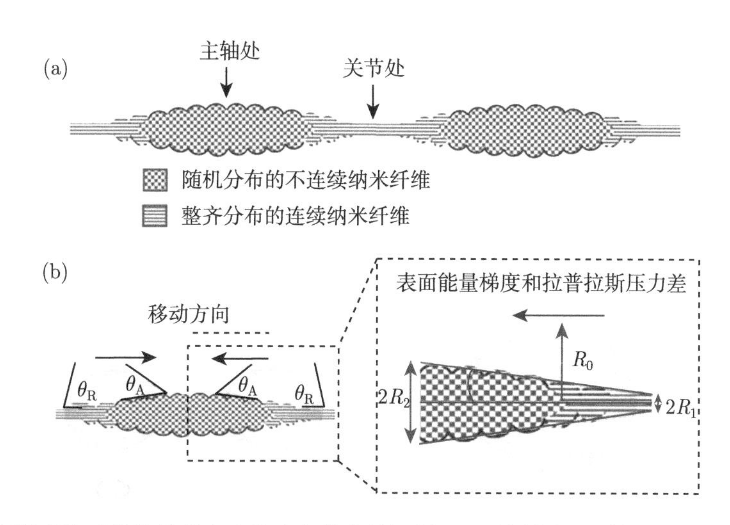

图 2-14 润湿重构后的蜘蛛丝上水滴定向收集的机制。(a) 纺锤节 (主轴处) 和链接结构 (关节处) 的示意图；(b) 驱使水滴定向移动的表面能梯度和拉普拉斯压力差模型 [31]

目前，有四种已经被大量报道的制备仿生蜘蛛丝材料的方法，即浸涂法 [35,38] (图 2-15(a))、电动力学方法 [98,104] (图 2-15(b))、微流控法 [40] (图 2-15(c))、流体喷涂法 [103,107] (图 2-15(d))。在 Zheng 等 [37] 的一个研究中，研究者将聚乙酸乙酯、聚甲基丙烯酸甲酯 (PMMA)、聚苯乙烯 (PS) 和聚偏二氟乙烯 (PVDF) 四种聚合物涂在人工制作的纺锤节上，制备成了人工丝状物，该丝状物从性质和结构上都与蜘蛛丝相似，具有良好的捕获水能力。为了进一步研究水收集能力的大小与周期性纺锤节结构的关系，研究人员紧接着合成了一些具有聚偏氟乙烯纺锤节的仿生纤维 [108]。相较于普通的纤维，仿生纤维上的水收集效果更好，其表面上的纺锤节可以作为水分子的沉积和收集位点。Tian 等 [109] 结合静电纺丝技术和电喷涂方法在电气化轴向喷射中来合成珠状线的异质纤维。亲水的聚乙二醇压印在疏水的聚苯乙烯纤维线上，形成了类似于蜘蛛丝上的纺锤节结构。与此同时，Zhao 等 [109] 也制备了类似的珠状纤维线材料，主要是结合 PMMA 和四氯化钛 ($TiCl_4$) 水解的纳米颗粒通过静电纺丝技术来制备。

在最近一个研究报道中，Chu 等 [41] 利用一个简单快捷的微流技术制备了蜘蛛丝状的微纤维。该制备方法是通过一系列的化学交联作用，溶液蒸发和干燥，微流体产生的液体喷射出相应的模板来使磁性四氧化三铁长在藻酸钙微纤维上，最终形成了蜘蛛丝状的纺锤节和细线。纺锤节和细线的大小会随着喷出流体的速率大小而变化。由于纺锤节上存在四氧化三铁 (Fe_3O_4)，改变磁场可以改变纺锤节的结构和大小，从而获得具备更好的水收集功能的仿生结构。当然，也可以通过流体喷涂技术来大规模地获取便宜且坚韧的仿生纤维。作为一种常见的方法，流体喷涂技术应用在制备纤维上已经很长时间了。迄今为止，该技术已被广泛应用于多个领域，如抗腐蚀性的金属线、高机械性能的纤维以及蜡烛制造行业等。利用这种方法，Jiang 等 [35] 大规模制备了仿生纤维，在其表面上有着周期性的纺锤节。他们把内径为 400 μm 的毛细管紧紧地固定在尼龙纤维上，然后泡在盛有 PMMA 和二甲基酰胺 (DMF) 聚合物溶液的容器里，在尼龙纤维的另一头连接着一个发动机。一旦发动机启动，纤维线被拉出，并且聚合物也涂在表面。最后置于空气中，通过雷诺不稳定性形成类似于蜘蛛丝上珠状结构的圆球状聚合物纺锤节。PMMA 与 DMF 的比例和纤维线拉出的速率影响纺锤节的形成，进而决定了该仿生结构最终的水收集效率。

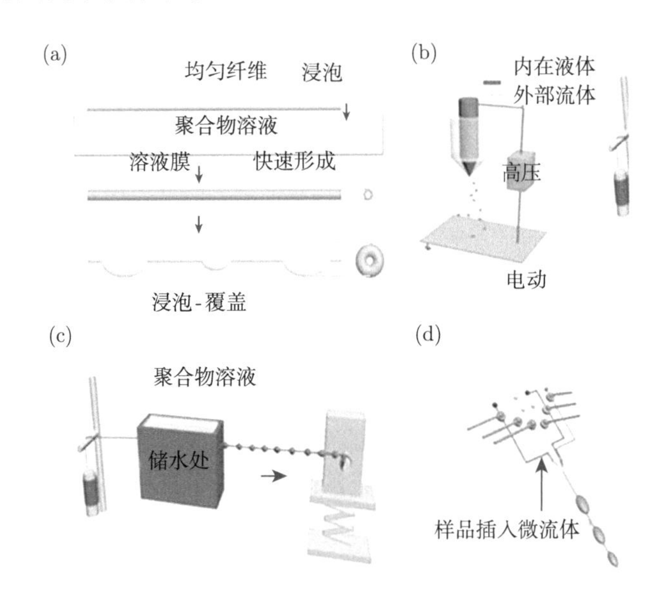

图 2-15　仿生蜘蛛丝材料的四种制备方法。(a) 浸涂法 [35,38]；(b) 电动力学方法 [98,104]；(c) 微流控法 [40]；(d) 流体喷涂法 [103,107]

2.2.3　沙漠蜥蜴

自然界中，生活在干旱环境中的生物已经展现了各种各样的水收集策略，比如说蜥蜴进化出了各种各样的表皮结构，其表皮上的褶皱、凹槽和裂缝可作为水收集系统以及水运输通道，进而使蜥蜴从大自然中获得水资源 (图 2-16(a))[33]。在夜间，蜥蜴外表皮肤随着外部环境的温度降低而降低时，水会沉积在亲水的皮肤表面上，并通过褶皱的表皮中形成的相互连接的毛细血管系统被输送到口腔。这个过程是一个不需要额外外部能量驱动的集水过程 [110,111]。沙漠蜥蜴，包括澳大利亚刺魔鬼蜥和得克萨斯角蜥，从鳞片表皮上来看，从外到内由三层组成：β-角蛋白层、抽象层和 α-角蛋白层。β-角蛋白层由刚性蛋白组成，而 α-角蛋白层由柔性蛋白组成 [112]。从蜥蜴的层状表皮上来看，整个层状表皮上形成了带有鳞片的折叠结构，这些表皮上的鳞片间通道和微纳米尺寸的结构与半管式毛细管系统相互连接，协同作用下实现了对水流的毛细管驱动控制 (图 2-16(b))。沙漠蜥蜴的水分收集包括两个要素: 与特殊身体姿势相结合的特定行为，以及允许将水分收集和输送到口腔的特定表皮形态 [113,114]。大多数吸湿沙漠蜥蜴的典型身体姿势包括类似的后肢伸展和低头，在这种姿态下，重力被用来支持皮肤微结构和通道的功能，保证了蜥蜴被膜的不透水性，从而使蜥蜴在干燥环境中易于生存 [111]。同时，水在鳞片之间的通道中运输，而不是简单地散布在皮肤表面，因此大多数鳞片表面在运输过程中没有被水覆盖。水在管道中的运输避免了湿润大部分的体表，因此水的损失体积更小 [115]。人们发现，蜥蜴体内还存在两种结构，这使得蜥蜴能够饮用水的同时储存一定的水在体内。首先，在分层通道结构中，腔体可以迅速将水吸收到其大容量通道系统中，而毛细结构则延长了运输距离。其次，蜥蜴还拥

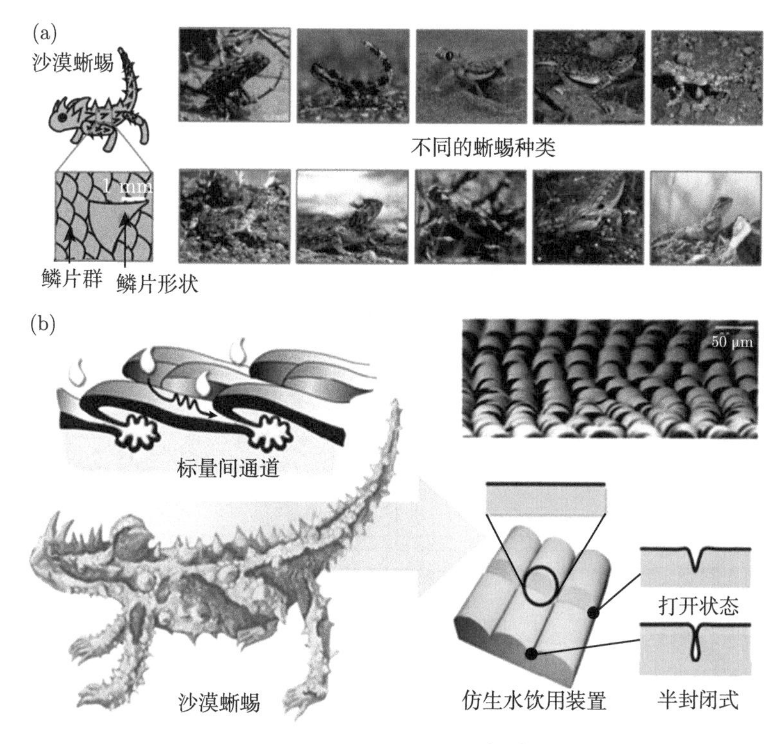

图 2-16 沙漠蜥蜴表面鳞片示意图。(a) 沙漠蜥蜴物种 [117]；(b) 水收集结构设计的灵感来自于沙漠蜥蜴的表皮 [118]

有非对称相连接的网络结构，该结构形成了单一通道，使得液体可被定向输送，而特定的相互连接有助于水向口腔输送 [116]。

现有的仿生设计很少关注蜥蜴。多数是基于对猪笼草和仙人掌的仿生研究，但是作者认为研究蜥蜴的表皮结构有广阔的前景。沙漠蜥蜴鳞片连接处的半开放半管状通道这种自然发生的、定义明确的水运输和湿润控制策略对雾水收集和露水收集存在指导意义。Cha 等 [118] 受蜥蜴表皮结构的启发，通过控制裂缝和褶皱结构的形成设计了流体网络的混合结构。经过光刻法制成预模，随后通过应力和部分氧化形成通道结构，最后在表面上刻痕沟槽形成半封闭通道。由于裂缝和褶皱相互连通，水可以通过毛细作用自发地从表面裂缝输送到内部褶皱通道中。此外，由于裂缝和褶皱的形状可调，流体网络可以通过施加机械应变来调节。这种在流体网络上的调制可以用来控制水的流量。这些研究表明蜥蜴体内对流体运输控制的机制可以作为水收集及水运输的一种机制。

沙漠蜥蜴表皮上还存在着框状凸起，该结构可促进输送方向随着毛细血管上升，防止回流，这种非对称液体扩散原理实现了仿生微槽结构的单向液体输送 [119]。此外，这种与仙人掌相似的刺，可以作为凝结灶 (图 2-17)。皮肤表面的微纹饰可以增加表面亲水性。在理解蜥蜴水收集原理的同时也为制备雾水收集工程结构和系统提供了设计策略。

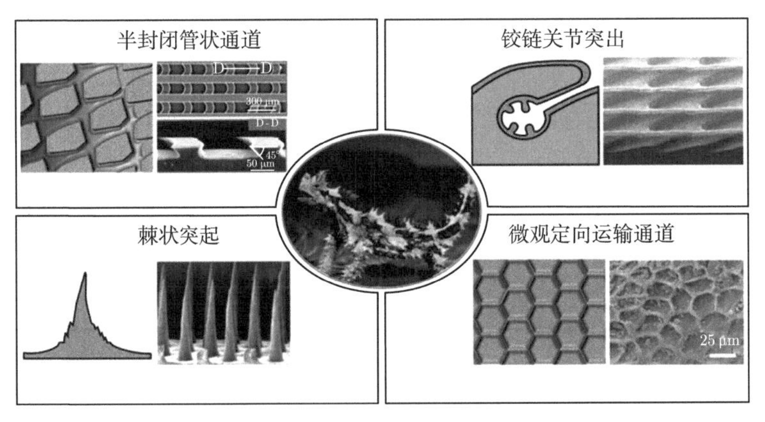

图 2-17 仿生沙漠蜥蜴表皮结构的水管理属性及其制备方法 [117]

2.2.4 其他动物启发

1. 贻贝

贻贝是一种具有多种用途的潜在资源，对其黏附特性的研究为开发雾水收集表面起到重要作用。贻贝的黏附是由其生物结构中含有的足丝产生的，每根足丝都由足丝线和足丝斑块组成。足丝线的内部为足丝核心，外部则是以角质层为主的足丝表皮，而足丝线的末端则分别扩大形成泡沫状的足丝斑块，且足丝斑块也由足丝表皮包裹。附属腺 (accessory gland)、胶原腺 (collagen gland) 和酚腺 (phenol gland) 分别负责足丝表皮、足丝核心和足丝斑块的分子合成与储存，这些腺体所分泌蛋白 (Mfp) 是足丝中发挥黏附作用的主要原因 [120]。研究表明，Mfp 具有很强的黏附力和内聚力，因此 Mfp 可黏附到各种有机物或无机物表面，同时不发生撕裂，Mfp 与不同类型底物上的化学键包括氢键、金属-邻苯二酚配位键 [121,122]。

在雾水收集工程中，贻贝具有亲水性生物黏附物质多巴胺 (DA) 溶液，多巴胺可黏附在 Cassie 超疏水表面，然后，在超疏水表面上建亲水性聚多巴胺 (PDA) 图案。因此，结合 DA 的自聚合，可获得特殊润湿性的捕雾表面。例如 (图 2-18)，通过用二氯甲烷 (DCM) 预润湿，来自贻贝的亲水性和生物黏附性多巴胺溶液可以滴到具有 0.1 μL 超低体积的 Cassie 超疏水铜表面上，由此低表面张力 DCM 将“掩盖”高表面张力 DA。随着 DCM 的挥发，DA 附着在 Cassie 超疏水表面上，然后会自聚合成亲水性聚多巴胺区域，因此受贻贝的启发，可以成功地开发具有高效吸水性的亲水/超疏水图案化表面。这种制备方式广泛应用于 Cassie 状态下的大量超疏水材料，如铁板、锌板、铜丝、棉织物、铜网和镍泡沫，有望在工业上实现大规模生产简便、廉价的仿生捕雾表面 [123]。

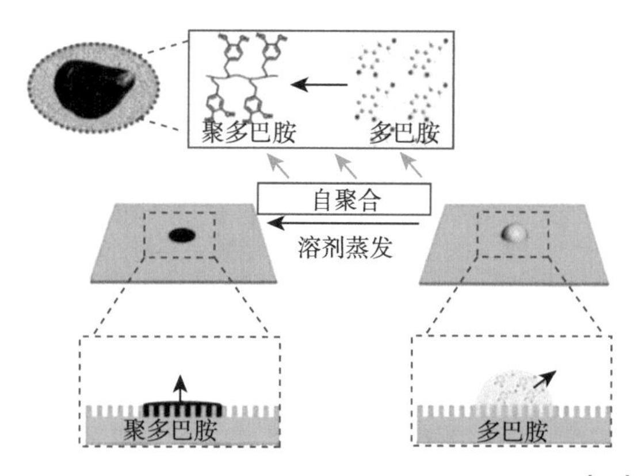

图 2-18 贻贝启发的高效雾水收集材料表面设计 [123]

2. 毛毛虫和蚯蚓

在自然界中存在大小不一、形态各异的毛毛虫，这是由取食不同的植物种类和部位等多种因素造成的。但绝大多数毛毛虫的身体为细长管状，柔软而分节，由头、胸、腹三部分组成，体表多生有斑纹、线条和体毛，身体各部分常生有刚毛、毛瘤、毛撮、毛突和枝刺等。体表瘤状凸起上着生刚毛，称为毛瘤; 毛长而密集成簇或成撮，称毛簇或毛撮。有些种类具刺，刺上分枝的称枝刺。这些体毛结构能够为设计集雾表面提供灵感。

蚯蚓整体呈圆柱状，细长，各体节相似，节与节之间为节间沟。蚯蚓整个身体上的体壁由角质膜、上皮、环肌层、纵肌层和体腔上皮等构成。最外层为单层柱状上皮细胞，这些细胞的分泌物形成角质膜。此膜极薄，由胶原纤维和非纤维层构成，上有小孔。柱状上皮细胞间杂以腺细胞，分为黏液细胞和蛋白细胞，能分泌黏液可使体表湿润。蚯蚓遇到剧烈刺激，黏液细胞大量分泌包裹身体成黏液膜，有保护作用。基于它们复杂的表皮腺体自润滑机制，黏液细胞在外界机械刺激下不断分泌黏液，由宏观环带和微纹组成的粗糙皮肤可以稳定分泌的黏液，形成厚厚的光滑层，表现出一种可以通过黏性土壤而不会产生污渍的润滑特性 [124]。这种润滑特性不仅能够抗磨、减阻、节能，同时在雾水收集过程中也能快速转移、去除液滴，进而提高雾水收集效率。

受毛毛虫和蚯蚓表面的启发，郭志光教授课题组 [125] 设计了具有梯度润湿性的超亲水-超疏水-光滑注入润滑剂的协同多孔表面 (图 2-19)。灵感来自毛毛虫的纤维毛状体被粗糙的 Fe_3O_4 纳米颗粒 (NPs) 覆盖，允许微小的雾滴被超亲水尖端从潮湿的空气中捕获。然后在蚯蚓表皮启发下构建的超滑区域的中部区域被快速去除，并由浸入润滑剂中获得的快速液滴输送。受毛毛虫和蚯蚓表面启发的多孔表面除了表现出优异的雾收集性能外，还在泥浆中具有持续的防污能力，这扩

图 2-19　仿毛毛虫和蚯蚓制备的一种具有特殊润湿性的纤维毛状体用于高效集雾 [125]

展了其潜在应用范围，例如自驱动集水、自浮溢油清理、减少摩擦和耐磨性、高效防污。

3. 蝉翼

蝉是昆虫纲半翅目颈喙亚目中的一科，有 2000 多种，广泛分布于温带至亚热带地区，多栖居于沙漠、草原和森林。大多数蝉成虫体长为 2~7 cm，有两对膜翅，形状基本相同，多为透明或半透明状，有明显翅脉。蝉翼是专业化的飞行器官，尺寸变化很大，成虫翼展为 4.5~17.5 cm。大多数蝉翼是由一系列纵脉、交叉脉和这些翅脉所包围的区域组成，主要成分是蛋白质、几丁质和蜡质 [126]。蝉翼表面纳米结构形态和昆虫复眼的单个小眼形态类似，每个纳米乳突结构的形态基本一致且在各个方向上具有相近的间距 (200~1000 nm)，蝉翼表面乳突结构具有较大的纵横比，顶部呈现出轻微的弧形，高度在 225~250 nm 之间。此外，蝉翼表面翅脉上也具有类似的纳米乳突结构 [127]。蝉翼表面纳米结构的形态大致为圆柱形和圆锥形两种，结构形态上的细微差异导致了蝉翼表面润湿与光学性能的不同 [128]，这些纳米结构也为设计特殊润湿性表面提供了灵感。

例如，在蝉的翼脉处可以很容易地清除翅膀表面的水滴、花粉或灰尘，这种液滴快速去除的现象可以被运用在雾水收集工程中。Mi 等 [129] 的团队首次揭示了蝉翼脉的梯度润湿状态，即从翼脚处到翼尖处，由 Wenzel 状态 (亲水) 过渡到 Cassie-Baxter 状态 (超疏水)，这是由于其表面纳米柱的半径、高度和间隙的不同 (图 2-20)。在蝉翼上，超疏水区对液滴的黏附力小于亲水区。因此，积累的液滴容易从超疏水区域滚落到亲水区域，在轻微抖动的情况下仍能保持翼上的轻重量状态。这种天然翼表面的纳米柱和梯度润湿状态在雾收集和液滴运输过程中起着关键作用。

4. 水鸟

水鸟是在水面上生存和活动的鸟类的总称，常见的水鸟包括丹顶鹤、鸳鸯、白鹭等，水鸟主要以小型甲壳类动物和其他无脊椎动物为食。人们发现这些水鸟的进食机制是利用表面张力引起的毫米大小的液滴来运输猎物，鸟通过像镊子一样反复张开和关闭它的嘴，以类似棘轮转动的方式将液滴及其携带的猎物从喙尖移动到嘴里。当喙是张开状态时，提供了一个锥形的液体通道，产生了一个不对称的拉普拉斯压力来推动液滴的定向运动。当喙处于关闭状态时，捕获的液滴通过毛细管作用进行定向运输。喙的反复开合动作成功地将水滴送入水鸟的嘴里 [130]。

受此启发，Liu 等 [131] 将类似原理应用在一种水凝胶的“开关”中 (图 2-21(a) 和 (b))，结合湿/干状态下不同膨胀率的水凝胶特性，两根铜线可以根据湿度变化从锥形结构可逆切换到平行结构 (图 2-21(g))。在干燥条件下，锥形结构产生的拉普拉斯压力差能够推动微液滴的定向运动；同时，通过控制固体表面的化学性质

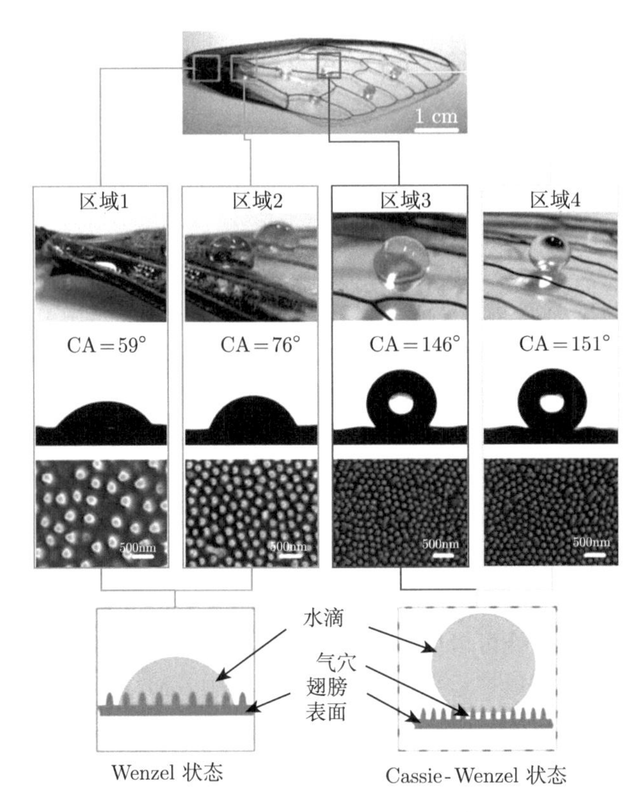

图 2-20　翼脉湿润状态的变化

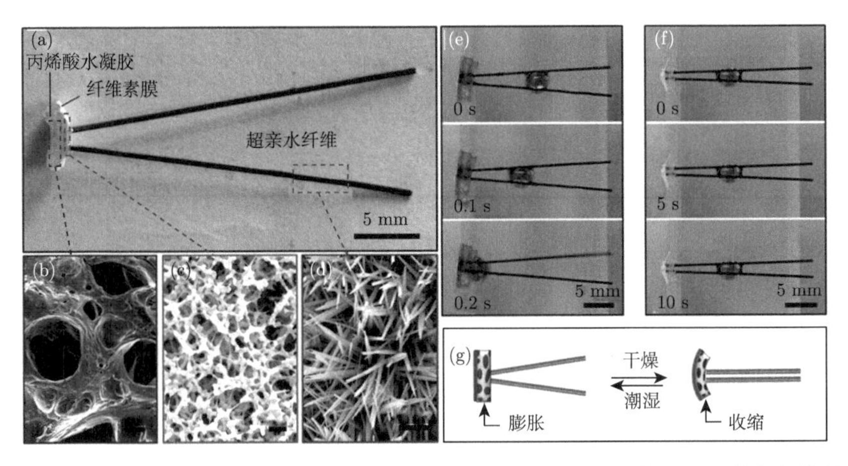

图 2-21　仿水鸟喙的仿生定向液体输送开关。(a)~(d) 开关的光学示意图以及其各部位的 SEM 图像; (e) 开关处于“打开”状态，水凝胶膨胀时水滴快速定向输送的俯视图; (f) 开关处于“关闭”状态，水凝胶收缩时微液滴被钉住的俯视图; (g) 开关的开合响应性示意图: 膨胀时开关处于打开状态，收缩时处于闭合状态 [131]

和粗糙度来改变润湿性，有效地实现了液滴的滑动 (图 2-21(e) 和 (f))。在潮湿状态下，由于两个微纤维的平行排列，开关关闭，液滴被钉在表面上。在研究中，通过改变水凝胶驱动系统的方向，开关的开合运动也可以逆转，即水化时开关打开，干燥时开关关闭。智能开关可以通过湿度的变化来控制液滴的定向输送。因此，这项设计中的开关可以通过湿度的变化来控制液滴的定向输送，从而实现雾水收集、液体操纵等功能。

5. 沙漠蛇

沙漠蛇，脊索动物门爬行纲下的一类动物，身体主要分为头、躯干和尾三部分，无四肢，周身被鳞。沙漠蛇有响尾蛇、沙漠眼镜蛇、锯鳞蝰、角蝰等种类，大部分的沙漠蛇主要生活在环境恶劣的沙漠中 (图 2-22)，与陆生脊椎动物的其他种群类似，沙漠蛇这种爬行动物可以利用自身表皮和调整身体的姿态，进行有效的水收集，它们背部鳞片的表面特性和身体的姿态在这一过程中起着关键作用。在没有独立水源的干旱和炎热的环境中，沙漠蛇会利用身体收集雨水供其饮用。在取水过程中，在集水开始后，躺在地上的蛇立即开始盘绕。盘绕从头部开始，向前后方向进行，头部始终转向线圈的中心，并与身体紧密接触，身体线圈彼此紧密接触，将水直接保留在身体内。此外，水滴也可附着在蛇的体表。然后蛇开始放松身体的盘绕，并将它的嘴唇缓慢地穿过整个身体，将水收集至体内 [132-134]。进一步研究其表皮的集水机制，发现蛇表面的鳞片具有更高的水接触角和密集的迷宫状纳米结构。当与雨水相互作用时，这种浅纳米纹理通过固定三相接触线牢固地捕获水滴 [119]。同时，沙漠蛇表皮上的鳞片凸起和边界区域结构，也可能在集水中发挥重要作用，鳞片凸起部分是指鳞片的宏观凸起，位于中心向上延伸，鳞片凸起结构有助于分裂一些大液滴，使液滴的韦伯数降低。而边界区域是薄的，大部分为直的边界，可以将纳米纹理分离成四到五边的区域，直径为 30~50 mm，这些微尺度的边界也可能有助于固定液滴 [117]。沙漠蛇收集水的方式，可以为设计结构化和智能化雾水收集材料提供启发。

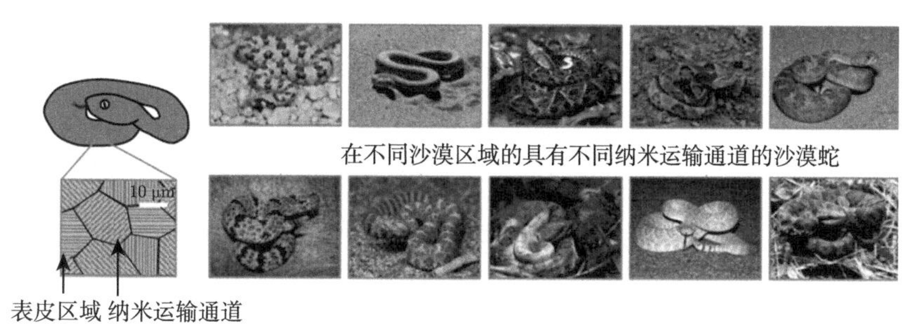

图 2-22　沙漠蛇皮肤表面纳米通道示意图以及在不同沙漠区域的沙漠蛇的种类 [117]

参考文献

[1] Meyers M A, Chen P Y, Lin A Y M, et al. Biological materials: Structure and mechanical properties. Progress in Materials Science, 2008, 53: 1-206

[2] Woodyer R, Chen W, Zhao H. Outrunning nature: Directed evolution of superior biocatalysts. Journal of Chemical Education, 2004, 81: 126

[3] Peisajovich S G. Evolutionary synthetic biology. ACS Synthetic Biology, 2012, 1: 199-210

[4] Gou N, Yuan S, Lan J, et al. A quantitative toxicogenomics assay reveals the evolution and nature of toxicity during the transformation of environmental pollutants. Environmental Science & Technology, 2014, 48: 8855-8863

[5] D'Alessio L, Rigol M. Dynamical preparation of Floquet Chern insulators. Nature Communications, 2015, 6: 8336

[6] Wise E L, Rayment I. Understanding the importance of protein structure to nature's routes for divergent evolution in TIM barrel enzymes. Accounts of Chemical Research, 2004, 37: 149-158

[7] Walther A, Bjurhager I, Malho J M, et al. Large-area, lightweight and thick biomimetic composites with superior material properties via fast, economic, and green pathways. Nano Letters, 2010, 10: 2742-2748

[8] Bixler G D, Bhushan B. Bioinspired rice leaf and butterfly wing surface structures combining shark skin and lotus effects. Soft Matter, 2012, 8: 11271-11284

[9] Sakhavand N, Shahsavari R. Universal composition-structure-property maps for natural and biomimetic platelet-matrix composites and stacked heterostructures. Nature Communications, 2015, 6: 6523

[10] Razzak M, de Brabander J K. Lessons and revelations from biomimetic syntheses. Nature Chemical Biology, 2011, 7: 865-875

[11] Marguet M, Bonduelle C, Lecommandoux S. Multicompartmentalized polymeric systems: Towards biomimetic cellular structure and function. Chemical Society Reviews, 2013, 42: 512-529

[12] Liu Y, Lu Y, Liu Z. Restricted access boronate affinity porous monolith as a protein a mimetic for the specific capture of immunoglobulin G. Chemical Science, 2012, 3: 1467-1471

[13] Hou X, Guo W, Jiang L. Biomimetic smart nanopores and nanochannels. Chemical Society Reviews, 2011, 40: 2385-2401

[14] Balmert S C, Little S R. Biomimetic delivery with micro-and nanoparticles. Advanced Materials, 2012, 24: 3757-3778

[15] Wen L, Tian Y, Jiang L. Bioinspired super-wettability from fundamental research to practical applications. Angewandte Chemie (International Edition), 2015, 54: 3387-3399

[16] Shao Y, Fu J. Integrated micro/nanoengineered functional biomaterials for cell mechanics and mechanobiology: A materials perspective. Advanced Materials, 2014, 26:

1494-1533

[17] Stadler A M, Embs J P, Digel I, et al. Cytoplasmic water and hydration layer dynamics in human red blood cells. Journal of the American Chemical Society, 2008, 130: 16852-16853

[18] Hoekstra A Y, Wiedmann T O. Humanity's unsustainable environmental footprint. Science, 2014, 344: 1114-1117

[19] Gawor A, Wania F. Using quantitative structural property relationships, chemical fate models, and the chemical partitioning space to investigate the potential for long range transport and bioaccumulation of complex halogenated chemical mixtures. Environmental Science: Processes & Impacts, 2013, 15: 1671-1684

[20] Gilbertson L M, Zimmerman J B, Plata D L, et al. Designing nanomaterials to maximize performance and minimize undesirable implications guided by the Principles of Green Chemistry. Chemical Society Reviews, 2015, 44: 5758-5777

[21] Mansur A R, Oh D H. Combined effects of thermosonication and slightly acidic electrolyzed water on the microbial quality and shelf life extension of fresh-cut kale during refrigeration storage. Food Microbiology, 2015, 51: 154-162

[22] Carroll H A, Davis M G, Papadaki A. Higher plain water intake is associated with lower type 2 diabetes risk: A cross-sectional study in humans. Nutrition Research, 2015, 35: 865-872

[23] Klemm O, Schemenauer R S, Lummerich A, et al. Fog as a fresh-water resource: Overview and perspectives. AMBIO, 2012, 41: 221-234

[24] Shanyengana E S, Henschel J R, Seely M K, et al. Exploring fog as a supplementary water source in Namibia. Atmospheric Research, 2002, 64: 251-259

[25] Kaseke K F, Wang L. Fog and dew as potable water resources: Maximizing harvesting potential and water quality concerns. GeoHealth, 2018, 2: 327-332

[26] Cereceda P, Larrain H, Osses P, et al. The spatial and temporal variability of fog and its relation to fog oases in the Atacama Desert, Chile. Atmospheric Research, 2008, 87: 312-323

[27] Hiatt C, Fernandez D, Potter C. Measurements of fog water deposition on the California Central Coast. Atmospheric and Climate Sciences, 2012, 2: 525

[28] Estrela M J, Valiente J A, Corell D, et al. Fog collection in the western Mediterranean basin (Valencia region, Spain). Atmospheric Research, 2008, 87: 324-337

[29] Azad, Kalam M A. Fog collection on plant surfaces and biomimetic applications. Bonn: Dissertation, Rheinische Friedrich Wilhelms Univesität Bonn, 2016

[30] Parker A R, Lawrence C R. Water capture by a desert beetle. Nature, 2001, 414: 33-34

[31] Zheng Y, Bai H, Huang Z, et al. Directional water collection on wetted spider silk. Nature, 2010, 463: 640-643

[32] Ju J, Bai H, Zheng Y, et al. A multi-structural and multi-functional integrated fog collection system in cactus. Nature Communications, 2012, 3: 1247

[33] Malik F T, Clement R M, Gethin D T, et al. Nature's moisture harvesters: A comparative review. Bioinspiration & Biomimetics, 2014, 9: 031002

[34] Park K C, Kim P, Grinthal A, et al. Condensation on slippery asymmetric bumps. Nature, 2016, 531: 78-82

[35] Bai H, Ju J, Sun R, et al. Controlled fabrication and water collection ability of bioinspired artificial spider silks. Advanced Materials, 2011, 23: 3708-3711

[36] Bai H, Sun R, Ju J, et al. Large-scale fabrication of bioinspired fibers for directional water collection. Small, 2011, 7: 3429-3433

[37] Bai H, Tian X, Zheng Y, et al. Direction controlled driving of tiny water drops on bioinspired artificial spider silks. Advanced Materials, 2010, 22: 5521-5525

[38] Hou Y, Chen Y, Xue Y, et al. Water collection behavior and hanging ability of bioinspired fiber. Langmuir, 2012, 28: 4737-4743

[39] Dong H, Wang N, Wang L, et al. Bioinspired electrospun knotted microfibers for fog harvesting. Chem Phys Chem, 2012, 13: 1153-1156

[40] Chen Y, Zheng Y. Bioinspired micro-/nanostructure fibers with a water collecting property. Nanoscale, 2014, 6: 7703-7714

[41] He X H, Wang W, Liu Y M, et al. Microfluidic fabrication of bio-inspired microfibers with controllable magnetic spindle-knots for 3d assembly and water collection. ACS Applied Materials & Interfaces, 2015, 7: 17471- 17481

[42] Tian Y, Zhu P, Tang X, et al. Large-scale water collection of bioinspired cavity-microfibers. Nature Communications, 2017, 8: 1080

[43] Ju J, Xiao K, Yao X, et al. Bioinspired conical copper wire with gradient wettability for continuous and efficient fog collection. Advanced Materials, 2013, 25: 5937-5942

[44] Ju J, Yao X, Yang S, et al. Cactus stem inspired cone-arrayed surfaces for efficient fog collection. Advanced Functional Materials, 2014, 24: 6933-6938

[45] Heng X, Xiang M, Lu Z, et al. Branched ZnO wire structures for water collection inspired by cacti. ACS Applied Materials & Interfaces, 2014, 6: 8032-8041

[46] Cao M, Ju J, Li K, et al. Facile and large-scale fabrication of a cactus-inspired continuous fog collector. Advanced Functional Materials, 2014, 24: 3235-3240

[47] Peng Y, He Y, Yang S, et al. Magnetically induced fog harvesting via flexible conical arrays. Advanced Functional Materials, 2015, 25: 5967-5971

[48] Bai F, Wu J, Gong G, et al. Biomimetic "*Cactus spine*" with hierarchical groove structure for efficient fog collection. Advanced Science, 2015, 2: 1500047

[49] Zhou H, Zhang M, Li C, et al. Excellent fog-droplets collector via integrative janus membrane and conical spine with micro/nanostructures. Small, 2018, 14: 1801335

[50] Barthlott W, Schimmel T, Wiersch S, et al. The salvinia paradox: Superhydrophobic surfaces with hydrophilic pins for air retention under water. Advanced Materials, 2010, 22: 2325-2328

[51] Feng L, Li S, Li Y, et al. Super-hydrophobic surfaces: From natural to artificial. Advanced Materials, 2002, 14: 1857-1860

[52] Feng L, Zhang Y, Xi J, et al. Petal effect: A superhydrophobic state with high adhesive force. Langmuir, 2008, 24: 4114-4119
[53] Epstein A K, Pokroy B, Seminara A, et al. Bacterial biofilm shows persistent resistance to liquid wetting and gas penetration. Proceedings of the National Academy of Sciences, 2011, 108: 995-1000
[54] Zheng Y, Gao X, Jiang L. Directional adhesion of superhydrophobic butterfly wings. Soft Matter, 2007, 3: 178-182
[55] Nickerl J, Helbig R, Schulz H J, et al. Diversity and potential correlations to the function of Collembola cuticle structures. Zoomorphology, 2013, 132: 183-195
[56] Si Y, Dong Z, Jiang L. Bioinspired designs of superhydrophobic and superhydrophilic materials. ACS Central Science, 2018, 4: 1102-1112
[57] Tan X, Shi T, Tang Z, et al. Investigation of fog collection on cactus-inspired structures. Journal of Bionic Engineering, 2016, 13: 364-372
[58] Yi S, Wang J, Chen Z, et al. Cactus-inspired conical spines with oriented microbarbs for efficient fog harvesting. Advanced Materials Technologies, 2019, 4: 1900727
[59] Lee S J, Ha N, Kim H. Superhydrophilic-superhydrophobic water harvester inspired by wetting property of cactus stem. ACS Sustainable Chemistry & Engineering, 2019, 7: 10561-10569
[60] Lin J, Tan X, Shi T, et al. Leaf vein-inspired hierarchical wedge-shaped tracks on flexible substrate for enhanced directional water collection. ACS Applied Materials & Interfaces, 2018, 10: 44815-44824
[61] Schemenauer R S, Cereceda P. The quality of fog water collected for domestic and agricultural use in Chile. Journal of Applied Meteorology and Climatology, 1992, 31: 275-290
[62] Kylstra J A. Experiments in water-breathing. Scientific American, 1968, 219: 66-77
[63] Bohn H F, Federle W. Insect aquaplaning: *Nepenthes* pitcher plants capture prey with the peristome, a fully wettable water-lubricated anisotropic surface. Proceedings of the National Academy of Sciences, 2004, 101: 14138-14143
[64] Gorb E V, Purtov J, Gorb S N. Adhesion force measurements on the two wax layers of the waxy zone in *Nepenthes alata* pitchers. Scientific Reports, 2014, 4: 5154
[65] Gorb E V, Baum M J, Gorb S N. Development and regeneration ability of the wax coverage in *Nepenthes alata* pitchers: A cryo-SEM approach. Scientific Reports, 2013, 3: 3078
[66] Wei Q, Schlaich C, Prévost S, et al. Supramolecular polymers as surface coatings: Rapid fabrication of healable superhydrophobic and slippery surfaces. Advanced Materials, 2014, 26: 7358-7364
[67] Labonte D, Robinson A, Bauer U, et al. Disentangling the role of surface topography and intrinsic wettability in the prey capture mechanism of *Nepenthes* pitcher plants. Acta Biomater, 2021, 119: 225-233
[68] Chen H, Zhang P, Zhang L, et al. Continuous directional water transport on the

peristome surface of *Nepenthes alata*. Nature, 2016, 532: 85-89

[69] Zheng Y, Cheng J, Zhou C, et al. Droplet motion on a shape gradient surface. Langmuir, 2017, 33: 4172-4177

[70] Li C, Wu L, Yu C, et al. Peristome-mimetic curved surface for spontaneous and directional separation of micro water-in-oil drops. Angewandte Chemie International Edition, 2017, 56: 13623-13628

[71] Morrissette J M, Mahapatra P S, Ghosh A, et al. Rapid, self-driven liquid mixing on open-surface microfluidic platforms. Scientific Reports, 2017, 7: 1800

[72] Ody T, Panth M, Sommers A D, et al. Controlling the motion of ferrofluid droplets using surface tension gradients and magnetoviscous pinning. Langmuir, 2016, 32: 6967-6976

[73] Peng Z, Chen Y, Wu T. Ultrafast microdroplet generation and high-density microparticle arraying based on biomimetic nepenthes peristome surfaces. ACS Appl Mater Interfaces, 2020, 12: 47299-47308

[74] Rundel P, Palma B, Dillon M, et al. *Tillandsia landbeckii* in the coastal Atacama Desert of northern Chile. Revista Chilena de Historia Natural, 1997, 70: 341-349

[75] Pan Z, Pitt W G, Zhang Y, et al. The upside-down water collection system of *Syntrichia caninervis*. Nature Plants, 2016, 2: 16076

[76] Paris M G. Physiologische Bromeliaceen-Studien. I. Die wasser-okonomie der extrem atmospherischen tillandsien. Jahrbücher für Wissenschaftliche Botanik, 1935, 40: 157-229

[77] Herppich W B, Martin C E, Tötzke C, et al. External water transport is more important than vascular transport in the extreme atmospheric epiphyte *Tillandsia usneoides* (Spanish moss). Plant Cell Environ, 2019, 42: 1645-1656

[78] Raux P S, Gravelle S, Dumais J. Design of a unidirectional water valve in *Tillandsia*. Nature Communications, 2020, 11: 396

[79] Beadle N C W. Soil phosphate and its role in molding segments of the australian flora and vegetation, with special reference to xeromorphy and sclerophylly. Ecology, 1966, 47: 992-1007

[80] Roth-Nebelsick A, Ebner M, Miranda T, et al. Leaf surface structures enable the endemic Namib Desert grass *Stipagrostis sabulicola* to irrigate itself with fog water. Journal of The Royal Society Interface, 2012, 9: 1965-1974

[81] Gürsoy M, Harris M T, Downing J O, et al. Bioinspired fog capture and channel mechanism based on the arid climate plant Salsola crassa. Colloids and Surfaces A: Physicochemical and Engineering Aspects, 2017, 529: 195-202

[82] Gibbens R P, Lenz J M. Root systems of some Chihuahuan Desert plants. Journal of Arid Environments, 2001, 49: 221-263

[83] Markle M S. Root systems of certain desert plants. Botanical Gazette, 1917, 64: 177-205

[84] Andrews H G, Eccles E A, Schofield W C E, et al. Three-dimensional hierarchical structures for fog harvesting. Langmuir, 2011, 27: 3798-3802

[85] Sharma V, Sharma M, Kumar S, et al. Investigations on the fog harvesting mechanism

of *Bermuda grass* (Cynodon dactylon). Flora, 2016, 224: 59-65

[86] Gürsoy M, Harris M T, Carletto A, et al. Bioinspired asymmetric-anisotropic (directional) fog harvesting based on the arid climate plant Eremopyrum orientale. Colloids and Surfaces A: Physicochemical and Engineering Aspects, 2017, 529: 959-965

[87] Wang Y, Zhang L, Wu J, et al. A facile strategy for the fabrication of a bioinspired hydrophilic-superhydrophobic patterned surface for highly efficient fog-harvesting. Journal of Materials Chemistry A, 2015, 3: 18963-18969

[88] Wang B, Zhang Y, Liang W, et al. A simple route to transform normal hydrophilic cloth into a superhydrophobic-superhydrophilic hybrid surface. Journal of Materials Chemistry A, 2014, 2: 7845-7852

[89] Zhang L, Wu J, Hedhili M N, et al. Inkjet printing for direct micropatterning of a superhydrophobic surface: Toward biomimetic fog harvesting surfaces. Journal of Materials Chemistry A, 2015, 3: 2844-2852

[90] de Gans B J, Duineveld P C, Schubert U S. Inkjet printing of polymers: State of the art and future developments. Advanced Materials, 2004, 16: 203-213

[91] Ye Q, Zhou F, Liu W. Bioinspired catecholic chemistry for surface modification. Chemical Society Reviews, 2011, 40: 4244-4258

[92] Takei G, Nonogi M, Hibara A, et al. Tuning microchannel wettability and fabrication of multiple-step Laplace valves. Lab on a Chip, 2007, 7: 596-602

[93] Laure W, Woisel P, Lyskawa J. Switching the wettability of titanium surfaces through diels-alder chemistry. Chemistry of Materials, 2014, 26: 3771-3780

[94] Shen G, Liang B, Wang X, et al. Ultrathin In_2O_3 nanowires with diameters below 4 nm: Synthesis, reversible wettability switching behavior, and transparent thin-film transistor applications. ACS Nano, 2011, 5: 6148-6155

[95] Yang H, Zhu H, Hendrix M M R M, et al. Temperature-triggered collection and release of water from fogs by a sponge-like cotton fabric. Advanced Materials, 2013, 25: 1150-1154

[96] Shahriar M, Lui Y H, Zhang B, et al. Acoustic tweezer-modulated biomimetic patterned particle-polymer composite for water vapor harvesting. ACS Applied Materials Interfaces, 2022, 14: 44782-44791

[97] Vollrath F, Edmonds D T. Modulation of the mechanical properties of spider silk by coating with water. Nature, 1989, 340: 305-307

[98] Vollrath F. Strength and structure of spiders' silks. Journal of Biotechnology, 2000, 74: 67-83

[99] Liu Y, Shao Z, Vollrath F. Relationships between supercontraction and mechanical properties of spider silk. Nature Materials, 2005, 4: 901-905

[100] Wenzel R N. Resistance of solid surfaces to wetting by water. Industrial & Engineering Chemistry, 1936, 28: 988-994

[101] Becker N, Oroudjev E, Mutz S, et al. Molecular nanosprings in spider capture-silk threads. Nature Materials, 2003, 2: 278-283

[102] Peters H M. The spinning apparatus of Uloboridae in relation to the structure and construction of capture threads (Arachnida, Araneida). Zoomorphology, 1984, 104: 96-104

[103] Quéré D. Wetting and roughness. Annual Review of Materials Research, 2008, 38: 71-99

[104] Edmonds D T, Vollrath F. The contribution of atmospheric water vapour to the formation and efficiency of a spider's capture web. Proceedings of the Royal Society of London Series B: Biological Sciences, 1992, 248: 145-148

[105] Daniel S, Chaudhury M K, Chen J C. Fast drop movements resulting from the phase change on a gradient surface. Science. 2001, 291: 633-636

[106] Lorenceau É, Quéré D. Drops on a conical wire. Journal of Fluid Mechanics, 2004, 510: 29-45

[107] Oda M, Suga S, Yoshii H, et al. Multilayer coating by drawing a thin plastic fiber through a polymer solution. Asia-Pacific Journal of Chemical Engineering, 2008, 3: 63-69

[108] Zhao L, Song C, Zhang M, et al. Bioinspired heterostructured bead-on-string fibers via controlling the wet-assembly of nanoparticles. Chemical Communications, 2014, 50: 10651-10654

[109] Tian X, Bai H, Zheng Y, et al. Bio-inspired heterostructured bead-on-string fibers that respond to environmental wetting. Advanced Functional Materials, 2011, 21: 1398-1402

[110] Bentley P J, Blumer W F C. Uptake of water by the lizard, *Moloch horridus*. Nature, 1962, 194: 699-700

[111] Comanns P, Effertz C, Hischen F, et al. Moisture harvesting and water transport through specialized micro-structures on the integument of lizards. Beilstein J Nanotechnol, 2011, 2: 204-214

[112] Sherbrooke W C, Scardino A J, de Nys R, et al. Functional morphology of scale hinges used to transport water: Convergent drinking adaptations in desert lizards (*Moloch horridus* and *Phrynosoma cornutum*). Zoomorphology, 2007, 126: 89-102

[113] Yenmiş M, Ayaz D, Sherbrooke W C, et al. A comparative behavioural and structural study of rain-harvesting and non-rain-harvesting agamid lizards of Anatolia (Turkey). Zoomorphology, 2016, 135: 137-148

[114] Yenmisx M, Ayaz D S, Sherbrooke W C, et al. A comparative behavioural and structural study of rain-harvesting and non-rain-harvesting agamid lizards of Anatolia (Turkey). Zoomorphology, 2015, 135: 137-148

[115] Wang D, Yang J, Guo J, et al. Liquid-like polymer lubricating surfaces: Mechanism and applications. Nano Res, 2024, 17: 476-491

[116] Comanns P, Buchberger G, Buchsbaum A, et al. Directional, passive liquid transport: The Texas horned lizard as a model for a biomimetic 'liquid diode'. Journal of The Royal Society Interface, 2015, 12: 109

[117] He G, Zhang C, Dong Z. Survival in desert: Extreme water adaptations and bioinspired structural designs. iScience, 2023, 26: 105819

[118] Cha J, Shin H, Kim P. Crack/fold hybrid structure-based fluidic networks inspired by the epidermis of desert lizards. ACS Applied Materials & Interfaces, 2016, 8: 28418-28423

[119] Li C, Yu C, Zhou S, et al. Liquid harvesting and transport on multiscaled curvatures. Proc Natl Acad Sci U S A, 2020, 117: 23436-23442

[120] Demartini D G, Errico J M, Sjoestroem S, et al. A cohort of new adhesive proteins identified from transcriptomic analysis of mussel foot glands. Journal of the Royal Society Interface, 2017, 14: 20170151

[121] Yang J, Stuart M A C, Kamperman M J C S R. Jack of all trades: Versatile catechol crosslinking mechanisms. Chemical Society Reviews, 2014, 43: 8271-8298

[122] Lee H, Dellatore S M, Miller W M, et al. Mussel-inspired surface chemistry for multifunctional coatings. Science, 2007, 318: 426-430

[123] Zhu H, Duan R, Wang X, et al. Prewetting dichloromethane induced aqueous solution adhered on Cassie superhydrophobic substrates to fabricate efficient fog-harvesting materials inspired by Namib Desert beetles and mussels. Nanoscale, 2018, 10: 13045-13054

[124] Zhao H, Sun Q, Deng X, et al. Earthworm-inspired rough polymer coatings with self-replenishing lubrication for adaptive friction-reduction and antifouling surfaces. Advanced Materials, 2018, 30: 1802141

[125] Li D, Wang Z, Wu D, et al. A hybrid bioinspired fiber trichome with special wettability for water collection, friction reduction and self-cleaning. Nanoscale, 2019, 11: 11774-11781

[126] Tobin M J, Puskar L, Hasan J, et al. High-spatial-resolution mapping of superhydrophobic cicada wing surface chemistry using infrared microspectroscopy and infrared imaging at two synchrotron beamlines. Journal of Synchrotron Radiation, 2013, 20: 482-489

[127] Kesel A B, Philippi U, Nachtigall W. Biomechanical aspects of the insect wing: An analysis using the finite element method. Computers in Biology and Medicine, 1998, 28: 423-437

[128] Watson G S, Watson J A. Natural nano-structures on insects—Possible functions of ordered arrays characterized by atomic force microscopy. Applied Surface Science, 2004, 235: 139-144.

[129] Xie H, Huang H X, Mi H Y. Gradient wetting state for droplet transportation and efficient fog harvest on nanopillared cicada wing surface. Materials Letters, 2018, 221: 123-127

[130] Prakash M, Quéré D, Bush J W J. Surface tension transport of prey by feeding shorebirds: The capillary ratchet. Science, 2008, 320: 931-934.

[131] Ma X, Cao M, Teng C, et al. Bio-inspired humidity responsive switch for directional water droplet delivery. Journal of Materials Chemistry A, 2015, 3: 15540-15545

[132] Andrade D V, Abe A S. Water collection by the body in a viperid snake, *Bothrops moojeni*. Amphibia-Reptilia, 2000, 21(4): 485-492

[133] Glaudas X. Rain-Harvesting by the southwestern speckled rattlesnake (*Crotalus mitchellii pyrrhus*). The Southwestern Naturalist, 2009, 54: 518-521
[134] Sasaki K Duvall D. Rainwater drinking by free-ranging Japanese pitvipers, *Gloydius blomhoffii*. Current Herpetology, 2003, 22: 43-44

第 3 章　水收集的基本理论

水在对流层中无处不在，可以以气态、液态和固态存在。空气中所含的水蒸气量通常用相对湿度 (RH) 来描述，以百分数来表示，其定义是指在相同温度 (T) 下水蒸气分压与水的饱和蒸气压之比，即 [1]

$$\mathrm{RH}\,(\%) = p/P_{\mathrm{s}} \times 100\% \tag{3-1}$$

其中，p 是水蒸气的分压，P_{s} 是水的饱和蒸气压。在相对湿度低于 100%的亚饱和条件下，部分水蒸气会附着到固相表面上成核。附着到固相表面成核凝结的水与气相中的水蒸气之间的平衡取决于相对湿度、温度和粉尘颗粒的类型。当相对湿度高于 100%时，即在过饱和条件下，水气溶胶粒子被激活凝结形成液滴的能力取决于成核直径和凝结活性，这是由水气溶胶化学成分和混合状态决定的。以上两种过程被称为吸湿收集和雾水收集 [2]。这些非均相成核反应涉及气相与固相之间的相互作用。例如云的形成，如果矿物粉尘颗粒被激活成云滴，多相反应就会在这些含水云滴中发生。非均相和多相反应可以直接或间接地改变微量气体的浓度，从而对对流层化学产生重大影响。此外，这些反应还导致矿物粉尘颗粒的表面，有时甚至是整体化学成分发生变化，从而改变它们与水的相互作用，影响水收集效率 [1,3]。本章主要从雾水收集和吸湿收集两方面来讨论水收集的基本理论，以期对未来水收集领域的进一步研究提供理论支撑。

3.1　雾水收集的表面成核生长

3.1.1　凝结成核理论概述

一百多年前，Gibbs 等基于热力学形成的“经典成核理论”(classical nucleation theory) 提出：相变存在着成核过程，只有当形成的核超过临界尺寸，即形成临界核时，体系才会自发进行相变过程 [4]。根据经典成核理论，在研究雾水收集时，水分子成核的表观现象是指气、液两相混合水在第三相固体表面凝结成液滴，即凝结相变成核。水分子凝结成核的先决条件可阐述为：当气液态混合物处于过饱和态时，水分子在第三相固体表面会自发凝结成液滴 [5-7]。从经典热力学角度考虑凝结相变过程，即体系自由能在相变成核后减少，趋于平衡态或临界态。在统计力学理论中，体系气态水分子的微观热力学态在第三相固体界面随机涨落，当涨落满足热力学第二定律时，反应体系具备跨越热力学能量壁垒的能量，进而形成水分子自发凝结的过程，即体系朝着微观热力学态更稳定的状态发展。

经典成核理论在讨论临界核的尺寸问题时具有一定的局限性，微、纳米尺度下流体的不可压缩性导致经典成核理论会出现偏差。从纳米尺度研究凝结成核时，由于经典成核理论尺寸的限制，需要进一步探索新的方法和理论来适配纳米尺度的凝结成核过程。随着近现代计算化学理论的发展和超级计算机的完善，分子动力学模拟在原则上可以帮助阐明成核与生长的热力学与动力学参数环境依赖性以及其微观层次的起源 [8]。

3.1.2 凝结成核的热力学

由凝结成核的基本热力学可知, 发生相变成核的 Gibbs 自由能判据可表示为 $\mathrm{d}G<0$，其中 G 是 Gibbs 自由能，可表示为

$$\mathrm{d}G=\mathrm{d}H-\mathrm{d}\left(TS\right)=\mathrm{d}H-S\mathrm{d}T-T\mathrm{d}S \tag{3-2}$$

$$\mathrm{d}H=\mathrm{d}U+\mathrm{d}\left(pV\right)=\mathrm{d}U+p\mathrm{d}V+V\mathrm{d}p \tag{3-3}$$

$$\mathrm{d}U=T\mathrm{d}S-p\mathrm{d}V+\mu\mathrm{d}n_A \tag{3-4}$$

其中，H 代表焓，U 代表内能，S 代表熵，V 指体积，T 指温度，p 指压强，μ 指化学势，n_A 指体系中 A 组分的粒子数。$\mathrm{d}H$ 指焓变，代表降低体系的能量；恒定温度下，$\mathrm{d}S$ 代表熵变，即增加体系的无序度。体系的 Gibbs 自由能进一步表示为

$$\mathrm{d}G=V\mathrm{d}p-S\mathrm{d}T+\mu\mathrm{d}n_A \tag{3-5}$$

在统计力学中，微观状态的自由度是热力学函数的基本出发点。奥地利物理学家玻尔兹曼定义了熵的统计力学表达形式：

$$S=k_{\mathrm{B}}\ln W \tag{3-6}$$

其中，W 指一个系统在宏观状态约束下所具有的微观状态数，一般 W 的值异常庞大，因此以一个极小的常数 k_{B} 约束，k_{B} 称为玻尔兹曼常数。

水分子凝结成核的过程中，从热力学角度出发，体系的熵是影响凝结相变自由能的主要因素，熵增会使相变成核更易发生；换而言之，从统计力学的观点来看，相变成核是体系微观状态数更多的演化方向。

以上是从表观热力学函数角度的宏观分析。接下来，我们从凝结成核相变前后的两相水分子化学势分析，首先假定气态水分子凝结前是理想气体，其次在凝结过程中体系环境温度和压力恒定。摩尔 Gibbs 自由能判据：

$$\Delta G_{\mathrm{m}}=G_{\mathrm{m}}^{\mathrm{l}}-G_{\mathrm{m}}^{\mathrm{g}}\leqslant 0 \tag{3-7}$$

引入化学势μ 指代凝结相变的摩尔 Gibbs 自由能，在平衡状态下，$\mu_{\mathrm{l}}=\mu_{\mathrm{g}}$，因此在平衡状态的任意变化都满足以下条件：

$$\mathrm{d}\mu_{\mathrm{l}}=\mathrm{d}\mu_{\mathrm{g}} \tag{3-8}$$

对于气体的化学势变化：

$$\mathrm{d}\mu_{\mathrm{g}}=V_{\mathrm{m}}^{\mathrm{g}}\mathrm{d}p=\frac{RT}{p}\mathrm{d}p \tag{3-9}$$

对于液体的化学势变化：

$$\mathrm{d}\mu_{\mathrm{l}}=V_{\mathrm{m}}^{\mathrm{l}}\mathrm{d}P \tag{3-10}$$

其中，P 代表体系总的压强，p 代表气体的分压；V_{m} 指恒温条件下的摩尔体积，即 $V_{\mathrm{m}}=(\partial\mu/\partial p)_T$。因此，现在会得出如下表达式：

$$(RT/p)\,\mathrm{d}p=V_{\mathrm{m}}^{\mathrm{l}}\mathrm{d}P \tag{3-11}$$

当液滴表面没有额外压力时，$P_0=p^*$，$p_0=p^*$，p^* 称为正压力；当液滴表面额外压力为 ΔP 时，由于相对于气态分子的蒸气压 p° 影响甚小，所以 $P^\circ=P_0+\Delta P=p+\Delta P=p^*+\Delta P$；因此，式 (3-10) 可积分为

$$RT\int_{p_0}^{p^\circ}\frac{1}{p}\mathrm{d}p=V_{\mathrm{m}}^{\mathrm{l}}\int_{P_0}^{P^\circ}\mathrm{d}P \tag{3-12}$$

我们可以得出在相变过程中气液两相压强的关系：

$$\ln\frac{p}{p^*}=\frac{V_{\mathrm{m}}^{\mathrm{l}}}{RT}\Delta P \tag{3-13}$$

进一步化简，则有

$$p=p^*\mathrm{e}^{V_{\mathrm{m}}^{\mathrm{l}}\Delta P/RT} \tag{3-14}$$

其中，由拉普拉斯方程可知 $\Delta P=2\gamma/r$，γ 是指弯曲表面的表面张力，r 是指核的半径。因此，对于式 (3-14) 可写为

$$p=p^*\mathrm{e}^{V_{\mathrm{m}}^{\mathrm{l}}2\gamma/rRT} \tag{3-15}$$

式 (3-12) 也被称为 Kelvin 方程，指出了液体作为球形液滴分散时的蒸气压 [9,10]。气液凝结成核过程中，液体以球形液滴呈现导致形成弯曲的气-液界面，产生了额外的拉普拉斯压力，进而影响气相的蒸气压。在一定温度范围，蒸气相对于液体的热力学不稳定，可以预测到蒸气将凝结成核变为液滴。最初体系的状态可以描

述为数目庞大的水分子聚集形成一个微小的液滴。由于最初的液滴很小，蒸气压很大，因此体系内水分子并非富集生长而是大量蒸发。很明显这种初始效应将使气相水分子更加稳定，凝结成核趋势被增强的蒸发趋势所阻止，体系的这种状态称为气相的过饱和态。相对于体积液相，过饱和态在热力学上是不稳定的，但相对于小液滴，它并不是不稳定的。因此在体积液相出现之前，水分子凝结形成小液滴并不是热力学上倾向发生的过程。

经典成核理论的凝结热力学认为晶核被假定为在具有成核的表面形成的球形帽，并以固定的三相接触角生长。任何大小的晶体原子 (或粒子、分子) 簇都被视为宏观物体，也就是说，均匀的晶体团簇与周围的环境介质隔着一个消失的薄界面，这个看似微不足道的假设被称为毛细近似 [11]。根据毛细近似，总自由能ΔG为界面自由能ΔG_{S} 与体相自由能ΔG_{V} 的总和 [12]：

$$\Delta G=\Delta G_{\mathrm{S}}+\Delta G_{\mathrm{V}}=4\pi r^{2}\gamma+\frac{4}{3}\pi r^{3}\Delta G_{\mathrm{V}} \tag{3-16}$$

表面过剩自由能ΔG_{S} 不利于成核的发生，而体相过剩自由能ΔG_{V} 有利于成核。此外，对于较小的核，ΔG_{S} 相对较大，其贡献占主导地位；随着核半径的增加，ΔG_{V} 的贡献占主导地位。这样的分析结论与 Kelvin 方程的分析结论是一致的。当 $\Delta G_{\mathrm{S}}=\Delta G_{\mathrm{V}}$ 时，即 $\mathrm{d}\Delta G/\mathrm{d}r=0$，可以推出

$$\frac{\mathrm{d}\Delta G}{\mathrm{d}r}=8\pi r\gamma+4\pi r^{2}\Delta G_{\mathrm{V}} \tag{3-17}$$

当 $r>r_{\mathrm{c}}$ 时，即 $\mathrm{d}\Delta G/\mathrm{d}r<0$，核才能生长成较大的粒子，而 $r<r_{\mathrm{c}}$ 时，$\mathrm{d}\Delta G/\mathrm{d}r<0$，核生长受限。进一步地，可以得出临界核尺寸 r_{c} 和体系平衡的临界自由能ΔG_{c}:

$$r_{\mathrm{c}}=-2\gamma/\Delta G_{\mathrm{V}} \tag{3-18}$$

$$\Delta G_{\mathrm{c}}=4\pi\gamma r_{\mathrm{c}}^{2}/3=16\pi\gamma^{3}/3\left(\Delta G_{\mathrm{V}}\right)^{2} \tag{3-19}$$

到目前为止，热力学分析的量主要取决于压力，尤其是温度。在大多数情况下，界面自由能γ 被认为与温度呈线性关系，而体积过剩自由能 ΔG_{V} 与临界自由能势垒ΔG_{c} 随着过冷度或过饱和度而降低。也就是说，离临界温度 T_{c} 越远，成核的热力学驱动力越大。因此，当体系温度 T 等于两相平衡温度 T_{c} 时：

$$\Delta G_{\mathrm{V}}=G_{\mathrm{m}}^{\mathrm{l}}-G_{\mathrm{m}}^{\mathrm{g}}=\Delta H_{\mathrm{c}}\left(T_{\mathrm{c}}-\mathrm{T}\right)/T_{\mathrm{c}}=\Delta H_{\mathrm{c}}\Delta T/T_{\mathrm{c}} \tag{3-20}$$

进一步，临界核尺寸 r_{c} 和体系平衡的临界自由能ΔG_{c} 可分别写为

$$r_{\mathrm{c}}=-2\gamma T_{\mathrm{c}}/\Delta H_{\mathrm{c}}\Delta T \tag{3-21}$$

$$\Delta G_{\rm c} = 16\pi\gamma^3 T_{\rm c}^2/3\left(\Delta H_{\rm c}\Delta T\right)^2 \tag{3-22}$$

临界核的表面积 $A_{\rm c}$ 为

$$A_{\rm c} = 4\pi r_{\rm c}^2 = 16\pi\gamma^2 T_{\rm c}^2/\Delta H_{\rm c}^2\Delta T^2 \tag{3-23}$$

因此，式 (3-22) 可化简为

$$\Delta G_{\rm c} = A_{\rm c}\gamma/3 \tag{3-24}$$

3.1.3 富集生长的动力学

气相水分子在表面发生临界成核后，液滴继续富集生长的过程及影响因素十分复杂。首先，最初形成的小液滴，由于其尺寸的限制，增强的蒸发效应阻碍其后续的生长。存在两种途径可以克服微小液滴蒸发的趋势，从而富集生长。第一，数量巨大的水分子瞬时聚集凝结成一个大液滴。面对如此大的液滴，增强的蒸发效应阻碍液滴生长的趋势也就不重要了，这种途径被称为自发成核。第二，克服蒸发趋势取决于体系微小颗粒或其他异物的存在。这些微小颗粒提供了凝结发生的中心，水分子可附着进而成核。简而言之，成核位点提供了水分子可以附着的表面，进一步引发凝结生长。在收集过程中，一些未成核的更小的水分子簇会在表面随机迁移。迁移过程中，绝大多数水分子簇会脱离表面迁移回环境，一小部分会迁移到临界核附近参与液滴的富集生长。然而，由于表面非理想化的特性，水分子簇会在表面分布无规无序，进而这些水分子簇在表面的随机迁移的过程更加复杂。

晶体成核的动力学通常是通过假设晶核成分数量的增加或减少之间的连续事件不存在相关性来解释的。换句话说，晶核大小的时间演化被假定为 Markov 过程，在这个过程中，体系内所有的原子存在两种运动方式：逐个地按照晶体的排列方式成核及生长，或者溶解在非凝聚态相。此外，每个幸运地克服临界尺寸 $r_{\rm c}$ 的晶体核，在时间尺度上迅速生长到宏观维度，这个时间尺度比发生有效涨落跨越能垒所需时间要短得多 [11,13]。如果满足上述条件，单位时间单位体积形成临界核的概率不依赖于时间，即成核速率因子 $\nu_{\rm c}$，在平衡态的公式为

$$\nu_{\rm c} = \delta\exp\left(-\Delta G_{\rm c}/k_{\rm B}T\right) \tag{3-25}$$

其中，$k_{\rm B}$ 为玻尔兹曼常数，$-\Delta G_{\rm c}/k_{\rm B}T$ 为反映原子核结构的热力学项，δ 是描述成核过程分子动力学的指前因子。因此，单位时间内数目 n 的水分子簇从气液混合物相迁移到集水表面的迁移速率 $J_{\rm GL}$ 为

$$J_{\rm GL} = n\delta\exp\left(-\Delta G_{\rm GL}/k_{\rm B}T\right) \tag{3-26}$$

同一时间内，某些水分子簇从固相表面迁移回气液混合相的迁移速率 J_{LG} 为

$$J_{\mathrm{LG}} = n\delta \exp\left(-\Delta G_{\mathrm{LG}}/k_{\mathrm{B}}T\right) \tag{3-27}$$

以上式中，n 指体系水分子簇的数目，ΔG_{GL} 指气相到液相的活化能，ΔG_{LG} 指液相到气相的活化能，$\Delta G_{\mathrm{V}} = \Delta G_{\mathrm{LG}} - \Delta G_{\mathrm{GL}}$，因此：

$$J_{\mathrm{LG}} = n\delta \exp\left(-\frac{\Delta G_{\mathrm{GL}} + \Delta G_{\mathrm{V}}}{k_{\mathrm{B}}T}\right) \tag{3-28}$$

由此，净迁移率 J 为

$$J = J_{\mathrm{GL}} - J_{\mathrm{LG}} = n\delta \exp\left(-\Delta G_{\mathrm{GL}}/k_{\mathrm{B}}T\right)\left[1 - \exp\left(-\frac{\Delta G_{\mathrm{V}}}{k_{\mathrm{B}}T}\right)\right] \tag{3-29}$$

根据经典成核理论，成核过程分子动力学的指前因子 δ 可以表达为 [14]

$$\delta = \mathcal{N}_{\mathrm{nc}}\mathcal{Z}_{\mathrm{nc}}\mathcal{Q}_{\mathrm{kin}} \tag{3-30}$$

其中，$\mathcal{N}_{\mathrm{nc}}$ 是单位体积内可能的成核位点的数量；$\mathcal{Z}_{\mathrm{nc}}$ 是指 Zeldovich 因子 [15]，表示某些临界簇或临界核由于蒸发趋势或者其他因素离解而不继续生长成核；$\mathcal{Q}_{\mathrm{kin}}$ 是指成核过程的动力学修正因子 [16]，表示气相中的水分子簇到达临界核附近以凝结的方式重新排列的频率。简而言之，$\mathcal{Q}_{\mathrm{kin}}$ 与气相水分子簇向表面运动的迁移率以及在表面上运动的迁移率相关 [11,14]。

水分子簇在表面上并不都会稳定参与液滴的生长过程，研究水分子簇迁移到固体表面的临界核表面进行富集生长而不再返回气液混相中，需要考虑水分子簇在表面的成核率 η_{nc}：

$$\eta_{\mathrm{nc}} = \rho_{\mathrm{nc}}^{\mathrm{c}} A_{\mathrm{nc}}^{\mathrm{c}} \omega \tag{3-31}$$

其中，$\rho_{\mathrm{nc}}^{\mathrm{c}}$ 称为临界核密度；$A_{\mathrm{nc}}^{\mathrm{c}}$ 是指临界核被撞击的面积；ω 是指水分子簇撞击临界核的概率。临界核密度 $\rho_{\mathrm{nc}}^{\mathrm{c}}$ 依据临界自由能进行表示：

$$\rho_{\mathrm{nc}}^{\mathrm{c}} = n_{\mathrm{s}} \exp\left(-\Delta G_{\mathrm{c}}/k_{\mathrm{B}}T\right) \tag{3-32}$$

式中，n_{s} 称为总成核点的密度。正是温度和过饱和态决定了临界核密度。然而液滴富集生长并不稳定，水分子簇撞击到临界核表面时，存在一定的滞留时间才会脱离表面返回气液混合相。水分子簇在表面的滞留时间τ 为

$$\tau = \frac{1}{\vartheta} \exp\left(E_{\mathrm{des}}/k_{\mathrm{B}}T\right) \tag{3-33}$$

其中，ϑ 是指临界核表面吸附水分子簇的振动频率，E_{des} 是指水分子簇脱离表面的解吸能。根据气体分子运动理论，单位面积和单位时间内撞击在固体表面的气体分子数目，即碰撞通量 Z_{w} 为

$$Z_{\mathrm{w}}=p/\sqrt{2\pi mk_{\mathrm{B}}T}=p/\sqrt{2\pi Mk_{\mathrm{B}}T/N_{\mathrm{A}}} \tag{3-34}$$

式中，p 是压强，N_{A} 是阿伏伽德罗常数，m 是气体分子的质量。

根据滞留时间和气相粒子的撞击数目可以求出水分子簇吸附在临界核表面的数目 n_{ad}：

$$n_{\mathrm{ad}}=\tau pN_{\mathrm{A}}/\sqrt{2\pi MRT} \tag{3-35}$$

其中，R 是气体常数，$R=k_{\mathrm{B}}N_{\mathrm{A}}$；$M$ 是气体分子的摩尔质量。

考虑到水分子簇在表面的扩散频率 ϑ_{D}：

$$\vartheta_{\mathrm{D}}=\vartheta\exp\left(-E_{\mathrm{D}}/k_{\mathrm{B}}T\right) \tag{3-36}$$

其中，E_{D} 是指水分子簇在固相表面的扩散活化能。因此，根据表面的扩散频率 ϑ_{D} 和水分子簇吸附在临界核表面的数目 n_{ad} 可以推导水分子簇撞击临界核的概率ω：

$$\omega=n_{\mathrm{ad}}\times\vartheta_{\mathrm{D}}=\tau pN_{\mathrm{A}}\vartheta\exp\left(-E_{\mathrm{D}}/k_{\mathrm{B}}T\right)/\sqrt{2\pi MRT} \tag{3-37}$$

考虑液滴临界核形状为规整的半球形，可以得出临界核被撞击的面积 $A_{\mathrm{nc}}^{\mathrm{c}}$：

$$A_{\mathrm{nc}}^{\mathrm{c}}=2\pi r_{\mathrm{c}}a_0\sin\theta \tag{3-38}$$

式中，a_0 为撞击临界核表面水分子簇的粒径。因此，成核率 η_{nc} 可以进一步表示为

$$\eta_{\mathrm{nc}}=2\pi r_{\mathrm{c}}a_0\sin\theta n_{\mathrm{s}}pN_{\mathrm{A}}\vartheta\exp\left(\frac{E_{\mathrm{des}}-E_{\mathrm{D}}-\Delta G_{\mathrm{c}}}{k_{\mathrm{B}}T}\right)/\sqrt{2\pi mRT} \tag{3-39}$$

体系水分子簇的迁移率与成核率决定着液滴生长的动力学方程：

$$\varphi\propto\chi J\eta_{\mathrm{nc}} \tag{3-40}$$

其中，χ 是成核动力学校正因子。

3.2　表面液滴传输行为驱动力

一般来说，液滴的移动行为可分为两种类型。一种是发生在材料表面的运动，这种现象在自然界中是存在的，例如液滴在蝴蝶翅膀的表面移动和蜘蛛丝的雾水收集过程。另一种是发生在横截面方向上的定向运输行为。对于雾水收集应用来说，进一步研究液滴的定向运输行为具有很重要的意义。液滴定向运输过程中，驱

动力必不可少，通过近年来的研究，驱动力主要可以分为以下三类：结构驱动力、化学驱动力和外接能量输入驱动力。在雾水收集、液滴泵送、药物运输和微流控领域，大量研究者针对液滴定向运输进行了实验设计并探索性能。探讨驱动力的类型也为我们的工作做铺垫，通过不同的驱动力加快液滴定向运输并增强雾水收集性能。

3.2.1 结构梯度驱动力

1805 年，拉普拉斯研究了液滴内部的压力，这种压力来自于液体的表面张力。产生的这种内外压差在生活中也是很常见的，如两个连在一起的气泡总是小的倾向于变小，大的倾向于变大，还有随处可见的毛细润湿，这些都可以看作拉普拉斯附加压力的作用。关于拉普拉斯压力方程的推导，我们可以简单地用下列模型来给出，以水 (w) 中的一滴油 (o) 为例。油滴的半径为 R，假设要使它向外扩展 $\mathrm{d}R$(如图 3-1)，则体系需要的能量为

$$\delta W = -p_{\mathrm{o}}\mathrm{d}V_{\mathrm{o}} - p_{\mathrm{w}}\mathrm{d}V_{\mathrm{w}} + \gamma_{\mathrm{ow}}\mathrm{d}A \tag{3-41}$$

其中，$\mathrm{d}V_{\mathrm{o}} = 4\pi R^2\mathrm{d}R = -\mathrm{d}V_{\mathrm{w}}$，为系统增加的体积；$\mathrm{d}A = 8\pi R\mathrm{d}R$，为新增加的油水界面面积。外界功需要克服体积功且提供产生新界面的能量。p_{o} 和 p_{w} 分别是油和水对应的压强，γ_{ow} 是油和水之间的界面张力。系统再一次达到平衡时，$\delta W = 0$，进而，

$$\Delta P = p_{\mathrm{o}} - p_{\mathrm{w}} = 2\gamma_{\mathrm{ow}}/R \tag{3-42}$$

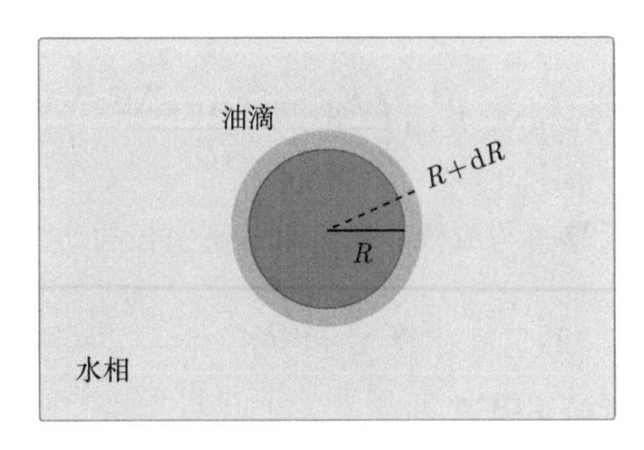

图 3-1 在水相中的油滴具有半径 R，提供一定能量可以使得油滴的大小发生 $\mathrm{d}R$ 的变化，对应表面积变化为 $\mathrm{d}S$，体积变化为 $\mathrm{d}V$

因此，液滴越小，其内部压力越大。上式为简化了的作用于球体的拉普拉斯附加压力方程，但研究中涉及的界面往往都是复杂的，对于特定的界面，界面张力为γ，液滴界面曲率为 $C = 1/R_1 + 1/R_2$。拉普拉斯给出的一般方程为

$$\Delta P = \gamma C = \gamma\left(1/R_1 + 1/R_2\right) \tag{3-43}$$

其中，R_1 和 R_2 是曲面曲率的半径。可见当液滴与材料表面作用时发生了形变就有可能使得液滴内部产生附加拉普拉斯压力，从而使得液滴即使在不受到外力作用的条件下也可以发生传输行为。

仙人掌是生长在世界干旱和半干旱地区的植物，具有高效的雾水收集系统。仙人掌刺主要由三部分组成：定向倒钩尖端、渐变沟槽和带状毛状体等。渐变沟槽的结构中，仙人掌刺的整体呈锥形结构，在锥形结构表面具有渐变沟槽的二级结构。锥形结构使仙人掌刺的直径从顶端到底端逐渐增大，当液滴处于锥形结构表面时，液滴在两侧受到的拉普拉斯压力不同。渐变沟槽形成的表面能量梯度可以产生指向锥形底部的驱动力，二者协同作用下诱导水滴向仙人掌刺的底部运输。具体地说，由于拉普拉斯压力梯度的作用，锥面上的液滴往往会被驱动到半径较大的一端。仙人掌棘可以看作带有对称凹槽的圆锥形物体，如图 3-2 所示。这种锥形会使尖端与尾端产生一个拉普拉斯压力差 ΔP，如下所示 [17-19]：

$$\Delta P = -\int_{R_1}^{R_2} \frac{2\gamma}{(R+R_0)^2} \sin\alpha \mathrm{d}z \tag{3-44}$$

其中，R 表示锥形体两端的半径 (水滴前后两侧脊柱的局部半径)，γ 为水的表面张力，R_0 表示水滴的半径，α 为锥形体的半顶角，$\mathrm{d}z$ 为锥形体的增量半径。液滴在靠近脊柱尖端 (小半径 R_1) 处所受的拉普拉斯压力比靠近脊柱尾部 (大半径 R_2) 处所受的拉普拉斯压力大。水滴两端受力不同产生了一种驱动力，促使水滴沿着仙人掌刺的脊柱从顶端移动到尾部。换言之，一维锥形结构上由于液滴两侧曲率差所形成的拉普拉斯驱动力可以诱导液滴产生定向运输行为。

此外，毛细管润湿驱动力与非对称润湿性相结合可以达到“破壁”效果。由于化学成分形成非对称润湿性，水滴被从低表面能的疏水表面运输至高表面能的亲水表面。由于液滴在通过非对称润湿性表面时需要克服表面能垒和突破压力，因此难以实现高效的单向运输。然而液滴在无外力作用下定向运输对于不同的应用都至关重要。例如，水生植物的种子可以被地面植被产生的毛细力收集 [20,21]，这是种子传播的一个关键过程。一些水上行走的昆虫，特别是睡莲叶甲虫的幼虫，由于水与地面之间弯月面的作用下产生的毛细管力，可以被顺利搬运到陆地 [22]。对于具有油弯月面作用的滑移表面 (图 3-3)，液滴所受的驱动力为 [23]

$$F_{\mathrm{C}} = \gamma R\left(\cos\beta - \cos\alpha\right) \tag{3-45}$$

其中，α 和β 是液滴左右两侧的接触角，γ 是油-气界面张力，R 是液滴的尺寸。此时，油弯月面产生的有效毛细长度λ 为

$$\lambda = (\gamma/\rho g)^{1/2} \tag{3-46}$$

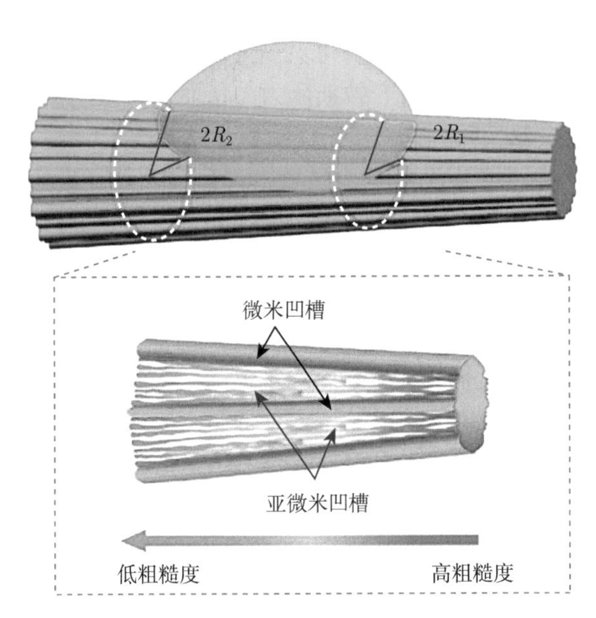

图 3-2　仙人掌刺具有圆锥形结构，锥形刺上存在具有梯度的凹槽。锥形结构导致刺身的直径从尖端向底部递增，这样使得液滴在刺身的接触角存在差异，从而液滴前后两端的曲率存在差异，曲率差异产生了拉普拉斯附加压力，指向底部；渐变沟槽产生的表面能梯度也会产生驱动力，指向底部，这些力驱动水滴向刺底部运动 [19]

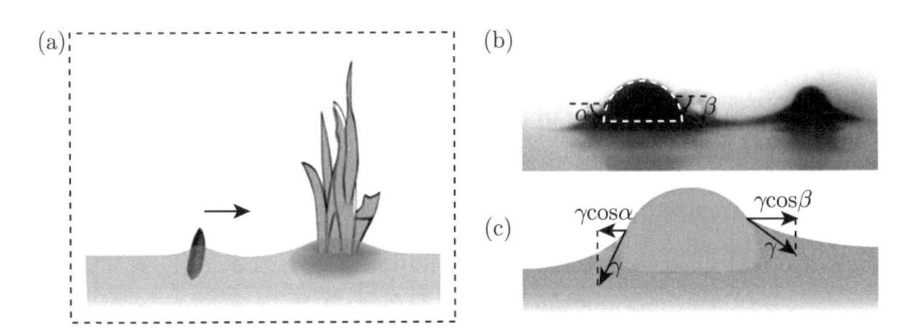

图 3-3　(a) 种子向水生植被移动的示意图；(b) 一个微滴 (左边) 被驱动到凸起点 (右边) 的光学图片，二者由油的弯月面连接；(c) 液滴两侧投射在水平方向上的净表面张力差产生使液滴移动的驱动力 [23]

其中，ρ 表示润滑油的密度，g 表示重力加速度。与此同时，灌注的润滑油会对液滴产生黏滞力 F_{R}

$$F_{\mathrm{R}} \sim \eta R U \tag{3-47}$$

$$U \sim \gamma/\eta\,(\cos\beta - \cos\alpha) \tag{3-48}$$

其中，η 表示润滑油的黏度，U 表示移动速度。在有效毛细长度范围内，在油弯月面产生的毛细力作用下，可以成功实现无需外部能量输入的液滴泵送行为。毛细管润湿性驱动力无疑为改善液滴定向运输提供了新的思路，在雾水收集应用中，快速转移液滴至储存区域，减少液滴暴露于空气而蒸发。

3.2.2 化学梯度驱动力

随着多功能润湿性表面的发展，构建表面化学梯度诱导液滴运输成为研究的热点 [24-26]。静态接触角是评价固体表面浸润性能的常用标准，但判断液滴在表面传输的完整过程依赖于一个动态过程。滚动角是另一个评价表面疏水性能的重要指标 [27,28]，是指一定量 (体积或质量) 的液滴在逐渐倾斜的平面上产生的滚动倾斜角。倾斜角越小，固体表面的疏水性越强。当液滴滴落在材料表面时，由于液滴前后两端的接触角不一致，会产生接触角滞后，如图 3-4 所示。导致前后接触角不均现象的因素有多种，例如表面倾斜度和表面的化学组分等。

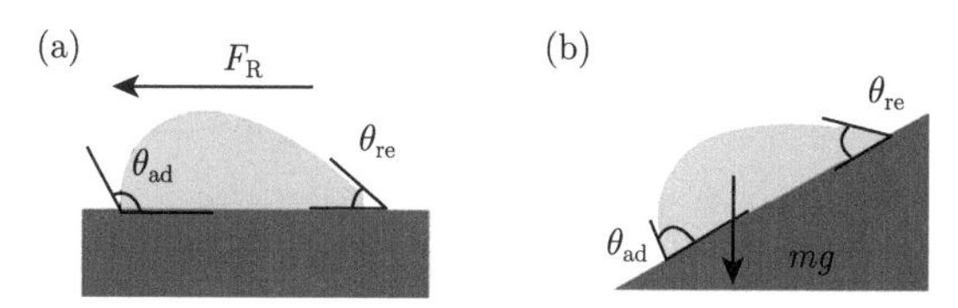

图 3-4 液滴在 (a) 水平固体表面及 (b) 倾斜表面上的运动状态与液滴的前进接触角和后退接触角

首先，固体表面开始倾斜，直到液滴开始滚动，此时液滴的接触角两端分别为前进接触角 (θ_{ad}) 和后退接触角 (θ_{re})。前进接触角和后退接触角的余弦差为表面的接触角滞后 (CAH)：

$$\cos\theta_{ad} - \cos\theta_{re} = \text{CAH} \tag{3-49}$$

接触角滞后引起的阻力 (F_{CAH}) 为

$$F_{CAH} = \pi R_0 \gamma (\cos\theta_{ad} - \cos\theta_{re}) \tag{3-50}$$

式中，R_0 表示三相接触线的接触半径。倾斜一定角度，重力驱动下，液滴开始滚落。接触角滞后越大，液滴越不容易从固体表面滚落。相反，接触角滞后越小，液滴越容易从固体表面滚落。

另一方面，式 (3-49) 表明，当表面的化学组分不均一时，可以对表面液滴接触线产生非对称的作用。Wenzel 方程给出了表面结构对水滴表观接触角的影响，也即是对表面化学性质的影响。其中粗糙度 r 定义为粗糙表面的实际表面积与几何投影面积之比，反映了材料表面的表面能。其值越大，代表表面具有越高的表面能，可以改变表面的润湿性。由此，表面的粗糙度梯度可以产生润湿性梯度。因此，液滴在表面润湿性驱动力的诱导下从疏水性区域向亲水性区域自发移动。这种受表面粗糙度梯度或表面化学性质影响而产生的润湿性驱动力统称为化学梯度驱动力。r 的不同使得梯度两端表面具有不同的表面自由能，非均匀的表面能可以产生对水滴的驱动力 F。例如，通过蜘蛛丝上纺锤节和连接点处的粗糙度差异造成不同的表面能梯度，诱导液滴从连接点处向纺锤节处定向运输 [18]，驱动力由下式给出：

$$F=\int_{L_\mathrm{j}}^{L_\mathrm{k}}\gamma\left(\cos\theta_{\mathrm{ad}}-\cos\theta_{\mathrm{re}}\right)\mathrm{d}l \tag{3-51}$$

其中，γ 表示液滴表面张力；θ_{ad} 和 θ_{re} 分别表示液滴移动的前进接触角和后退接触角；$\mathrm{d}l$ 表示液滴定向运输的距离。总而言之，表面化学梯度诱导形成表面能变化，最终导致液滴从疏水侧向亲水侧快速运输的驱动力。

在自然界中，荷叶出淤泥而不染，荷叶上表面是超疏水性的，荷叶面向水的一侧却是超亲水/水下超疏油性的 [29](如图 3-5 (a))。荷叶具有两面不同润湿性的现象，可以称为“Janus 现象”[30]。Janus 界面材料是指材料两侧结构、性能或成分具有不对称性的二维和三维多孔材料。仿生荷叶的特征，许多具有不对称润湿性的材料不断出现。Janus 膜 (JM) 也会产生润湿性梯度，Janus 膜横截面方向的梯度润湿性产生的单向渗透行为相对于水滴在固体表面上的移动行为更加复杂。液滴可以从疏液表面渗透到亲液表面，而相反方向液体直接被阻断，无法渗透。对于 Janus 材料，液滴的单向运输行为是由两侧相反的润湿性造成的，即利用横截面上的润湿性梯度提供驱动力。以一个由许多微柱组成的 Janus 膜为例，Tian 等提出了各向异性突破压力理论解释 [31]。首先，在微柱之间存在一个挤出压力 (施加在液-气界面上的压差) 超过一个临界压力，此时才可能发生液滴的渗透，这取决于表面的几何微结构、膜的润湿特性和液体的表面张力。挤出压力可以由作用在液体上的机械泵压力、液体产生的拉普拉斯压力或任意力 (如重力) 得到。图 3-5(c) 所示为挤压在两个圆柱体之间的局部液-气界面。当施加一定压力时，固-液-气三相接触线沿着圆柱表面移动，直到达到一个平衡位置，在此位置上的挤出压力等于液-气界面的可容忍压差。假设三相接触线的固定位置有个固定的角度φ(沿圆柱体的切面与水平面的交角)，其值为 $\pi\sim0$，挤压角为 $\alpha=\theta\left(\varphi\right)-\varphi$，其中，$\theta\left(\varphi\right)$ 为局部接触角。挤压后固-液界面的曲率半径可表达为

$$r=d/2\sin\alpha=\frac{d_0+2r\left(1-\sin\varphi\right)}{2\sin\left[\theta\left(\varphi\right)-\varphi\right]} \tag{3-52}$$

由此可得容忍压差 ΔP：

$$\Delta P=\frac{\gamma}{r_1}=\frac{2\gamma\sin\left[\theta\left(\varphi\right)-\varphi\right]}{d_0+2r\left(1-\sin\varphi\right)} \tag{3-53}$$

其中，γ 是液体的表面张力。定义圆柱间距比的参数为 $k = d_0/2r$，则以上方程可改写为

$$\Delta P = \frac{\gamma}{r} \times \frac{\sin\left[\theta\left(\varphi\right) - \varphi\right]}{k + 1 - \sin\varphi} \tag{3-54}$$

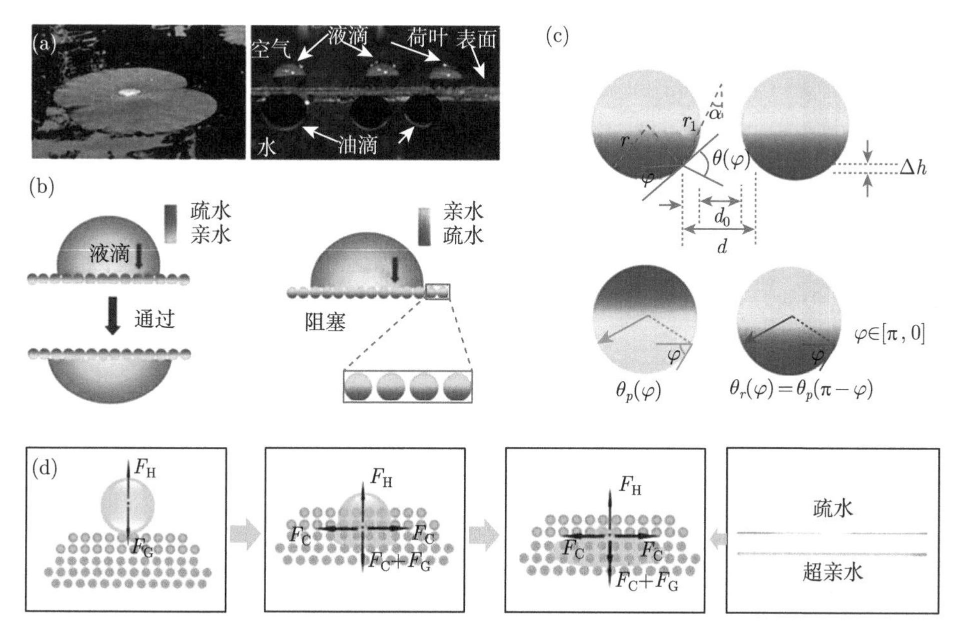

图 3-5 (a) 漂浮在水面上的荷叶的光学照片以及水滴、油滴在荷叶两侧的光学照片 [29]；(b) 液滴在具有润湿性梯度的膜上的渗透行为；(c) 两个圆柱体之间的固-液-气界面图，相邻圆柱体上的三相接触线间距为 $d = d_0 + 2r\left(1 - \sin\varphi\right)$，其中 d_0 和 r 分别为两个圆柱体间的距离和半径 [31]；(d) 液滴从疏水侧向超亲水侧移动的示意图及受力变化

这里，如果挤压压力由重力提供，公式适用于挤压高度 $\Delta h\,(< d/2)$ 以及圆柱体的特征维度 (即 r 和 d_0) 远低于毛细管长度的情况。若液滴的临界突破压力的各向异性比变大，则液滴可以发生横截面方向的渗透行为，反之则不行。在实际应用中，织物可以看作间隔的圆柱体，圆柱体表面有粗糙的子结构，子结构的影响表现为局部接触角。因此，可以利用柱膜模型来描述织物结构，分析液体渗透现象。

随着 Janus 材料的进一步发展，从整体分析液体的单向运输行为也被进一步完善。液体定向运输的机制如图 3-5 (d) 所示。对于疏水层向上的情况，当水滴放置在疏水侧时，受到两种相反方向的力。一种是重力引起的静压力 (F_{G})，这种力被认为是液体定向输送的原因；另一种是疏水层产生的相反方向的力 (F_{H})。在这个体系中，阻止液体渗透的疏水层产生的 F_{H} 也可以描述为突破压 ($F_{\mathrm{breakthrough}}$)。用

最大水柱高度来表示 $F_{\mathrm{breakthrough}}$ 是合理的，此时 $F_{\mathrm{breakthrough}}$ 可以表示为 [32-34]

$$F_{\mathrm{breakthrough}} = -\frac{2\gamma}{r}\cos\theta \tag{3-55}$$

其中，θ 表示液滴与疏水表面的接触角，γ 表示表面张力，r 是孔径。液滴滴落在疏水表面时，两种力保持平衡；随着液滴的增大，当 $F_{\mathrm{G}} \geqslant F_{\mathrm{breakthrough}}$ 时，液滴可以从 Janus 材料的疏水侧向亲水侧定向运输。一旦液滴渗透到亲水性表面，$F_{\mathrm{breakthrough}}$ 变为零。此时，亲水侧的毛细力 (F_{C}) 出现，加速液滴在亲水层中向各个方向扩散。对于亲水层向上的情况，当水滴滴落在亲水表面时，由于 F_{C} 的作用，液滴很容易被吸收铺展，此时，疏水层上的 F_{G} 可以忽略不计。当液滴接触到疏水层时，相反方向的 $F_{\mathrm{breakthrough}}$ 能抵消掉合力 ($F_{\mathrm{C}} + F_{\mathrm{G}}$)，使液滴无法进一步渗透。很明显，$F_{\mathrm{C}}$ 在实现 Janus 材料的液体定向运输方面起着至关重要的作用。由于化学梯度力的存在，液滴可以在材料的横截面方向上进行定向渗透。

3.2.3 能量输入驱动力

由于结构与化学驱动力的作用仍然是比较有限的，研究者考虑将外部能量例如光、电、热、磁等添加至液滴运输的场中实现更高效的运输模式，通过外场刺激，实现液滴响应。当然，不同的外场有各自的优缺点，仍然需要根据实际情况选择合适的外场刺激方法。

一般来说，照射到固体表面上的光，难以提供液滴运输的驱动力。但是光照射产生的能量可以被润湿性表界面吸收转化为化学能或其他形式的能量诱导液滴定向运输 [35-37]。Yu 等 [38] 提出了一种利用光不对称变形诱导毛细管力驱动液滴运输的方式。管状微型驱动器可以有效运输多种流体，在生物医学和化学工程中具有广泛的应用潜力。此外，对于运输混合液体、混合多相液体等也能有效实现运输或分离的应用。另外，通过光辐射产生光热效应实现对表面润湿性的调节也是光驱动研究的重要内容。Zhao 等 [39] 提出了一种新的可编程的石墨浸渍多孔石墨烯薄膜。由于这类石墨烯具有良好的光热性能，在近红外 (NIR) 光照射下，石墨烯薄膜中的石蜡处于液相和固相转变中间态，从而形成液滴运输通道，诱导液滴定向运输。该薄膜可在光滑和粗糙表面之间实现动态、可逆转变和可远程调节的润湿性等，如图 3-6 (a) 所示。总之，通过光响应等外场刺激可以有效地实现液滴运输。光响应的优势在于可以打破空间限制等，可以远距离操纵，但是操纵精度有限。

类似的，电能在润湿性领域被用来辅助液滴定向运输 [40-42]。电能往往形成电场刺激润湿性表面实现液滴运输，但是需要解决液滴以及基底所带电荷等问题。例如，Dong 等 [43] 通过在超疏水性的 PDMS 基底上添加 5.0 kV 的恒定电场，使液滴黏附力可以最低降至 9.2 μN。在此基础之上，可以通过微弱的静电斥力控制液滴移动，这在生物化学和医学检测等领域具有广泛的应用，如图 3-6 (b)。电响应操纵液滴运动是一种高度可控的操作形式，但是存在缺乏安全性和成本高昂的缺点。因此，在未来的研究中，如何利用低电压、小电流控制液滴将是一个具有发展前景的研究方向。

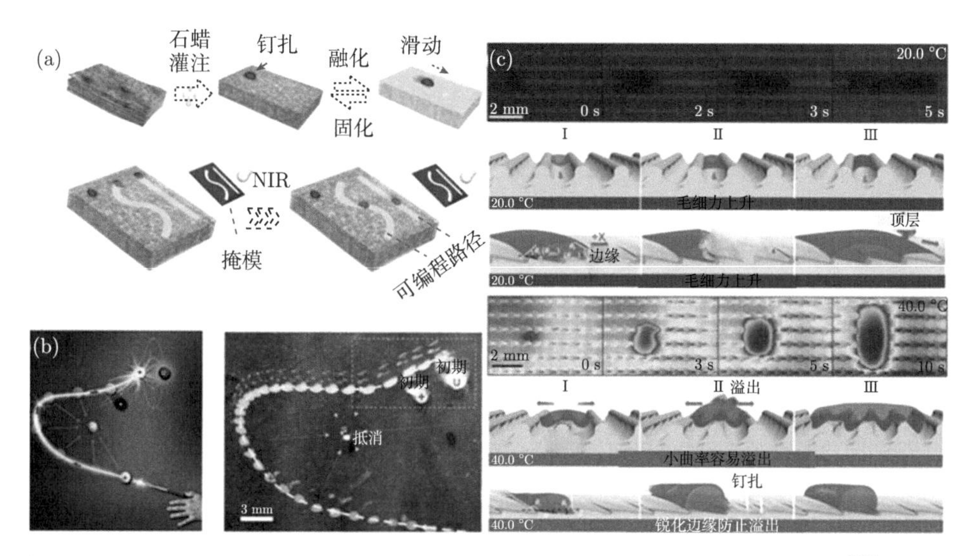

图 3-6 (a) 石蜡浸渍多孔石墨烯膜，在 NIR 光诱导下形成液滴运输路径示意图 [39]；(b) 静电斥力作用下诱导液滴定向运输 [43]；(c) 在低温和高温的情况下，喙状蠕动表面的水扩散性能 [45]

热响应在实际生活中仍然比较常见，通过温度刺激聚合物表面易于使聚合物表面结构或组分产生变化，从而诱导润湿性转变 [44-46]。Zhang 等 [47] 受到猪笼草和滨鸟喙的开闭合运动的启发，制备了一个在温度变化时能够智能液滴定向运输控制的鸟喙模拟模型。其运输机制本质是通过温度刺激控制凝胶膨胀与收缩。当温度降低时推动液滴向上运动；随着温度升高，凝胶尺寸收缩，液滴则会恢复至原始位置，如图 3-6 (c) 所示。研究者创新地提出了一种双重仿生理念，通过温度刺激诱导液滴运输，提高了凝胶在医疗、微流体和热传导领域的应用场景。

在微流控的器件操纵液滴运输的策略中，磁响应由于其易于操作、无毒、低成本和低能耗等优点而受到了广泛的关注 [48-50]。磁响应液滴运输中最显著的特征在于磁性结构与液滴相接触，并使它们在磁场中具有移动性。因此，如何构造磁性结构运动间接诱导液滴运动便成了一个关键性的问题。Liu 等 [51] 受到蝴蝶翅膀、猪笼草和微生物的启发，制备了集成各向异性表面、光滑界面和可切换微观结构的功能表面。他们通过将具有磁响应的微纤毛结构与注液表面 (LIS) 相结合，诱导液滴优先逆纤毛倾斜方向运动。除此之外，微纤毛倾斜和液滴运动的方向可以同时受到外部磁场的操纵，最终形成具有磁响应的液滴单向运输系统。磁响应工作原理为复杂液体运输开辟了新的途径，在微流控器件操纵液滴运输领域具有实际应用价值。

为了提高流体定向运输的可控性，研究者除了结合经典结构与化学梯度诱导流体定向运输以外，往往还增加了外场的帮助，例如本书所提到的四种类型：光、电、热和磁响应模式等。然而，新的场的引入除了其优点外还具有不同的缺点：①光刺激响应下便于控制，但是需要一些特定仪器产生特定波长的光，同时光强仍有要求；②电场的产生需要高电压，其本身就存在不安全性，此外，产生的高电压在日常生活中也难以利用；③热刺激响应的产生是自然界非常常见的，但是高温可能会对基底造成破坏作用；④磁响应往往是研究者优先选择的，但是磁场不易于操作，此外，具有磁响应的材料有限。除此之外，对比传统的结构梯度和化学梯度诱导液滴运输，外场刺激响应需要引入外场，添加了更多难于操作的性质。这也为我们之后的实验工作提供了依据，通过制备适用性强的结构与化学驱动力表面成为我们的首选目标。

3.3 大气水收集的吸附理论

3.3.1 吸附模型的经典理论概述

分子和原子可以通过物理吸附和化学吸附附着在表面上。对于物理吸附，吸附质和底物之间存在范德瓦耳斯相互作用。当粒子被物理吸附时，释放的能量与凝结焓具有相同的数量级，这种相互作用的范围很长，但很弱。被吸附分子与表面结合时，释放的能量需要耗散；如果释放的能量依旧存在于体系中，被吸附分子就会再次解离表面。物理吸附所涉及的能量是足够小的，它可以被分散到晶格的振动中，并作为热运动消散。在化学吸附中，分子或原子通过形成化学键附着在固体表面，并倾向于找到与底物配位数最大的位点。化学吸附焓比物理吸附焓在数值上要大很多，因此化学吸附的相互作用范围通常很短。

当气体水分子被吸附在固体表面上时，环境中自由的水分子和被吸附的水分子之间存在动态平衡。表面覆盖度取决于上覆气体的压力和温度，表面覆盖度也决定着吸附焓，进而出现被吸附分子有序-无序的转变，即吸附和解吸的动态过程。表面覆盖度通常用 χ 表示：

$$\chi = N_{\text{occupied}}/N_{\text{available}} \tag{3-56}$$

其中，N_{occupied} 是指吸附基质被水分子占用的吸附位点数，$N_{\text{available}}$ 是指吸附基质可供水分子占据的吸附位点数。或者，用吸附体积表示：

$$\chi = V/V_{\infty} \tag{3-57}$$

其中，V 为被吸附的吸附质体积，V_∞ 为完全单层覆盖时所对应的吸附质体积。这两个体积是在相同的温度和压力条件下测量的自由气体水分子，而不是吸附水分子附着在固体表面时所占的体积。

在选定温度下，表面覆盖度 (χ) 随压力变化的表达式称为吸附等温线。随着实验数据的累计和吸附的发展历程，主要有以下几种吸附模型。

1. Langmuir 吸附等温线模型

Langmuir 模型是基于吸附发生在均匀的表面上，每个分子具有恒定的焓和吸附活化能的假设而提出的。Langmuir 吸附等温线是通过测量表面覆盖度作为压力的函数来获得的。Langmuir 吸附等温线有以下假设：吸附不能超过单层覆盖；表面上的所有位点都是等效的；一个分子只能吸附在一个空位上；吸附的概率与相邻位点的占用无关 (即吸附分子之间没有相互作用)[52,53]。基于以上假设，吸附速率与表面的碰撞速率成正比，因此与被吸附气体分子的分压 (p) 成正比。被吸附分子只能吸附在这些空位上，因此吸附速率也与空位的数量成正比。如果总占据数为 N，表面覆盖度为 χ，则未占据数为 $N(1-\chi)$。因此，由于吸附作用，表面覆盖度的变化率 ($\mathrm{d}\chi/\mathrm{d}t$) 为

$$\frac{\mathrm{d}\chi}{\mathrm{d}t}=k_{\mathrm{ad}}pN\left(1-\chi\right) \tag{3-58}$$

解吸附导致的表面覆盖度的变化率 ($\mathrm{d}\chi/\mathrm{d}t$) 与已经存在的被吸附分子的数量成正比：

$$\frac{\mathrm{d}\chi}{\mathrm{d}t}=-k_{\mathrm{de}}N\chi \tag{3-59}$$

在平衡时，χ 没有净变化，这意味着这两个速率的和必须为零。因此，由式 (3-58) 和 (3-59) 可以推导出 Langmuir 吸附等温线方程：

$$\chi=\frac{kp}{1+kp} \tag{3-60}$$

其中，$k=k_{\mathrm{ad}}/k_{\mathrm{de}}$，$k$ 是取决于温度的量。利用 Gibbs-Helmholtz 方程将 k 与标准吸附 Gibbs 能 ($\Delta_{\mathrm{ad}}G^\circ$) 联系起来，进而我们可以推导出标准的吸附焓 ($-\Delta_{\mathrm{ad}}H^\circ$)：

$$\frac{\mathrm{d}\left(-R\ln\left(kp^\circ\right)\right)}{\mathrm{d}T}=\frac{\mathrm{d}\left(\Delta_{\mathrm{ad}}G^\circ/T\right)}{\mathrm{d}T}=\frac{-\Delta_{\mathrm{ad}}H^\circ}{T^2} \tag{3-61}$$

进一步地，有如下关系：

$$\frac{\mathrm{d}\ln\left(kp^\circ\right)}{\mathrm{d}T}=\frac{-\Delta_{\mathrm{ad}}H^\circ}{RT^2} \tag{3-62}$$

等温标准吸附焓 ($\Delta_{\mathrm{ad}}H^\circ$) 被吸附分子的表面覆盖度 ($\chi$) 限制，因此：

$$\left(\frac{\partial \ln (kp^\circ)}{\partial (1/T)}\right)_\chi = \frac{-\Delta_{\mathrm{ad}}H^\circ}{R} \tag{3-63}$$

2. BET 吸附等温线模型

如果 Langmuir 吸附等温线的单层吸附层可以作为进一步吸附的基底，在高压下，被吸附的气体体积不会稳定到与完整的单分子层所对应的值，而是会无限上升。Stephen Brunauer、Paul Emmett 和 Edward Teller 发展了多层吸附应用最广泛的 BET 吸附等温线模型：

$$\frac{V}{V_{\mathrm{mono}}} = \frac{cz}{1 - z\left[1 - (1-c)\,z\right]} \tag{3-64}$$

或者，

$$\frac{z}{(1-z)\,V} = \frac{1}{cV_{\mathrm{mono}}} + \frac{c-1}{cV_{\mathrm{mono}}}z \tag{3-65}$$

式中，$z = p/p^*$，p^* 为纯液体底物的蒸气压；V 为吸附气体的体积；V_{mono} 为吸附单层时所对应的气体体积；常数 c 是该体系的特征参数：$c = k_0/k_1$，其中 $k_0 = k_{\mathrm{ad},0}/k_{\mathrm{de},0}$ 为从基质吸附和解吸的速率常数之比，$k_1 = k_{\mathrm{ad},1}/k_{\mathrm{de},1}$ 为后续各层的速率常数之比。

用焓变表示 BET 吸附等温线的特征常数 c：

$$c = \frac{k_0}{k_1} = \frac{\mathrm{e}^{\Delta_{\mathrm{des}}G^\circ/RT}}{\mathrm{e}^{\Delta_{\mathrm{vap}}G^\circ/RT}} = \frac{\mathrm{e}^{\Delta_{\mathrm{des}}H^\circ/RT}\mathrm{e}^{-\Delta_{\mathrm{des}}S^\circ/R}}{\mathrm{e}^{\Delta_{\mathrm{des}}H^\circ/RT}\mathrm{e}^{-\Delta_{\mathrm{vap}}S^\circ/R}} \tag{3-66}$$

解吸和蒸发的熵可以假定是相同的，因为它们对应吸附物的冷凝和逸出两个过程。进一步地：

$$c = \mathrm{e}^{(\Delta_{\mathrm{des}}H^\circ - \Delta_{\mathrm{vap}}H^\circ)/RT} \tag{3-67}$$

其中，$\Delta_{\mathrm{des}}G^\circ$ 代表标准 Gibbs 解吸附自由能，$\Delta_{\mathrm{des}}G^\circ = RT\ln(k_0p^\circ)$，或者 $k_0p^\circ = \mathrm{e}^{\Delta_{\mathrm{des}}G^\circ/RT}$；$\Delta_{\mathrm{vap}}G^\circ$ 代表标准解吸附 Gibbs 蒸发自由能，$\Delta_{\mathrm{vap}}G^\circ = RT\ln(k_1p^\circ)$，或者 $k_1p^\circ = \mathrm{e}^{\Delta_{\mathrm{vap}}G^\circ/RT}$。当第一个吸附的单分子层的解吸附焓 ($\Delta_{\mathrm{des}}H^\circ$) 相对于液体吸附质的蒸发焓 ($\Delta_{\mathrm{vap}}H^\circ$) 较大时，特征常数 c 也较大。当 c 远大于 1 时，BET 吸附等温线模型可简化为

$$\frac{V}{V_{\mathrm{mono}}} = \frac{z}{1-z} \tag{3-68}$$

BET 吸附等温线模型在限制的压力范围内与实验观测值相吻合，但在低压下低估了吸附程度，在高压下高估了吸附程度。

3. Temkin 吸附等温线模型

Langmuir 吸附等温线模型假设所有的吸附位点都是等效且独立的，这意味着吸附焓与表面覆盖度 (χ) 无关。实验中经常发现，随着 χ 的增大，吸附焓将会变小，这表明能量上最有利的位置首先被占据。Temkin 吸附等温线模型考虑到这种变化，其表达式为

$$\chi = c_1 \ln (c_2 p) \tag{3-69}$$

式中，c_1 和 c_2 为常数，对应于假设吸附焓随压力线性变化。Temkin 吸附等温线模型建立在假设表层所有分子吸附热是呈线性下降，且吸附特征是结合能均匀分布的基础上 [53]。

4. Freundlich 吸附等温线模型

Freundlich 吸附等温线模型假设吸附发生在非均质表面，吸附分子之间相互作用。该吸附不局限于单层吸附的形成，可应用于多层吸附。此外，该模型表明吸附能不是恒定的，而是随着吸附过程的完成呈指数下降。Freundlich 吸附等温线模型为

$$\chi = c_1 p^{1/c_2} \tag{3-70}$$

式 (3-70) 对应于对数变化。等温线试图将表面吸附分子之间的相互作用考虑在内。以上不同的吸附等温线模型在有限的压力范围内与实验或多或少地吻合，但它们在很大程度上仍然是经验的。

5. Dubinin-Radushkevich 吸附等温线模型

Dubinin-Radushkevich 吸附等温线模型描述了非均质表面高斯能量分布的吸附机制。在该模型中，吸附过程可分为物理吸附 ($E_{\mathrm{ad}} < 8\ \mathrm{kJ \cdot mol^{-1}}$) 和化学吸附 ($8\ \mathrm{kJ \cdot mol^{-1}} < E_{\mathrm{ad}} < 168\ \mathrm{kJ \cdot mol^{-1}}$)，其中 E_{ad} 为吸附质每分子的能量，即将一个分子从吸附剂表面的位置移动到无穷远所需要的能量。Dubinin-Radushkevich 吸附等温线模型为 [53]

$$\chi = \chi_{\mathrm{t}} \exp\left(-k_{\mathrm{ad}} \varepsilon^2\right) \tag{3-71}$$

其中，χ_{t} 为理论的等温饱和吸附容量；k_{ad} 是 Dubinin-Radushkevich 等温线常数；ε 为 Polanyi 势能，可通过下式计算：

$$\varepsilon = RT \ln\left(1 + \frac{1}{c_{\mathrm{eq}}}\right) \tag{3-72}$$

其中，c_{eq} 是指平衡条件的吸附浓度；进一步地，吸附质每分子的能量 E_{ad} 为

$$E_{\mathrm{ad}} = \left(\sqrt{2k_{\mathrm{ad}}}\right)^{-1} \tag{3-73}$$

3.3.2 MOFs 基水吸附-解吸附理论模型

为了预测任何吸附剂-蒸气和操作条件下的吸附动力学，Wang 和 Yaghi 等[54-57]建立了一个基于一般框架的瞬态多维计算模型，以研究吸附过程中蒸气和能量传输的过程。该模型对吸附速率和温升进行了预测，并利用该模型进行了参数化研究，以确定不同操作条件下的吸附程度。研究人员利用基于质量和能量守恒的理论模型方程来理解和预测 MOFs 内部水的吸附-解吸动力学。

蒸气在吸附剂内扩散时的质量守恒表达式如下：

$$\frac{\partial C}{\partial t}+\nabla\cdot(uC)=\nabla\cdot D_{\text{vap}}\nabla C-\frac{1-\varepsilon}{\varepsilon}\frac{\partial C_{\text{a}}}{\partial t} \tag{3-74}$$

其中，C 为蒸气浓度，ε 为吸附剂的孔隙率，C_{a} 是吸附剂晶体内的蒸气浓度，$\partial C_{\text{a}}/\partial t$ 表示吸附剂平均瞬时吸附速率，D_{vap} 为蒸气在吸附剂体系内的扩散系数，$\nabla\cdot(uC)$ 代表平流引起的蒸气传输。

蒸气浓度 C 可以利用理想气体定律表示：

$$C=P/RT \tag{3-75}$$

MOFs 吸附剂层的孔隙率 (ε) 可以通过下式表示：

$$\varepsilon=1-\rho_{\text{adsorbent}}/\rho_{\text{powder}} \tag{3-76}$$

其中，$\rho_{\text{adsorbent}}$ 是指 MOFs 吸附剂层的密度，ρ_{powder} 是指粉状 MOFs 颗粒的密度，可以通过实验设备进行测量估算。

平流引起的蒸气传输 ($\nabla\cdot(uC)$) 通过使用 Peclet 数将平流缩放为扩散输运得以忽略。纯蒸气条件下集水实验的 Peclet 数估计为 10^{-2}，Peclet 数可以表示为

$$Pe=L_{\text{c}}u/D_{\text{vap}} \tag{3-77}$$

其中，L_{c} 为特征长度尺度 (层厚)；u 指 Darcian 蒸气速度，可以通过下式计算：

$$u=-K\nabla P/\eta \tag{3-78}$$

式中，η 是指水蒸气分子的动态黏度；K 表示水分子在吸附剂内部的渗透率，可以用以下公式计算：

$$K=\left(2r_{\text{c}}\right)^2\varepsilon^3/36k_{\text{k}}\left(1-\varepsilon\right)^2 \tag{3-79}$$

其中，r_{c} 是指吸附剂的特征尺寸半径，k_{k} 是指 Kozeny 常数。

空气-蒸气混合情况下的蒸气晶间扩散系数 (D_{vap}) 远低于纯蒸气时的蒸气晶间扩散系数，空气分子的存在可以抵消吸附和解吸附过程中的压力梯度，因此平

流可以忽略不计。根据蒸气传输的 Knudsen 数，蒸气晶间扩散系数可以近似为 Knudsen 扩散和分子扩散，或者两种扩散的结合。在多孔介质中考虑 Knudsen 扩散和分子扩散的气-气混合物的有效蒸气晶间扩散系数可表示为 [56,58]

$$D_{\mathrm{vap}} = \varepsilon^{3/2}\left(\frac{1}{D_{\mathrm{A}}}+\frac{1}{D_{\mathrm{K}}}\right)^{-1} \tag{3-80}$$

其中，D_{A} 为空气中的蒸气分子扩散系数；D_{K} 代表蒸气的 Knudsen 扩散系数，可以用蒸气的平均自由程和多孔介质的特征孔隙大小来计算：

$$D_{\mathrm{K}} = \left(\frac{L_{\mathrm{a}}}{3}\right)\sqrt{8RT/\pi M} \tag{3-81}$$

其中，L_{a} 表示特征孔隙尺寸，与晶体堆积的概率分布和特征尺寸半径有关。

因为水收集实验是在低压和纯蒸气条件下进行的，在这种情况下，晶间扩散系数 D_{vap} 表示为

$$D_{\mathrm{vap}} = \varepsilon^{3/2} D_{\mathrm{K}} \tag{3-82}$$

另一方面，当忽略平流的贡献时，吸附剂内部的能量守恒方程可用如下方程表示 [56,59]：

$$\rho c_{\mathrm{P}}\frac{\partial T}{\partial t} = \nabla\cdot k\nabla T + \Delta H_{\mathrm{ad}}\left(1-\varepsilon\right)\frac{\partial C_{\mathrm{a}}}{\partial t} \tag{3-83}$$

其中，ρc_{P} 为局部平均热容；k 为吸附剂的热导率；ΔH_{ad} 代表水分子的吸附焓，可以利用 Clausius-Clapeyron 关系进行计算：

$$\ln\left(P_{\mathrm{m}}/P_0\right) = \frac{\Delta H_{\mathrm{ad}}}{R}\times\frac{1}{T}-\frac{\Delta S_{\mathrm{ad}}}{R} \tag{3-84}$$

式 (3-74) 和式 (3-83) 中的吸附剂平均瞬时吸附速率 $(\partial C_{\mathrm{a}}/\partial t)$ 可用线性驱动力模型近似 [59,60]：

$$\partial C_{\mathrm{a}}/\partial t = \epsilon D_{\mathrm{in}}\left(C_{\mathrm{eq}}-C_{\mathrm{a}}\right)/r_{\mathrm{c}}^2 \tag{3-85}$$

其中，ϵ 是线性关系修正系数 $(\epsilon=15)$，D_{in} 是吸附剂晶体内蒸气扩散系数，C_{eq} 是基于局部温度和蒸气压的平衡蒸气浓度。r_{c} 和 D_{in} 可以通过实验进行表征，C_{eq} 可以通过吸附等温线的线性内插法进行估算。在球形晶体和等温扩散的假设下，利用 Fick(菲克) 扩散定律估算晶体内蒸气扩散系数 (D_{in})：

$$\frac{\partial C}{\partial t} = \frac{1}{r^2}\frac{\partial}{\partial r}\left(r^2 D_{\mathrm{in}}\frac{\partial C}{\partial r}\right) \tag{3-86}$$

假设晶体的孔隙结构均匀，吸附剂晶体半径 (r_c) 恒定，表面浓度和晶体内扩散系数恒定，式 (3-86) 求解可得 [56]

$$\frac{m_t}{m_{eq}} = 1 - \frac{6}{\pi^2}\sum_{n=1}^{\infty}\left(\frac{1}{n^2}\right)\exp\left(-\frac{n^2\pi^2 D_{in}t}{r_c^2}\right) \tag{3-87}$$

其中，m_t/m_{eq} 代表捕获水的质量分数，t 代表时间。空气-蒸气混合情况下的晶体内扩散系数 (D_{in}) 较低。晶体内扩散系数取决于温度和吸附质摄取量，因此，用 Arrhenius 方程描述扩散系数是有限的 [61,62]。然而，在使用线性驱动力模型进行宏观求解吸附速率 ($\partial C/\partial t$) 时，必须定义特征扩散系数，因为晶体内部的扩散过程不是蒸气传输的唯一机制，晶体间隙的扩散决定了蒸气整体的传输过程 [56]。

在太阳能辅助解吸过程中，解吸蒸气通过扩散在空气中运输和冷凝。吸附层和冷凝器之间的扩散蒸气传输可以用 Fick 扩散定律来近似：

$$\frac{\partial C}{\partial t} = D_A\frac{\partial^2 C}{\partial x^2} \tag{3-88}$$

其中，x 表示空间坐标。由于蒸气冷凝是在不可冷凝物 (空气) 存在的情况下进行的，因此将被解吸的蒸气输送到冷凝器表面是通过扩散进行的。假设蒸气扩散为稳态扩散，吸附层与冷凝器之间的时间平均蒸气压差 D_A 可通过下式来预估 [56]：

$$L = \frac{C_{tot}D_A MW_{water}}{J_{desorption}}\ln\left(\frac{1-y_{cond}}{1-y_{layer}}\right) \tag{3-89}$$

其中，L 是吸附层与冷凝器的间距，C_{tot} 是气体的总摩尔浓度，MW_{water} 是水的分子质量，$J_{desorption}$ 是解吸蒸气的时间平均的质量通量，y_{cond} 和 y_{layer} 分别表示蒸气在冷凝器表面和吸附层表面的摩尔分数。

3.3.3 水凝胶基水收集-水释放理论模型

蒸发-凝结平衡可以用 Gibbs-Duhem 方程描述：

$$\sum_{i=1}^{n} x_i\left(\partial\mu_i/\partial x_i\right)_{T,P} = 0 \tag{3-90}$$

其中，x 为各组分摩尔分数；μ 为化学势；T 是温度；P 是蒸气压；i 表示凝胶体系各组分的参数，例如聚合物、水、光热剂等。

Wang 等 [63] 考虑水凝胶内部蒸气和液相的质量守恒，从而推导出水凝胶吸附的控制方程。具体而言，考虑一维的质量传输，将水凝胶视为由三种相组成的均质多孔介质：聚合物基质、液体和气体，三者所对应的体积分数分别为ϕ_S、ϕ_L和ϕ_G。设定一个薄的水凝胶吸附层，这对于蒸气和液相的质量守恒的控制方程是必要的[64,65]。考虑在 x 方向上的长度 dx 和横截面积 dA，则体积为 $dV = dAdx$。凝胶体系总体积 (V_{tot}) 包括聚合物基质、内部液体和气体，即 $V_{tot} = V_S + V_L + V_G$。

对于水凝胶体系的蒸气守恒模型，C_G 是以单位体积空气中水蒸气的摩尔数表示的水蒸气含量，$\phi_g C_G dV$ 表示在体积为 dV 时的水蒸气含量；$\mathcal{P}_{con}$ 是体系内部单位体积摩尔蒸气凝结速率，$\mathcal{P}_{con}dV$ 表示蒸气在体积为 dV 时的凝结量；$\mathcal{J}_{G,x}$ 是指蒸气扩散进入凝胶体系内部的摩尔通量；$\mathcal{J}_{G,x+dx}$ 是指蒸气从凝胶体系扩散出来的摩尔通量，蒸气守恒方程可写为

$$\frac{\partial (\phi_G C_G dV)}{\partial t} = (\mathcal{J}_{G,x} - \mathcal{J}_{G,x+dx})\, dA - \mathcal{P}_{con}dV \tag{3-91}$$

上式描述了蒸气沿水凝胶厚度方向随时间变化的输运过程。

蒸气摩尔通量 ($\mathcal{J}_G$) 可通过蒸气传递有效扩散系数 ($D_{V,eff}$) 表示：

$$\mathcal{J}_G = -D_{V,eff}\frac{\partial C}{\partial x} \tag{3-92}$$

进一步，将式 (3-92) 代入式 (3-91)，并消除体积项 dV，可得到

$$\frac{\partial (\phi_G C)}{\partial t} - \frac{\partial}{\partial x}\left(D_{V,eff}\frac{\partial C}{\partial x}\right) = -\mathcal{P}_{con} \tag{3-93}$$

单位体积摩尔蒸气凝结速率 ($\mathcal{P}_{con}$) 是考虑了水凝胶三维体系的孔隙内部每一个微孔水蒸气的凝结，这种凝结是由液体-蒸气界面和水凝胶网络孔隙之间的蒸气浓度的差异所驱动的。液体-蒸气界面上蒸气的浓度 ($C_{G,interface}$) 为

$$C_{G,interface} = aP_{sat}/RT \tag{3-94}$$

其中，a 是指活度，P_{sat} 是指饱和蒸气压。由于水凝胶孔隙具有微米级半径显著大于 Kelvin 效应所必需的纳米级半径，冷凝发生的孔隙的曲率对饱和蒸气压 (P_{sat}) 的影响忽略不计。在每个孔内，冷凝以一定的速度进行。因此，体系冷凝速度 (V_{con}) 可以表示为

$$V_{con} = -\delta_{shape}ND_v\,(C_{G,interface} - C_G) \tag{3-95}$$

其中，δ_{shape} 为孔隙内扩散的形状因子，D_v 为蒸气在空气中的体积扩散系数，N 是指单位体积内孔隙数。因此，$V_{con} = \mathcal{P}_{con}$，式 (3-90) 可进一步表示为

$$\frac{\partial (\phi_G C)}{\partial t} - \frac{\partial}{\partial x}\left(D_{V,eff}\frac{\partial C}{\partial x}\right) = \delta_{shape}ND_v\,(C_{G,interface} - C_G) \tag{3-96}$$

$$
= \frac{\partial (\phi_{\mathrm{G}} C)}{\partial t} - \frac{\partial}{\partial x} \left(D_{\mathrm{V,eff}} \frac{\partial C}{\partial x} \right)
$$
$$
= \delta_{\mathrm{shape}} N D_{\mathrm{v}} \left(a P_{\mathrm{sat}} / RT - C_{\mathrm{G}} \right) \tag{3-97}
$$

其中，蒸气在空气中的体积扩散系数 (D_{v}) 和蒸气传递有效扩散系数 ($D_{\mathrm{V,eff}}$) 之间的关系式如下：

$$
D_{\mathrm{V,eff}} = D_{\mathrm{v}} \phi_{\mathrm{G}} / \tau \tag{3-98}
$$

式中，τ 是微孔的弯曲度。由于水凝胶是一种随机的多孔介质体系，τ 可作如下近似：$\tau = \sqrt{\phi_G}$[66,67]。液气相变吸附导致水凝胶内部孔隙尺寸缩小，盐质量分数降低，孔隙率变化。

类似的，C_{L} 用来描述液体含量，即凝胶单位初始体积的摩尔浓度，初始体积包括聚合物和液态水；$\phi_{\mathrm{G,ini}}$ 指初始水凝胶中的气体体积分数。因此，在体积为 $\mathrm{d}V$ 时的液体的摩尔浓度为 $C_{\mathrm{L}}(1-\phi_{\mathrm{G,ini}})$。$\mathcal{J}_{\mathrm{L},x}$ 是指液态水扩散进入凝胶体系内部的摩尔通量；$\mathcal{J}_{\mathrm{L},x+\mathrm{d}x}$ 是指液态水从凝胶体系扩散出来的摩尔通量。因此，液体守恒方程初步表示为[63]

$$
\frac{\partial (C_{\mathrm{L}} (1 - \phi_{\mathrm{G,ini}}))}{\partial t} = -\frac{\partial \mathcal{J}_{\mathrm{L}}}{\partial x} - \delta_{\mathrm{shape}} N D_{\mathrm{v}} \left(a P_{\mathrm{sat}} / RT - C_{\mathrm{G}} \right) \tag{3-99}
$$

液体扩散通量 ($\mathcal{J}_{\mathrm{L}}$) 是由水凝胶内部含水量的差异引起的，根据 Biot 孔隙弹性理论，用液体浓度 (C_{L}) 表示液体扩散通量 ($\mathcal{J}_{\mathrm{L}}$)[68]：

$$
\mathcal{J}_{\mathrm{L}} = -\frac{k \rho_{\mathrm{L}}^2}{\eta M^2} \frac{\partial \mu}{\partial x} \tag{3-100}
$$

其中，k 为纳米多孔聚合物的渗透率；η、M、ρ、μ 分别为水凝胶内部液态水的黏度、摩尔质量、密度和化学势。

当液体在聚合物中扩散时，它会产生水凝胶的体积膨胀[69]。假设聚合物与水是不互溶的，那么由于膨胀导致的体积形变 ($\Delta V_{\mathrm{deformation}}$) 为

$$
\Delta V_{\mathrm{deformation}} = (C_{\mathrm{L}} - C_{\mathrm{L,ini}}) M / \rho_{\mathrm{L}} \tag{3-101}
$$

其中，$C_{\mathrm{L,ini}}$ 表示水凝胶内部水的初始摩尔浓度。水凝胶的体积膨胀和水的扩散耦合引起了自由能的变化，系统单位体积的 Helmholtz 自由能的变化 $\mathrm{d}F$ 为

$$
\mathrm{d}F = \sum_{i,j} \sigma_{ij} \mathrm{d}\varepsilon_{ij} + \mu \mathrm{d}n_{\mathrm{A}} \tag{3-102}
$$

其中，σ_{ij} 和 ε_{ij} 分别为水凝胶内部的应力和应变。对水凝胶进行线性处理后，体系的 Helmholtz 自由能随应变的变化为二次函数，并依赖于剪切模量 (G) 和泊松

比 (ν):

$$\mathrm{d}F = G\left(\sum_{i,j}\varepsilon_{ij}^2 + \frac{\nu}{1-2\nu}\sum_{i,i}\varepsilon_{ii}^2\right) \tag{3-103}$$

结合式 (3-101)~ 式 (3-103)，应力 (σ_{ij}) 可表示为

$$\sigma_{ij} = 2G\left(\varepsilon_{ij} + \frac{\nu}{1-2\nu}\delta_{ij}\Delta V_{\text{deformation}}\right) - \mu\frac{\rho_{\text{L}}}{M}\delta_{ij} \tag{3-104}$$

其中，δ_{ij} 是 Kronecker 函数。当 $i=j$ 时，$\delta_{ij}=1$；当 $i\neq j$ 时，$\delta_{ij}=0$。考虑水凝胶体系的力学平衡 ($\partial\sigma_{ij}/\partial x_j=0$)，并且假设水凝胶向空间各个方向的体积变化各向同性，结合式 (3-98) 和式 (3-101)，化学势的梯度变化 ($\partial\mu/\partial x$) 可以表示为

$$\frac{\partial\mu}{\partial x} = \frac{M^2}{3\rho_{\text{L}}^2}\frac{2G(1+\nu)}{1-2\nu}\frac{\partial C_{\text{L}}}{\partial x} \tag{3-105}$$

结合式 (3-99)、式 (3-100) 和式 (3-105)，液体的扩散方程最终可表示为

$$(1-\phi_{\text{G,ini}})\frac{\partial C_{\text{L}}}{\partial t} - \frac{\partial}{\partial x}\left(D_{\text{L}}\frac{\partial C_{\text{L}}}{\partial x}\right) = -\delta_{\text{shape}}ND_{\text{v}}(aP_{\text{sat}}/RT - C_{\text{G}}) \tag{3-106}$$

其中，液体扩散系数 (D_{L}) 是由 Biot 的线性孔隙弹性理论推导出来的，它将水的化学势与水凝胶的弹性能耦合起来，可表示为 [70,71]

$$D_{\text{L}} = \frac{2G(1+\nu)}{3(1-2\nu)\eta}K \tag{3-107}$$

其中，η 为水的动力黏度；K 为纳米多孔聚合物网络的渗透率，是关于液体体积分数 (ϕ_{L}) 的函数 [69,72]：

$$K = k_0\phi_{\text{L}}/(1-\phi_{\text{L}})^{1.5} \tag{3-108}$$

式中，k_0 是一个通过拟合确定的常数，与水凝胶纳米孔的几何性质相联系。

孔隙内扩散的形状因子 (δ_{shape}) 是关于时间和位置的函数，量化微孔内部的蒸气输送阻力，可通过下式表示：

$$\delta_{\text{shape}} = 8\pi r_{\text{micropore}} \tag{3-109}$$

其中，$r_{\text{micropore}}$ 指水凝胶聚合物网络内部的微孔半径，与体系内部气体体积分数相关：$\phi_{\text{G}} = N\left(4\pi r_{\text{micropore}}^3/3\right)$。

式 (3-96)、式 (3-97) 和式 (3-106) 描述了水凝胶在吸附过程的内部蒸气和液相的质量守恒控制方程，由于蒸气和液体输运的相互作用，优化吸附动力学的关

键设计参数对于水收集是必要的。此外，更薄的水凝胶层具有更高的剪切模量。分子工程设计初始孔隙率可优化水凝胶的吸附动力学参数，从而进一步提高吸附性能。

通常，吸附过程伴随着热释放，因为水与吸附剂结合。对于嵌有盐的吸湿水凝胶，这种热释放是由于水凝结和盐稀释造成的。Wang 等 [63] 对水凝胶吸附过程中的热产生和传导进行了简化的模拟，表达式如下：

$$\lambda_{\text{eff}}\frac{\partial^2 T}{\partial x^2}+Q_{\text{volum}}=(\rho c_{\text{P}})_{\text{eff}}\frac{\partial T}{\partial t} \tag{3-110}$$

其中，T 为温度；Q_{volum} 为吸附产生的体积热；$(\rho c_{\text{P}})_{\text{eff}}$ 指介质产生的有效热量；λ_{eff} 为多孔介质的有效导热系数。假设由于空气的热导率和热质量较低，以及固体的体积分数较小，液态水主导热传递和热质量。因此，$(\rho c_{\text{P}})_{\text{eff}}=\rho_{\text{L}}c_{\text{P,L}}\phi_{\text{L}}$，这里，$c_{\text{P,L}}$ 是水的热容；ρ_{L} 是水的密度；$\lambda_{\text{eff}}=\lambda_{\text{L}}\phi_{\text{L}}$，这里，$\lambda_{\text{L}}$ 是水的热导率。吸附产生的体积热 (Q_{volum}) 可进一步表示为

$$Q_{\text{volum}}=\frac{\Delta m_{\text{water}}h_{\text{cond}}}{Vt_{\text{absorption}}} \tag{3-111}$$

其中，Δm_{water} 是指进入水凝胶系统的水的总质量；V 是指水凝胶的初始体积，包括孔隙；$t_{\text{absorption}}$ 是总的吸附过程的时间；h_{cond} 是指水的凝结潜热。

参 考 文 献

[1] Tang M, Cziczo D J, Grassian V H. Interactions of water with mineral dust aerosol: Water adsorption, hygroscopicity, cloud condensation, and ice nucleation. Chemical Reviews, 2016, 116: 4205-4259

[2] Tu Y, Wang R, Zhang Y, et al. Progress and expectation of atmospheric water harvesting. Joule, 2018, 2: 1452-1475

[3] Thanh N T K, MacLean N, Mahiddine S. Mechanisms of nucleation and growth of nanoparticles in solution. Chemical Reviews, 2014, 114: 7610-7630

[4] Davey R J, Schroeder S L M, ter Horst J H. Nucleation of organic crystals—A molecular perspective. Angewandte Chemie International Edition, 2013, 52: 2166-2179

[5] Becker R, Döring W. Kinetische behandlung der keimbildung in übersättigten dämpfen. Annalen Der Physik, 1935, 416: 719-752

[6] Farkas L. Keimbildungsgeschwindigkeit in übersättigten Dämpfen. Zeitschrift Für Physikalische Chemie, 1927, 125U: 236-242

[7] Volmer M, Weber A. Keimbildung in übersättigten Gebilden. Zeitschrift Für Physikalische Chemie,1926, 119U: 277-301

[8] Matsumoto M, Saito S, Ohmine I. Molecular dynamics simulation of the ice nucleation and growth process leading to water freezing. Nature, 2002, 416: 409-413

[9] Fisher L R, Gamble R A, Middlehurst J. The Kelvin equation and the capillary condensation of water. Nature, 1981, 290: 575-576
[10] Yang Q, Sun P Z, Fumagalli L, et al. Capillary condensation under atomic-scale confinement. Nature, 2020, 588: 250-253
[11] Sosso G C, Chen J, Cox S J, et al. crystal nucleation in liquids: Open questions and future challenges in molecular dynamics simulations. Chemical Reviews, 2016, 116: 7078-7116
[12] Li X, Wang J, Wang T, et al. Molecular mechanism of crystal nucleation from solution. Science China Chemistry, 2021, 64: 1460-1481
[13] Sear R P. The non-classical nucleation of crystals: Microscopic mechanisms and applications to molecular crystals, ice and calcium carbonate. International Materials Reviews, 2012, 57: 328-356
[14] Kalikmanov V I. Classical Nucleation Theory// Kalikmanov V I. Nucleation Theory. Dordrecht: Springer Netherlands, 2013: 17-41
[15] Vehkamäki H, Määttänen A, Lauri A, et al. Technical note: The heterogeneous Zeldovich factor. Atmos Chem Phys, 2007, 7: 309-313
[16] Auer S, Frenkel D. Prediction of absolute crystal-nucleation rate in hard-sphere colloids. Nature, 2001, 409: 1020-1023
[17] Tang X, Guo Z. Biomimetic fog collection and its influencing factors. New Journal of Chemistry, 2020, 44: 20495-20519
[18] Zheng Y, Bai H, Huang Z, et al. Directional water collection on wetted spider silk. Nature, 2010, 463: 640-643
[19] Ju J, Bai H, Zheng Y, et al. A multi-structural and multi-functional integrated fog collection system in cactus. Nature Communications, 2012, 3: 1247
[20] Peruzzo P, Defina A, Nepf H. Capillary trapping of buoyant particles within regions of emergent vegetation. Water Resources Research, 2012, 48: W07512
[21] Peruzzo P, Defina A, Nepf H, et al. Capillary interception of floating particles by surface-piercing vegetation. Physical Review Letters, 2013, 111: 164501
[22] Hu D L, Bush J W M. Meniscus-climbing insects. Nature, 2005, 437: 733-736
[23] Jiang J, Gao J, Zhang H, et al. Directional pumping of water and oil microdroplets on slippery surface. Proceedings of the National Academy of Sciences, 2019, 116: 2482-2487
[24] Chaudhury M K, Whitesides G M. How to make water run uphill. Science, 1992, 256: 1539-1541
[25] Park K C, Kim P, Grinthal A, et al. Condensation on slippery asymmetric bumps. Nature, 2016, 531: 78-82
[26] Zhang M, Wang L, Hou Y, et al. Controlled smart anisotropic unidirectional spreading of droplet on a fibrous surface. Advanced Materials, 2015, 27: 5057-5062
[27] Drelich J. Instability of the three-phase contact region and its effect on contact angle relaxation//Apparent and Microscopic Contact Angles. Boca Raton: CRC Press, 2000: 27-45

[28] Singh R A, Yoon E S, Kim H J, et al. Enhanced tribological properties of lotus leaf-like surfaces fabricated by capillary force lithography. Surface Engineering, 2007, 23: 161-164

[29] Cheng Q, Li M, Zheng Y, et al. Janus interface materials: Superhydrophobic air/solid interface and superoleophobic water/solid interface inspired by a lotus leaf. Soft Matter, 2011, 7: 5948-5951

[30] Yang H C, Hou J, Chen V, et al. Janus membranes: Exploring duality for advanced separation. Angewandte Chemie (International Edition), 2016, 55: 13398-13407

[31] Tian X, Li J, Wang X. Anisotropic liquid penetration arising from a cross-sectional wettability gradient. Soft Matter, 2012, 8: 2633-2637

[32] Cao H, Gu W, Fu J, et al. Preparation of superhydrophobic/oleophilic copper mesh for oil-water separation. Applied Surface Science, 2017, 412: 599-605

[33] Cao M, Li K, Dong Z, et al. Superhydrophobic “pump”: Continuous and spontaneous antigravity water delivery. Advanced Functional Materials, 2015, 25: 4114-4119

[34] Zhou H, Wang H, Niu H, et al. Superphobicity/philicity Janus fabrics with switchable, spontaneous, directional transport ability to water and oil fluids. Scientific Reports, 2013, 3: 2964

[35] Ichimura K, Oh S K, Nakagawa M. Light-driven motion of liquids on a photoresponsive surface. Science, 2000, 288: 1624-1626

[36] Kwon G, Panchanathan D, Mahmoudi S R, et al. Visible light guided manipulation of liquid wettability on photoresponsive surfaces. Nature Communications, 2017, 8: 14968

[37] Xiao Y, Zarghami S, Wagner K, et al. Moving droplets in 3D using light. Advanced Materials, 2018, 30: 1801821

[38] Lv J A, Liu Y, Wei J, et al. Photocontrol of fluid slugs in liquid crystal polymer microactuators. Nature, 2016, 537: 179-184

[39] Wang J, Gao W, Zhang H, et al. Programmable wettability on photocontrolled graphene film. Science Advances, 2018, 4: eaat7392

[40] Kong T, Stone H A, Wang L, et al. Dynamic regimes of electrified liquid filaments. Proceedings of the National Academy of Sciences, 2018, 115: 6159-6164

[41] Lu X, Kong Z, Xiao G, et al. Polypyrrole whelk-like arrays toward robust controlling manipulation of organic droplets underwater. Small, 2017, 13: 1701938

[42] Mannetje D, Ghosh S, Lagraauw R, et al. Trapping of drops by wetting defects. Nature Communications, 2014, 5: 3559

[43] Dai H, Gao C, Sun J, et al. Controllable high-speed electrostatic manipulation of water droplets on a superhydrophobic surface. Advanced Materials, 2019, 31: 1905449

[44] Cira N J, Benusiglio A, Prakash M. Vapour-mediated sensing and motility in two-component droplets. Nature, 2015, 519: 446-450

[45] Li C, Yu C, Hao D, et al. Smart liquid transport on dual biomimetic surface via temperature fluctuation control. Advanced Functional Materials, 2018, 28: 1707490

[46] Li J, Hou Y, Liu Y, et al. Directional transport of high-temperature Janus droplets mediated by structural topography. Nature Physics, 2016, 12: 606-612

[47] Zhang W, Liu N, Zhang Q, et al. Thermo-driven controllable emulsion separation by a polymer-decorated membrane with switchable wettability. Angewandte Chemie (International Edition), 2018, 57: 5740-5745

[48] Chen W, Zhang X, Zhao S, et al. Slippery magnetic track inducing droplet and bubble manipulation. Chemical Communications, 2022, 58: 1207-1210

[49] García-Torres J, Calero C, Sagués F, et al. Magnetically tunable bidirectional locomotion of a self-assembled nanorod-sphere propeller. Nature Communications, 2018, 9: 1663

[50] Wang D, Zhu L, Chen J F, et al. Liquid marbles based on magnetic upconversion nanoparticles as magnetically and optically responsive miniature reactors for photocatalysis and photodynamic therapy. Angewandte Chemie (International Edition), 2016, 55: 10795-10799

[51] Cao M, Jin X, Peng Y, et al. Unidirectional wetting properties on multi-bioinspired magnetocontrollable slippery microcilia. Advanced Materials, 2017, 29: 1606869

[52] Foo K Y, Hameed B H. Insights into the modeling of adsorption isotherm systems. Chemical Engineering Journal, 2010, 156: 2-10

[53] Wibowo E, Rokhmat M, Sutisna, et al. Reduction of seawater salinity by natural zeolite (clinoptilolite): Adsorption isotherms, thermodynamics and kinetics. Desalination, 2017, 409: 146-156

[54] Narayanan S, Kim H, Umans A, et al. A thermophysical battery for storage-based climate control. Applied Energy, 2017, 189: 31-43

[55] Narayanan S, Yang S, Kim H, et al. Optimization of adsorption processes for climate control and thermal energy storage. International Journal of Heat and Mass Transfer, 2014, 77: 288-300

[56] Kim H, Yang S, Rao S R, et al. Water harvesting from air with metal-organic frameworks powered by natural sunlight. Science, 2017, 356: 430-434

[57] Kim H, Rao S R, Kapustin E A, et al. Adsorption-based atmospheric water harvesting device for arid climates. Nature Communications, 2018, 9: 1191

[58] Moldrup P, Olesen T, Gamst J, et al. Predicting the gas diffusion coefficient in repacked soil water-induced linear reduction model. Soil Science Society of America Journal, 2000, 64: 1588-1594

[59] Chan K C, Chao C Y H, Sze-To G N, et al. Performance predictions for a new zeolite 13X/$CaCl_2$ composite adsorbent for adsorption cooling systems. International Journal of Heat and Mass Transfer, 2012, 55: 3214-3224

[60] Sircar S, Hufton J R. Why does the linear driving force model for adsorption kinetics work? Adsorption, 2000, 6: 137-147

[61] Krishna R. Describing the diffusion of guest molecules inside porous structures. The Journal of Physical Chemistry C, 2009, 113: 19756-19781

[62] Kärger J, Binder T, Chmelik C, et al. Microimaging of transient guest profiles to monitor mass transfer in nanoporous materials. Nature Materials, 2014, 13: 333-343

[63] Díaz-Marín C D, Zhang L, Lu Z, et al. Kinetics of sorption in hygroscopic hydrogels. Nano Letters, 2022, 22: 1100-1107

[64] Li R, Shi Y, Alsaedi M, et al. Hybrid hydrogel with high water vapor harvesting capacity for deployable solar-driven atmospheric water generator. Environmental Science & Technology, 2018, 52: 11367-11377

[65] Zhao F, Zhou X, Liu Y, et al. Super moisture-absorbent gels for all-weather atmospheric water harvesting. Advanced Materials, 2019, 31: 1806446

[66] Tartakovsky D M, Dentz M. Diffusion in porous media: Phenomena and mechanisms. Transport in Porous Media, 2019, 130: 105-127

[67] Marshall T J. The diffusion of gases through porous media. Journal of Soil Science, 1959, 10: 79-82

[68] Yoon J, Cai S, Suo Z, et al. Poroelastic swelling kinetics of thin hydrogel layers: Comparison of theory and experiment. Soft Matter, 2010, 6: 6004-6012

[69] Bertrand T, Peixinho J, Mukhopadhyay S, et al. Dynamics of swelling and drying in a spherical gel. Physical Review Applied, 2016, 6: 064010

[70] Hui C Y, Muralidharan V. Gel mechanics: A comparison of the theories of Biot and Tanaka, Hocker, and Benedek. The Journal of Chemical Physics, 2005, 123: 154905

[71] Biot M A. General theory of three-dimensional consolidation. Journal of Applied Physics, 1941, 12: 155-164

[72] Tokita M, Tanaka T. Friction coefficient of polymer networks of gels. The Journal of Chemical Physics, 1991, 95: 4613-4619

第 4 章　非相变仿生雾水收集体系

在相对湿度高且大气稳定的地区，水蒸气通常会凝结成悬浮在空气中的小液滴。在过去的十年中，随着科学技术的进步，已有许多研究成果表明，仿生功能表面具有收集空气中的小水滴的能力。根据收集过程中是否发生相变可以将雾水收集体系分为非相变雾水收集体系和相变雾水收集体系。其中非相变雾水收集体系主要是通过简单的液-液转换的雾收集方法来直接捕获悬浮在空气中的雾滴 (直径 1～120 μm)。具体而言，在湿度高、风速一定的环境中，空气中产生的液滴直接与雾聚表面碰撞，水滴直接与附着的水滴碰撞，导致相邻水滴不断合并，液滴体积增大。但是，这种方法容易受到环境影响。本章主要结合仿生设计原理，介绍仿生雾水收集基底材料、表面特殊结构的设计及制备、表面修饰化学的润湿性适配、结构协同化学的仿生雾水收集材料、仿生表面雾水收集材料的智能化设计和非相变仿生雾水收集的相关研究发展过程。

4.1　仿生雾水收集基底材料

仿生雾水收集基底材料按照化学成分、结构性能和生产过程等特点可将其分为聚合物基材料、金属基材料、无机非金属基材料和复合材料。各类基底材料经各种技术 (3D 打印技术 [1]、静电纺丝技术 [2] 和激光刻蚀技术 [3,4] 等) 处理后转变为有利于雾水收集结构的基材，如类蛛丝线形结构的基材 [5,6]、类仙人掌针形结构的基材 [7-9]、多孔结构的基材 (多孔板材、海绵、织物)[10,11] 等。合理的基材选择能使得制备出的水雾收集器具有更好的耐用性。

4.1.1　聚合物基材料

常见的聚合物基材料有代表性的聚乙烯、力学性能较高的聚酰胺、聚碳酸酯等 [12-14]。这些聚合物材料因其各自的特性可适用于不同的雾水收集环境，有助于提高雾水收集效率。

1. 聚乙烯

聚合物纤维材料聚乙烯因具有较高的耐化学性、低硬度和生物降解性而被广泛应用 [15,16]。此外，聚乙烯的回潮率几乎为零，因此水分不会影响其机械性能。这些特性使其成为一种很好的雾水收集材料。Muhammad 团队 [17] 通过等离子体和硅烷处理聚乙烯单丝制备了具有亲水性和疏水性的垂直竖琴。如图 4-1 所示，等离子体处理后包含新的含氧物质聚合物表面上的基团有助于亲水性，导致雾滴长时间附着。微小液滴的聚结使得管状收集器元件的所有侧面上的形貌尺寸均变大，并在表面形成水膜，从而增强液滴对收集器样品的亲和力。以疏水聚乙烯单丝为原型取代传统 Raschel 网，将 Raschel 网格 (标准雾收集器元件) 替换为竖琴设计，可通过避免堵塞来实现最佳的集雾性能。结果表明，采用亲水涂层处理的聚雾元件会产生不良影响，而采用疏水涂层处理的聚雾元件可将其集水效率提高 107%。这项研究有望促进研发低成本、易安装的大型雾收集器件。

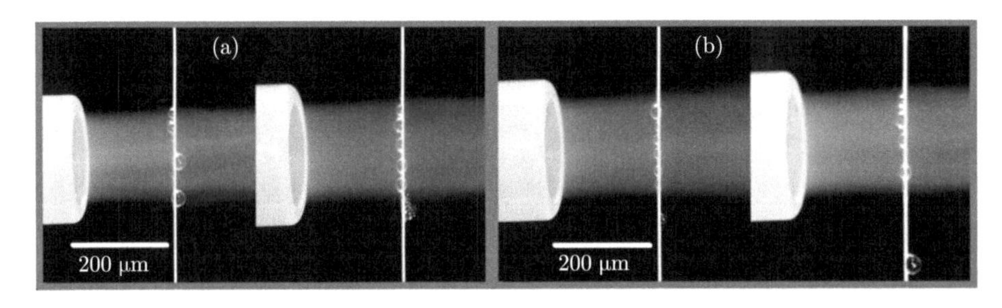

图 4-1 液滴在单丝上的沉积和黏附。在 (a) 中，亲水表面与液滴结合，并提供足够的时间使其变大，直到其重力克服液滴的重量；在 (b) 中，疏水表面不允许液滴在那里停留更长时间并迫使液滴向下滚动 [17]

2. 聚酰胺

聚酰胺 (PA) 具有良好的综合机械性能，是一种较好的雾水收集材料，然而其润湿性能的可靠性会影响其所在纤维系统的雾收集效率。Urszula 团队 [18] 分别以聚酰胺 6(PA6) 和聚酰胺 11(PA11) 为原材料，通过静电纺丝技术制备了用于雾水收集的网格。PA6 和 PA11 的平均纤维直径分别为 (150 ± 20) nm 和 (151 ± 30) nm。基于二维 SEM 图像 (图 4-2) 的纤维和孔隙分数分析证实了 PA6 和 PA11 网格的几何相似性，即两个网格形貌几乎相同，但静态接触角测量证实了 PA6 和 PA11 的不同润湿性：PA6 在薄膜上测量的接触角为 $27^\circ \pm 2^\circ$，PA11 的接触角为 $102^\circ \pm 4^\circ$[18−20]。上述润湿性的显著差异导致其中疏水性 PA11 的雾水收集效率高于亲水性 PA6。这些结果表明所选材料的润湿性能对于网状生产及纳米级疏水性影响的重要性。基于疏水性 PA11 的雾收集机制由于可以更快地去除水滴，因此可以获得更高的集水率。这些发现为开发雾收集器奠定了理论基础，为解决全球水危机提供了新方法。

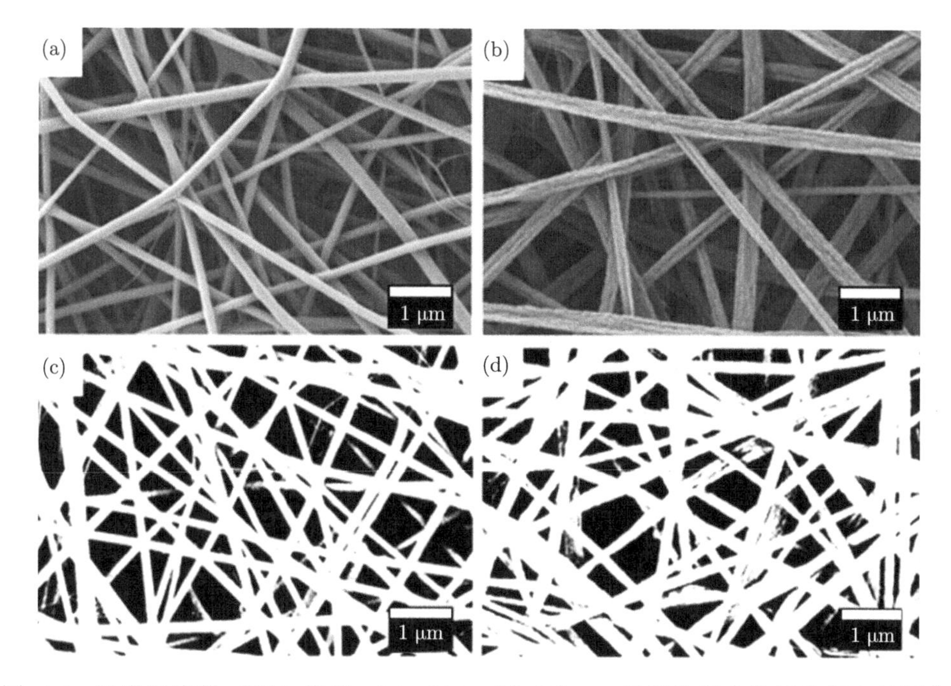

图 4-2 纳米纤维的 SEM 图像：(a) PA6，(b) PA11；图像分析中使用的代表性图像：(c) PA6，(d) PA11[21]

3. 聚偏二氟乙烯

雾水收集器使用网格捕捉雾中的水滴，水滴在网格上沉积或凝结后，水流到特殊容器中。目前，集水率最高的一种设备是 Raschel 网格，它是一种经过特殊编织的聚合物网格。当前技术尚存在较严重的限制，它对风力条件高度依赖，在风力不存在的情况下会破坏这个过程 [22]，阻碍了水收集能力。在重力的作用下，在 Raschel 网格上收集的液滴主要流向容器。然而，空气运动通过加速微小液滴，使其在自身重量下落之前从网格上抖落，从而影响雾水收集的效率。因此，风速对采集速率有显著影响。Urszula 团队 [23] 研究了四种类型的集水网：两种基于聚偏二氟乙烯 (PVDF) 纤维 (图 4-3 (a)～(d))，两种与 Raschel 网格相结合 (图 4-3 (e)～(h))。结果表明，PVDF 随机网格和对齐网格的效率分别是 Raschel 网格的 1.5 倍和 2.5 倍，充分体现了静电纺网格的优越性。纤维的定向和随机定向之间的巨大差异清楚地表明，纤维定向对网格的集水能力有很强的影响，排列纤维的吸水率比随机纤维高，这是因为排列纤维的吸水机制不同，并通过合并静电纺丝 PVDF 纤维将商用 Raschel 网的集水效率提高了 300%以上。这为我们展示了一个相对简单且成本低廉的系统，该系统建立在已经应用的解决方案之上，并扩展了现有设计的功能。

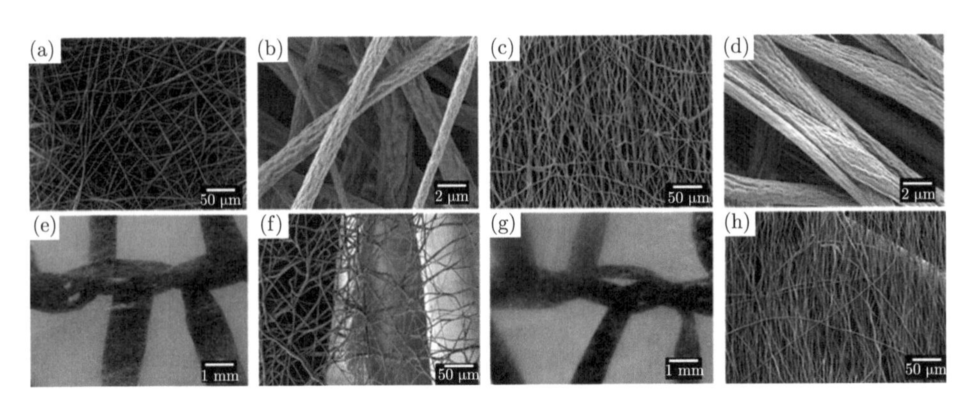

图 4-3 所有类型测试网格的 SEM 显微照片。(a)、(b) 随机 PVDF；(c)、(d) 对齐 PVDF；(f) Raschel 和随机 PVDF 纤维；(h) Raschel 和对齐 PVDF 纤维 [23]

4. 聚酯

聚酯材料同样可应用于雾水收集。聚酯纤维具有优异的耐光性、较高的强度和弹性。聚酯纤维对各种化学物质有很好的耐受性，受酸碱破坏较小，不会发生霉变，也不怕虫蛀。在用于静电纺丝工艺的各种聚合物中，聚碳酸酯 (PC) 是一种具有刚性聚合物链结构的无定形聚合物，这是双酚 A 基团的芳香族特性和碳酸酯基团的部分双键特性的结果 [24]。Urszula 团队 [25] 还探索了静电纺丝 PC 纤维表面的性能及其对水的收集效率的影响。在相对湿度 (RH) 为 25%和 40%时，采用正极性 (+) 和负极性 (−) 的 PC 电纺网格进行雾水收集，这些网格在文本中标识为 PC25+、PC25−、PC40+ 和 PC40−。如图 4-4 所示，单个纤维的表面形态和横截面研究揭示了褶皱的表面结构和内部孔隙。PC25+、PC25−、PC40+ 和 PC40− 的平均纤维直径 D_{f} 分别为 (2.27±0.48) μm、(2.33±0.51) μm、(2.78±0.54) μm 和 (2.77±0.43) μm，通过静电纺丝过程中的电极性和湿度水平控制 PC 纤维表面的化学和力学性能，在湿度达到 40%时负极性的 PC 网格表现出比其他静电纺丝雾收集器更高的雾收集效率 (效率提高约 46%～145%)。此外，具有较高表面电势的 PC 纤维能够吸引较小的液滴，这一点已经通过数值模拟得到证实。值得关注的是，静电纺丝 PC 纤维表现出雾水收集所必需的优异机械稳定性和疏水性能。如图 4-5 所示，Wang 等 [26] 开发了一种三层的 Janus 集雾器，将亲水聚酯网夹在两个超疏水聚酯网之间。对于传统的双层 Janus 集雾器，当疏水表面暴露于雾流时，拦截的液滴可以从疏水侧定向输送到亲水侧；当亲水表面暴露于雾流时，Janus 集雾器只是作为一个普通的亲水网，失去了定向液滴输送的能力。而对于三层 Janus 集雾器，无论雾来自哪个方向，三层网格始终可以作为 Janus 收集器，通过从疏水层到亲水层的定向液滴传输，有效地收集雾滴。通过使用高效材料的网格来组装夹层雾收集器，成本低且方便。此外，Lai 等 [27] 通过简单的织造方法用聚酯纱线制备了聚酯织物。图案化的织物对收集的液滴进行快速、自发的单向运输，其雾水收集效率高达 1432.7 $mg \cdot cm^{-2} \cdot h^{-1}$。这主要归功于正确的驼峰设计和独特润湿性的纱线协同作用。这项雾中集水技术方便、成本低且高效，可适用于干旱地区的大规模集水，以解决淡水短缺问题。

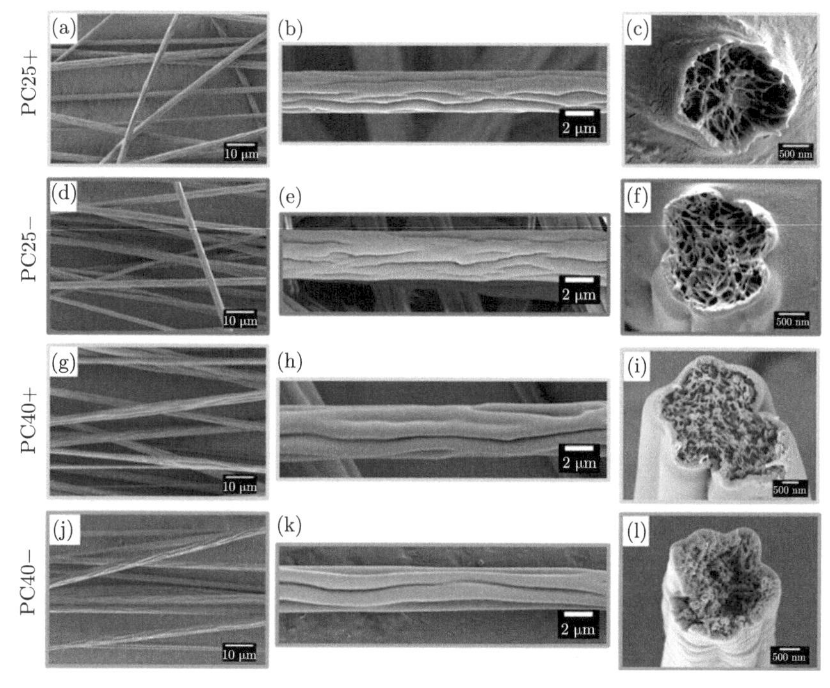

图 4-4 在 25%(PC25+，PC25−) 和 40%(PC40+，PC40−)RH 条件下，以正极性 ((a)~(c) 与 (g)~(i)) 和负极性 ((d)~(f) 与 (j)~(l)) 生产的静电纺丝 PC 纤维的 SEM 照片，其中冷冻断裂表明纤维中存在空隙 [25]

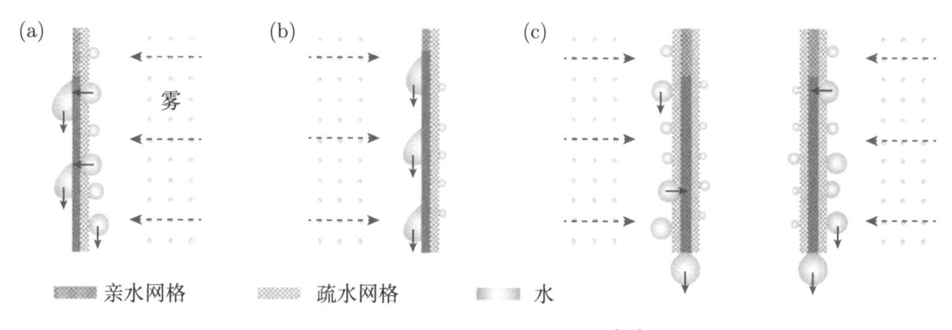

图 4-5 Janus 集雾器示意图 [26]

丙烯酸酯树脂具有良好的耐候性、耐化学性和较高的稳定性, 且无污染、无毒性、无刺激性, 可作为水雾收集的良好材料。Gong 等[28] 以丙烯酸酯树脂为原料通过 3D 打印技术制备了蜘蛛网。使用有限元方法分析并优化了蜘蛛网的曲率, 制备出的不同形状和排列的蜘蛛网具有更显著的集水效果。这主要归功于结构的优化提高了有效沉积区域, 从而加速了蛛丝表面潮湿空气的凝结。其次, 小液滴黏附于亲水蛛丝表面导致液滴的三相接触线变长。水膜加快了液滴的运输速率, 从而提高了集水能力。此外, Gurera 和 Bhushan[29] 也以丙烯酸聚合物 RGD720 为原料通过 3D 打印技术制备了锥体, 用于雾水收集。他发现多步异质性可保持液滴的连续运动, 同时最大限度地减少液滴蒸发和黏附, 提升锥体的雾收集性能。

上述聚合物基材料在雾水收集方面表现出较高的效率, 具体见表 4-1。但聚合物基材料在雾水收集方面的种类较少, 需要大量开发各种聚合物基材料。

表 4-1　常见的雾水收集基材与收集条件

样品	基材	相对湿度/%	雾水流速/($cm \cdot s^{-1}$)	距离/cm	体系温度/°C	雾水收集速率/($mg \cdot cm^{-2} \cdot h^{-1}$)	参考文献
疏水单丝	聚乙烯单丝	100	450	10	室温	2580	[17]
疏水纳米纤维	聚酰胺	95	19	6	—	81	[21]
PVDF 纤维	PVDF 纤维	60	—	5	25	42	[23]
PC 网格	PC 纤维	95~99	19	6	24	—	[25]
三层夹层雾收集器	聚酯过滤网	60	100	6	25 ± 1	370	[26]
Cu-SHB-SHL	聚酯纱线	—	—	20	—	1432.7	[27]
3D 打印蜘蛛丝	丙烯酸酯树脂	90	15	5	室温	3.9196 g(2 h)	[28]
锥形水收集器	丙烯酸聚合物	—	10	20	—	100	[29]
PCCW	铜线	90	180	—	15	618	[33]
多级微槽	H62 黄铜	19.8±1.2	26-31	13	27±2.5	720	[34]
超疏水铜网	铜板	—	60	—	室温	1310	[35]
图案雾收集器	铜网	—	20	13	—	1111	[36]
Janus 膜	铜网	95	—	—	—	7050	[41]
WPGS	铜板	90~95	—	7	20	76.6	[42]
SLP-SHL@SP-Cu	铜片	—	70	—	—	7421	[43]
CuO 纳米网格	泡沫铜	90~95	—	5	室温	124500	[44]
甲虫状超两栖涂层	铝板	80±5	90	—	22±3	30320	[45]
Janus 膜	铝片	—	45	5	25	3900	[47]
Janus 膜	铝箔		70	5	25	3000	[11]

续表

样品	基材	相对湿度/%	雾水流速/($cm \cdot s^{-1}$)	距离/cm	体系温度/℃	雾水收集速率/($mg \cdot cm^{-2} \cdot h^{-1}$)	参考文献
混合超疏水-亲水图案	6061 铝合金	—	—	5	20	362.5	[46]
不锈钢网格	不锈钢网	54	1.02	20	24	177.65	[48]
疏水-亲水表面	304 不锈钢板	—	20	5	—	5330	[49]
金属网状 Janus	金属网	—	70	2	室温	13980	[50]
三角形图案	玻璃	35-50	—	—	22±1	86	[52]
UPP/GNS-0.8 薄膜	聚丙烯/石墨烯复合薄膜	60 ± 3	—	5	25 ± 2	1251	[55]

4.1.2 金属基材料

当前研究中常用于雾水收集的金属基材料主要有铜、铝及其合金等[30-32]，包括从仿生的一维蛛丝金属材料到三维金属材料，都能很好地应用于雾水收集。

1. 金属铜基材料

仿蛛丝的一维铜线在雾水收集方面表现出巨大潜力。Zheng 等[33]通过具有周期性电流梯度的受控电化学腐蚀方法制造出了粗糙度-梯度锥形铜线 (PCCW)。如图 4-6 所示，铜线上 1、2 和 3 位置的平均粗糙度 (Ra) 分别为 80.4 nm、154.0 nm 和 63.1 nm。铜线可实现连续的雾收集和液滴远距离单向运输，这归功于由锥形梯度和润湿性组合的拉普拉斯压力梯度。此外，还发现雾收集能力与铜线的倾斜角度相关，并由此设计和实现了连续过程的高效雾水收集。基于上述仿生设计思路，许多具有分层微观结构的生物表面显示出良好的雾收集能力。受 Sarracenia 毛状体微观结构捕获雾和输送水的能力的启发，Wan 等[34]以 H62 黄铜为基材，通过线材放电加工法在铜线上制备分层槽结构。实验结果表明，与光滑表面相比，具有分层槽结构的装配面具有更好的输水性能和更高的雾收集效率，其水输送和雾收集能力与多级微槽表面的低肋条数量有关。这项研究得到的微结构金属材料，不仅表明线切割在雾收集中的潜在应用前景，而且有望应用于微流控系统、生物医学和生物激发系统。

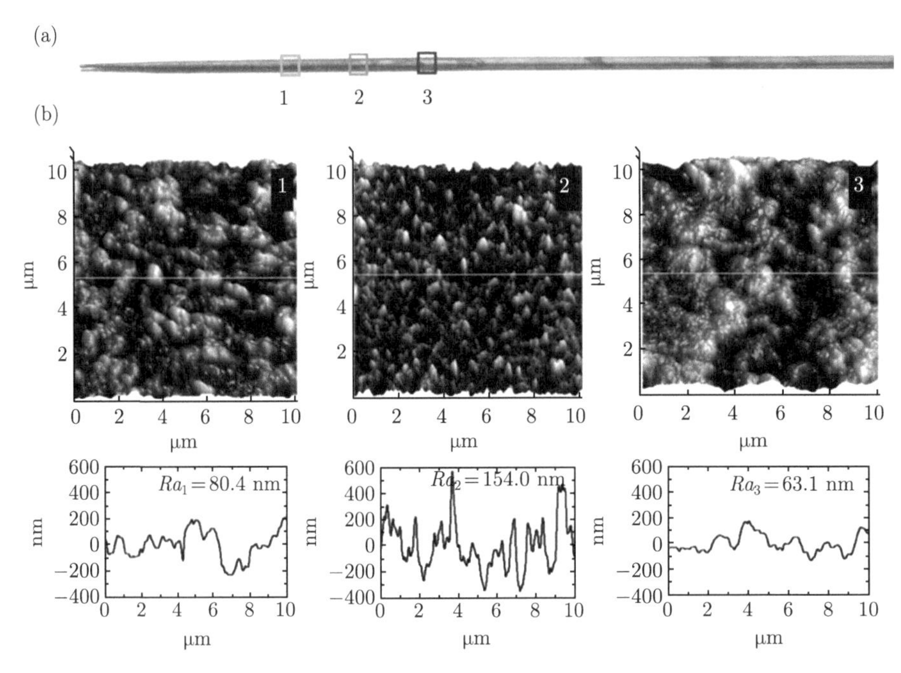

图 4-6　PCCW 的表面特性：(a) 具有代表性的周期性粗糙度梯度锥形铜线的光学图像；(b) 一个 PCCW 粗糙度周期内不同位置的原子力显微镜 (AFM) 图像 [33]

二维铜网在雾水收集方面也表现优异。如图 4-7 所示，Liu 等 [35] 介绍了一种新的线材放电加工策略，通过交叉加工基板两侧和低表面能改性来制备功能性铜网。功能性铜网具有坚固的表面，可避免机械磨损的干扰，可在 100 次磨损和长期紫外光照射后保持出色的表面润湿性。由规则多孔阵列组成的铜网具有极佳的雾收集能力，其雾水收集效率为 13.1 $L \cdot m^{-2} \cdot h^{-1}$。利用这种具有成本效益、大规模的制造方法可以制造不同的功能阵列表面，该方法在水运输和雾收集等领域具有广阔的应用前景。此外，Wang 等 [36] 以铜网为基底材料，通过静电纺丝技术和低表面能修饰设计具有亲水性纳米纤维凸块和疏水性光滑基底的多生物启发图案雾收集系统。其中亲水性凸起有助于雾的捕获及液滴生长和凝聚；纳米纤维毛细管通道用于加速聚结微小液滴的定向运输；疏水性基质用于促进液滴定向滑动 [37-40]。由此产生的图案化纳米纤维雾收集器表现出优异的集水效率和长期耐用性，能够快速定向输送微小液滴和高效集水。这项工作揭示了具有蜂窝状纳米纤维的亲水网格凸块和疏水性光滑基质的仿生图案雾收集器，可以在没有额外能量供应的情况下应用于高效雾收集。此外，尽管仿生表面在雾水收集方面取得了很大进展，水滴在下落前仍能黏附在微尺度亲水区并达到热力学稳定状态，延缓了水的输送，阻碍该表面的连续雾收集。受荷叶和仙人掌的启发，Liu 等 [41] 还以铜网为基底材料制备出了 Janus 功能膜用于雾收集，其中顶点的锥形微柱是超疏水的，其余部分都是疏水的。雾滴沉积、聚集并定向输送到底部的锥形微柱，流经锥形微柱的这些液滴最终穿过 Janus 膜在铜的表面形成水膜。不对称结构和润湿性赋予 Janus 膜 7.05 g · cm^{-2}· h^{-1} 的雾收集效率。该研究对设计和开发流体控制设备具有重要价值。

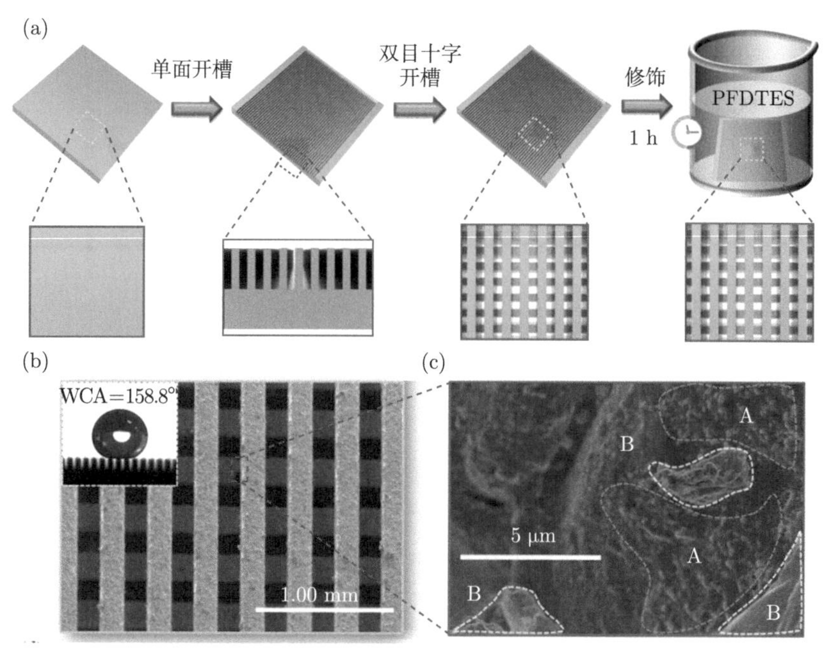

图 4-7 (a) 超疏水多孔阵列铜网的制备流程图；(b)、(c) 超疏水表面的 SEM 图像 [35]

除了网状基材，金属铜板材也常常作为雾水收集的基底材料。如图 4-8 所示，Hou 等 [42] 以铜板为基材，通过新颖的一步梯度阳极氧化方法 (MGAO)，制备出新型的可润湿图案和梯度表面 (WPGS)。在氧化过程中，除暴露于电解液的区域外，掩模表面不能被氧化，从而获得可湿模式。此外，由于电解液排空引起的电流密度和氧化时间梯度，在从 T 到 B 的表面上形成了可润湿梯度表面，该表面不仅可以提高液滴捕获性能，还可以在疏水基质上保持高效的液滴输送。更重要的是，再生表面可以通过将收集的水滴推向更多水滴，进一步加速可湿性区域利用多驱动力的协同作用来实现连续的循环集水。此外，Zhang 等 [43] 从自然界生物中的雾收集和储水机制中汲取灵感，通过表面改性和直接激光结构化技术制备了具有 Janus 润湿性和优化结构的 2D-3D 可切换铜片 (SLP-SHL@SP-Cu)。设计的铜片结构在雾收集和储水相关的实际应用中具有巨大潜力，其水雾收集效率最高值为 7421 mg · cm^{-2}· h^{-1}，即使经过 10 个循环和 4 h 的连续雾收集，其收集效率仍稳定；在 60 ℃ 的温度下暴露 25 h 后，收集的结构有助于保持约 82%的储水率。这种二维-三维结构可变形铜片具有出色的雾收集效率和可观的储水能力，在大规模雾收集中，特别是在干旱地区，具有巨大的应用潜力。

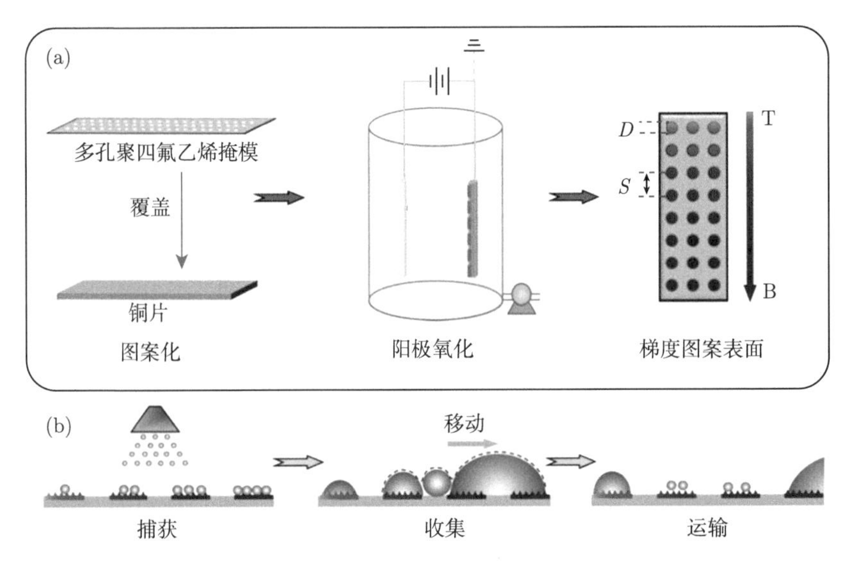

图 4-8 (a) MGAO 的 WPGS 制造工艺；(b) 雾收集过程的三个主要步骤：捕获、收集和运输 [42]

液滴与表面的实际接触面积是提高雾收集效率的关键因素。大多数研究仍主要集中在 1D 材料 (蜘蛛丝、仙人掌刺等) 或 2D 材料 (铜网、平板等) 的表面，在一定程度上限制了雾滴与表面的实际接触面积，影响了雾的收集性能。在雾收集器的设计中，3D 框架材料由于其高比表面积，可以有效提高雾滴与框架表面的接触率，进一步提高雾收集效率。如图 4-9 所示，受仙人掌和松针结构的启发，Wang 等 [44] 在铜泡沫上合成了氧化铜纳米分层结构网。该微观结构由网状尖端结构组成，协同增强雾收集性能：具有圆锥形的结构可以实现快速液滴捕获，并为构建疏水性创造粗糙的表面，而网状结构之间对空气的限制能力可以使液滴快速脱落。这种结构可在 120 s 内实现的最佳雾收集量为 4150 $mg \cdot cm^{-2}$。此外，铜泡沫极大地增加了与液滴的实际接触面积，表面结构与铜泡沫骨架的有利组合显著提高了雾收集效率。这项工作不仅提供了对仿生雾收集的更全面的理解，而且为设计更高效、更方便、更经济的雾收集提供了新的见解。

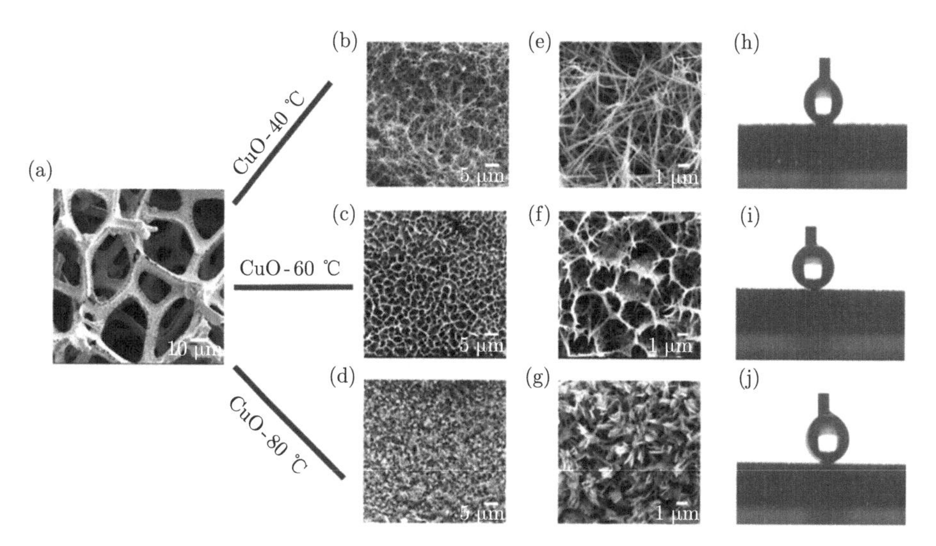

图 4-9 (a) Cu 泡沫的 SEM 图像；(b) 和 (e) CuO 纳米线结构；(c) 和 (f) CuO 纳米网分级结构；(d) 和 (g) CuO 纳米片结构；(h)~(j) 对应的接触角 [44]

2. 金属铝基材料

铝基材料也常被用于研究雾水收集。Zhang 等 [45] 通过简单、低成本制备方法在铝板表面制备出具有高效雾收集特性的甲虫状超两栖涂层，其表现出优异的超疏两性性能、高成核率、高效的液滴去除效率和良好的雾聚效果。具体而言，制备的样品集水率比超疏水二氧化硅高 67%，比亲水性铝表面高约 81%，碰撞表面的集水率比非碰撞表面提高了 216%。此策略在雾水收集、海水淡化、传热、防雾等领域具有广泛的应用前景。Zhao 等 [46] 则在 6061 铝合金表面成功制备了具有高效雾收集能力的混合超疏水-亲水图案表面。为了比较联合孔径混合超疏水-亲水图案和单孔径表面，制作了六种不同的组合孔径混合表面，表示为 1.5-2a、1.5-2b、1.5-2c、1.5-2d、1.5-2.5a 和 1.5-2.5b(图 4-10)。单孔径超疏水-亲水混合图案表面的最佳雾效率为 192.5 $mg \cdot cm^{-2} \cdot h^{-1}$，超过均匀的超疏水和亲水表面。交替排列方式在设定的时间段内增加了组合孔径混合表面上的聚结液滴数量。因此，1.5 ~ 2 mm 孔径的表面具有最佳的集雾效率，为 362.5 $mg \cdot cm^{-2} \cdot h^{-1}$，由于其高效率，在广泛的雾收集应用中具有很大的实用价值。此外，增强的水收集可以通过雾滴的有效表面刷新和收获水的快速运输的协同作用来实现。Feng 等 [47] 受生物启发，以铝片为基材制备了 Janus 膜，由于其杂交润湿性，不仅可以实现频繁的水平表面刷新，而且可以通过曲率梯度和毛细管支撑高效的垂直表面。这种独特的空间表面刷新显示，与传统的 Janus 膜相比，雾收集效率提高了 125%。Janus 膜还表现出极好的稳定性，这保证了长时间的高效雾收集。Wu 等 [11] 通过飞秒激光钻孔和随后的选择性表面改性，也制备了一种具有双梯度锥形微孔阵列的简单单层疏水/亲水 Janus 铝膜，用于高效雾收集。与超亲水膜相比，Janus 膜在雾收集中表现出 209%的效率提高和 75%的再蒸发率降低。此外，锥形孔的独特形态和独特的润湿产生了自驱动力，可以有效地将收集的水从上表面转移到下表面。这种具有高效自驱动雾收集功能的 Janus 雾收集系统的新颖设计将为解决水危机和其他工业应用提供新的途径。

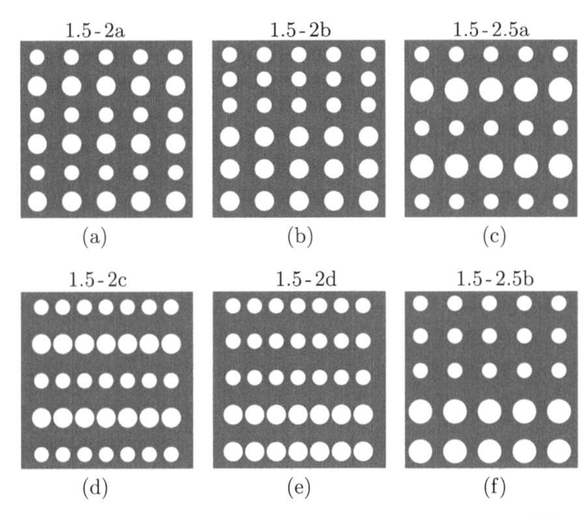

图 4-10　组合孔径混合超疏水-亲水表面的图案 [46]

3. 金属不锈钢基材料

Zhang 等 [48] 利用聚合体-辅助激光烧结技术制备了用于雾水收集的具有隔离三角形超疏水区和亲水通道的仿生图案不锈钢网，制备过程如图 4-11 所示。其表面的润湿性来源于不同的聚合物，而激光烧结有助于精确控制图案几何形状、尺寸和位置。由于液滴捕集、生长和去除的良好平衡，合理设计的不锈钢网表现出令人满意的集雾性能，集雾速率可达到 $177.65\ \mathrm{mg\cdot cm^{-2}\cdot h^{-1}}$，与原始不锈钢网相比增加了近 16 倍。所获得的网状物不仅在长期应用中，而且在多个再生周期中均表现出高稳定性。此外，Sun 等 [49] 利用亲水位点的区域选择性沉积，在 304 不锈钢板上制备了疏水区亲水位点的亲水-疏水表面用于雾收集。疏水区域水接触角为 157°，达到超疏水效果。采用浸泡法区域选择性沉积多巴胺增加疏水区亲水位点，加强了表面的雾滴捕获效果。选择性沉积的表面能梯度和亲水点的增加有利于整个雾收集过程。因此，该具有亲水位点的图案表面的雾收集速率可以达到 $5330\ \mathrm{mg\cdot cm^{-2}\cdot h^{-1}}$。该研究将区域选择性沉积与胶带覆盖法相结合，为高效集雾疏水表面的制备提供了一种相对简单的新方法。

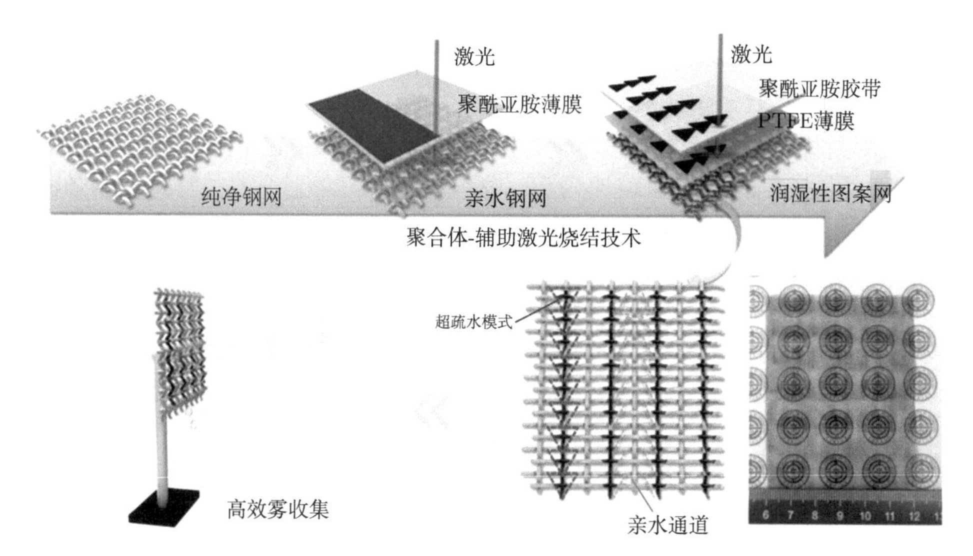

图 4-11 利用聚合体-辅助激光烧结技术制备润湿性图案化网格的示意图 [48]

4. 其他金属基材料

Janus 膜 (JM)，尤其是金属膜，在集雾效率方面优于其他集雾器，是可持续水生产的被动装置。然而，由于激光烧蚀制造方法的限制，缺乏具有超小特征尺寸的金属 Janus 膜，这限制了高效雾收集器的参数优化。如图 4-12 所示，Cui 等 [50] 通过用光刻和电镀取代激光烧蚀制备了金属网状 Janus 膜 (MM-JM)。他们综合分析了金属 Janus 膜结构参数 (间距、厚度、圆锥形和表面润湿性) 对雾收集效率的影响，说明并强调了膜厚度越薄，疏水性越强的集水表面，通过加速水输送和减少水分再蒸发，来提高雾水收集效率。该工作不仅从微观上阐明了 Janus 膜的单个结构参数如何影响雾收集性能，而且还为设计高效的 Janus 膜雾收集器可持续地收集空气中的水提供了指导，有望在清洁水生产方面取得突破性进展。

总之，金属基材料相较于聚合物基材料具有更好的实用性，值得进一步研究。

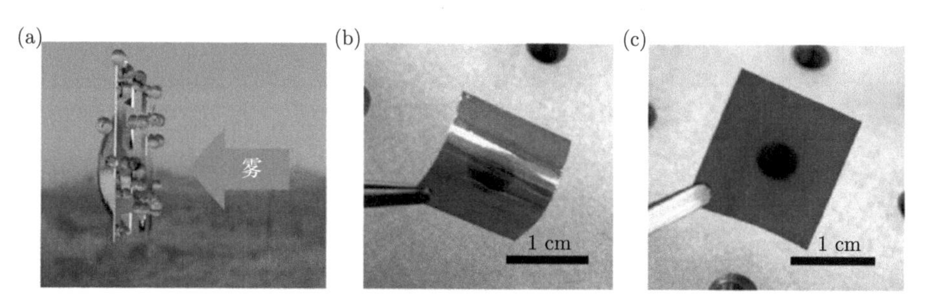

图 4-12 (a) 干旱地区通过 MM-JM 收集雾的示意图；MM-JM 的 (b) 疏水性 Au 侧和 (c) 超亲水性 CuO 侧的照片 [50]

4.1.3　无机非金属基材料

无机非金属材料主要包括陶瓷、水泥、玻璃及非金属矿物材料 [51]。虽不能像上述两类基底材料一样被广泛研究，无机非金属基材料也可用于研究雾水收集。如 Song 和 Bhushan[52] 以玻璃为基底材料研究了三角形图案的雾水收集效率和可运输性，其中亲水三角形图案被超疏水区域的边缘包围。当暴露在雾中时，液滴会积聚在亲水区，生长并开始凝聚成更大的液滴。最终，它们足够大，可以触及超疏水边界，从而触发自发运输。楔形液滴产生拉普拉斯压力梯度，能够自发驱动液滴。收集的水在具有较大包含角度的三角形图案上移动较慢，其中较大的水滴被输送到水库。在水库周围具有多个三角形图案的实验中测量了集水率，收集效率随着三角形图案的长度的减小而增加。这项研究的结果可用于设计高效的雾水收集系统。

4.1.4　复合基材料

复合材料通常有轻质高强、耐腐蚀、耐酸碱、耐盐雾、耐老化、耐冲击、环境适应性等优点。复合材料是由金属材料、陶瓷材料或高分子材料等两种或两种以上的材料经过复合工艺而制备的多相材料，各种材料在性能上取长补短，产生协同效应，使复合材料的综合性能优于原组成材料而满足各种要求。因此，复合材料也是极佳的雾水收集基底材料 [53,54]。受沙漠甲虫启发，谢恒等 [55] 采用挤出压缩成型和表面改性，成功制备了混合润湿性聚丙烯/石墨烯 (UPP/GNS) 复合薄膜，其表面的微纳米结构由微柱和超疏水纳米颗粒组成。剥离微柱顶部的超疏水纳米颗粒后，形成亲水顶部和超疏水底侧壁。UPP/GNS 薄膜表现出花瓣效应，接触角为 $160° \pm 3°$，因此可以实现定量收集液滴和无损运输。此外，UPP/GNS 薄膜还具有优异的化学稳定性、耐高温性、抗冰性、主动光热防冰性和耐久性，这些特性共同保证了薄膜在恶劣环境中用作雾收集器时的长期效率和可靠性。得益于三维混合润湿性和丰富的微小液滴捕获区域的协同效应，雾收集效率为 $1251\ \mathrm{mg \cdot cm^{-2} \cdot h^{-1}}$。UPP/GNS 薄膜展现出低成本和可扩展的雾收集的潜力，可用于缓解全球淡水短缺问题。

仿生雾水收集体系的基材选择较为广泛，可根据不同的环境选择具有较好适应性和耐久性的基底材料。从对基材的分类阐述中可知，基材的合理选择是研发高性能水雾收集体系的基础。同时，基于仿生设计思想，对基材进一步处理以获得具备特定功能的仿生结构也尤为重要。

4.2 表面特殊结构的设计及制备

综上所述，在自然界中，许多生物具有从空气中收集水分的能力。例如，模仿沙漠甲虫背部的亲水凸起和疏水凹部的结构设计了许多基于亲疏交替的润湿性表面的人工集水材料；蜘蛛丝具有优异的机械和化学性能的纺锤结构，促进了水滴定向运输机制的研究；仙人掌利用倒刺尖端、有渐进凹槽的脊柱和毛状体展现出的不对称结构及梯度润湿性为提高集水能力提供了重要启示；等等。这些生物启发材料被广泛应用于集水领域，研究者设计了相应的仿生线状结构、凸起结构、纺锤结构和多结构复合结构。在这里，我们简要地介绍一些设计仿生集水材料的策略。

4.2.1 线状结构

近年来，受到自然界各种生物集水行为的启发，大量研究促进了仿生雾水收集材料和装置的发展。目前的雾水收集器件按几何形状可以划分为一维线状和二维平面状，其中受蜘蛛丝和仙人掌等启发的一维雾水收集器具有很好的集水效果[56,57]。Zheng 等[33,58]制备的周期性粗糙度梯度锥形铜丝可以通过液滴合并释放的表面能、几何曲线的梯度引起的拉普拉斯压力和周期性粗糙度引起的表面能差协同作用以实现远程单向液滴传输，这种设计强化了水排出 (运输) 过程，进而强化了最终的雾水收集效果。由此可见，一维线状仿生雾水收集材料的关注焦点仍然是表面特殊的化学性质和结构梯度，关于雾水收集的机制仍然集中于研究雾捕获和水运输。然而，值得注意的地方是，雾水供给过程也与材料表面化学性质和材料的几何构型密切相关。例如，基于编织网的雾水收集实验，Park 等[59]开发了一个模型来预测网格 (由一维线组成) 的整体雾水收集效率。该模型考虑了流体动力学和表面润湿性，促进了我们对于一维线状结构的雾水收集机制的理解。

基于这个思路，我们组研究了火龙果叶子的雾水收集行为，Zhong 等[60]着重研究了其一维线状结构主导的高效的雾水供应过程。被一维微米级刺覆盖的火龙果的叶子表现出高效的雾水收集效果，它可以通过叶面的刺捕获雾水中的微小液滴，然后在尖刺端的亲水表面上呈现液滴状快速生长的现象。值得注意的是，与仙人掌刺和蜘蛛丝相比，这种植物在集水期间没有显示出特殊的对水的驱动力，但它显示出了高效的雾水供应机制，这进一步说明了雾水供应阶段的重要性。由于铜丝具有类似叶面刺的一维线状微结构和表面润湿性 (图 4-13)，因此，为了研究火龙果叶片高效的雾水供应机制，我们基于铜丝来进行仿生制备，并研究其雾水收集过程。

图 4-13 (a) 火龙果植株的光学照片；(b) 该植株上的刺进行雾水收集时的光学照片 [60]

在该实验中，直径分别为 50 μm、400 μm 和 1000 μm，长度为 2 cm 的铜丝经过清洗以及氨碱腐蚀之后变为超亲水铜丝，再浸入 0.2 mmol · L^{-1} 正十八烷基硫醇 (96%)/乙醇混合溶液中 12 h 后的饱和改性，即可得到疏水/亲水相间性的铜丝。通过图 4-14 可以观察到，经过合理改性的铜网不仅具备较高的水接触角 (~146°)，同时具备高的黏附力。当由铜丝排列成的表面翻转 180° 时，水滴仍然能够黏附其表面，故表明该表面具有交替的疏水-亲水性质。对于以上具有不同直径的铜丝进行雾水收集实验，可以看出，表面润湿性对铜丝的雾水收集行为有一定的影响，但是铜丝直径对收集的水量的影响远大于表面润湿性。对于原始铜丝来说，不同直径的铜丝的水收集量之间的差异可以达到 60% (1000 μm 直径铜丝在 30 min 内收集水量约 400 mg, 400 μm 直径铜丝在 30 min 内收集水量约 300 mg, 50 μm 直径铜丝在 30 min 内收集水量约 120 mg)。这从另一方面凸显了一维线状几何结构对雾水收集的重要影响，证明了除表面润湿性的影响，材料的几何结构对雾水供应机制的影响的重要性。此外，长度为 2 cm，直径为 400 μm 的单根铜丝每 30 min 可以收获约 0.3 g 水 (直径为 1000 μm 铜丝为 0.4 g)，这说明一维线状微米结构相对于二维平面具有更优异的雾水收集能力。这种优异的雾水收集能力是与其高效的雾水供应机制密切相关的。研究证实了一维线状结构上的微米结构和亲水性表面极大地影响了液滴的生长及雾水供应。

通过微米级一维线状结构的雾水供应强化效应分析可以明显地发现，在雾水捕获和雾水供应方面有非常明显的提升。如图 4-15 所示，在雾水捕获方面，具有不同润湿性的铜针表面对水的捕获有着明显的不同。对于表面亲疏水性相间的铜丝，它们因具有相对较低的表面能而表现出一定的疏水性，但仍然可以有效地捕获雾滴，并且其表面能在 10 s 内被紧密的微小液滴覆盖。由于具有较高速度的雾滴在能量上有利于被超疏水铜表面捕获，所以结合一维线状微米级几何结构下的优异的雾水供应机制，它能使更多的雾水有效到达铜丝表面，到达铜丝表面的雾水量增多，最后被收集的水量也会大大增多。这便是强化雾水供应的意义所在。

在雾水供应方面，水滴在直径为 50 μm、400 μm、1000 μm 的超疏水铜丝上的生长速率曲线如图 4-16 所示，在 30 s 内表面水滴的直径就生长到约 0.5 mm 并且它们在 2 min 内全部脱离铜丝被收集，这种生长模式是快速的。由于流动的空气所携带的雾滴能够有效地流向材料表面而与铜丝表面捕获的液滴 (或液膜) 合并，快速的合并过程加快了液滴的生长速率，因此，具有一维线状微米级几何结构的铜丝在雾水流体中具有高效的雾水供应机制，它的效率可以达到对应二维平面的 100 倍。这项工作系统地研究了微米级一维线状结构对雾水供应的强化作用，进一步强调了雾水收集过程中雾水供应阶段的重要性。这促进了对基于二维平面状和一维线状的仿生雾水收集的理解。此外，它为设计更有效、更经济、易于制造的雾收集器提供了新的思路。

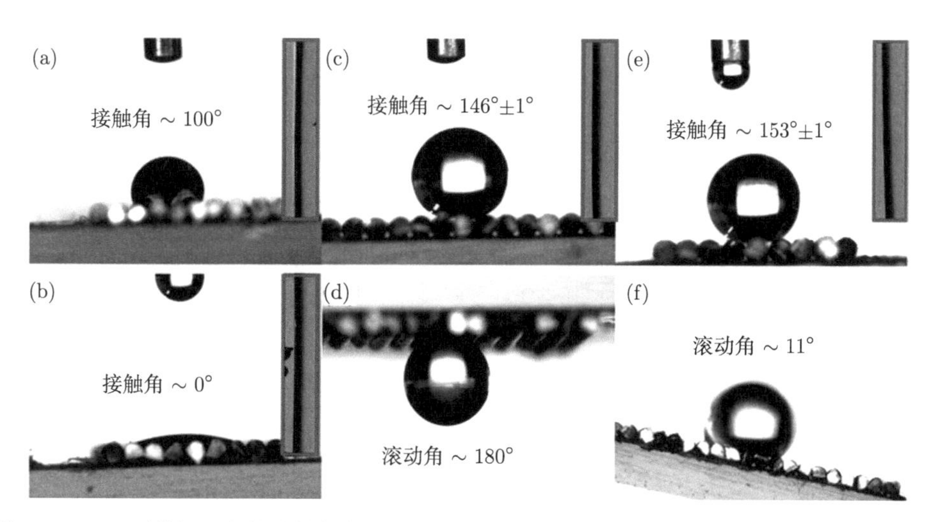

图 4-14 (a) 原始铜丝上的水接触角；(b) 氧化铜包覆后铜丝的水接触角；(c)、(d) 氧化铜包覆的铜丝和经十八烷基硫醇部分改性后的水接触角和滚动角；(e)、(f) 十八烷基硫醇完全改性的氧化铜包覆后铜丝上的水接触角和滚动角 [60]

一维微米级刺覆盖的火龙果的叶子表现出高效的雾水收集效果，它可以通过叶面的刺捕获雾水中的微小液滴，然后在刺的亲水表面上呈液滴状快速生长。值得注意的是，与仙人掌刺和蜘蛛丝相比，这种植物在集水期间没有显示出特殊的对水的驱动力使得液滴移动，但它显示出了高效的雾水供应机制，这进一步说明了雾水供应阶段的重要性。同时，研究人员分析了发生在铜丝上的雾水捕获和雾水运输过程，特别是对雾水供应机制也进行了充分研究。研究证实了一维线状微米结构和亲水性表面上液滴的生长形式极大地影响了雾水供应。铜丝上的雾水供应比二维平面上快约 100 倍，并且一维铜丝表面的雾捕集效率高达 90%，这种有效的雾水供应可以进一步增强雾水捕获和水运输。

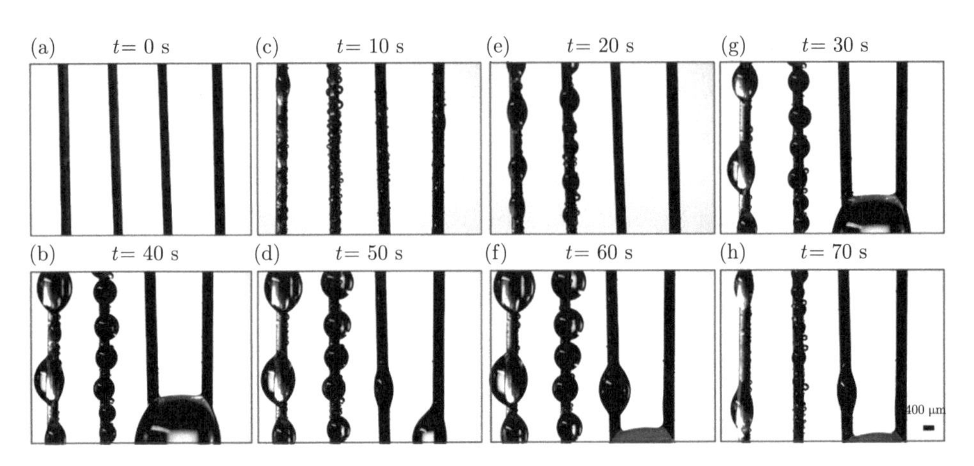

图 4-15　(a)、(b) 原始铜丝，(c)、(d) 超疏水铜丝，(e)、(f) 亲疏水相间铜丝，(g)、(h) 超亲水铜丝进行雾水收集过程的延时图像 [60]

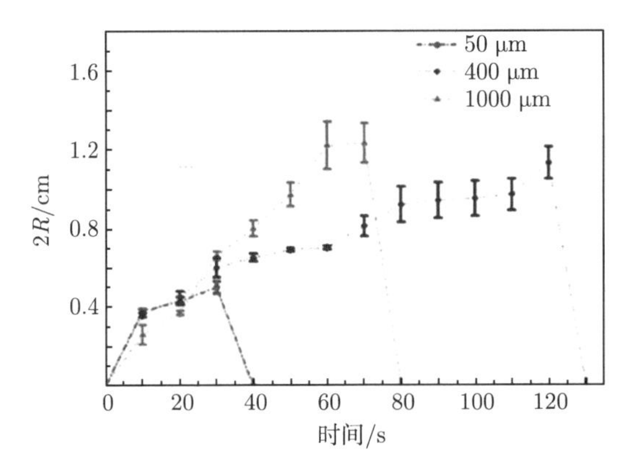

图 4-16　在直径为 50 μm、400 μm 和 1000 μm 的超疏水铜丝上的液滴生长速率曲线 [60]

最后，基于经高效雾水供应强化的一维微米级铜丝的优异雾水收集性能，我们设计出了一个三维雾水收集器用以收集雾水 (图 4-17)。具体地，通过模仿火龙果植物的结构，即具有一定排列的微米级刺在流体中捕获雾水，然后其叶片将收获的水排出系统。基于这种结构，更多的刺以“草”的形式被结合在 PDMS(Sylgard 184) 基底上方。刺分别用原始铜丝、超亲水铜丝和超疏水铜丝来制备。该收集器的集水量在 30 min 内可以达到 8 g 且集雾效率大于 10%，是普通二维平面雾水装置无法达到的，如此高效率的集雾器可以应用于实际。基于一维线状微结构的高效雾水供应，具有高柔韧性的塑料纤维可以以更密集的排布构建具有超高效率和机械耐久性的雾收集器，这对于在干旱地区轻松获取淡水具有重要意义。

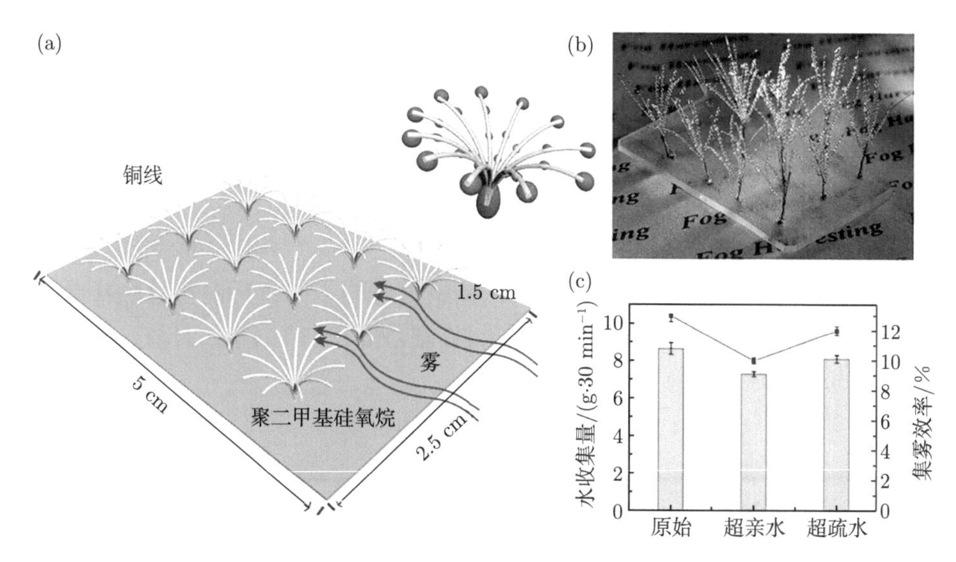

图 4-17 (a) 受火龙果植物启发的雾收集器示意图；(b) 在雾收集期间由荆棘 (原始铜丝) 和支撑物 (PDMS) 组成的雾收集器；(c) 由原始铜丝、超亲水铜丝和超疏水铜丝组成的雾收集器的水收集量和集雾效率 [60]

4.2.2 凸起结构

在纳米布沙漠，沙漠甲虫可以采用不同的策略来获取雾水以适应这种干旱环境 [61]。从润湿性的角度来看，其适应行为归因于甲虫表面的特殊润湿性，即亲水性凸起/疏水性周遭的组合模式。雾中的水滴被亲水性凸起捕获并继续生长，直到它们在这些疏水区域的帮助下排出。模仿相间组合的超疏水/超亲水模式，许多二维仿生材料已经被开发并证明具有优异的雾水收集能力。其中，具有微纳米级纹理的超疏水/超亲水图案通过物理和化学制备的方法已经被成功制造 [62]。但是，与特殊表面润湿性模式相比，仿生表面的形貌 (凸起) 对整个雾水收集的影响被低估了。因此，表面形貌和润湿性对雾水收集，尤其是对雾水供应过程的影响值得进一步研究。

我们组 Zhong 等 [63] 根据仿生沙漠甲虫的背部疏水/亲水相间图案，设计出了二维凸起状表面，来探究表面形貌和润湿性如何影响雾水收集 (雾水供给和水运输)。首先，将铜片 (30 mm $\times$ 20 mm $\times$ 0.25 mm) 固定在模型中，用 15 MPa 的压力下压模具制备出凸起状铜片。该实验中压制了表面覆盖有 5 $\times$ 7 (35)，10 $\times$ 10 (100)，10$\times$12 (120)，10$\times$14 (140) 和 10$\times$16 (160) 个半球形凸起 (半径 k^{-1} = 0.5 mm) 的样品，这些凸起的直径为 0.5 mm，相距 1.2~3.6 mm，与沙漠甲虫的鞘翅凸起状结构相似；接着，将压制成凸起状的样品和没经压制的平坦样品在去离子水中超声洗涤 10 min 并浸入 0.1 mol $\cdot$ L^{-1} HCl 中 1 min 以除去氧化层。用丙酮、去离子水、乙醇分别清洗样品，并用氮气干燥以除去污染物。然后，通过碱氨刻蚀制备纳米针状氢氧化铜覆盖的铜片。在装有 1 mol · L^{-1} NaOH 和 0.05 mol · L^{-1} $(NH_4)_2S_2O_8$ 混合物的烧杯中，将样品放置于表面与液面齐平，将反应时间保持在 40 min 以获得高密度的氢氧化铜针状晶体结构。当氨腐蚀反应结束时，用去离子水冲洗样品并在氮气流中干燥。如图 4-18 所示，通过掩模法可以实现二氧化钛纳米颗粒在凸起上的选择性沉积。首先，将材料的表面放置 24 h，以确保纳米二氧化钛颗粒附着于氢氧化铜纳米结构上；然后，将这些样品浸入 0.05 mol · L^{-1} 正十八烷基硫醇 (96%)/乙醇溶液中 10 min；最后，将其用无水乙醇清洗干净，在空气中干燥即可。

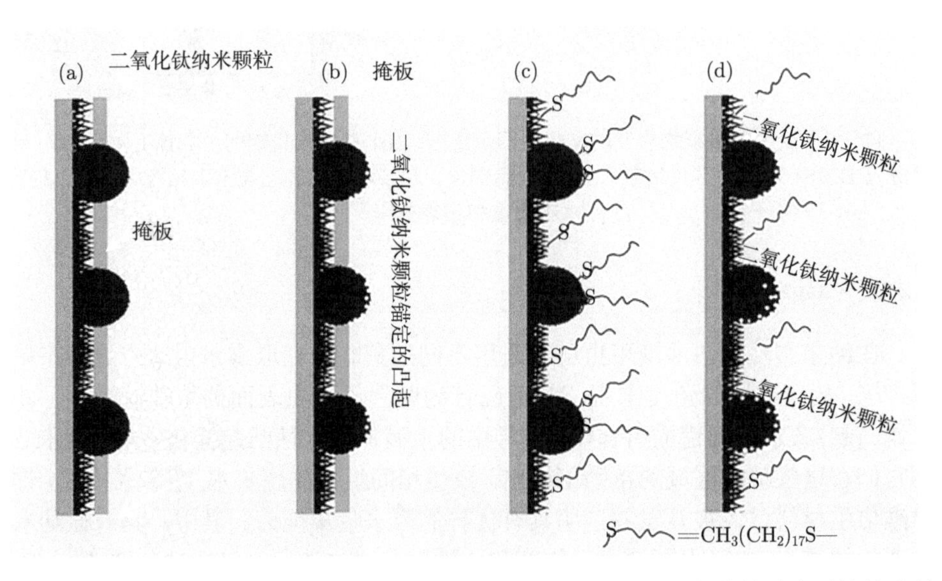

图 4-18　(a) 掩模可以暴露这些凸起，同时避免凸起周遭暴露于二氧化钛纳米颗粒的喷射；(b) 这些暴露的凸起附着上二氧化钛纳米颗粒；(c) 没有二氧化钛纳米颗粒附着的凸起状表面与 0.05 mol · L^{-1} 正十八烷基硫醇/乙醇反应 10 min 以形成超疏水表面；(d) 覆盖有二氧化钛纳米颗粒的凸起状表面与 0.05 mol · L^{-1} 正十八烷基硫醇/乙醇反应 10 min，以形成具有亲水凸起和超疏水周遭的表面 [63]

通过氢氧化铜、二氧化钛和十八烷基硫醇之间的选择性修饰成功制备了超疏水平坦/凸起表面，超亲水平坦/凸起表面，亲水凸起/超疏水周遭凸起表面，以及亲/疏水相间的图案化表面。所有的样品形貌及表面化学性质如图 4-19 所示。亲疏水相间凸起结构同时从表面化学性质和表面结构两方面成功地模拟了沙漠甲虫的背部结构。雾水收集测试实验表明：当超疏水表面上的凸起数量从 35 增加到 160 时，液滴的生长速率增加到最大然后减小。这表明，凸起 (具有相同数量) 的排布能够影响雾水的收集量。这些实验结果表明材料表面凸起的存在可以提高水滴在表面的生长速率，也即雾水供应过程，其数量和排布对水滴生长速率的强化程度有着不同的影响。这证明了雾水供应过程对仿生雾水收集的重要性。

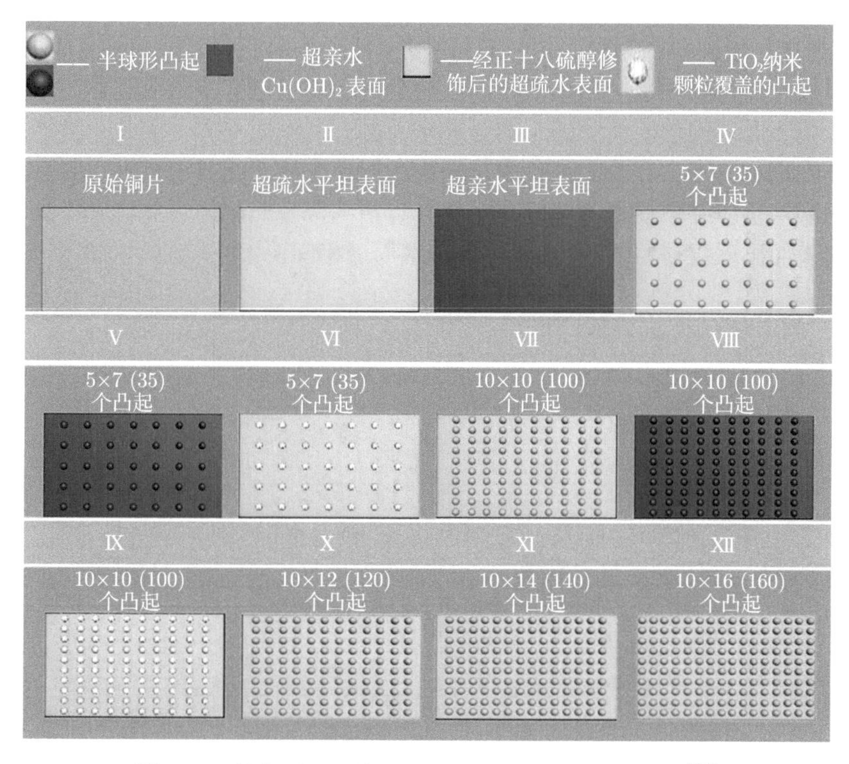

图 4-19 具有不同形貌或润湿性的十二个样品的图表 [63]

实验中，如图 4-20 所示，凸起结构表面对雾水收集有明显影响，具体表现在，超疏水凸起表面样品 X 收集的水量是超疏水平面样品 II 的 2.8 倍。值得注意的是，水收集量的增加不是由于凸起引起的表面积的增加，因为样品 XI 和 XII 具有比样品 X 更差的雾水收集性能 (它们都是超疏水性凸起表面)。同时，样品 III 和 V(它们都是超亲水性凸起表面) 比样品 VIII 收集更多的水。结果表明，超亲水凸起阻碍了水的排出过程。此外，与原始铜片和超疏水平面相比，亲水凸起/超疏水周遭表面 (样品 VI 和 IX) 的雾水收集能力被提高了，但它表现出了比相应的超疏水凸起表面更差的性能。这些结果表明，具有一定排列和润湿性的凸起对雾水收集过程有着显著的影响。

样品 X 上的超疏水凸起表面的存在使其在雾水供应阶段表现出比其他表面更好的性能，证明了通过合理的润湿性控制和凸起结构设计可以实现最佳的雾水供应和水排出。这突出表现在：这些表面凸起可以通过高效的雾水供应过程提高表面液滴的生长速率。聚焦在凸起顶部周围的雾滴具有更高的密度，并且它们比在平面上的雾滴有着更高的运动速度，这使得它们更容易被表面捕获。与在平坦表面上生长的液滴相比，凸起上的液滴的生长速率快 14 倍，即凸起上的雾水供应比对应的平面上快 14 倍。另外，凸起形貌影响了流体在凸起上方的动态压力分布，这增加了液滴和凸起表面之间的黏附力，使得液滴在凸起顶端稳定地生长，直到临界尺寸才得以脱落，凸起上方的液滴会进一步促进雾水供应过程。液滴和超疏水凸起表面之间的附着力弱于其与亲水表面之间的附着力，因此，液滴离开亲水性凸起更加困难。在收集过程中，表面润湿性主导了水排出过程，并且这些凸起上的雾水供应并不明显。因此，对于具有相同数量凸起的这些凸起样品，超疏水凸起表面可以收获组合亲水凸起/超疏水周遭相间图案化表面的 1.5 倍的水量。

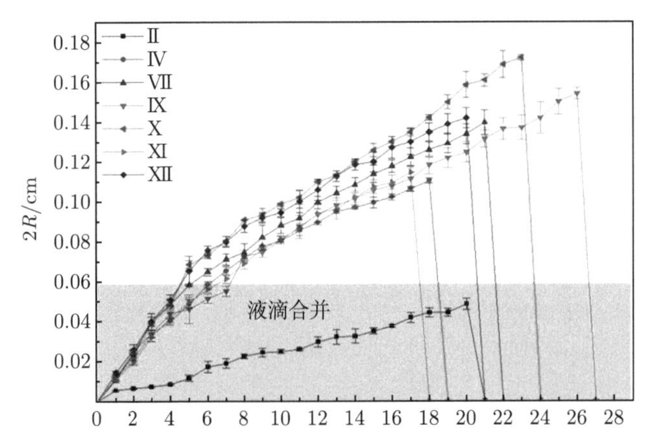

图 4-20　水滴在超疏水平面样品 Ⅱ 上的生长速率曲线，超疏水凸起状样品 Ⅳ，Ⅶ，Ⅹ，Ⅺ 和 Ⅻ 上的生长速率曲线，以及在亲水凸起-疏水周遭样品 Ⅸ 凸起上的生长速率曲线 [63]

上述实验结果表明了雾水供应过程的重要性，表面形貌对雾水收集中的雾水供应机制的影响值得进一步研究以提高雾水收集器的效率。一方面，凸起的存在能影响周围流体的分布和流向，在其上方汇聚更加密集的速度矢量，进而捕获更多的雾滴，提高集水效率。另一方面，凸起的存在不仅使其周围雾滴具有较高的动能，还在上方产生较高的动态压力。液滴因而容易从 Cassie 状态向 Wenzel 状态转变，这样不利于液滴的解吸，会降低表面的集水效率。最终，由于除水能力下降所引起的集水效率的降幅远不足以抵消捕获水量增加所带来的集水效率的增幅，因此，结构表面总体雾水收集能力得到提高。

4.2.3　锥形结构

在过去的几十年里，研究人员仿生自然界动植物特征制备了许多雾水收集材料 [64,65]。其中，用于收集雾水的锥形表面设计的文献也屡见不鲜。比如，Gurera

等 [66] 设计了一个锥形表面用来收集雾水，通过锥形结构产生的拉普拉斯压力差驱动水滴的运输；Cao 等 [67] 结合疏水性圆锥形阵列和亲水性棉花基底制备出的仙人掌形状的球形雾水收集装置也大大改善了水滴的捕获和去除过程。事实上，对于水滴移除工艺来说，选择合适的基底材料和具有锥形结构的材料表面的合理设计十分关键。

基于以上问题，我们组 [68] 创新性地将液体灌注表面与一维锥形铜针相结合。一方面，润滑油的注入弥补了普通金属基底和聚合物基底的自身性缺点；另一方面，设计出具有润湿性梯度的一维锥形铜针，其表面覆盖着两种不同粗糙度的微纳米结构，呈现出超疏水尖端-亲水性尾端的润湿性差异特性。因此，微小的雾滴可以被铜针迅速捕捉，在拉普拉斯压力差及润湿性梯度作用下，小液滴定向移动，凝结成大液滴，加速液滴运输及移除。进一步结合亲水性滑移表面，移动至铜针尾端的液滴可以在滑移表面的作用下快速移除，这个组合系统在雾水收集中可以实现不断的高效循环，有效提高了集水速率。如图 4-21 所示，该实验首先采用电化学沉积法制备表面具有微纳米石块结构的亲水性锥形铜针。将锥形铜针作为阴极，

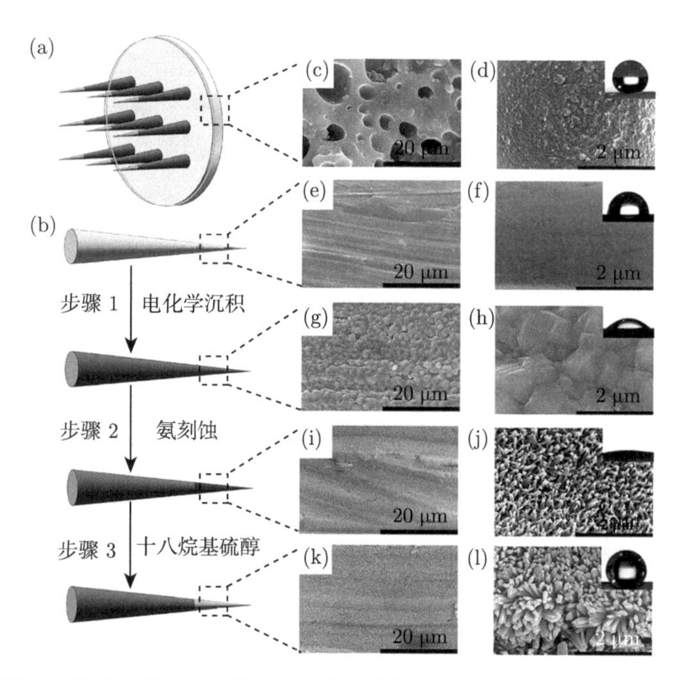

图 4-21 (a) 雾水收集组合装置示意图 (基底表面的绿色表示润滑油层)；(b)~(e) 具有润湿性梯度表面的锥形铜针的制备过程示意图；(f)、(g) 硅胶块体材料表面的扫描电镜图；(h)、(i) 原始铜针表面的扫描电镜图；(j)、(k) 电化学沉积铜针表面的扫描电镜图；(l) 碱氨刻蚀铜针表面的扫描电镜图 [68]

铂片作为阳极，选择 0.5 mol · L^{-1} 的 $CuSO_4$ 溶液作为电解液，选择时间-电流模式电解 10 min，得到表面均匀覆盖铜的亲水锥形铜针。随后，通过碱氨刻蚀法将铜针尖端 1 cm 部分制备成表面均匀覆盖有 $Cu(OH)_2$ 纳米线的超亲水铜针，最后将上述得到的表面均匀覆盖有 $Cu(OH)_2$ 纳米线的超亲水铜针垂直固定并浸入 2 mmol · L^{-1} 十八烷基硫醇/乙醇混合溶液中 5 min 改性为超疏水表面，形成了超疏水/超亲水表面。如图 4-22 所示，不同润湿性表面的锥形铜针的雾水收集效果实验结果证明，原始铜针和碱氨刻蚀后的超亲水性铜针表面可以快速从环境中捕捉到雾滴并逐渐形成水膜。水膜的输送速度快，但对于液滴的沉积速率较差。相比之下，超疏水铜针对雾滴的捕捉及液滴的沉积凝结效果较好。由上可见，均质润湿性表面无法同时实现输送速率和沉积速率的平衡。本节设计的具有润湿性梯度表面的铜针可以有效改善这个问题，不仅具有较高的沉积速率，还可以连续输送凝结的液滴。雾水一旦被铜针表面捕捉，在锥形的结构梯度及超疏水/亲水润湿性交界处产生的化学梯度力驱动下，液滴可以快速向亲水区域定向运输。

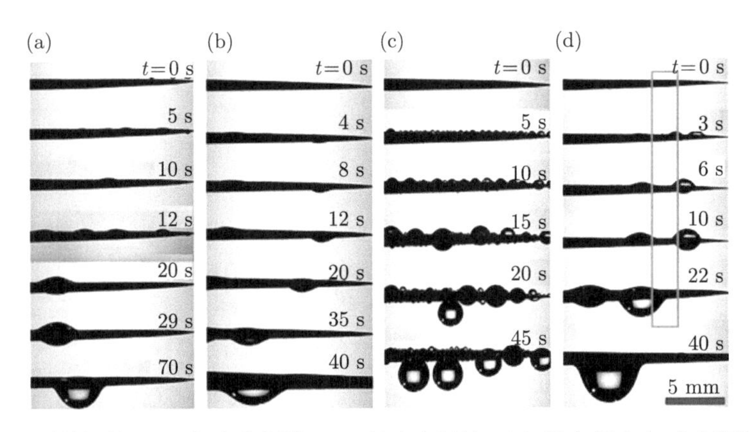

图 4-22　(a) 原始铜针、(b) 超亲水铜针、(c) 超疏水铜针、(d) 具有超疏水-亲水润湿梯度的铜针的雾水收集图片 (长方形框区域是超疏水-亲水梯度区域)[68]

雾水收集效率的测试结果表明，具有润湿性梯度表面的铜针的雾水收集效率最高 (比原始铜针增长了约 141%)(图 4-23)，集水效率明显地提高了。具体原因如下：① 从微观角度分析，锥形铜针的尖端表面具有棒状纳米阵列，这种微纳结构是不均匀的。与此不同，铜针的尾部表面具有微纳米石块结构。与平坦的石块状纳米结构相比，凹凸不平的棒状纳米阵列暴露于雾水中的有效面积较多，有利于雾水的捕捉 [69]。除此之外，在上文中提到过，具有润湿性梯度表面的铜针的两端具有两种不同的粗糙度分布，从尖端到末端，表面粗糙度逐渐增大，在粗糙度不同区域交界处，为液滴的加速凝结提供了额外的驱动力 [33]。② 从宏观角度来看，当液滴被滴落在亲水区域和超疏水区域的交界处时，液滴快速移动至亲水区，此现象说明设计的铜针可以快速驱动液滴移动，大大减少运输时间，有效提高集水效率。以上现象的出现是由于物理和化学等多重梯度的协同作用，包括圆锥几何体产生的拉普拉斯压力差和润湿性梯度。

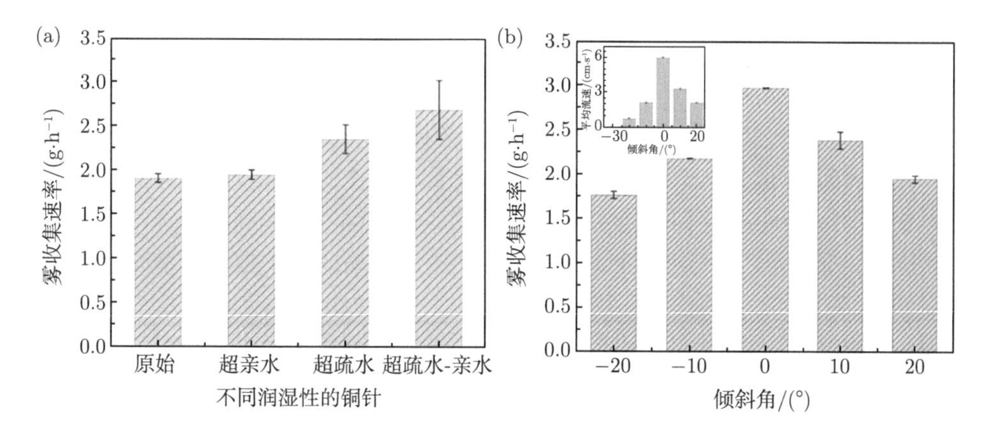

图 4-23 (a) 原始铜针、超亲水铜针、超疏水铜针、超疏水-亲水性铜针在 1 h 内的雾水收集量；(b) 超疏水-亲水性铜针在不同放置角度下的雾水收集量 (左上角图：液滴的定向运输速度图)[68]

4.2.4 纺锤结构

蜘蛛丝网拥有周期性的纺锤节是其成功集水的关键性因素。近年来，研究人员模仿蜘蛛丝网成功制备了一系列仿生人造蜘蛛丝，并对其机制进行了深入研究[70,71]。研究表明，蜘蛛丝由直径较粗的锥形纺锤节和直径较细的接点交替组成，纺锤节部分由纳米纤维高密度地交错排布而成，具有较高的粗糙度，而连接处的粗糙度较小。此外，蜘蛛丝的每一个重复单元可以看成一个纺锤形结构，其直径呈梯度变化。纺锤节的图像呈现具有随机排列的蓬松纳米纤维，这种形貌使得表面多孔，粗糙度大，被赋予较高的表面能。相比之下，接点处的图像显示纳米纤维以轴向的方式有序排列，使得表面形貌更为致密，赋予了表面较低的表面能。因此，表面形态产生了沿接点处到纺锤节的一个表面能量梯度，这个梯度驱使水滴向一个具有高表面能的更可湿润的区域移动。此外，另一种力促使水的自发运输，它来自于纺锤节的双锥形结构。水滴在锥形几何体表面上的接触面的曲率各不相同，液滴前后两侧的不对称接触线造成了水滴表面拉普拉斯压力差异，这使得液滴表面收缩造成了更低的表面能，液滴从大曲率的节点处运动到小曲率的纺锤节处。结构表明，驱动力来源于表面能梯度和拉普拉斯压力差，它可以诱导水滴从接点处输送到纺锤节。随着水收集进行，小水滴不断地在纺锤节上汇聚。这种特性赋予了蜘蛛丝网能够定向集水的能力。该组合模式赋予了蜘蛛丝网独特的表面能结构梯度和几何结构梯度，这两种梯度可以提供液滴定向传送的驱动力。表面能梯度提供了表面润湿驱动力，使得水滴更倾向于向更亲水区域运动，几何结构梯度可以对液滴产生拉普拉斯附加压力，驱动液滴向着直径更大的方向运动。蜘蛛丝的亲水性及表面的纳米级纤维结构进一步强化了这种液滴定向传送的能力。这种优异的液滴定向传送使得蜘蛛丝网表现出高效的雾水收集行为。此外，研究人员使用多种方法制备了大量的仿生人工纤维，包括电动力学法 [60,72-77]、浸涂法 [78-82]、微流控法 [83-89] 和流涂法 [71,90]。

Tian 等 [13] 采用微流体法大规模制造了具有纺锤节的腔-微纤维，在纺锤节的作用下增强了定向水运输的驱动力，因此具有极佳的雾水收集能力。该人造蜘蛛丝由周期性的膨胀丝和两条主轴纤维组成。膨胀丝由亲水性纳米纤维组成，有利于微小水滴的凝聚。当水继续凝结时，膨胀丝收缩成周期性的纺锤节，沿着接点至纺锤节处产生曲率梯度和粗糙度梯度，这两种梯度都有助于水的传输和合并。同时，Tian 等 [82] 将表面结构和化学成分巧妙结合制备了一系列具有纺锤节的仿生蜘蛛丝。当尼龙纤维浸入聚合物溶液中并被水平拉出时，由于瑞利不稳定性，一串聚合物液滴落在纤维上，经过干燥后变成纺锤节 (图 4-24)。Bai 等 [79] 首先制备出具有粗糙结构的聚甲基丙烯酸甲酯 (PMMA) 主轴接头和光滑的 PMMA 接头的光滑纤维。他们观察到微小的水滴随机凝固并被驱赶到纺锤节，并且与较大的水滴组合在一起。随后，采用相同的方法制备具有疏水特性的粗糙纺锤节。实验发现，亲水性 PMMA 纤维上产生的液滴也可以被驱动到疏水性 PS 纺锤节上。这项工作考虑到表面能梯度和拉普拉斯压力差等问题，他们认为表面能梯度的力由纺锤节与纤维之间的水接触角所控制，拉普拉斯压力由纺锤节的大小和曲率控制，也证明了水滴能通过两者的共同作用从亲水区移动到疏水区。此外，为了研究纺锤节的几何结构对集水能力的影响，该团队还研究了不同黏度和表面张力的溶液与纤维提取速率对仿生蜘蛛丝的尺寸的影响 [81]。结果显示，所有的仿生蜘蛛丝都具有相同的长度，并包括四个主轴结，它们彼此之间的距离相似，并且具有大主轴结的仿生纤维比具有小主轴结的具有更高的集水性能 (图 4-25)。

Hou 等 [91] 进一步研究了主轴结点周期性对液滴悬挂性能的影响。他们发现这种仿生纤维比普通纤维具有更高的集水能力，因此收集的微小液滴能在给定位置上迅速形成更大的水滴。此外，由于三相接触线更长，有两个主轴结的纤维比有单主轴结的纤维有更强的悬挂能力。Huang 等 [92] 研究了仿生蜘蛛丝上纺锤结构的粗糙度和曲率特性，提出了毛细管黏附的新模型，这为较大珍珠状水滴的黏附的机制研究提供了新视野。此外，仍有多个研究分别从不同的聚合物涂层、纤维粗细度、纺锤节直径和纺锤节之间的距离等角度出发，为丰富雾水收集材料在实现高效的集水性能的可能性方面做出了许多努力 [93,94]。结果证明，增加纤维直径、纺锤节的尺寸和周期性都延长了三相接触线的长度，导致更高的体积阈值，以促进更大的水滴聚集。

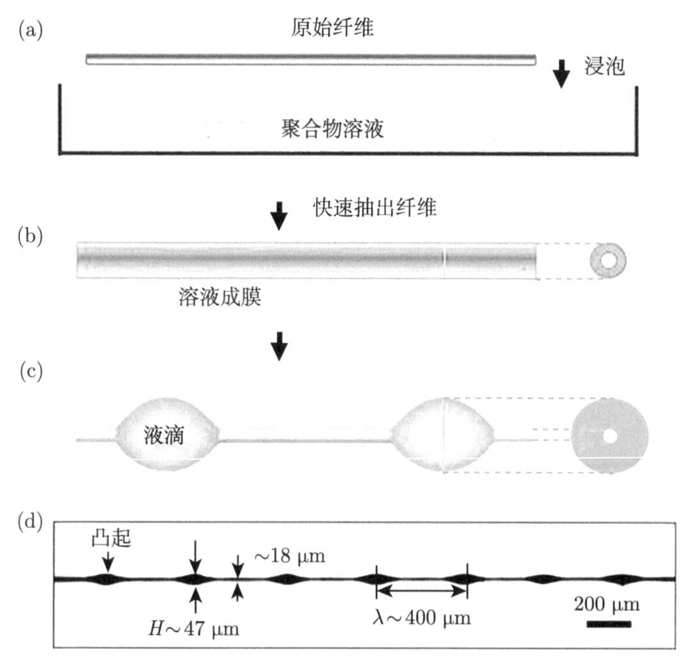

图 4-24 具有主轴结构的人造纤维的制造工艺 [82]

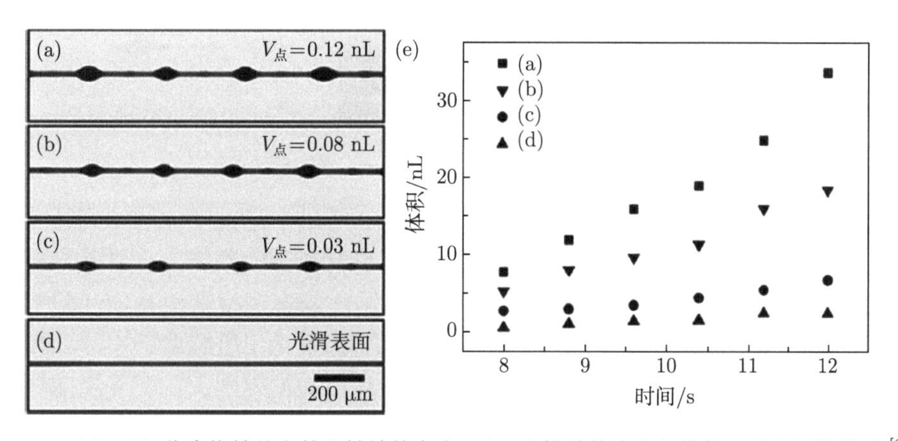

图 4-25 (a)~(d) 仿生蜘蛛丝上的主轴结的大小；(e) 主轴结的大小与收集水量之间的关系 [81]

在最近的一项研究中，Hu 等 [95] 使用具有周期结的全丝蛋白纤维作为仿生蜘蛛丝的主要纤维。该材料比合成聚合物轻，相应的集水性能达到之前报道的仿生纤维的最高水平。脱胶的丝纤维具有很高的吸水性。表面改性后，形成的主轴结有助于它们定向收集水。在制备过程中，将纤维水平浸入浓度为 10% 的 eMaSp2(工程主腹状蛛素 2) 螺体溶液中，然后稳定拉出，形成薄膜 (图 4-26)。由于瑞利不稳定性，薄膜分裂成沿着纤维分布的微小液滴。将其置于受控环境中进行甲醇蒸气处理，并获得带有 eMaSp2 仿生纺锤节的仿纤维。eMaSp2 结与多孔表面与纤维三者之间产生了显著的表面能梯度，有助于提高三相接触线的稳定性。在集水测试中，与脱胶丝纤维在 250 s 时达到的最大体积阈值 2.2 μL 相比，全丝蛋白纤维 (All Silk-Protein Fiber，ASPF) 在 690 s 时达到 6.6 μL，是脱胶丝纤维的 3 倍。集水效率用纤维质量的体积质量指数 (VTMI) 表示，该仿生纤维比报告的最高集水效率高 100 倍。虽然 PVDF 涂层尼龙纤维的重量是 ASPF 的 252 倍，但它只能收集约 2 倍体积的水 (13.1 μL)[96]。值得一提的是，该仿生纤维的集水效率在初始阶段相对较高，但无法实现连续的自发过程。达到最大集水能力后，水滴挂在主轴结上，只能通过重力缓慢去除，会影响后续的集水过程。

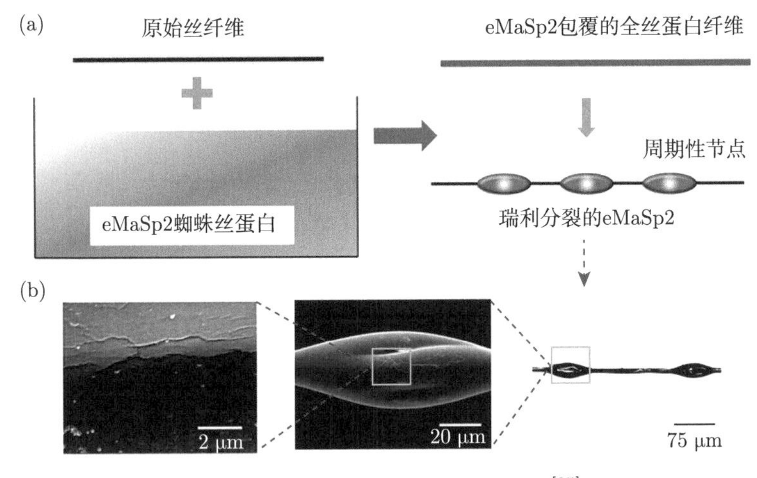

图 4-26 全丝蛋白纤维的制备方法 [95]

受蜘蛛丝上纺锤结构启发，我们组的 Chen 等 [97] 通过喷涂法和刻蚀工艺在尼龙网上构造了一定曲率梯度和表面能梯度用以捕获和收集雾水，以此来研究水滴运输在雾水收集方面的应用。如图 4-27 所示，首先，将聚甲基丙烯酸甲酯以 8:100 的质量比在 50 ℃ 下搅拌 1 h 溶解于 N,N-二甲基甲酰胺溶剂中，待 PMMA 充分溶解，用微型喷雾器将 PMMA 溶液喷洒在原始尼龙网上，在干燥的环境下立即将尼龙网在 60 ℃ 烘箱中干燥。重复上述步骤 15 次后，即可获得具有曲率梯度结构的尼龙网。一方面，由于溶液的表面趋向于更低的表面能，液滴会自发汇聚并润湿尼龙网的交叉处；另一方面，由于近交叉处的溶液较厚，而远离交叉处的溶液较薄，溶剂挥发后的 PMMA 在尼龙网表面沉积固化，形成曲率梯度。在浓硫酸中以 30%的体积比加入过氧化氢溶液制备食人鱼溶液，随后将尼龙网浸入食人鱼溶液中 1 s 以蚀刻表面结构，对刻蚀后的尼龙网立即用去离子水冲洗至中性。值得注意的是，由于覆盖 PMMA 的厚度并不均匀，所以 PMMA 厚的地方受到食人鱼溶液的作用较强，反之，在 PMMA 较薄的地方受到的刻蚀作用较弱，从而在远离交叉处的位置向近交叉处的位置产生表面自由能梯度。经干燥后，即可获得具有曲率梯度和粗糙度梯度结构的尼龙网。图 4-28(a) 显示出了交叉点表面形态的扫描电镜图像，其中曲率从纺锤节处向接点处逐渐增大。图 4-28(b) 给出了蓝色方块标记的纺锤节和黄色方块标记的接点的放大图像。纺锤节上的扫描电镜图像显示了密集的网孔和突触，形成了具有高表面自由能的区域，其中水接触角 (WCA) 约为 70°。而接点的扫描电镜图像显示了稀疏的网络和突触，形成低表面自由能的区域 (WCA = 97°)。PMMA 光滑表面和未处理的尼龙表面上的水接触角 (WCA) 分别为 84° 和 99°。在图 4-28(c) 和 (d) 所示的纺锤节与接点之间的中间部位，网络和突触的密度略小于纺锤节，而大于接点。因此，在尼龙网纤维的交叉处，从接点到纺锤节的短程距离会产生润湿性梯度，且这种润湿性梯度覆盖了整个尼龙纤维网，进一步促进宏观的润湿效应。

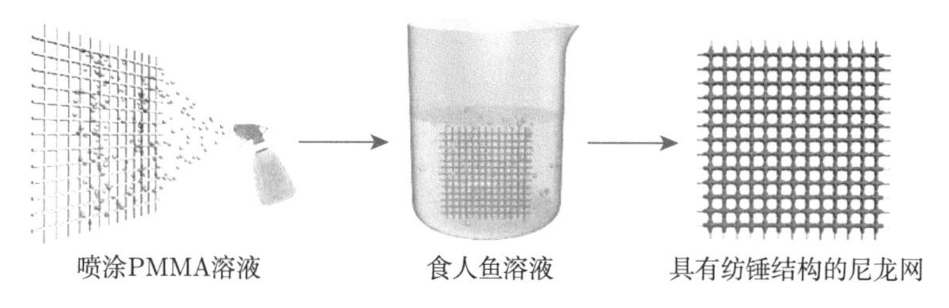

图 4-27　具有纺锤结构的尼龙网的制备示意图 [97]

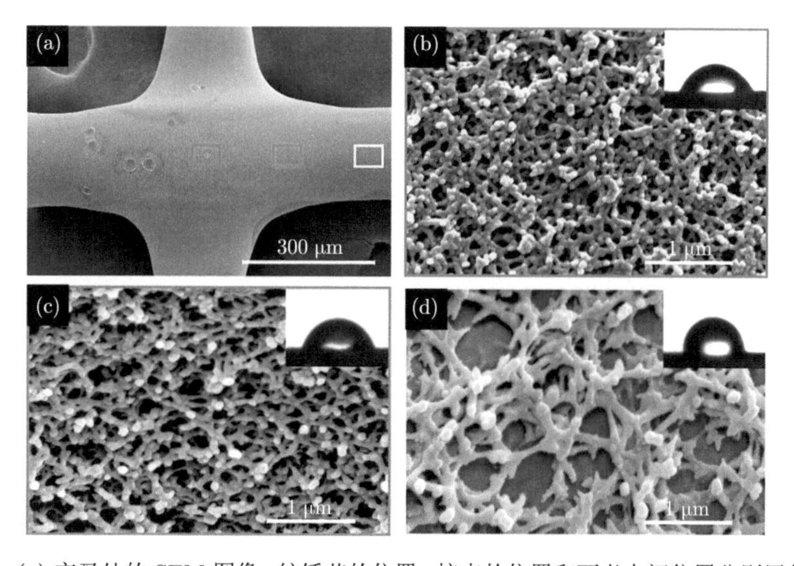

图 4-28　(a) 交叉处的 SEM 图像，纺锤节的位置、接点的位置和两者中间位置分别用蓝色、黄色和绿色正方形标记；(b) 纺锤节的 SEM 图像；(c) 中间位置的 SEM 图像；(d) 接点的 SEM 图像 [97]

通过观察在梯度润湿性尼龙网上水滴运输和聚集，图 4-29 展示了水在纺锤节上凝结、聚集和输送的典型润湿过程。在水收集的早期阶段 (图 4-29(a) 和 (b))，水滴在表面随机凝结，少数表面的区域被直径小于 30 μm 的小水滴覆盖。随着水收集的进行，小水滴在 30 s 时开始合并成大水滴 (图 4-29(c))。微小液滴的合并会释放出原来表面的一部分，释放的部分会重新被小水滴润湿。在图 4-29(d) 中，微小液滴 1 和 2 聚集并向纺锤节位置处润湿，其余的小液滴继续增长。在图 4-29(e) 中，水滴 3 和 4 在 48 s 时继续生长并聚集，在接点处的大水滴 3 和 4 在 50 s 时开始向纺锤节运输 (图 4-29(f))。位于纺锤节两侧的水滴逐渐靠近，最后，这些大水滴合并并润湿纺锤节 (图 4-29(g) 和 (h))。表面能梯度和曲率梯度的作用力在小液滴到大液滴的增长过程中并不完全起作用。雾滴在 PMMA 表面成核时，由于强烈的钉扎效应，并且液滴两侧的润湿差异和曲率差异较小，微小雾滴不受表面梯度驱动力的影响。直到微小的液滴增大并相互结合，当尺寸超过一定

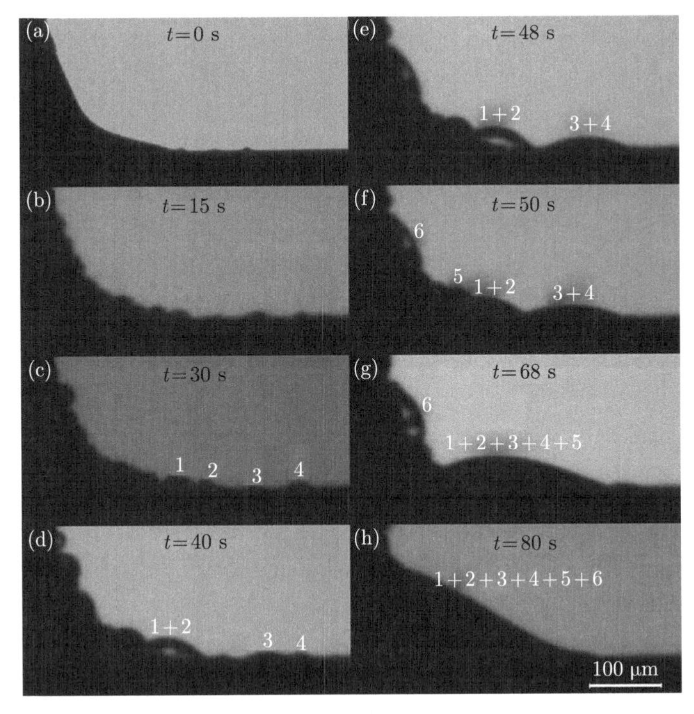

图 4-29　(a) t = 0 s 时纺锤节的光学照片；(b) t = 15 s，雾在表面随机凝聚成微小的水滴；(c) t = 30 s，小液滴开始相互凝聚成大液滴；(d) t = 40 s，水滴 1 和 2 在纺锤节的方向上聚结并湿润；(e) t = 48 s，水滴 3 和 4 合并成大水滴；(f) t = 50 s，大水滴 1、2、3 和 4 向纺锤节方向移动；(g) t = 68 s，水滴 1、2、3、4 和 5 在纺锤节与接点之间合并为大水滴；(h) t = 80 s，水滴 1、2、3、4 和 5 与垂直面上的水滴 6 合并后润湿纺锤节 [97]

的值后，液滴两侧的润湿性差异显著，才会明显受到曲率梯度和粗糙度梯度驱动力的影响。然而，当水滴完全落在接点上时，表面曲率变化几乎为零，此时水滴主要受表面自由能梯度驱动力的影响，如液滴 3 和 4(图 4-29(e))。当液滴在接点和纺锤节之间的位置时，它能受到表面自由能梯度和拉普拉斯压力差的驱动力，例如液滴 1 和 2(图 4-29(d))，那么此时的水滴相比受到单一驱动力的水滴更易被驱动。当液滴位于垂直一侧时，例如液滴 6(图 4-29(f))，它会另外受到重力的影响，更容易向纺锤节汇聚。在图 4-29(g) 中，两个大液滴相互接触时，由于位于凹面结构，表面张力的急剧减小使得它们更容易在纺锤节上汇聚。因此，这些驱动力引起纺锤节上的快速水收集，特别是在水滴合并的情况下。

实验结果证明，该尼龙网在集水方面同样也表现出优异的性能，主要归因于其纺锤结构具有较大的捕获面积、表面的润湿梯度特性和曲率梯度特性 (图 4-30(a))。如图 4-30(b) 所示，在水收集前期，该尼龙网和亲水性尼龙网分别表现出比单一曲率梯度的尼龙网和原始尼龙网更高的成核密度。在 110 $g \cdot s^{-1} \cdot m^{-2}$ 的雾流量下，水收集中该尼龙网的稳定集水速率比原始尼龙网的 1390 $mg \cdot cm^{-2} \cdot h^{-1}$ 更高，保持在 1688 $mg \cdot cm^{-2} \cdot h^{-1}$。

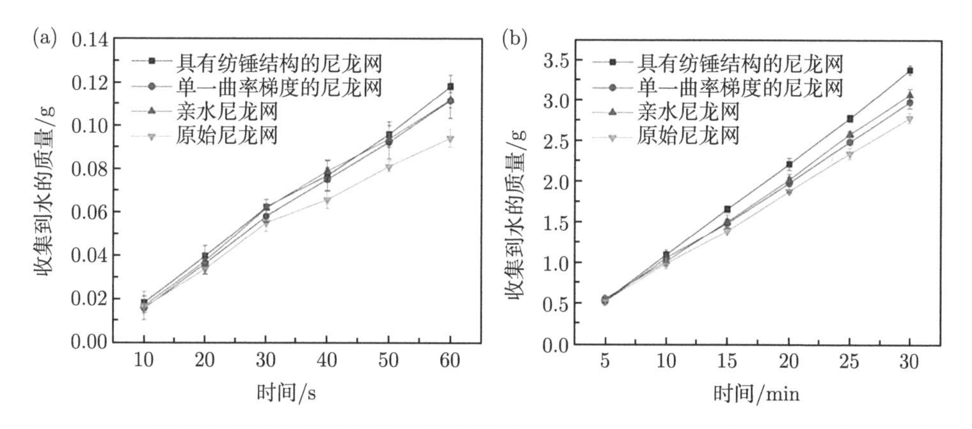

图 4-30 (a) 四种尼龙网在集水初期的集水性能；(b) 在 30 min 内，尼龙网的稳定收集性能 [97]

4.2.5 多结构复合

自然界的动植物，例如沙漠甲虫、蜘蛛丝、仙人掌刺等，通过多层次的结构，在干旱环境下展现出优良雾捕获性能。例如，水滴在拉普拉斯压力的梯度下，可沿仙人掌的刺端向尾部扩散和移动，实现了高效的雾水收集；沙漠甲虫拥有一种从高湿环境中捕捉小水滴的能力，这是因为其背部具有亲水性凸起和疏水性四周结构分布，赋予其优异的吸湿性和集水性能。此外，大量研究表明，结构曲率 [98,99] 和润湿性梯度 [100,101] 对水雾收集过程中冷凝液滴的形成和液滴运输有重要的影

响 [102-106]。在液滴运输过程中 [76,97,98]，毛细管黏附、接触角滞后和重力因素都会对液滴运输产生阻力 [107,108]。因此，越来越多的研究开始考虑结合多种驱动力，即采用多结构复合进一步提高液滴的运输效率和雾水收集效率 [109-111]。此外，雾滴在集水过程中必须经历多个过程，单一机制通常无法满足需求。例如，水滴在亲水表面上的沉积速度非常快，但由于接触角低，很容易形成水膜，阻碍下一轮水的收集。水滴在疏水表面呈球形，容易与周围的液滴聚结形成大液滴，但成核速度相对较慢。三维复合结构通过整合这些机制的优点，大大提高了雾收集效率。

Li 等 [112] 整合蜘蛛丝和仙人掌的集水机制，制备了由纳米锥体装饰的三维纤维网络。纤维网络由疏水性轻质尼龙编织而成，然后在纤维网络上生长亲水性的氧化锌纳米锥体。在集水过程中，水滴被捕获在亲水性氧化锌纳米锥上，在拉普拉斯压力差的驱动下，水滴迅速从尖端移动到基部和纤维。连续的集水过程使纳米锥体覆盖有一层水膜 (图 4-31)。当水膜厚度达到一定值时，由于瑞利不稳定性，它会自动分解成液滴，大部分液滴在亲水性的纳米锥簇上会快速形成连续的水流 (图 4-31)。聚集在光纤网络上的水滴会随着重量的增加，自动从三维网格上掉下来。这是一种新颖的水收集机制，可加速雾滴的捕获和运输。与传统的间歇集水方法相比，该方法实现了自动连续集水过程。在相同的条件和时间下，受多种结构启发，该表面的水收集是原始网络的 2~3 倍。在两小时内，使用三维纤维网的雾水收集达到原始样品本身质量的 240 倍以上，最大收集效率达到 865 $\mathrm{kg \cdot m^{-2}}$。

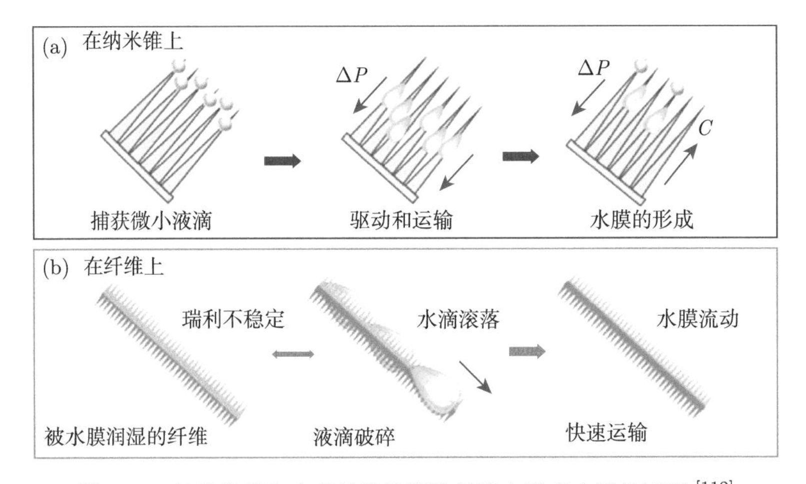

图 4-31 纳米锥簇和含有纳米锥簇的纤维上形成水膜的过程 [112]

Hu 等 [113] 结合仙人掌刺的不对称结构和沙漠甲虫的交替润湿结构，设计出具有不对称微观拓扑结构和各向异性润湿的杂化膜。杂化膜由亲水性纳米针层和疏水性纳米纤维层组成。将聚偏氟乙烯-共六氟丙烯纳米纤维通过静电纺丝覆盖在铜网上，形成疏水纳米纤维层。然后，通过电化学阳极氧化处理，在表面形成一层亲水性氢氧化铜纳米针结构。通过改变静电纺丝时间和电化学阳极氧化时间，可以控制纤维的长度和杂化膜的透水性。其中一种模式是，一旦液滴接触了交织区域，由于铜针的亲水性和不对称形状，液滴在拉普拉斯压力的影响下被输送到材料底部，并直接被铜网吸收；另一种模式是液滴被疏水性纤维捕获并缓慢凝聚以生长，当水滴边缘接触到亲水区域时，在亲水性的毛细力和拉普拉斯压力差的影响下，迅速被网格吸收。这两个过程是不可逆的，因为拉普拉斯压力和梯度润湿力阻止收集的水通过疏水性的网格微孔。在雾收集试验中，最佳静电纺丝时间和阳极氧化时间分别为 5 min 和 10 min，最终可以获得相应的较高的集水效率 ($0.116\ g \cdot cm^{-1} \cdot min^{-1}$)。

Wang 等 [4] 结合仙人掌和菖蒲的集水机制，实现逐滴捕集和超快输水。菖蒲具有层状微纳米级结构，可用于水的定向输送。由于其独特的毛状体分层微通道组织，其传水速度比仙人掌脊椎和蜘蛛丝要快三个数量级 [114]。通过激光直接施工技术，在铜板表面创建了一系列带有倒钩和分级通道的脊柱，以模拟仙人掌和菖蒲的刺 (图 4-32)。与带倒钩和凹槽的脊柱、带分层通道的脊柱和仅带倒钩的脊柱相比，带有倒钩和分级通道的脊柱的材料表现出最佳的集雾性能。每个带有倒钩和分级通道的脊柱单元的脊柱上分布着 8 个倒钩，在脊柱表面分布着高肋和低肋的分层微通道，并与倒钩对齐。有两种可能的方法可以在带有倒钩和分级通道的脊柱表面运输水滴。一个是沿干层通道的传输，另一个是沿湿水膜的滑动。梯度微通道的粗糙表面大大增强了微通道的润湿性，导致脊柱与倒钩之间的凹弯月面产生较强的毛细管力。毛细管力和拉普拉斯压力共同驱动了水滴的快速输送。将 96 个带有倒钩和分级通道的脊柱单元与直径为 5 cm 的蜘蛛网集成在一起，形成二维网状集水器。由于超快的水传输速度，沉积在带有倒钩和分级通道的脊柱装置上的水滴被迅速输送到卷材中心并在重力作用下滑落。二维蜘蛛网状雾化器集水率达到 $0.08\ mL \cdot min^{-1}$。相应地，将 96 个带有倒钩和分级通道的脊柱单元制成 3D 仙人掌状雾收集器也可以实现自发快速集水，集水率最小为 $0.09\ mL \cdot min^{-1}$。结果表明，集成了微纳通道和仙人掌棘不对称结构的带有倒钩和分级通道的脊柱的雾收集器成功地获得了快速的透水速度和优异的集水率。以上数据表明，结合蜘蛛丝、仙人掌、沙漠甲虫、菖蒲的集水机制后，相应的集水率有了很大的提高。然而，大多数现有的集水表面仅结合了两种机制。为了获得更高的集水率，应探索结合多种机制的水收集策略。

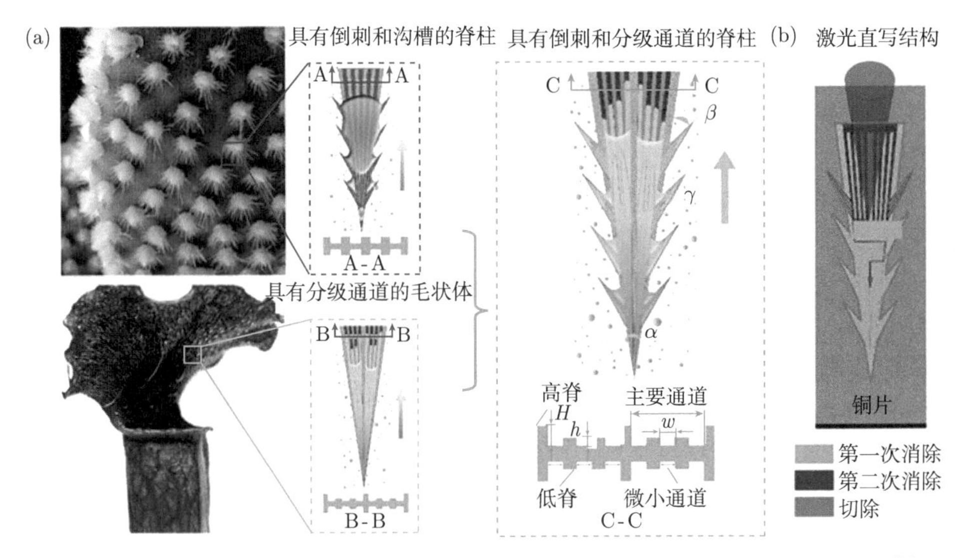

图 4-32　基于二维和三维带有倒钩和分级通道的脊柱的蜘蛛网状雾收集器设计图示 [4]

基于上述研究思路，我们组 [115] 通过仙人掌和沙漠甲虫的双重仿生，使用动态电化学沉积制备了具有结构梯度和润湿性梯度的锥形铜针。具体来说，如图 4-33(a) 所示，首先，将锥形铜针浸泡在体积分数为 15%的硝酸溶液中处理 15 min 以达到去除表面氧化物的效果。之后，采用蒸馏水和乙醇依次清洗，洗去表面残留的硝酸溶液，并在室温下干燥。将预处理后的锥形铜针浸没在十二烷基硫醇/乙醇混合溶液中 (十二烷基硫醇/乙醇 =1∶4) 处理 4 h，随后用乙醇溶液清洗多余的修饰剂，改变锥形铜针表面润湿性，并且将亲水性改变为超疏水性。随后，制备了阴极沉积所用的电解液，使用 0.5 mol · L^{-1} 的 $CuSO_4$ 和 0.1 mol · L^{-1} 的 H_2SO_4 制备混合溶液作为阴极电沉积溶液。将锥形铜针由底部到顶部缓慢地浸入电沉积液中，并将锥形铜针连接直流电源的阴极，阳极使用两片铜片包围在锥形铜针附近。使用双阳极并包围锥形铜针可使沉积效果更加均匀 (图 4-33(b))。除此之外，我们将低功率马达放置在垂直方向，悬吊锥形铜针，控制浸入电解液中的速率。通过调整电压与电流的关系，可以间接控制制备润湿性梯度表面。在本实验中，使用的低功率马达的转速为 1 r · min^{-1}，阴极锥形铜针浸入电机液的速率为 1.3 m · h^{-1}，工作电压为 4 V，工作电流为 0.4 A，在这些预设条件下，可以制备得到具有优异润湿性和润湿性梯度的锥形铜针。

在利用阴极电沉积制备结构与润湿性梯度锥形铜针表面的过程中，在硫醇修饰后的超疏水锥形铜针基底上沉积了微米级的亲水性铜颗粒。因此，在超疏水基底上制备亲水性颗粒会随着电流密度和电化学沉积时间增加改变表面润湿性。一方面，通过控制小功率电机的速度释放铜针浸泡到电解质溶液中；另一方面，控制

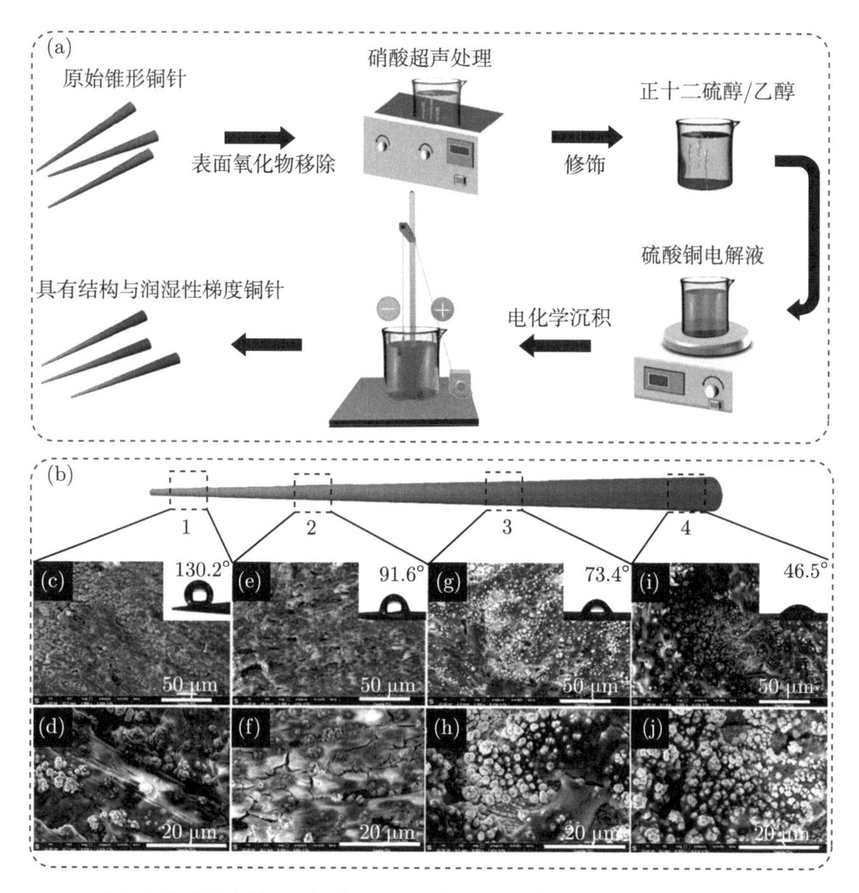

图 4-33 (a) 动态电化学法制备示意图；(b) 具有结构梯度和润湿性梯度的锥形铜针的原理图；(c)～(j) 具有结构梯度和润湿性梯度的锥形铜针的 SEM 图 (右上角的图片是对应的表面静态接触角图，随着沉积时间增加，铜针表面的微米级铜颗粒数量增加)[115]

电流密度和沉积时间，可以在锥形铜针表面生成连续的化学梯度。在这项工作中，通过控制锥形铜针的下降速度和电流密度，电沉积的时间大约为 100 s。因此，可以轻易地制备得到顶部润湿性为疏水 (水接触角为 $130^\circ \pm 5^\circ$)，底部润湿性为亲水 (水接触角为 $45^\circ \pm 5^\circ$) 的润湿性梯度锥形铜针。对于这类润湿性梯度锥形铜针，疏水的顶部区域实现高效的雾滴捕获，并且以滴状冷凝的模式进行水雾的捕获行为。如图 4-34 所示，通过对三种类型的铜针 (原始铜针、超疏水铜针和具有结构与润湿性梯度的铜针) 的雾水收集测试可以发现：在前两个样品中，液滴原位冷凝生长，但是由于驱动力难以克服黏滞力，聚结和生长后的液滴不能长距离运输，最终液滴自身重力克服黏附力的作用从铜针上掉落下来；而在经过设计的铜针雾捕获过程中，雾滴首先均匀凝结在样品上，随后逐渐聚结路径上的小液滴，共同在多种驱动力的作用下向亲水性区域定向运输。具体如图 4-34(c) 所示，液滴从顶部运输至底部过程中，持续聚结路径上的液滴进行生长。此外，当一个水雾捕获、运输过程完成后，少量的液膜覆盖在结构和润湿性梯度铜针表面，减少了后续液滴运输的黏滞力，之后以微滴形式便可完成定向运输过程。当液滴钉扎在某处时，随着小液滴逐渐聚结，聚结能的释放可以促进液滴从“基态”转变为“激发态”，从而进一步“推动”液滴继续运输。除此之外，被捕获的水雾聚结形成水滴，在多种驱动力的协同作用下促进运输，实现连续水雾收集循环。当使用 9 根具有相同润湿性梯度的锥形铜针，特别是设计水雾收集阵列模型用于模拟实验时，最终结果表明，具有连续的化学和结构梯度的铜针可以有效地提高液滴定向运输效率和水雾收集效率。

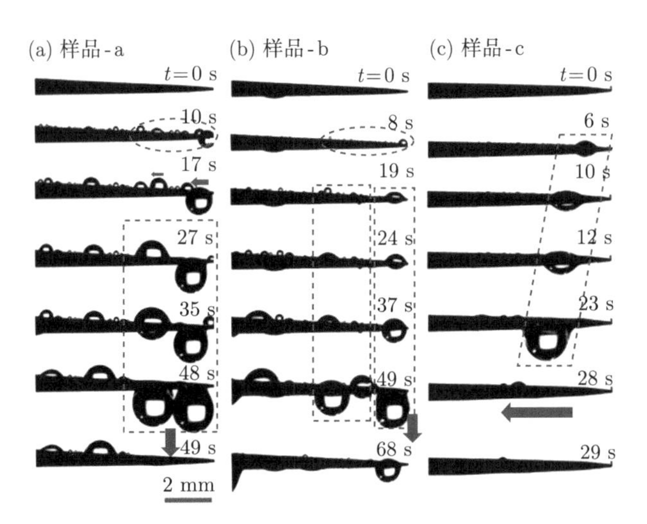

图 4-34　(a) 原始锥形铜针 0~49 s 的水雾捕获过程图；(b) 化学修饰后的超疏水锥形铜针 0~68 s 的水雾捕获过程图；(c) 具有结构梯度和润湿性梯度的锥形铜针 0~29 s 的水雾捕获过程图 [115]

自然界中许多生物可以通过自身各种独特的各向异性界面灵活地操控液滴来实现液滴的自运输 [116,117]。为了提高雾水收集效率，我们组 Zhou 等 [118] 从减少接触角滞后角度出发，在猪笼草的启发下，设计制备了液体灌注表面，大大降低了接触角滞后，加快了单个液滴的定向移动，融合纳米布沙漠甲虫的亲水性凸起及疏水性四周的经典润湿性特征和仙人掌刺的结构形貌特征，进一步深入探讨了结构形貌和表面润湿性对雾水收集的影响。整个雾水收集系统由超亲水铜针与具有规则亲水性凸起、疏水性滑移四周的锌片基底组成。其中，规则凸起的顶部具有规则的圆形孔洞，超亲水铜针垂直插入其中，以海绵基底固定。该系统在雾水收集过程中表现出一个高效的液滴捕获-凝结-运输循环。大量被捕捉到的液滴在凸起产生的油的弯月面效应下快速移动至凸起顶部，大大加快了水滴的移动速度 [63]。具体而言，制备过程如图 4-35 所示，一方面，选取有效长度为 1 cm 的锥形铜针，通过氨碱刻蚀法成功制备出表面均匀覆盖有 $Cu(OH)_2$ 纳米线的超亲水铜针；另一方面，在原始锌片表面制备规则凸起，将锌片剪切成 2 cm × 3 cm 大小，采用模板法在 ~ 14 MPa 的压力下，压制得到具有一定数目规则凸起的表面。在实验中，制备了五种不同数目及排布的样品，分别为 $2\times3(6)$、$3\times4(12)$、$4\times6(24)$、$5\times8(40)$、$6\times10(60)$ 的半球形凸起表面。在此之后，利用甲酰胺刻蚀法制备具有规则凸起的超亲水性锌片，使锌片表面覆盖有一层 ZnO 纳米棒层，润湿性转换为超亲水性。在紫外光照下，通过聚二甲基硅氧烷与 ZnO 的接枝反应，制备具有规则凸起的超疏水锌片。最后，利用掩模法在凸起物上喷涂一层 SiO_2 纳米颗粒。其中，选取无机黏结剂 (磷酸铝) 用于加强纳米颗粒与表面的黏结力，制备出亲水性凸起、超疏水性四周的交替分布图案。受自然界种子向水生植被移动方式的启发，疏水性滑移表面上的亲水凸起周围的油弯月面对液滴产生毛细驱动力，驱动各个方向的水滴向凸起移动 [119]。在 1000 $r\cdot min^{-1}$ 转速下，将运动黏度为 0.36 $m^2\cdot h^{-1}$ 的硅油旋涂到具有亲水性凸起、超疏水性四周的基底表面，成功制备出具有亲水性凸起、疏水滑移四周的锌基底。

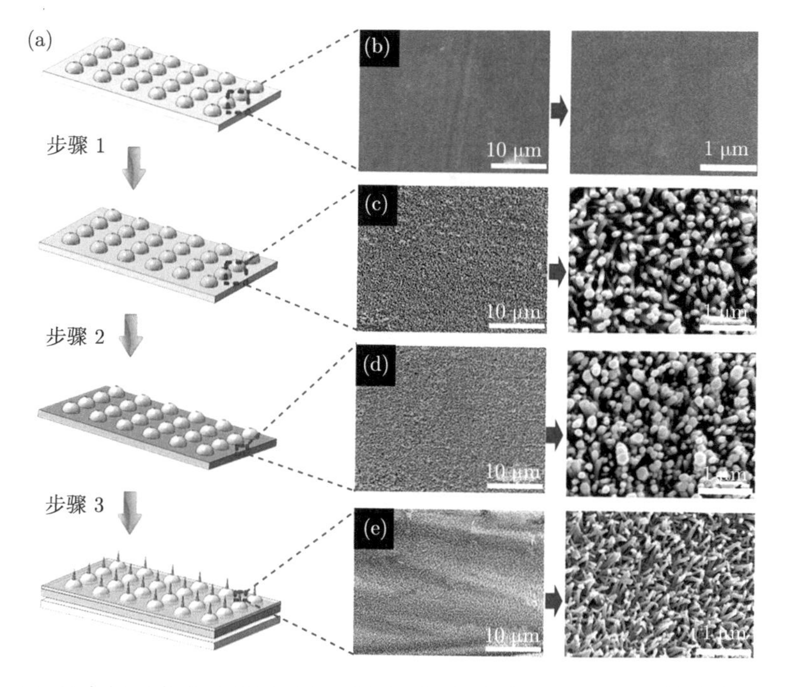

图 4-35 (a) 具有规则亲水凸起和疏水、滑移四周的锌基底与超亲水铜针的组合系统制备过程图；(b)~(d) 分别是原始锌片、甲酰胺刻蚀后锌片、PDMS 接枝后的锌片表面形貌图；(e) 超亲水铜针的表面形貌图 [118]

以上设计可以被看作仿生多功能滑移表面与超亲水铜针组合系统，如图 4-36(a) 所示，对制备的具有规则 4 × 6 凸起阵列、滑移表面的锌基底进行设计，在用模板法压制凸起结构时，加大压力，使凸起顶部出现规则的孔洞，利用实验部分讲述的过程制备出顶部具有孔洞的亲水性凸起、疏水性滑移四周表面的锌基底，这一设计有利于加速凸起周围液滴定向泵输至凸起底部后继续向顶部攀升。与疏水表面相比，亲水表面更有利于雾水的捕捉 [120]。在此基础上，继续引入超亲水锥形铜针，将超亲水铜针垂直穿过凸起顶部的孔洞，以亲水性泡沫为固定基底，此时，这个组合不仅可以实现液滴的单向泵输，还可以加速液滴的移除与存储 (图 4-36(b))。实验结果表明，该装置无论放置的倾斜角度如何变化，都具有良好的集水效果。特别是与单独的具有 4 × 6 无孔洞凸起阵列、滑移表面的锌基底相比，当雾水收集装置水平放置时，集水效率大大提高。

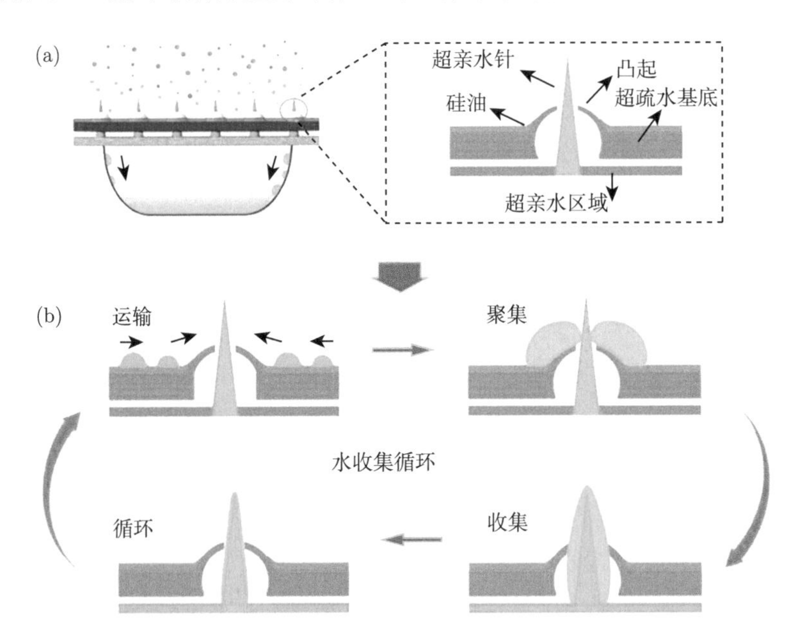

图 4-36　(a) 实验室设计的雾水收集组合示意图；(b) 雾水收集组合的雾水收集过程示意图 [118]

4.3　表面修饰化学的润湿性适配

液滴成核、生长、运输是雾水收集的三个主要步骤。表面润湿性、亲疏水区域的相对分布比及表面结构是影响集雾效率的三个主要因素 [121]。受自然特性的启发，人们常常通过结构设计建立单/多维度粗糙结构，或通过表面设计化学涂层修饰基材，控制表面润湿性。

材料表面的润湿性概念可以追溯到 1805 年 Thomas Young 提出的杨氏方程，随后一系列原理和模型 (例如 Wenzel 模型、Cassie-Baxter 模型等) 陆续被提出，丰富了表面润湿性的基本理论 [122-124]。通常情况下，用液体在材料表面的接触角 (CA) 衡量材料表面的润湿性。固体材料表面的润湿性可以分为疏水性和亲水性，当水接触角大于 150°，滑动角小于 10° 时，定义为超疏水表面；当水接触角小于 5° 时，定义为超亲水表面。润湿性材料是众多生物过程、工业技术的核心，在工业催化、军工设施、航空航天、生物医学工程等领域已经引起了广泛的关注和研究。

4.3.1 (超) 亲水化学对雾水收集的效应

雾水收集的初始阶段，具有一定速度的雾滴被材料表面捕获后在表面凝结。表面的捕获点是凝结的成核位点，通过增加成核位点的数量，可以增加材料表面对液滴的捕获能力，从而增加液滴的成核和收集速率 [125]。根据经典成核理论 (Volmer)，在平坦表面上形成液核的自由能垒强烈依赖于材料表面的固有润湿性，且随接触角的增加不断增加。在相同的条件下，与亲水表面相比，疏水表面具有更高的成核能垒，水蒸气和小水滴在亲水表面成核在能量上更有利 [121,125,126]。数据显示，CA~25° 的亲水表面的成核率是 CA~110° 的疏水表面的 10 倍。Xu 等研究发现，当接触角从 80° 减小至 60° 时，成核速率从 $10^5\ m^{-1}\cdot s^{-1}$ 增加到 $10^{15}\ m\cdot s^{-1}$，显著增强了该表面进行雾滴捕获的能力 [127]。Nioras 等使用聚甲基丙烯酸甲酯 (PMMA) 作为基板，采用氧等离子体处理方法制备了亲、疏水表面，并研究其在 90 min 内的雾水收集效率，结果发现亲水表面的收集效率 ($15.8\ mg\cdot cm^{-2}\cdot h^{-1}$) 略高于疏水表面 ($14.6\ mg\cdot cm^{-2}\cdot h^{-1}$)[125]。这表明亲水表面可以通过增加成核位点改进雾水收集效率。

Azad 等研究了聚丙烯烃网格表面润湿性对雾收集效率的影响，并与亲水性网格样品进行了比较，超亲水网格表现出最佳雾水收集效率 (图 4-37)。亲水性、疏水性和超亲水性网格样品的水收集量分别为 (443±217) μL、(1284±406) μL 和 (2384±328) μL。雾滴在疏水网格的带状表面上的撞击不如在超亲水网格上的撞击频率高，即使是撞击在表面上的微小液滴也没有像在超亲水表面上那么快地融合在一起。结果，每一个液滴都倾向于变大，直到它们的引力高到足以克服附着力。附着在表面和两个相邻带之间的液滴减少了开放空间，从而阻碍了雾的流动。对于亲水网格，雾水收集量最低。超亲水网格样品的滴速较快，表明来自流的雾滴撞击在超亲水表面的数量非常多。我们只看到表面有一层连续流动的薄膜，而没有看到缎带之间堵塞的液滴。因此，网格中开放空间和覆盖空间之间的平衡保持不变，雾流的阻塞没有发生。在超亲水网格表面上，人们高度期待微小液滴的捕获及运输[128,129]。Lee 等[130]证明超亲水表面比均匀疏水或亲疏水图案表面更有效。他们还提到了超亲水表面上的凝结速率高于疏水和超疏水表面上的凝结速率。Ju 等[131]的研究表明，疏水锥丝上液滴的生长速度比亲水锥丝上液滴的生长速度高，但传输速度要低得多 (约低 40%)。相比之下，Bai 等[132]描述了具有不同润湿性的图案表面的超亲水区域增强了液滴的捕获，但由于图案的原因，它们的运输受到阻碍。因此，超亲水表面的雾收集效率低于超疏水表面。Park 等[59]演示了液滴从超疏水表面的再夹带。因此，表面必须有足够的附着力来捕捉雾流中的液滴，同时，表面捕获的液滴必须被运输到网格垂直导向的带的底部。一方面，超亲水性为微小的雾滴撞击表面提供了最高的亲和力，并且也使它们能够快速扩散[132]。另一方面，疏水表面具有较低的亲和力，其上捕获的液滴会滚下。亲水网格表面的亲和性高于疏水网格表面，但其表面的迁移率最低。因此，附着在其上的液滴既不容易扩散也不容易滚落[59]。通常，为了使水滴在引力作用下在固体表面上移动，它必须具有大于毛细管长度的临界尺寸[133]。大液滴在雾收集过程中的缺点是妨碍雾水的循环收集和容易造成堵塞。因此，它们抑制了雾收集循环的再生，并被认为会发生再蒸发[128]。因此，雾收集的整体效率会降低。这就是超亲水网集雾效率最高而亲水网集雾效率最低的原因。

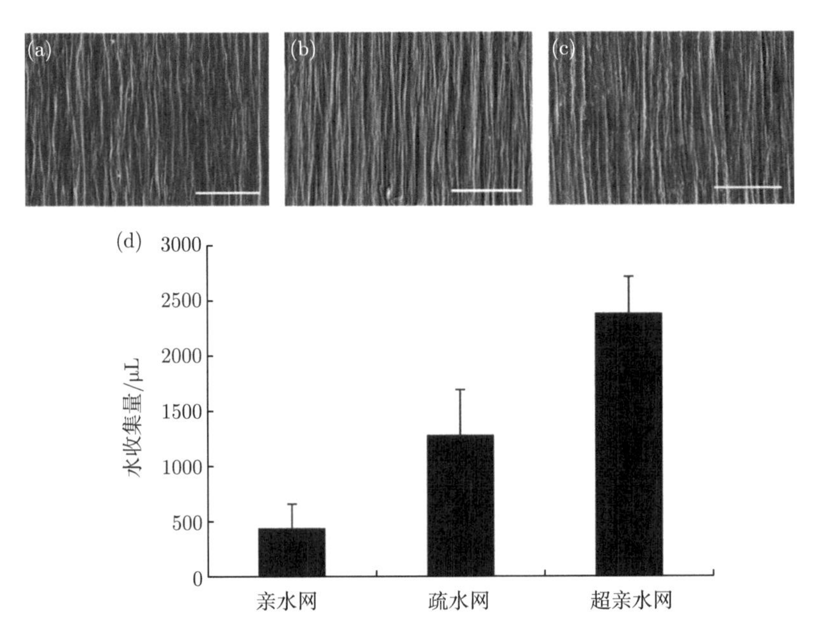

图 4-37 (a) 亲水性网格、(b) 疏水性网格和 (c) 超亲水性网格的带状表面 SEM，比例尺为 10 μm; (d) 具有不同的润湿性聚烯烃网超过 30 min 的雾流收集的水量 (表面积约 24 cm^2)[128]

当集雾表面存在过冷条件时，由于液滴在表面内织构成核，不可避免地形成 Wenzel 状态，极大地降低了液滴的流动性 [135]。在高度润湿的环境中，亲水表面极易形成水膜，水膜和材料表面之间强大的黏附力会严重阻碍液滴的生长与脱落。Gou 等使用具有不同润湿性的铜片研究其雾水收集性能，结果发现，原始亲水铜片 (样品 1) 在雾水收集时间达到 10 min 后，表面布满的水滴形成一层水膜。20 min 后，亲水表面的雾水收集速率 ($2.54\ \mathrm{mg \cdot cm^{-2} \cdot min^{-1}}$) 远低于同规格的超滑移表面 (样品 2 为 $9.68\ \mathrm{mg \cdot cm^{-2} \cdot min^{-1}}$，样品 3 为 $13.04\ \mathrm{mg \cdot cm^{-2} \cdot min^{-1}}$)，6 h 内其收集的水量也远小于超滑移表面 (图 4-38)[134]。Feng 等采用喷涂的方法将无机磷酸铝黏结剂、Cu_2O 微米颗粒、ZrO_2 纳米颗粒的混合悬浮液喷涂在不锈钢基底上，制备了超亲水表面、超亲水-超疏水混合表面。用自制的雾水收集器表征样品雾水收集速率，结果如图 4-39 所示。超亲水表面的雾水收集速率明显低于超亲水-超疏水混合表面。30 min 后，超亲水性样品表面仅收集到大约 (1.7863 ± 0.024) ～ (1.9546 ± 0.032) g 的水，雾水收集速率约为 $893.15\ \mathrm{mg \cdot cm^{-2} \cdot h^{-1}}$。此时的雾水收集速率仅为制得的超亲水-超疏水混合表面 ($1707.25\ \mathrm{mg \cdot cm^{-2} \cdot h^{-1}}$) 的约 1/2，雾水收集速率极低。观察雾水收集过程可知，超亲水表面上的雾水总是以水膜的形式出现，不利于水滴的生长和滚落，而在超亲水-超疏水混合表面的雾水以微小液滴形式出现，缓慢生长成大水滴后在重力作用下迅速脱落，超亲水-超疏水混合表面具有良好的雾水收集能力，因为它们可以有效地促进雾水收集过程的液滴成核生长和运输。这表明液滴的流动性也是影响雾收集的重要因素之一。与上述不同的是，Feng 等 [136] 受猪笼草表面和水稻叶子的启发，采用亲水性液体润滑剂来调控固体表面的性质，可以使固体表面变得亲水而不沾水。由于液体润滑剂具有良好的流动性，液滴可以迅速滑落。通过制备粗糙表面加大其表面积提高了水收集性能。这种光滑粗糙表面 (SRS) 具有亲水表面化学、光滑表面、定向结构和大表面积，以最大的限度提高液滴的收集和流动性 (图 4-40)。具体而言，SRS 由定向微槽上的液体注入纳米纹理组成，用于增强液滴的成核和输送。微槽上纳米级纹理的存在有助于保留一层薄薄的亲水润滑剂，为液滴去除提供光滑的界面。与沙漠甲虫启发的表面不同，液滴形核只发生在有图案的亲水区域，我们的表面充分利用总表面积来最大化液滴形核 [132,137]。这样的表面允许在 Wenzel 状态下的有核液滴快速去除，这是传统粗糙表面无法实现的 [138,139]。测试证明了亲水定向 SRS 在没有气体存在的情况下，能快速收集空气中的水分并且做到“滴水不沾”，在液滴凝结和雾水收集等综合性能方面优于许多最先进的仿生材料，如疏水液体排斥表面，这是由于液滴成核密度大，液滴聚结和去除速度快。

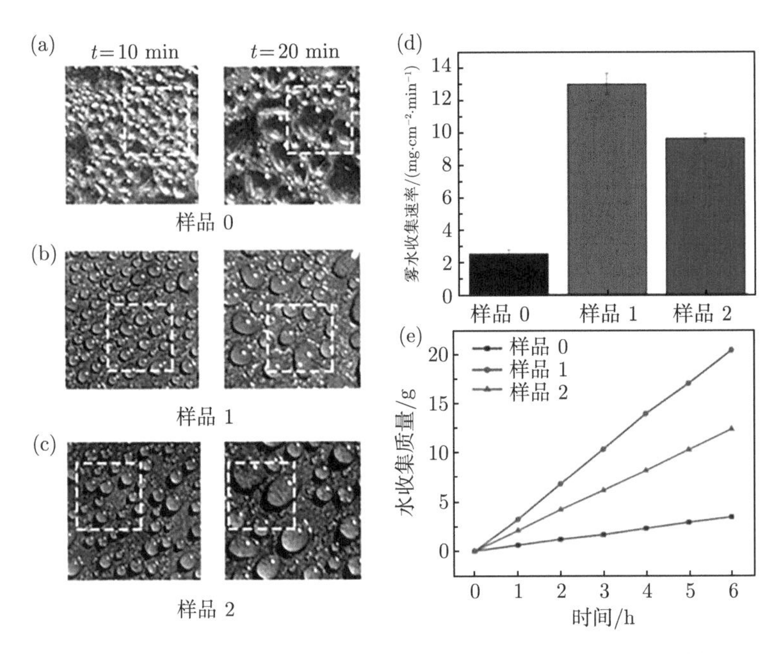

图 4-38 雾水收集时间达到 10 min 和 20 min 时，液滴在 (a) 样品 0、(b) 样品 1 和 (c) 样品 2 表面的光学照片；(d) 不同样品的雾水收集速率图；(e) 6 h 内不同样品收集的水的质量变化图 [134]

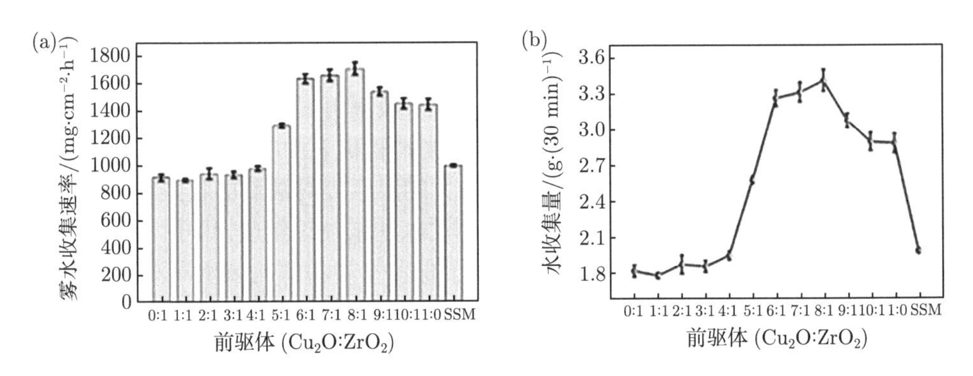

图 4-39 (a) 以不同质量比混合 ($Cu_2O:ZrO_2$=0:1，1:1，2:1，3:1，4:1，5:1，6:1，7:1，8:1，9:1，10:1，1:0) 所制备样品的雾水收集速率，制备的超亲水-超疏水混合样品表面 ($Cu_2O:ZrO_2$ = 8:1) 具有最高的雾水收集速率，约为 1707.25 $mg \cdot cm^{-2} \cdot h^{-1}$；(b) 在 30 min 内各种类型的超润湿样品表面收集的水量 [136]

迄今为止，常用的润湿性表面改性方法包括溶胶-凝胶法、逐层自组装技术和化学气相沉积 (CVD) 等，涉及蚀刻、聚合、分子接枝等化学反应，具有简单、快速、高效的优点 [123,141,142]。对于 (超) 亲水表面常采用亲水性无机介观或纳米粒子通过喷墨印刷 [143]、旋涂 [144]、溅射、溶胶-凝胶 [145]、溶液生长 [146]、光刻 [147]、

电化学沉积 [148] 等方法涂覆在材料表面。Dai 等通过分子动力学模拟表明，液滴高效成核的物理起源归因于亲水表面官能团。TiO_2[145,149]、SiO_2[150]、ZnO[144] 纳米颗粒因其出色的亲水性、易获得性得到了广泛的研究。除此之外，通过离子辐射 [151]、电子束 [152] 和等离子体技术 [153] 将亲水性基团接枝到材料表面也是常用的改性方法。

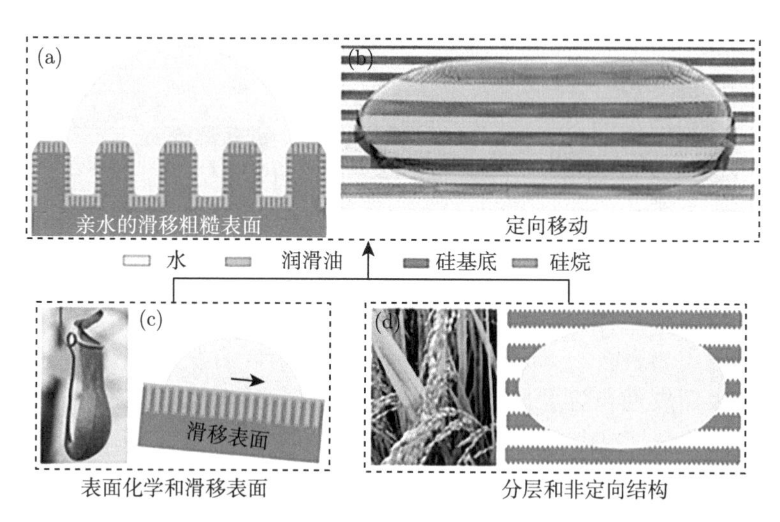

图 4-40 (a) 亲水性定向 SRS 的侧视图；(b) 三维视图；(c) 受猪笼草启发的滑移表面和 (d) 受稻叶启发的定向结构表面照片和示意图 [140]

4.3.2 (超) 疏水化学对雾水收集的效应

材料表面的雾水收集效率取决于液滴成核率和迁移率的组合。液滴的运输过程是影响雾水收集的关键环节，材料表面捕捉的液滴得不到及时的运输移除不仅影响材料表面的润湿性，造成表面性能的下降，还会进一步影响整体的雾水收集循环。当微小的雾滴聚结形成尺寸更大的液滴时，由于液滴表面积的减小会释放表面能 E_S，其中一部分被黏度耗散 (E_{vis})，另一部分克服界面黏附力做功 (E_W)，剩余部分转化为动能 (E_k) 驱动液滴移除 [154-156]。亲水区域倾向于更多的雾滴成核凝结，表面黏附力增强，严重阻碍了液滴的脱落。评估材料表面疏水性不仅需要较大的表观接触角，还有一个重要的方式是动态滚动角。材料表面倾斜的滚动角越小，其滑动性能越好。当固体表面开始倾斜时，由于液滴前后两端的接触角不一致，会产生接触角滞后，此时液滴的接触角两端分别为前进接触角 $\theta_{ad}(°)$ 和后退接触角 $\theta_{re}(°)$，它们之间的差值称为接触角滞后 ($\mathrm{CAH} = \theta_{ad} - \theta_{re}$)，接触角滞后引起的阻力为 $F_R(\mathrm{mN})$，$F_R = \pi R_0 \gamma(\cos\theta_{re} - \cos\theta_{ad})$，$R_0(\mathrm{mm})$ 表示三相接触线的接触半径，γ 是表面张力 (图 4-41(a) 和 (b))[157]。接触角滞后越大，液滴越不容易从固体表面滚落。相反，接触角滞后越小，液滴越容易从固体表面滚落。除此之外，对于表面有亲水、疏水位点相间分布的材料，进行雾水收集时，被捕获到的液滴逐渐生长增大，液滴前后接触角不均时，液滴受到化学梯度力从而具有从疏水区域到亲水区域的移动趋势 (图 4-41)。化学梯度力可以表示为 $F_{\mathrm{Chemical}} \approx \gamma \times (\cos\theta_{\mathrm{B}} - \cos\theta_{\mathrm{A}}) \times l$，$\theta_{\mathrm{B}}(°)$ 和 $\theta_{\mathrm{A}}(°)$ 分别表示液滴在高润湿及低润湿表面区域的接触角，l (mm) 表示三相接触线包围长度 [157,158]。

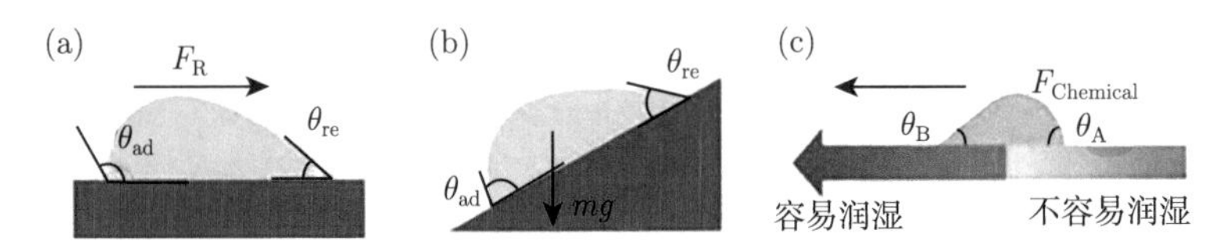

图 4-41　(a)、(b) 液滴在水平表面及倾斜表面的运动趋势 [157]；(c) 液滴在具有润湿梯度的表面上的运动趋势 [68]

疏水表面由于具有较高的成核能垒，捕获的液滴不易成核，液滴倾向于以较小的尺寸迅速脱离表面，造成雾收集效率下降。荷叶启发的超疏水表面可以通过空气注入的表面纹理和疏水表面化学作用有效地排斥水滴，但在压力或过高湿度条件下，捕获的空气很容易被破坏 [159-161]。一旦捕获的空气被破坏，液滴将与表面纹理完全接触，处于 Wenzel 状态 [162-164]，而通过液滴的跳跃离开机制可以恢复 Wenzel 状态液滴。一个理想的多功能表面，必须通过使用亲水表面化学和增强的表面积，以最大限度地提高液滴成核密度，同时必须存在疏水表面化学，增强液滴的流动性。在实际的应用中，亲疏相间的表面由于其表面亲水区域的成核位点导致了更大的液滴成核密度，而疏水区域保证了液滴的快速脱落，从而导致了更高效的雾水收集。

对图案化表面进行选择性修饰是实验室中的常用方法。Zhang 等 [165] 采用喷墨打印技术构建了具有亲水图案的超疏水表面，具有优异的集水性能。Yin 等 [32] 利用飞秒激光照射制备了具有高集水率的亲水/超疏水铜网。之前的文献已经证明了疏水/亲水材料在雾收集过程中的可行性。然而，特殊的器件、复杂的工艺以及衬底材料的局限性严重限制了其应用。因此，在各种基底上制备超疏水-亲水复合图案表面需要一种简便、低成本的方法。Zhang 等 [166] 通过水热合成、浸涂、烷基硫醇的选择性改性在不锈钢基底上制备出纳米级的亲水-疏水图案化表面，所制备的表面表现出稳定的空气疏水和水下超疏油性。由于其独特的润湿性，相对于超疏水表面 ($634\ \mathrm{mg \cdot cm^{-2} \cdot h^{-1}}$) 杂化的不锈钢网格表面表现出出色的雾收集速率 ($977\ \mathrm{mg \cdot cm^{-2} \cdot h^{-1}}$，且循环 30 次内，集水量仍保持在 3600~4000 $\mathrm{mg \cdot (30\ min)^{-1}}$。Sun 等 [46] 提供了一种简便和低成本的方法，用于制造混合超疏水-亲水图案表面，以光滑的铝合金衬底作为亲水成分，以不同孔大小的超疏水黏性纸作为超疏水成分。通过调整和组合超疏水-亲水混合图案表面的孔尺寸来评估捕雾速率。与均匀的超疏水和亲水表面相比，所制备的单孔径混合超疏水-亲水图案表面具有更高的捕雾速率。此外，所制备的复合孔径杂化超疏水-亲水图案表面的捕雾速率比单一设置的高 88.3%。动态雾水收集机制表明，最优组合孔径混合表面在一定时间内最大限度地聚集水滴数量，以收集额外的水滴，从而优化雾水收集速率，捕雾速率最高可达 362.5 $mg \cdot cm^{-2} \cdot h^{-1}$。本研究制备的超疏水-亲水杂化表面在大气集水中具有潜在的应用价值。这种低成本、可控的制备方法为超疏水-亲水混合图案表面的构建提供了一种新的策略。

除此之外，还可以采用具有光响应性的微纳米级颗粒提高表面粗糙度以及制备亲疏相间的基底。Zhu 等 [167] 通过刷涂和浸涂法，先后将铜粉和 TiO_2 粉末以不同比例涂覆于铜网表面制备亲疏相间分布的表面。在原始浓度为 9∶1 时，制得的表面拥有最大的集水速率，高达 1309.9 $mg \cdot cm^{-2} \cdot h^{-1}$，而过多的铜粉或 TiO_2 粉末则会降低雾水收集速率。类似地，Gou 等 [168] 利用氨碱刻蚀和层层组装法制备了 $CuO@TiO_2$ 的亲疏水相间的铜网用于雾水收集。利用 TiO_2 层的长链烷基硅烷链在紫外光照下被催化降解，表面发生从疏水到亲水的润湿性转变，从而调控表面化学。结果表明，外光照 4 h 后的亲疏相间的铜网雾水收集速率最高，可以达到 9.52 $mg \cdot cm^{-2} \cdot h^{-1}$。相比于超疏水铜网和超亲水铜网，其雾水收集速率分别提高 114.9%和 185.9%，表现出优异的雾水收集性能。Kyong Kim 等 [169] 报道了一种利用氧化锌-银分层纳米结构来模拟沙漠甲虫背部的雾水收集的新方法。垂直排列的氧化锌纳米线是通过低成本和可规模化的水热方法制备，以制备超亲水表面。然后，通过额外的光诱导合成过程在氧化锌纳米线表面选择性地合成银纳米颗粒，使用分层纳米结构形成疏水表面 [165,170]。通过人工雾流来模拟自然雾流，在实验室进行雾水收集试验，对有效雾水收集的量进行测量，研究了雾水收集性能。在超亲水表面，虽然水滴立即被捕获，但由于水与表面的高附着力，它们在表面底部形成了一个水膜。相比之下，在疏水表面，水滴很容易从表面滚下，但捕获率很低。与无图案表面相比，在有图案的亲水区域捕获的水膜迅速生长成球形，并由于周围的疏水区域而与表面分离。结果表明，图案尺寸为 0.5 mm 的图案表面的雾水收集率分别为 1233 $mg \cdot h^{-1}$，高于超亲水和疏水表面的 1105 $mg \cdot h^{-1}$ 和 879 $mg \cdot h^{-1}$。

纤维素作为一种具有强吸湿性的可再生生物质材料，其丰富的羟基为雾水收集提供了高效的亲水区域。但连续的亲水区域会导致表面成核液滴的钉扎以及凝聚水膜的界面屏蔽。广西大学 Nie 的团队 [171] 从仙人掌刺和甲虫翅膀表面构造中获得灵感，通过选择性调控纤维素表面自由能的极性分量和色散分量，实现了非连续的分子级亲/疏水域 (图 4-42(a))。利用激光雕刻氟化乙烯丙烯 (FEP) 膜制备了仿生仙人掌阵列，用于拉普拉斯驱动力。采用表面化学亲核取代法合成了两亲性纤维素酯涂层 (ACEC)，其中亲水组分和疏水组分共存。纤维素上的羟基作

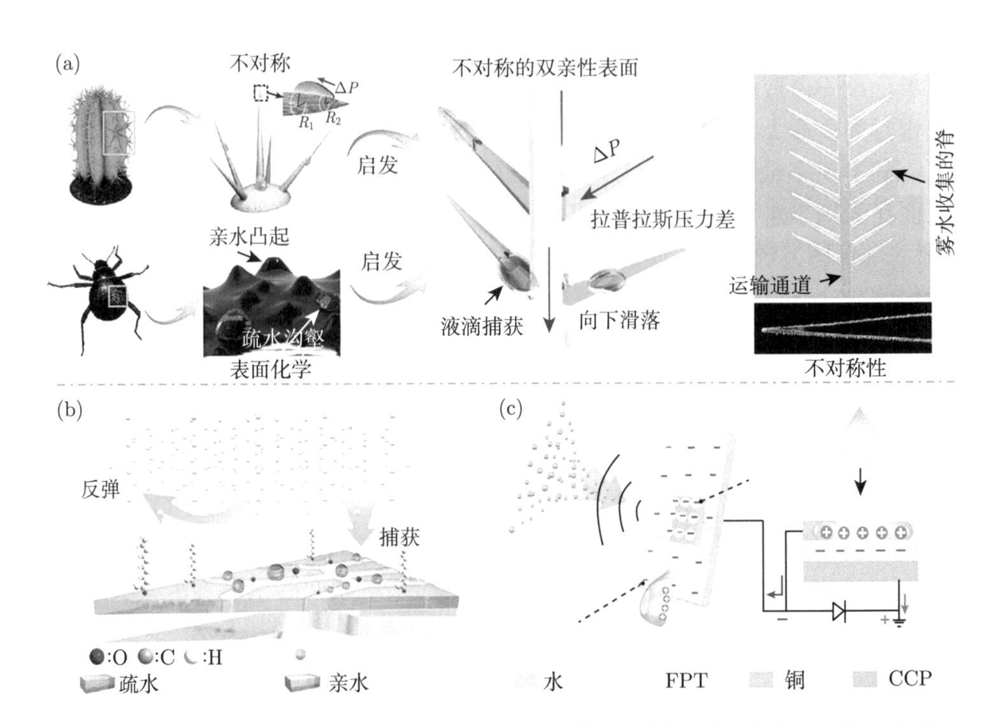

图 4-42　纤维素基非对称两亲性表面的设计。(a) 受仙人掌刺的不对称性和沙漠甲虫背部亲水-疏水表面启发的仿生非对称光滑表面示意图；(b) 仿生疏水-亲水涂层的示意图，水雾在疏水区被排斥，在亲水区被吸引；(c) 静电辅助增强水汽吸附，静电来源包括液滴与 FEP 接触起电和液滴发电机的外加电场 [171]

为水滴成核的亲水位点，接枝的 10 个十一烯基提供疏水位点，促进水滴的去除 (图 4-42(b))。雾被捕获并凝结成微小的水滴，输送到疏水通道。在重力和疏水斥力作用下，水滴沿平滑的疏水通道滑动。之后，FEP 表面因液固接触而带电，呈现负电势，进而对雾产生静电吸附。为了强化这一现象，用窄铜箔作为上电极，FEP 作为电介质层，导电布带 (CCT) 作为下电极制作了液滴摩擦纳米发电机。通过精馏，液滴撞击产生的电能增强了静电吸附，进一步提高了集水效果 (图 4-42(c))[172-174]。两亲性纤维素酯涂层 (ACEC) 表面化学亲水组分 (液滴成核位点) 和疏水组分与非对称结构拉普拉斯压力的协同作用使仿生针刺单元具有高的水收集效率。将其涂覆在非对称刺表面后构筑了可实现液滴快速成核和移除的双重仿生表面。更值得注意的是，结合自发的雾滴与收集器之间的界面摩擦电吸附作用，实现了前所未有的高水收集速率 (977 $mg \cdot cm^{-2} \cdot h^{-1}$[175-177]。将水收集器件放置在 16.2 $m \cdot s^{-1}$ 的风 (相当于 7 级风) 中 5 min 后，两亲性非对称表面仅出现轻微形变，证明了水收集器件具有良好的抗风性能。该材料不仅适用于多雾地区，还有望应用于热电厂、造纸厂冷却塔的蒸汽回收，同时也为缓解水-能源关系提供了一种通用的解决方案。Qu 的团队 [55] 提出了一种结合挤出压缩成型和表面改性的有效方法，用于大规模制备仿生超疏水-亲水聚丙烯/石墨烯纳米片 (UPP/GNS) 薄膜的方法 (图 4-43)。具体来说，UPP/GNS 表面的沙漠甲虫启发的微柱表现出亲水的顶部与超疏水的底部和侧壁，获得了微纳米结构诱导的混合润湿性。混合润湿性对液滴的凝结和聚集具有良好的加速作用，有利于雾水收集系统的传质。表面三维结构提供了丰富的微小水滴成核位点，加速液滴凝结和聚集。除此之外，所制备的异质润湿性表面具有出色的化学耐受性、被动防冰、主动光热除冰，在各种严酷的外部干扰，如盐、酸/碱溶液和高温条件下，都能保持稳定的雾水收集效率。UPP/GNS 所提供的高强度、低密度、优异的机械耐久性、高能量吸收、化学惰性和耐溶剂性，确保了 UPP/GNS 薄膜能实现长期有效的使用 [178]。均匀分散的 GNS 为高效的光热转换和优良的被动抗结冰提供了光热能力和热传导途径 [179,180]。

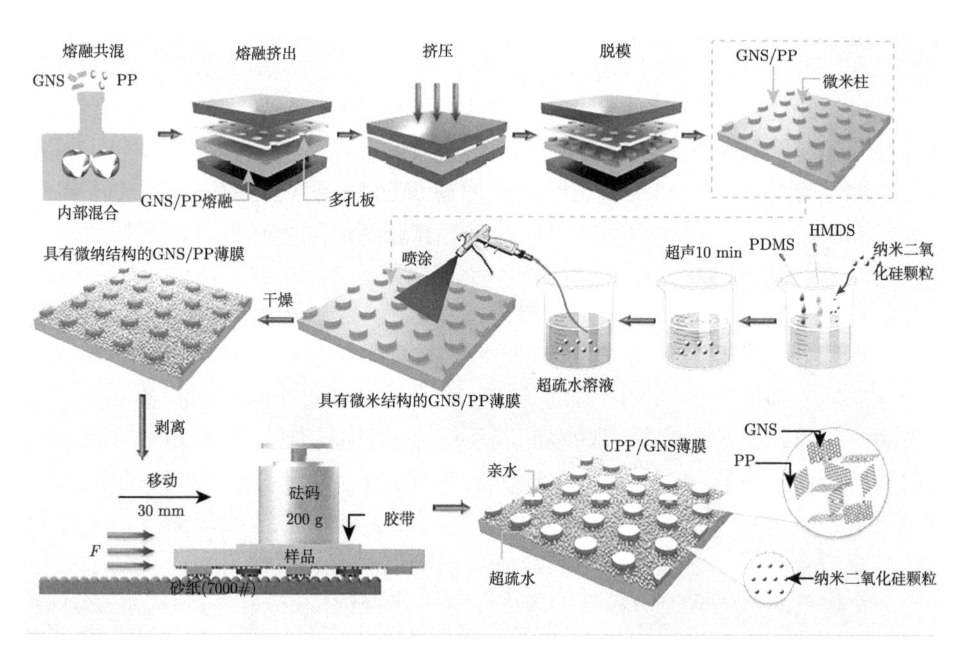

图 4-43 UPP/GNS 薄膜制备过程示意图 [55]

受猪笼草表面独特的结构特征及表面性能的启发，润滑油注入的多孔超滑移表面 (Slippery Liquid Infused Porous Surface，SLIPs) 由于其独特的低表面能、高成核密度、低表面张力、高液滴流动性等特点，自开发以来迅速成为研究热点，并在防冰、防腐蚀、雾气收集、油水分离、液滴操控等领域表现出广阔的应用前景 [181,182]。液滴在超滑移表面可以快速成核，在低接触角滞后作用下快速聚合形成大液滴后脱落。这类仿生超滑移表面提供了更多的成核位点，形成了快速的雾滴捕获-生长-运输循环系统，具有凝结换热强、成核能垒低的特点，进行雾水收集时，表现出高效的雾水收集能力。另一方面，在多孔超滑移表面，润滑剂的性质(黏度、表面张力、挥发性、是否与基底材料表面发生化学反应以及是否与液滴混溶) 对集水效率起着关键作用。

Huang 等 [183] 利用磁粉辅助成型工艺，使用 PDMS 预聚物、羰基铁微球和氟硅烷改性剂制备了磁响应微柱表面，这些微柱由柔软的聚合物材料制成，并且通过外加磁场的方向来控制液体润滑剂注入微柱的方向 (图 4-44(a) 和 (b))。通过外部磁场可以控制表面在超疏水状态和超滑移状态之间切换。在超疏水状态下，微柱垂直定向，液滴只接触疏水微柱的尖端，利用其高表面积从空气中收集雾气。在光滑状态下，微柱在外部磁场下与衬底平铺在一起，其中撞击液滴接触到几乎连续的润滑油注入表面薄膜。这类磁响应表面可以应用于雾水收集，但使用含氟物质作为润滑油，润滑油的损失也会增加收集水的使用风险。Lalia 等 [184] 采用静电纺丝的方法制备润滑油浸渍的纳米垫，相对于疏水性的聚偏氟乙烯 (PVDF-HFP) 纳米网可降低接触角滞后，改善了纳米垫表面的水滴滚落，提高了雾水收集效率。Tan 等 [185] 利用水热法和光催化反应将聚二甲基硅氧烷 (PDMS) 通过 Zn—O—Si 键接枝到氧化锌纳米棒上，用残留的非结合硅油作为润滑剂，制备了具有生物相容性的仿生超滑移表面。硅油与 PDMS 刷之间的强大的分子间作用力和硅油的高黏性，使润滑剂能牢固地储存在超滑表面以抵抗沸水和热液。相对于原始硅片、微锥硅片、超疏水硅片，超滑移硅片在 30 min 内收集了更多的水分，4 h 内收集到最多的水量。类似地，Guo 的团队 [186] 利用 WO_3 的光催化性能，在紫外光的照射下将 PDMS 接枝到 WO_3 纳米粒子上。利用硅氧烷分子刷和硅油之间强的分子间作用力以及超滑表面微纳米层次结构，制备了仿生超滑移表面。与原始铜片、喷涂后的表面以及超疏水表面相比，仿生超滑移表面在液滴的捕获、成核生长和大水滴的运输方面具有更优异的性能，使其在相同时间内收集更多的水分 ($460.5\ mg \cdot cm^{-2} \cdot h^{-1}$)。经过多次加热/冷却循环、长时间存储和高速离心等极端条件，仿生超滑移表面仍然具有良好的雾水收集效率。更重要的是，收集的水中含油量极低，省去了进一步提纯的麻烦。与超疏水表面相比，由于润滑油层比空气层的导热系数大，且表面接触角滞后现象可以忽略不计，因此超滑移表面具有更优异的雾水收集性能 [187]。大多数多孔超滑移表面是基于在二维材料上构建纳米结构并注入润滑剂，Han 等 [188] 通过两步电化学反应在框架表面构筑了微纳米分层棘状球簇结构，经过低表面能改性修饰处理和灌注润滑剂，制备了润滑剂注入的多孔框架材料 (图 4-45)。与二维膜材料相比，三维多孔材料由于其高比表面积、优异的吸附性能和良好的机械强度等优点，在雾水收集领域具有更广阔的应用前景。由于框架本身的三维网格体系、材料表面的微纳

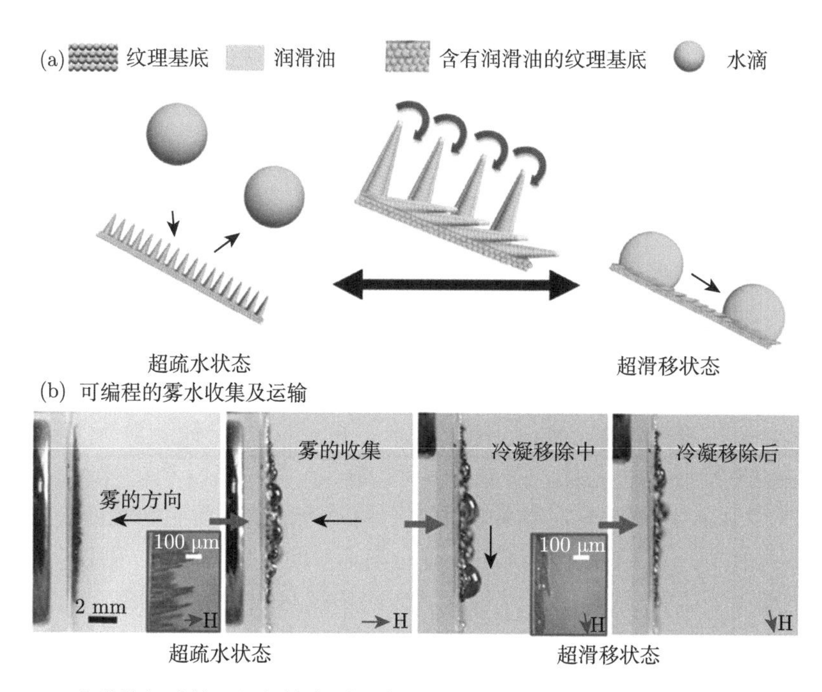

图 4-44 (a) 由微柱组成的可调控性表面示意图，当微柱垂直于基底时，表面处于超疏水模式，在外部磁场作用下微柱平行于表面时，处于超滑移模式；(b) 可编程的雾气收集和运输状态示意图 [183]

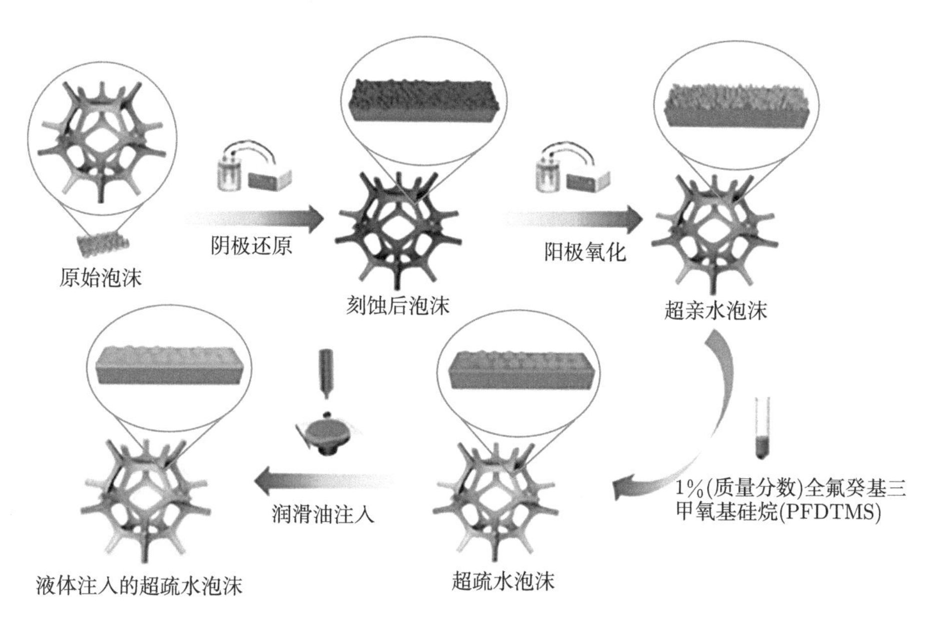

图 4-45 具有微纳米级复合结构的三维润滑剂注入框架的制备过程示意图 [188]

米棘状球簇结构和润滑剂层的协同作用，多孔超滑移表面不仅展现优异的润滑剂保持能力，还表现出高效的液滴捕获、聚结和去除能力，并且在高速剪切和长时间保存之后，仍能保持良好的集水性能。同时，该多孔框架还具备显著的耐电化学腐蚀和抗结冰性能。这种同时具备突出耐受性和优异集水性能的材料在雾水收集和相变传热领域具有巨大的应用潜力，有望被实际应用于改善干旱地区水资源短缺。

目前关于雾水收集的大多数工作集中在如何提高雾捕获效率和液滴运输速率 [189,190]。然而，通过减少水的再蒸发来提高雾的收集效率的研究很少。材料表面捕获雾滴后，收集的水不能及时运输造成再次蒸发，降低了整体收集效率。在此基础上，提出有效的雾收集和水储存相结合的策略是至关重要的。为了解决这个问题，一些研究者做了许多出色的工作。Fu 等 [43] 受仙人掌、沙漠甲虫、荷叶和松果的独特特征的启发，报道了一种 2D-3D 可切换滑动超亲水铜片 (SLP-SHL@SP-Cu)(图 4-46)。这种结构的顶部表面是光滑的，而底部表面是超亲水的。在雾收集过程中，被捕获的液滴在拉普拉斯力 (仙人掌脊柱)、毛细管力 (荷叶) 和低表面能 (猪笼草) 的作用下从顶部表面的顶端向底部运输。由此产生的 SLP-SHL@SP-Cu 具有 7421 $mg \cdot cm^{-2} \cdot h^{-1}$ 的集水效率和长期持久性，能够快速有效地收集。值得注意的是，由于水凝胶纤维的敏感性，当液滴流到 SLP-SHL@SP-Cu 上时，它可以智能地以预先编程的方式响应湿度变化，从 2D 平面结构切换到 3D 螺旋结构进行雾收集。一旦雾水收集器附近的雾流减少，它可以切换回 2D 平面结构，以帮助储存水。

涂层和改性剂是超润湿材料的重要组成部分，常依据其化学性质表现出亲水性或疏水性。少数涂层直接从基材上加工获得，大多数涂层常使用外部化学物质修饰基材。功能性金属和金属氧化物纳米粒子是常用的涂层材料，颗粒是否可以稳定地与基材黏附对于雾水收集效率有着重要的影响。材料表面的改性剂作用与表面活性剂类似，对于 (超) 疏水表面常用低表面能物质降低基材表面能。常用改性剂可分为羧酸、硫醇和氟硅烷 (表 4-2)。羧酸类改性剂通过与表面金属离子配位形成络合物的原理降低材料表面能，具有成本低、环境相容性高和无毒的优势 [191,192]。硫醇的巯基通过与金属离子配位使长链烷烃垂直分布，修饰后表现出 (超) 疏水性 [193,194]。含氟物质是常用的低表面能改性物质，以氟碳链作为非极性基团的表面活性剂。氟硅烷类改性剂具有高表面活性、高热力学和化学稳定性，但近来含氟物质已被确认为有毒污染物的来源，不适用于收集可饮用水，且改性后得到的 (超) 疏水表面存在一定的耐候性差等缺点，严重限制了其在雾水收集中的应用 [195,196]。因此，选择合适的改性剂以及改性剂与材料表面的结合强度对雾水收集器使用寿命有着重要的影响。

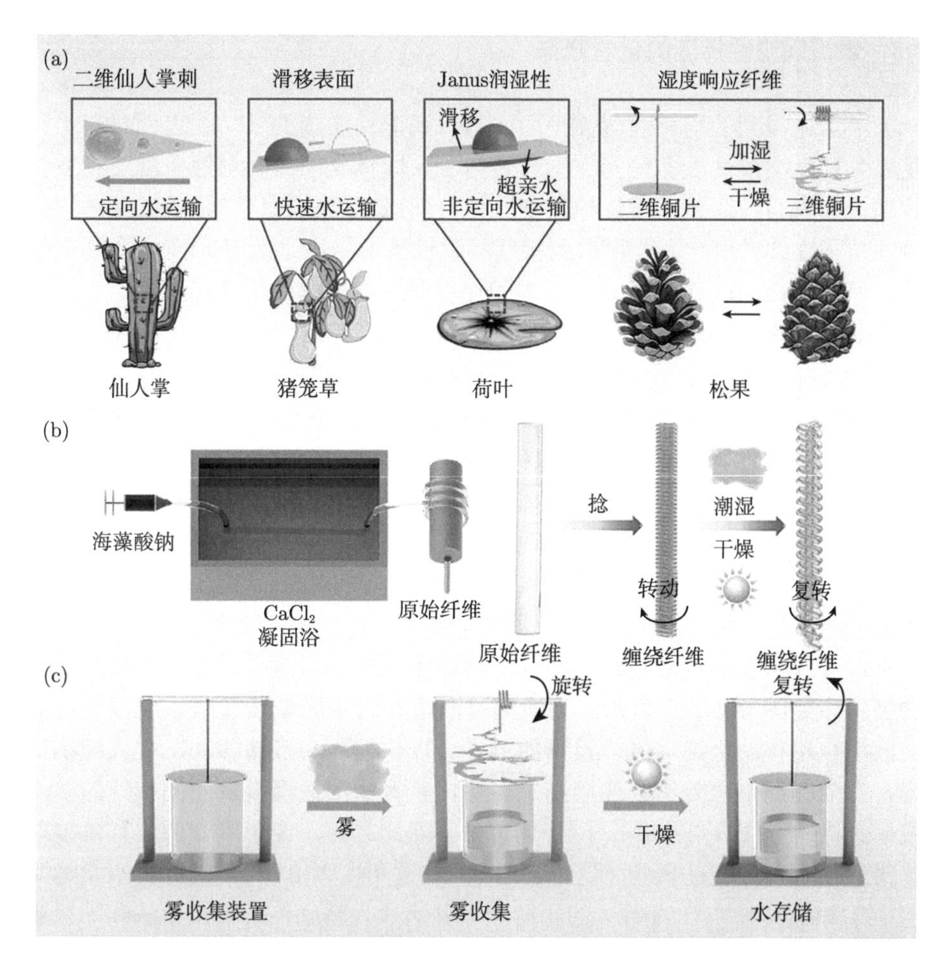

图 4-46 (a) SLP-SHL@SP-Cu 的设计策略：在 SLP-SHL@SP-Cu 中融入仙人掌、猪笼草、荷叶和松果的特性；(b) 湿度响应水凝胶纤维的制备工艺和机理；(c) 湿度响应 SLP-SHL@SP-Cu 的工作示意图。雾流刺激下，SLP-SHL@SP-Cu 切换到 3D 结构捕捉雾水，在阳光照射下恢复到 2D 平面结构保存收集的水分 [43]

表 4-2 (超) 疏水表面常用低表面能物质改性剂

材料	结构式	改性机理	参考文献
SA	$CH_3(CH_2)_{16}COOH$	SA 的羧基与表面金属离子配位形成络合物	[192, 240]
NDM	$CH_3(CH_2)_{11}SH$	巯基的硫原子与过渡金属离子配位，使长链烷烃垂直分布，修饰后的结构表现出超疏水性	[193, 194]
ODT	$CH_3(CH_2)_{17}SH$		
PFDT	$CF_3(CF_2)_8CH_2CH_2SH$		
OTES	$CH_3(CH_2)_{17}Si(OCH_3)_3$	Si-X 基团水解成 Si-OH 基团，然后通过与氧化物表面的羟基反应，锚定在表面形成单分子层，从而实现超疏水改性	[195, 196]
FAS	$CF_3(CF_2)_7CH_2CH_2Si(OCH_3)_3$		
PFDTES	$CF_3(CF_2)_7CH_2CH_2Si(OCH_2CH_3)_3$		

4.3.3 表面润湿性梯度的化学修饰

除了上述提到的均相润湿性平面，具有润湿性梯度的多功能表面材料也得到了发展。梯度润湿性表面是指在单一方向上，固体表面的润湿性呈现连续变化的一种功能性表面，通过梯度性地改变固体表面微观结构和化学组成，使得固体表面接触角呈连续性变化，即可得到梯度润湿性表面。19 世纪末，意大利物理学家马兰戈尼 (Marangoni) 指出表面张力的梯度变化对流体的流动起着促进作用，即为马兰戈尼效应 (Marangoni effect)[197]。

Jiang 的团队 [131] 通过梯度化学改性制备了具备拉普拉斯压力和润湿性梯度的双梯度一维雾水收集器。通过使用不同比例的疏水性甲基末端基团的链烷硫醇和亲水性羟基端基的链烷硫醇修饰纳米颗粒包覆的基底制备一维锥形铜线 (CCW)，CCW 润湿性从尖端到底部呈现梯度变化趋势。该表面具有较大的液滴生长速率和液滴运动速度，可以实现连续高效的雾收集。但是，上述研究仅结合了一种或两种特定的集水机制，无法同时满足集水的三个过程，即同时实现水滴的捕捉、凝结及运输。Zhou 等 [68] 采用电化学沉积、氨碱刻蚀、化学修饰的方法将具有润湿性梯度的锥形铜针与亲水滑移硅胶块状材料组合，设计出高效雾水收集的装置。如图 4-47(a) 所示，当液滴被滴落在亲水区域和超疏水区域的交界处时，液滴快速移动至亲水区，设计的铜针可以快速驱动液滴移动，大大减小运输时间，有效提高集水效率。实验结果表明，具有润湿性梯度表面的铜针的雾水收集效率最高 (比原始铜针增长了约 141%)。除此之外，锥形铜针的放置角度对雾水收集效果也有一定的影响 (图 4-47(b))。放置角度为 0° 时，铜针集水量达到最大值 (约 $2.97\text{g} \cdot \text{h}^{-1}$)。Zheng 的团队 [42] 以铜片为基底，采用模板法和阳极氧化处理过程，液压阀以一定速率释放电解液，制备出润湿性逐渐变化的化学梯度表面。随着氧化时间和电流密度的变化，接触角从 113.2° 减少至 36.4°，表面对液滴的黏附力逐渐增大，粗糙度也随之改变。因此，液滴在表面润湿性驱动力的诱导下从疏水性区域向亲水性区域自发移动。具有可润湿梯度的样品表面显示出更高的雾水收集效率，是均匀润湿性图案的 ~1.7 倍。类似地，Tang 等 [198] 采用阴极电化学沉积法，通过控制电流密度和时间制备了表面具有梯度润湿性的锥形铜针。通过多种驱动力引起的液滴快速转移加速了表面再生，促进了雾水收集效率的提高。

与生物体相比，人工系统通常缺乏自我修复，这使得化学、机械和耐温性对于工业过程中使用的涂料至关重要。然而，用于地形或化学梯度的传统化学涂料缺乏化学稳定性和在恶劣环境 (如高湿、高温或高压) 中的耐久性。为了解决这些问题，一些研究领域引入了纳米粒子 [199,200]、石墨烯 [201]、碳纳米管 [202,203] 和金刚石涂层 [204]。金刚石是一个很有前途的候选材料，因为它具有许多突出的性能，如高导热性[205-208]、优异的耐磨性[209,210]、化学惰性[211,212]、耐腐蚀性[213]、量子光子[214]和良好的生物相容性[215-217]。金刚石涂层的微观结构是可以定制的[218-220]。然而，在这些材料的基础上合成润湿性振幅大、长度可控的梯度薄膜具有一定的挑战性。因此，能够同时制备维持机械和化学耐久性的功能梯度膜具有一定的挑战性。Wang 等[221]通过可控的化学气相沉积工艺，设计并合成了多层结构和化学成分逐渐变化的多功能坚固金刚石梯度薄膜。通过控制沉积温度和气相浓度，分层微纳米结构金刚石晶体的尺寸和丰度随薄膜长度逐渐增加，这使得梯度表面具有将水滴从高疏水富金刚石表面 (接触角为 141°) 引导到亲水 SiC 表面 (接触角为 13°) 的能力。这种特性使其集雾能力比疏水膜高 3 倍，比亲水膜高 8 倍。更重要的是，即使经过腐蚀性液体和磨料喷砂的严酷处理，仍能保持一定的水收集性能，表明其在微流体、海水淡化和雾收集方面的潜在适用性。

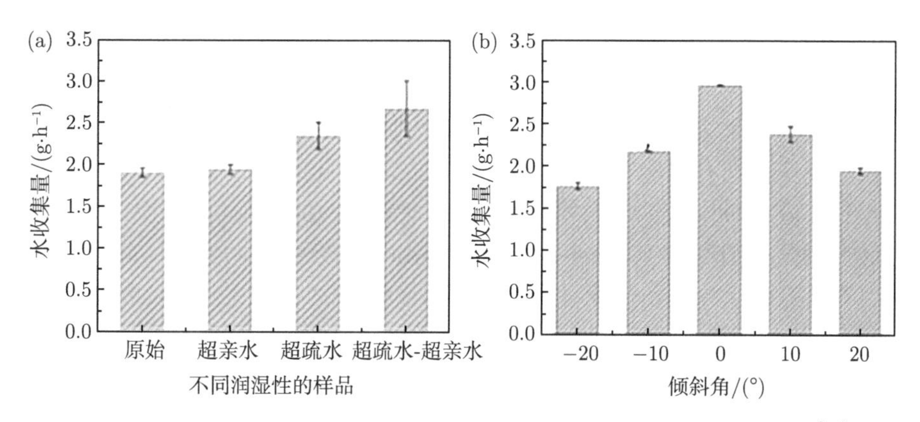

图 4-47 液滴在具有超疏水-亲水性润湿梯度的铜针表面的定向移动行为[68]

在以往的雾水收集研究中，研究重点主要集中于协调表面势能、表面能差、粗糙度梯度和几何形状差别，使液滴向特定的方向移动，实现更高的雾水收集效率[25,222-224]。由水本身引起的润湿性梯度的自发运动还没有很好地揭示。此外，液滴使用低能耗的方式在低成本的多功能表面上的长距离运输时也更有利于雾水收集[225,226]。在这个过程中，通过减小液滴的表面积释放出相应的表面能[227,228]。利用这种能量实现定向运动，对液滴操控、能量收集等诸多领域具有重要意义。对于总体积固定的两个液滴，体积差越大，聚合后总表面积减少越小，释放的表面能越多[155,229,230]。Zheng 的团队[231]通过电化学梯度氧化制备了一侧亲水性高的梯度雾水收集器 (UGW)，实现了捕获的雾滴自发逆润湿性梯度运动的新现象，同时实现了表面能向动能的高能量转化 (转化率 64.1%)。将一根超亲水铜丝 (表面水接触角小于 10°) 置于雾气环境中，雾气中的微小液滴会自发凝结在铜丝表面形成肉眼可见的小水滴，相邻小水滴接触会立即合并，过程中体积较大的水滴会向体积较小的水滴方向运动，当其运动到较小水滴的边缘处后再返回原来的位置。将较大液滴的这一运动现象命名为“吞咽”。“吞咽”现象由两个液滴的附加压差引起，较大液滴在较小液滴处残留液膜的表面张力作用下开始运动，并在其初始位置处残留液膜的表面张力作用下返回原处。初期，多个微小的液滴沿润湿性梯度自发运动发生合并生成大液滴，随后大液滴逆润湿性方向自发合并相邻小液滴，并进行类雨刷往返运动 (图 4-48)。通过对比雾水收集速率，得到结论：“贪吃”液滴的类雨刷往返运动能提高捕获液滴的传输效率、有效释放集水位点、加速液滴脱落，因此，该表面的雨刷模拟能实现高于普通模式集水速率的三倍，雾水收集速率高达 1.83 μL · cm^{-1}· s^{-1}。该现象和亲水性梯度雾水收集器对开发新型雾水收集器具有重要意义，在纳米发电机、传热、能量收集等实际应用领域具有广阔的应用前景 [9,42]。Wang 等 [190,232] 通过模仿苔藓紫罗兰特殊的细胞结构和集水功能，制备了具有梯度湿润性的仿生表面 (RIPS)(图 4-49)。通过持续、快速的冷凝水定向抽吸，在亲水表面上实现了高效的滴状冷凝集水。基于增强液滴核化能力、加快冷凝表面的更新频率、减小液滴脱离尺寸等多方面的协同作用，冷凝集水速率相比疏水表面提高了约 160%。所制备的样品上下表面光滑，具有规则排布的微米圆形通孔阵列，圆孔半径 R 为 25 μm，孔间距 S 为 75 μm，通孔侧壁均匀地排布着沿轴向的纳米沟槽。RIPS 正面和反面的接触角分别为 81° 和 46°，根据孔侧壁的粗糙度和 Wenzel 方程可知通孔内壁接触角约为 66°，RIPS 为亲水表面，并具有由正面到孔侧壁再到反面的梯级润湿性 [233,234]。冷凝实验宏观可视化结果表明，RIPS 正面没有肉眼可见的液滴，而反面出现了冷凝水的聚集。微观可视化实验结果表明，RIPS 正面的液滴不断抽吸进入通孔内，正面维持稳定的滴状冷凝状态，而底部在初始冷凝过程中出现冷凝水聚集，并迅速形成液膜。宏观和微观可视化结果共同表明，凝液可从 RIPS 的正面定向、持续地抽吸到反面，从而实现 RIPS 正面稳定的滴状冷凝。此外，利用孔结构的空间限制效应，可防止亲水表面冷凝水成膜，以实现滴状冷凝，并通过结构参数对液滴的脱落尺寸进行有效调控，加速冷凝表面更新。为了衡量液滴动态对冷凝集水速率的影响，对具有不同表面结构参数的 RIPS 的冷凝特征参数进行了定量表征。结果表明，亲水 RIPS 的成核能垒相对于目前广泛应用于冷凝传热强化的超疏水表面降低了约 63%，表明 RIPS 的成核性能得到了极大的提升；此外，冷凝液滴抽吸时间为毫秒级别，且随着 S/R 的减小而急剧减小；液滴脱落频率随着 S/R 的减小而增加，尤其是对于孔间距为 75 μm 的 RIPS，液滴脱落频率为 0.44 Hz，与疏水表面相比提升了约 10 倍，表明表面更新能力显著增强；此外，冷凝液滴的最大脱落半径也随着 S/R 的减小而减小，对于孔间距为 75 μm 的 RIPS，液滴的最大脱落半径低至 25 μm，甚至小于最先进超疏水表面的最大液滴脱落半径 [235-238]。RIPS 冷凝水累积量与时间呈完美的线性关系，表明冷凝过程中抽吸性能稳定。冷凝液滴动态特性的提升，包括低成核能垒、快速的液滴抽吸、频繁的表面更新和严格可控的液滴脱落半径，使 RIPS 的集水速率相对于疏水表面最大提高了约 160%。

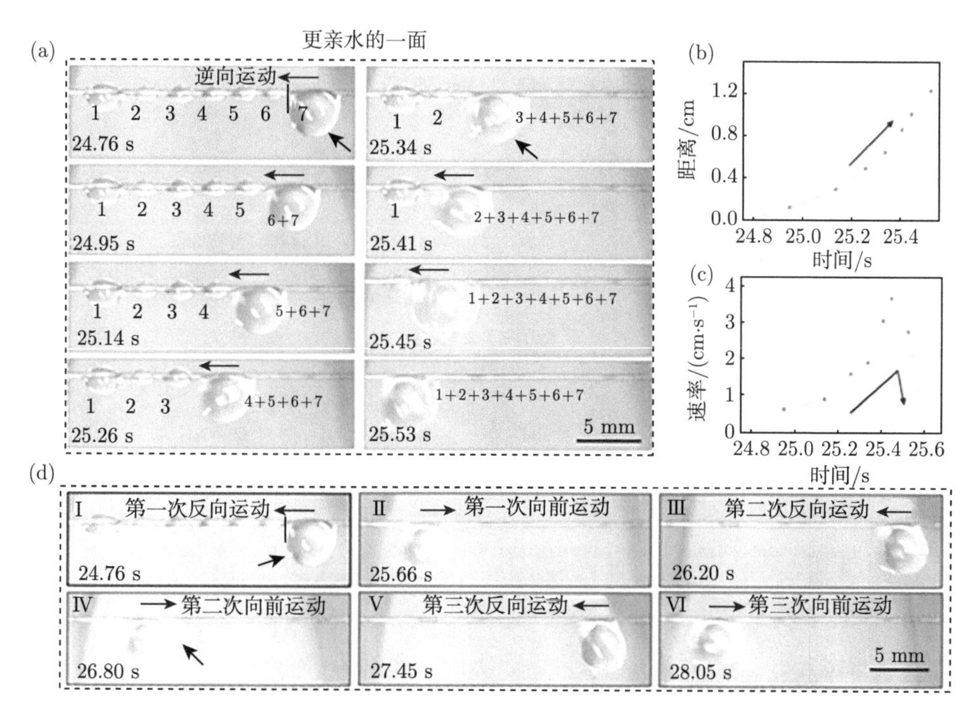

图 4-48 (a)、(d) 液滴在润湿性梯度力作用下在右侧合并为较大液滴，随后，该大液滴连续合并左侧小液滴并在 UGW 表面发生类雨刷的往返运动；(b)、(c) 液滴的位移-时间关系图，得出结论，液滴的每一个单向运动过程都是逐渐加速的过程 [231]

润湿性梯度表面是一种组分、结构和润湿性等随结构连续变化或者梯度性变化的高性能材料，在梯度方向上液滴受到的表面张力不相等，导致液体存在由低表面能向高表面能处流动的趋势和能力。梯度润湿性表面的制备主要有以下两个途径：第一种方法是沿着单一方向地连续改变材料表面的粗糙度，从而得到表面接触角连续性变化的梯度润湿性表面。第二种方法是沿特定方向梯度改变材料表面的化学组成，从而得到表面接触角连续性变化的梯度润湿性表面。常用的改变表面化学组成的方法包括离子交换法、自组装法、气相沉积法、化学法等。其中化学法因其性能优异、操作简单得到了广泛的应用。常见的化学法包括化学刻蚀、化学浸泡和电化学沉积。化学刻蚀是利用具有一定腐蚀性的液体刻蚀金属或非金属表面形成微纳米结构达到特定润湿性能 [239]。化学浸泡类似化学刻蚀，是将所制备好的结构浸入化学试剂中，从而改变结构表面能达到所需润湿性 [240]。电化学沉积是在外电场作用下将所加工材料放置在电解质溶液中，通过正负离子迁移从而在材料表面发生氧化还原反应形成镀层的技术 [190]。在雾气收集的研究中，梯度润湿性表面由于具有双重驱动力，大幅度提高了雾水收集效率，具有广泛的应用前景。一系列雾水收集材料及其收集速率展示在表 4-3 中。

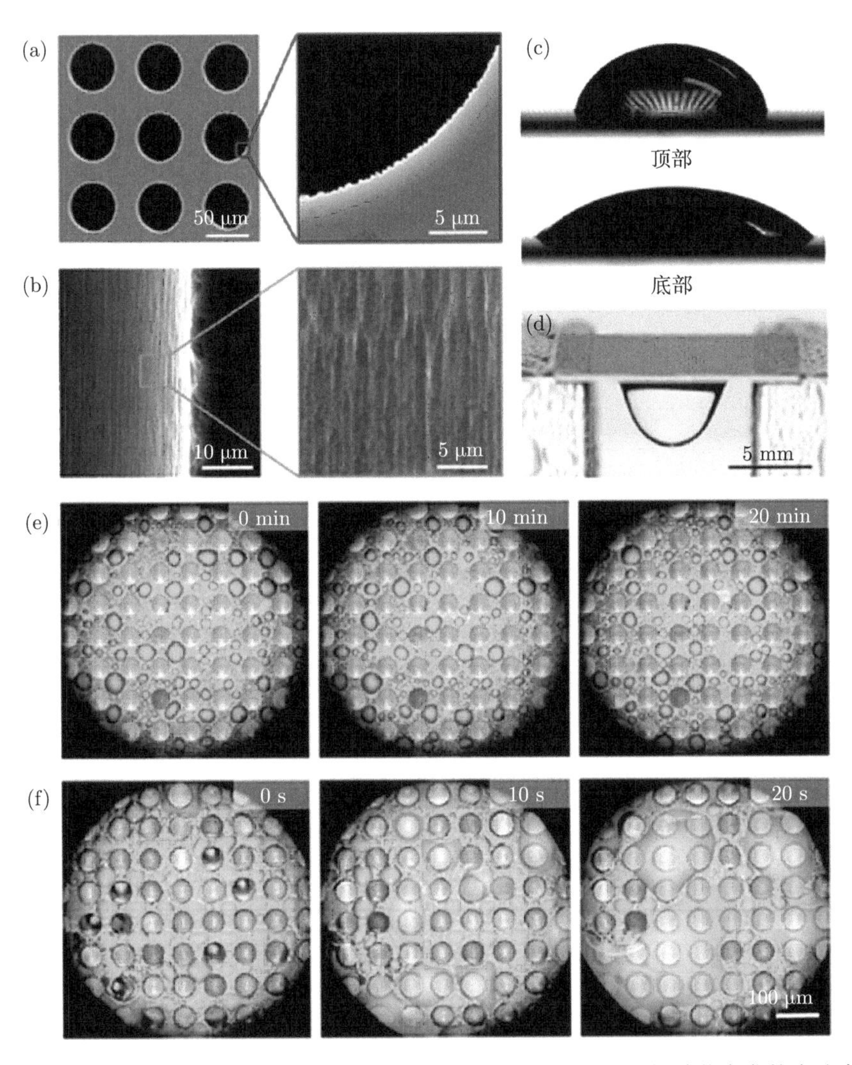

图 4-49 (a) 受杜鹃花启发的多孔表面的微米尺度通孔结构；(b) 受杜鹃花启发的多孔表面孔内侧壁的纳米尺度沟槽结；(c) 受杜鹃花启发的多孔表面正面和反面接触角；(d) 受杜鹃花启发的多孔表面宏观冷凝特性；(e) 受杜鹃花启发的多孔表面正面微观冷凝特性；(f) 受杜鹃花启发的多孔表面反面微观冷凝特性 [190]

表 4-3 常见的雾水收集材料及各项性能参数

制备方法	基材	特点	相对湿度/%	体系温度/°C	水雾流速/(cm · s^{-1})	水雾流量	收集速率	参考文献
氨碱刻蚀、层层组装	铜网	亲疏相间的二维表面	90	22	50	0.07 g · s^{-1}	9.52 mg · cm^{-2} · min^{-1}	[168]
水热合成、浸涂、表面改性	不锈钢网	亲疏相间图案化表面	—	—	50	0.07 g · s^{-1}	977 mg · cm^{-2} · h^{-1}	[166]
刷涂、浸涂	铜网	亲疏相间表面	80	20	10	—	1309.9 mg · cm^{-2} · h^{-1}	[167]
水热法、光催化反应	锌片	疏水超滑移表面	90	18	50	0.07 g · s^{-1}	−1.1261 g · $(30\ min)^{-1}$	[241]
喷涂、光催化反应	铜片	疏水超滑移表面	85	18±2	50	0.07 g · s^{-1}	−460.5 mg · cm^{-2} · h^{-1}	[186]
梯度电化学腐蚀、梯度化学改性	铜针	梯度润湿性表面	—	—	20～30	—	—	[131]
电化学沉积、氨碱刻蚀、化学修饰	锥形铜针	梯度润湿性表面	70	15	25	0.0556 g · s^{-1}	2.97 g · h^{-1}	[68]
模板法、阳极氧化处理	锥形铜针	梯度润湿性表面	90～95	20	—	—	0.2568 g · cm^{-2} · h^{-1}	[42]
阴极电化学沉积法	锥形铜针	梯度润湿性表面	70	15	50	—	2.25 g · cm^{-2} · h^{-1}	[198]
阳极氧化、表面处理	铜线	梯度雾水收集器		25±2		150 g · s^{-1} · m^{-2}	1.83 μL · cm^{-1} · s^{-1}	[231]
电化学反应、润滑剂浸渍	框架材料	微纳米复合结构的三维框架	90	19	25	0.0556 g · s^{-1} · m^{-2}	0.0753 g · cm^{-2} · min^{-1}	[242]
铜镜反应	织物材料	Cu-超疏水-超亲水图案涤纶织物	—	—	70	300 mL · h^{-1}	1432.7 mg · h^{-1} · cm^{-2}	[27]
切割法、水浴、喷涂	铝板	疏水超滑移表面	75±5	25			445 mg · h^{-1} · cm^{-2}	[223]

4.4 结构协同化学的仿生雾水收集材料

在雾水收集中，探索和模仿不同生物的集水机理是设计高效仿生集水表面的最佳途径。通过前面章节的介绍，我们已着重强调，为了全面提升材料性能，模仿生物表面特殊结构的研究应运而生，并已成为一个热门领域 [243]。根据现有的研究，例如通过模仿蜘蛛丝、仙人掌、沙漠甲虫等生物的微纳结构、形态和润湿性等，已开发出多种仿生集水材料的设计与制造技术 [96]。多种方法包括浸涂法 [94]、静电纺丝 [75]、微流体法 [84] 等可以实现微米或纳米级表面的制备。要想实现高效的雾水收集仍需通过结构和表面特殊润湿性的相互协同作用，主要有以下三种表面设计：第一，表面的构造应尽可能光滑和疏水从而有利于形成液滴脱落；第二，需要具有特殊的微纳米结构从而有利于液滴的运输；第三，减小水在表面的蒸发速率从而提高水的收集效率。总之，材料表面的润湿性和几何形状在加快水捕获、水供给和水排出过程中起到关键性作用 [38]。目前。在各种高效的雾水收集材料中，主要是依据仿生自然界生物体表面的几何结构以及结合一些超润湿性表面 (超亲水、超疏水、亲水水-超疏水表面等)，其中比较容易的是极端润湿性表面的获得，制备工艺相对简单，然而，表面结构设计的创新方面还存在显著困难，并且很多雾水收集材料能仅在重力 (无外力) 驱动下实现连续且高效的工作，因此这类材料在环境和工程等领域具有很广阔的应用前景。以下我们将从三大方面介绍各种结构协同化学的仿生雾水收集材料：其一，仿生沙漠甲虫而设计的亲疏相间的异质化表面；其二，通过协同仿生而设计的具有星形或者脉状的图案化表面；其三，利用材料两面不对称的润湿性与仿生表面的特殊润湿性特征的共同作用而制备的新型 Janus 材料。

4.4.1 表面异质化设计

受到沙漠甲虫的启发，仿生二维表面的研究获得广泛的关注。其中，将疏水区和亲水区整合到同一个二维表面的设计被称为亲疏相间的交替润湿性表面。然而，表面润湿性、表面结构和亲水/疏水区的分布比是严重影响集水效率的三个关键性因素。迄今为止，亲水-疏水杂化表面已通过表面结构设计和表面化学的调控取得了显著进展 [32,244,245]。例如。近几年里，具有亲水-疏水位点的杂化表面在各种基材上实现了集水应用，例如铜网 [246]、铜片 [247]、不锈钢网 [248]、纺织品 [249]、纤维素薄膜 [250] 等。总之，仿生沙漠甲虫背部的疏水-亲水相间的润湿性、具有亲疏性位点的表面设计给雾水收集应用造成了广阔且深远的影响 [251,252]。例如，Knapczyk-Korczak 等 [2] 使用双喷嘴静电纺装备成功地制备出了由疏水和亲水纤维组成的复合网。疏水材料和亲水材料分别采用疏水性聚苯乙烯和亲水性聚酰胺。结合静电纺丝装置，两种聚合物丝同时从喷嘴产生并逐层生产复合材料，形成油亲疏相间的润湿性和分层结构 (图 4-50)。这种疏水和亲水纤维的组合在提高水收集效率方面起着至关重要的作用 [253-255]。因此，平衡疏水和亲水材料的结合是设计出高效的集水材料的关键。Gao 等 [256] 模仿沙漠甲虫背部的混合润湿性的区域排列，采用编织法制备了一种亲水-超疏水图案织物表面 (图 4-51)。该混合性润湿性表面是由亲水黏胶纱和疏水性聚丙烯纱组成，当黏胶纱和聚丙烯纱的比例为 1∶1 时，样品的集水速率最佳，表现为 1267.5 $mg \cdot cm^{-2} \cdot h^{-1}$。如图所示，将疏水纱和亲水纱分别当作经纱和纬纱，通过经纱和纬纱的交织形成亲水-超疏水图案表面，比例分别为 1∶1，1∶3，1∶5，1∶7(黏胶纱∶聚丙烯纱)，实验证明，当比例为 1∶1 时，制备的亲水-超疏水性织物的集水效率是甲虫的 59.2 倍。同时这也证明了通过仿生制备混合润湿性表面的策略是成功的。

图 4-50 疏水材料、亲水材料、亲疏相间材料的电镜图片和雾水收集图片 [2]

此外，根据 Aizenberg 的研究，沙漠甲虫背部的凸起通过聚集顶端的蒸汽扩散通量来优化局部液滴的快速生长，证明光滑表面上的特定形貌可以有效促进水凝结并增强蒸汽扩散通量 [257,258]。通过直接在疏水表面上生长亲水凸起，Wang 等 [259] 首先通过浸涂二氧化硅纳米球来控制棉织物的表面粗糙度，紧接着通过疏水修饰后制备超疏水棉织物，最后再喷涂一层二氧化钛溶胶，从而使超疏水表面的纳米溶胶在界面张力的作用下产生光诱导的超亲水凸起最终形成亲疏相间的润湿性表面。实验证明，二氧化钛的形状梯度和化学润湿性梯度可以加速水滴的聚结和收集。

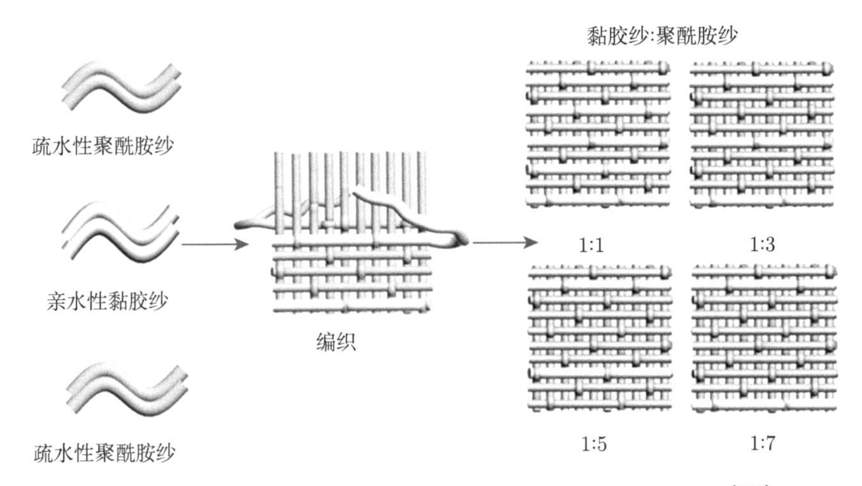

图 4-51　可自由调控的亲水-超疏水图案织物表面的编织工艺 [256]

基于以上讨论，从亲疏水性位点设计的角度出发，研究者们设计和制备出许多出色的异质化表面，有利于实现高效的雾水收集。我们组 Wang 等 [260] 采用正十八硫醇对铁和钴金属纳米颗粒的选择性修饰制备了具有亲疏位点的超疏水-超亲水性相间的织物。具体的制备过程如图 4-52 所示，在室温下将清洗过的织物在 $Co(NO_3)_2$ 和 $FeSO_4$ 溶液 (3∶1，共 $0.04\ mol \cdot L^{-1}$) 中浸泡 1~3 min。接着，在持续的磁力搅拌下，将硼氢化钠水溶液 ($0.03\ mol \cdot L^{-1}$，50 mL) 滴入上述溶液中。搅拌 30 min 后，从溶液中抽出生长了铁和钴纳米颗粒的织物，并依次用蒸馏水清洗至少三次，以消除残留的溶液。然后，将织物在干燥箱中干燥 10 min，并在 50 mL 的 $4\ mmol \cdot L^{-1}$ 正十八烷基硫醇和无水乙醇中浸泡 24 h。最后用大量的无水乙醇彻底清洗以去除残留的硫醇并干燥。根据铁和钴在织物表面随机分布，以及在织物表面的钴纳米颗粒可以被正十八硫醇改性，而表面的铁纳米颗粒不能被正十八硫醇修饰，我们设计出了仿生沙漠甲虫背部的亲疏相间的超润湿性表面，具有混合超润

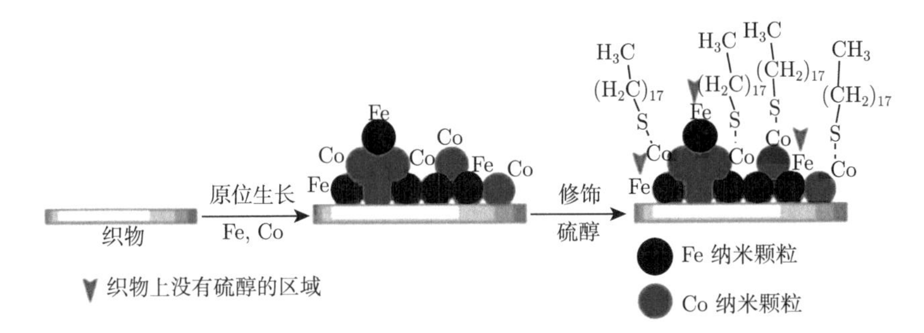

图 4-52　超疏水-超亲水性织物通过铁和钴纳米颗粒的原位生长和硫醇改性的制备示意图 [256]

湿性的样品充分地表现出了高效的雾水收集过程：最初，织物上的水滴成核并没有相互影响，并且水滴的初始覆盖率可以忽略不计 (图 4-53(a) 和 (b))。然后液滴的表面覆盖率变得足够大，而不需在没有外力的情况下经常与相邻的液滴合并。如图 4-53 (c) 和 (d) 所示，合并后的液滴的质量中心保持不变。当平均液滴直径达到阈值时，自我驱动的凝聚力导致了液滴在织物上移走 (图 4-53(e) 和 (f))。

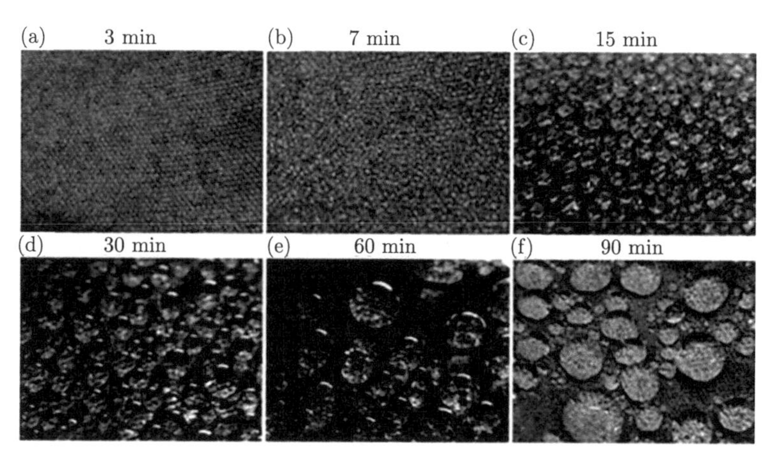

图 4-53 不同收集时间下的雾水收集的光学照片 [256]。(a) 3 min；(b) 7 min；(c) 15 min；(d) 30 min；(e) 60 min；(f) 90 min

相同地，Zhang 等 [166] 报告了一种简单、易操作、低成本的方法，利用分层的纳米结构来模仿甲虫的背部。如图 4-54 所示，不锈钢网上垂直排列的 ZnO 纳米颗粒首先通过水热法合成。然后，通过浸渍工艺将 Fe_2O_3 纳米颗粒沉积在 ZnO 包覆的不锈钢 (ZnO/SSM) 表面上。最后，采用十八烷基硫醇的选择性修饰，制备出混合超疏水-超亲水表面。该实验巧妙地利用烷基硫醇和过渡金属氧化物之间不同强度的相互作用，采用替代性的表面修饰获得了异质化结构表面，改变了材料表面润湿性，具体表现为通过不同浸入时间改变 ZnO/SSM 表面的 Fe_2O_3 纳米颗粒的量进而改变润湿性。当浸涂时间为 60 s 时，表面能同时实现空气中疏水和水下疏油的特殊润湿性质。如图 4-55 所示，当采用适当浸泡时间后，在亲疏水性相间的表面上，微小的液滴聚集成小球体，随后与附近的随机分布的水滴合并产生更大的水滴，当这些液滴的大小超过一定阈值后，因为重力而滚出混合表面。因此它的雾水收集速率高于对照组 (浸入时间为 30 s 和 90 s)，展示最高的集水速率，为 $977.0\ mg \cdot cm^{-2} \cdot h^{-1}$。重要的是，这种材料通过简易的制备工艺就能迅速捕获雾气并高效去除水滴。其独特的协同效应显著提升了雾气收集速率，性能优于单一的超疏水表面。此外，这种亲水-疏水混合表面具有良好的可重复使用性，为设计混合水力发电系统提供了新的思路，特别是在有效进行雾气收集的表面图案设计方面。

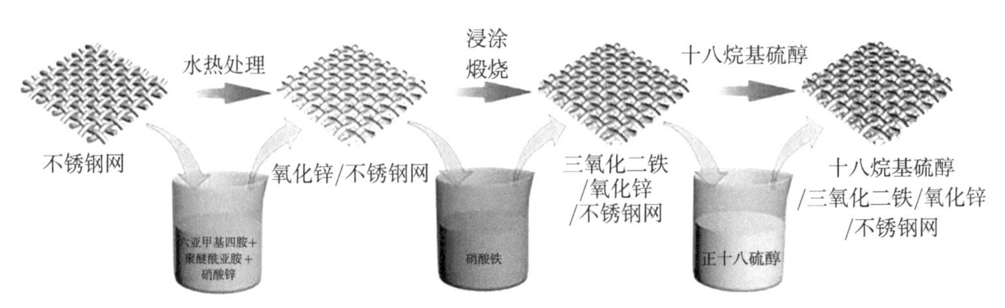

图 4-54　含有 Fe_2O_3/ZnO 纳米颗粒的分层结构的混合润湿性的不锈钢网的制备示意图 [166]

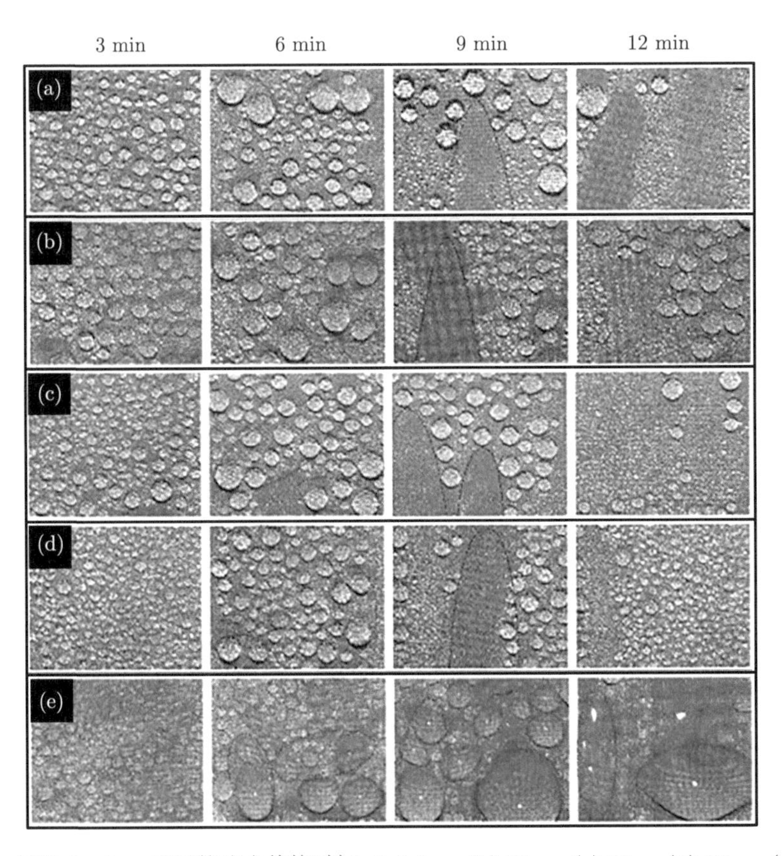

图 4-55　每隔 3 min，不同的疏水修饰时间 ((a) 0 s，(b) 30 s，(c) 60s，(d) 90 s，(e) 120 s) 下，Fe_2O_3 /ZnO @ 烷基硫醇/不锈钢网的动态雾水收集过程 [166]

Gou 等 [261] 受这种生物表面的启发，制备了分层等级的 CuO@TiO_2 包覆的表面 (图 4-56)。具体而言，先用氨碱刻蚀法制备超亲水的针状氢氧化铜，接着采用多次钛酸四丁酯/乙醇溶液冲洗 10 min 后用乙醇冲洗，氮气干燥，重复多次后可获得 $Cu(OH)_2@TiO_2$ 包覆的表面。然后将样品经过 450 ℃ 和 2 h 的煅烧之后获得 $Cu(OH)_2@TiO_2$ 表面，再将获得的样品浸入 4%(体积分数) 十六烷基三甲氧基硅烷/乙醇混合溶液中 (65 ℃ 下 1 h)，之后在 120 ℃ 下干燥 3 h，即可获得超疏水的表面。最后，经过不同时间 (例如 2 h 或者 4 h) 紫外光照射的 $Cu(OH)_2@TiO_2$ 表面上的十六烷基三甲氧基硅烷将被部分地降解，通过合理地设计照射时间，可以使超疏水的表面形成疏水性-亲水性交替的表面。当雾滴接触到这种具有亲疏位点的表面时，首先聚集在亲水区域，独立形成液滴和原位生长。然后，两个相邻的液滴相遇并合并成一个更大的液滴。最后，液滴在重力和聚结力的作用下从表面脱落。实验表明，这种具有分层结构和亲疏位点的 $Cu(OH)_2@TiO_2$ 包覆的表面在水滴的运输中起到了关键作用，两种协同设计的表面可以提高雾水收集的效率。

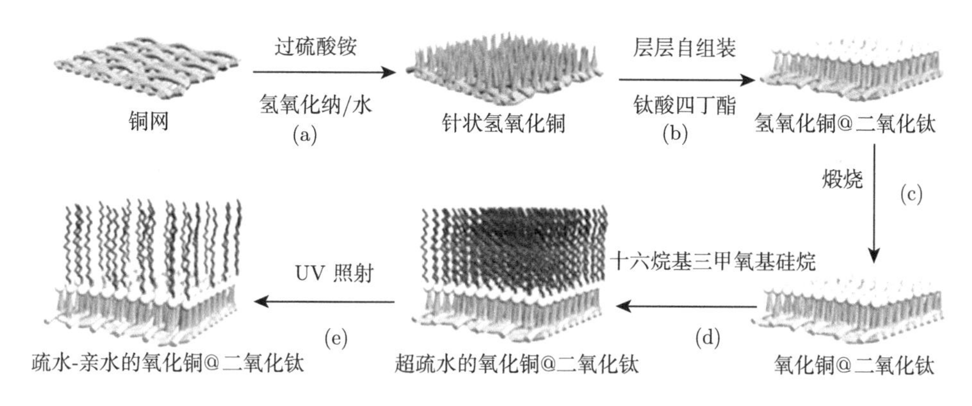

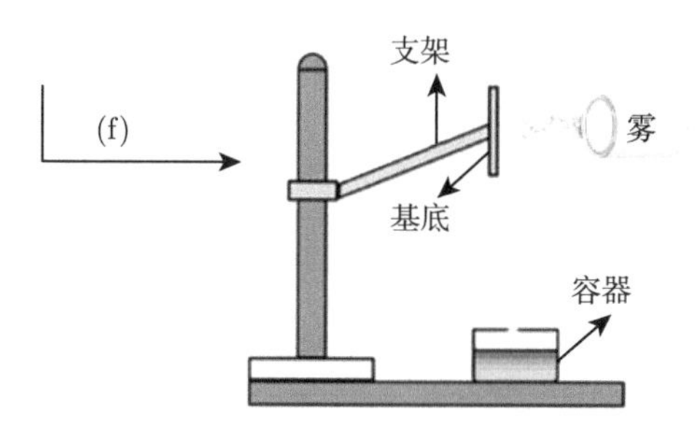

图 4-56　制备具有交替疏水-亲水润湿性的 $CuO@TiO_2$ 表面示意图。(a) 化学刻蚀法在铜网上制备 $Cu(OH)_2$；(b) 层层自组装法制备 $Cu(OH)_2@TiO_2$；(c) 煅烧处理获得 $CuO@TiO_2$；(d) 化学修饰后获得超疏水的 $CuO@TiO_2$；(e) 紫外照射后获得具有交替的疏水-亲水润湿性的表面；(f) 雾水收集装置图 [261]

Zhu 等 [262] 受沙漠甲虫背部为亲疏位点的表面的启发，设计出了宏观亲疏位点的表面。主要是通过将氨碱刻蚀后的铜网固定在油水分离器中，配置修饰剂溶液，包括 10 mL 去离子水、15 mL 正己烷和 20 mL 正十八硫醇/乙醇混合液，随后将混合液倾倒入分离器中，经过 30 s 混合液完全分离。快速地将样品用去离子水和乙醇冲洗。经过接触角测试发现，样品表面接触到混合液的部分表现出超疏水性 (水接触角大约为 155.2°，滚动角大约为 8.4°)，未接触到的地方仍然表现出超亲水性。在宏观状态下，在超亲水的铜网上留下了超疏水性的圆形图案。因此，通过重复这一过程，我们实现了仿生沙漠甲虫背部亲疏位点图案的宏观放大，从而更加高效地实现雾水收集。如图 4-57 所示，由雾水收集测试结果发现，微小的水滴被完全捕获在超疏水表面 (图 4-57(a))，超亲水样品上形成了一层薄薄的水膜 (图 4-57(b))，然而，在这种图案化表面上可以观察到在超疏水环上附着了大量的微小液滴，而在超亲水区域产生了水膜 (图 4-57(c))。实验表明，当样品被倾斜 90° 放置时，具有亲疏位点图案化设计的材料不仅表现出最高的雾水收集速率 (大约为 1316.9 $\mathrm{mg \cdot cm^{-2} \cdot h^{-1}}$)，而且在经过 10 次雾水收集的过程中，收集速率并没有明显的改变。

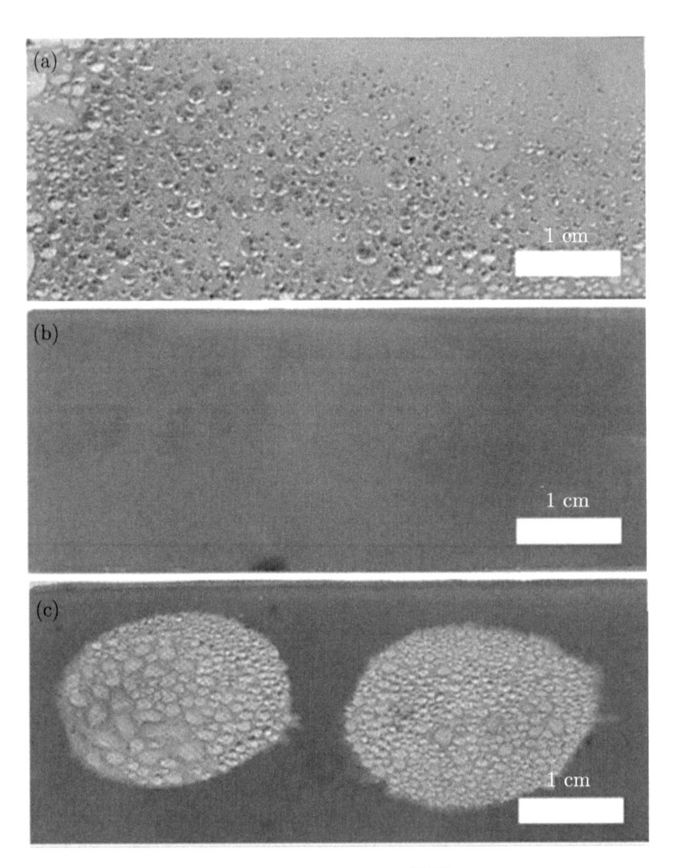

图 4-57 在不同润湿性表面上的雾水收集的光学照片 [262]。(a) 超疏水表面；(b) 超亲水表面；(c) 具有超疏水的圆形区域的超亲水表面

Feng 等 [136] 采用简单的喷涂法和硫醇的选择性修饰法设计了亲疏润湿相间的超疏水-超亲水材料表面。在材料的选择上，选择可以被十八硫醇轻易修饰的 Cu_2O 微米球、不能被十八硫醇修饰的 ZrO_2 纳米球和无机磷酸铝黏结剂组成的混合溶液，从而构建出具有微纳米结构的超润湿性表面 (图 4-58)。这种具有混合润湿性的表面可以实现最高的雾水收集速率，为 1707.25 $mg \cdot cm^{-2} \cdot h^{-1}$。重要的是，无机磷酸铝的加入极大地提高了材料表面的稳定性，最终使制备的材料可以成功地实现 15 L 水的收集。

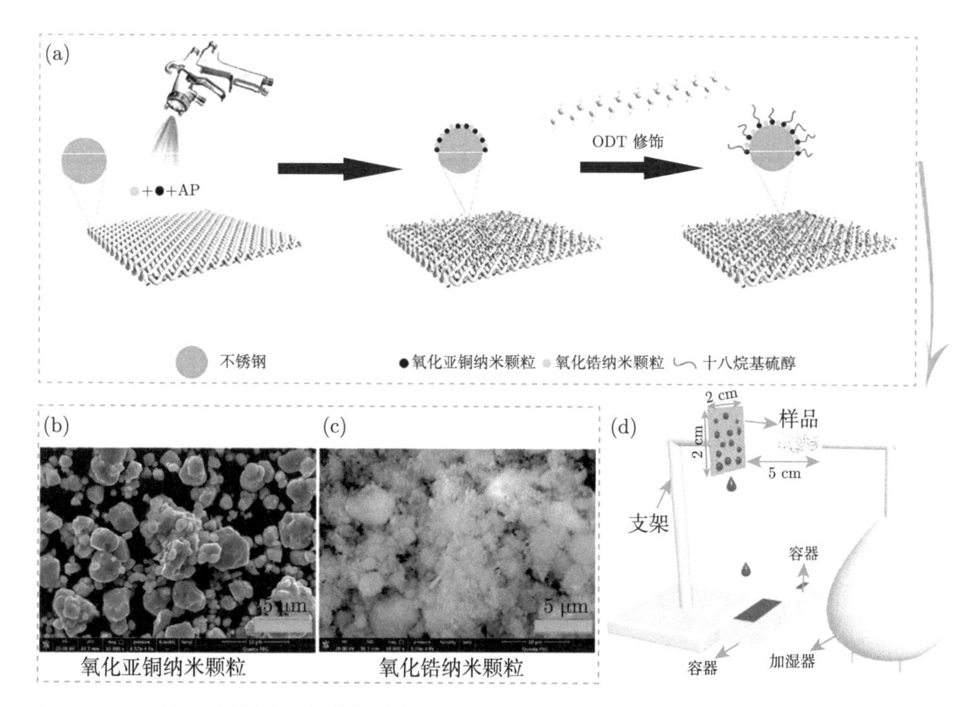

图 4-58 (a) 基于喷雾法的高效集雾的超亲水-超疏水混合表面合成工艺示意图。Cu_2O 的混合悬浮液微粒、ZrO_2 纳米颗粒和无机磷酸铝黏合剂在 0.2 MPa 的氮气压力下用喷枪均匀地喷洒到 2300 目不锈钢网上。将获得的样品浸入 10 $mmol \cdot L^{-1}$ 十八烷基硫醇/乙醇混合溶液中 30 min。(b) 氧化亚铜 SEM 图像。(c) 氧化铜 SEM 图像。(d) 雾水收集装置图 [136]

此外，通过多次实验可以得知，只有当 Cu_2O 和 ZrO_2 的比例为 8∶1、7∶1、6∶1、5∶1 时，材料表面才表现为超亲水-超疏水。其中，8∶1 的样品在 30 min 内的集水效果最好，是超亲水材料效率的 2 倍 (图 4-59(a))。同时该文章也充分讨论了表面微纳结构和混合润湿性的协同作用对雾水收集的影响。讨论认为，样品表面上的这些图案凸起能够同时捕获更多的水滴并加快供水过程。流场分析结果表明，这些图案状凸起可以有效地提高液滴在表面的生长速度。聚焦在凸起顶部周围的雾滴密度更高，移动速度比平坦的雾滴更快，使得它们更容易被表面捕获。样品表面较大的液滴可以看作一系列图案化的凸起，能够捕获更多的水滴，加快供水过程，最终达到优异的雾水收集效果。另一方面，样品表面尺寸较大的液滴因其有效地加速除水从而具有更好的收集能力，因为它们可以有效地加速除水过程。由于重力的存在，可以快速去除样品表面的大水滴。快速去除水滴会在样品表面留下新的空间，从而促使在下一个循环中重新启动水收集过程。水滴尺寸能够在制备的超亲水-超疏水杂化表面上高速增加，表明其具有优越的雾聚能力。图 4-59(b) 显示了所制备的超亲水-超疏水杂化表面、超疏水表面和超亲水表面在 5 s 内的雾捕获能力比较。超亲水-超疏水杂化表面在 5 s 内捕获了大约 5 个液滴，而超疏水表面在同一时间内仅捕获了大约两个液滴，超亲水表面未捕获液滴。此外，特殊的疏水微粒/亲水

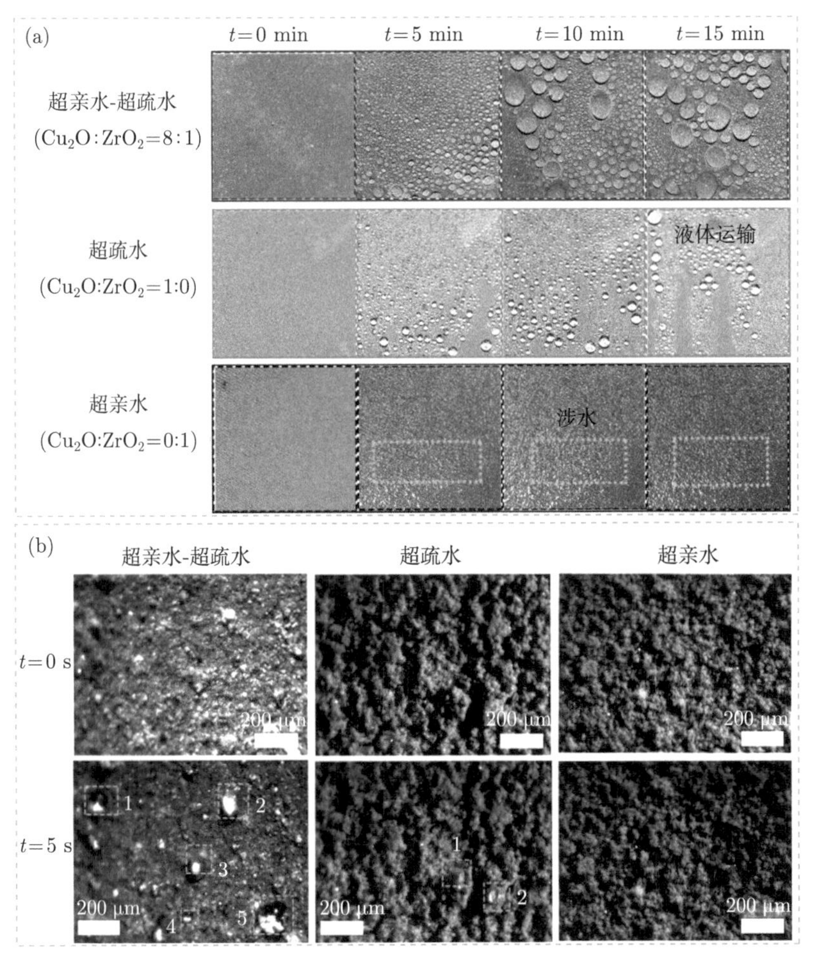

图 4-59　(a) 所制备的超亲水-超疏水混合表面雾收集过程的光学照片；(b) 超亲水-超疏水杂化表面、超疏水表面和超亲水表面 5 s 雾捕获能力比较 [136]

纳米颗粒分层结构可以促进水的收集行为。疏水微粒大，亲水纳米颗粒小，因此材料表面的亲水点远小于疏水点。这种特殊的二次结构可以有效地促进材料表面微小水滴的吸收，便于水的大量输送。综上所述，所制备的超亲水-超疏水杂化表面具有优异的雾水收集效率。

Peng 等 [263] 通过 PDMS 的不完全煅烧特性，设计具有三维的亲水-超疏水相间和不同凸起结构的铜板表面。如图 4-60 所示，通过仿生两种沙漠甲虫表面凸起结构，首先将铜板 (2.5 cm × 2.5 cm) 安放在模型中，在大约 1 mPa 的压力下获得两种类型的隆起的凸面结构。其中一个铜板表面上具有 5 × 5 个直径为 1 mm 的半球形凸起结构，另一个则是具有 5 个直径为 1 mm 的线性凸

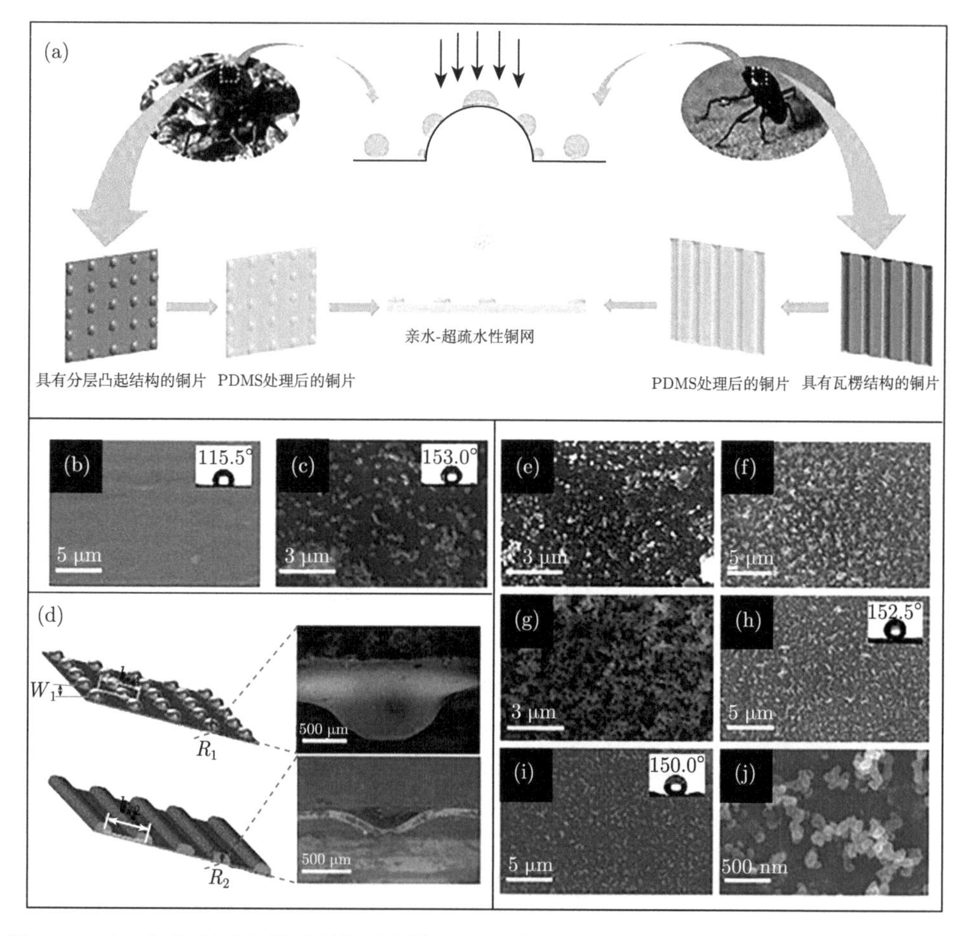

图 4-60 (a) 亲水-超疏水铜片制备示意图。(b) 疏水 PDMS@ 铜片的 SEM 图像和 WCA；(c) 煅烧超疏水 PDMS@ 铜片的 SEM 图像和 WCA；(d) 两个凸起的示意图和 SEM 图像；(e)~(j) 亲水-超疏水铜片的 SEM 图像和 WCA[263]

起结构。在这两种具有不同表面形态的铜片上，通过旋涂法制备 PDMS 薄膜，然后，样品在 80 ℃ 下真空固化 1 h，在 550 ℃ 下煅烧 1 h，并在马弗炉中于 550 ℃ 煅烧 1 min 35 s，得到亲水-超疏水混合润湿性的铜片。实验表明，PDMS 低聚物的不完全燃烧会改变表面粗糙度进而使润湿性发生较大的变化，将疏水性表面转变为超疏水性，同时，结合不平整的表面会导致不均匀的表面加热，从而导致凸起和平坦表面之间的润湿性差异，最终实现了亲水性凸起-超疏水平坦区域杂化表面的制备。

为进一步研究不同表面的集水性能，对超疏水铜板、混合润湿性半球形凸起和混合润湿性线性凸起铜板等不同样品进行了集水过程和液滴脱落过程的研究。超疏水表面在集水中主要包括成核、生长、聚结和脱落等过程。如图 4-61 所示，当雾滴与表面接触时，微小的水滴在表面的裂缝处成核，然后膨胀。附近的液滴结合形成更大的液滴，完全是球形的。当液滴达到临界尺寸时，它们会迅速脱落，并沿途捡起许多微小的液滴，留下一个保持超疏水的表面。与其他可湿性表面相比，超疏水表面上的液滴脱落尺寸较小，因此超疏水表面上的液滴脱落速度更快。在我们的测试系统中，一些液滴在不到 30 s 的时间内从超疏水表面掉落。但是两种不同凸起结构的混合润湿性表面上仍然表现出些许差异性，线性凸起结构的表面具有更高的液滴捕捉和聚集效率，能使液滴在更短的时间内凝集成大水滴。如图 4-62 所示，这主要是由两种类型的凸起结构导致的，线性凸起由弯曲的尖端还由两个倾角约为 24° 的斜坡构成。它的结构可以驱动液滴沿斜坡向两侧运动，当尖端的

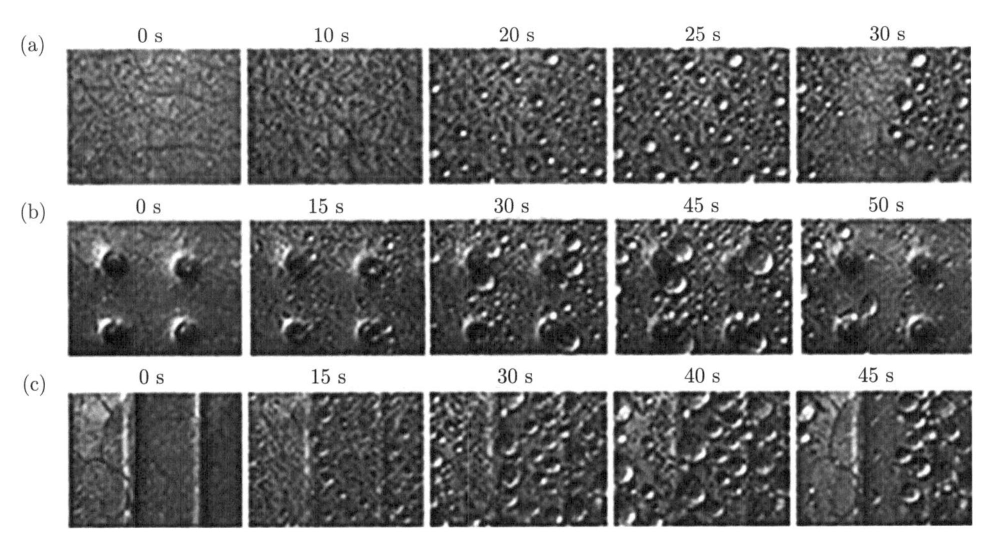

图 4-61　(a) 超疏水表面、(b) 混合块性凸起表面和 (c) 混合线状凸起上微小液滴的生长、聚集和大液滴脱落的摄像图 [263]

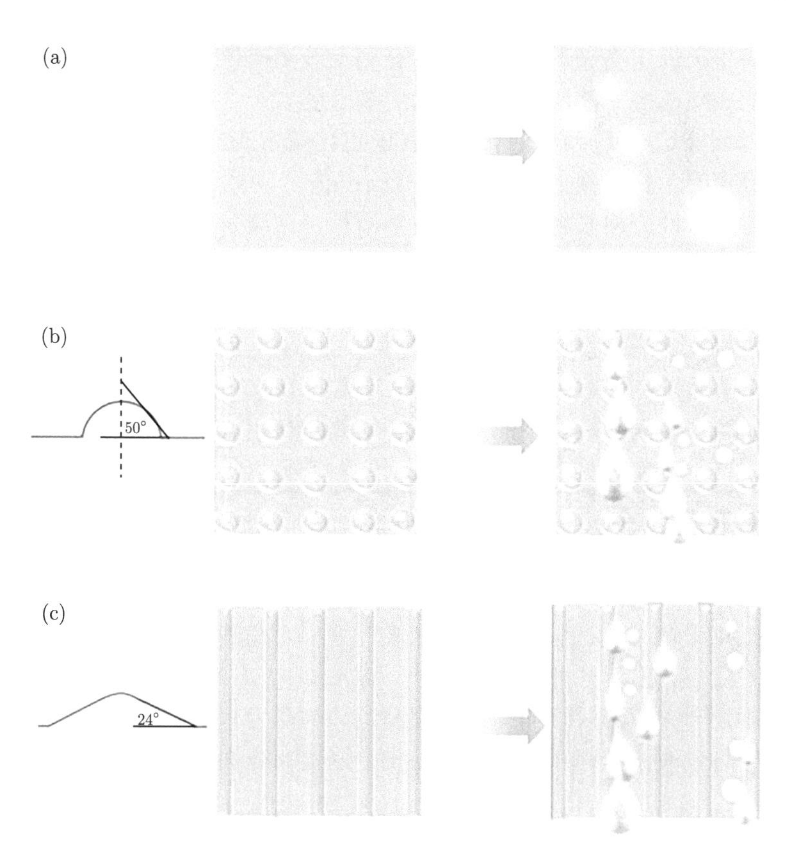

图 4-62 (a) 超疏水、(b) 混合润湿性球形凸起和 (c) 混合润湿性线性凸起的除水示意图 [263]

液滴生长到一定大小时就鼓起来。同时，液滴对亲水的表面有很高的附着力。因此，液滴在样品的尖端沿斜坡移动并逐渐堆积在边缘。随着水滴在凸起两侧的不断积累，水滴会在凸起的间隔处接触到超疏水表面。超疏水表面的低黏附力和液滴的重力将使大的液滴向下滑动。线性凸起的各向异性使液滴沿着一个一致的路径滑动并沿途拾取所有的液滴。

4.4.2 图案化表面

对于提高雾水收集能力而言，从应用领域方面来看，可以归结为液滴的定向运输一类。现如今，已经有很多受生物启发的结构用于定向水收集，比如从一维的蜘蛛丝到二维星状图案再到三维仿生猪笼草的设计 [57,61,222]。相比于一维或者三维的材料和多孔结构相对困难的设计和制造而言，二维表面与微纳结构表面的结合相对容易和便捷，因此，近年来，关于图案化设计的表面用于雾水收集的研究也日渐丰富。根据表面润湿性的优先制备顺序的差异，仿生图案化表面以亲水-超疏水表面 (先制备超疏水表面) 为主，而超疏水-亲水 (先制备亲水表面) 表面为次，因为从成核生长的角度来看，亲水表面有利于液滴成核生长。从理论上讲，亲水表面液滴的成核密度可能比疏水表面的成核密度大一个数量级，从收集到的数据中同样可以证实这一点 [264,265]。亲水表面也比疏水表面具有大得多的聚结速率，这反映在液滴的生长速度上 [266]。原因有三：第一，由于接触角小，与疏水表面相比，液滴在亲水性方面表现出更大的接触面积，这减少了液滴之间的有效距离并促进了液滴的合并。第二，更高的成核密度导致液滴聚结得更快。第三，在一些使用润滑剂的疏水表面上，小水滴可能会在水-空气界面形成涂层，形成非聚结液滴。然而，随着聚结过程的继续，如果不及时去除，液滴很容易在亲水表面形成水膜。由于水膜的传热性低，雾中的液滴很难继续凝结，甚至从水膜表面反弹 [267]。相比之下，疏水表面具有较高的接触角和较低的初始成核速率，但持续稳态凝固速率较高 [268]。从液滴去除的角度来看，液滴离开疏水表面比亲水表面容易得多。水滴在超疏水表面上表现为连续的滴向冷凝。液滴聚结时释放的表面能是除重力外驱动液滴运动的另一种力 [269,270]，特别是在蒸汽冷凝过程中，甚至会导致液滴以跳跃形式离开表面。此外，疏水表面的附着力一般较低，球体形式的液滴在其上滚动的抵抗力较小，有利于刷新集水表面 [271]。在液滴的定向运动中，重要的是减少运动阻力。在亲水表面，水滴处于 Wenzel 状态，加强了固定效果，不利于液滴的运动 [272]。液滴后端的固定是液滴运动的阻力来源，与接触线的固定现象有关。它会导致液滴减速甚至使接触线完全固定在表面上，只能向前扩散，不能完全移动。

润湿性梯度和图案化表面是调控固体表面润湿性的两个重要方向，也是实现液滴定向运动的常用方法 [3,273,274]。润湿梯度是指表面润湿性的连续变化。在润湿梯度表面上，液滴前后的接触角不同，推动液滴向更亲水的方向移动。图案化是指在固体表面上构建特殊形状的润湿性图案。对于亲水-超疏水表面，例如，Wang 等 [3] 利用激光打印技术，实现了快速、大面积和高灵活性 (例如金属和陶瓷基底) 的图案化表面的制备。该设计直接使用激光刻录机在超疏水表面打印出亲水性树形图案 (图 4-63)。通过合理地控制仪器的参数，这种树形图可以同时具备锥形分支和层次结构，范围可以控制在微米到毫米之间。这种设计同样也是利用了表面能梯度差和拉普拉斯压力梯度，使树状的分层锥形图案可以定向地驱动微小的液滴，并最终在目标位置收集水。然而，虽然这种方法可高效地制备出图案化表面，展现高效的雾水收集能力从而为雾水收集应用指引新的方向，但是基于昂贵的仪器成本和仪器高分辨率的要求，这种方式仍然存在着一定的局限性，比如烦琐的制备工艺和不能大面积生产等。在未来的探索中，研究人员们也更多地寻求物理化学的方式制备图案化的表面。

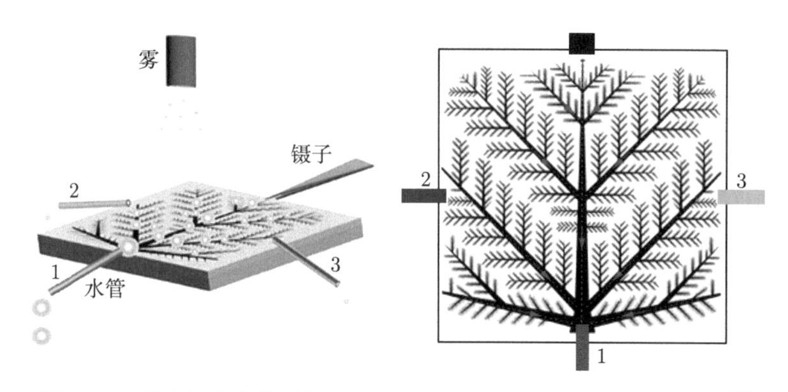

图 4-63 激光打印直接制备树形图案表面及其在雾水收集中的应用 [3]

Song 等 [275] 结合 PDMS 和石墨烯 (PDMS/G)，设计出形状尖锐的智能表面，可用于水收集，证明几何图案和润湿性协调是液滴定向运动的关键。他们使用旋涂法在超亲水玻璃基板上制备超疏水 PDMS/G 层。在 PDMS/G 上覆盖不同的模板，并利用叶片切断模板下的疏水表面，制备一系列具有表面能梯度和形状梯度的雾收集面。在不同润湿性表面的雾收集测试中发现，收集在超亲水表面上的雾滴容易形成水膜，从而阻止了后续液滴的收集。相反，在超疏水表面上，单个雾滴聚集成大液滴并保留在表面上。在方形、尖端和圆形图案的表面上，可以清楚地观察到水滴从疏水区域移动到亲水区域。与方形和圆形图案相比，在尖端图案上移动的水滴受到额外的拉普拉斯压力的驱动，这导致尖端图案收集更多的水。通常，在超疏水表面上构建的亲水尖端图案和凸起使该结构表面具有表面能梯度和拉普拉斯压力差，液滴在其表面上表现出定向移动。因此，该表面结构相比没有表面化学梯度的表面具有更好的集水效率。需要注意的是，亲水区与疏水区的面积比也是集水效率的关键。另一种制备思路是制备图案化的超疏水-亲水表面，例如，Yin 等 [32] 通过在亲水表面上构建超疏水铜网，解决了亲水表面液滴无法及时排出的问题。采用飞秒激光直接写入技术沉积聚四氟乙烯纳米颗粒到疏水铜网表面，然后将处理后的铜网与亲水铜片紧密结合 (图 4-64)。与其他样品 (原始铜网 (疏水)、原始铜片 (亲水)、处理铜网 (超疏水) 和原始铜网片 (疏水-亲水)) 相比，处理后的铜网片表现出更高的集水效率。同时，改变铜网的目数和基体的倾角，发现使用 40 目铜网在 90° 倾角下的样品表现出最高的集水率，且集水率随着目数的增加而降低。在润湿性梯度的驱动下，沉积在超疏水铜网上的液滴移动到亲水铜板上并长大。由于铜网上的接触角很高，直径超过铜网的液滴很容易在重力作用下落下。超疏水-亲水杂化表面有效地平衡了液滴的吸附和去除过程，为在亲水基底上构建杂化集水表面开辟了一条新途径。然而，与亲水-超疏水表面相比，这种集水方法所显示的集水率不如前者高。可以改进的一点是通过改变疏水性铜网和亲水表面之间的接触角差来获得最佳润湿性组合。此外，及时去除亲水表面的水分将大大提高超疏水-亲水表面的收集效率。

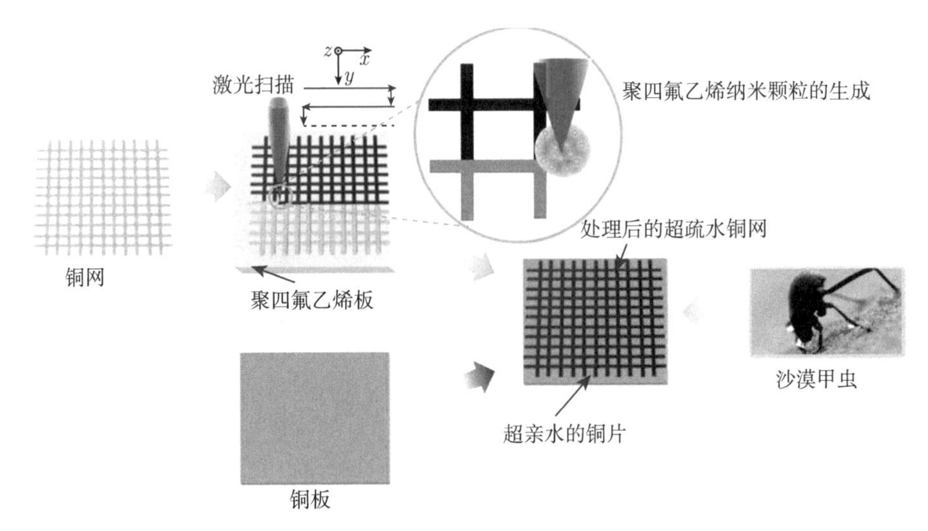

图 4-64　超疏水-亲水微纳米图案混合表面的制备流程 [32]

基于以上不足，Bai 等 [276] 受沙漠甲虫和蜘蛛丝的雾水收集机制启发，创新性地将两者结合，开发出了多种用于雾水收集的具有星状图案的新型表面 (图 4-65)。重要的是，具有不同图案的材料通过整合表面能梯度和拉普拉斯压力梯度，在雾水收集方面获得了比超亲水表面和超疏水表面更高的效率。他们进一步证明，五角星形图案比其他点数的星形图展现出更高的收集率。

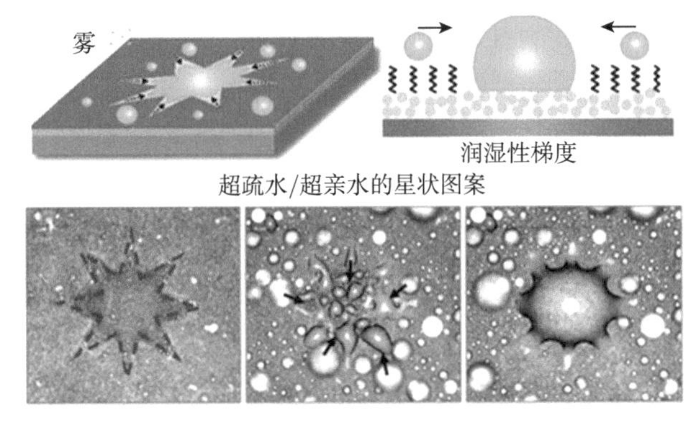

图 4-65　超疏水/超亲水星形图案化表面的制备及其在雾水收集中的应用 [276]

值得注意的是，该材料的制备将沙漠甲虫和蜘蛛丝的雾水收集机理融合在一起，极大地促进了雾水收集材料的发展。因此，在最前沿的雾水收集材料中，单一的仿生表面远远不能实现最优的雾水收集效果。近年来，随着研究人员对雾水收集的深入研究，许多高效的雾水收集材料都是通过像图案表面、润湿性梯度表面、润滑油注入表面和 Janus 材料的相互结合而实现的[113,165,277,278]。例如，Zhou 等[58]受仙人掌脊和毛状体的启发，报告了一种具有微纳结构的锥形脊柱和 Janus 膜的集成系统。锥形脊柱可高效捕获、聚集和运输微小液滴；Janus 膜可以进一步用于控制液滴运输过程。两者的结合设计，充分运用了超疏水-超亲水表面之间的拉普拉斯压力差和液滴聚集-释放的表面能之间的协同作用，进而获得了更高的雾水收集速率。

基于以上，我们组[279]受沙漠甲虫和叶脉的启发，通过简单、低成本和环保的路线成功设计了一个具有混合润湿性的静脉状图案组成的润湿性集成系统。一方面，通过材料表面广泛的亲水点轻松将雾滴捕获在表面上，与被困的水滴构建了三维地形，并扩大表面与雾流的接触面积；另一方面，静脉状模式为水分的运输和去除提供了一种快速和有效的途径方法。可以说，这种多种机制的结合显著增强了雾的收集能力。制备过程如图 4-66(a) 所示，在锌板上制备图案表面的过程，包括在基底上覆盖聚氯乙烯 (PVC) 带作为掩模，喷涂超疏水涂层作为掩模覆盖在基材上，去除掩模，以及沉积亲水的铜纳米粒子。如图 4-66(b)，通过对比六组具有不同的润湿性和图案表面的材料，我们发现，具有混合润湿性和叶脉状图案表面的材料在雾水的水滴的捕捉、生长和排除上具有明显的差异，进而导致其具备更加优异的雾水收集能力。当样品被垂直放置时，该材料分别实现了高出超亲水材料 151.2%和超疏水材料 78.6%的雾水收集速率。

Wang 等[280]通过仿生纳米布沙漠甲虫背部独特的亲水和疏水图案，在铝板上设计了精细的脉状图案表面，使水滴汇集到主流上然后脱落。此外，通过仿生撒哈拉银蚁可在非洲沙漠中的极端高温下调节体温，结合这种生物温度调节方案，在集水层增加了辐射冷却仿生涂层，它允许在白天实现比环境温度低 3.5 ℃ 的辐射冷却，比原始铝板低 5.4 ℃，这一特性被应用于集水材料的背面，从而为降低水的再蒸发率和提高水收集效率提供了进一步的可能性。第一步，掩模法制备了水收集层。具体为，将三氧化铝和二氧化钛粉末加入 20 mL 乙醇中，然后在混合物均匀搅拌后加入 0.4 mL 十六烷基三甲氧基硅烷，继续搅拌混合物 10 min，向体系中加入 1.5 g 环氧树脂和 0.75 g 固化剂。最后，将溶液超声分散 20 min，得到白色疏水悬浮液。将悬浮液置于喷雾瓶中并喷涂在基材表面上以获得疏水涂层。喷洒距离为 20 cm，喷嘴压力为 0.68 MPa。每个 5 cm × 5 cm 的样品使用 20 mL 悬浮液喷洒样品，以保持涂层尽可能均匀。在喷涂过程中，使用不同形状的掩模 (聚丙烯制成) 可以获得不同形状的图案表面。喷洒后，将样品置于烘箱中，在 60 ℃ 下干燥 4 h。第二步，滴涂法准备辐射冷却层。首先，六水合氯化镁作为镁源，磷酸作为磷源，Mg 和 P 的物质的量之比为 1∶1。用 100 mL 去离子水溶解 80 $\mathrm{mmol \cdot L^{-1}}$ 六水合氯化镁粉末，并加入 7.84 g 磷酸。然后在室温下进行磁力搅拌 2 h，其间逐渐加入氨水，调节 pH 至 8。搅拌 4 h 后，溶液充分反应，得到沉淀。室温静置

24 h 后，过滤洗涤后得到白色固体。在 80 ℃ 干燥 6 h。接着准备涂层，P(VDF-HFP) 逐渐加到 10 mL 乙醇中搅拌至完全澄清。在上述溶液中加入磷酸镁粉末。

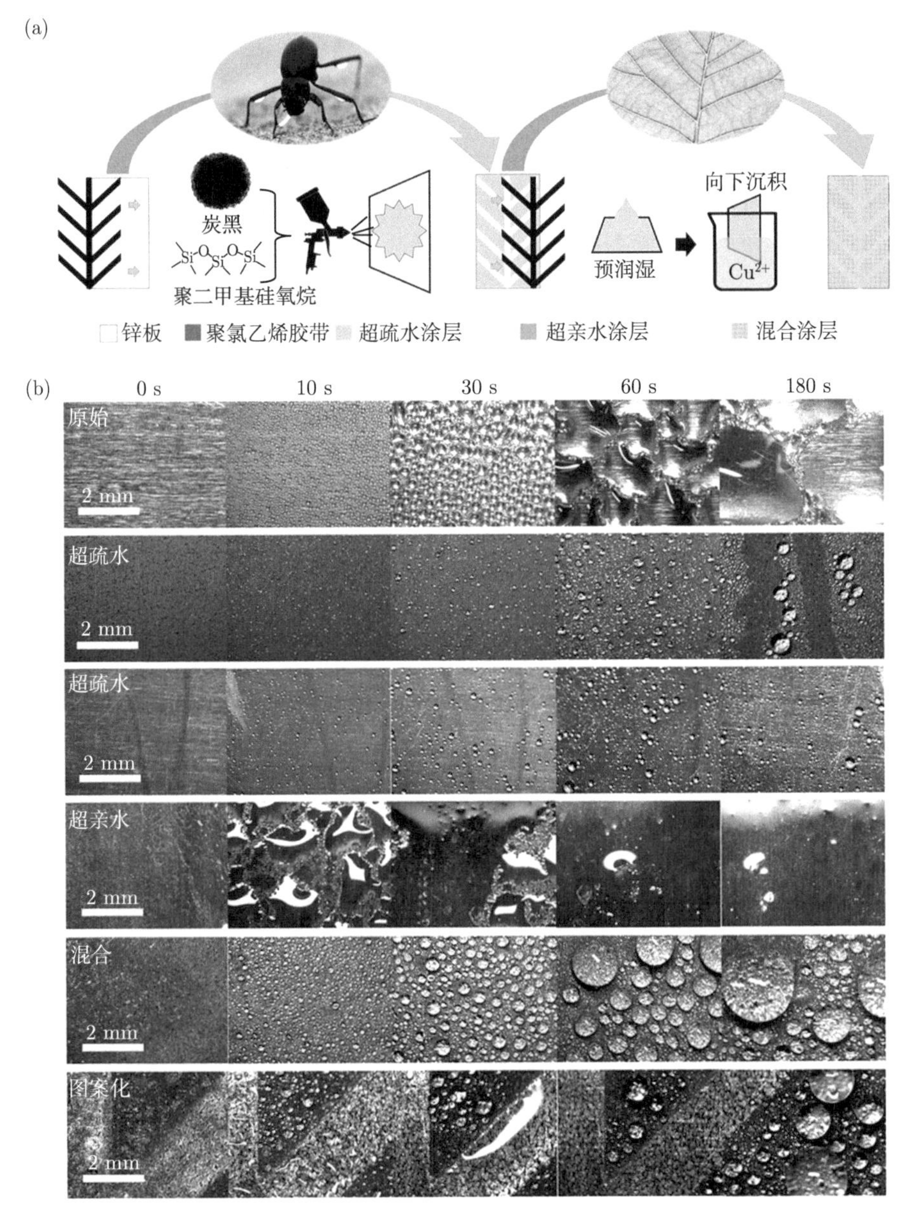

图 4-66　(a) 混合润湿性图案表面涂层的制备示意图；(b) 具有不同润湿性表面的雾水收集过程的图像 [279]

将 1.5 g 环氧树脂和 0.5 g 固化剂以 3∶1 的质量比加入上述溶液中，磁力搅拌 30 min，得到白色乳状黏稠液体。将液体滴在铝板背面，然后在 60 ℃ 烘箱中干燥 4 h，得到辐射冷却层。整个制备过程如图 4-67 所示。

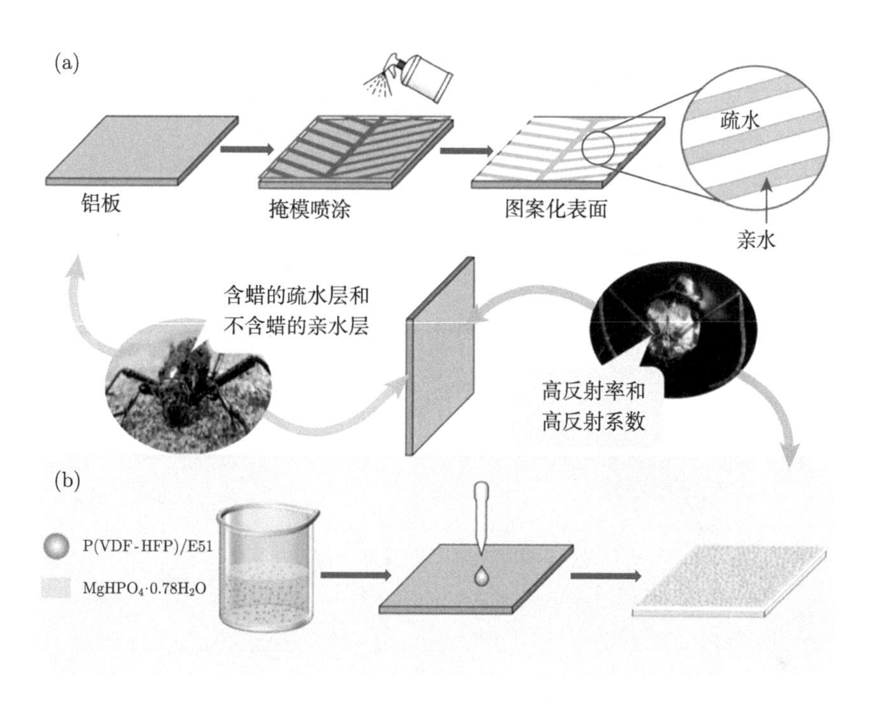

图 4-67 (a) 通过喷涂铝板一侧获得图案化的亲水疏水表面；(b) 在铝板的另一侧制备辐射冷却涂层 [280]

根据以上制备方法，接着研究了 6 组不同图案表面的集水能力 (图 4-68)。在 6 种图案中，具有 8 mm 直径疏水点的图案的集水效率最低。这与纳米布沙漠甲虫背部亲水和疏水区域的分布形成鲜明对比。图案 Ⅳ 和 Ⅴ 填充了不同直径的亲水点周围的疏水区域。在相同面积比 (疏水面积∶亲水面积 =1∶1.5) 下，亲水点直径为 4 mm 的集水速率高于亲水点直径为 6 mm。在 6 种模式中，脉状模式具有最高的集水速率 (786.15 $mg \cdot cm^{-2} \cdot h^{-1}$ 和 760.08 $mg \cdot cm^{-2} \cdot h^{-1}$)，这两种脉状模式都具有亲水条纹作为水通道。图 4-68(a) 是水滴在脉状图案上生长过程的光学图像，图 4-68(b) 更清楚地显示了该过程。如图 4-68(c) 所示，在 10 s 时，可以清楚地看到水从中间的主流中滴落。1 号和 2 号液滴在 20 s 和 30 s 的位置变化表明它们沿支流输送到主流。类似的情况也发生在 4 号、5 号和 9 号液滴上。50~60 s，液滴 6 和 7 汇聚并流入支流。60~70 s，液滴 8 跟随主流到达底部并远离表面。此外，疏水表面的自清洁特性允许新液滴的持续成核和生长，从而增强水的收集 [281]。同时，该实验还证明，经过 10 次收集后，具有脉状图案表面的平均集水速率可以达到 1604.61 $mg \cdot cm^{-2} \cdot h^{-1}$。

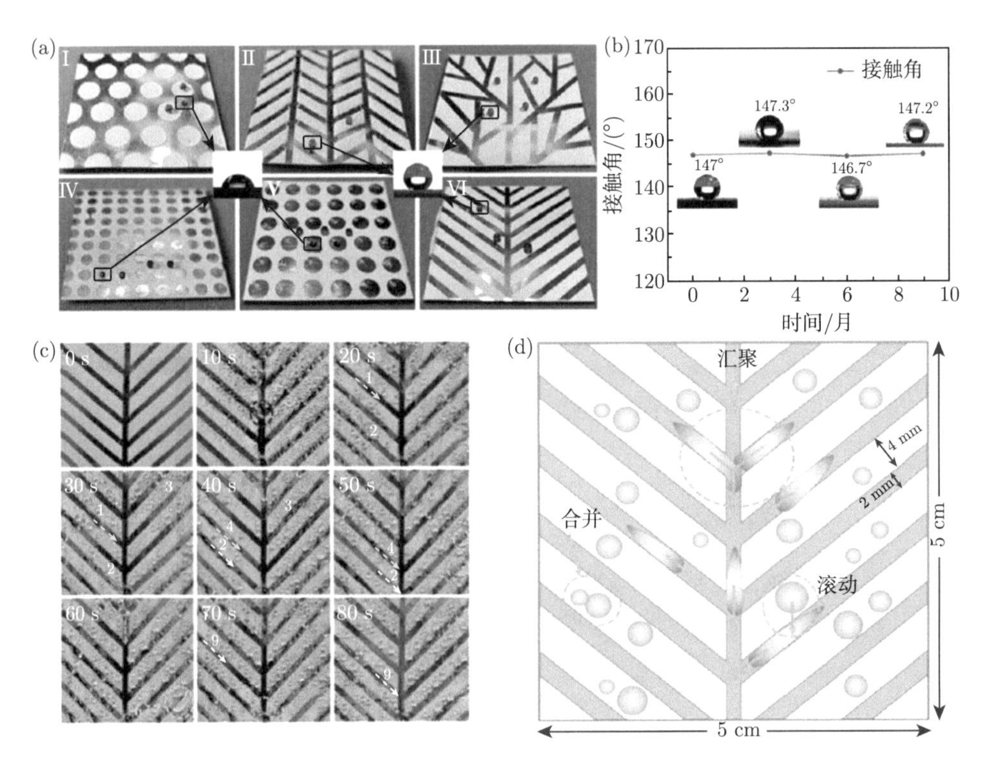

图 4-68　(a) 亲水或疏水部位水滴的光学图像；(b) 水接触角图像仅代表其润湿性，与光学图像相对应；(c) 在具有静脉状图案和相同颜色的线条的表面上收集水的光学图像显示不同位置的相同水滴；(d) 在脉状图案表面上生长的水滴示意图 [280]

4.4.3　Janus 材料

Janus 材料由于正反面之间的表面能差异、多孔表面上的不对称润湿特性，可以将水滴从疏水面定向运输到亲水面，因此被广泛地应用于多个领域中，其中包括雾水收集 [282,283]。不同于大多数水滴由简单的重力驱动的运输方式，Janus 材料两侧不对称的润湿性会产生润湿性梯度驱动力，加速被捕获的雾滴定向渗透，使雾水收集效率得到很大的提升。除此之外，自然界中另一种典型的可以高效雾水收集的生物为纳米布沙漠甲虫，由于其 (超) 疏水-(超) 亲水性交替的润湿性特征表面，雾滴可以被亲水凸起捕获，并在疏水平面区域的帮助下继续增长移除。以自然界生物的特性为灵感，人们制备了大量仿生雾水收集材料和装置，为解决偏远地区缺水问题提供可行方案。

Tang 等 [284] 根据毛细管通道的液滴运输模式，设计一种新型的 Janus 材料实现了快速的雾水收集，采用纳米针上的微滴在拉普拉斯驱动力的作用下，穿过疏水层的能量势垒，到达亲水层，加快了液滴运输的速度。在这项工作中，首先通过化学刻蚀法在泡沫铜表面生长微纳米线的结构。随后，制备了不同浓度的喷涂液通过喷涂法覆盖在泡沫铜基底上微纳米线的结构表面。最终，具有微纳米线通道的 Janus 膜被制备出来。区别于传统的 (超) 亲水表面和 (超) 疏水表面，具有微纳米线通道的 Janus 膜创造性地将疏水性颗粒喷涂在了泡沫铜基底上的微纳米线结构上，微纳米线通道的 Janus 膜展示出了如下优势：① 液滴在超疏水侧成核生长，并以滴状冷凝的方式进行着捕获过程，同时滴状冷凝有利于热交换，促进雾捕获过程；② 在微纳米线通道的作用下，被捕获的雾滴快速转移至超亲水侧进行储存；③ 水滴通过毛细管力的作用从超疏水侧向超亲水侧单向运输。相反，使液滴从超亲水侧向超疏水侧反向运输需要克服较大的突破压力。收集到的液滴在微纳米线通道的 Janus 膜雾水收集的饱和阶段，随着超亲水侧的饱和收集，在重力作用下流入收集器中。如图 4-69 所示，首先使用氨碱刻蚀法在泡沫铜表面制备超亲水的 $Cu(OH)_2$ 纳米线，然后取一定量的聚偏氟乙烯 (PVDF) 粉末分散在 20 mL 的二甲苯 (C_8H_{10}) 和 10 mL 的 N,N-二甲基甲酰胺 (DMF) 混合溶液中。PVDF 粉末的质量从 0.1 g 增加到 0.5 g，每次增量为 0.1 g。制备混合溶液后进行超声处理 10 min，并用玻璃棒充分搅拌助溶，可以成功制得白色悬浮喷涂液。接下来，在 0.2 MPa 氮气压力作用下逐行喷涂悬浮液至两块超亲水泡沫铜表面。喷涂过程中，样品与喷枪距离保持为 20 cm，有助于喷涂的均匀性。最后，为了去除残留的溶剂并增强涂层的机械性能，将喷涂后的样品放置在烘箱中 60 ℃ 固化处理 4 h。

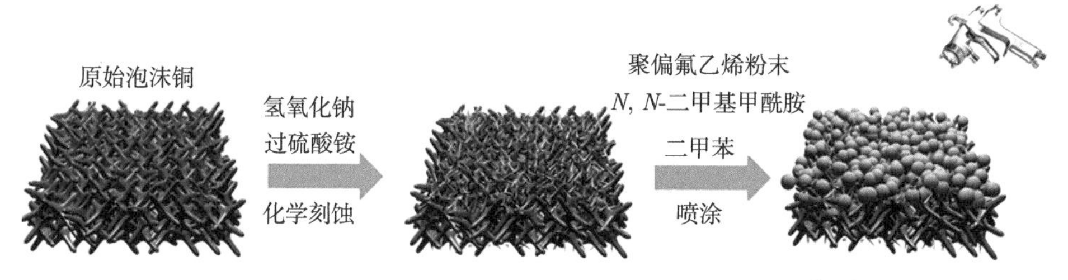

图 4-69 制备微纳米线通道 Janus 膜的流程示意图 [284]

在雾水收集过程中，主要包括膜状冷凝与滴状冷凝两种冷凝状态。如图 4-70(a) 所示，它表现为膜状冷凝的形式，被捕获的雾滴累积汇聚形成液膜。膜状冷凝模式的过程中形成了液膜，阻碍了后续冷凝过程中雾水收集热交换的过程，阻碍了后期雾捕获的冷凝。在膜状冷凝的后期，雾捕获的方式主要是小液滴碰撞并吸附在液膜表面进行雾水收集，随着雾水收集量增加，在重力因素影响下水滴掉入雾水收集器中被收集起来。滴状冷凝的模式如图 4-70(c) 所示，超疏水表面上的成核位点较少，表面附着力较弱。因此，小液滴难以钉扎在润湿性表面，同时影响后续的连续冷凝和生长过程。最终只有少量的雾水被捕获，并且雾水收集效率较低。另一种高效的雾水收集方式如图 4-70(b) 所示，雾水在超疏水侧以滴状冷凝的方式进行冷凝收集，当液滴触碰到微纳米线结构时，水滴在毛细管力的驱动下会很快地运输至超亲水侧，并且为后续液滴冷凝提供新的冷凝位点。同时，被运输的液滴浸润了微纳米线结构，为后续的液滴运输降低了阻力。因此，对于雾水收集过程，快速单向运输加快了雾水收集循环，超疏水表面为雾水收集提供了连续的过程。最终，这种模式下的雾水收集效率明显高于其他的模式 (图 4-70(d) 和 (e))。

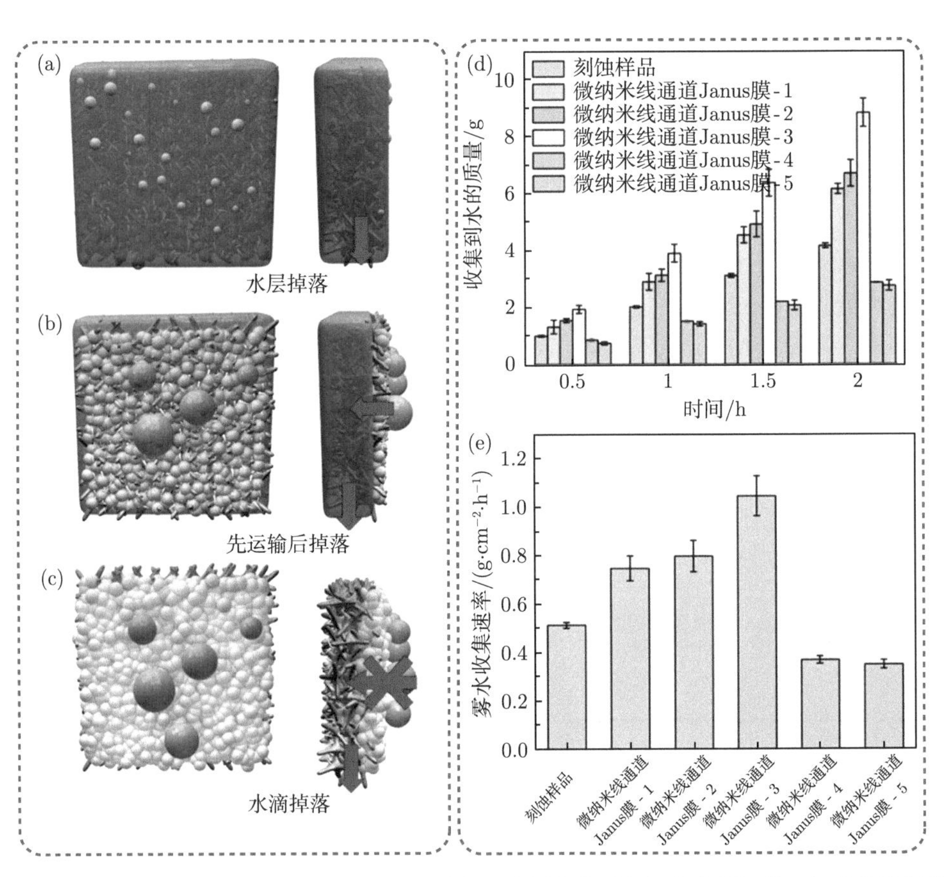

图 4-70　(a) 由于疏水层能量壁垒较薄，水雾在疏水侧捕获后向超亲水侧运输，但是液滴仍然能够回流，最终包覆整个水雾收集表面；(b) 由于疏水层能量壁垒恰好，水雾在疏水侧捕获后向超亲水侧运输，液滴难以克服能量壁垒，无法回流，最终形成疏水侧捕获后转移至超亲水侧；(c) 由于超疏水层能量壁垒较厚，水雾在超疏水侧以滴状冷凝的形式被捕获，大部分雾水还会被弹开，液滴无法运输至超亲水侧便掉落下来；(d) 不同润湿性样品在 0.5~2 h 的雾水收集量；(e) 不同润湿性样品的雾水收集速率 [284]

正如前面所述，多种生物表面的仿生的结合和生物仿生与具有特殊结构的材料的结合在前沿的 Janus 材料的制备中已经成为热点课题。对于 Janus 材料而言，已经不是简单地追求两边的不对称润湿性，而是采用合理思路，在保持完全相反的润湿性表面的同时，再通过仿生生物表面的几何结构特征和润湿性特征进一步加快液滴捕获和促进液滴在表面凝结等实现高效的雾水收集。换句话说，具有混合的表面润湿性的 Janus 结构雾水收集材料的制备更加体现了模仿生物表面特征在实际应用中的重要性。

我们组 [285] 在基本的 Janus 材料的一面上制备出了具有亲疏相间润湿性的表面，可以说这样的设计丰富了 Janus 型雾水收集器的种类，为实际的应用提供了有效的方法。该种整合型的雾水收集材料的制备过程如图 4-71(a) 和 (b) 所示。首先，通过氨碱刻蚀法制备超亲水铜网。接着，采用浸泡法，将刻蚀后的铜网水平放置于烧杯底部后，加入 0.4~0.8 mmol · L^{-1} 正十八硫醇/乙醇溶液浸泡 80 min 后用乙醇清洗表面。通过控制改性时间、样品放置位置和混合溶液浓度，制备了四种具有不同表面润湿性的 Janus 铜网：超亲水/超亲水、(亲水 + 疏水)/亲水、超疏水/超疏水和亲水/亲水表面。在雾收集测试中发现，(亲水 + 疏水)/亲水模式 Janus 材料的集水率最高。亲水-疏水交替可润湿表面的优点已在前面讨论过。水滴在疏水点上沉积并聚结，然后在不对称润湿力的作用下移动到亲水点并渗透到另一侧。快速除水方法不受重力影响，更有效。综上所述，铜网上不同机制的集成显示出对雾的捕获、传输和去除的增强。与相应的超亲水膜收集的水量相比，增强型的设计使集水量提高到 800%。与前面讨论的交替润湿性表面相比，水滴在 Janus 膜表面获得了额外的驱动力。静水压力和毛细管力与不对称润湿力配合，驱动水滴从一侧渗透到另一侧。该方法加速了水滴的转移过程，帮助雾收集表面保持干燥，从而实现了雾收集过程的连续性。在制备过程中疏水侧膜厚度与两端润湿性之间的差异是影响液滴渗透率的关键因素。整个雾水收集的过程如图 4-71(c) 和 (d) 所示，在起初的 10 s 和 20 s 内，由于超疏水材料具有延时捕捉雾水过程，该材料可以收集更多的水滴。不仅正在生长的液滴增强了水的供给，也更加有利于雾水的捕捉，而且一旦微小的雾滴接触到了超亲水位点就可以快速地吸收另一个液滴，最后导致液滴的覆盖率更高 (图 4-71(e))。

这种润湿性的集合极大地推动了雾水收集实验的进程，铜网两面不同的化学成分导致完全不同的润湿性，实现了单向的水滴运输，并且单面亲疏相间的润湿性可以增强雾气的捕捉，可以说，这两种化学以及结构的协同作用创新性地从雾的捕捉、水的运输和水的排除方面丰富了雾水收集机制，进一步地实现了比超亲水的铜网高出 7 倍的雾水收集效率。

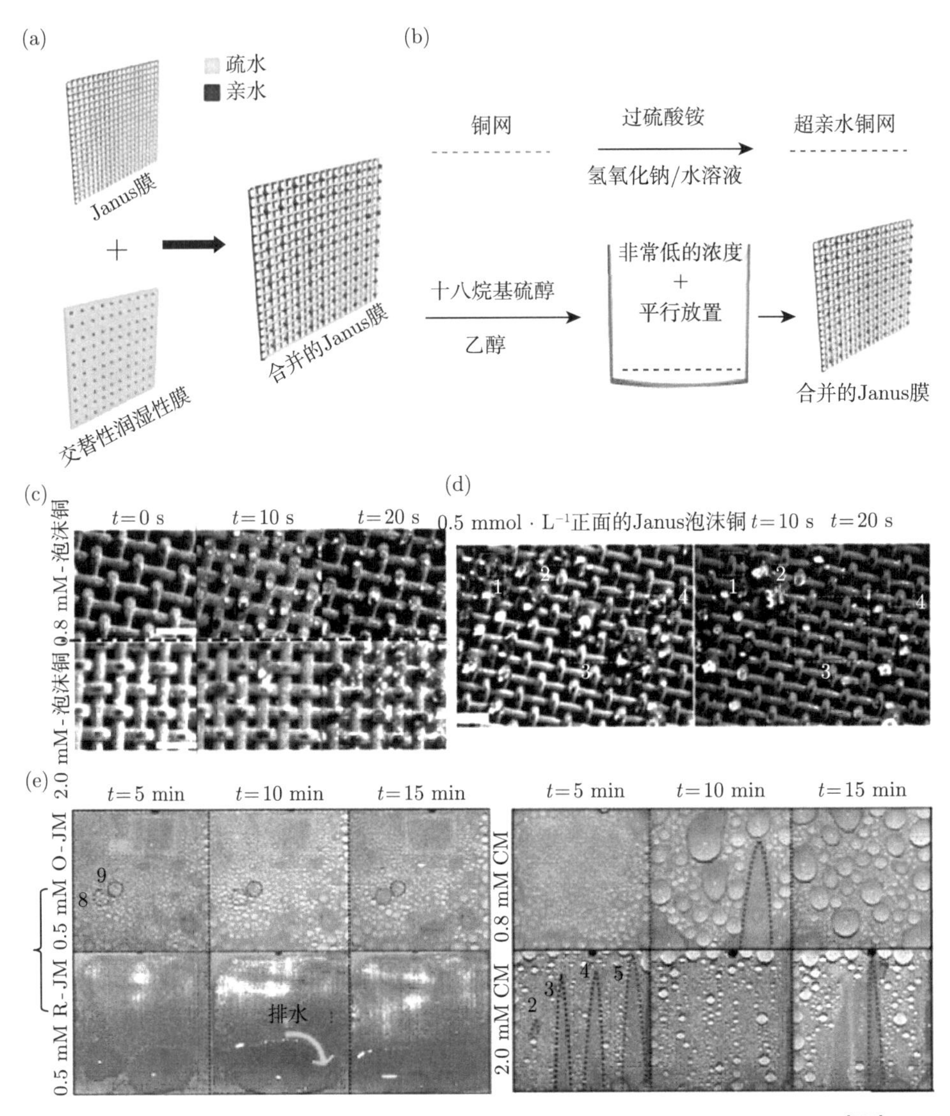

图 4-71 (a)、(b) 特殊润湿性表面的制备示意图；(c)~(e) 雾水收集过程图 [285]

在前面的实验研究的基础上，Zhou 等 [286] 也尝试新颖的 Janus 材料。将甲虫以及荷叶的润湿特性融合，采用一步水热法将 ZnO 纳米棒均匀地生长在 $Cu(OH)_2$ 纳米线上，进一步通过光催化反应在长有 ZnO 纳米棒材料的表面部分接枝低浓度聚二甲基硅氧烷，成功制备出亲水性-疏水性相间/超亲水性 Janus 泡沫铜。这种特殊的润湿性分布有利于雾水的捕捉和去除。与原始泡沫铜、超疏水性泡沫铜和超亲水性泡沫铜等均质润湿性材料相比，Janus 泡沫铜由于采用了一种新的集水机制，表现出了优异的捕雾能力。此外，与原始泡沫铜相比，Janus 泡沫铜的雾水收集效率提升了约 209%。进一步对 Janus 泡沫铜进行耐候性测试，在紫外光照射 36 h、经过多次加热/冷却循环后，Janus 泡沫铜表面的润湿性和集水能力保持良好，证明了该材料具有良好的化学稳定性。整个制备过程如图 4-72 所示，首先，通过氨碱刻蚀法制备表面覆盖 $Cu(OH)_2$ 纳米线的超亲水泡沫铜。其次，采用水热法制备具有 CuO-ZnO 分级微纳结构的超亲水泡沫铜表面，具体为，第一步，在 $Cu(OH)_2$ 表面生长 ZnO。简单地说，将氨碱刻蚀的泡沫铜浸泡在 0.15 mol · L^{-1} 的醋酸锌/乙醇溶液中 30 s，然后取出用乙醇冲洗，氮气流下干燥，上述步骤重复五次。第二步，将此样品放入马弗炉中 300 ℃ 退火 45 min，此时样品表面形成一层 ZnO 种子。第三步，将样品垂直悬浮放置在由 0.025 mol · L^{-1} 硝酸锌和 0.025 mol · L^{-1} 六亚甲基四胺组成的水溶液中，在 95 ℃ 下水热反应 12 h。第四步，取出样品分别用无水乙醇、去离子水冲洗，氮气流下干燥，这样就得到了表面覆盖有 CuO-ZnO 分级微纳结构的超亲水泡沫铜。第五步，采用喷涂法制备亲疏水性相间表面的 Janus 泡沫铜。将 PDMS 稀释 (按氯仿和 PDMS 体积比 20∶1 稀释)，将稀释后的 PDMS 喷涂到样品 3 的一侧，喷涂 4 次，喷涂距离为 50 cm。然后将这个覆盖有一层薄 PDMS 的样品水平放置在紫外灯下照射 30 min，距离约为 10 cm。最后，利用四氢呋喃将多余未接枝的 PDMS 洗去并在氮气流下干燥。

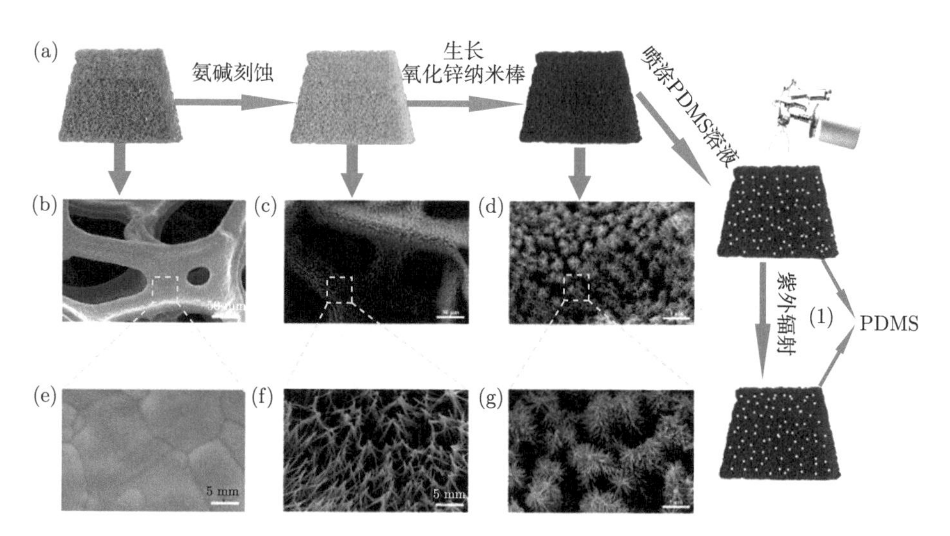

图 4-72 (a) Janus 泡沫铜的制备过程示意图；不同样品的扫描电镜图形：(b) 和 (e) 为原始泡沫铜，(c) 和 (f) 为氨碱刻蚀后具有 $Cu(OH)_2$ 纳米线表面的泡沫铜，(d) 和 (g) 为表面具有 CuO-ZnO 微纳分级结构的泡沫铜 [286]

在雾水收集实验中，选择原始泡沫铜、超疏水泡沫铜、超亲水泡沫铜、Janus 泡沫铜作为对照组。这些样品被垂直放置，距离商业加湿器出雾口 4 cm，与雾水接收装置距离约 10 cm(图 4-73(a))。本实验仿生纳米布沙漠甲虫的亲疏水交替表面，同时引入非对称润湿性的特性，大大提升了雾水收集效率。在这个实验中，如图 4-73(b) 所示，当雾滴开始沉积在疏水表面时，并不是所有的液滴都能被捕获和收集，部分液滴会被疏水表面直接反弹，部分液滴会蒸发，只有一部分液滴会被捕捉然后累积变大、定向运输到亲水侧，在重力作用下直接滴落。上文已经提到，整个雾水收集过程可以分为三个部分，分别是雾水的捕捉、凝结和运输。值得注意的是，设计 Janus 泡沫铜可以高效地实现这三个过程。图 4-73(c)~(f) 是不同润湿性表面在 0~30 min 内雾水收集的光学照片。在雾水收集的第一阶段，雾水的捕获主要依赖于液滴与表面的碰撞，只有当雾滴的动能完全被消耗时，才能被表面有效捕获。有趣的是，微小雾滴在 Janus 泡沫铜疏水面上的疏水位点形成，有效地减小了边界效应。在第二阶段，表面已经存在被捕获的液滴，在接下来的收集过程中，当雾滴高速移动至表面时，不管它们的动能如何，雾滴一旦与表面上形成的液滴相撞，可以有效地被捕获这些外部雾气。此外，在不对称润湿性作用下，液滴可以被快速移除，实现了可持续的雾水收集过程。

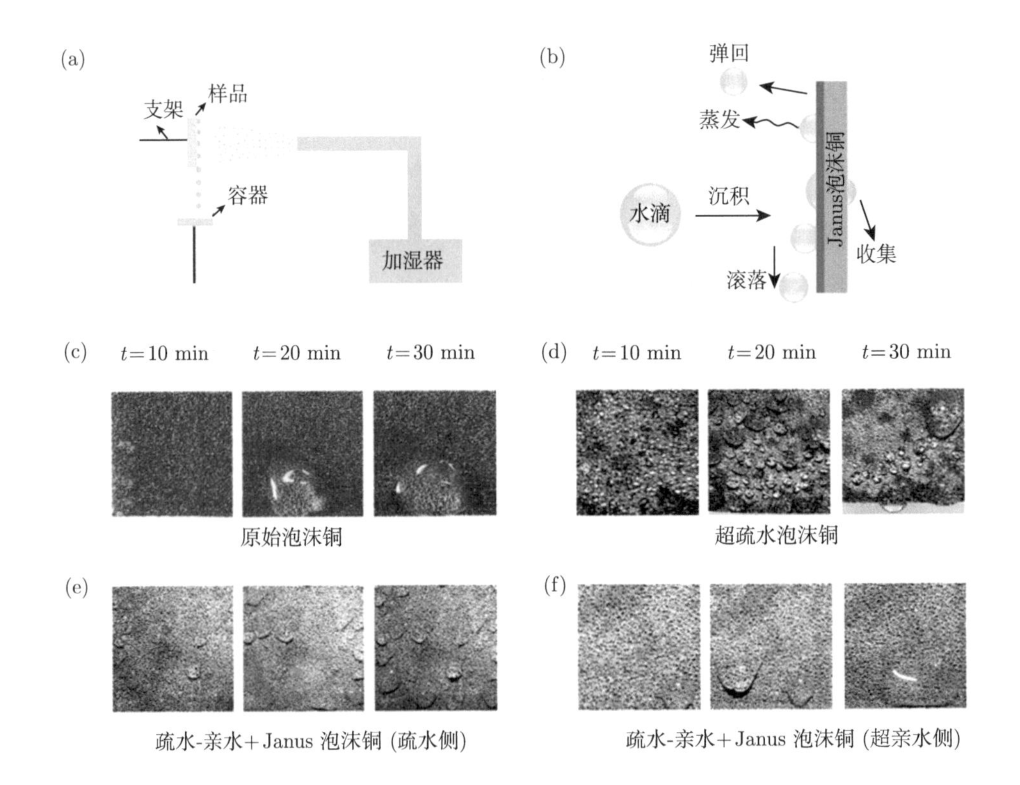

图 4-73　(a) 雾水收集装置示意图；(b) Janus 泡沫铜用于雾水收集时的示意图；(c)~(f) 原始泡沫铜、超疏水泡沫铜、疏水-亲水 +Janus 泡沫铜疏水侧、疏水-亲水 +Janus 泡沫铜超亲水侧进行雾水收集的光学图像 [286]

表面均匀分布亲疏水位点的疏水表面对雾滴的捕获能力较好，在 60 s 时捕捉的雾滴分布点远多于原始铜泡沫 (图 4-74)。随着收集时间的增加，超疏水泡沫铜表面捕捉的雾滴量逐渐增大，而原始泡沫铜表面的水滴逐渐沉积并形成液膜。与此不同的是，Janus 泡沫铜疏水表面的水滴部分消失，亲水位点的存在加速了微滴的捕获与运输，从而证明了雾水收集过程的持续循环。

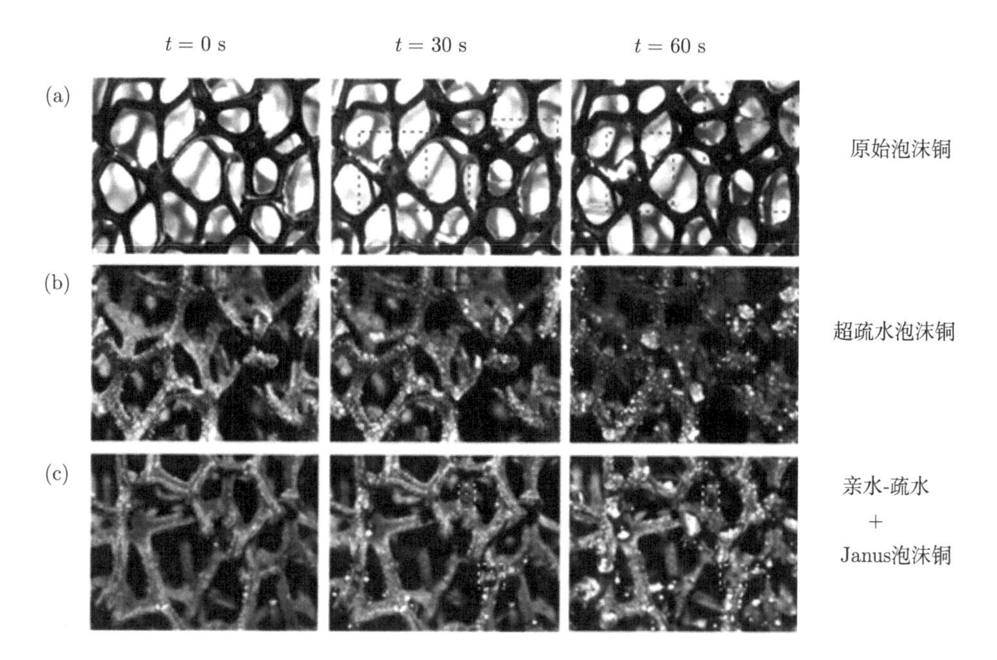

图 4-74 原始泡沫铜、超疏水泡沫铜、Janus 泡沫铜疏水侧在 0 s、30 s 和 60 s 时表面雾滴分布的光学图像 [286]

对比不同润湿性泡沫铜在实验室集水装置下 1 h 收集雾水的质量。Janus 泡沫铜的雾水收集总量最高 (图 4-75(a))，比原始泡沫铜收集量高约 209%。实验中，该商用加湿器的出雾口方向不变，改变样品与水平面夹角，将样品在不同角度下放置 (0°、30°、45°、60° 和 90°)，测试最佳的雾水收集条件。垂直 90° 放置的样品正对出雾口，此时雾量最大，与样品的接触面积最大。水平放置的试样将重力作用最大化，不对称润湿性产生的驱动力进一步促进了液滴的单向渗透，降低了再蒸发的可能性。因此，在 0° 和 90° 放置时 Janus 泡沫铜的雾水收集量相对较大 (图 4-75(b))。雾水环境下，雾水在一维材料处偏离了流动的路径线，但其偏离远小于二维平面。对于二维平面，当嵌入到雾流中时，雾流会发生较大的偏离，大部分的雾流无法接近表面。因此，随着 Janus 泡沫铜尺寸的减小，雾流偏差进一步减小。因此，单位面积上到达 Janus 泡沫铜表面的雾滴更多，体积较小的 Janus 泡沫铜可以显著减少雾流的偏离，从而可以高效地供水。

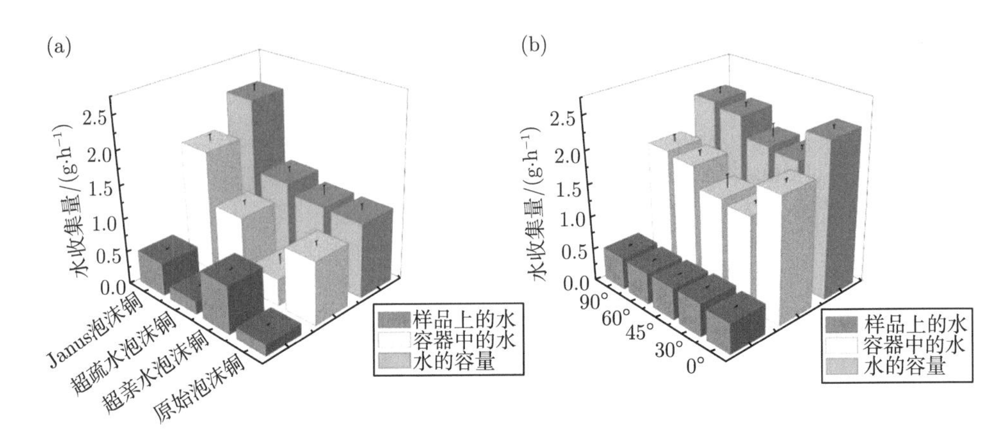

图 4-75 (a) 原始泡沫铜、超亲水泡沫铜、超疏水泡沫铜以及 Janus 泡沫铜在一小时内的雾水收集量；(b) Janus 泡沫铜在不同放置角度下的雾水收集量 [286]

总之，仿生二维表面是雾收集领域成熟的微观结构设计。为了改善集水率，必须将二维表面改性为交替润湿性表面。此外，图案和结构有助于水滴获得额外的拉普拉斯驱动力。首先，具有特殊图案和结构的梯度润湿面的集水率明显高于普通杂化面。其次，疏水区与亲水区的面积比是影响集水率的重要因素，应优先考虑超疏水-亲水模式。最后，及时去除附着在表面的水是改善集水率的关键步骤。

4.5 仿生表面雾水收集材料的智能化设计

前几节描述了仿生结构的制备以及润湿性对水雾收集效率的影响。结构与化学的协同可使得水雾收集效率达到最佳。因此，调控液滴在具有湿润性梯度的表面上的动力学行为对于研发高效的雾水收集材料具有重要意义。润湿性的可逆转换和液滴的移动速度可以通过外部刺激来实现智能化控制。具体而言，微观形貌和表面化学成分在外部条件的刺激下发生变化可实现材料表面润湿性由超疏水状态到超滑状态的可逆转变，进而实现液滴的移动速度的控制。智能化的雾水收集材料可针对环境做出调整，这使得它们对于雾水更加敏感。常见的外部刺激有应力、磁场、温度、光照等。下面依据不同的外部刺激响应进行阐述。

4.5.1 应力响应

典型的应力响应材料有聚二甲基硅氧烷 (PDMS) 和聚氨酯 (PU) 材料。作为一种简便有效的方法，拉伸策略尤其适用于柔性材料的调节，在可变透明度、自适应附着控制、液滴机械手等方面有巨大的应用潜力 [287-289]。Zhu 等 [290] 以弹性聚二甲基硅氧烷薄膜为基底材料，通过超快激光钻孔制备了一种具有可调节雾水收集率的智能伸缩 Janus 膜。Janus 膜表面的每两个相邻微孔之间的距离为

200 μm。激光照射的 PDMS 表面 (正面) 的水接触角为 154°，另一面 (反面) 经过高表面能超亲水试剂修饰与激光诱导结合变为亲水表面，亲水表面的接触角为 3°, 其制备流程如图 4-76(a) 所示。由于激光未破坏其内部结构，因此调整并施加应变力可以较容易完成不同应力拉伸条件下的雾水收集效率的测试。润湿驱动力的作用使得 Janus 膜具有独特的多级互补亲疏结构组合作用，水滴可以自动从疏水表面穿透到亲水表面。不同应变 ($\varepsilon = 0\%$和 200%) 的 Janus 膜的雾水收集行为如图 4-76(b) 所示。由于润湿驱动力 ($F_{湿}$) 和拉普拉斯压力 ($\Delta F_{拉普拉斯}$) 的协同驱动，一旦疏水表面上生长的液滴与亲水区域接触，它就会同时被吸收和渗透。这种快速渗透过程可以使液滴易于黏附在亲水区，因此，疏水区会因为冷凝新鲜干燥的空气，形成新鲜的液滴，从而保持雾气收集的连续过程，水倾向于从锥孔的边界而不是中心位置渗透。测试结果表明，与原始状态相比，200%的拉伸状态下的最大应变的雾水收集速率提高了 67%。200%应变样品的雾水收集速率随单轴拉伸而增加，最高可增加 79%。这种智能 Janus 膜不仅可以在雾水收集领域运行，还可以在特定场景中运行，例如动态雾通量调节器。

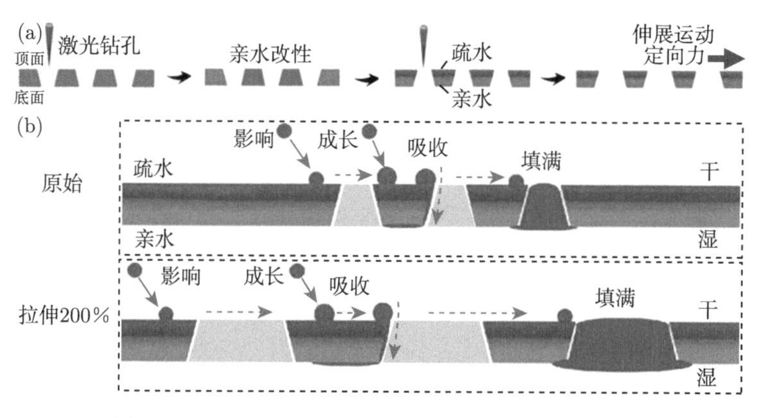

图 4-76 (a)Janus 膜的激光制备流程；(b) 不同应变 ($\varepsilon = 0\%$、200%) 的雾水收集行为 [290]

此外，在不改变化学成分的前提下，弹性基材表面的超滑润湿性可以通过调整固体表面的几何结构进行可逆性调整。通过简单地拉伸或弯曲，超滑表面的液体的运动行为也会随之改变。机械拉伸下的超滑表面的润湿性的变化是可连续和可预测的。由于松弛状态下超滑表面的液体与润滑剂之间的附着力较小，这种状态下易于机械拉伸。拉伸或弯曲过程中的超滑表面的表面张力和接触角不会改变，但粗糙度会减小。同时，在应力作用下润滑剂落入基材的膨胀空隙中。驱动液滴与固体/润滑剂之间的附着力显著增大，这导致液滴固定在表面。在机械拉伸作用下，材料表面的润湿状态由超滑变为不滑状态。具有各向同性的多孔超滑表面显示出可调的各向同性润湿性。Jiang 和同事 [291] 开发了具有各向异性微槽结构的机械拉伸的超滑表面。通过不对称拉伸微槽，在不同末端形成扇形凹槽，可以实现排斥液滴的单向滑动。后来，受到这种液滴单向滑动的启发，Xin 等 [292] 通过将全氟聚醚 (PFPE) 注入氟化共聚物改性热塑性聚氨酯 (TPU) 纳米纤维膜中，开发了一种基于高弹性膜在强风下变形的高效集水系统。通过引入氟化聚合物涂层建立了 TPU 和 PFPE 之间的化学亲和力。除了可调控形貌外，制备的薄膜还可承受更高的拉伸应变，其断裂伸长率约为 200%。在此基础上可由施加的应变松弛触发小滴聚合效果的增强。具体情况为，当被拉伸的薄膜逐渐恢复原样时，其表面无法滑落的小水滴由于与相邻的水滴之间的距离小导致位置发生重叠，重叠合并后的水珠大小若超过滑动阈值便可滴落 (图 4-77(a))。这一现象增强了水滴的聚合与滑动。在外部拉伸应力作用下 (风力)，在制备好的薄膜上可以实现实时操纵水滴滑动和聚合 (图 4-77(b))。此外，它还具有保存捕获物的能力，可使水不被强风吹走，确保了多风地区水收集的效率。

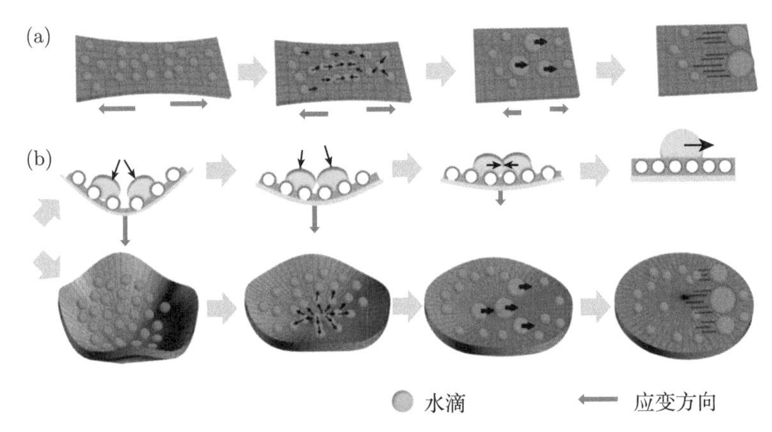

图 4-77　(a) 水滴聚合增强型的示意图；(b) 两个相邻液滴在拖动点周围的凝聚情况 [292]

基于应力响应的机械拉伸为调节材料的表面润湿性提供了一种直接有效的方法。机械拉伸受限于弹性材料，不适用于多数涂层。因此在研发应力响应的材料时需考虑其制备成本、机械性能和耐用性等。

4.5.2　磁响应

磁响应材料有铁和钴等磁性颗粒。研究表明，由猪笼草启发的湿滑表面具有良好的液体输送潜力 [293,294]。由于外部刺激响应材料的快速响应性、可恢复性和远程操作性，各向异性润湿性可以使用磁、电、热和光响应表面进行控制。

Guo 课题组 [295] 基于磁颗粒辅助成型 (MPAM) 方法成功制备了磁变形聚二甲基硅氧烷包覆的氧化铁表面。制备的表面由注入润滑液的一系列微纤维组成。微纤维方向可以通过磁铁的运动来控制，实现超疏水状态和滑态之间的可切换润湿面，如图 4-78 所示。可对基于磁响应的润湿性切换 PDMS@Fe_3O_4 织物进行编程雾水收集研究。如图 4-79 所示，由于微柱的高表面积，超疏水模型表面可以从空气中快速捕获水滴。此外还发现许多微小的液滴被完全固定并黏附在织物表面

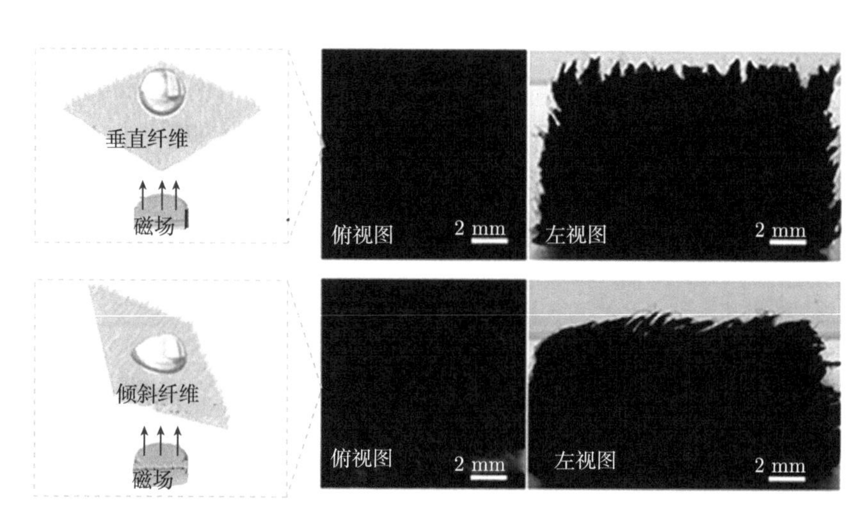

图 4-78 柱阵列在不同磁场方向下的光学显微镜图像，其中微柱形状可以从直立方向 (超疏水状态) 切换到扁平方向 (湿滑状态)[295]

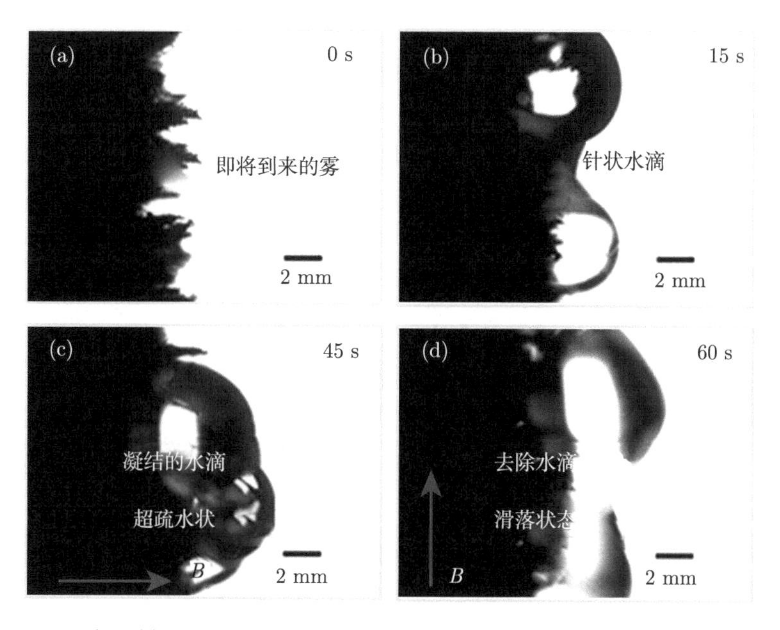

图 4-79 (a) 垂直于样品表面的进入雾的方向；(b)、(c) 超疏水状态下微柱的雾水收集；(d) 从光滑状态下去除表面的冷凝水 [295]

(图 4-79(b))。当液滴体积逐渐增加并变得足够大时，多余的冷凝水通过重力从表面滑落 (图 4-79(d))，其中超疏水状态可以切换为湿滑状态。通过外加磁场，可使得表面再次恢复超疏水状态，如此提高雾水收集效率。此外，高耐久性是仿生润湿表面的理想特性。因此，样品的抗机械疲劳能力可进一步通过微纤毛的切换运动来表征 (图 4-80)。在这里，磁场以 40 Hz 的频率从水平位置到垂直位置发生变化来控制微柱的运动。结果表明，当 PDMS@Fe_3O_4 织物中 Fe_3O_4 的含量为 75%时，织物在雾水收集应用中可实现湿滑态和超疏水态之间 40000 次的周期性切换。样品表面的接触角和滑动角略有变化 (图 4-80(b))，这归因于 PDMS 的优异黏合性能。PDMS@Fe_3O_4 织物可以在超疏水状态和湿滑状态之间反复切换，这表明其具有优异的耐久性，这对织物的抗滑性能具有重要意义。这项工作为基础研究和实际应用提供了参考。

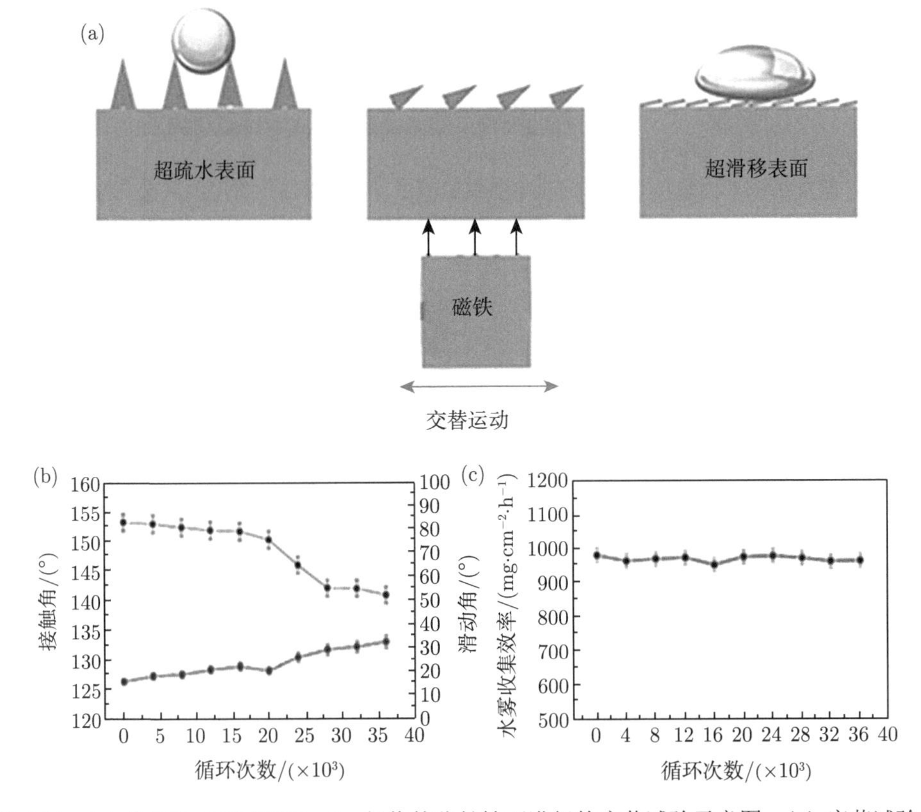

图 4-80　(a) 为评估 PDMS@Fe_3O_4 织物的稳健性而进行的疲劳试验示意图；(b) 疲劳试验后超疏水表面上的水接触角和光滑表面上的水滑动角；(c) 疲劳试验后集水的稳定性 40000 次循环 [295]

集雾效率除了与雾滴直径和集雾面性质有关外，还与风速有关。收集雾的生物和仿生收集器在自然的载雾风或一定速度的人工雾流下展示了它们的有效性。然而，在一些多雾地区，低流量的雾会在地面和空中停留，大大降低雾水收集器的捕雾效率。因此，在几乎静态的大气中收集雾水对于现有的雾水收集策略来说仍然是一个挑战。通过仙人掌棘状结构和磁响应柔性锥形阵列的集成，Liu 等 [296] 制造了一种新型材料，即使在无风条件下也能实现雾气收集。这里还应用了机械穿孔和模板复制技术，在后一步中加入了钴磁性颗粒 (Co MP)。他们将平均直径为 2 μm 的微尺度中的 200 mg Co MP 分散到阵列的每个机械孔中。然后，借助真空泵将含有固化剂的 PDMS 预聚物浇注在填充有 Co MP 的模板上。同时，制备了直径为 60 mm，厚度为 50 mm 的磁铁。在脱气和固化过程中，将样品放置在表面磁场强度约为 0.9 T 的永磁体顶部，以使 Co MP 在孔中垂直排列。磁感应锥形阵列对磁场的响应如图 4-81(a) 所示。使用高速 CCD(电荷耦合器件) 相机，记录了响应磁场的锥形阵列的运动 (图 4-81(b))。当磁铁直接施加在样品上时，仙人掌脊柱状的锥体完全直立。因此，给定一个移动的磁场，锥形阵列可以以自发和连续的方式收集雾。然而，在没有磁场的情况下，阵列上几乎没有水滴沉积。通过将仙人掌风格的脊柱结构与磁响应的柔性锥形阵列相结合，实现了无风条件下的磁诱导雾水收集。此外，可以制造更大规模的磁致雾水收集器，在短时间内满足对基本用水的迫切需求。磁感应雾水收集系统作为一种油雾净化和收集的有效方法，特别是在无风和有雾的地区，具有广阔的应用前景。

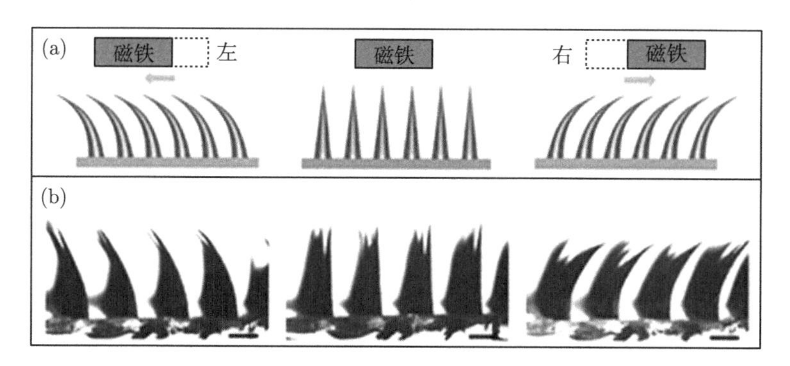

图 4-81 (a) 磁诱导的锥形阵列对磁场的响应示意图；(b) 由高速 CCD 相机记录的磁力场下锥体阵列的响应 [296]

受蜘蛛丝的启发，人们从聚甲基丙烯酸甲酯、偶氮苯、聚 N-异丙基丙烯酰胺、海藻酸盐和蛋白质等聚合物中开发出了各种功能性微纤维 [79,84,297-299]。在这些微纤维中加入聚合物纺锤节，可以在结部分构建类似蜘蛛丝的结构，用于收集水，其在水收集、智能催化、过滤和传感等应用方面具有巨大的潜力。然而，尽管每一种单一的超细纤维在众多领域都表现出先进的功能，但实现集成整体性能的可控三维组装仍具有挑战性。因此，开发具有可控组装行为的类蛛丝微纤维是构建复杂组装结构的关键需求，可用于水收集、细胞培养和组织工程等增强领域。Chu 等 [300] 开发了一种简单灵活的方法来制备具有可调控的磁性纺锤节的蜘蛛丝状微纤维，制备示意图如图 4-82 所示。其中蜘蛛丝状微纤维是由生物相容的海藻酸钙制成。通过外加 2D 磁场，微纤维可以随着磁场的移动而移动。旋转过程源自磁场和包含在磁性结中的超顺磁性 Fe_3O_4 纳米颗粒磁化之间的相互作用。这表明超细纤维具有优异的磁响应特性。通过优化超细纤维中油酸修饰的磁性纳米颗粒使其在局部搅拌和混合的微型/微型混合器中表现出潜力。材料中磁性物质的转化可提供磁性引导图案化和组装能力。因此，使用不同的 2D 和 3D 磁场可使得这些微纤维图案化。其优异的磁性引导组装性能使得微纤维可以编成类蜘蛛网状从而用于雾水收集。在对单根脱水微纤维雾水收集研究时发现，小水滴进入纤维产生轻微膨胀，随后便是水滴在纺锤节或其他位置开始凝结。如图 4-83(a) 所示，即使纤维是倾斜放置，在低处的水滴仍能克服重力定向移动至附近的纺锤节，这种现象在平放的微纤维上也会出现。相比之下，未脱水的细纤维上没有类似好的雾水收集效果，因为未脱水的细纤维并未出现纺锤结构。由于纺锤节的尺寸可以通过改变微流体流速来控制，因此，为了进一步增强水收集能力，可以采用较大的纺锤节。单个纺锤节的集水量与集水时间的关系如图 4-83(b) 所示，微纤维制造的人造蛛网表现出较

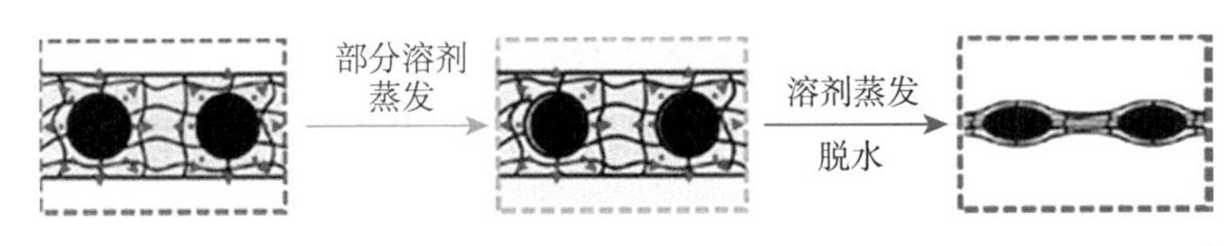

图 4-82　纺锤磁性微纤维的制备过程示意图 [300]

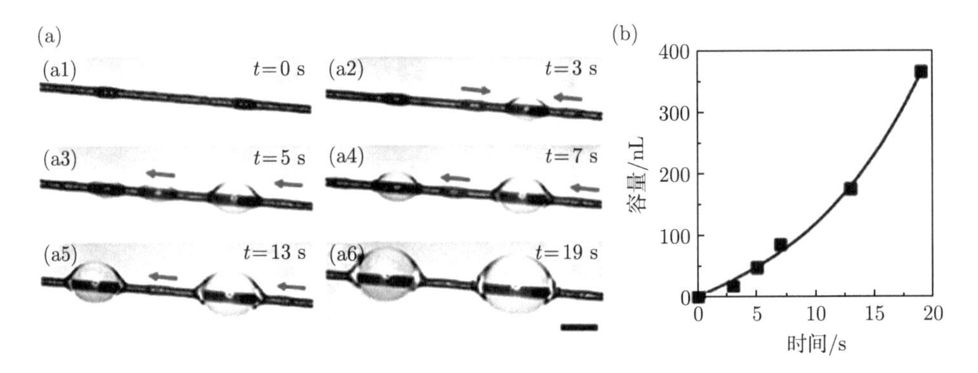

图 4-83　(a) 光学图像显示脱水微纤维上的水收集过程与磁性纺锤节；(b) 单个纺锤节的集水量与集水时间的关系 [297]

强的雾水收集能力。因此，微纤维的可控和灵活的结构特性使其可用于集水的复杂结构装配。此外，因为沿着微纤维的均匀纺锤节具有相同的集水能力，集水效率可以通过增加图案中包含的纺锤节的数量而提高。

虽然磁响应在液滴的控制方面具有很好的优势，但在实现润湿性的转变和附着力的细微控制方面仍有巨大的提升空间。

4.5.3 温度响应

热响应材料有石蜡、12-羟基硬脂酸、4-氰基-4′-戊基联苯、硅基油等。Xin 等 [301] 制备了一种多功能且简单的海绵状棉织物，可以自主收集和释放潮湿大气中的水，这是由沙漠典型昼夜范围内的温度变化引起的。聚 (*N*-异丙基丙烯酰胺)(PNIPAm) 和刷子通过 “嫁接” 方法用于改性棉织物的亲水表面。在特定温度 (+32 ℃) 下，对温度敏感的 PNIPAm 在水溶液中经历了线圈到小球的转变 (分别为亲水到疏水)，表示为较低的临界溶液温度 (LCST)。温度响应聚合物和织物高度粗糙的表面相结合，切换了超疏水性和超亲水性两种极端润湿性状态，可以在许多循环中重复和可逆 (图 4-84(a))。主要因为在 LCST 以下或水存在的情况下，PNIPAm 分子主要是亲水性的，酰胺基团倾向于与周围的水分子形成分子间氢键 (图 4-84(c))。而在 LCST 上方，疏水性异丙基甲基倾向于建立聚合物-聚合物相互作用，在较高温度下在能量上更有利 (图 4-84(d))。这种转变伴随着从线圈到小球配置的变化。通过将温度调节到 LCST 以下，可以从雾或潮湿的大气中捕获水。这种材料和概念为从大气中捕获的水的收集、单向流动和净化提供了简单而通用的解决方案。

此外，Zheng 等 [302] 也使用 *N*-异丙基丙烯酰胺聚合体制备出了一种具有与湿蜘蛛丝相似的粗糙度和曲率特征的纤维。在纤维表面粗糙度、曲率梯度与温度响应润湿性的协同作用下，微小水珠可以在纤维上定向移动。其中温度响应来源于聚 (*N*-异丙基丙烯酰胺)-b-聚甲基丙烯酸甲酯 (PNIPAm-b-PMMA) 纤维，其润

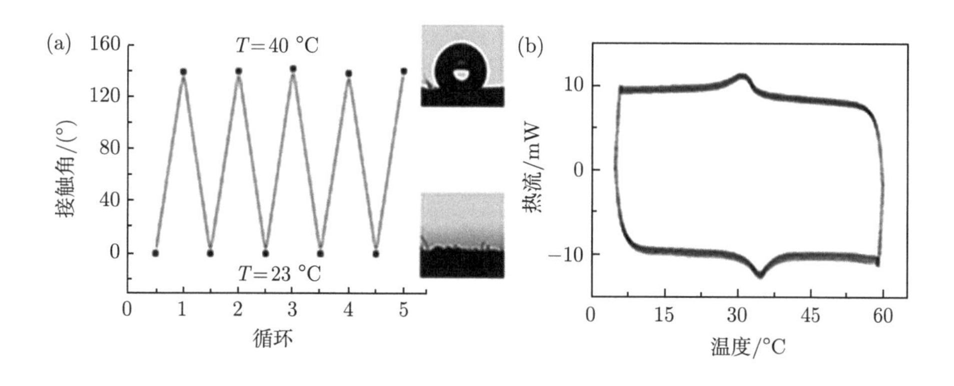

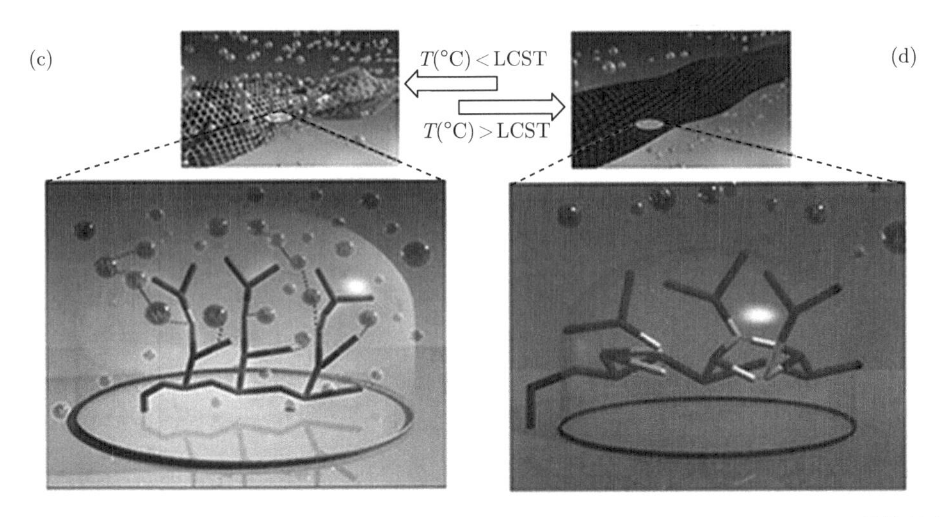

图 4-84 PNIPAm 棉织物的可逆响应行为：(a) PNIPAm 棉织物在 23 ℃ 和 40 ℃ 的接触角和热流结果；(b) 差示扫描量热法温度图，显示连续循环中的 LCST 相变；集水 (“超亲水状态”) 通过 (c)PNIPAm 之间的氢键和 (d) 水释放 (“超疏水状态”) 形成 PNIPAm 分子键 [301]

湿性的变化源于 PNIPAm 分子链在不同温度下的构象变化。当温度低于较低的临界溶液温度时，主轴节点是亲水的。润湿性由粗糙度梯度引起的梯度可以驱动液滴向更易润湿的纺锤节移动。在高于 40 ℃ 的温度时，纺锤节表现出疏水性，液滴向接头移动。具体情况如图 4-85 所示，当小于 LCST 时，润湿性梯度力 (FW) 和拉普拉斯力 (FL) 在同一方向驱动液滴。液滴剧烈变形，M 边缘将被有力驱动 (图 4-85(a))。当大于 LCST 时，润湿性梯度力和拉普拉斯力在相反的方向驱动液滴。液滴微弱变形，M 边缘的运动受阻。M 和 L 边缘分别对应于 “更可湿性” 和 “更不可湿性” 的一侧 (图 4-85(b))。当小于 LCST 时，液滴完全移动到纺锤节 (图 4-85(c)、(e)、(g))。当大于 LCST 时，对于纺锤节的顶角较小，在低相对湿度下，液滴部分远离纺锤节 (图 4-85(d))。在高相对湿度下，液滴完全远离纺锤节 (图 4-85(f))。对于纺锤节的较高顶角，液滴总是部分远离纺锤节 (图 4-85(h))。此研究对于开发控制流体输送的智能材料或实现高效液体收集具有重要意义。

特定的温度响应 PNIPAm 聚合物也可用于异质结构微流体纺锤节动态热触发的水收集和释放。Zhao 等 [303] 成功制备出了多功能纺锤节纤维。通过电子显微镜对纺锤节纤维进行表征。从图 4-86(a)ii 中不难看出纺锤节表面呈现出粗糙纳米结构，而纤维表面相对光滑 (图 4-86(a)iii)。这使得从主轴节点到纤维接头处形成了润湿梯度，又由于纺锤节特殊的结构形成了拉普拉斯压力差。这两种力的协同作用会加速纺锤节对雾水的捕捉。从图 4-86(b) 可以明显看出纺锤节是一种很好的雾水收集系统。在潮湿的环境中，水滴被通过温度响应材料 PNIPAm 制成的纺锤节捕获并在其上生长。随着温度的升高，由于主轴节的收缩，最大悬挂能力降低，因此主轴节上的液滴脱落。当温度降至室温时，这些纺锤节再次膨胀，用于下一个水收集周期 (图 4-86(c))。因此，通过温度响应微纤维构建的智能集水系统可以在昼夜温差较大的地区提供新的集水方案。

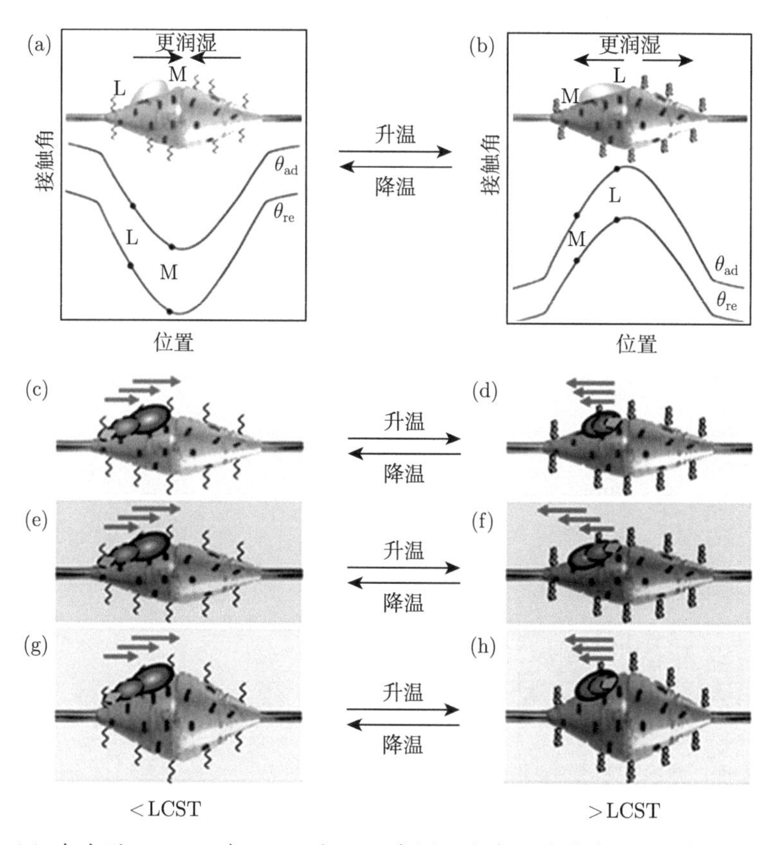

图 4-85 (a) 在小于 LCST 时，FW 和 FL 在同一方向驱动液滴；(b) 在大于 LCST 时，FW 和 FL 在相反的方向驱动液滴；(c)、(e) 和 (g) 在小于 LCST 时，液滴完全移动到纺锤；(d)、(f) 和 (h) 在大于 LCST 时，对于纺锤节的顶角较小，在低相对湿度下，液滴部分远离纺锤节 [302]

Avinash 团队 [304] 基于温度响应的乙酸纤维素-聚 (N-异丙基丙烯酰胺)(CA-PNIPAm) 制备出了核壳结构和共混纳米纤维用于水分收集，其研究结果如图 4-87 所示。在室温下，核壳纤维和共混纤维表面的水接触角分别为 19.8°±1.2°、7°±0.9°。表面结构形态的差异导致这情况下的润湿性差异。而当温度高于 PNIPAm 的 LCST(45 ℃) 时，两种纤维的接触角都大于 120°，这表明两种样品的热响应特性都可以用于以温度为外部刺激的大气水收集。与混纺纤维相比，核壳纤维的吸湿效率随温度的降低而明显升高。这是由于核壳纤维壳组分中暴露的 PNI-

PAm 层，该层具有改变其润湿性的趋势。此研究表明表面形貌对静电纺丝纤维的润湿性和集水能力起着至关重要的作用。

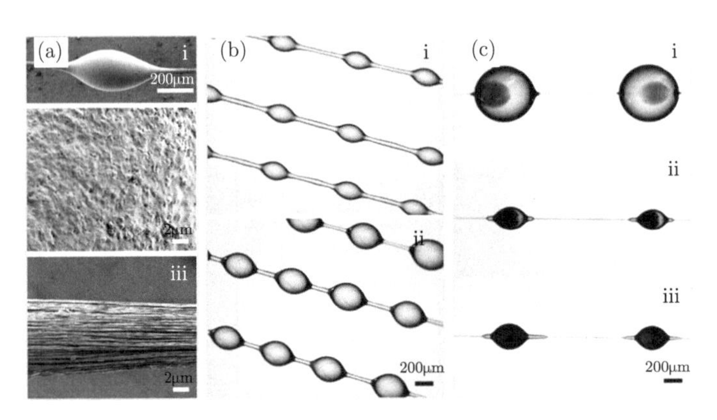

图 4-86 (a) 微纤维的扫描电子显微镜图像；(b) 微纤维在雾环境中放置前和后的捕水性能；(c) 超细纤维与 PNIPAm 纺锤节的热触发水收敛行为 [303]

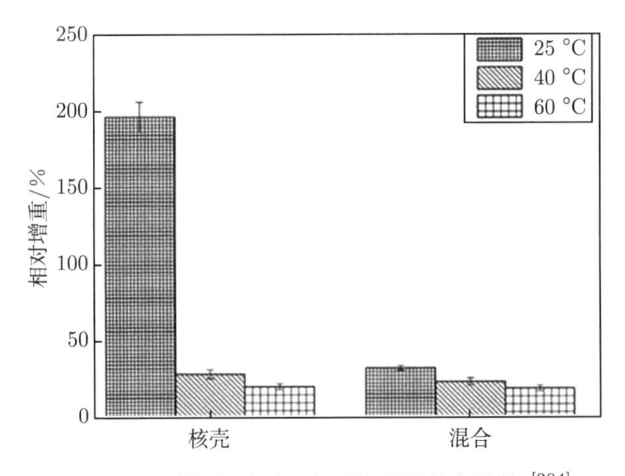

图 4-87 纤维在不同温度下的吸湿效率比较 [304]

Liu 等 [305] 受生物启发设计了一种具有智能尖端润湿性图案的表面，图案由聚二甲基硅氧烷 (PDMS) 和石墨烯组成。由于孔径尺寸和化学成分的变化，激光蚀刻的多孔石墨烯表面可以在 200 ℃ 和 0 ℃ 之间产生明显的润湿性变化，如图 4-88 所示。几何结构和可控润湿性的配合在集水中起着重要作用，具有尖端形润湿性图案的表面可以快速将微小的水滴推向更可湿的区域，从而为提高集水效率做出巨大贡献。此外，由于特殊尖端图案的超疏水区和亲水区之间的有效配合，可实现 200 ℃ 加热 PDMS/G 表面的单向输水。本研究为具有相间润湿性的温度可调材料设计提供了新的见解，可以提高工程液体收集设备的雾水收集效率，实现单向液体输送，可应用于微流控、医疗设备和冷凝器设计领域。

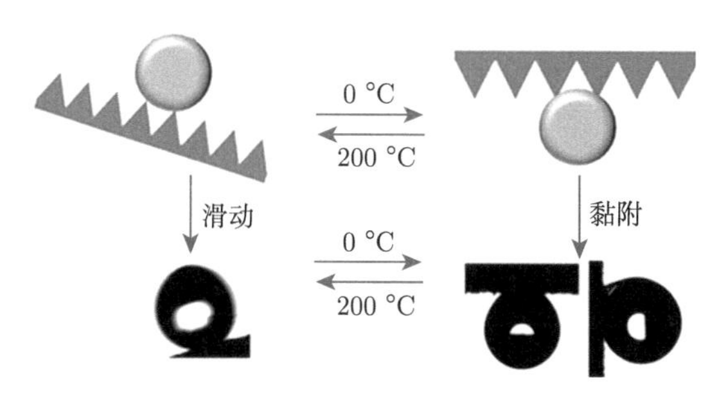

图 4-88 热变化引起的可切换黏附的示意图 [305]

尽管已经研究了诸多温度响应的雾水收集材料，但其中大多数都是由少数的温敏材料制成的，应当引入更多灵敏度更高的材料。

4.5.4 光响应

光响应材料有 ZnO 纳米棒、P3HT/PCBM 二元系统和聚 (3-己基噻吩-2，5-二基) (P3HT)。郑咏梅课题组 [132] 利用二氧化钛的光响应性制备了具有特殊润湿形状的水收集材料。首先，他们制备了一个超疏水的二氧化钛基底的材料，然后用紫外灯照射这个表面，同时在灯和表面之间放着不同形状的面罩。紫外照射可以使二氧化钛的表面润湿性发生变化 (超疏水向超亲水变化)，这样就可以在超疏水的基底上形成圆形、四角星形、五角星形、六角星形、八角星形的超亲水形状 (图 4-89(a)~(c))。与均匀的超疏水和超亲水表面相比，这些带有超亲水图案的表面拥有更好的水收集效果，而在所有亲水图案的表面中，由于五角星形的表面上结合了表面能梯度和拉斯普拉斯梯度的综合作用，它表面收集的水重量是最多的也是收集速率最快的 (图 4-89(d)~(h))。

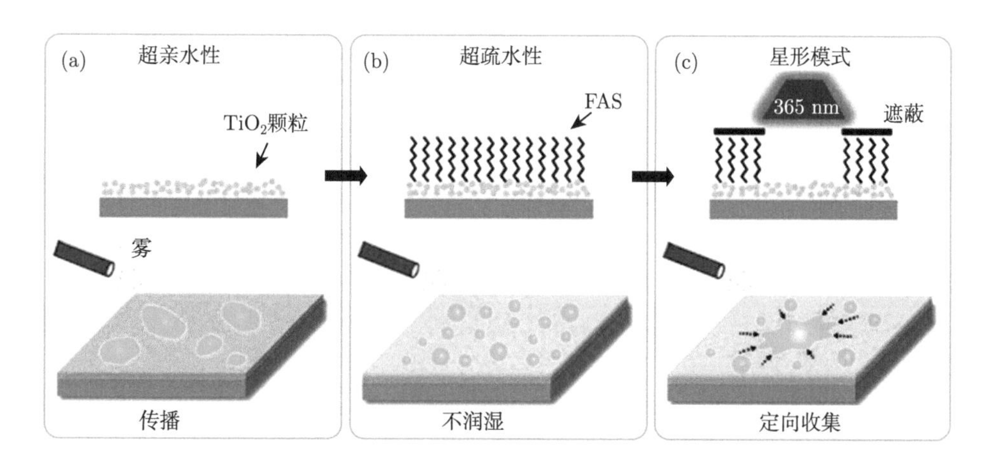

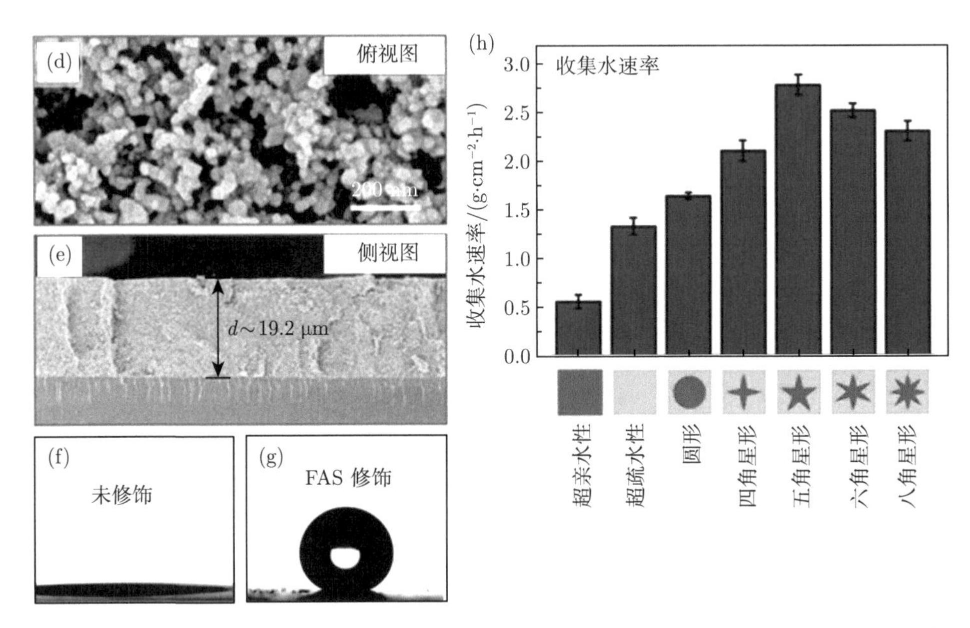

图 4-89　具有星形润湿性图案的仿生表面的制造工艺示意图：(a) 由 TiO_2 组成的超亲水表面纳米颗粒；(b) 用 FAS 改性的超疏水表面和 (c) 具有星形润湿性图案的仿生梯度表面 [132]

此外，Zheng 课题组 [306] 在光响应偶氮染料掺杂聚甲基丙烯酸甲酯-偶氮纺锤节上也观察到类似的情况。润湿性梯度可以将液滴定向流到更易润湿的部分。在紫外光照射后，纺锤节的表面更为亲水。在雾水收集过程中，微小的液滴最初随机聚集在纺锤节上。随着液滴的生长和聚结，液滴的一侧远离纺锤节。相反，聚合物在可见光照射后变得疏水，表面粗糙度增加。在粗糙度、曲率和光响应的协同作用下，润湿性可以调整液滴的运动方向，图 4-90 所示也可证实此点。在给定的情况下，$D_{紫外线} > D_{可见光}$，表明紫外线照射后聚集在仿生纤维上的水更多。这项研究提供了对新型梯度表面设计的见解，这些表面可以驱动微小的液滴按预期方向移动，可能会扩展到微型发动机、传热和集水装置领域。

4.5.5　湿度响应

除光响应的研究外，Zheng 课题组 [307] 制备了亲水疏水表面交替的串珠异质结构纤维 (BSHF)，并表现出对环境变化的可逆响应。随着相对湿度的变化，纤维在“珠子”部分表现出分段膨胀和收缩行为，而“弦”部分保持不变。当相对湿度从 55%增加到 100%时，主轴节的直径可以从 7.2 μm 扩大到 9.5 μm，但接头直径保持不变 (图 4-91)。纺锤节的膨胀行为与潮湿环境中的蜘蛛丝相似。相反，肿胀的纺锤节会随着相对湿度从 90%到 35%不等而缩小。这种一维 BSHF 在高度集成的功能器件中具有重要意义，并有望带来许多重要的性能改进和应用拓展。

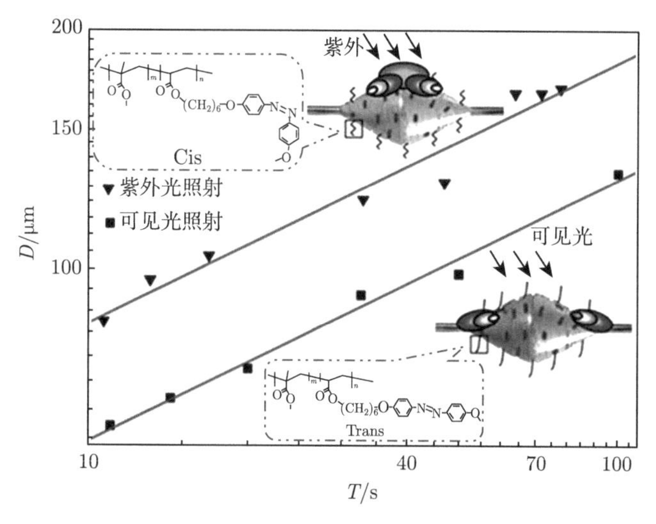

图 4-90 冷凝液滴直径 (D) 和冷凝时间 (T) 的线性关系 [306]

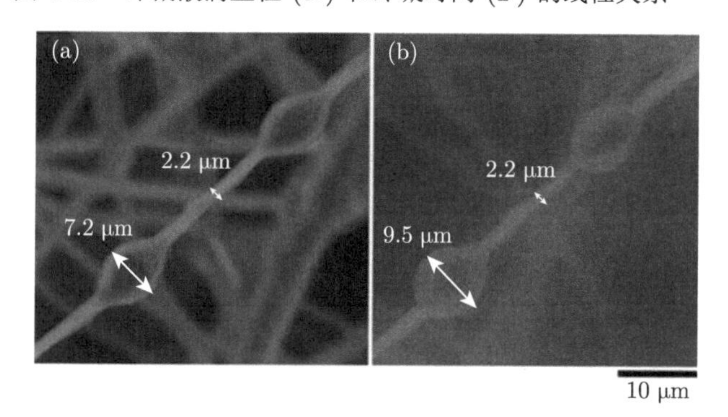

图 4-91 在扫描电子显微镜内观察到的 BSHF 的分段肿胀行为 [307]

4.5.6 环境响应

Tang 等 [308] 将 Janus 聚乙烯醇 (JPVA) 海绵与形状记忆合金弹簧制成一种环境响应的雾水收集器。加热会使记忆合金在相变点处发生相变，当双向记忆合金弹簧被加热到 60 ℃ 时会快速相变并压缩，导致 JPVA 海绵中的水被快速挤出。下落的水液增加，JPVA 海绵变得相对干燥，这使得它更容易从潮湿的空气中捕获水。此外 JPVA 海绵还具有光响应性。双向记忆合金弹簧的 JPVA 海绵的真实形貌如图 4-92(a) 所示，掺有 (右) 和不带 (左) 碳纳米管 (CNT)。将前一种设备表示为 JPVA + LTR，因为它具有 CNT 和双向记忆合金弹簧组合的光和热响应能力。当上述两个设备受到红外灯照射时，如图 4-92(b) 和 (c)，可以看到带有装饰的双向记忆合金弹簧压缩 (图 4-92(b) 右)，由于 CNT 具有优异的光热转换能力，双向记忆合金弹簧更容易达到临界温度 (50 ℃ ，图 4-92(c)) 的变形。同时，使用 CNT 的弹簧温度和环境温度明显高于没有 CNT 的弹簧，显示出在周围温度较低 (27.2 ℃) 的晴天达到双向记忆合金弹簧临界温度 (50 ℃) 的突出效果，其应用的价值是有保证的。由于 JPVA 海绵被压缩的双向记忆合金弹簧挤压，相应的水收集率测量值为 4.9 $g \cdot h^{-1}$，如图 4-92(d)。上述信息证实水收集设备具有光响应能力，使其更适合实际应用。

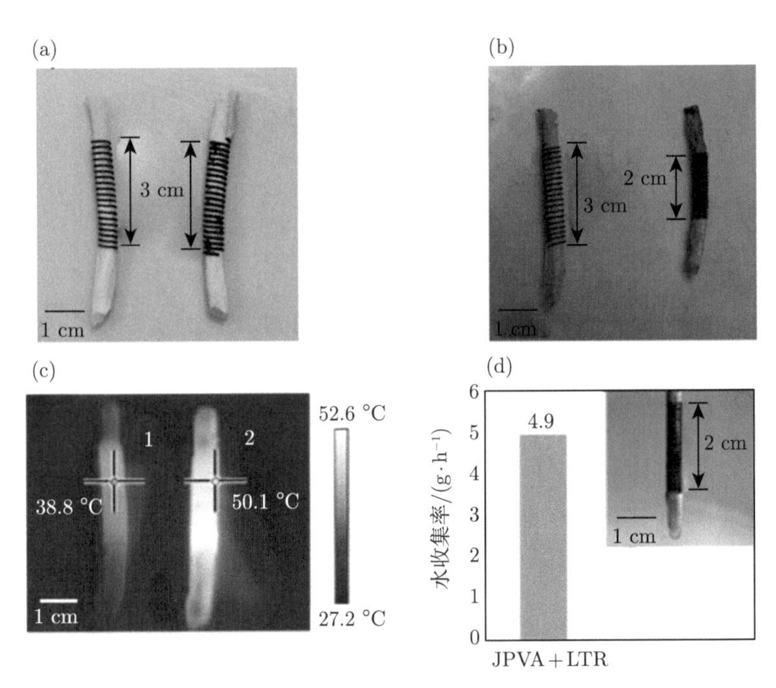

图 4-92　(a) 带有原始形状记忆合金弹簧 (左) 和表面由碳纳米管装饰的弹簧 (右) 的收集装置；(b) 红外光下装置的照片；(c) 设备在红外光下的热图像；(d) 在红外光下对 JPVA+LTR 进行水收集测量 [308]

4.6　非相变仿生雾水收集体系发展

4.6.1　非相变仿生雾水收集的发展概况

由于人口增长、经济发展、环境污染严重、气候变化加剧等各种复杂因素的影响，水资源短缺的问题日益严重。据报道，到 2025 年，生活在干旱地区的 10 多亿人将面临严峻的缺水问题。虽然水是自然环境中最丰富的资源，但淡水仅占地球总水量的 2.53%左右 [309-311]。淡水资源短缺不仅出现在干旱地区，也存在于湿度高但降雨量少的地区，例如巴西、秘鲁、智利等 [312-314]。淡水资源的缺乏对粮食安全、人类生存、经济发展、自然生态系统造成了巨大的威胁 [315]。而且，气候的急剧变化可能导致许多地区的供水情况发生重大变化。温室气体排放增加导致了全球变暖。在过去的一个世纪里，全球变暖极大地影响了许多地区的水资源分配以及全球和区域水文气候变化周期，使得降雨量的变化具有很高的不确定性，也使得淡水供应需求愈发增长，然而水的可供应量却在减少 [316,317]。除此之外，无法充分收集和保存淡水资源也是重要的难题。因此，研究出一种设备造价低廉、维护工艺简便且不需要任何外加能量的淡水收集方法，是解决我国边缘地区饮用水资源匮乏的有效方法，也是全世界范围内亟待解决的问题。

为了解决这一难题，在过去的几十年内海水淡化技术在世界干旱地区得到了广泛的应用。然而，尽管该技术已经十分成熟，但高昂的成本限制了其在许多发展中国家的应用 [318,319]。此外，在远离海洋的内陆地区，通过海水淡化获取淡水是不合理的 [320]。与此同时，地下水污染是另一个严重的问题，加剧了水资源短缺危机，影响了数十亿人的清洁用水供应 [321,322]。为了找到一种高效且经济的水收集或净化方法，研究人员需要尽量减少化学品和能源的使用，以减少对环境的影响。除降雨外，雾沉积、露水形成和水蒸气吸附三种形式的“非降雨”是水收集的主要来源 [311]。其中，雾包含了许多微小的液滴，大约占据了地球上淡水资源的10%，如果能够有效地将大气中的雾收集起来，这将对解决干旱地区水资源短缺问题具有重要意义 [323]。在一些干旱多雾的地区，如非洲西部极度干旱的纳米布沙漠、智利北部和美国太平洋海岸等地，体积为几十微升的雾是各种植物的宝贵水源，高大的植被依靠拦截海洋吹拂到大陆的空气中的雾滴以获得淡水 [324-328]。在过去几十年中，雾水收集作为干旱环境中的可持续水源获取方法受到越来越多的关注。因此，更好地了解雾水收集生物所采用的策略有助于进一步改进现有的雾水收集策略与雾水收集器技术。雾气中含有大量清洁水，可以通过某些技术直接获取 [329]。当温度降低到一定程度时，饱和的水蒸气会凝结成小水滴，形成雾流 [330]。仿生雾水收集是通过对自然界特定生物的雾水收集行为的学习来制备相应的仿生材料以对雾中的水进行收集。仿生雾水收集的出现促进了雾水收集的发展，提高了雾水收集的效率。基于自然界生物启发而提出的雾水收集润湿性界面已经取得了许多进展，在设计原则和收集机理方面已经具有一定的基础。随着效率不断提高，成本也在不断降低，仿生雾水收集器将会更多地应用于干旱多雾地区、高山密林地区的淡水获取，可以作为现在饮用水生产方式的重要补充，为人类提供清洁、可靠的饮用水源。

从第一篇关于沙漠甲虫利用其背部亲疏相间的微纳结构收集雾气的报道开始，经过二十年来不同领域的研究人员不懈研究，基于表面润湿性的完整理论机制已经建立 [126]。蜘蛛丝、仙人掌刺、猪笼草表面的雾气收集启发了多样化的仿生材料表面设计。关于优化雾水收集装置物理结构方面，化学腐蚀 [33]、复制模塑法 [331]、3D 打印 [332]、静电纺丝 [333]、微流控 [303] 等技术手段已经得到了广泛应用。受沙漠甲虫独特润湿性的启发，喷涂 [334]、选择性改性 [285]、掩模光催化技术 [132,259] 也不断发展成熟。尽管这些材料在雾水收集效率方面有所提高，但单个生物启发的雾水收集装置数量、收集效率有限。在严酷极端条件下，雾水收集装置的耐久性、稳定性以及实现工业规模仍需要更多的关注。目前，研究人员试图整合多种生物特性以提高雾水收集效率及广泛适用性，雾水收集装置的发展也经历着从单一仿生到多元仿生的发展过程。

4.6.2 从单一仿生到多元仿生的雾水收集装置

1. 单一仿生启发的雾水收集装置

单一仿生启发的雾气收集装置已经得到了广泛的应用研究。受纳米布沙漠甲虫背部亲水-疏水相间的微纳结构的启发，采用喷涂、化学改性、激光直写、纺织的方法，制备出众多亲水-疏水区域相间的润湿性表面已经被制备出来。Lai 的团队 [27] 通过纺织的方法制备出 Cu-超疏水-超亲水图案的低成本聚酯织物作为雾水收集器。当超亲水区域和超疏水区域以合适的比例共存时，表现出最佳的集雾效果 ($1432.7\ \mathrm{mg \cdot cm^{-2} \cdot h^{-1}}$)。高效的雾水收集需要高热导率 [62,335,336]，以前使用过 Cu、Al 和 Fe 等材料 [337-339]。在这里，我们使用一步铜镜反应选择性地将铜沉积在有图案的织物上 (Cu SHB-SHL)。这得益于其仿生三维结构、铜涂层增强的冷凝性能以及润湿单元的合理分布。该装置结构利用了广泛可用的纺织材料，通过成熟的制造技术，非常适合大规模工业生产。这项技术实现了简单、经济且高效的雾中收集水。它使我们向低成本、大规模地给世界上需要淡水的地区提供淡水的目标又迈进了一步。喷涂由于方法简单巧妙、成本低廉而成为实验室中制备润湿性表面的常用方法，但喷涂方法形成的图案随机，同一方法制得图案存在差异，导致雾水收集效率存在巨大偏差。光刻掩模法弥补了图案差异化的缺陷，在可控图案方面显示出较大的潜力 [340]。

在拉普拉斯压力差、锥形刺和亲水性毛状体引起的润湿性梯度的共同作用下，仙人掌表现出出色的雾水收集能力。各种类似仙人掌的仿生雾水收集器可以通过电化学腐蚀、剪纸切割、3D 打印等方法进行制造 [9,341]。Cao[108] 基于剪纸切割，将仙人掌复杂的三维结构简化为二维空心板结构，完全保留了液滴定向连续输送的能力 (图 4-93(a))。各向异性形状的蜡泡剪纸可以再现仙人掌刺的功能，即通过液滴定向自推进，高效捕获雾滴，快速刷新收集界面。流体模拟表明，较薄的脊柱和较小的顶点角可以提供更高的向前流动速度，从而更好地捕获雾。三角脊柱的方向不影响液滴从尖端定向运输到根部。而刺的排列方式对传输速度有明显影响。相较于对称排列，交替排列的液滴运输时间短，滚落液滴临界尺寸小。这可归因于三相接触线轮廓长度不同。液滴的阻力与接触线长度成正比，交替排

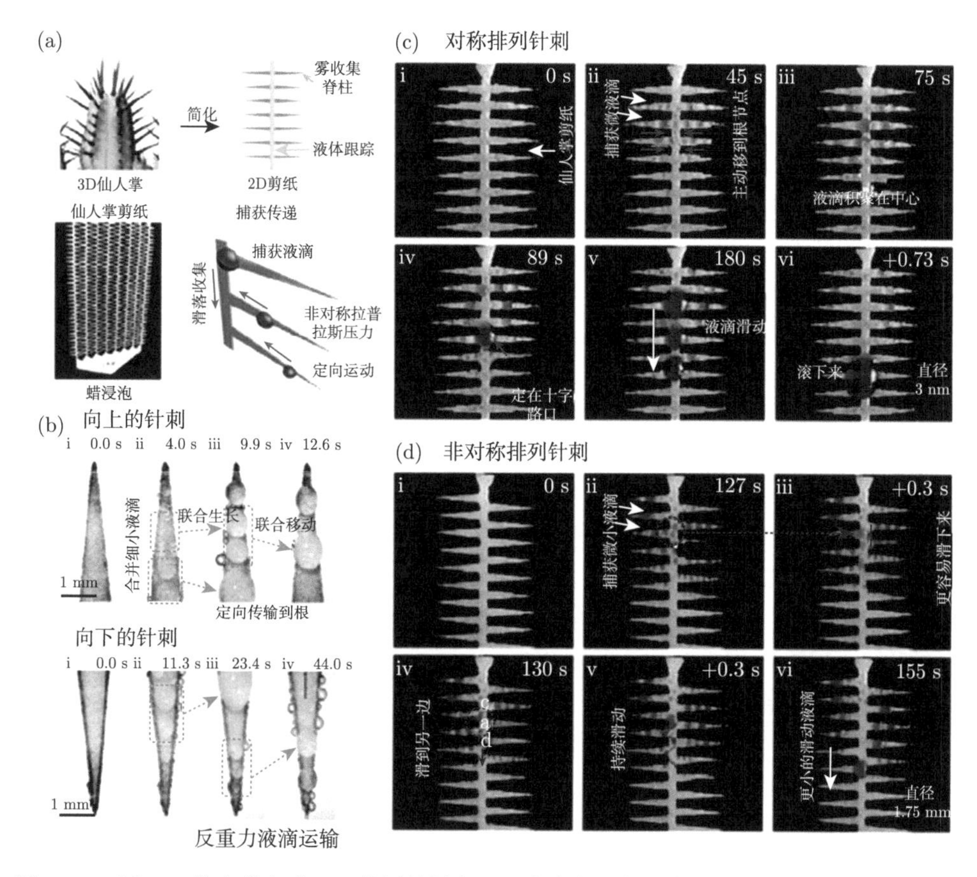

图 4-93 (a) 3D 仙人掌变成 2D 剪纸材料和 (b) 水滴在三角形脊柱上的定向运动行为；水滴在 (c) 对称排列脊柱和 (d) 交替排列脊柱上的移动行为 [108]

列的脊柱表现出较短的三相接触线轮廓长度 (图 4-93(b)、(c))。刺的排列方式在液滴的大小和传输速度两个方面影响雾气收集效率。在 $\sim 220\ \mathrm{cm\cdot s^{-1}}$ 的雾流量下，仙人掌的集水速率可达 $\sim 4000\ \mathrm{mg\cdot cm^{-2}\cdot h^{-1}}$，分别是竖琴式集水器和板式集水器的 1.6 倍和 11 倍。此外，这种基于纸张的基材和施工过程的成本大大降低到近 0.5 美元 $\cdot\ \mathrm{m^{-2}}$。这项工作为先进的雾水收集器提供了合理的设计，并为微流体、冷凝、液体收集等方面从 3D 到 2D 开发功能材料提供了更多的可能性。上述大多数雾水收集器在外表面进行，易受到外部环境影响。同时为了优化重力驱动式集雾器的水输送路径，Jiang 等 [342] 提出了一种具有自泵吸雾滴功能的多级亲疏水 (3H) 协同集雾面。定向输水完全依赖于球形悬挂液滴的表面能释放。由直立钢针、三聚氰胺树脂亲水泡沫和疏水硅条纹组成的 3H 捕雾表面，集雾能力增强，比原始亲水泡沫表面提高 4 倍，比无层次结构的亲/疏水表面提高 2 倍 [108]。制备的雾水收集器一侧捕获液滴，另一侧在装置内运输液滴。更重要的是，由于整个输水过程都在装置内部进行，即使在恶劣的自然条件下也不会影响输水过程。改进了保水途径，克服了传统系统的缺陷。凸出结构可以有效地捕获雾水，然后在润湿性梯度的驱动下被亲水泡沫吸收。条纹水屏障的进一步加入促进了单向的水运输，即使在重力作用下。在表面能量的推动下，这款 3H 雾水收集器可以实现高效捕雾、定向送水和快速储水的重力独立过程。该装置还表现出极高的雾水收集速率，可以在 20 min 内捕获 7 mL 的水 ($21000\ mg \cdot cm^{-2} \cdot h^{-1}$)。

基于蜘蛛丝的雾水收集器的制备，由于需要构建“纺锤节/接头”结构实现雾水收集特性，因此更加复杂。纺锤节的表面形态以及纺锤节和接头的尺寸都会影响雾水收集效率。Zheng[343] 采用柔性平行喷嘴微流控法制备了基于 $CaCl_2$ 和壳聚糖的粗糙纺锤节微纤维。该方法可以大规模制造在纺锤节和关节之间具有粗糙度梯度的生物仿生纺锤节，并且可以通过调节 $CaCl_2$ 的含量和流速控制纺锤节的表面形态、纺锤节和接头的尺寸，从而改变雾水收集效率。以壳聚糖和海藻酸钙为主要原料制备的纺锤节微纤维在酸性 (pH=5) 和碱性 (pH=9) 环境中具有较强的力学性能和耐腐蚀性能。在水的收集过程中，微小液滴可以在纺锤节微纤维表面被捕获，随后液滴可以结合并从接合处运输到纺锤节段。结果表明，纺锤节的表面形貌直接影响集水效率，粗糙度梯度越大，集水效率越高。具体而言，当两个纺锤节之间的距离从 1.43 mm 增加到 1.67 mm 时，雾水收集效率从 $4570\ mg \cdot h^{-1}$ 下降到 $4230\ mg \cdot h^{-1}$，这种平行喷嘴微流控技术提供了一种低成本、灵活地制备高生物相容性的生物启发式粗纺锤节微纤维的方法，在大规模集水、药物持续释放和定向集水等方面具有广阔的应用前景。类似的，通过静电纺丝和流体涂层材料的组合实现了在结构内部运输液滴，Zheng 等 [71] 制备了具有均匀外壳的仿生纳米纤维凸起 (BNF)(图 4-94(a)、(b))。由纳米纤维组成的纺锤节具有更高的比表面积，可以提高捕雾效率。此外，由于纳米纤维之间形成毛细管通道，纺锤节也可以将液滴输送到 BNF 内部。内外传输的配合，可以进一步提高捕获雾的传输速度。由于将纺锤节纤维作为静电纺丝集电极的大胆创新，BNF 表现出明显的纺锤节/接头结构，纳米纤维在驼峰上随机分布，而在接头上排列。纳米纤维在集热器处堆积，形成随机分布的结构，接头处的纳米纤维被集热器吸引，并朝向集热器 (图 4-94(c))。由定向纳米纤维组成的接头和由随机排列的纳米纤维组成关节的粗糙度有显著差异 (图 4-94(d))。蜘蛛结和关节之间的表面能量梯度驱动液滴向较粗糙的蜘蛛结移动。三种不同长度的 BNF 网的捕雾过程如图 4-94(e) 所示，较长的 BNF 网集水效率较高。图 4-94(f) 是液滴形成和传输 (从左到右) 三种模式下的数字照片，包括两根交叉纤维、三根交叉纤维和网状纤维。可见，液滴的分离时间分别为 21.50 s、31.20 s 和 0.16 s，这可以归因于网状纤维能够将周围的液滴汇聚到中心，并加速液滴的生长。

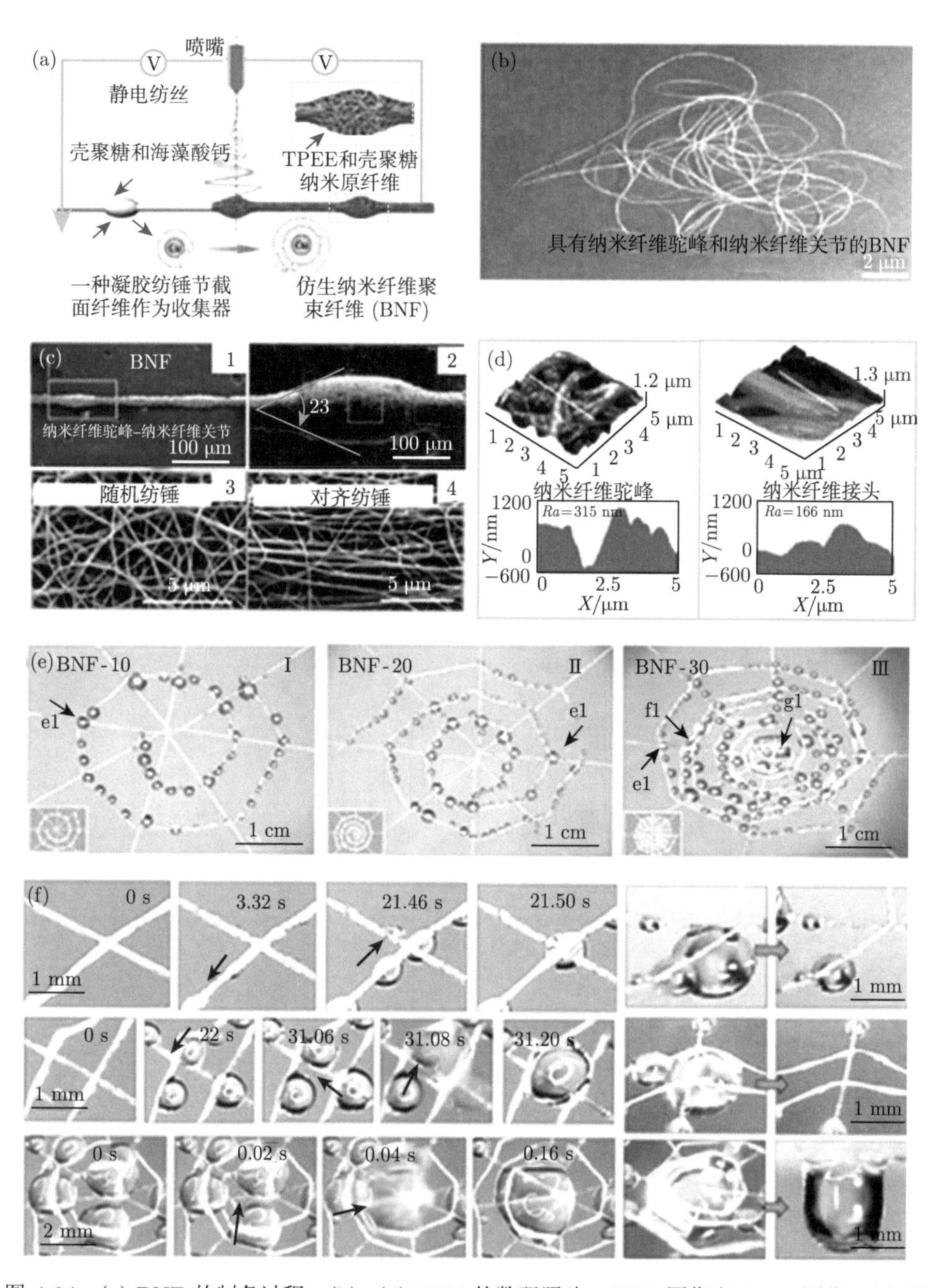

图 4-94 (a) BNF 的制备过程；(b)~(d) BNF 的数码照片、SEM 图像和 AFM 图像；(e) 不同螺旋间隙下 BNF 的捕水行为；(f) 两根交叉纤维、三根交叉纤维和网状纤维的捕雾和分离过程 (从左到右)[343]

与超疏水-超亲水复合表面相比，受猪笼草启发制备的仿生超滑移表面由于更高的导热性和更低的接触角滞后，表现出出色的雾水捕获和收集效率。但仿生超滑移表面的雾水收集效率会随着润滑油的损失而降低。我们团队基于仿生超滑移表面做了很多出色的工作。大多数思路采用水热、化学刻蚀、喷涂等方法构筑粗糙基底后灌注润滑油制备了稳定的仿生超滑移表面。上述提到的 Fan 等在锌片表面构筑中空 ZnO 纳米管状粗糙结构 [196]，使用 WO_3 纳米粒子和无机黏结剂喷涂基底后用低表面能物质修饰制备仿生超滑移表面 [186]。所制备的表面具有优异的化学和物理稳定性，在经历诸如刀刮、砂纸磨损、强酸/强碱浸泡等极端条件处理后，仍然具有较高的雾水收集效率，以及在液滴成核和移除方面表现出优异的性能。除此之外，在具有一定几何结构的表面修饰硅油后制备的仿生超滑移表面相较于仿生超滑移平面表现出更好的雾水收集效率。Xiao 等 [223] 采用切割法、水浴法和喷涂法，将宏观图案和微观结构结合，制备了具有氧化铝微针结构表面的光滑“捕雾刷”(图 4-95)。光滑表面有利于雾捕获和运输，且只有少量

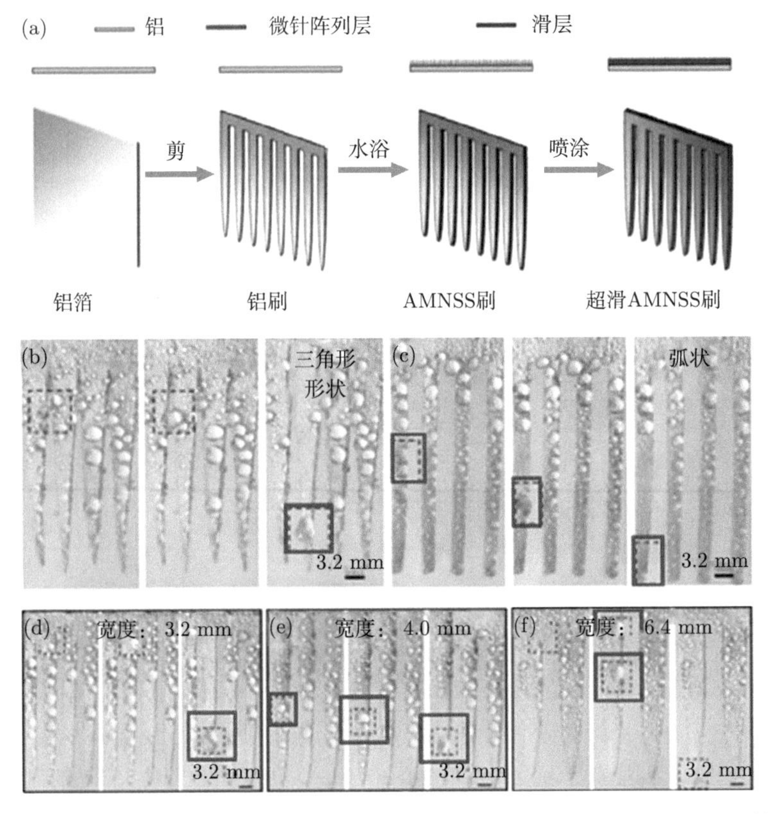

图 4-95　(a) 光滑氧化铝微针结构表面的制备；(b)、(c) 不同形状和 (d)～(f) 不同单位宽度的表面的动态雾水收集过程 [223]

雾滴从表面逸出，有利于液滴的合并。相对于矩形铝板，弧形铝板由于表面液滴位移较小而表现出更强的雾捕获能力。具有 4.0 mm 宽弧形针的捕雾刷表现出出色的雾收集能力 (445 $mg \cdot cm^{-2} \cdot h^{-1}$)。除上述提到的四种主要生物以外，受铁兰 [344]、麦芒 [345]、蜥蜴 [346]、滨鸟 [347] 等的启发，还报道了一些特殊但同样有效的雾水收集装置。尽管已经付出了巨大的努力，但目前基于上述生物的仿生雾水收集装置还不能完全复制其能力，其集水机制需要深入研究。除此之外，对自然界中其他具备集水能力的生物也需要进行更系统的研究，并且从有趣的生物中制造仿生材料仍然面临巨大的挑战。

2. 二元仿生启发的雾水收集装置

单个生物启发的润湿性表面具有单个生物雾水收集特性，存在雾水收集能力有限的问题 [348]。基于纳米布沙漠甲虫、仙人掌、蜘蛛丝表面的雾水收集过程发生在外表面，当捕获液滴的体积大于临界尺寸时会向下滑动。捕获的液滴在运输过程中不可避免地会重新蒸发。仿生超滑移表面能够快速运输液滴，但捕获液滴能力较差。集多种生物的优势于一体能够有效弥补上述单一生物启发的雾水收集装置的局限性。而在如何充分利用生物特性和简化设备制备过程之间取得平衡仍是值得深入探索的问题 [5,349]。随着研究的进一步发展，通过巧妙的设计，结合两种生物的仿生雾水收集装置的惊人的雾水收集效率被广泛报道 [224,350,351]。

Zhao 的团队 [113] 受仙人掌锥形刺和沙漠甲虫的启发，通过聚偏二氟乙烯-六氟丙烯共聚纳米纤维 (PNFs) 的静电纺丝层制备具有不对称结构和各向异性润湿性的杂化膜，并通过电化学阳极氧化在铜网表面生长一层 $Cu(OH)_2$ 纳米针 (CNNs)，形成了 CNN/PNF 交错结构混合膜 (图 4-96(a))。样品在每一步制备过程后的 SEM 图像如图 4-96(b)～(d) 所示。原铜网表面光滑，平均孔径约 75 mm，经静电纺丝覆盖一层均匀分布的 PNFs，再在铜网上生长一层致密的 CNN。亲水的 CNN 可以捕获雾中的液滴，疏水的 PNF 可以运输捕获的液滴。在润湿梯度的作用下，CNN/PNF 交错区域的小液滴直接从 PNF 侧传输到 CNN 侧 (图 4-96(e))。悬浮在 PNF 上的液滴与其他小液滴结合，直到它们接触 CNN 并被吸收 (图 4-96(f))，据报道，该混合膜表现出出色的雾水收集速率，达到 69600 $mg \cdot cm^{-2} \cdot h^{-1}$。Zheng 等 [352] 受仙人掌锥形刺和蜘蛛网状结构的启发，用亲水性氧化锌 (ZnO) 纳米锥装饰 3D 纤维网络 (图 4-96(g))。高比表面积多层结构暴露在纤维上，再加上亲水装饰，使纤维对水分子更具吸引力 [353-355]。由于拉普拉斯压力差的存在，这些纳米锥可以捕获雾液滴，生成聚结液滴，从而提高液滴的传输效率。特别是，一种新颖的机制揭示了纳米锥装饰纤维被润湿后即形成水膜并立即分解成液滴，这是由于与瑞利不稳定性有关的力。由此产生的低滞留面实现了快速连续水流的形成，而不是传统的断续过程。因此，这种结构成功地解决了捕获的雾滴不易输送的问题。在集水过程中纤维处于倾斜状态，在重力作用下，水膜两端的厚度不同，这样水膜就可以转化为连续的水滴。动态雾收集过程记录在图 4-96(j) 中。这种连续的雾传输过程可归因于交叉结构和亲水性 ZnO 纳米锥的优势。随着纳米锥在装饰的三维光纤网络上的结合，由于拉普拉斯力、液滴重量的增加、瑞利不稳定性的综合作用，微小的水更容易在三维纳米锥纤维 (N3D) 上形成连续的水流而不是静止不动。此外，暴露在水分中的高比表面积的锥形结构以及亲水吸引力使 N3D 上的水分子迅速被抓住，显著加快了在 N3D 上的捕雾和水聚集过程。据统计，所制备装置的雾水收集速率高达 3600 $mg \cdot cm^{-2} \cdot h^{-1}$。其中 2 h 内收集到的水的质量比没有纳米锥的原始 3D 网的重量提高 240 倍以上。这种生物激发的 ZnO 纳米锥装饰 3D 纤维网络在生产或生活中收集雾水方面具有潜在的应用价值，例如，在冷却水塔和农业灌溉系统中，以及在缺水国家，水的再冷凝技术被广泛应用。Jiang 等模仿仙人掌脊柱和瓶子草毛状体的结构在铜板上构筑层次结构。同时采用折纸技术将 2D 蜘蛛网状雾水收集器折叠成 3D 仙人掌状雾水收集器 (图 4-97(a))[356]。比较了在干燥和潮湿条件下沿有倒刺和分层通道的脊柱、有分层通道的脊柱、有倒刺和凹槽的脊柱、有倒刺的脊柱的输送过程 (图 4-97(b)、(c))，带有倒刺和分层通道的脊柱表现出最快的液滴传输速度。总体而言，受仙人掌和瓶

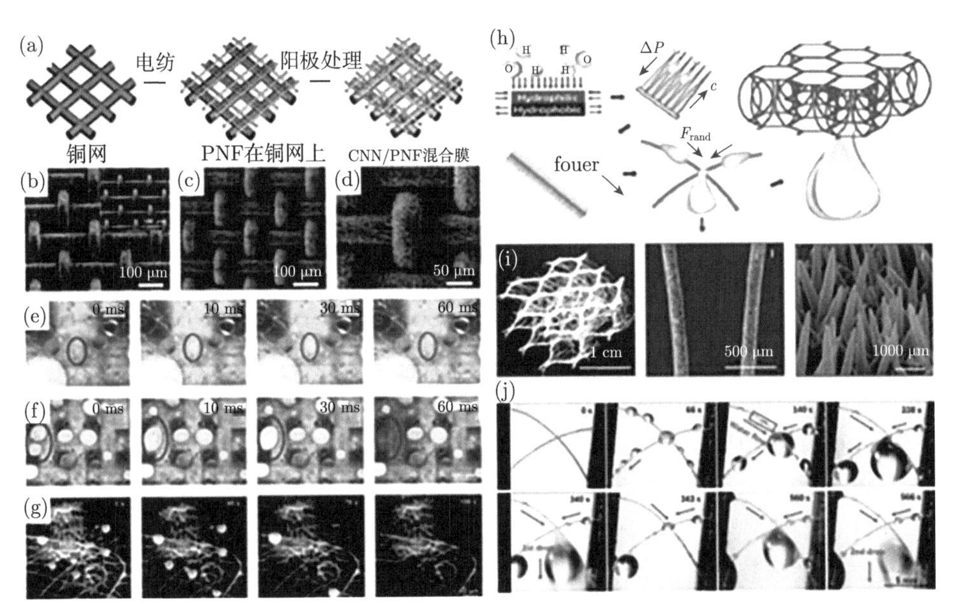

图 4-96　(a) 具有润湿性和拓扑各向异性的混合膜设计方案。(b)～(d) PNF 覆盖原始铜网格的 SEM 图像，插图为原始铜网格；(e)、(f) CNN/PNF 混合膜的动态捕雾行为；(g) 饱和蒸汽中液滴凝结和输送的 ESEM 图像 [113]；(h)、(i) 受蜘蛛网和仙人掌脊柱启发的 3D 纤维网络雾气收集装置的示意图；(j) 雾滴在 3D 纤维网络上的凝聚和分离行为 [352]

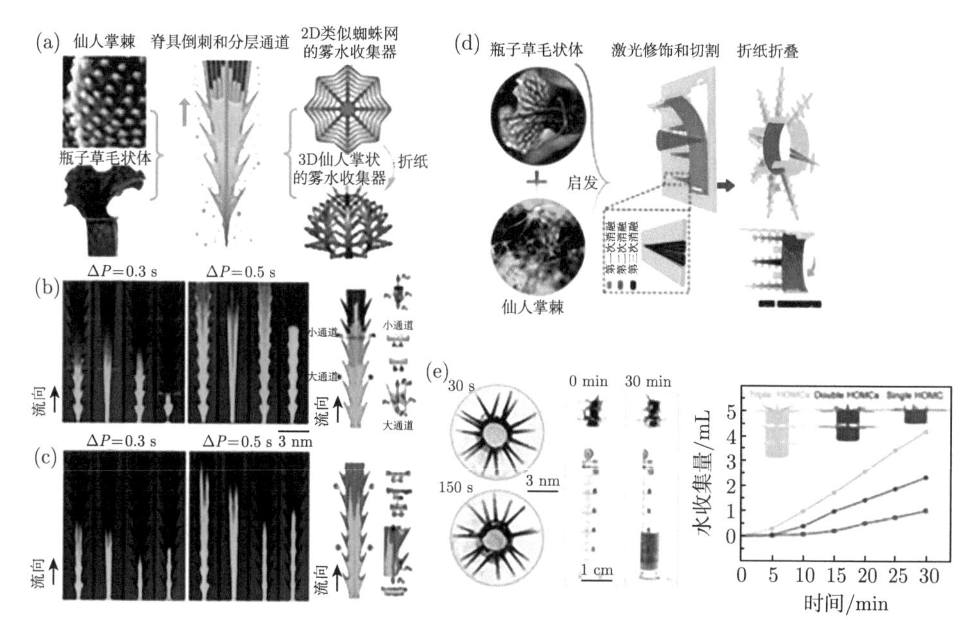

图 4-97 (a) 3D 类仙人掌仿生雾水收集装置的示意图和雾水收集能力；(b)、(c) 干湿状态下不同结构表面的液滴输运过程 [356]；(d) 制造分层折纸雾水收集器的方案和程序图；(e) 雾水收集器的雾水收集和储水性能 [357]

子草毛状体启发，仿生雾水收集装置的雾水收集速率高达 560 mg · cm^{-2} · h^{-1}。多数雾水收集装置着力于解决雾滴捕获和运输问题，很少有研究考虑水的储存效率。Li 等 [357] 通过三步飞秒激光和折纸折叠的组合构建了一个分层折纸雾水收集器 (图 4-97(d))。它由三部分组成：带有刺的圆形脊柱阵列和用于集水的梯度通道，带有内部超亲水凹槽用于储水的环形薄壁，以及用于锁定和连接到其他部分的支架。该装置的雾水收集和储水性能如图 4-97(e) 所示。三重雾水收集装置可以在 30 min 内收集 4.2 mL 雾滴 (雾流速约为 2.33 cm· s^{-1})。将其安装在玫瑰茎上测试其储水能力，120 min 后，雾水收集装置中仍有一些储存水，而 90 min 后原始玫瑰茎中没有储存水。所制备的雾水收集装置不仅显示出高雾水收集速率，还表现出优异的储水能力。

3. 三元仿生启发的雾水收集装置

将三种生物的优异性能结合在一种仿生雾水收集器中可以进一步弥补受单一生物启发的仿生雾水收集装置的缺点 [358,359]。但由于三元仿生雾水收集器的制造技术通常是物理/化学性质的多尺度组合，其制备过程往往较为复杂。3D 打印因具有纳米级的制造精度和快速的制造速度，通常被作为制造三元仿生雾水收集结构的合理选择。

Wang 等 [189] 利用液滴微流控和 3D 打印技术制备了新型非对称纤维。纤维正面的周期性驼峰灵感来自根乃拉草叶，吸水纤维体的灵感来自山芫荽属叶的毛发，纤维表面的超疏水-超亲水相间图案来自于纳米布沙漠甲虫 (图 4-98(a))。结果表明，凹凸谷结构有利于连续收集雾气。为了进一步讨论结构对雾收集的影响，对比了光滑纤维网格、对称纤维网格和不对称纤维网格的动态雾收集过程。对于光滑纤维网格和对称纤维网格，由于较高的接触角滞后和无拉普拉斯压力差，捕获的液滴留在纤维表面而不是向下滑动，不对称的表面发生明显的液滴传输过程的纤维网，集雾速率高达 195 $\mathrm{L \cdot m^{-2} \cdot d^{-1}}$ (8250 $\mathrm{mg \cdot cm^{-2} \cdot h^{-1}}$)，可满足 26 人的日常饮水需求。Chen 等 [360] 制作了一种受多种生物启发的仿生雾水收集器，由表面具有可控纵向脊 (灵感来自沙漠草叶)、仙人掌状脊柱结构和通过 3D 技术装饰有弯曲斜弧形坑洞的类似猪笼草的底部凹槽组成打印 (图 4-98(b))。首先，液滴在脊柱和脊柱的尖端被捕获，并在拉普拉斯力的作用下流向底部。然后，收集的水滴通过弯曲倾斜的弧形凹坑槽有效地输送到底部水库。曲率较大的脊柱尖端表现出较高的雾捕获能力 [68,361]。当纵向脊数为 4 时，样品的集雾效果最好。但当进一步增加脊的数量 (从 4 个增加到 8 个) 时，由于相邻脊之间的角距离较小，集雾速率呈现相反的趋势，阻碍了由表面能梯度驱动的水捕获和水传输的集雾效果。弯曲倾斜的弧形凹坑凹槽可以整合拉普拉斯压力、毛细管力和重力，表现出最快的液滴传输效果 (图 4-98(d))。通过合理优化刺和底部凹槽，可以在 7200 s 内收集到 (0.218 ± 0.049) g 水 (1090 $\mathrm{mg \cdot cm^{-2} \cdot h^{-1}}$)。Ding 等 [36] 通过静电纺丝的三个步骤报道了一种亲水-疏水纳米纤维-铜网 (HHNCM)(图 4-98(c))，结合了纳米布沙漠甲虫表面的凹凸结构提高雾滴沉积效率、蜂窝网格的纳米纤维毛细管控制雾滴传输方向、猪笼草超滑移表面加速液滴传输三种特性。据研究，雾捕获和运输的整个过程可以在 5 min 内完成。此外，样品的雾捕获能力保持在较高水平，约为 1110 $\mathrm{mg \cdot cm^{-2} \cdot h^{-1}}$。即使经过 20 个循环，HHNCM 的雾收集效率仍保持在较高水平。受上述制备的仿生雾水收集装置的启发，作者提出了将 HHNCM 作为集雾窗的创造性应用思路。夜间打开所有窗户，捕捉水流中的水滴，然后自发收集到水容器中，而白天则保持窗户关闭，可以有效避免捕捉到的水蒸发。这种应用理念不仅节约了农业用水，还有效地将自然资源转化为可用资源，从而实现可持续发展。

同样的，为了解决液滴在材料表面的蒸发问题，科学家们也做出了巨大的努力。受荷叶的 Janus 结构、仙人掌刺的锥形结构和沙漠甲虫的凹凸表面的启发，Zhang 等 [362] 通过飞秒激光选择性烧蚀和表面改性，提出了在铝箔上分层亲水/疏水/凹凸不平的 Janus(HHHBJ) 薄膜 (图 4-98(d))。疏水区域捕获的液滴定向汇聚到亲水区域形成水膜，当水膜变得足够大并接触到锥形孔时，在重力和锥形孔产生的拉普拉斯力的共同作用下，水被输送到底面储存。在垂直雾流 (≈11400 mg ·

h^{-1}) 下 40 min 内可收集 7.6 g 雾水。

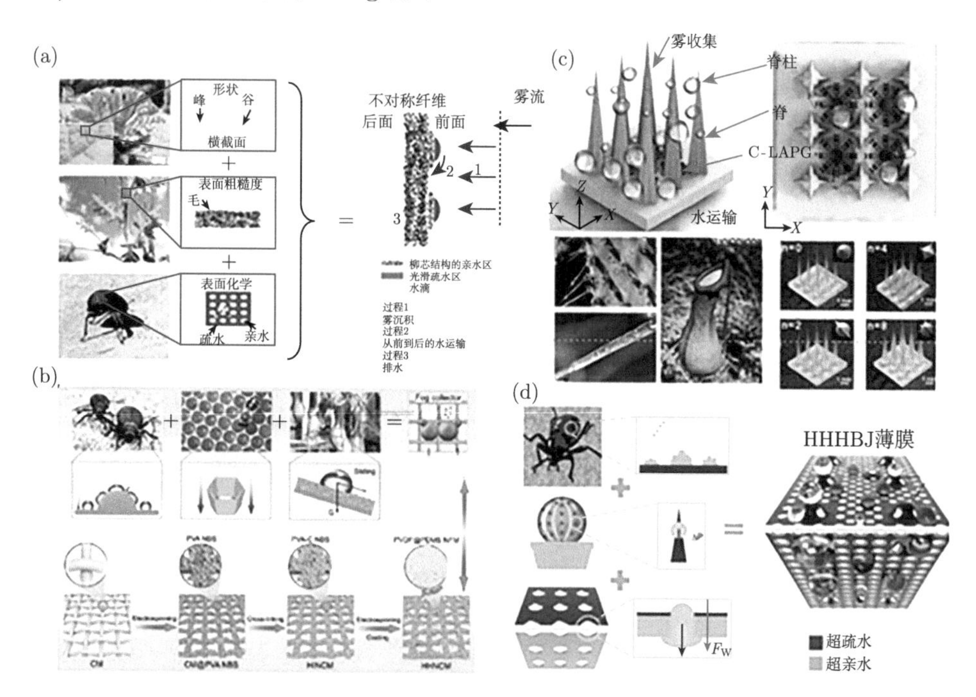

图 4-98 (a) 受根乃拉草叶、山芫荽属叶的毛发、纳米布沙漠甲虫启发的不对称纤维的示意图 [189]；(b) 沙漠草叶、仙人掌刺、猪笼草的底部凹槽启发的仿生雾水收集装置 [360]；(c) 纳米布沙漠甲虫、蜂窝网格结构、猪笼草超滑移表面启发的仿生雾水收集装置 [277]；(d) 纳米布沙漠甲虫、仙人掌刺和 Janus 结构启发的仿生雾水收集 HHHBJ 薄膜 [362]

4. 四元仿生启发的雾水收集装置

不同集水机制的有效组合是提高效率的有效途径。多元仿生不仅仅是不同材料特性的简单组合，制造多元仿生雾水收集装置的难度随着组合特性的增加成倍地增加，且在大多数情况下，多元仿生雾水收集装置的雾水收集效率无法与生产成本相匹配，导致对多元仿生雾水收集装置的报道很少 [363]。

Li 等 [364] 创造性地制备了具有异质润湿性和互穿结构的 Janus 膜，灵感来自于仙人掌刺的不对称层次结构、纳米布沙漠甲虫背部的交错疏水-亲水结构、猪笼草多孔超滑移表面和水生植物的定向泵送性能 (图 4-99(a))。受多生物灵感启发的 Janus 膜采用喷涂和蚀刻相结合的制造策略，展现出液体单向传输的特性，从而能够高效地收集雾水。杂化 Janus 膜由 $Cu(OH)_2$ 纳米纤维 (CNF) 和微四足体 ZnO(ZnO 四足体) 组成，直接烧蚀形成规则不对称凸起微孔阵列，并在 Janus CNF/ZnO 四足体膜基底上形成润滑层。疏水/亲水非均质结构产生能量梯度和拉普拉斯压力差，通过不对称润湿性微孔提高疏水侧到亲水侧的高水力压差，对提高液体单向输送性能具有协同作用。此外，通过改变表面自由能和表面粗糙度，可以制备具有多重超润湿性的 CNF 和 ZnO 四足体交替阵列。在适当浓度下，低能量全氟聚醚 (PFPE) 润滑剂在聚二甲基硅氧烷 (PDMS) 薄膜表面的局部分布状态由连续变为分散分布，这是由于 PFPE 从根部向纳米纤维顶部迁移，导致交替排列的尖端具有亲水性质，中间区域具有低附着疏水性质，根部具有超滑移性质。结果，小水滴被类似仙人掌刺的不对称微观结构和类似纳米布沙漠甲虫背部的疏水/亲水交替凸起从雾中捕获和吸引。不同大小的液滴可以像水生植物一样，在毛细驱动力的作用下，从不同方向和距离通过凸起的空心通道定向向下泵送，最终被收集。值得注意的是，液滴驱动力仅来自毛细驱动，而不是外部能量输入和液滴凝结或聚结，从而获得理想的效率。研究还表明，在高效雾收集过程中，光滑表面在液滴捕获、泵送和收集方面具有明显的通用性和可回收性。由此可以推断，这种多生物激发的杂化 Janus 膜表面将为大规模制备具有多重超润湿性的功能膜提供新的思路，在不需要额外能量的流体操纵中，如缓解水资源短缺和分析生化有机液体等方面具有广阔的应用前景。

Wang 等 [365] 采用两步法制备了四元仿生雾水收集装置。首先，通过水滴模板法和超疏水修饰制备微孔表面。然后，将微孔超疏水薄膜从特定图案固化。正如图中呈现的，超疏水-超亲水图案灵感来自纳米布沙漠甲虫，用于高效捕获雾气，超滑移表面灵感来自猪笼草，实现快速液滴传输，楔形超亲水阵列灵感来自仙人掌脊柱，用于定向液滴运输，受肾蕨启发的替代排列阵列可以减少收集障碍 (图 4-99(b))。相对于文中所演示的点状和线状图案，楔形图案在 45~50 $cm \cdot s^{-1}$ 的流速下，表现出最高的集水速率 ((2166 ± 71) $mg \cdot cm^{-2} \cdot h^{-1}$)。Zhou 等 [118] 提出了一种独特的设计方案，制备了受多重生物启发的超滑移表面，源自纳米布沙漠甲虫、仙人掌、水生植物和猪笼草，它协同结合雾捕获、凝结和运输，比其他合成表面具有更好的性能。在不依赖额外的能量输入或液滴聚结的情况下，这种受多种生物启发的光滑表面显示出理想的液滴泵送和水收集效率。与单一的原始锌片相比，这种独特的集水装置的集水速率提高了约 257.9%，约为 2086.67 $mg \cdot cm^{-2} \cdot h^{-1}$。所制备的基材在不同环境下均具有优异的稳定性和耐候性。因此，这种合理的设计策略和相应的理论模拟可以广泛应用于集水等领域。Li 等 [366] 通过模仿仙人掌刺的不对称结构、沙漠甲虫背部的亲/疏水表面、蜘蛛丝的纺锤节、荷叶的不对称浸润性，利用化学刻蚀和静电纺丝技术，成功制备了兼具不对称微观结构和相反润湿性的四元仿生 Janus 膜材料。该材料通过化学刻蚀在金属铜网表面生成微米级 “针刺” 结构，然后再静电纺一层串珠状超疏水静电纺丝膜，使得微米级针刺结构能够穿透静电纺丝膜，构造出一种具有不对称微观结构和亲疏水特性的纳米纤维膜/微针铜网复合集水材料 (NF/MN Cu mesh)，实现了高效的雾水收集。具体制备过程如图 4-100 所示。该制备工艺兼具成本低廉与工序简单的

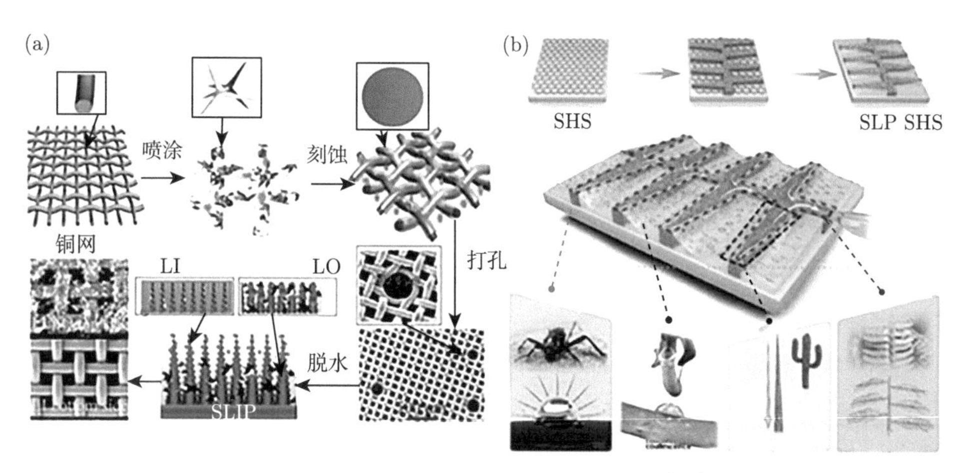

图 4-99 (a) 具有异质润湿性和互穿结构的 Janus 膜的制备过程 [364]；(b) 受纳米布沙漠甲虫、猪笼草超滑移表面、仙人掌脊柱、肾蕨启发的四元仿生雾水收集装置 [365]

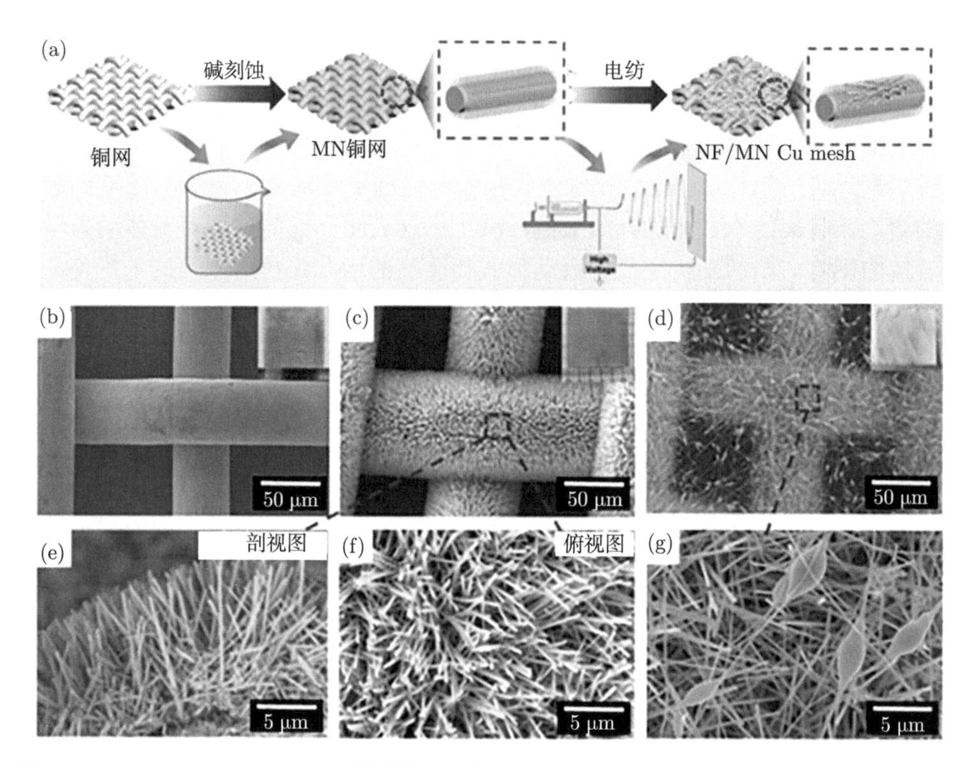

图 4-100 (a) NF/MN Cu mesh 的制备流程图；(b)~(d) Cu mesh、MN Cu mesh、NF/MN Cu mesh 的 500 倍的 SEM 图像；(e) MN Cu mesh 的 SEM 横截面图像；(f)、(g) 分别是 (c)、(d) 对应的 5000 倍的 SEM 图像 [366]

优点，为缓解淡水资源短缺问题提供了新的思路。结果表明，NF/MN Cu mesh 的雾水收集速率明显高于其他样品，可达 65.081 g · cm^{-2} · min^{-1}。将每个样品重复测试 10 次，水收集数据依然稳定，可实现持续的雾水收集过程。该材料不仅同时构建了浸润性梯度和形状梯度，而且 Janus 膜材料阻碍了亲水侧水分向疏水侧转移，降低了水分的再次蒸发，有效提高了保水率。两者协同作用实现了高效的雾水收集，为缓解淡水资源危机提供了新的思路。

4.6.3 基于空气动力学的雾水收集效率

对于非相变仿生雾水收集体系，几何地形对材料表面间雾流的空气动力学也有积极影响。雾是一种基于 10 μm 的微滴和流动空气的两相流。流动的空气可以对雾滴的运动产生阻力，气相的扰动会影响单个雾微滴的运动。液滴在表面或管状物上的各向异性和定向运动可以通过不平衡的表面张力或相反方向的毛细管力形成，这些现象可以由梯度表面润湿性或各向异性结构所引起。在梯度润湿性表面上，可润湿性表面具有较小的前进接触角和较高的表面张力，而不可润湿性表面具有较大的后退接触角和较低的表面张力，液滴两端形成不平衡的力，推动液滴运动 [100,101,367]。

Zhong 等 [193] 围绕扩散动力学进行了一些工作。保持表面相同的润湿性的同时评估凹凸不平的铜片表面和平坦的铜片表面的雾水收集行为 (图 4-101(a)、(b))。通过用毫米级凸起装饰平面，使雾水收集效率提高了 2.83 倍。此外，随着凸起数量的增加，收集的水量增加到最大值后减小。这表明凸起的排列对流体动力学也有一定的影响。凸起干扰空气的流动形式和微滴的运动路径。空气的干扰使凸起有更多的机会捕获液滴，这导致与平面相比，凸起上的液滴生长速度更快。这表明单独优化表面几何结构也可以提高雾水收集效率。毫米级凸起的材料表面也表现出类似的结果。

常用的捕获材料表面几何结构主要分为一维线状 (丝状、脊状) 和二维平面。当雾流冲击一维线状和二维平面时，表现出的空气动力学是不同的。相对于一维线状结构，二维平面结构会引起微滴更大的偏移。因此，与流向表面的总液滴量相比，表面捕获的液滴量更少。当一维线状雾水收集器的直径减小到一定程度时，这种偏差可以忽略不计。液滴在一维线状金属丝的生长速度比在二维平面快 100 倍。一维线状雾水收集器的雾水收集率 (收集水的质量/流经材料表面的总的雾质量) 高达 13%，在由一维线状结构组成的三维雾水收集器上也可以得到进一步的改进。倾斜柱状阵列在二维曲面上形成更快、更长的定向液体输送。为了进一步提高液体的定向扩散速度和距离，需要采用更复杂的结构，同时增强向前扩散力和向后阻力。底部有楔形弧的微槽，就像猪笼草的周缘一样，成为一种可能的解决方案，它的梯度楔形角增强了液体在前进方向上的扩散，锋利的边缘阻止液体

向后扩散 [222,368,369]。

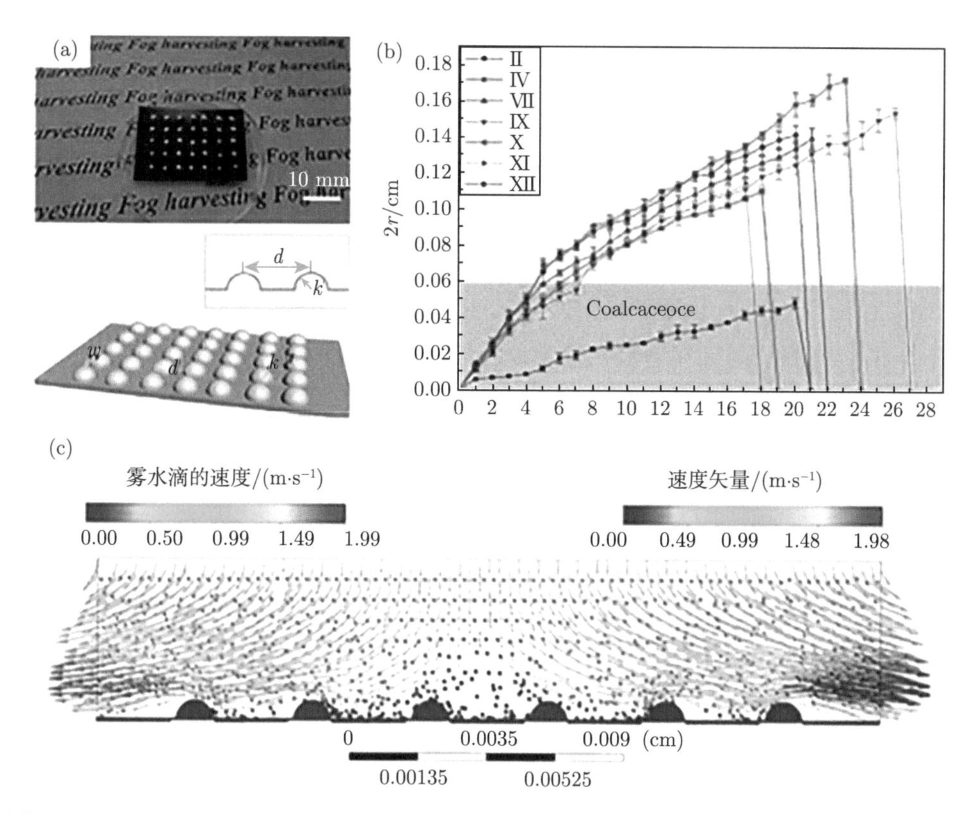

图 4-101 (a) 设计的沙漠甲虫仿生表面的示意图；(b) 水滴在超疏水平面样品 Ⅱ，超疏水凸起状样品 Ⅳ，Ⅶ，Ⅹ，Ⅺ 和 Ⅻ，以及亲水凸起-疏水周遭样品 IX 凸起上的生长速率曲线；(c) 凸起和平面周围的这些微雾滴的瞬态速度矢量和速度，数值大小通过不同的颜色区分 [193]

4.6.4 非相变仿生雾水收集的发展思考

水资源短缺已成为全世界面临的挑战，能够直接从雾流中获取水滴的生物引起了研究人员的极大关注。高效的多元仿生雾水收集装置由于其较高的理论捕雾能力、低成本和不受限制的应用场景，在解决水资源短缺问题方面具有巨大潜力。尽管已经取得了巨大的进展，但目前对仿生雾水收集装置仍缺乏系统的研究，难以实现大规模商业应用。在制备仿生雾水收集装置的过程中仍然存在制造过程麻烦、结构复杂和效率低的问题，但这些缺陷可以通过诸如织物、液相改性、磁流变拉伸光刻以及 3D 打印等商业化制造方法、表面/界面工程、多功能组合等策略合理解决。为了实现仿生雾水收集装置的大规模商业化应用，仍有以下几个方面需要考虑。

(1) 目前仿生雾水收集装置的设计思路主要基于已探索的一种或多种生物，一些捕雾效率更高的生物仍不为所知。因此，深入研究更多具有卓越汲水能力的动植物的生存机制，对于开发更高的雾水收集技术具有重要意义，值得进一步努力。

(2) 不同集水机制的组合并不是单纯的叠加组合，如何优化扩散动力学/空气动力学协同提高雾水收集效率也是要思考的问题。除此之外，如何降低多元仿生雾水收集装置的制造成本，平衡制造成本与收集效率之间的关系，也是需要不断探究的方向。

(3) 雾水收集理论和机制需要进一步的探索。尽管有大量关于雾水收集装置的报道，但很少有人关注样品结构与雾水收集效率间的构效关系，如受纳米布沙漠甲虫启发的雾水收集装置中，关于亲水和疏水区域的最佳比例仍然没有定论。

(4) 实际的应用过程通常在沙漠以及缺水地区等复杂的室外环境中进行。强风、强沙以及恶劣天气等严酷环境可能会对雾水收集装置造成损坏。因此，如何提高雾水收集装置的耐久性和稳定性需要更多的关注。

(5) 目前实验室中进行的雾水收集大多是在高湿度 (70%~99%) 条件下进行的，这与实际应用 (干旱地区的极低湿度) 有很大差异，因此未来的研究应该更多地关注低湿度条件。

(6) 建立统一的雾水收集效率评价标准。雾流的速度、温度、湿度等外部因素也会影响雾的收集效率。文献报道的试验条件和参数各不相同，因此很难对这些雾水收集装置的综合性能进行比较，这导致对雾水收集效率的评价缺乏足够的说明力。大多数实验通常设置对照组，通过比较最佳组与对照组之间的雾水收集效率差异衡量其制备材料表面的优异性。

(7) 提高材料表面性能。在长期雾水收集过程中，潮湿的表面容易滋生细菌。此外，功能涂层可能会随着水滴一同滑落，这也可能会污染捕获到的雾水，因此无法适用于可饮用水的收集。

传统的材料表面进行雾水收集时液滴成核-生长-运输整个过程很难连续，无法实现最佳的雾水收集效率。因此，多元生物特征的仿生多功能超润湿材料是接下来的研究重点。雾水收集的每个环节均是复杂精细的，探索材料表面液滴的静态润湿行为以及动态运输过程是实现高效雾水收集的先决条件。除此之外，仿生雾水收集的目的是可饮用/生活水的摄取，但目前的器件对雾水收集效率的关注重点在雾水收集速率 (单位时间单位面积内的水收集量) 上，对水收集量/对应雾水总量的研究普遍不高且鲜有报道。未来的研究会继续完善雾水收集装置设计，缩小基础研究与应用技术之间的差距。通过进一步的创新以实现高效且低成本的雾水收集装置制备，对于推动人类可持续发展战略具有重要作用。

参 考 文 献

[1] Xiao L, Li G, Cai Y, et al. Programmable 3D printed wheat awn-like system for high-performance fogdrop collection. Chemical Engineering Journal, 2020, 399: 125139

[2] Knapczyk-Korczak J, Ura D P, Gajek M, et al. Fiber-based composite meshes with controlled mechanical and wetting properties for water harvesting. ACS Applied Materials & Interfaces, 2020, 12: 1665-1676

[3] Wang M, Liu Q, Zhang H, et al. Laser direct writing of tree-shaped hierarchical cones on a superhydrophobic film for high-efficiency water collection. ACS Applied Materials & Interfaces, 2017, 9: 29248-29254

[4] Wang J, Yi S, Yang Z, et al. Laser direct structuring of bioinspired spine with backward microbarbs and hierarchical microchannels for ultrafast water transport and efficient fog harvesting. ACS Applied Materials & Interfaces, 2020, 12: 21080-21087

[5] Zhang M, Zheng Z, Zhu Y, et al. Combinational biomimetic microfibers for high-efficiency water collection. Chemical Engineering Journal, 2022, 433: 134495

[6] Ju J, Xiao K, Yao X, et al. Bioinspired conical copper wire with gradient wettability for continuous and efficient fog collection. Advanced Materials, 2013, 25: 5937-5942

[7] Zhou W, Zhou C, Deng C, et al. High-performance freshwater harvesting system by coupling solar desalination and fog collection with hierarchical porous microneedle arrays. Advanced Functional Materials, 2022, 32: 2113264

[8] Ju J, Yao X, Yang S, et al. Cactus stem inspired cone-arrayed surfaces for efficient fog collection. Advanced Functional Materials, 2014, 24: 6933-6938

[9] Bai F, Wu J, Gong G, et al. Biomimetic "*Cactus spine*" with hierarchical groove structure for efficient fog collection. Advanced Science, 2015, 2: 1500047

[10] Yang H, Zhu H, Hendrix M M R M, et al. Temperature-triggered collection and release of water from fogs by a sponge-like cotton fabric. Advanced Materials, 2013, 25: 1150-1154

[11] Ren F, Li G, Zhang Z, et al. Wu D. A single-layer Janus membrane with dual gradient conical micropore arrays for self-driving fog collection. Journal of Materials Chemistry A, 2017, 5: 18403-18408

[12] Tian Y, Wang L. Bioinspired microfibers for water collection. Journal of Materials Chemistry A, 2018, 6: 18766-18781

[13] Tian Y, Zhu P, Tang X, et al. Large-scale water collection of bioinspired cavity-microfibers. Nature Communications, 2017, 8: 1080

[14] Knapczyk-Korczak J, Stachewicz U. Biomimicking spider webs for effective fog water harvesting with electrospun polymer fibers. Nanoscale, 2021, 13: 16034-16051

[15] Amor N, Noman M T, Petru M, et al. Neural network-crow search model for the prediction of functional properties of nano TiO_2 coated cotton composites. Scientific Reports, 2021, 11: 13649

[16] Balram D, Lian K Y, Sebastian N, et al. Bi-functional renewable biopolymer wrapped CNFs/Ag doped spinel cobalt oxide as a sensitive platform for highly toxic nitroaromatic compound detection and degradation. Chemosphere, 2022, 291: 132998

[17] Azeem M, Noman M T, Petru M, et al. Surface wettability of vertical harps for fog collection. Surfaces and Interfaces, 2022, 30: 101842

[18] Szewczyk P K, Ura D P, Metwally S, et al. Roughness and fiber fraction dominated wetting of electrospun fiber-based porous meshes. Polymers, 2018, 11: 34

[19] Stachewicz U, Barber A H. Enhanced wetting behavior at electrospun polyamide nanofiber surfaces. Langmuir, 2011, 27: 3024-3029

[20] Moshynets O, Bardeau J F, Tarasyuk O, et al. Antibiofilm activity of polyamide 11 modified with thermally stable polymeric biocide polyhexamethylene guanidine 2-naphtalenesulfonate. International Journal of Molecular Sciences, 2019, 20: 348

[21] Knapczyk-Korczak J, Szewczyk P K, Stachewicz U. The importance of nanofiber hydrophobicity for effective fog water collection. RSC Adv, 2021, 11: 10866-10873

[22] Schemenauer R S. Cereceda P. The role of wind in rainwater catchment and fog collection. Water International, 1994, 19: 70-76

[23] Knapczyk-Korczak J, Szewczyk P K, Ura D P, et al. Improving water harvesting efficiency of fog collectors with electrospun random and aligned polyvinylidene fluoride (PVDF) fibers. Sustainable Materials and Technologies, 2020, 25: e00191

[24] Cho B M, Nam Y S, Cheon J Y, et al. Residual charge and filtration efficiency of polycarbonate fibrous membranes prepared by electrospinning. Journal of Applied Polymer Science, 2015, 132(1): e41340

[25] Ura D P, Knapczyk-Korczak J, Szewczyk P K, et al. Surface potential driven water harvesting from fog. ACS Nano, 2021, 15: 8848-8859

[26] Li J, Li W, Han X, et al. Sandwiched nets for efficient direction-independent fog collection. J Colloid Interface Sci, 2021, 581: 545-551

[27] Yu Z, Zhang H, Huang J, et al. Namib Desert beetle inspired special patterned fabric with programmable and gradient wettability for efficient fog harvesting. Journal of Materials Science & Technology, 2021, 61: 85-92

[28] Guo C, Wang C, Huang Q, et al. 3D-printed spider-web structures for highly efficient water collection. Heliyon, 2022, 8: e10007

[29] Gurera D, Bhushan B. Multistep wettability gradient on bioinspired conical surfaces for water collection from fog. Langmuir, 2019, 35: 16944-16947

[30] Li X, Liu Y, Zhou H, et al. Fog collection on a bio-inspired topological alloy net with micro-/nanostructures. ACS Applied Materials & Interfaces, 2020, 12: 5065-5072

[31] Wang Y, Zhang L, Wu J, et al. A facile strategy for the fabrication of a bioinspired hydrophilic-superhydrophobic patterned surface for highly efficient fog-harvesting. Journal of Materials Chemistry A, 2015, 3: 18963-18969

[32] Yin K, Du H, Dong X, et al. A simple way to achieve bioinspired hybrid wettability surface with micro/nanopatterns for efficient fog collection. Nanoscale, 2017, 9:

14620-14626

[33] Xu T, Lin Y, Zhang M S, et al. High-efficiency fog collector: Water unidirectional transport on heterogeneous rough conical wires. ACS Nano, 2016, 10: 10681-10688

[34] Wan Y, Xu J, Lian Z, et al. Superhydrophilic surfaces with hierarchical groove structure for efficient fog collection. Colloids and Surfaces A: Physicochemical and Engineering Aspects, 2021, 628: 127241

[35] Zhang Y, Yang X, Wang S, et al. Multifunctional superhydrophobic copper mesh for efficient oil/water separation and fog collection. Colloids and Surfaces A: Physicochemical and Engineering Aspects, 2023, 657: 130603

[36] Zhang Y, Meng N, Babar A A, et al. Multi-bioinspired and multistructural integrated patterned nanofibrous surface for spontaneous and efficient fog collection. Nano Lett, 2021, 21: 7806-7814

[37] Zhang X, Sun L, Wang Y, et al. Multibioinspired slippery surfaces with wettable bump arrays for droplets pumping. Proc Natl Acad Sci U S A, 2019, 116: 20863-20868

[38] Park K C, Kim P, Grinthal A, et al. Condensation on slippery asymmetric bumps. Nature, 2016, 531: 78-82

[39] Zhang Y, Meng N, Babar A A, et al. Lizard-skin-inspired nanofibrous capillary network combined with a slippery surface for efficient fog collection. ACS Applied Materials & Interfaces, 2021, 13: 36587-36594

[40] Zhao J, Zhu W, Wang X, et al. Fluorine-free waterborne coating for environmentally friendly, robustly water-resistant, and highly breathable fibrous textiles. ACS Nano, 2020, 14: 1045-1054

[41] Song Y Y, Yu Z P, Dong L M, et al. Cactus-inspired janus membrane with a conical array of wettability gradient for efficient fog collection. Langmuir, 2021, 37: 13703-13711

[42] Xing Y, Shang W, Wang Q, et al. Integrative bioinspired surface with wettable patterns and gradient for enhancement of fog collection. ACS Appl Mater Interfaces, 2019, 11: 10951-10958

[43] Yu Z, Zhang J, Li S, et al. Bio-inspired copper kirigami motifs leading to a 2D-3D switchable structure for programmable fog harvesting and water retention. Advanced Functional Materials, 2022, 33: 2210730

[44] He W X, Wang X W, Chu Z W, et al. CuO nanomesh hierarchical structure for directional water droplet transport and efficient fog collection. Colloids and Surfaces A: Physicochemical and Engineering Aspects, 2023, 657: 130512

[45] Wang X, Zeng J, Yu X, et al. Beetle-like droplet-jumping superamphiphobic coatings for enhancing fog collection of sheet arrays. RSC Adv, 2019, 10: 282-288

[46] Sun R, Zhao J, Liu C, et al. Design and optimization of hybrid superhydrophobic–hydrophilic pattern surfaces for improving fog harvesting efficiency. Progress in Organic Coatings, 2022, 171: 107016

[47] Liu C, Lu C, Zhan H, et al. Multibioinspired JANUS membranes with spatial surface refreshment for enhanced fog collection. Advanced Materials Interfaces, 2021, 8: 2101212

[48] Zhang L, Sun J, Han P, et al. Wettability-patterned meshes for efficient fog collection enabled by polymer-assisted laser sintering. ACS Applied Polymer Materials, 2023, 5(1): 614-624

[49] Fan J, Yang Z, Sun W, et al. Regioselective deposition of hydrophilic sites to enhance the fog collection performance of hydrophilic-hydrophobic surface. Colloids and Surfaces A: Physicochemical and Engineering Aspects, 2022, 650: 129574

[50] Yin Z, Cheng Y, Deng Y, et al. Functional and versatile colorful superhydrophobic nanocellulose-based membrane with high durability, high-efficiency oil/water separation and oil spill cleanup. Surface and Coatings Technology, 2022, 445: 128714

[51] Mann S, Ozin G A. Synthesis of inorganic materials with complex form. Nature, 1996, 382: 313-318

[52] Song D, Bhushan B. Bioinspired triangular patterns for water collection from fog. Philos Trans A Math Phys Eng Sci, 2019, 377: 20190128

[53] Zhang Y, Zhu C, Shi J, et al. Bioinspired composite materials used for efficient fog harvesting with structures that consist of fungi-mycelia networks. ACS Sustainable Chemistry & Engineering, 2022, 10: 12529-12539

[54] LaPotin A, Kim H, Rao S R, et al. Adsorption-based atmospheric water harvesting: Impact of material and component properties on system-level performance. Accounts of Chemical Research, 2019, 52: 1588-1597

[55] Zhou W L, Wu T, Du Y, et al. Efficient fabrication of desert beetle-inspired micro/nano-structures on polypropylene/graphene surface with hybrid wettability, chemical tolerance, and passive anti-icing for quantitative fog harvesting. Chemical Engineering Journal, 2023, 453: 139784

[56] Zheng Y, Bai H, Huang Z, et al. Directional water collection on wetted spider silk. Nature, 2010, 463: 640-643

[57] Ju J, Bai H, Zheng Y, et al. A multi-structural and multi-functional integrated fog collection system in cactus. Nature Communications, 2012, 3: 1247

[58] Zhou H, Zhang M, Li C, et al. Excellent fog-droplets collector via integrative Janus membrane and conical spine with micro/nanostructures. Small, 2018, 14: 1801335

[59] Park K C, Chhatre S S, Srinivasan S, et al. Optimal design of permeable fiber network structures for fog harvesting. Langmuir, 2013, 29: 13269-13277

[60] Zhong L, Zhang R, Li J, et al. Efficient fog harvesting based on 1D copper wire inspired by the plant pitaya. Langmuir, 2018, 34: 15259-15267

[61] Parker A R. Lawrence C R. Water capture by a desert beetle. Nature, 2001, 414: 33-34

[62] Wang X, Zeng J, Yu X, et al. Water harvesting method via a hybrid superwettable coating with superhydrophobic and superhydrophilic nanoparticles. Applied Surface

Science, 2019, 465: 986-994

[63] Zhong L, Zhu H, Wu Y, et al. Understanding how surface chemistry and topography enhance fog harvesting based on the superwetting surface with patterned hemispherical bulges. Journal of colloid and interface science, 2018, 525: 234-242

[64] Kim S W, Kim J, Park S S, et al. Enhanced water collection of bio-inspired functional surfaces in high-speed flow for high performance demister. Desalination, 2020, 479: 114314

[65] Li J, Zhou Y, Wang W, et al. A bio-inspired superhydrophobic surface for fog collection and directional water transport. Journal of Alloys and Compounds, 2020, 819: 152968

[66] Gurera D, Bhushan B. Optimization of bioinspired conical surfaces for water collection from fog. Journal of Colloid and Interface Science, 2019, 551: 26-38

[67] Cao M, Ju J, Li K, et al. Facile and large-scale fabrication of a cactus-inspired continuous fog collector. Advanced Functional Materials, 2014, 24: 3235-3240

[68] Zhou H, Jing X, Guo Z. Optimal design of a fog collector: Unidirectional water transport on a system integrated by conical copper needles with gradient wettability and hydrophilic slippery rough surfaces. Langmuir, 2020, 36: 6801-6810

[69] Xing H, Cheng J, Zhou C, et al. Fog collection on a conical copper wire: Effect of fog flow velocity and surface morphology. Micro & Nano Letters, 2018, 13: 1068-1070

[70] Thakur N, Ranganath A S, Agarwal K, et al. Electrospun bead-on-string hierarchical fibers for fog harvesting application. Macromolecular Materials and Engineering, 2017, 302: 1700124

[71] Liu Y, Yang N, Gao C, et al. Bioinspired nanofibril-humped fibers with strong capillary channels for fog capture. ACS Applied Materials & Interfaces, 2020, 12: 28876-28884

[72] Díaz J E, Barrero A, Márquez M, et al. Controlled encapsulation of hydrophobic liquids in hydrophilic polymer nanofibers by co-electrospinning. Advanced Functional Materials, 2006, 16: 2110-2116

[73] Jin Y, Yang D, Kang D, et al. Fabrication of necklace-like structures via electrospinning. Langmuir, 2010, 26: 1186-1190

[74] Tian X, Bai H, Zheng Y, et al. Bio-inspired heterostructured bead-on-string fibers that respond to environmental wetting. Advanced Functional Materials, 2011, 21: 1398-1402

[75] Dong H, Wang N, Wang L, et al. Bioinspired electrospun knotted microfibers for fog harvesting. Chem. Phys. Chem., 2012, 13: 1153-1156

[76] Song C, Zhao L, Zhou W, et al. Bioinspired wet-assembly fibers: from nanofragments to microhumps on string in mist. Journal of Materials Chemistry A, 2014, 2: 9465-9468

[77] Thakur N, Ranganath A S, Agarwal K, et al. Electrospun bead-on-string hierarchical fibers for fog harvesting application. Macromolecular Materials and Engineering,

2017, 302: 1700124

[78] Chen Y, He J, Wang L, et al. Excellent bead-on-string silkworm silk with drop capturing abilities. Journal of Materials Chemistry A, 2014, 2: 1230-1234

[79] Bai H, Tian X, Zheng Y, et al. Direction controlled driving of tiny water drops on bioinspired artificial spider silks. Advanced Materials, 2010, 22: 5521-5525

[80] Feng S, Hou Y, Chen Y, et al. Water-assisted fabrication of porous bead-on-string fibers. Journal of Materials Chemistry A, 2013, 1: 8363-8366

[81] Bai H, Ju J, Sun R, et al. Controlled fabrication and water collection ability of bioinspired artificial spider silks. Advanced Materials, 2011, 23: 3708-3711

[82] Tian X, Chen Y, Zheng Y, et al. Controlling water capture of bioinspired fibers with hump structures. Advanced Materials, 2011, 23: 5486-5491

[83] Lin Y, Hu Z, Zhang M, et al. Magnetically induced low adhesive direction of nano/micropillar arrays for microdroplet transport. Advanced Functional Materials, 2018, 28: 1800163

[84] Kang E, Jeong G S, Choi Y Y, et al. Digitally tunable physicochemical coding of material composition and topography in continuous microfibres. Nature Materials, 2011, 10: 877-883

[85] Ji X, Guo S, Zeng C, et al. Continuous generation of alginate microfibers with spindle-knots by using a simple microfluidic device. RSC Advances, 2015, 5: 2517-2522

[86] He X H, Wang W, Liu Y M, et al. Microfluidic fabrication of bio-inspired microfibers with controllable magnetic spindle-knots for 3d assembly and water collection. ACS Applied Materials & Interfaces, 2015, 7: 17471-17481

[87] Shang L, Wang Y, Yu Y, et al. Bio-inspired stimuli-responsive graphene oxide fibers from microfluidics. Journal of Materials Chemistry A, 2017, 5: 15026-15030

[88] Peng Q, Shao H, Hu X, et al. The development of fibers that mimic the core-sheath and spindle-knot morphology of artificial silk using microfluidic devices. Macromolecular Materials and Engineering, 2017, 302: 1700102

[89] Tian Y, Wang J, Wang L. Microfluidic fabrication of bioinspired cavity-microfibers for 3D scaffolds. ACS Applied Materials & Interfaces, 2018, 10: 29219-29226

[90] Xue Y, Chen Y, Wang T, et al. Directional size-triggered microdroplet target transport on gradient-step fibers. Journal of Materials Chemistry A, 2014, 2: 7156-7160

[91] Hou Y, Chen Y, Xue Y, et al. Water collection behavior and hanging ability of bioinspired fiber. Langmuir, 2012, 28: 4737-4743

[92] Huang Z, Chen Y, Zheng Y, et al. Capillary adhesion of wetted cribellate spider capture silks for larger pearly hanging-drops. Soft Matter, 2011, 7: 9468-9473

[93] Wang S, Feng S, Hou Y, et al. Controlling of water collection ability by an elasticity-regulated bioinspired fiber. Macromolecular Rapid Communications, 2015, 36: 459-464

[94] Chen Y, Wang L, Xue Y, et al. Bioinspired tilt-angle fabricated structure gradient

fibers: micro-drops fast transport in a long-distance. Scientific Reports, 2013, 3: 2927

[95] Venkatesan H, Chen J, Liu H, et al. A spider-capture-silk-like fiber with extremely high-volume directional water collection. Advanced Functional Materials, 2020, 30: 2002437

[96] Chen Y, Li D, Wang T, et al. Orientation-induced effects of water harvesting on humps-on-strings of bioinspired fibers. Scientific Reports, 2016, 6: 19978

[97] Chen W, Li S, Guo Z. Water droplet transport on a nylon mesh with graded structures by facile PMMA spraying and etching process inspired by spider silk. Materials Letters, 2021, 291: 129546

[98] Wang Q, Meng Q, Chen M, et al. Bio-inspired multistructured conical copper wires for highly efficient liquid manipulation. ACS Nano, 2014, 8: 8757-8764

[99] Luo C, Wang X. Conditions for barrel and clam-shell liquid drops to move on bio-inspired conical wires. Scientific Reports, 2017, 7: 9717

[100] Chaudhury M K, Whitesides G M. How to make water run uphill. Science, 1992, 256: 1539-1541

[101] Daniel S, Chaudhury M K, Chen J C. Fast drop movements resulting from the phase change on a gradient surface. Science, 2001, 291: 633-636

[102] Li A, Li H, Li Z, et al. Programmable droplet manipulation by a magnetic-actuated robot. Science Advances, 2020, 6: eaay5808

[103] Dunne P, Adachi T, Dev A A, et al. Liquid flow and control without solid walls. Nature, 2020, 581: 58-62

[104] Pan S, Guo R, Richardson J J, et al. Ricocheting droplets moving on super-repellent surfaces. Advanced Science, 2019, 6: 1901846

[105] Hu B, Duan Z, Xu B, et al. Ultrafast self-propelled directional liquid transport on the pyramid-structured fibers with concave curved surfaces. Journal of the American Chemical Society, 2020, 142: 6111-6116

[106] Gao C, Wang L, Lin Y, et al. Droplets manipulated on photothermal organogel surfaces. Advanced Functional Materials, 2018, 28: 1803072

[107] Malik F, Clement R, Gethin D, et al. Nature's moisture harvesters: A comparative review. Bioinspiration & biomimetics, 2014, 9: 031002

[108] Bai H, Zhao T, Wang X, et al. Cactus kirigami for efficient fog harvesting: Simplifying a 3D cactus into 2D paper art. Journal of Materials Chemistry A, 2020, 8: 13452-13458

[109] Bai H, Wang L, Ju J, et al. Efficient water collection on integrative bioinspired surfaces with star-shaped wettability patterns. Advanced Materials, 2014, 26: 5025-5030

[110] Du M, Zhao Y, Tian Y, et al. Electrospun multiscale structured membrane for efficient water collection and directional transport. Small, 2016, 12: 1000-1005

[111] Liu M, Peng Z, Yao Y, et al. Flexible functional surface for efficient water collection.

ACS Applied Materials & Interfaces, 2020, 12: 12256-12263

[112] Li C, Liu Y, Gao C, et al. Fog harvesting of a bioinspired nanocone-decorated 3D fiber network. ACS Applied Materials & Interfaces, 2019, 11: 4507-4513

[113] Hu R, Wang N, Hou L, et al. A bioinspired hybrid membrane with wettability and topology anisotropy for highly efficient fog collection. Journal of Materials Chemistry A, 2019, 7: 124-132

[114] Chen H, Ran T, Gan Y, et al. Ultrafast water harvesting and transport in hierarchical microchannels. Nat Mater, 2018, 17: 935-942

[115] Tang X, Huang J, Guo Z, et al. A combined structural and wettability gradient surface for directional droplet transport and efficient fog collection. Journal of Colloid and Interface Science, 2021, 604: 526-536

[116] Zhang P, Zhang L, Chen H, et al. Surfaces inspired by the *Nepenthes* peristome for unidirectional liquid transport. Advanced Materials, 2017, 29: 1702995

[117] Zhang S, Huang J, Chen Z, et al. Bioinspired special wettability surfaces: From fundamental research to water harvesting applications. Small, 2017, 13: 1602992

[118] Zhou H, Jing X, Li S, et al. Near-bulge oil meniscus-induced migration and condensation of droplets for water collection: Energy saving, generalization and recyclability. Chemical Engineering Journal, 2021, 417: 129215

[119] Jiang J, Gao J, Zhang H, et al. Directional pumping of water and oil microdroplets on slippery surface. Proceedings of the National Academy of Sciences, 2019, 116: 2482-2487

[120] Seo D, Lee C, Nam Y. Influence of geometric patterns of microstructured superhydrophobic surfaces on water-harvesting performance via dewing. Langmuir, 2014, 30: 15468-15476

[121] Lei J, Guo Z. A fog-collecting surface mimicking the Namib beetle: Its water collection efficiency and influencing factors. Nanoscale, 2020, 12: 6921-6936

[122] Epstein A K, Wong T S, Belisle R A, et al. Liquid-infused structured surfaces with exceptional anti-biofouling performance. Proc Natl Acad Sci U S A, 2012, 109: 13182-13187

[123] Wang S, Liu K, Yao X, et al. Bioinspired surfaces with superwettability: New insight on theory, design, and applications. Chem Rev, 2015, 115: 8230-8293

[124] Yong J, Chen F, Yang Q, et al. Superoleophobic surfaces. Chemical Society Reviews, 2017, 46: 4168-4217

[125] Nioras D, Ellinas K, Constantoudis V, et al. How different are fog collection and dew water harvesting on surfaces with different wetting behaviors? ACS Appl Mater Interfaces, 2021, 13: 48322-48332

[126] Parker A R, Lawrence C R. Water capture by a desert beetle. Nature, 2001, 414: 33-34

[127] Xu W, Lan Z, Peng B, et al. Heterogeneous nucleation capability of conical microstructures for water droplets. RSC Advances, 2015, 5: 812-818

[128] Bai H, Ju J, Sun R, et al. Controlled fabrication and water collection ability of bioinspired artificial spider silks. Adv Mater, 2011, 23: 3708-3711

[129] Bai H, Ju J, Zheng Y, et al. Functional fibers with unique wettability inspired by spider silks. Advanced Materials, 2012, 24: 2786-2791

[130] Lee A, Moon M W, Lim H, et al. Water harvest via dewing. Langmuir, 2012, 28: 10183-10191

[131] Ju J, Xiao K, Yao X, et al. Bioinspired conical copper wire with gradient wettability for continuous and efficient fog collection. Adv Mater, 2013, 25: 5937-5942

[132] Bai H, Wang L, Ju J, et al. Efficient water collection on integrative bioinspired surfaces with star-shaped wettability patterns. Adv Mater, 2014, 26: 5025-5030

[133] Xia D, Johnson L M, López G P. Anisotropic wetting surfaces with one-dimensional and directional structures: Fabrication approaches, wetting properties and potential applications. Adv Mater, 2012, 24: 1287-1302

[134] Gou X, Guo Z. Facile fabrication of slippery lubricant-infused cuo-coated surfaces with different morphologies for efficient water collection and excellent slippery stability. Langmuir, 2020, 36: 8983-8992

[135] Wen R, Li Q, Wu J, et al. Hydrophobic copper nanowires for enhancing condensation heat transfer. Nano Energy, 2017, 33: 177-183

[136] Feng J, Zhong L, Guo Z. Sprayed hieratical biomimetic superhydrophilic-superhydrophobic surface for efficient fog harvesting. Chemical Engineering Journal, 2020, 388: 124283

[137] Hou Y, Yu M, Chen X, et al. Recurrent filmwise and dropwise condensation on a beetle mimetic surface. ACS Nano, 2015, 9: 71-81

[138] Wong T S, Kang S H, Tang S K Y, et al. Bioinspired self-repairing slippery surfaces with pressure-stable omniphobicity. Nature, 2011, 477: 443-447

[139] Boreyko J B, Polizos G, Datskos P G, et al. Air-stable droplet interface bilayers on oil-infused surfaces. Proc Natl Acad Sci U S A, 2014, 111: 7588-7593

[140] Dai X, Sun N, Nielsen S O, et al. Hydrophilic directional slippery rough surfaces for water harvesting. Science Advances, 2018, 4: eaaq0919

[141] Ge P, Wang S, Zhang J, et al. Micro-/nanostructures meet anisotropic wetting: From preparation methods to applications. Materials Horizons, 2020, 7: 2566-2595

[142] Nishimoto S, Mano T, Kameshima Y, et al. Photocatalytic water treatment over WO_3 under visible light irradiation combined with ozonation. Chemical Physics Letters, 2010, 500: 86-89

[143] Tran M Q, Yamaguchi Y, Yamatoya K, et al. Rewritable superhemophobic and superhemophilic wettability pattern based on titanium dioxide. Materials Letters, 2018, 213: 51-53

[144] Liu H, Feng L, Zhai J, et al. Reversible wettability of a chemical vapor deposition prepared ZnO film between superhydrophobicity and superhydrophilicity. Langmuir, 2004, 20: 5659-5661

[145] Kontos A I, Kontos A G, Tsoukleris D S, et al. Superhydrophilicity and photocatalytic property of nanocrystalline titania sol-gel films. Thin Solid Films, 2007, 515: 7370-7375

[146] Vernardou D, Kalogerakis G, Stratakis E, et al. Photoinduced hydrophilic and photocatalytic response of hydrothermally grown TiO_2 nanostructured thin films. Solid State Sciences, 2009, 11: 1499-1502

[147] Lai Y, Lin C, Wang H, et al. Superhydrophilic-superhydrophobic micropattern on TiO_2 nanotube films by photocatalytic lithography. Electrochemistry Communications, 2008, 10: 387-391

[148] Ye J, Yin Q, Zhou Y. Superhydrophilicity of anodic aluminum oxide films: From "honeycomb" to "bird's nest". Thin Solid Films, 2009, 517: 6012-6015

[149] Nishimoto S, Kubo A, Nohara K, et al. TiO_2-based superhydrophobic-superhydrophilic patterns: Fabrication via an ink-jet technique and application in offset printing. Applied Surface Science, 2009, 255: 6221-6225

[150] Permpoon S, Houmard M, Riassetto D, et al. Natural and persistent superhydrophilicity of SiO_2/TiO_2 and TiO_2/SiO_2 bi-layer films. Thin Solid Films, 2008, 516: 957-966

[151] Choi W K. Superhydrophilic polymer surface modification by low energy reactive ion beam irradiation using a closed electron Hall drift ion source. Surface and Coatings Technology, 2007, 201: 8099-8104

[152] Kim H, Jung S J, Han Y H, et al. The effect of inductively coupled plasma treatment on the surface activation of polycarbonate substrate. Thin Solid Films, 2008, 516: 3530-3533

[153] Chan C M, Ko T M, Hiraoka H. Polymer surface modification by plasmas and photons. Surface Science Reports. 1996, 24: 1-54

[154] Yanagisawa K, Sakai M, Isobe T, et al. Investigation of droplet jumping on superhydrophobic coatings during dew condensation by the observation from two directions. Applied Surface Science, 2014, 315: 212-221

[155] Li D, Qian C, Gao S, et al. Self-propelled drop jumping during defrosting and drainage characteristic of frost melt water from inclined superhydrophobic surface. International Journal of Refrigeration, 2017, 79: 25-38

[156] Wang F C, Yang F, Zhao Y P. Size effect on the coalescence-induced self-propelled droplet. Applied Physics Letters, 2011, 98: 053112

[157] Timmons C O, Zisman W A. The effect of liquid structure on contact angle hysteresis. Journal of Colloid and Interface Science. 1966, 22: 165-171

[158] Zheng Y, Bai H, Huang Z, et al. Directional water collection on wetted spider silk. Nature, 2010, 463: 640-643

[159] Liu T L, Kim C J C. Turning a surface superrepellent even to completely wetting liquids. Science, 2014, 346: 1096-1100

[160] Tuteja A, Choi W, Ma M, et al. Designing superoleophobic surfaces. Science, 2007,

318: 1618-1622

[161] Boreyko J B, Chen C H. Self-propelled dropwise condensate on superhydrophobic surfaces. Phys Rev Lett, 2009, 103: 184501

[162] Lafuma A, Quéré D. Superhydrophobic states. Nature Materials, 2003, 2: 457-460

[163] Miljkovic N, Enright R, Nam Y, et al. Jumping-droplet-enhanced condensation on scalable superhydrophobic nanostructured surfaces. Nano Lett, 2013, 13: 179-187

[164] Wenzel R N. Resistance of solid surfaces to wetting by water. Industrial & Engineering Chemistry, 1936, 28: 988-994

[165] Zhang L, Wu J, Hedhili M N, et al. Inkjet printing for direct micropatterning of a superhydrophobic surface: toward biomimetic fog harvesting surfaces. Journal of Materials Chemistry A, 2015, 3: 2844-2852

[166] Zhang Y, Zhong L, Guo Z. A hybrid stainless-steel mesh with nano-array structure applied for efficient fog harvesting by tuning wetting. Chemistry Letters, 2019, 49: 79-82

[167] Zhu H, Guo Z. Hybrid engineered materials with high water-collecting efficiency inspired by Namib Desert beetles. Chem Commun (Camb), 2016, 52: 6809-6812

[168] Gou X, Guo Z. Hybrid hydrophilic-hydrophobic CuO@TiO_2-coated copper mesh for efficient water harvesting. Langmuir, 2020, 36: 64-73

[169] Kyong Kim N, Hee Kang D, Eom H, et al. Biomimetic fog harvesting surface by photo-induced micro-patterning of zinc-oxide silver hierarchical nanostructures. Applied Surface Science, 2019, 470: 161-167

[170] Wang B Y, Lee E S, Lim D S, et al. Roll-to-roll slot die production of 300 mm large area silver nanowire mesh films for flexible transparent electrodes. RSC Advances, 2017, 7: 7540-7546

[171] Zhang S, Chi M, Mo J, et al. Bioinspired asymmetric amphiphilic surface for triboelectric enhanced efficient water harvesting. Nat. Commun., 2022, 13: 4168

[172] Cai C, Luo B, Liu Y, et al. Advanced triboelectric materials for liquid energy harvesting and emerging application. Materials Today, 2022, 52: 299-326

[173] Mo J, Zhang C, Lu Y, et al. Radial piston triboelectric nanogenerator-enhanced cellulose fiber air filter for self-powered particulate matter removal. Nano. Energy., 2020, 78: 105357

[174] Fu Q, Liu Y, Mo J, et al. Improved capture and removal efficiency of gaseous acetaldehyde by a self-powered photocatalytic system with an external electric field. ACS Nano, 2021, 15: 10577-10586

[175] Xu W, Zheng H, Liu Y, et al. A droplet-based electricity generator with high instantaneous power density. Nature, 2020, 578: 392-396

[176] Riaud A, Wang C, Zhou J, et al. Hydrodynamic constraints on the energy efficiency of droplet electricity generators. Microsyst Nanoeng, 2021, 7: 49

[177] Zhang Q, Jiang C, Li X, et al. Highly efficient raindrop energy-based triboelectric nanogenerator for self-powered intelligent greenhouse. ACS Nano, 2021, 15: 12314-

12323

[178] Fernández A, Santangelo-Muro M, Fernández-Blázquez J P, et al. Processing and properties of long recycled-carbon-fibre reinforced polypropylene. Composites Part B: Engineering, 2021, 211: 108653

[179] Wang X, Yuan Y, Xie X, et al. Graphene-based opto-thermoelectric tweezers. Adv Mater, 2022, 34: e2107691

[180] Li W, Liu K, Zhang Y, et al. A facile strategy to prepare robust self-healable superhydrophobic fabrics with self-cleaning, anti-icing, UV resistance, and antibacterial properties. Chemical Engineering Journal, 2022, 446: 137195

[181] Zhang J, Gu C, Tu J. Robust slippery coating with superior corrosion resistance and anti-icing performance for $AZ_{31}B$ Mg alloy protection. ACS Appl. Mater. Interfaces, 2017, 9: 11247-11257

[182] Xiao R, Miljkovic N, Enright R, et al. Immersion condensation on oil-infused heterogeneous surfaces for enhanced heat transfer. Sci Rep, 2013, 3: 1988

[183] Huang Y, Stogin B B, Sun N, et al. A switchable cross-species liquid repellent surface. Advanced Materials, 2017, 29: 1604641

[184] Lalia B S, Anand S, Varanasi K K, et al. Fog-harvesting potential of lubricant-impregnated electrospun nanomats. Langmuir, 2013, 29: 13081-13088

[185] Tan R, Xie H, She J, et al. A new approach to fabricate superhydrophobic and antibacterial low density isotropic pyrocarbon by using catalyst free chemical vapor deposition. Carbon, 2019, 145: 359-366

[186] Fan H, Guo Z. WO(3)-based slippery coatings with long-term stability for efficient fog harvesting. J Colloid Interface Sci, 2021, 591: 418-428

[187] Anand S, Paxson A T, Dhiman R, et al. Enhanced condensation on lubricant-impregnated nanotextured surfaces. ACS Nano, 2012, 6: 10122-10129

[188] Han X, Guo Z. Lubricant-infused three-dimensional frame composed of a micro/nanospinous ball cluster structure with salient durability and superior fog harvesting capacity. ACS Appl Mater Interfaces, 2021, 13: 46192-46201

[189] Zhu P, Chen R, Zhou C, et al. Asymmetric fibers for efficient fog harvesting. Chemical Engineering Journal, 2021, 415: 128944

[190] Cheng Y, Wang M, Sun J, et al. Rapid and persistent suction condensation on hydrophilic surfaces for high-efficiency water collection. Nano Lett, 2021, 21: 7411-7418

[191] Si Y, Guo Z. Eco-friendly functionalized superhydrophobic recycled paper with enhanced flame-retardancy. J Colloid Interface Sci, 2016, 477: 74-82

[192] Okada K, Tokudome Y, Takahashi M. Superhydrophobic adhesive surface on titanate nanotube brushes through surface modification by capric acid. Journal of Sol-Gel Science and Technology, 2016, 79: 389-394

[193] Zhong L, Zhu H, Wu Y, et al. Understanding how surface chemistry and topography enhance fog harvesting based on the superwetting surface with patterned hemispher-

ical bulges. J Colloid Interface Sci, 2018, 525: 234-242

[194] Zhu H, Duan R, Wang X, et al. Prewetting dichloromethane induced aqueous solution adhered on Cassie superhydrophobic substrates to fabricate efficient fog-harvesting materials inspired by Namib Desert beetles and mussels. Nanoscale, 2018, 10: 13045-13054

[195] Russell M H, Berti W R, Szostek B, et al. Investigation of the biodegradation potential of a fluoroacrylate polymer product in aerobic soils. Environ Sci Technol, 2008, 42: 800-807

[196] Fan H, Guo Z. Robust multi-functional slippery surface with hollow ZnO nanotube structures. New Journal of Chemistry, 2020, 44: 15483-15491

[197] Marangoni C, Stefanelli P, Liceo R. Monografia sulle bolle liquide. Il Nuovo Cimento (1869-1876), 1872, 7: 301-356

[198] Tang X, Huang J, Guo Z, et al. A combined structural and wettability gradient surface for directional droplet transport and efficient fog collection. J Colloid Interface Sci, 2021, 604: 526-536

[199] Lu Y, Sathasivam S, Song J, et al. Robust self-cleaning surfaces that function when exposed to either air or oil. Science, 2015, 347: 1132-1135

[200] Zhang X, Liu S, Salim A, et al. Hierarchical structured multifunctional self-cleaning material with durable superhydrophobicity and photocatalytic functionalities. Small, 2019, 15: 1901822

[201] Preston D J, Mafra D L, Miljkovic N, et al. Scalable graphene coatings for enhanced condensation heat transfer. Nano Lett, 2015, 15: 2902-2909

[202] Velioğlu S, Karahan H E, Goh K, et al. Metallicity-dependent ultrafast water transport in carbon nanotubes. Small, 2020, 16: 1907575

[203] Li X, Wang N, He J, et al. One-step preparation of highly durable superhydrophobic carbon nanothorn arrays. Small, 2020, 16: 1907013

[204] Wang T, Huang L, Liu Y, et al. Robust biomimetic hierarchical diamond architecture with a self-cleaning, antibacterial, and antibiofouling surface. ACS Appl Mater Interfaces, 2020, 12: 24432-24441

[205] Zhang L, Zhou K, Wei Q, et al. Thermal conductivity enhancement of phase change materials with 3D porous diamond foam for thermal energy storage. Applied Energy, 2019, 233-234: 208-219

[206] Auciello O, Sumant A V. Status review of the science and technology of ultrananocrystalline diamond (UNCD™) films and application to multifunctional devices. Diamond and Related Materials, 2010, 19: 699-718

[207] Cheng H Y, Yang C Y, Yang L C, et al. Effective thermal and mechanical properties of polycrystalline diamond films. Journal of Applied Physics, 2018, 123: 165105

[208] Dong H, Wen B, Melnik R. Relative importance of grain boundaries and size effects in thermal conductivity of nanocrystalline materials. Sci Rep, 2014, 4: 7037

[209] Wang T, Handschuh-Wang S, Huang L, et al. Controlling directional liquid motion

on micro- and nanocrystalline diamond/β-SiC composite gradient films. Langmuir, 2018, 34: 1419-1428

[210] Sumant A V, Krauss A R, Gruen D M, et al. Ultrananocrystalline diamond film as a wear-resistant and protective coating for mechanical seal applications. Tribology Transactions, 2005, 48: 24-31

[211] Yang Y, Li H, Cheng S, et al. Robust diamond meshes with unique wettability properties. Chem Commun (Camb), 2014, 50: 2900-2903

[212] de Theije F K, Roy O, van der Laag N J, et al. Oxidative etching of diamond. Diamond and Related Materials, 2000, 9: 929-934

[213] Handschuh-Wang S, Wang T, Zhu L, et al. Corrosion-resistant functional diamond coatings for reliable interfacing of liquid metals with solid metals. ACS Appl Mater Interfaces, 2020, 12: 40891-40900

[214] Regan B, Kim S, Ly A T H, et al. Photonic devices fabricated from (111)-oriented single crystal diamond. InfoMat, 2020, 2: 1241-1246

[215] Handschuh-Wang S, Wang T, Druzhinin S I, et al. Detailed study of bsa adsorption on micro- and nanocrystalline diamond/β-SiC composite gradient films by time-resolved fluorescence microscopy. Langmuir, 2017, 33: 802-813

[216] Rifai A, Tran N, Lau D W, et al. Polycrystalline diamond coating of additively manufactured titanium for biomedical applications. ACS Appl Mater Interfaces, 2018, 10: 8474-8484

[217] Handschuh-Wang S, Wang T, Tang Y. Ultrathin diamond nanofilms-development, challenges, and applications. Small, 2021, 17: e2007529

[218] Montaño-Figueroa A G, Alcantar-Peña J J, Tirado P, et al. Tailoring of polycrystalline diamond surfaces from hydrophilic to superhydrophobic via synergistic chemical plus micro-structuring processes. Carbon, 2018, 139: 361-368

[219] Wang Q, Bai J, Dai B, et al. Morphology-controllable synthesis of highly ordered nanoporous diamond films. Carbon, 2018, 129: 367-373

[220] He Y, Lin H, Wang X, et al. A hydrophobic three-dimensionally networked boron-doped diamond electrode towards electrochemical oxidation. Chem Commun (Camb), 2016, 52: 8026-8029

[221] Wang X, Handschuh-Wang S, Xu Y, et al. Hierarchical micro/nanostructured diamond gradient surface for controlled water transport and fog collection. Advanced Materials Interfaces, 2021, 8: 2100196

[222] Chen H, Zhang P, Zhang L, et al. Continuous directional water transport on the peristome surface of *Nepenthes alata*. Nature, 2016, 532: 85-89

[223] Cheng Y, Zhang S, Liu S, et al. Fog catcher brushes with environmental friendly slippery alumina micro-needle structured surface for efficient fog-harvesting. Journal of Cleaner Production, 2021, 315: 127862

[224] Wang X, Zeng J, Li J, et al. Beetle and cactus-inspired surface endows continuous and directional droplet jumping for efficient water harvesting. Journal of Materials

Chemistry A, 2021, 9: 1507-1516

[225] Lv P, Zhang Y L, Han D D, et al. Directional droplet transport on functional surfaces with superwettabilities. Advanced Materials Interfaces, 2021, 8: 2100043

[226] Tang X, Li W, Wang L. Furcated droplet motility on crystalline surfaces. Nature Nanotechnology, 2021, 16: 1106-1112

[227] Chu F, Yuan Z, Zhang X, et al. Energy analysis of droplet jumping induced by multi-droplet coalescence: The influences of droplet number and droplet location. International Journal of Heat and Mass Transfer, 2018, 121: 315-320

[228] Vahabi H, Wang W, Mabry J M, et al. Coalescence-induced jumping of droplets on superomniphobic surfaces with macrotexture. Science Advances, 2018, 4: eaau3488

[229] Li B, Xin F, Tan W, et al. A new theoretical model for coalescence-induced droplet jumping on hydrophobic fibers. Industrial & Engineering Chemistry Research, 2018, 57: 8299-8307

[230] Xie F F, Lu G, Wang X D, et al. Enhancement of coalescence-induced nanodroplet jumping on superhydrophobic surfaces. Langmuir, 2018, 34: 11195-11203

[231] Liu Y, Zhai H, Li X, et al. High efficient fog-water harvesting via spontaneous swallowing mechanism. Nano Energy, 2022, 96: 107076

[232] Edelmann H G, Neinhuis C, Jarvis M, et al. Ultrastructure and chemistry of the cell wall of the moss *Rhacocarpus purpurascens* (Rhacocarpaceae): A puzzling architecture among plants. Planta. 1998, 206: 315-321

[233] Nosonovsky M, Bhushan B. Roughness optimization for biomimetic superhydrophobic surfaces. Microsystem Technologies, 2005, 11: 535-549

[234] Steyer A, Guenoun P, Beysens D, et al. Growth of droplets on a substrate by diffusion and coalescence. Physical Review A. 1991, 44: 8271-8277

[235] Zhang C, Wang D, Yang J, et al. Charge density gradient propelled ultrafast sweeping removal of dropwise condensates. The Journal of Physical Chemistry B, 2021, 125: 1936-1943

[236] Seo D, Shim J, Moon B, et al. Passive anti-flooding superhydrophobic surfaces. ACS Applied Materials & Interfaces, 2020, 12: 4068-4080

[237] Mukherjee R, Berrier A S, Murphy K R, et al. How surface orientation affects jumping-droplet condensation. Joule, 2019, 3: 1360-1376

[238] Wen R, Xu S, Ma X, et al. Three-dimensional superhydrophobic nanowire networks for enhancing condensation heat transfer. Joule, 2018, 2: 269-279

[239] Guo Z, Zhou F, Hao J, et al. Effects of system parameters on making aluminum alloy lotus. J Colloid Interface Sci, 2006, 303: 298-305

[240] Zhang M, Wang L, Hou Y, et al. Controlled smart anisotropic unidirectional spreading of droplet on a fibrous surface. Adv. Mater., 2015, 27: 5057-5062

[241] Jing X, Guo Z. Durable lubricant-impregnated surfaces for water collection under extremely severe working conditions. ACS Appl Mater Interfaces, 2019, 11: 35949-35958

[242] Zhang M, Wang L, Hou Y, et al. Controlled smart anisotropic unidirectional spreading of droplet on a fibrous surface. Adv Mater., 2015, 27: 5057-5062.

[243] Zhang Y, Mei J, Yan C, et al. Bioinspired 2D nanomaterials for sustainable applications. Advanced Materials, 2020, 32: 1902806

[244] Ang B T W, Zhang J, Lin G J, et al. Enhancing water harvesting through the cascading effect. ACS Applied Materials & Interfaces, 2019, 11: 27464-27469

[245] Hou Y, Shang Y, Yu M, et al. Tunable water harvesting surfaces consisting of biphilic nanoscale topography. ACS Nano, 2018, 12: 11022-11030

[246] Song Y Y, Liu Y, Jiang H B, et al. A bioinspired structured graphene surface with tunable wetting and high wearable properties for efficient fog collection. Nanoscale, 2018, 10: 16127-16137

[247] Hou K, Li X, Li Q, et al. Tunable wetting patterns on superhydrophilic/superhydrophobic hybrid surfaces for enhanced dew-harvesting efficacy. Advanced Materials Interfaces, 2020, 7: 1901683

[248] Sarkar D, Mahapatra A, Som A, et al. Patterned nanobrush nature mimics with unprecedented water-harvesting efficiency. Advanced Materials Interfaces, 2018, 5: 1800667

[249] Wang Y, Wang X, Lai C, et al. Biomimetic watercollecting fabric with light-induced superhydrophilic bumps. ACS Applied Materials & Interfaces, 2016, 8: 2950-2960

[250] Xu C, Feng R, Song F, et al. Desert beetle-inspired superhydrophilic/superhydrophobic patterned cellulose film with efficient water collection and antibacterial performance. ACS Sustainable Chemistry & Engineering, 2018, 6: 14679-14684

[251] Zhai L, Berg M C, Cebeci F Ç, et al. Patterned superhydrophobic surfaces: Toward a synthetic mimic of the Namib Desert beetle. Nano Letters, 2006, 6: 1213-1217

[252] Zhang F, Guo Z. Bioinspired materials for water-harvesting: Focusing on microstructure designs and the improvement of sustainability. Materials Advances, 2020, 1: 2592-2613

[253] Bhushan B. Biomimetics: Lessons from nature—An overview. Philosophical Transactions of the Royal Society A: Mathematical, Physical and Engineering Sciences, 2009, 367: 1445-1486

[254] Bhushan B, Jung Y C, Koch K. Micro-, nano- and hierarchical structures for superhydrophobicity, self-cleaning and low adhesion. Philosophical Transactions of the Royal Society A: Mathematical, Physical and Engineering Sciences, 2009, 367: 1631-1672

[255] Fernandez D M, Torregrosa A, Weiss-Penzias P S, et al. Fog water collection effectiveness: mesh intercomparisons. Aerosol and Air Quality Research, 2018, 18: 270-283

[256] Gao Y, Wang J, Xia W, et al. Reusable hydrophilic-superhydrophobic patterned weft backed woven fabric for high-efficiency water-harvesting application. ACS Sustainable Chemistry & Engineering, 2018, 6: 7216-7220

[257] Park K C, Kim P, Grinthal A, et al. Condensation on slippery asymmetric bumps. Nature, 2016, 531: 78-82
[258] Medici M G, Mongruel A, Royon L, et al. Edge effects on water droplet condensation. Physical Review E, 2014, 90: 062403
[259] Wang Y, Wang X, Lai C, et al. Biomimetic water-collecting fabric with light-induced superhydrophilic bumps. ACS Appl Mater Interfaces, 2016, 8: 2950-2960
[260] Wang B, Zhang Y, Liang W, et al. A simple route to transform normal hydrophilic cloth into a superhydrophobic-superhydrophilic hybrid surface. Journal of Materials Chemistry A, 2014, 2: 7845-7852
[261] Wang Y, Wang X, Lai C, et al. Biomimetic water-collecting fabric with light-induced superhydrophilic bumps. ACS Appl. Mater. Interfaces, 2016, 8: 2950-2960.
[262] Zhu H, Yang F, Li J, et al. High-efficiency water collection on biomimetic material with superwettable patterns. Chemical Communications, 2016, 52: 12415-12417
[263] Peng Z, Guo Z. Biomimetic fluorine-free 3D alternating hydrophilic-superhydrophobic surfaces with different bump morphologies for efficient water harvesting. Biomaterials Science, 2022, 10: 5831-5837
[264] Liu X, Cheng P. Dropwise condensation theory revisited Part Ⅱ. Droplet nucleation density and condensation heat flux. International Journal of Heat and Mass Transfer, 2015, 83: 842-849
[265] Varanasi K K, Hsu M, Bhate N, et al. Spatial control in the heterogeneous nucleation of water. Applied Physics Letters, 2009, 95: 094101
[266] Dai X, Sun N, Nielsen S O, et al. Hydrophilic directional slippery rough surfaces for water harvesting. Sci Adv, 2018, 4: eaaq0919
[267] Zou J, Wang P F, Zhang T R, et al. Experimental study of a drop bouncing on a liquid surface. Physics of Fluids, 2011, 23: 044101
[268] Chen W, Guo Z. Hierarchical fibers for water collection inspired by spider silk. Nanoscale, 2019, 11: 15448-15463
[269] Zhao Y, Preston D J, Lu Z, et al. Effects of millimetric geometric features on dropwise condensation under different vapor conditions. International Journal of Heat and Mass Transfer, 2018, 119: 931-938
[270] Ji X, Zhou D, Dai C, et al. Dropwise condensation heat transfer on superhydrophilic-hydrophobic network hybrid surface. International Journal of Heat and Mass Transfer, 2019, 132: 52-67
[271] Feng J, Qin Z, Yao S. Factors affecting the spontaneous motion of condensate drops on superhydrophobic copper surfaces. Langmuir, 2012, 28: 6067-6075
[272] Yan X, Zhang L, Sett S, et al. Droplet jumping: Effects of droplet size, surface structure, pinning, and liquid properties. ACS Nano, 2019, 13: 1309-1323.
[273] Wang S, Wang C, Peng Z, et al. Moving behavior of nanodroplets on wedge-shaped functional surfaces. The Journal of Physical Chemistry C, 2019, 123: 1798-1805
[274] Wang S, Peng Z, Li J, et al. Influencing factors of droplet aggregation on hierarchi-

cal wedge-shaped functional surfaces. Computational Materials Science, 2020, 175: 109616

[275] Song Y Y, Liu Y, Jiang H B, et al. Temperature-tunable wettability on a bioinspired structured graphene surface for fog collection and unidirectional transport. Nanoscale, 2018, 10: 3813-3822

[276] Bai H, Wang L, Ju J, et al. Efficient water collection on integrative bioinspired surfaces with star-shaped wettability patterns. Advanced Materials, 2014, 26: 5025-5030

[277] Zhang Y, Meng N, Babar A A, et al. Multi-bioinspired and multistructural integrated patterned nanofibrous surface for spontaneous and efficient fog collection. Nano Letters, 2021, 21: 7806-7814

[278] Chen D, Li J, Zhao J, et al. Bioinspired superhydrophilic-hydrophobic integrated surface with conical pattern-shape for self-driven fog collection. Journal of Colloid and Interface Science, 2018, 530: 274-281

[279] Guo J, Huang W, Guo Z, et al. Design of a venation-like patterned surface with hybrid wettability for highly efficient fog harvesting. Nano Letters, 2022, 22: 3104-3111

[280] Wang Q, Yang F, Wu D, et al. Radiative cooling layer boosting hydrophilic-hydrophobic patterned surface for efficient water harvesting. Colloids and Surfaces A: Physicochemical and Engineering Aspects, 2023, 658: 130584

[281] Chen X, Wu J, Ma R, et al. Nanograssed micropyramidal architectures for continuous dropwise condensation. Advanced Functional Materials, 2011, 21: 4617-4623

[282] Mohd G, Majid K, Lone S. Multiscale janus surface structure of trifolium leaf with atmospheric water harvesting and dual wettability features. ACS Applied Materials & Interfaces, 2022, 14: 4690-4698

[283] Yang H C, Hou J, Chen V, et al. Janus membranes: Exploring duality for advanced separation. Angewandte Chemie International Edition, 2016, 55: 13398-13407

[284] Tang X, Zhang F, Huang J, et al. Multifuctional janus materials for rapid one-way water transportation and fog collection. Langmuir, 2021, 37: 13778-13786

[285] Zhong L, Feng J, Guo Z. An alternating nanoscale (hydrophilic-hydrophobic)/hydrophilic Janus cooperative copper mesh fabricated by a simple liquidus modification for efficient fog harvesting. Journal of Materials Chemistry A, 2019, 7: 8405-8413

[286] Zhou H, Jing X, Guo Z. Excellent fog droplets collector via an extremely stable hybrid hydrophobic-hydrophilic surface and Janus copper foam integrative system with hierarchical micro/nanostructures. Journal of Colloid and Interface Science, 2020, 561: 730-740

[287] Liu M, Liu F, Xu X, et al. Coexistence of antiadhesion performance, intrinsic stretchability, and transparency. ACS Applied Materials & Interfaces, 2019, 11: 16914-16921

[288] Wang J N, Liu Y Q, Zhang Y L, et al. Wearable superhydrophobic elastomer skin

with switchable wettability. Advanced Functional Materials, 2018, 28: 1800625
[289] Lin G, Chandrasekaran P, Lv C, et al. Self-similar hierarchical wrinkles as a potential multifunctional smart window with simultaneously tunable transparency, structural color, and droplet transport. ACS Applied Materials & Interfaces, 2017, 9: 26510-26517
[290] Su Y, Cai S, Wu T, et al. Smart stretchable Janus membranes with tunable collection rate for fog harvesting. Advanced Materials Interfaces, 2019, 6: 1901465
[291] Zhang P, Liu H, Meng J, et al. Grooved organogel surfaces towards anisotropic sliding of water droplets. Adv Mater, 2014, 26: 3131-3135
[292] Wang Y, Qian B, Lai C, et al. Flexible slippery surface to manipulate droplet coalescence and sliding, and its practicability in wind-resistant water collection. ACS Appl Mater Interfaces, 2017, 9: 24428-24432
[293] Zhang P, Chen H, Zhang L, et al. Stable slippery liquid-infused anti-wetting surface at high temperatures. Journal of Materials Chemistry A, 2016, 4: 12212-12220
[294] Leslie D C, Waterhouse A, Berthet J B, et al. A bioinspired omniphobic surface coating on medical devices prevents thrombosis and biofouling. Nature Biotechnology, 2014, 32: 1134-1140
[295] Li D, Huang J, Han G, et al. A facile approach to achieve bioinspired PDMS@Fe_3O_4 fabric with switchable wettability for liquid transport and water collection. Journal of Materials Chemistry A, 2018, 6: 22741-22748
[296] Peng Y, He Y, Yang S, et al. Magnetically induced fog harvesting via flexible conical arrays. Advanced Functional Materials, 2015, 25: 5967-5971
[297] Rising A, Johansson J. Toward spinning artificial spider silk. Nature Chemical Biology, 2015, 11: 309-315
[298] Hou Y, Gao L, Feng S, et al. Temperature-triggered directional motion of tiny water droplets on bioinspired fibers in humidity. Chemical Communications, 2013, 49: 5253-5255
[299] Feng S, Hou Y, Xue Y, et al. Photo-controlled water gathering on bio-inspired fibers. Soft Matter, 2013, 9: 9294-9297
[300] He X H, Wang W, Liu Y M, et al. Microfluidic fabrication of bio-inspired microfibers with controllable magnetic spindle-knots for 3D assembly and water collection. ACS Appl Mater Interfaces, 2015, 7: 17471-17481
[301] Yang H, Zhu H, Hendrix M M, et al. Temperature-triggered collection and release of water from fogs by a sponge-like cotton fabric. Adv. Mater., 2013, 25: 1150-1154, 1149
[302] Hou Y, Gao L, Feng S, et al. Temperature-triggered directional motion of tiny water droplets on bioinspired fibers in humidity. Chem Commun (Camb), 2013, 49: 5253-5255
[303] Shang L, Fu F, Cheng Y, et al. Bioinspired multifunctional spindle-knotted microfibers from microfluidics. Small, 2017, 13(4): 1600286

[304] Thakur N, Baji A, Ranganath A S. Thermoresponsive electrospun fibers for water harvesting applications. Applied Surface Science, 2018, 433: 1018-1024
[305] Song Y Y, Liu Y, Jiang H B, et al. Temperature-tunable wettability on a bioinspired structured graphene surface for fog collection and unidirectional transport. Nanoscale, 2018, 10: 3813-3822
[306] Feng S, Hou Y, Xue Y, et al. Photo-controlled water gathering on bio-inspired fibers. Soft Matter, 2013, 9: 9294-9297
[307] Tian X, Bai H, Zheng Y, et al. Bio-inspired heterostructured bead-on-string fibers that respond to environmental wetting. Advanced Functional Materials, 2011, 21: 1398-1402
[308] Tang J, Peng L, Chen D, et al. Environmentally responsive intelligent dynamic water collector. ACS Appl Mater Interfaces, 2022, 14: 2202-2210
[309] Laurent A, Espinosa N. Environmental impacts of electricity generation at global, regional and national scales in 1980-2011: What can we learn for future energy planning? Energy & Environmental Science, 2015, 8: 689-701
[310] Gao J, You F. Economic and environmental life cycle optimization of noncooperative supply chains and product systems: Modeling framework, mixed-integer bilevel fractional programming algorithm, and shale gas application. ACS Sustainable Chemistry & Engineering, 2017, 5: 3362-3381
[311] Agam N, Berliner P R. Dew formation and water vapor adsorption in semi-arid environments—A review. Journal of Arid Environments, 2006, 65: 572-590
[312] Hu Y, Ye Z, Peng X. Metal-organic frameworks for solar-driven atmosphere water harvesting. Chemical Engineering Journal, 2023, 452: 139656.
[313] Fathieh F, Kalmutzki M J, Kapustin E A, et al. Practical water production from desert air. Sci Adv, 2018, 4: eaat3198
[314] LaPotin A, Kim H, Rao S R. et al. Adsorption-based atmospheric water harvesting: Impact of material and component properties on system-level performance. Acc Chem Res, 2019, 52: 1588-1597
[315] Seckler D, Barker R, Amarasinghe U. Water scarcity in the twenty-first century. International Journal of Water Resources Development. 1999, 15: 29-42
[316] Hagemann S, Chen C D, Clark D B, et al. Climate change impact on available water resources obtained using multiple global climate and hydrology models. Earth System Dynamics Discussions, 2012, 4: 129-144
[317] Orlowsky B, Hoekstra A Y, Gudmundsson L, et al. Today's virtual water consumption and trade under future water scarcity. Environmental Research Letters, 2014, 9: 074007
[318] Tang K, Kim Y H, Chang J, et al. Seawater desalination by over-potential membrane capacitive deionization: Opportunities and hurdles. Chemical Engineering Journal, 2019, 357: 103-111
[319] Qiao P, Wu J, Li H, et al. Plasmon ag-promoted solar-thermal conversion on float-

ing carbon cloth for seawater desalination and sewage disposal. ACS Appl Mater Interfaces, 2019, 11: 7066-7073

[320] Liu H, Huang Z, Liu K, et al. Interfacial solar-to-heat conversion for desalination. Advanced Energy Materials, 2019, 9: 1900310

[321] Zhao W, Chen I W, Huang F. Toward large-scale water treatment using nanomaterials. Nano Today, 2019, 27: 11-27

[322] Yan X, Li P, Song X, et al. Recent progress in the removal of mercury ions from water based MOFs materials. Coordination Chemistry Reviews, 2021, 443: 214034

[323] Mekonnen M M, Hoekstra A Y. Four billion people facing severe water scarcity. Sci Adv, 2016, 2: e1500323

[324] Roth-Nebelsick A, Ebner M, Miranda T, et al. Leaf surface structures enable the endemic Namib Desert grass *Stipagrostis sabulicola* to irrigate itself with fog water. J R Soc, Interface, 2012, 9: 1965-1974

[325] Vogel S, Müller-Doblies U. Desert geophytes under dew and fog: The "curly-whirlies" of Namaqualand (South Africa). Flora, 2011, 206: 3-31

[326] Azad M A, Barthlott W, Koch K. Hierarchical surface architecture of plants as an inspiration for biomimetic fog collectors. Langmuir, 2015, 31: 13172-13179

[327] Dawson T E. Fog in the California redwood forest: ecosystem inputs and use by plants. Oecologia, 1998, 117: 476-485

[328] Fessehaye M, Abdul-Wahab S A, Savage M J, et al. Fog-water collection for community use. Renewable and Sustainable Energy Reviews, 2014, 29: 52-62

[329] Sharma V, Ali-Löytty H, Koivikko A, et al. Copper oxide microtufts on natural fractals for efficient water harvesting. Langmuir, 2021, 37: 3370-3381

[330] Klemm O, Schemenauer R S, Lummerich A, et al. Fog as a fresh-water resource: Overview and perspectives. Ambio, 2012, 41: 221-234

[331] Wang L, Zhang M, Gao C, et al. Coalesced-droplets transport to apexes of magnetic-flexible cone-spine array. Advanced Materials Interfaces, 2016, 3: 1600145

[332] Shi W, de Koninck L H, Hart B J, et al. Harps under heavy fog conditions: Superior to meshes but prone to tangling. ACS Appl Mater Interfaces, 2020, 12: 48124-48132

[333] Knapczyk-Korczak J, Zhu J, Ura D P, et al. Enhanced water harvesting system and mechanical performance from Janus fibers with polystyrene and cellulose acetate. ACS Sustainable Chemistry & Engineering, 2021, 9: 180-188

[334] Wang X, Zeng J, Yu X, et al. Superamphiphobic coatings with polymer-wrapped particles: Enhancing water harvesting. Journal of Materials Chemistry A, 2019, 7: 5426-5433

[335] Fan Y, Fan J, Wang C. Brazing temperature-dependent interfacial reaction layer features between CBN and Cu-Sn-Ti active filler metal. Journal of Materials Science & Technology, 2019, 35: 2163-2168

[336] Lai Y, Huang J, Cui Z, et al. Recent advances in TiO_2-based nanostructured surfaces with controllable wettability and adhesion. Small, 2016, 12: 2203-2224

[337] Sun J, Chen C, Song J, et al. A universal method to create surface patterns with extreme wettability on metal substrates. Journal of Colloid and Interface Science, 2019, 535: 100-110

[338] Wu Z, Xu Q, Wang J, et al. Preparation of large area double-walled carbon nanotube macro-films with self-cleaning properties. Journal of Materials Science & Technology, 2010, 26: 20-26

[339] Zhu T, Li S, Huang J, et al. Rational design of multi-layered superhydrophobic coating on cotton fabrics for UV shielding, self-cleaning and oil-water separation. Materials & Design, 2017, 134: 342-351

[340] Zhu R, Liu M, Hou Y, et al. Biomimetic fabrication of janus fabric with asymmetric wettability for water purification and hydrophobic/hydrophilic patterned surfaces for fog harvesting. ACS Appl Mater Interfaces, 2020, 12: 50113-50125

[341] Yi S, Wang J, Chen Z, et al. Cactus-inspired conical spines with oriented microbarbs for efficient fog harvesting. Advanced Materials Technologies, 2019, 4: 1900727

[342] Bai H, Zhang C, Long Z, et al. A hierarchical hydrophilic/hydrophobic cooperative fog collector possessing self-pumped droplet delivering ability. Journal of Materials Chemistry A, 2018, 6: 20966-20972

[343] Liu Y, Yang N, Li X, et al. Water harvesting of bioinspired microfibers with rough spindle-knots from microfluidics. Small, 2020, 16: 1901819

[344] Raux P S, Gravelle S, Dumais J. Design of a unidirectional water valve in *Tillandsia*. Nature Communications, 2020, 11: 396

[345] Elbaum R, Zaltzman L, Burgert I, et al. The role of wheat awns in the seed dispersal unit. Science, 2007, 316: 884-886

[346] Comanns P, Withers P C, Esser F J, et al. Cutaneous water collection by a moisture-harvesting lizard, the thorny devil (*Moloch horridus*). J Exp Biol, 2016, 219: 3473-3479

[347] Prakash M, Quéré D, Bush J W. Surface tension transport of prey by feeding shorebirds: The capillary ratchet. Science, 2008, 320: 931-934

[348] Dai Z, Chen G, Ding S, et al. Facile formation of hierarchical textures for flexible, translucent, and durable superhydrophobic film. Advanced Functional Materials, 2021, 31: 2008574

[349] Yu Z, Li S, Liu M, et al. A dual-biomimetic knitted fabric with a manipulable structure and wettability for highly efficient fog harvesting. Journal of Materials Chemistry A, 2022, 10: 304-312

[350] Maji K, Das A, Dhar M, et al. Synergistic chemical patterns on a hydrophilic slippery liquid infused porous surface (SLIPS) for water harvesting applications. Journal of Materials Chemistry A, 2020, 8: 25040-25046

[351] Liu M, Peng Z, Yao Y, et al. Flexible functional surface for efficient water collection. ACS Appl Mater Interfaces, 2020, 12: 12256-12263

[352] Li C, Liu Y, Gao C, et al. Fog harvesting of a bioinspired nanocone-decorated 3D

fiber network. ACS Appl Mater Interfaces, 2019, 11: 4507-4513

[353] Dhanalakshmi A, Palanimurugan A, Natarajan B. Efficacy of saccharides bio-template on structural, morphological, optical and antibacterial property of ZnO nanoparticles. Mater Sci Eng C, Mater Biol Appl, 2018, 90: 95-103

[354] Djurišić A B, Chen X, Leung Y H, et al. ZnO nanostructures: growth, properties and applications. Journal of Materials Chemistry, 2012, 22: 6526-6535

[355] Xu L, Hu Y L, Pelligra C, et al. ZnO with different morphologies synthesized by solvothermal methods for enhanced photocatalytic activity. Chemistry of Materials, 2009, 21: 2875-2885

[356] Tang X, Liu H, Xiao L, et al. A hierarchical origami moisture collector with laser-textured microchannel array for a plug-and-play irrigation system. Journal of Materials Chemistry A, 2021, 9: 5630-5638.

[357] Tang X, Liu H, Xiao L, et al. A hierarchical origami moisture collector with laser-textured microchannel array for a plug-and-play irrigation system. Journal of Materials Chemistry A, 2021, 9: 5630-5638

[358] Zhang W, Gao J, Deng Y, et al. Tunable superhydrophobicity from 3D hierarchically nano-wrinkled micro-pyramidal architectures. Advanced Functional Materials, 2021, 31: 2101068

[359] Qin H, Zhang Y, Jiang J, et al. Multifunctional superelastic cellulose nanofibrils aerogel by dual ice-templating assembly. Advanced Functional Materials, 2021, 31: 2106269

[360] Liu L, Liu S, Schelp M, et al. Rapid 3D printing of bioinspired hybrid structures for high-efficiency fog collection and water transportation. ACS Appl Mater Interfaces, 2021, 13: 29122-29129

[361] Fisher L R, Gamble R A, Middlehurst J. The Kelvin equation and the capillary condensation of water. Nature. 1981, 290: 575-576

[362] Su Y, Chen L, Jiao Y, et al. Hierarchical hydrophilic/hydrophobic/bumpy janus membrane fabricated by femtosecond laser ablation for highly efficient fog harvesting. ACS Appl Mater Interfaces, 2021, 13: 26542-26550

[363] Lin J, Cai X, Liu Z, et al. Anti-liquid-interfering and bacterially antiadhesive strategy for highly stretchable and ultrasensitive strain sensors based on cassie-baxter wetting state. Advanced Functional Materials, 2020, 30: 2000398

[364] Li D, Fan Y, Han G, et al. Multibioinspired Janus membranes with superwettable performance for unidirectional transportation and fog collection. Chemical Engineering Journal, 2021, 404: 126515

[365] Feng R, Song F, Xu C, et al. A quadruple-biomimetic surface for spontaneous and efficient fog harvesting. Chemical Engineering Journal, 2021, 422: 130119

[366] Li H, Zhang Z, Ren Z, et al. A quadruple biomimetic hydrophilic/hydrophobic Janus composite material integrating $Cu(OH)_2$ micro-needles and embedded bead-on-string nanofiber membrane for efficient fog harvesting. Chemical Engineering Journal, 2023,

455: 140863

[367] Lorenceau É. QuÉRÉ D. Drops on a conical wire. Journal of Fluid Mechanics, 2004, 510: 29-45

[368] Higuera F J, Medina A, Liñán A. Capillary rise of a liquid between two vertical plates making a small angle. Physics of Fluids, 2008, 20: 102102

[369] Ponomarenko A, Quéré D, Clanet C. A universal law for capillary rise in corners. Journal of Fluid Mechanics, 2011, 666: 146-154

第 5 章 大气环境水收集体系

5.1 大气环境水收集的基本理论

淡水短缺一直是困扰着人类的一个问题，也是未来世界面临的一个重大挑战，这将对经济发展和人类生存构成巨大威胁 [1-4]。如何获得更多的淡水资源已成为一个亟待解决的问题。随着温室效应的累积，地气系统吸收与发射的能量不平衡，能量不断在地气系统累积，从而导致温度上升，全球气候变暖。在全球变暖的情况下，受降水调节的陆地水资源在空间上的分布可能会更加不均匀，一些地区可能会受到高度的水资源压力，部分地区雾出现的频率会产生较大的变化，给非相变的水收集造成了一定的困难 [5,6]。缓解这一问题的办法就是提高部分地区的水资源可得量，增加当地的水资源产量。从水循环的角度来看，空气中存储的大量水资源尚未被开发利用。云是液态水和冰晶的混合物，由于其与地球-大气系统中的辐射传递、潜热流和降水密切相关，是大气中不可缺少的一部分，作为一种潜在的高空水资源被保存在大气中。据计算，大气中储存的水是地球上所有河流的八倍，总存储量可以达到 12900 km^3。与没有相态变化的水收集相比，具有相变的大气环境水收集受到更少的地理和环境限制，因此具有相变的大气水收集有潜力成为未来获取淡水资源的可靠手段之一 [7-9]。

具有相变的大气环境水收集依据是否需要外部能量的输入分为两大类：基于冷却的大气环境水收集和基于吸附的大气环境水收集。基于冷却的大气环境水收集需要外部提供能量，使得空气中的水在低于空气露点的固体表面上发生相变，以此来获得液态淡水资源。而基于吸附的环境水收集则依靠分子间作用力，使空气中水分子在材料表面形成团簇的液态水随后被收集。根据吸附剂与吸附质分子的相互作用的不同，吸附过程可分为物理吸附和化学吸附。物理吸附是由吸附剂和吸附质分子之间存在的范德瓦耳斯力引起的，没有任何化学键的断裂或形成。物理吸附剂具有吸附热低、活化能低、吸附/解吸率高、可逆性好等优点。因此，它们被广泛地应用于除湿和净化过程中 [10,11]。物理吸附剂支持多层吸附，其吸附能力与比表面积和表面性能密切相关。为了增加比表面积，丰富孔隙结构，物理吸附剂的制备形态和结构通常具有一定的特殊性，例如一维泡状结构、二维平面多孔结构和三维多孔结构。合成方法包括溶胶-凝胶法、溶剂热合成法、微乳液法、喷雾干燥法、分子自组装法等。化学吸附是由吸附质与吸附剂表面活性中心之间的反应引起的。在化学吸附过程中经常伴随着电子转移、原子重排和键的破裂或形成。因此，化学吸附具有高吸附热和活化能并进行选择性吸附。与物理吸附的多分子层吸附相比，化学吸附总是单分子层的，但化学吸附剂在吸附能力方面优于物理吸附剂。原因是化学吸附剂完全参与吸附，而物理吸附剂仅部分参与吸附(仅参与表面)。在化学吸附过程中，吸附剂表面形成了一种新的相，将吸附剂和吸附质两相分离。在浓度梯度和化学势的驱动下，吸附质通过晶格振动、缺陷运动和价态变化在吸附剂的固相中扩散。

通过制冷实现冷表面温度低于空气露点的冷凝大气集水往往能耗高，制水效率低。利用多孔吸湿材料，即使在低湿度下也可以有效吸附空气中的水蒸气，通过太阳能加热可以实现吸附材料的解吸，形成的高分压水蒸气大大提升了露点，可以在常温下实现水蒸气的冷凝集水。此外，利用太空辐射冷却材料可以实现表面温度明显下降，也可以在高湿度下冷凝水蒸气。如何将以上两种技术有机结合，利用大气晚上温度相对较低而相对湿度较高，白天太阳能充足，以及超材料存在的太空辐射制冷，去构建全部依赖自然能源禀赋的连续式空气取水系统，是未来可持续发展中的一个重要挑战。

5.1.1　基于冷却的大气环境水收集

常用的冷却大气环境水收集的方式包含蒸气压缩冷却收集、热电冷却收集、膜辅助收集、露点收集和生物质气化收集。

蒸气压缩冷却收集是基于逆卡诺循环的压缩冷却设备进行的。由于不同液体的沸腾温度与压力、吸热量各不相同，因此只要根据制冷循环中工作流体 (制冷剂) 的热力性质，并创造一定的压力条件，就可获得所要求的低温。其中制冷剂通过相变 (沸腾和冷凝) 在循环中输送热量。蒸气压缩制冷系统利用了所有流体的两个基本特性：① 沸点随压力变化；② 相的变化 (液体沸腾为蒸气并冷凝回液体) 伴随着热量的吸收或释放。一个常见的例子是，随着压力锅中压力的增加，水的沸点升高到 100 ℃ 以上。

大气环境水的相变在自然界也常常发生，露水就是大气水汽在低于露点的表面凝结而形成的水滴。基于这种现象，露点空气冷却器被制备出来用于收集空气中的淡水。目前所用的露点间接蒸发冷却器多为板翅式，由纵向干空气通道和横向湿空气通道组成，纵向干空气通道中的空气湿度不变，但纵向通道的中间有小气孔，流经此处的空气可以穿过气孔流入横向湿空气通道，并与湿空气通道内原有空气一起被绝热加湿，自身温度降低，进而对纵向通道中的空气进行等湿冷却，将空气温度降低到露点，从而使冷却效率提高 20%~30%[12-14]。

作物残留生物质仍然是一种未得到充分利用和廉价的能源。然而，供应链管理的不足迫使农民不得不在田间焚烧农作物，因此造成了环境、健康和经济问

题 [15,16]。利用从生物质气化中获得的生产气体燃烧产生的热能，为一个可以从空气中凝结水分的离网制冷系统提供动力，使固体表面温度降低到大气环境水的露点以下。研究表明，生物质驱动的大气环境水收集器每 1000 kg 生物质可以浓缩 800 ~ 1200 L 水 [17,18]。

5.1.2 基于吸附的大气环境水收集

基于吸附的大气环境水收集是一种可以在较低的湿度下获取淡水资源的有效方式，吸附剂与空气中水分子相互作用，使得空气中的水分子在吸附剂内部团簇形成液态水滴，吸附过程如图 5-1(a) 所示。其中常见的吸附机制有表面吸附、微孔填充和本体吸附三大类 [19-21]。

表面吸附中水分子吸附在表面主要是基于范德瓦耳斯力的物理吸附，其中吸附剂的结构和表面性质决定了吸附能力和动力学。在低相对湿度条件下，通常需要亲水表面来促进吸水捕获。引入能与水形成氢键的官能团，通过氢键使吸附的水分子在吸附剂表面形成有序的构型，使表面的偶极矩发生变化，促进对大气环境水分子的多层吸附。在给定的环境条件下，水的吸附能力由吸附剂的表面积、官能团的类型和密度决定。较大的表面积和合适的表面功能 (取决于特定应用的湿度范围) 是吸附剂具有较高的水吸附能力的关键因素。

在分子尺寸 (直径为 2 nm) 的微孔吸附剂中，孔壁的范德瓦耳斯电势重叠，产生比开放表面上高得多的吸附势。因此，大量的吸附质分子在很低的 RH 下很容易被吸附，这一过程通常被称为“微孔填充”。这种机制的吸附主要取决于孔径大小和孔壁的化学性质，孔隙越小，吸附力越强。水的吸附是由极性/亲水位点的优先成核引起的，随着水分子的生长，吸附剂中的孔隙被填充，并且这是一个连续可逆的过程。

不同于吸附表面或吸附剂的毛孔，吸附剂中的吸附过程包括初始表面捕获过程和随后的内部渗透过程。在解吸过程中，被捕获的水从吸附剂的表面逃逸，而内部的水，在浓度梯度的驱动下，继续向表面扩散 [15]。根据吸附剂的性质，不同吸附剂的吸水率受到不同分子相互作用的影响。水解盐的吸水包括水合和水解，这取决于水的吸收量。在固态下，盐晶体通过水化作用捕获水分子，随着吸水过程的进行，裂解的盐最终会溶解在捕获的水中形成盐溶液，其机制从水合作用转变为溶解吸收。在盐溶液中，每个阴离子和阳离子都被水分子形成的球形水化壳所包围 [23-25]。水化壳层中的配位水可以通过氢键进一步相互连接和交换，形成一个动态的水相体系。在离子聚合物的情况下，水分子扩散到体相主要由渗透压力驱动，它们通过与聚合物的离子位点的相互作用和分子间氢键的相互作用被容纳在交联聚合物链网络中 [26,27]。虽然基于吸附的集水具有较高的吸收能力，但通常经历缓慢的扩散过程，需要很长时间才能达到最终平衡，一些典型的吸附材料将在 5.2 节中详细介绍。

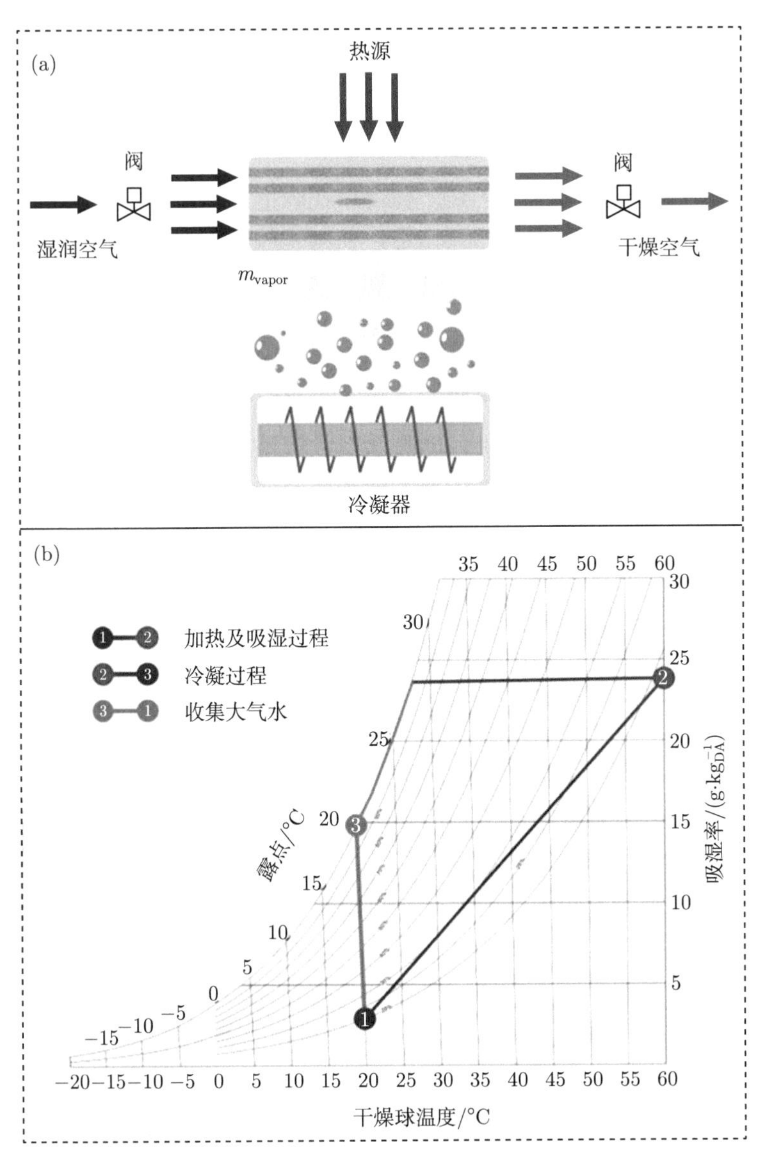

图 5-1　典型的基于吸附的 AWH 系统。(a) 吸附剂材料和冷凝器的示意图；(b) 大气水的加湿、冷凝和收集过程 [22]

5.2 大气环境水收集的材料设计

基于吸附的大气环境水收集材料能够通过吸附或吸收，在较低的环境湿度下收获水分。释放过程经能量输入，如加热，收获的水分可以被有效地收集，受益于充分的水分积累。显然，水分的吸附需要材料与水分之间存在较强的作用力，作用力越强，吸附量越大，但同时解吸时所需要的能耗也越高 [28-30]。因此选择合适的吸附材料至关重要，常用的吸附剂被分为以下几大类。

5.2.1 传统吸附材料

硅胶、沸石由于其相对较大的比表面积有利于吸附过程，是最早被广泛研究的吸附剂。水分吸附是指吸附剂通过物理或化学相互作用捕获其表面气相中的水分子的过程，对应于物理吸附或化学吸附。因此，在吸附剂的表面可以形成水分子层。在物理吸附过程中，蒸汽被范德瓦耳斯力吸附形成多层分子，吸附热约为 40 $kJ·mol^{-1}$。化学吸附涉及由键能为 50~120 $kJ·mol^{-1}$ 的化学键，如氢键和静电相互作用，在吸附剂表面形成单层气体。BET 理论为解释物理吸附过程提供了基础，指出在相同的蒸气压下，吸附气体的量与吸附剂的内外表面积成正比。Langmuir 等温线模型描述了化学吸附，认为被吸收分子层的形成是基于气体和表面位点之间的键结合相互作用。值得注意的是，大部分的吸附剂通过物理吸附和化学吸附的混合吸附过程捕获水分。

传统吸附材料中的一种典型吸附剂是硅胶，这是一种部分脱水的聚合硅酸，表面有硅醇基和硅氧烷基 (图 5-2)。由于吸附速率大，再生温度低 (150 ℃)，它被广泛用于干燥剂 [25,31]。由于硅醇基作为吸附剂的主要吸附位点，因此，具有更高密度的硅醇基的硅胶就会具有更好的吸湿效果。研究结果表明，由于水分子与硅醇基团之间的氢键，第一层水分子吸附在硅胶表面；当多层吸附时，表面形成氢键簇。也就是说，气相中的水分子和固定在硅胶表面的水分子也被氢键结合起来。硅胶的吸附热约为 10.5 $kJ·mol^{-1}$，相当于水蒸气的凝结热 [32]。根据硅胶的吸附特性，其对水的吸附能力取决于 α-OH 的密度。对于传统的非晶态硅胶，硅醇基团的密度落在 4.3 ~ 5.8 $OH·nm^{-2}$ 的狭窄范围内。当温度超过 200 ℃ 时，硅醇基团将从硅表面脱落。因此，应注意控制干燥温度。此外，随着孔径的增大，吸湿量也会逐渐增大至上限 (0.4 $g·g^{-1}$)。由于一些固有缺陷的限制，硅胶本身不能在水蒸气吸附中发挥重要作用。例如，与化学吸附剂相比，硅胶的吸附能力很低 (最多为 40%)，热稳定性较差。此外，微孔硅胶在低环境湿度下吸附率低，难以解吸；大孔硅胶解吸率高，吸附的水有限 [33]。金属离子掺杂硅胶是改善硅胶吸附特性的有效方法，因为金属离子与表面硅原子之间的键可以降低表面活性中心的吸附能。

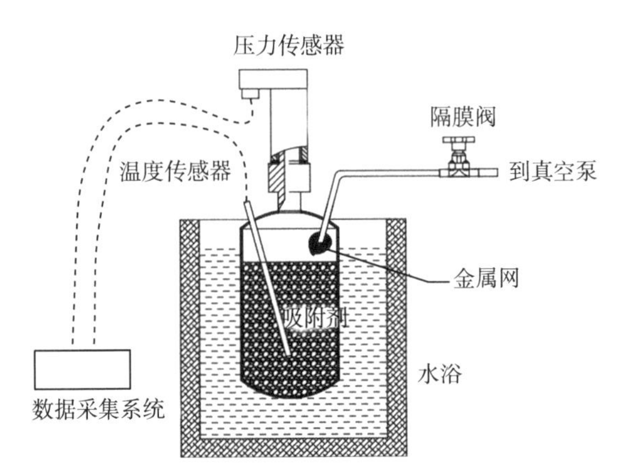

图 5-2　硅胶吸附能力测试系统 [34]

在实验案例中，暴露于大气中的样品的吸水能力下降约为 45%，暴露于城市水中的样品的吸水能力下降约为 30%。这些结果进一步证实了固体颗粒污染是导致硅胶吸附性能恶化的主要因素 [34]，并且不断反复吸附和解吸会导致硅胶对水的吸附能力明显下降。吸附和解吸之间的切换频率越高，循环频率越高，吸附能力下降越大。吸附能力的降低会随着循环频率的增加而减慢。总体来讲，硅胶的吸附能力受到硅醇基团的数量和类型、比表面积、微孔粒径分布等诸多因素的影响。硅胶的吸附劣化是这些因素结合起来的结果。也就是说，如果一个吸附特性参数恶化，并不意味着吸附能力下降。例如，吸附能力并不总是随着孔隙体积或比表面积的减小而降低，因为游离硅醇基团的数量可能会增加。同样，当微孔被固体颗粒堵塞时，虽然游离硅醇基团没有变化，但硅胶的吸附能力也会下降。

沸石是一种碱或碱土金属的铝硅酸盐矿物，其中含有结晶水。沸石有许多多面体单元，包括立方体、六角方棱镜和八面体。这些结构单元由硅四面体和氧化铝四面体组成。每两个硅四面体由一个点连接，也就是说，它们共享一个桥接氧原子。然而，氧化铝四面体不能通过桥接氧连接。对于硅四面体，硅原子可以被铝原子取代形成氧化铝四面体。铝原子只提供 3 个电子，从而得到了没有负电荷的氧化铝四面体。碱金属和碱土金属可以中和氧化铝四面体中的电子。通过取代铝/硅原子，可以得到多种类型的分子筛。商业沸石分子筛可分为三种类型：A 型、X 型和 Y 型 [35]。当相对湿度低于 30%时，沸石的吸附能力和吸附速率均明显高于硅胶和活性氧化铝。沸石也是唯一可用的高温吸附剂，即使在 100 ℃ 和相对湿度为 1.3%的条件下，其吸附能力也能达到 15%，比硅胶高 20 倍以上。通过热重分析和质谱法研究了沸石分子筛的吸附曲线。其平衡吸附能力受环境温度和湿度的影响很大。当温度升高时，沸石分子筛的物理吸附度急剧下降。相比之下，饱和蒸气压随环境温度的升高而迅速升高，因此吸水率明显提高。一般来说，随着环境温度的升高，其平衡吸附能力增强后降低。不幸的是，沸石分子筛的再生温度达到非常高，约 300 ℃。低导热系数是沸石分子筛的另一个明显缺陷。沸石颗粒填充层的等效导热系数仅为 0.07~0.16 $W·m^{-1}·K^{-1}$。目前改进的方法是加入高导热系数材料和压缩沸石分子筛。添加动力膨胀石墨可以大大提高导热系数，但合成技术是非常复杂的 [36,37]。

吸湿盐是一种低成本但高效的干燥剂，如氯化钙、氯化锂和溴化锂，在中等湿度环境下能够吸收自身重量 1~3 倍的水分子。然而，限制它们使用的一个缺点是，它们最终会溶解在收集的水中，导致吸收动力学降低，系统腐蚀，并难以回收吸附剂 [38-41]。为了解决这个问题，最流行的策略是将吸湿盐纳入一个设计的基质中，其中装载的盐在捕获水分子中起着主要作用，而基质则作为一个容器来容纳最后液化的盐 (图 5-3(a))。盐基复合材料的吸水性能取决于盐的选择、加载含量

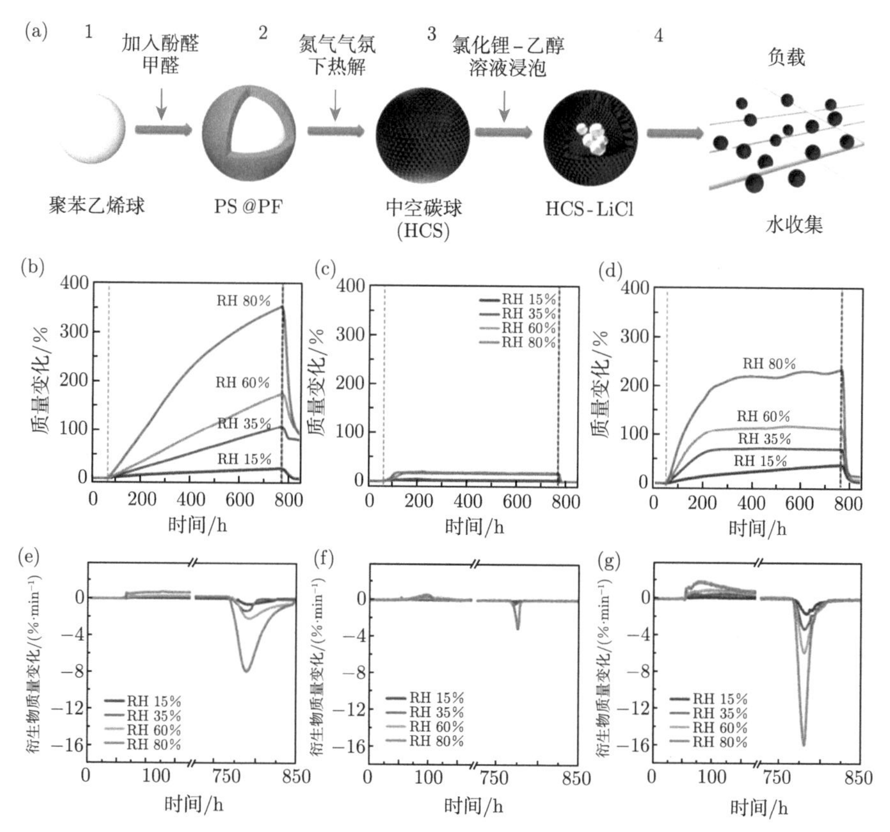

图 5-3 (a) 中空碳球-LiCl 纳米吸附剂制备工艺示意图。(b)~(d) 不同 RH 条件下的 LiCl、HCS 和 HCS-LiCl 的静态 RH 试验。蓝色虚线表示水汽吸附过程的起点，红色虚线表示吸收段的结束和解吸段的开始。(e)~(g) 不同静态 RH 条件下 LiCl、HCS 和 HCS-LiCl 的衍生物重量变化 [38]

以及基体的设计。氯化锂、氯化镁、氯化钙等吸湿盐可以通过水化反应获取水分，但在水化过程中存在颗粒表面团聚和钝化层形成的问题，会降低水蒸气的渗透性，降低吸附能力。另外，虽然较高的盐负荷量往往导致较高的水分吸收，但过高的盐含量也可能导致在集水过程中剧烈的盐泄漏 (特别是在高环境湿度的条件下)。

为了解决吸湿盐泄漏导致的材料失效问题，常常采用吸湿盐与硅胶、沸石等多孔材料复合的方式进行水吸附。实验研究表明，未浸渍的大孔硅胶的吸附率最高；然而，浸渍氯化钙的同一硅胶的最终水负荷更大。这证实了与未浸渍的硅胶相比，复合材料吸附剂具有更好的吸附性能 [42]。多孔材料中浸渍的氯化钙的含量是影响复合吸附剂对蒸汽吸附的最主要因素。随着氯化钙含量的增加，饱和水吸收量增加。然而，孔隙内盐的存在会减缓水蒸气的输运速率，从而导致质量扩散系数较差。多孔吸附剂固体对吸附质气体的吸附性能不仅取决于吸附等温线，还取决于固体侧质量扩散率，这影响了吸附速率。然而，到目前为止，复合吸附剂的动态吸附性能尚不清楚，特别是在水蒸气-复合吸附剂体系中的固体侧质量扩散率几乎未见报道。

5.2.2　金属有机骨架材料

金属有机骨架 (MOFs) 化合物是由有机配体和金属离子或团簇通过配位键自组装形成的具有分子内孔隙的有机-无机杂化材料。MOFs 中的网状多孔结构有利于改善热传递效率，非常适合解决缺水危机 [43]，并且它们具有特殊的孔隙性以及多样的化学成分，可以以多种方式调整它们的吸水特性 [44]。MOFs 结构可以被设计成在疏水和亲水孔隙环境之间有适当的平衡，以允许从沙漠空气中捕获水，并以最小的能量需求释放水 [45,46]。具体来说，吸附的可行性由配体与蒸汽的相互作用决定，而吸附的稳定性受金属中心与水分子的配位的影响。同时，吸附能力主要受低湿度下的内表面积和高湿度下的孔隙体积的影响 [47-50]。在 MOFs 的大气环境水吸附的过程中，MOFs 结构的高稳定性使得材料可以在数百次的实验中保持性能的稳定。通过结构设计和调整，一些具有高效大气环境水收集的 MOFs 被制备出来，一些代表性的 MOFs 将在下文被逐一介绍。

MOF-303 (Al(OH)(PZDC)) 是以铝作为中心原子，3,5-吡唑二甲酸 (H_2PDC) 作为配体得到的一种 500 nm~1 μm 的片块状颗粒 (图 5-4)。BET 比表面积可以达到 900~1100 $m^2 \cdot g^{-1}$，具有较好的水稳定性和高热稳定性 (热分解温度大于 400 ℃)[51]。不仅如此，MOF-303 大气环境水收集系统能够每天执行连续多个集水循环，即使在较低的环境湿度下仍然可以吸附大气中的水分子，并在温和的加热下释放水分。实验测试表明，在 32% RH 和 27 ℃ 的条件下，它每天的大气环境水收集量为 1.3 $L \cdot kg^{-1}$[46]。此外，MOF-303 的高开放结构使其更适合于吸附阶段和解吸阶段。MOF-303 的水吸附显示 Ⅳ 型等温线，在 $\alpha = 0.13$ 处存

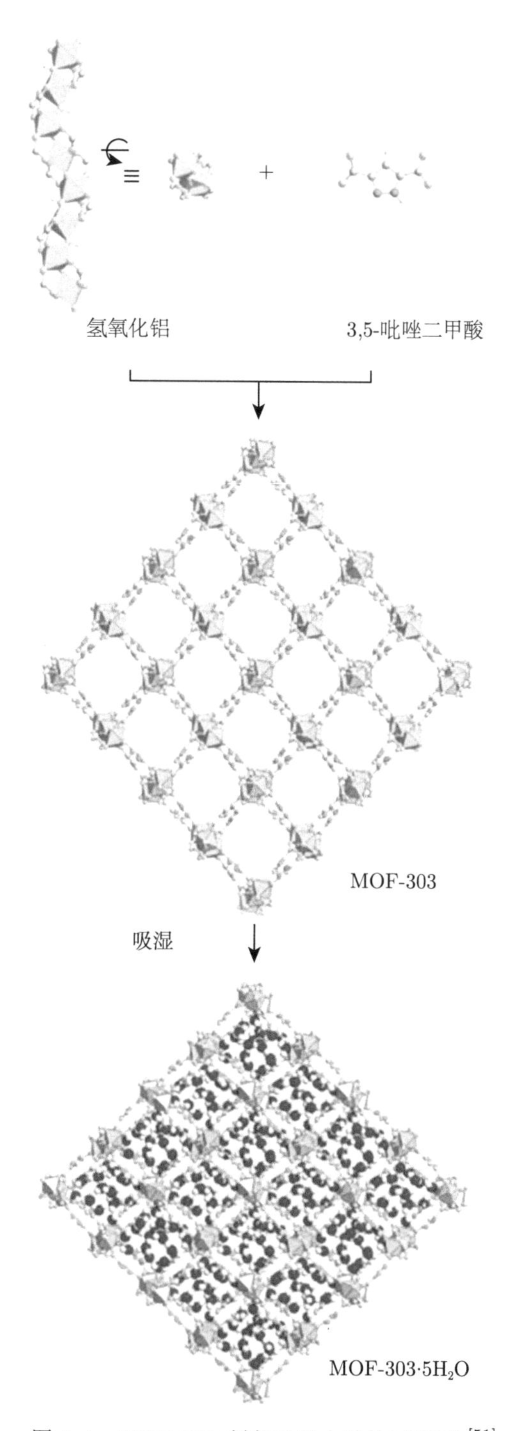

图 5-4 MOF-303 制备及吸水结构示意图 [51]

在低拐点，平台在 $p/p_0 = 0.3$ 处出现，具有最小的滞后、中等恒定等空间吸附热 ($-52\ kJ\cdot mol^{-1}$) 和优异的耐久性，可以承受 150 次重复吸附循环 [46]。

考虑到 MOF-303 作为集水材料和其他各种水相关应用的巨大潜力，我们试图开发一系列绿色可靠的合成方法，使用不同的设备来制备这种有用的 MOF(图 5-5)[52]。具体来说，提出了四种涉及不同设备要求的合成方法 (溶剂热法、回流法、容器法和微波法)，所有的合成方案都是基于水的，因此它们对研究人员和环境都是安全友好的。通常，溶剂热法需要约 24 h 来合成 MOF-303，而回流法和容器法可以将时间缩短到 4~8 h[53-56]。采用微波辅助的方法，反应时间可以进一步减少到仅 5 min。通过对报道的铝钼的水基回流合成工艺进行轻微修改，可以将 MOF-303 的产率从 38%提高到 94%。通过优化的氢氧化钠和 3, 5-吡唑二甲酸连接剂之间 3:1 的物质的量之比，合成的 MOF-303 具有较高的结晶度。此外，这种方法可以大幅度提升反应产率，以实现 MOF-303 的大规模生产，可以在均匀粒径下扩大合成到每批 3.5 kg 产量为 91%，并且大规模合成的 MOF-303 与在实验室生产的相应材料具有高度相似的结晶度和吸水能力 [47,57]。

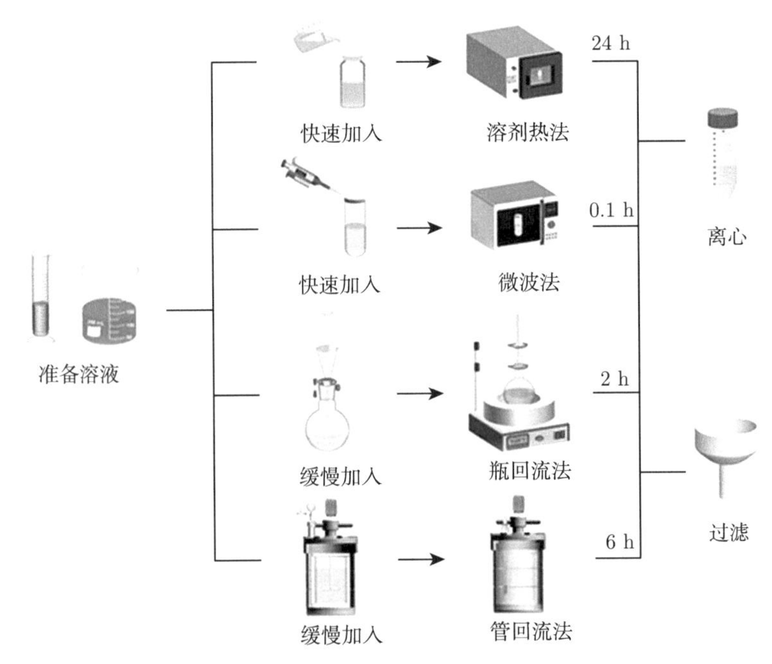

图 5-5　MOF-303 各种制备方法及反应时间 [51]

不仅如此，有实验报道从现成的反应物中开发了一种新的多变量 MOF-303 集水骨架系列。得到的 MOFs 的操作相对湿度范围 (16%)、再生温度 (14 ℃)

和解吸焓 (5 kJ · mol^{-1}) 比之前报道的具有更大的可调性。此外，在不影响骨架结晶度、孔隙度和集水性能的情况下，该合成物在水中高产 (≥ 90%)、可扩展 (~ 3.5 kg)，具有优异的时空产率。这项研究展示了一个基于现成起始材料的多元 MOF 系统。结果表明，该骨架在大气吸湿湿度、再生温度和吸附焓等方面具有更大的可调范围。总的来说，这些研究的进步使得在干旱条件下拥有更节能、更多功能的集水系统成为可能。重要的是，开发了一种合成这些 MOFs 的程序，允许以水为溶剂在千克规模上轻松生产它们，具有高的时空产率，而且不会对它们的集水性能造成重大影响 [47]。

在众多的 MOFs 结构中，拉瓦锡骨架材料 (Materials of Institute Lavoisier Frameworks, MILs) 是另外一种较为特殊的 MOFs 材料，其可以使用三价金属离子 (如 Fe^{3+}、Al^{3+} 及 Cr^{3+}) 与羧酸基配体 (对苯二甲酸、均苯三甲酸) 配位而成。这类型的 MOFs 在外界因素的作用下材料结构会在大孔和窄孔两种形态之间进行相互转变。这种作用被称为“呼吸作用”。当这类材料进行水分子的吸附实验时，水和骨架通过氢键相连接，并且产生较强的静电作用力，从而增大水吸附总量。MILs 类的 MOFs 中具有代表性的两种分别是 MIL-100(Fe) 和 MIL-101(Cr)。MIL-100(Fe) 是采用铁原子作为中心原子，均苯三甲酸作为配体制备得到的 1～10 μm 浅橙色颗粒或者团聚体。MIL-100(Fe) 材料具有两种不同尺寸的介孔笼，其自由直径分别为 2.5 nm 和 2.9 nm。这些笼状结构可通过直径为 0.86 nm 的微孔六角形和 0.56 nm 的微孔五角形窗口进入 (图 5-6)[58,59]。因此，MIL-100(Fe) MOFs 由于其独特的结构，可以作为有效的吸附剂材料。MIL-100(Fe) 的 BET 比表面积很大，可以达到 1900 $m^2 \cdot g^{-1}$，在空气、水溶液及酸性条件下稳定，即使在空气中老化 3 年，MOF 粒子的晶体结构仍保持不变，而在此条件下其表面积显著下降 (46%)，其热分解温度大于 280 ℃[60]。因此，MIL-100(Fe) 的高水热稳定性和优异的吸附性能使 MIL-100(Fe) 成为许多潜在应用的候选材料。需要指出的是，具有沸石-MTN 拓扑结构的 MIL-100(Fe) 是一种先进的功能材料，因为它的中心金属离子是铁离子，与其他金属 (如 Co、Cr 等) 相比，价格便宜，具有良好的生物相容性和环境友好性。这也使 MIL-100(Fe) 受到欢迎并被认为是最有前途的实际应用的 MOFs 之一 [61]。

然而，传统的 MIL-100(Fe) 的合成方法烦琐，一般来说，MIL-100(Fe) 是在 150 ℃ 以上的温度下水热合成的 [59,62-65]，在该方法中将铁前驱体 (铁盐或铁粉)、均苯三甲酸和辅助试剂混合并转移到高压釜中，在高压釜中存在蒸气的情况下，铁三聚体和均苯三甲酸之间发生自组装反应，其中使用氢氟酸 (腐蚀性毒剂) 作为矿化剂，以提高 MIL-100(Fe) 的结晶度 [66]。然而，该方法仍存在一些缺点，如合成时间长，严格的高温、高压，以及辅助试剂的毒性。水热合成法难以精确控制的条件及合成过程的风险限制了其大规模应用。因此，在温和条件下开发一种不添加氢氟酸的 MIL-100(Fe) 合成方法具有重要意义。基于微波照射可以实现分子级加热，引起快速均匀热反应，微波辅助水热法可以有效缩短合成反应时间 [60]。2012 年 Alfonso García Márquez 首次采用微波辅助方法合成 MIL-100(Fe)，将反应间隔从数天缩短到 6 min。此外，与微波辅助一样，超声辅助合成法也能产生高能量，提供相对苛刻的反应条件，如短时间间隔与水溶液中极高的温度和压力，因此，超声照射被认为是一种帮助合成多孔材料的潜在方法。为了使用最少的能量合成高结晶的 MOFs 材料，室温合成法成为一种理想的合成途径。有实验表明可以通过氧化自由基这一简易合成法采用对苯醌生成 HOO· 自由基，加速环境条件下 MIL-100(Fe) 的结晶，可以实现在室温下以还原态金属为前驱体合成以三价金属离子作为配位中心的 MOFs。这种方法制备得到的样品具有与常规水热法制备的 MIL-100(Fe) 相似的结构性能，产率可以达到 88%，并且这种室温下合成 MIL-100(Fe) 的方法制备简单，环境友好，克服了传统合成技术的大部分缺点 [67,68]。

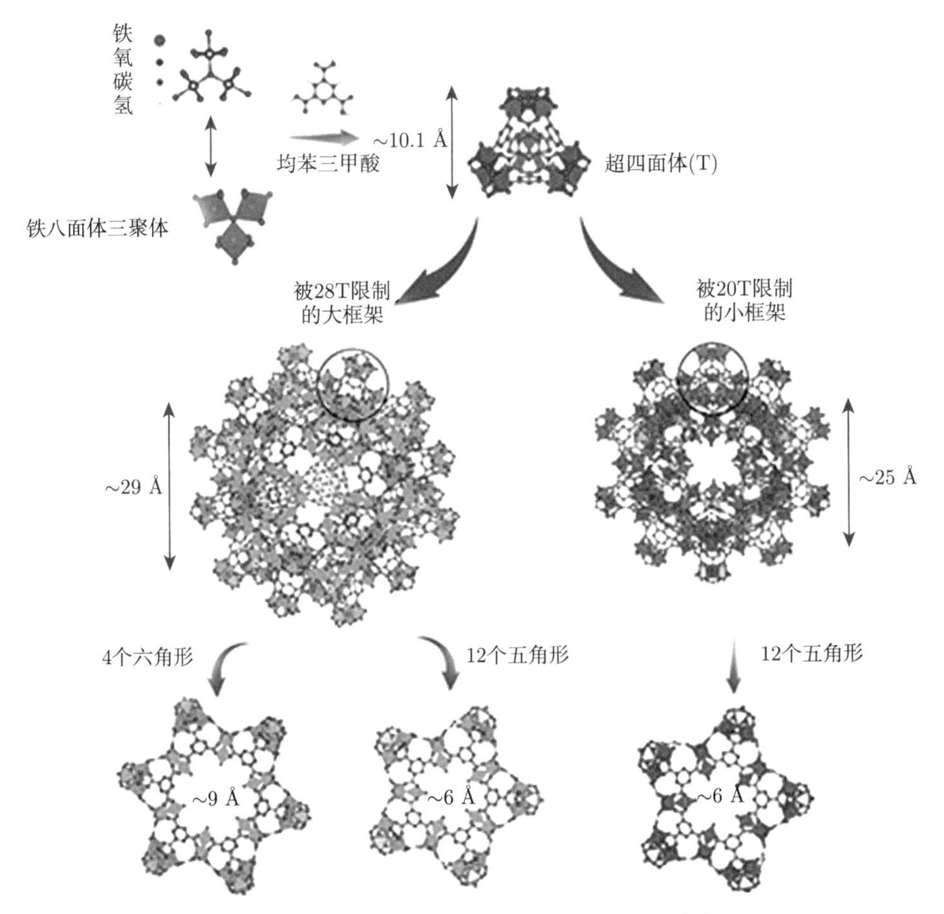

图 5-6 MIL-100(Fe) MOFs 的结构示意图 [67]

MIL-101(Cr) 是直径在 500~800 nm 的浅绿色粉末，其结构单元是与有机配体对苯二甲酸配合的金属团簇，结构单元有序组装形成一个三维的空间网络结构 (图 5-7)[59]。金属有机骨架由超四面体元素组成，具有较大的比表面积和孔隙体积、耐高温性及空气/水稳定性，可以在空气中稳定放置数月，在溶液中耐强酸弱碱，并且具有略高的热分解温度 (大于 300 ℃)[69,70]。MIL-101(Cr) 因其表面积大、孔隙体积大、亲水性好而受到人们的广泛关注。不同的合成和活化条件对 MIL-101(Cr) 材料的形貌、比表面积、产率、结构稳定性和结晶度会产生显著影响 [71]。因此，合成方法是影响 MIL-101(Cr) 特性的一个重要因素。目前的主要合成方法有水热合成法、溶剂热法、微波辅助法和模板法 [72]。利用水热合成方法，通常可以获得具有高结晶度、优良性能的多孔纳米材料，这也是合成 MIL-101(Cr) 过程中最传统的方法。主要的制备流程为将 $Cr(NO_3)_3{\cdot}9H_2O$、对苯二甲酸 (H_2BDC)、去离子水和氢氟酸的混合溶液转移到内衬聚四氟乙烯的不锈钢反应容器中，并在 220 ℃ 下加热反应 8 h。然后依次用氟化铵和乙醇进行纯化，在真空烘箱中干燥得到最终产品。由于氢氟酸具有剧毒和挥发性，因此大量使用氢氟酸合成 MIL-101(Cr) 需要额外的防护设备和安全预防措施，这无疑增加了合成成本 [71,73]。许多科学家使用了其他的酸性添加剂 (乙酸、盐酸等) 取代氢氟酸参与反应，成功合成了性能优良、比表面积和孔隙率高的 MIL-101(Cr)。溶剂热法是指将金属盐、有机配体和溶剂 (非水溶液或有机溶液) 按一定比例反应生成 MOFs 晶体。这种方法通常在较高的温度或蒸气条件下进行，使反应通过分子间接触发生，高温和压力的存在使得金属盐在溶剂中的溶解度更高和反应速率更快。微波辅助合成方法是指在微波条件下，在水热环境中，采用快速微波加热法合成 MIL-101(Cr)[74,75]。该方法可以提高 MIL-101(Cr) 的合成效率，减少了合成时间，这主要是由于微波加热了溶剂，提高了成核速率，这种方法增加了制备的可重复性 [76]。一般来说，模板法可以合成分层多孔的 MIL-101(Cr)，从而提高 MIL-101(Cr) 材料的性能，扩展其应用。此外，利用模板在 MIL-101(Cr) 的晶体骨架中占据空间，去除模板会产生额外的介孔或大孔结构，有助于提升其吸附性能。MIL-101(Cr) 的 N_2 吸附-解吸等温线为 Ⅳ 型等温线，当相对压力 $p/p_0 = 0.2$ 时出现了两个台阶，这是由 MIL-101(Cr) 中两种不同大小的介孔通道引起的 [77]。通常情况下，与微孔 MOFs 相比，介孔 MOFs 吸湿量大却因吸附曲线阶跃点靠后而难以在低湿度下应用。研究人员基于空气温湿度调控和吸附特性的结合，提出在吸附侧构建冷源从而改变孔道内及其附近的湿度环境，使得即使在外界干旱低湿的情况下，材料也可实现水分捕集，靠后的阶跃点迁移至更靠前的位置。基于黏结涂层工艺将水热合成的 MIL-101 材料涂覆于高导热的金属基底，形成致密涂层，涂层工艺简单易行且减小了不规则材料与金属之间的接触热阻。为验证研究思路的可行性，采用半导体片构建冷源，通过调节电压实现冷源温度的精准控制。如吸附曲线所指出，在 25 ℃、30% RH 的环境中，材料吸湿量稳定在较低水平。适当的冷源引入后，其吸湿量显著增加，在 14 ℃ 时可突破至 1.05 g·g^{-1}。由于材料吸湿平衡点越过阶跃范围，冷源温度的进一步降低并没显著增加吸湿量。冷源温度降低，尽管分子扩散有所减弱，但由于局部湿度与孔道之间的湿分浓度差的增加更为明显，吸湿速率有所提高。由于该策略并未改变材料本身应有的特性，当冷源消失后，材料可以自发地趋向于低湿状态下的平衡位点，实现自再生。而引入适当的热源，在小温差 (5 ~ 20 ℃) 下解吸速率可加快 10 ~ 30 倍。基于吸附特性，将不同冷源温度对应的吸附曲线投射至环境湿度轴上，吸附曲线实现冷源构建下的迁移。冷源构建策略通过改变吸附剂孔道内及其附近的湿度环境，针对 S 型曲线吸附剂，显著提高了吸湿量，同时相比传统吸附过程而言，可以有效克服吸附热带来的不利影响。这一策略使得材料在干旱环境下吸湿量显著高于现有聚焦于干旱地区空气取水的文献所报道的单一吸附剂的吸湿量 [78]。

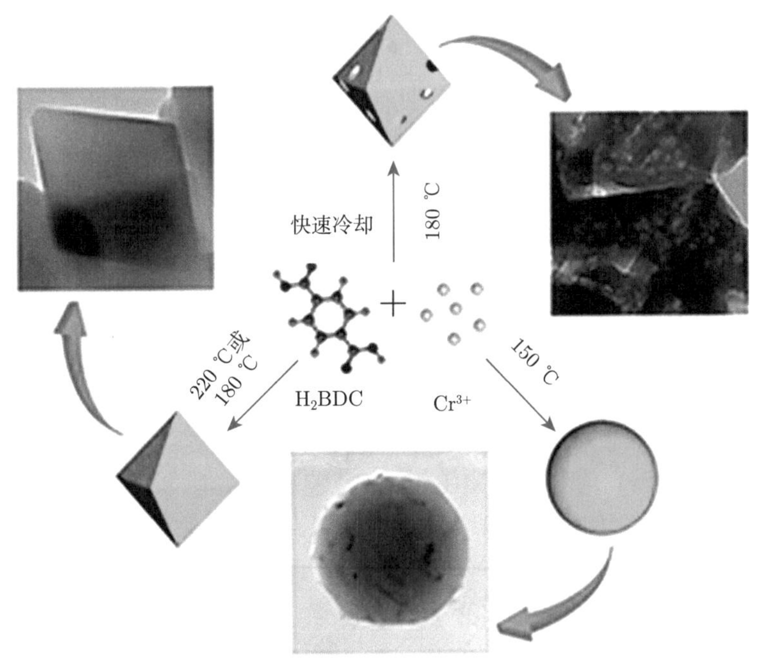

图 5-7　MIL-101(Cr) 晶体不同形态的合成方案 [72]

吸附剂的吸水能力还取决于其孔体积，孔体积越大，其吸附能力越强，孔体积可以通过更长的 MOFs 的等网膨胀来增大。基于此，UiO-66 和 MOF-801 被制备出来，并在大气环境水吸附上取得了不错的成绩。UiO-66 是采用锆作为中心原子，对苯二甲酸进行配位制备得到的 200 nm~1 μm 的白色粉末，BET 比表面积约为 1000 m^2·g^{-1}(图 5-8)[79]。UiO-66 是时间稳定性最好的 MOFs 之一，可以长期稳定存放，并且在水溶液和酸性条件下也十分稳定。此外，UiO-66 还具有较高热稳定性 (热分解温度大于 400 ℃)。

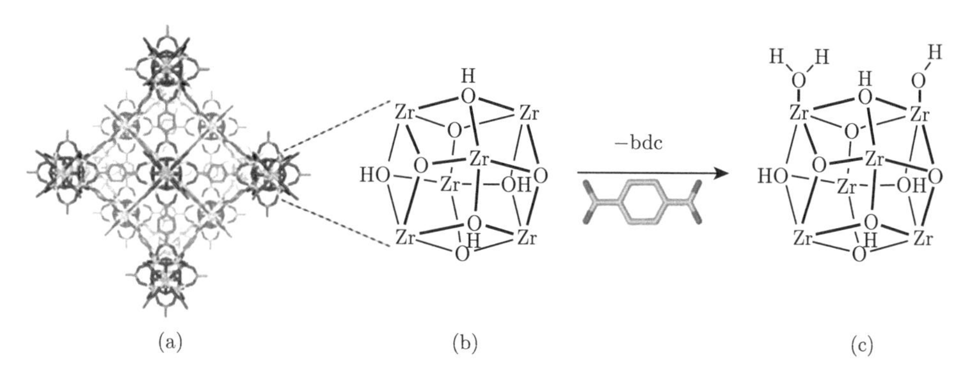

图 5-8 (a)UiO-66 的结构；(b) 理想的 12 个连接二级单元；(c) 含有缺陷的 11 个连接二级单元，具有-OH/-OH_2 覆盖配体，分别用蓝色、红色和黑色表示 μ_3-OH、末端 OH_2 和末端 OH 质子 [80]

大多数的 UiO-66 通过溶剂热的方法进行制备，一般需要在 80~120 ℃ 的温度范围内进行合成，通常持续 24 h 或更久。虽然这种方法对于常规的 UiO 型合成有用且具有高重复性，但对于将热敏材料纳入框架并不理想——例如，金属纳米颗粒的封装，它们在热诱导聚集时失去了大部分催化活性。尽管当前研究人员尝试在较低温度下通过溶液合成了 UiO-66，但室温合成导致材料尚未实现具有和高温下合成相同的结晶度和孔隙度 [81-85]。UiO-66 是含有结构缺陷的材料的一个例子，例如缺乏有机连接剂，但缺陷骨架可能表现出更理想的行为，研究表明，通过改变调制剂弱酸电离的平衡常数 pK_a 和存在调制剂的数量，可以很容易地调整缺陷部位的数量。温度也是控制缺陷数量的主要因素之一，随着合成温度从 100 ℃ 增加到 220 ℃，缺失连接子缺陷的数量减少。据推测，由于 Zr(Ⅳ)—O 键的不稳定性的提高，更高的温度可以纠正周期结构中的键合误差，从而允许形成“更完美”的晶体，但它们的热稳定性随着缺陷数量的增加而降低 [86-88]。因为缺陷区域具有更大的孔径和更多的连接位点，引入缺陷显著影响对水的吸附性能，从而导致水吸附量急剧上升，因此许多研究人员关注 UiO-66 的调制合成来控制缺陷。目前已经有报道证明，在合成过程中联合使用三氟乙酸和盐酸导致 UiO-66 有更多的缺陷，随后的活化使材料得到一个更开放的骨架，具有更高的催化活性。也有实验证明，通过连接剂热解法制造分层多孔的 UiO-66，使用长链单羧酸作为调节剂，得到了含有缺陷的 MOFs[89-91]。虽然目前已经取得了很大进展，但怎样开发出一种简单高效的方法制备分层多孔 UiO-66 仍然非常具有挑战性。

为了提升 UiO-66 的吸湿性能，研究人员通过在骨架中添加亲水侧基对 UiO-

66 进行了修饰，使其更适合于干燥环境中的水吸附，其中 NH_2-UiO-66 的吸湿性能表现较为优异。它是一种粒径在 100~500 nm 的淡黄色粉末。修饰并不会改变材料的各项稳定性能，但是这种办法的一个明显局限是减少了自由孔隙体积，NH_2-UiO-66 的 BET 比表面积有所下降，大约在 650~800 $m^2 \cdot g^{-1}$[92,93]。改性后的 MOFs 已经被证明可以通过完全绿色的方法合成，避免使用有机溶剂。研究人员使用乙酸水溶液作为调节剂和 2-氨基对苯二甲酸作为连接剂。当反应物在室温下在水溶液中混合后，立即形成黄色的 MOF 沉淀物，并在 24 h 内变成结晶。根据阳离子前驱体的预处理、调节剂和稀释剂的比例及反应时间，优化了反应条件所得到的纳米晶粉末具有较高的比表面积，可与常规溶剂热合成得到的产物相媲美 [94,95]。

为了使 MOFs 总体的吸湿性能增加，需要使得亲水侧基的增加与自由孔隙体积的减少维持在一个相对平衡的位置。MOF-801 同 UiO-66 一样采用锆原子作为中心原子，但是选择了富马酸作为金属配体，它是一种粒径在 200 nm~1 μm 的白色粉末 (图 5-9)。MOF-801 在水溶液和酸性条件下稳定，可以在空气中稳定数周，且热分解温度大于 400 ℃[93]。不仅如此，MOF-801 是目前吸湿性最好的金属有机骨架之一，在 MOF-801 的结构中有四面体和八面体形状的两种不同类型的微孔，当给晶体注入少量的水时，可以观察到在这些孔中分别形成四面体和立方排列的水聚集体，且通过氢键结合在一起 [96-98]。

研究人员根据蒙特卡罗方法和第一原理密度泛函理论计算表明，完美 MOF-801(无缺陷) 的吸附等温线与实验测量结果有很大的偏差。随着高密度缺陷的引入，两者可以达到较高的一致性，这表明 MOF-801 的高缺陷密度可能是其亲水性吸附行为造成的 [99,100]。随着缺失连接子缺陷数量的增加，MOF 结构具有更多的亲水性特性 (即在较低的压力下具有更强的初始吸附强度和陡峭的吸收)，这主要归因于缺陷结构内库仑相互作用的增加。研究还发现，约束体内吸附水的相互作用对决定其饱和吸附吸收起着重要作用。虽然可用于吸附的总自由孔隙体积通常被认为与吸附物的饱和吸收有关，但被吸附水的不同程度的能量稳定性可能导致其密度具有显著差异。这一结果表明，对于使用 MOFs 的集水应用，通过不同的合成方法和/或调整配体控制缺陷来优化表面化学，可能能在很大程度上提高其存储性能。此外，MOF-801 结构中的水吸附性能依赖于缺陷的空间构型，纳米孔 MOF-801 中的水凝结优先沿 $\langle 110 \rangle$ 方向发生 [101,102]，当缺陷在这个方向上存在时，可以实现更强的吸附行为。研究人员根据实验报道合成了 MOF-801 粉末，然后在真空下在 150 ℃ 加热 24 h，激活粉末 (从孔中去除溶剂)。粉末渗透到一个厚度为 0.41 cm、孔隙率约 0.95 的多孔泡沫铜中，激活 MOF-801 可以填充大约 85%的泡沫铜孔隙，泡沫铜基底增强了结构刚性和热传输。该装置在环境条件下利用一个太阳以下的自然阳光的低热量从大气中捕获水，并且能够在相对湿度低至 20%的水平下，每千克 MOF 每天收集 2.8 L 水，且不需要额外的能量输入 [98]。

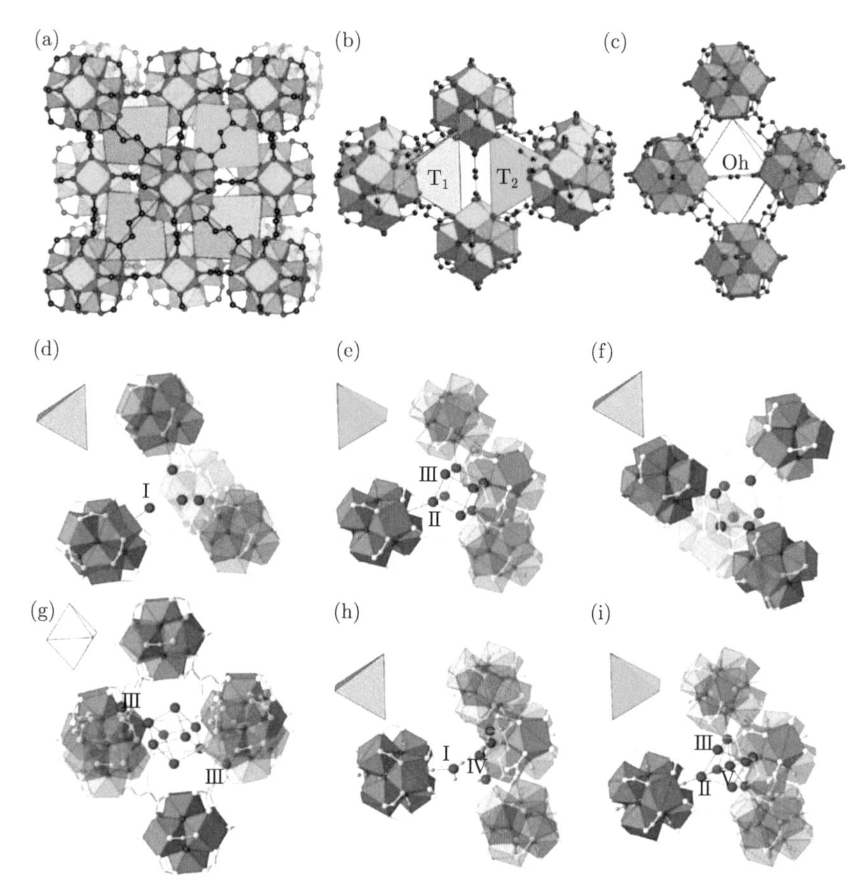

图 5-9 MOF-801 的结构由三种对称无关的空腔 ((a)) 组成，两种是四面体形状的，即 T_1 和 T_2 ((b))，另一种是八面体形状的 ((c))；对水分暴露晶体的单晶衍射研究表明，水分子最初通过与有机配体 (位点 I 和 Ⅱ) 以及它们之间 (位点 Ⅲ) 形成氢键的方式，吸附在四面体腔中 ((d) 和 (e))。在暴露于 100% RH 的晶体中发现了相同的排列，以及不完整的立方团簇 ((f))；八面体空腔也被填充，并确定了几个吸附位点，与位点 Ⅲ((g)) 形成氢键。在微晶 MOF-801-P 中，中子衍射研究显示了相似的吸附位点 I、Ⅱ 和 Ⅲ，以及位于四面体腔中心的其他位点 Ⅳ 和 V((h) 和 (i))[93]

共价有机骨架 (COFs) 是一类通过有机前体之间的共价键形成二维或三维网络结构的材料，这些共价键赋予 COFs 以高度的结构稳定性和多孔性，使其成为一种具有有序孔隙结构的结晶性固体。COF-432 是在大气环境水收集方面的代表性材料。COF-432 由四联体 1,1,2,2-四甲基 (4-氨基苯基) 乙烯 [ETTA,

$C_{26}H_{16}(NH_2)_4$] 和三联体 1,3,5-三甲酰基苯 [TFB，$C_6H_3(CHO)_3$] 组合而成 (图 5-10)。它具有空心的方格拓扑结构。与其他报告的 COFs 不同，COF-432 满足从空气中收集水的要求，因为它表现出 S 型吸水等温线，在较低的相对湿度下具有陡峭的吸水步骤，且没有迟滞行为，对于高效吸收和释放水是必不可少的特性。此外，它可以在超低温下再生，并显示出优异的水解稳定性，在 300 个水吸附-解吸循环后仍能保持其工作能力。总的来讲，COF-432 具有以下特点：① 超长期的吸水和释放循环稳定性；② 无滞后的吸水等温线，在较低的相对湿度下有陡峭的吸水步骤；③ 较低的吸附热，允许低品位能源再生。因此 COF-432 可以作为从空气中收集水的材料，并有可能用于热泵系统或基于干燥剂的除湿器。同时，扩大适用于常压水提取的材料类别的范围将对该技术有很大的提升，该发现将启发更多关于 COFs 作为集水材料的未来研究 [45]。

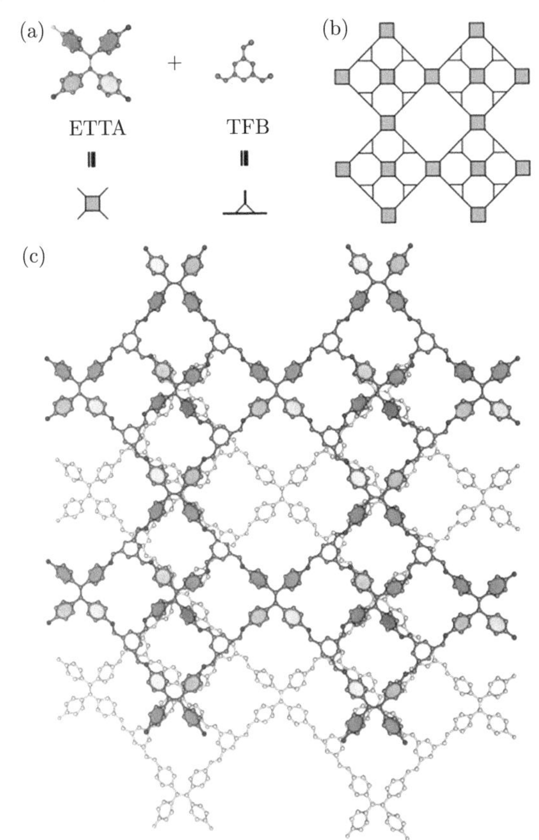

图 5-10　(a)1，1，2，2-四甲基 (4-氨基苯基) 乙烯 (ETTA) 和 1,3,5-三甲酰基苯 (TFB) 分别代表 4-c 和 3-c 节点，得到 COF-432 (c)；该骨架展示了 (3,4,4)-cmtf 拓扑及其增强形式 (b)。原子颜色：C 为灰色；N 为蓝色；O 为红色。为了清晰起见，省略了 H 原子。COF-432 交错结构的第二层用浅橙色表示

5.2.3 聚合物凝胶基材料

聚合物凝胶因其良好的溶胀、包埋和递送能力而被广泛应用于递送系统和组织工程。此外，由于其具有高吸附、可逆溶胀、抗菌性能、生物相容性和生物降解性，近年来在水资源中的应用越来越受到重视 [103-105]。水凝胶，是一种对水具有很强亲和力和吸附能力的生物活性材料，已被用于设计和开发高效的水蒸气吸附系统 [106]，可以将捕获的水存储在交联聚合物网络中。水凝胶是由聚合物与水组成的，呈现三维交联网络，其网络通过共价键或非共价作用建立。非共价作用主要包括物理纠缠、静电作用、超分子作用、氢键、疏水作用和配位作用。水凝胶基复合材料已经可以实现特殊功能的调控，以获得更多的功能特征，如最大平衡膨胀、高吸收率、均匀柔软、高耐久性、无气味、光稳定性。水凝胶在捕水过程中膨胀，因此其吸水率不受其原有孔隙体积的限制，导致吸水率高。此外，高度可调的分子结构，如亲水官能团和离子位点，使水凝胶进一步增强水吸收的能力。这些独特的特性使水凝胶材料具有广阔的大气环境水收集前景 [107,108]。水凝胶按其合成原料分为天然水凝胶和人工合成水凝胶，天然水凝胶 (如壳聚糖、多肽和 DNA) 与人工合成水凝胶 (如 PAAm 和 PVA) 被用来合成不同功能特性的水凝胶，在大气水收集中的应用都极其广泛。

壳聚糖是存在于自然界中丰富的生物活性物质，常用于制备成本低、稳定性好、抗菌活性好、力学性能高、可生物降解、环境友好的水凝胶。甲壳素作为壳聚糖的前体，是自然界中仅次于纤维素的最广泛存在的生物聚合物，在一系列真核生物物种中被发现，如甲壳类、昆虫和真菌。几丁质是 N-乙酰-D-氨基葡萄糖的聚合物，当它发生去乙酰化，聚合物中的重复单元将没有乙酰官能团，即形成 β - 1,4 - D -氨基葡萄糖时，该聚合物被称为壳聚糖 [109,110]。N-乙酰化重复单元的摩尔分数定义为乙酰化程度 (DA)，而 β - 1,4 - D -氨基葡萄糖在多糖中的摩尔分数定义为去乙酰化程度 (DD)。DD 是壳聚糖的一个关键参数，因为先前的研究报道，DD 更高的壳聚糖表现出更强的生物效应和更高的水溶性。这是因为越高的 DD 表明分子中氨基的浓度越高，而氨基官能团的质子化对于显示壳聚糖的生物学效应和水溶性至关重要。因此，壳聚糖可作为制备稳定性好、价格低廉、保水性和吸水性强的水凝胶的原料 [111,112]。壳聚糖凝胶及其复合材料具有孔隙率高、比表面积大、生物降解性、生物相容性等性能，与活性炭等传统吸附剂相比，它具有良好的吸附潜力，且成本较低。提高壳聚糖官能团的可用性，可以进一步改善理化性质 [113]。壳聚糖凝胶可以通过建立物理交联得到，即通过建立弱的和可逆的相互作用，也就是静电相互作用和聚合物部分之间的氢键，从而产生物理交联水凝胶。利用壳聚糖作为前体制备最终凝胶的优点如下：① 壳聚糖是仅次于纤维素的第二种可再生生物聚合物，可从多种生物中提取；② 壳聚糖链富含氨基和羟基，存在氨基从而具有 pH 响应特性，调节溶液 pH 通过氢键制备壳聚糖物理凝胶，使壳聚糖凝胶制备过程十分简单；③ 壳聚糖骨架上的氨基不仅具有交联反应性，而且可以通过衍生反应简单修饰，因此可以利用各种 (宏观) 分子交联剂共价交联或容易修饰引入化学交联基团，通过接枝反应等各种化学修饰提高壳聚糖的理化特性和功能性能，改善大气水收集的性能 [114-118]。

海藻酸盐是从褐藻中提取出来的，占褐藻成分的 30%~60%，由于其化学和物理性质，以及形成凝胶和微粒的能力而得到了广泛的研究。海藻酸钠是水凝胶基团中最著名的成员之一，其分子由 β - D -甘露糖醛酸 (β- D-Mannuronic Acid，M) 和 α - L - 古洛糖醛酸 (α-L-Guluronic Acid，G) 按 (1→4) 键连接而成。海藻酸盐水凝胶可以通过交联聚合物链来设计 [119,120]。海藻酸盐水凝胶的物理和化学性质取决于交联密度、交联类型和分子量。形成海藻酸盐水凝胶的合适方法之一是分子间交联，其中只有海藻酸盐的月桂酸基团与二价阳离子 (例如钙离子) 一起参与。许多二价阳离子对海藻酸盐表现出独特的亲和力，但钙离子更常用于海藻酸盐凝胶化, 在二价钙离子的存在下，海藻酸盐不需要任何加热就能构建凝胶。利用海藻酸盐基水凝胶的羟基和羧基进行修饰，可以提高海藻酸水凝胶的溶解度、疏水性和生物活性等性能 [120-123]。Wang 等 [124] 使用更加亲水的锂、钙离子取代钠离子来填充海藻酸盐 G 块和 M 块，制成了二元亲水聚合盐 (Bina)，并与功能化多壁碳纳米管 (FCNT) 相结合制备出高吸水的复合材料 (Bina/FCNT)，如图 5-11 所示。Bina/FCNT 具有优异的吸水能力 ($5.6\ g{\cdot}g^{-1}$)，同时具有较高的光热转换效率。在一个大范围的相对湿度下，留在结构中未反应的盐能迅速吸附水分子。Bina/FCNT 的超亲水性质和巨大的孔隙提供了对水的高亲和力，同时，为蒸汽的快速运输安排了通道。FCNT 作为光吸收剂不仅增强了整个光谱范围内光能到热能的转换，而且提高了凝胶的力学性能，保持了多孔网结构的均匀性和完整性。这种相互连接的多孔结构也作为热障层，以减少热量损失到较低的层，并限制热量传递到蒸发表面。

纤维素具有生物相容性、生物降解性、资源丰富可再生、机械强度好、环保安全等特点。一般来说，纤维素是一种多糖，由 $\beta(1 \rightarrow 4)$ 连接的 D-葡萄糖单元的线型链组成。它具有无味、不溶于水和大多数有机溶剂的特性。纤维素链上有丰富的羟基，是一种亲水性材料，分子间和分子内较高的氢键和范德瓦耳斯力为制备纤维素水凝胶提供了基础，然后通过烘箱烘干、冷冻干燥或超临界干燥去除溶剂可以获得纤维素气凝胶 [125-128]。本征亲水性的纤维素基的凝胶材料在水收集和水蒸发中也显示出可观的发展与应用前景 [129-131]。Yu 等 [132] 开发出由羟丙基纤维素和吸湿盐组成的吸湿微凝胶 (HMG)，它由生物质衍生的亲水性羟丙基纤维素网络组成，用于包裹吸湿性 LiCl，如图 5-12(a)。在室温下，亲水性凝胶网络有助于水的传输和保持，在约 15% RH 和约 30% RH 下，分别在

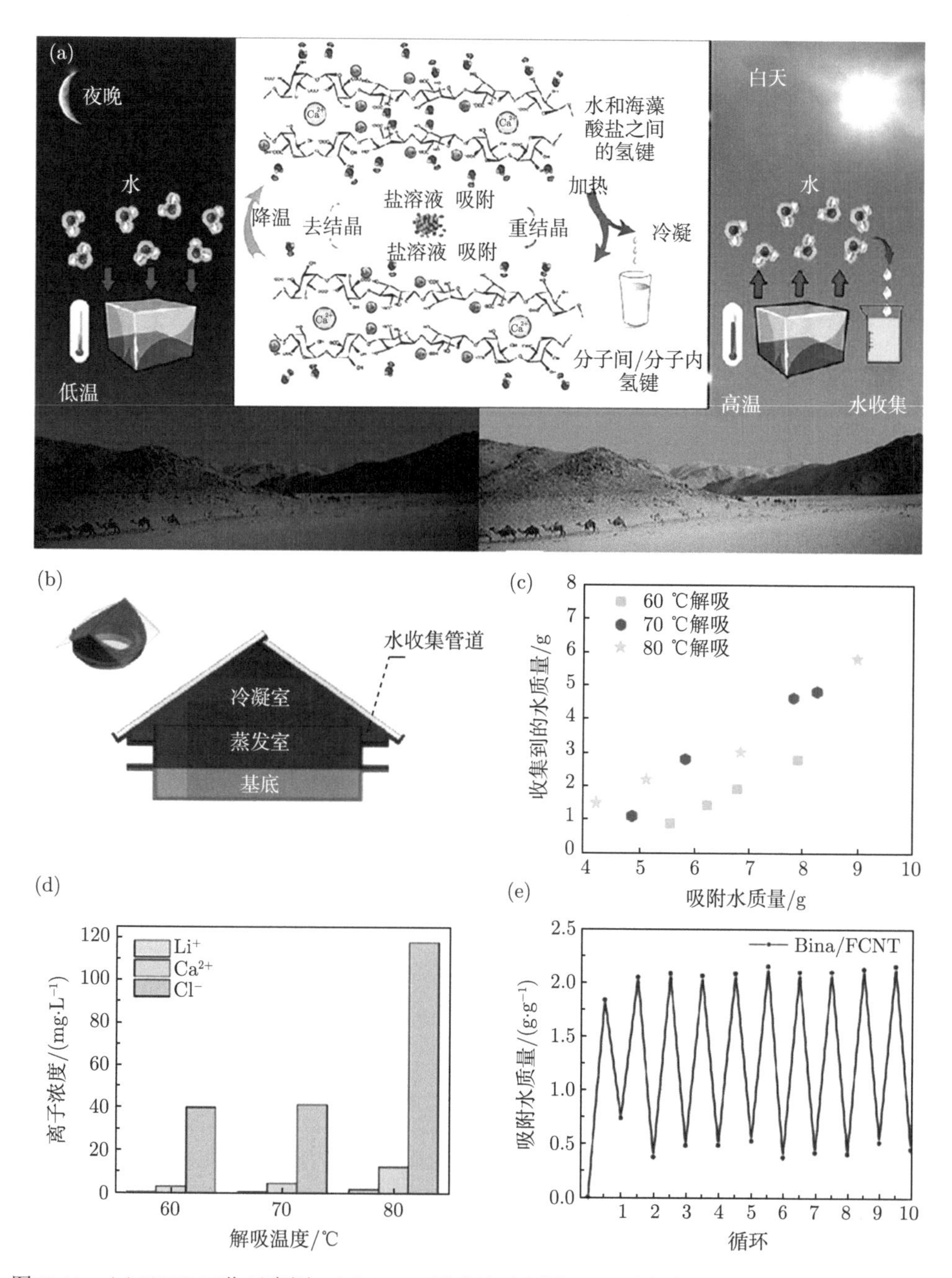

图 5-11 (a)AWH 工作示意图；(b)AWH 原型的示意图；(c) 设备在不同释放温度下对水的吸附和释放性能；(d) 不同解吸温度下产出水的水质；(e)Bina/FCNT 超过 10 个循环的水热稳定性测试

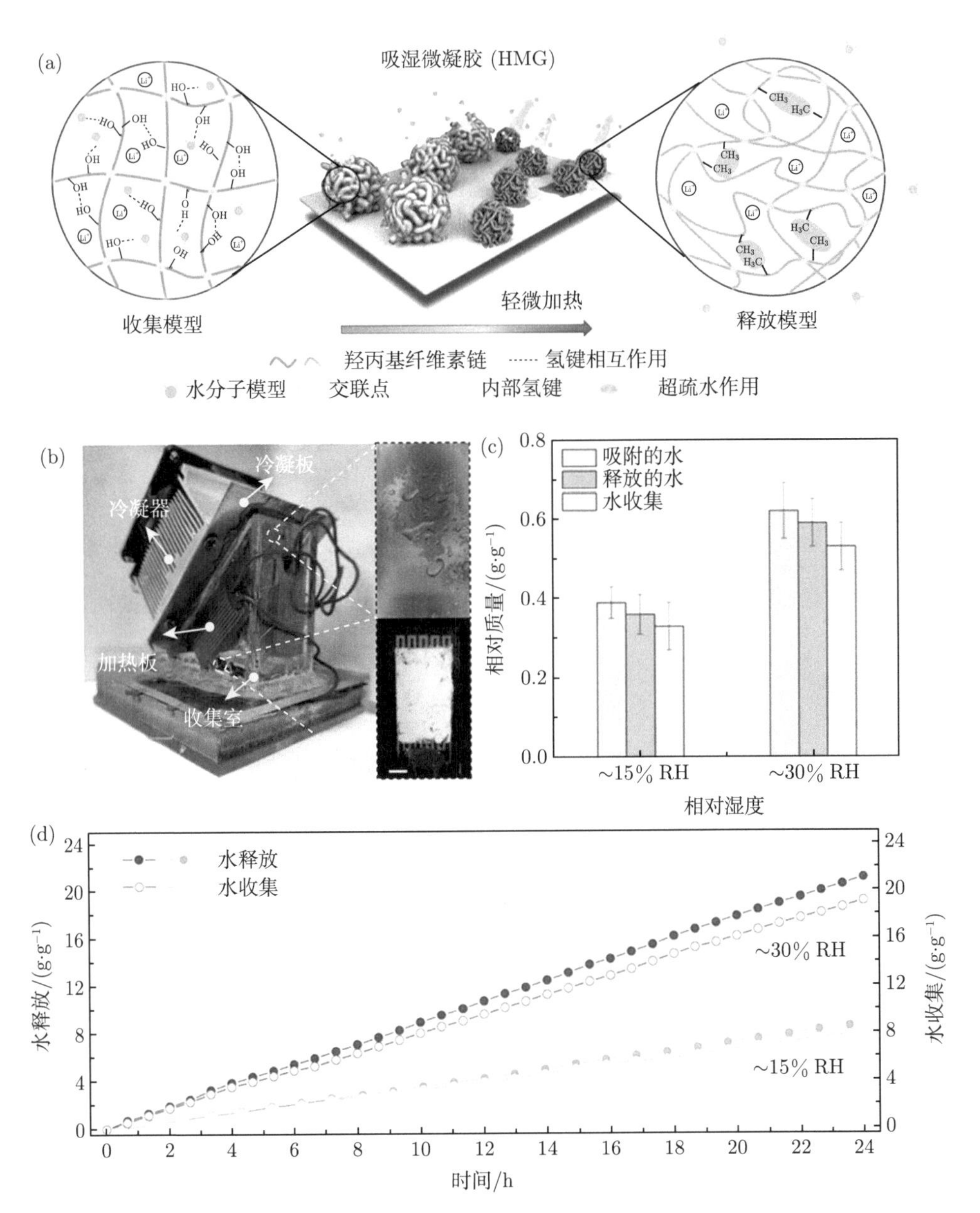

图 5-12　(a)HMG 材料设计示意图；(b) 集水装置光学图像；(c) 约 15% RH 和约 30% RH 时的吸水、放水和集水情况；(d)24 h 累计放水和集水 [133]

75 min 和 60 min 内达到约 0.5 $g{\cdot}g^{-1}$ 和 0.8 $g{\cdot}g^{-1}$ 的饱和吸水率，如图 5-12(d)。利用亲水性羟丙基纤维素的温度响应性，HMG 可以在温和加热下通过疏水相互作用促进水的释放，实现在 15 min 内释放 80%捕获的水。此外，亲水性羟丙基纤维素网络的热响应性使 HMG 通过亲水-疏水切换快速释放水分，通过 24~36 个循环操作，在约 30% RH 条件下，HMG 水收集装置一天内产水高达 19.1 $g·g^{-1}$，如图 5-12(d)。

天然的高分子水凝胶在大气环境水收集的过程中常常会成为细菌生长的营养物质，并且收集后需要从外部注入能量才能够使水得到解吸，从而被收集。人工合成水凝胶通过合理设计聚合物骨架、修饰的官能团和其他添加剂，可以精准设计调控水凝胶水分子的吸附-解吸附动力学，从而实现性能优良的大气吸湿水凝胶。水凝胶具有三维多层孔隙，通过对水凝胶内部多孔结构的调节，可以有效控制水蒸气和液态水在水凝胶材料内部的传输。同时，水凝胶的三维网络和多孔结构使得水凝胶的力学性质可调节，这将提高水凝胶大气水收集的循环性和经济性，进一步打开大气水收集工业化和商业化的前景 [133,134]。用于大气水收集技术的最具代表性的人工合成水凝胶是聚丙烯酰胺 (PAM) 基水凝胶、聚 (*N*-异丙基丙烯酰胺)(PNIPAm) 基水凝胶以及聚两性离子水凝胶。

自从 Scarpa 在 1967 年发现 PNIPAm 的热相变行为以来，PNIPAm 已经成为不断增长的热响应聚合物基智能材料家族的代表性成员。PNIPAm 由单体 *N*-异丙基丙烯酰胺 (NIPAm) 聚合而成，特征通常是单体结构中的酰胺基和异丙基部分在水介质中具有较低的临界溶液温度 (LCST，−32 ℃)，在 LCST 附近通过膨胀/收缩表现出剧烈和可逆的体积相变 [135]。除了体积相变过程中的尺寸变化外，这一过程还伴随着许多其他性质的变化，如亲水性、透明度和表观静电介电常数。当温度低于 PNIPAm 的 LCST 时，亲水酰胺基团与水分子之间的氢键减弱异丙基之间的疏水相互作用，导致 PNIPAm 链坍塌。随着温度的升高，甚至高于 LCST，氢键数目降低，导致异丙基之间的疏水相互作用增强，发生熵驱动的相分离，PNIPAm 链被脱水并聚集成紧密排列的球状构象。PNIPAm 的 LCST 可以通过共聚加入亲水成分或疏水单体来在宽温度范围内操纵，从而有效地改变焓对热响应的贡献 [136,137]。海洋中有一种可以自适应危险的生物——河豚，是四齿鱼科的一种鱼类，当受到威胁时，它可以通过吸入水来使自己膨胀，当危险威胁消失时，它可以释放水以恢复原来的形状。热响应的 PNIPAm 与这种自然界的生物自适应行为很相似。这种具有热响应的 PNIPAm 水凝胶在大气水收集方面具有独特的潜质，在较低的 LCST 通过亲疏水切换吸附和释放水，可以高效调控水分子在凝胶三维网络孔隙中的传输和释放 [138]，如图 5-13。Zhang 等 [139] 以开孔的聚丙烯酸钠 (PAAS) 水凝胶为壳层，以温敏性的大孔径 PNIPAm 水凝胶为核层，以聚多巴胺 (PDA) 纳米粒子为光热转化材料，开发了一种兼具高效吸湿性能及快速释水性能的光响应核壳结构的水凝胶，有效地提高了水凝胶的大气水收集性能，在较宽的湿度范围内均展现出优异的吸湿性 (2.76 $g·g^{-1}$，RH = 90%；0.68 $g·g^{-1}$、RH = 30%)。聚多巴胺纳米粒子和温敏性 PNIPAm 之间的光热协同作用，可以快速将核层 PNIPAm 水凝胶的表面温度提高到 LCST 以上，进而有效提高其释放水性能，在 1 个太阳光强度下展现出优异的释水性能 ($1.42\ kg{\cdot}m^{-2}{\cdot}h^{-1}$)，如图 5-14 所示。

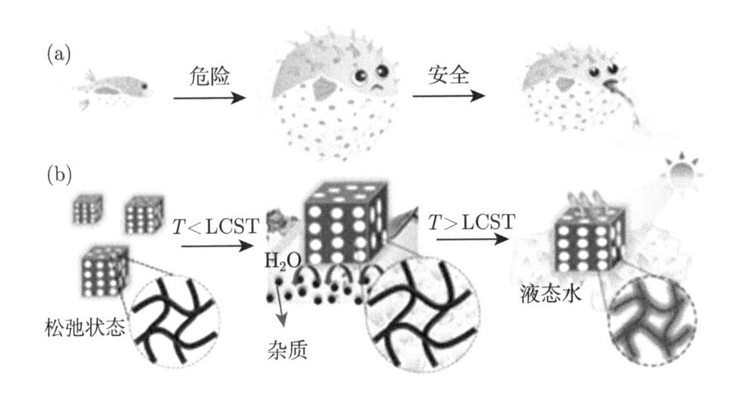

图 5-13　(a) 河豚在受到威胁时通过吸收和释放水而改变形状；(b)PNIPAm 水凝胶在较低的 LCST 通过亲疏水切换吸附和释放水 [139]

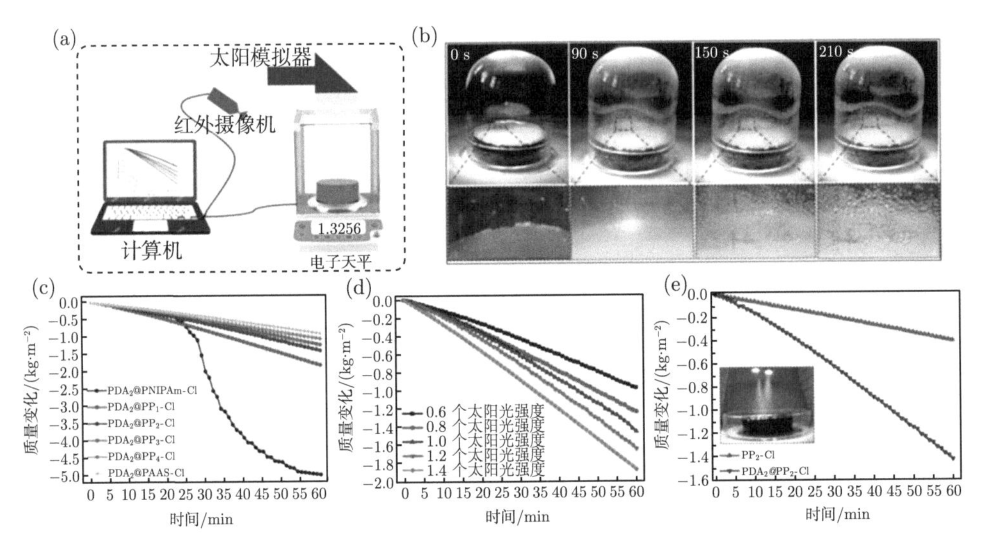

图 5-14　(a) 水蒸发试验示意图；(b) 装置壁上水滴形成的照片；(c)PDA_2@PAAS-Cl、PDA_2@PNIPAm-Cl 和 PDA_2@PP-Cl 水凝胶在 1 个太阳光强度下的质量变化；(d)PDA_2@PP_2-Cl 水凝胶在不同光强下的质量变化；(e)PP_2-Cl 和 PDA_2@PP_2-Cl 水凝胶在 1 个太阳光强度下的质量变化 [140]

聚丙烯酰胺 (PAM) 水凝胶由于其制备简单且成本较低而备受关注，是研究最广泛的长链聚合物水凝胶之一，大范围地应用于生物工程、柔性电子和能源设备 [140-142] 领域，在大气水收集技术中也被广泛研究 [143]。Tian 等 [144] 使用发泡

真空干燥 (PFVD) 方法来制备低成本的 PAM 大孔水凝胶 (LCP)，如图 5-15(a) 所示。LCP 的大孔结构归功于孔隙发泡剂 PEG-400 的加入和真空干燥过程的联合作用。PEG-400 的加入不仅使得凝胶产生了较为均匀的大孔，还增强了凝胶壁，使其可以有力地支撑住孔洞，有效避免孔洞坍塌而导致通道堵塞和吸附速度降低。LCP 大孔结构提供了高的比表面积，确保了潮湿空气与内部吸附剂之间有效的、大范围的接触，可以迅速让水渗透到整个水凝胶体中，而没有明显的钝化层。LCP 可以实现高性能的大气水收集，具有广泛的吸附湿度和高吸水能力，如图 5-15(b)~(d) 所示。在 RH 为 90%、温度为 25 ℃ 的条件下，一夜之间可以吸收其自身重量的 193.46%以上的水，并通过光热效应释放高达 99.38%的捕获的水。LCP 每天通过几次循环便可产生约 2.56 kg 的水，超过一个成年人一天的平均饮水量。

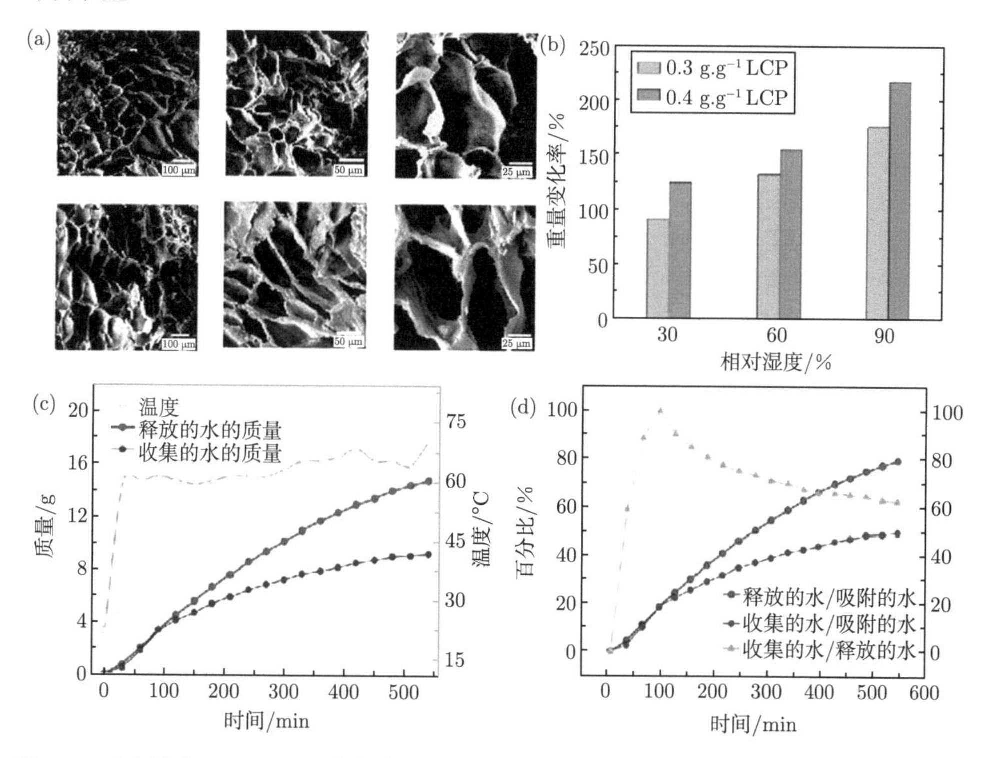

图 5-15 (a) 脱水 CNT-PAM 水凝胶和 PEG-400 掺杂 CNT-PAM 水凝胶在不同放大倍率下的 SEM 图像；(b)LiCl 浓度为 0.3 g·g^{-1} 和 0.4 g·g^{-1} 时，LCP 在 30%、60%和 90% RH 下 24 h 的重量变化率；(c) 在释放水的过程中，温度、水收集量和水释放量随时间的变化曲线；(d) 释放的水与吸附的水、收集的水与吸附的水、收集的水与释放的水之间的比值随时间的变化曲线 [145]

两性离子聚合物，可通过离子溶剂化作用发生水合效应，且强于传统非离子型亲水材料通过氢键作用产生的水合效应。两性离子聚合物具备两个主要特点：① 电荷平衡，正负电荷基团的量相等；② 最小化偶极，正负电荷在分子水平均匀分布。由于这些特性，两性离子聚合物不会因局部产生电荷而发生静电吸附 [145]。聚两性离子水凝胶相比于普通聚合物水凝胶网络中含有丰富的电解质，抗冻性能、导电性能和机械性能也会随之提升 [146]。此外，聚 (羧基甜菜碱)(PCB)、聚 (磺基甜菜碱)(PSB)、聚 (三甲胺 *N*-氧化物)(PTMAO) 的两性离子材料由于可以有效地抵抗生物分子和微生物的非特异性附着而受到特别关注 [147]。聚两性离子水凝胶，由于两性离子聚合物的主链同时含有正负电官能团，在适当浓度的盐溶液中，离子会与聚合物链上的反离子进行结合，使分子链出现一定程度的扩展并提高聚合物与水结合的能力 [148]。Yu 等 [149] 开发了一种可控负载吸湿盐 (LiCl) 的聚两性离子水凝胶 (聚 [2-(甲基丙烯酰基氧基) 乙基] 二甲基-(3-磺酸丙基) 氢氧化铵，PDMAPS)，用于有效的大气水收集。通过抗聚电解质作用，与聚合物链配位的吸湿盐可以捕获水分并增强溶胀性，从而具有很强的吸湿能力。PDMAPS-LiCl 水凝胶显示出 0.62 $g \cdot g^{-1}$ 的水蒸气吸附能力和每天 5.87 $L \cdot kg^{-1}$ 的淡水产量，如图 5-16 所示。此外，由于大分子链和盐之间静电相互作用的存在，所制备的材料表现出优异的稳定性，能够长期使用。

在长期解吸附过程中，上述一些常规的吸湿水凝胶可能会发生过度的水解吸，进而导致严重的机械变形，甚至失效。通过改变溶剂，将水凝胶替换成离子凝胶或有机凝胶，可以有效改善水凝胶大气吸湿的稳定性。离子凝胶是一种具有离子导电性的固态混合物，通常是由高分子有机聚合物和可电解的离子的盐类电解质液体混合而成，聚合物分子链互相连接或缠绕，形成空间网状结构，结构空隙中充满了作为分散介质的阴、阳离子。通过对凝胶中阴、阳离子的选择，可以来设计分子链之间的相互作用，从而实现一些特殊的性能，例如优异的力学性能、不挥发性、热稳定性以及离子导电性。当其应用在大气环境水收集的过程中时，可以避免材料因为出现盐析效应而失效，因此离子凝胶可以在低湿度的条件下获得高的吸湿效果 [150-152]。Chen 等 [153] 利用具有吸湿性能的离子液体 1-乙基-3-甲基咪唑乙酸盐 ([EMIM][Ac])，并将其分散到亲水性的聚 (丙烯酸-*co*-2-丙烯酰胺-2-甲基丙磺酸)(P(AA-*co*-AMPSA)) 网络中，以制备出吸湿性离子凝胶，进一步应用到热电发电片的蒸发制冷中，并有效增强其热电性能。这种吸湿性的离子凝胶的吸水性能表现优良，在 25 ℃ 和 RH = 90%的条件下，持续 12 h 达到了 0.96 $g \cdot g^{-1}$ 的吸湿效率。

此外，有机凝胶具有许多优异的性能。通常，聚合物和低分子量有机凝胶剂聚合形成有机凝胶。其次，水凝胶经过简单的浸泡，其含有的水分可被甘油、乙二醇、山梨醇等单一或者多种混合溶剂置换，也可形成有机凝胶 [154-156]。目前，也有少量研究将有机凝胶应用于大气水收集技术。铁兰 (*Tillandsia*) 是一类典型

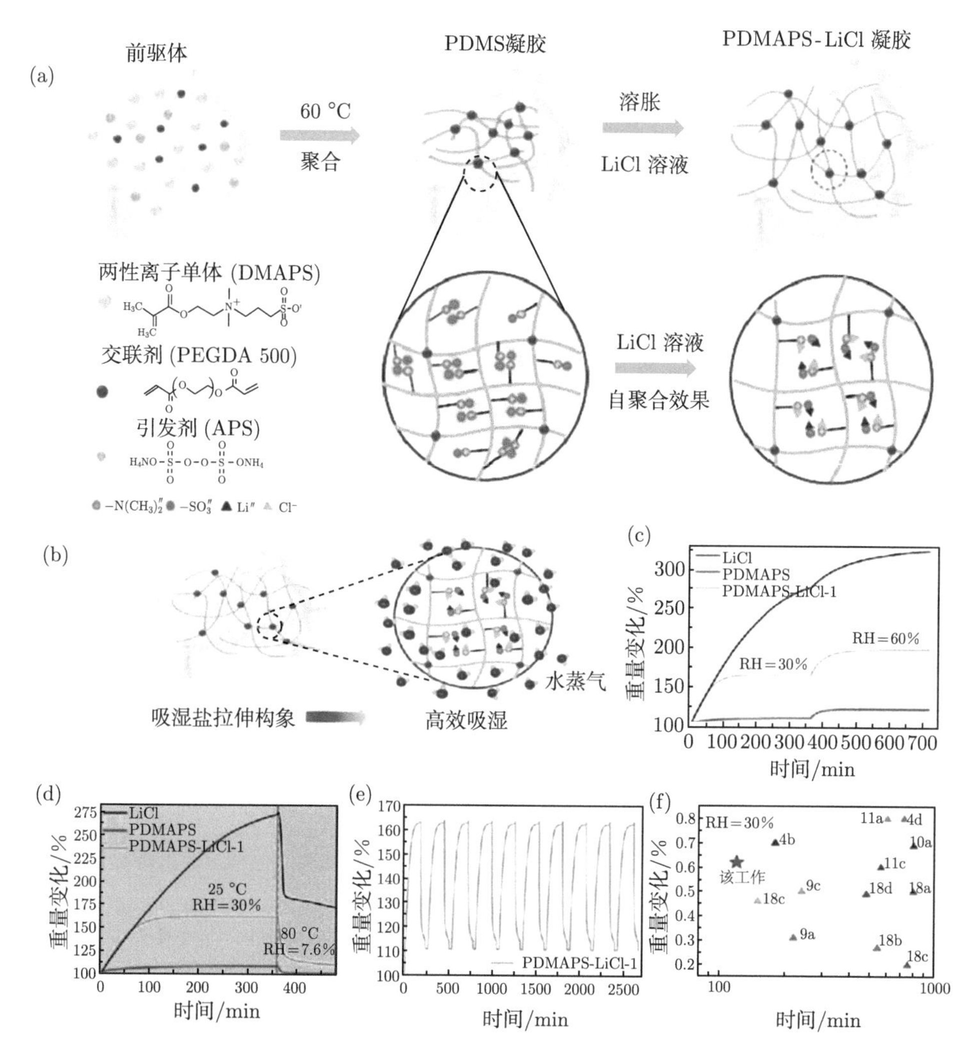

图 5-16 (a)PDMAPS 和 PDMAPS-LiCl 水凝胶的制备工艺示意图；(b) 基于抗聚电解质效应的高效水分收集示意图。吸湿盐和拉伸构象都有利于水分的收集；(c)LiCl、PDMAPS-LiCl-1 水凝胶和纯 PDMAPS 水凝胶在 25 ℃、RH ＝ 30%和 RH ＝ 60%条件下的集水行为；(d) 相对湿度为 30%时，LiCl、PDMAPS-LiCl-1 水凝胶和纯 PDMAPS 水凝胶的吸附-解吸曲线；(e)PDMAPS-LiCl-1 水凝胶在 RH= 30%时的吸附-解吸循环性能；(f) 与其他聚合物吸附材料达到饱和所需的吸水率和时间的比较 [150]

的附生植物，其生存不依靠根茎从土壤中吸收水分，而通过其叶片直接从空气中吸收水分即能很好生长。在叶片内部渗透压的作用下，被吸附的水分可实现从最外组织到内部网络定向运输，并最终储存在叶片内部完善的组织系统内，以实现连续、快速的水分吸收，如图 5-17(a) 所示 [157]。Chen 等 [158] 受此启发研究了一种集成的吸湿光热有机凝胶 (POG) 来实现高效的大气水收集 (AWH)，如图 5-17(b) 所示。由于 POG 表面的特征基团如羟基、羧基极性强，POG 可以通过氢键相互作用捕获空气中的水分子。随后，被吸收的水分子在甘油内部介质渗透压的引导下进一步扩散到 POG 内部，从而迅速激活表面的吸附结合位点。而且，这些水分子会通过打破旧的氢键形成新的氢键，取代聚合物骨架上甘油分子的位置，同时释放出最初结合的甘油分子，进行新的水的吸附和运输，如图 5-17(c) 所示。因此，这些相关特性使 POG 具有可持续的高容量吸湿能力。结果表明，在相对湿度为 90%时，复合 POG 的超高平衡吸湿量为 16.01 $kg\cdot m^{-2}$，在实际室外试验中日产水量高达 2.43 $kg\cdot m^{-2}$，如图 5-17(e)~(g) 所示。这样一个受生物启发的综合吸湿材料系统为实现连续和高容量的大气吸湿提供了一个新的途径。

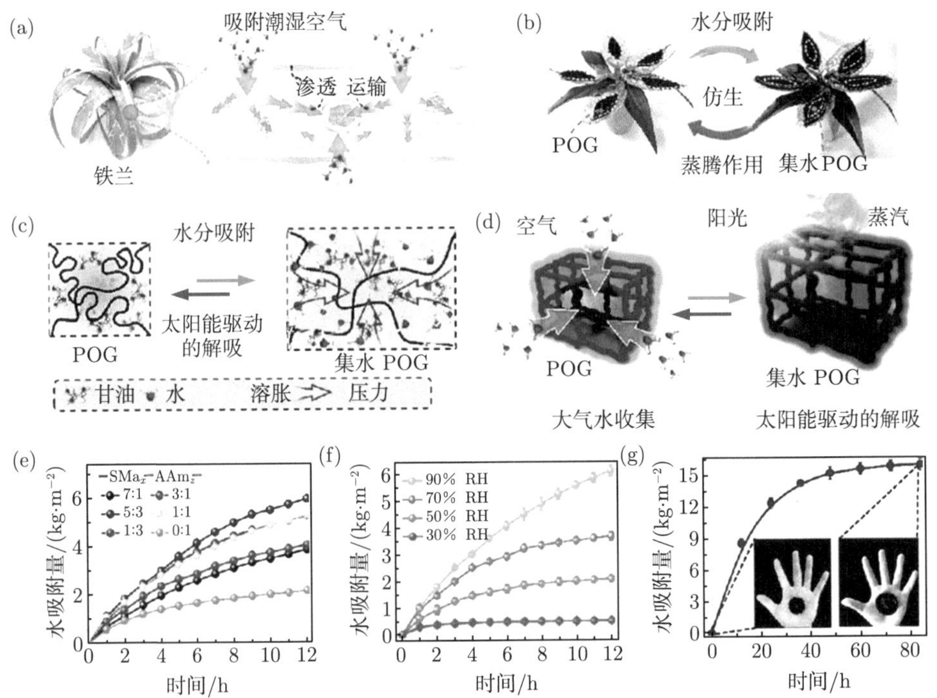

图 5-17 (a) 铁兰从空气中吸收水分进行生命活动；(b) 模仿铁兰吸湿和蒸腾行为的吸湿 POG；(c)POG 吸湿效果示意图，水分子被捕获在 POG 表面，然后通过渗透压运输到其内部，并通过膨胀储存在 POG 内部；(d) 基于已实现 POG 的太阳能驱动大气集水；(e) 不同聚合物网络的 POG 吸湿性能表明，当 SMa 与 AAm 单体比为 5:3 时，POG 吸湿性能最佳；(f) 优化后 POG 在 30% ~ 90%RH 范围内的吸湿性能；(g)POG 在 RH = 90%条件下的长期吸湿，插入的图像分别为初始 POG 和水化 POG，水化 POG 有明显的溶胀 [159]

聚合物凝胶的应用范围逐渐变得广泛，特殊性能的实现需要对凝胶进行结构和分子的设计。根据聚合物凝胶材料结构和组分可将大气吸湿聚合物凝胶 (AHPG)

分为单一型 AHPG 和复合型 AHPG。对于单一型 AHPG，无需引入额外的吸湿化学组分，仅通过调节单体或聚合物链的亲水性，就能使聚合物凝胶网络具有显著的吸湿性能。更重要的是，通过在这些亲水性凝胶网络中构建多孔结构，可进一步改善其吸湿动力学。另外，通过各种掺杂策略，包括浸泡-干燥、离子交换、互穿网络、原位共聚和溶剂置换等，将现有吸湿组分 (固体干燥剂和液体吸湿剂) 与凝胶网络进行复合可设计复合型 AHPG，最终表现出协同增强的吸湿性能 [159]。扩大与蒸汽的接触面积和缩短液体扩散距离都能促进吸附动力学 [153]。因此，有两种策略来增强吸湿性聚合物凝胶的动力学：第一，在大块凝胶中引入相互连接的孔隙，提高大气水分子与凝胶的接触面积，提供大量的吸湿位点，能够进一步提高水的吸附和传输的速度；第二，降低聚合物凝胶的尺寸可以增强水分子吸附-解吸附动力学，吸湿凝胶的厚度、体积和质量直接影响水分子的吸附和解吸附的速率，一般而言，薄而小的吸湿凝胶具有较快的吸附-解吸附动力学。

5.2.4 其他材料

多孔碳材料是一种具有不同孔隙结构，被用于大气水收集的碳纳米材料 [160-162]。根据孔径，可分为微孔 (小于 2 nm)、介孔 (2~50 nm) 和大孔 (大于 50 nm) 三类。孔径可根据实际应用的要求进行调整。碳基质的物理和化学性质的修饰通常依赖于引入外来的部分，如 B、N、S、O 和 P 原子。多孔碳作为吸附剂不仅可以克服传统吸附剂 (石墨化炭黑、C_8、C_{18}) 比表面积小、吸附能力低等缺点，还可以通过多种功能 (疏水性、氢键、p-p 偶联) 来提高吸附性能。纳米结构多孔碳通常可以通过硬模板、软模板、原位模板、多模板、自模板、活化和盐熔途径实现。有序石墨微孔碳通常采用沸石模板气相沉积法生产。ZIF-8(硬模板)、碱盐 (活化剂)、一些多孔聚合物或固体 (自模板) 制备无序微孔碳，而合成条件 (前驱体选择、温度、加热速率) 会直接影响碳结构的孔径分布。软模板 (如 F127、P123)、硬模板 (如二氧化硅球、SBA-15) 被单独或一起用于制备有序的介孔碳。含锌盐 (如氯化锌) 或 MOF 通常被用作无序介孔的活化剂，这些试剂可以与硬/软模板结合生成具有多模式孔径分布的介孔碳 [163,164]，具有特定的应用。大孔碳可以用合适的聚合物球作为软模板，二氧化硅作为硬模板，或在冻干的 NaCl 基配合物中形成的原位硬模板来制备 [165]。可以通过选择合适的碳前驱体 (如聚丙烯腈、沥青) 或添加石墨化催化元素 (Fe、Co 或 Ni) 来实现对碳的结晶度或石墨化程度的控制 [166]。虽然当前在制备多孔碳这一领域已经取得了重大进展，但仍有一些局限性。例如，硬模板法制备工艺复杂，成本高；软模板法对模板开发要求严格、复杂，合成碳材料形态不均匀；自模板法需要先合成多孔材料，有些材料制备条件恶劣，有机配体成本高。在制备过程中减少废物产生，减少能源消耗，开发低污染或无污染的经济方法，以及从生物可降解和可重复的前体中制备功能化纳米多孔碳也至关重要。因此，开发绿色原料和绿色合成方法是制备多孔碳的主要方向。

Hao 等 [167] 报道了优化亲水位点和孔径的 MOF 衍生的纳米多孔碳，它是具有快速吸附动力学和优异光热性能的吸附剂，用于高产量的 AWH。通过密度泛函理论 (DFT) 模型计算，优化的 MOF 衍生的纳米多孔碳具有 40%吸附位点和约 1.0 nm 的孔径，降低了水的扩散阻力，从而具有优越的吸附动力学。此外，通过有效的太阳能加热和高热导率，碳质吸附剂表现出快速的解吸动力学。这种 MOF 衍生纳米多孔碳在 45 min 内吸收 0.18 $L\cdot kg^{-1}$ 的水，并在单太阳光照下在 10 min 内释放所有捕获的水，如图 5-18(b) 和 (c) 所示。对于纳米孔和微孔吸附剂，

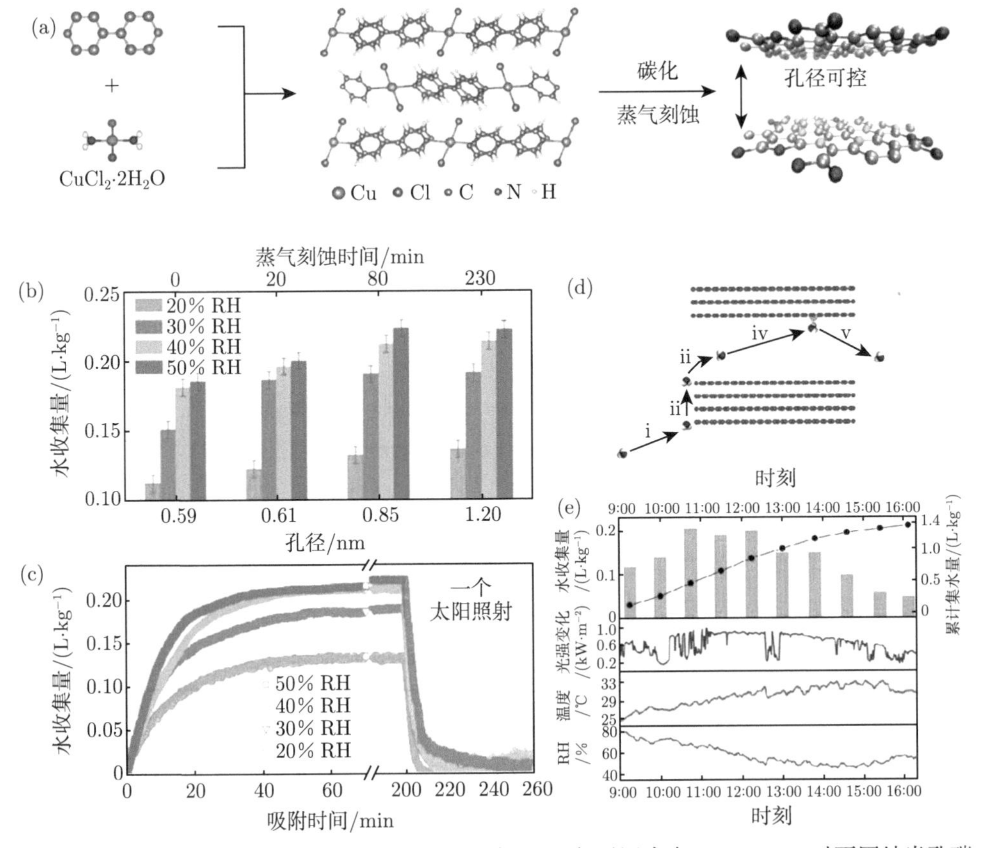

图 5-18　(a)MOF 衍生的纳米多孔碳的合成方案；(b) 相对湿度在 20%～50%时不同纳米孔碳样品水收集量的比较；(c) 在 25 ℃ 和 RH = 20%～50%条件下的水吸附-解吸试验，在 200 min 时，将样品暴露在一个太阳照射下以释放水分；(d) 通过微孔吸附剂的 AWH 包括一系列纳米级的水分子传输现象：i 体扩散、ii 表面扩散、iii 外部渗透、iv 内部扩散和 v 水释放，灰色球表示碳，红色球代表氧，白色球代表氢，黄色球代表氮；(e)MOF 衍生的纳米多孔碳每个周期的集水生产力、光强变化、环境相对湿度和温度的示意图 [168]

以往的研究表明，吸水速率由外渗透和内扩散控制，而本体扩散和表面扩散是互补现象 [168]。通过分析扩散能垒来研究水在纳米多孔碳吸附剂中的扩散率。如图 5-18(d) 所示，表明吸附型 AWH 对水的吸附-解吸附过程需要五个步骤。① 体扩散：水黏附在吸附剂颗粒的外表面；② 表面扩散：水在颗粒外表面扩散；③ 外部渗透：水进入吸附剂的纳米孔；④ 内部扩散：水通过纳米孔扩散并被结合位点吸附；⑤ 水释放：水从结合位点解吸并离开吸附剂。

晶态多孔有机盐 (CPOS) 是由有机酸和有机碱通过电荷辅助氢键相互作用而形成的一种新型的空间有机多孔网络结构；有机酸、碱通过特定的方向连接形成多种空间构型，包括六边形、五边形和三角形等多种形式，赋予了 CPOS 较强的稳定性。CPOS 具有有序的微孔系统，尤其是其极性孔道的特征，展现了许多极具吸引力的性质，已经逐渐成为目前在气体吸附分离存储、非均相催化、检测传感等方面的重点研究材料。CPOS 中独特的离子键赋予了它们强极性的限域孔道，使它们与其他有机多孔材料相比别具一格。CPOS 永久性的微孔结构和极性孔道结构赋予了质子传导和极性分子的高速传输的功能；例如，CPOS-2 展现了极为优异的质子传导性能，CPOS-5 展现了高速的 CO_2 分子传输性能。这些功能都涉及极性客体分子与结晶有机多孔盐之间的相互作用，充分体现了结晶有机多孔盐中极性孔道的优势 [169-172]。此外，CPOS 的高极性孔道使其具有良好的亲水性，因此成为有望用于大气水收集的吸附剂材料。有鉴于此，Ben 等 [173] 通过对构筑基元进行筛选，利用四 (4-磺酸苯基) 甲烷与四 (4-脒基苯基) 甲烷制备出一种新型三维晶态多孔有机盐 CPOS-6，表现出优异的大气水收集性能，首次实现晶态多孔有机盐在 AWH 技术上的应用。CPOS-6 显现出了一种独特的双氢键系统，即在低相对湿度下进入孔道的水分子和强极性基团间形成强氢键相互作用，而在高相对湿度下后续进入孔道的水分子则与已经存在的水分子形成弱氢键相互作用，如图 5-19(a) 所示。双氢键系统的存在不仅在吸附时加快了水分子吸附动力学过程。解吸时，在较低温度下，以弱氢键相互作用被吸附的水分子优先脱去；之后随着温度升高，强氢键相互作用吸附的水分子开始解吸，如图 5-19(c) 所示。此外，CPOS-6 在整个大气水收集的过程中并没有解吸所有的水分子，而是在较低的能耗下实现水分子的动态吸附/解吸。CPOS-6 的单次水吸附量优势欠缺，约为 0.23 $g{\cdot}g^{-1}$，但是表现出了较高的产水量 (2.16 $g{\cdot}g^{-1}{\cdot}d^{-1}$)，如图 5-19(d) 所示。

综上所述，许多材料都可以被用作大气环境水收集的吸附剂，但是理想的吸附剂需要符合以下条件：① 在很小的体积和重量的基础上高效工作；② 具有高效的热传递；③ 能够快速地进行水的吸附并在低能量输入下解吸；④ 具有低温可再生的性能；⑤ 具有高的化学和机械稳定性；⑥ 无毒性；⑦ 价格低廉易制备，可实现大规模生产 [56]。

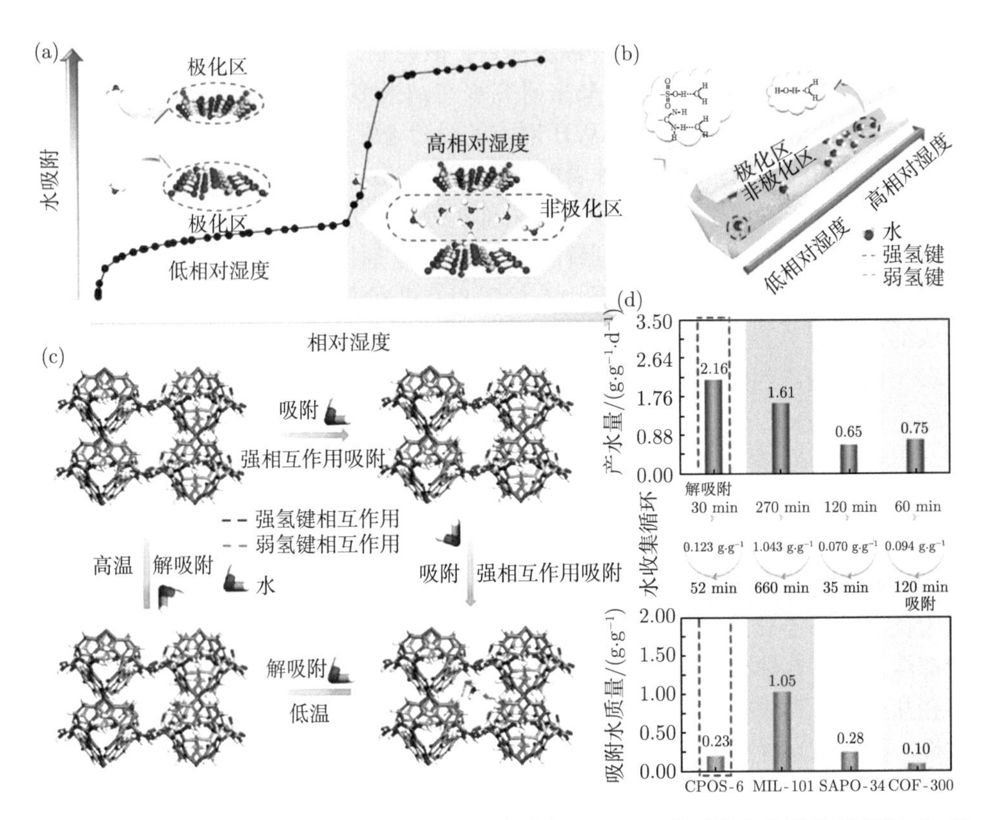

图 5-19　(a) 和 (b) 不同湿度条件下，双氢键体系在 CPOS-6 上吸附水分子的原理图 (红球：O，蓝球：N，黄球：S，灰球：C，白球：H)；(c)CPOS-6 双氢键体系对水分子的吸附与解吸；(d)CPOS-6、MIL-101、SAPO-34 和 COF-300 在 RH=70%条件下的水吸附量，通过 298 K 的水蒸气吸附等温线计算 (下)，几种材料的集水周期持续时间和每个周期的产水情况 (中)，不同材料在一天内的预期产水量 (上)[174]

自 19 世纪以来，活性炭因具有高孔隙率和大的比表面积 (300~4000 $m^2 \cdot g^{-1}$) 而被广泛应用。活性炭是利用木材、煤、石油焦、骨头和矿渣等材料合成的。在原材料中，煤炭是最受欢迎的一种。活性炭具有由不规则的六边形碳层形成的净结构，并由脂肪族桥接基团交联。一些杂原子进入活性炭的孔隙或黏附在碳层的边缘，而那些黏附在表面的原子决定了官能团的性质 [32]。在表面化学中，如水溶液吸附和表面催化领域，官能团总是起着主要作用。活性炭的表面官能团主要是酸基团，如羧基、醌、羟基、羰基和内酯等，还有一些基本的官能团，如吡酮和苯并吡喃。活性炭与其他类型的吸附剂的区别在于其表面特征。活性炭的整个表面被一种氧化物基质和一些无机材料所覆盖，因此，它是非极性的或具有弱极性。但对于具有永久偶极矩的极性分子 (如水、乙醇、胺、氢氧化铵和二氧化硫)，电场和偶极子之间存在着很强的相互作用。因此，带有少量电荷的基团可以强烈地吸附极性分子。例如，当水蒸气被活性炭吸附时，它与活性炭表面形成氢键，被吸附的水量很大程度上取决于活性炭表面含氧官能团的数量。实验证明了水分子团簇被活性炭表面的官能团吸附，与预期的一样，在活性炭表面去除官能团后，吸附能力急剧下降。因此，活性炭的表面性质在水蒸气吸附过程中起着至关重要的作用 [32]。

活性氧化铝，又名活性矾土，英文名称为 activated alumina，化学式为 Al_2O_3，白色粉末，在实验中多被制成颗粒使用，其具有较大的比表面积、多种孔隙结构及孔径分布、丰富的表面性质，故适合作为吸附剂，活性氧化铝一般由氢氧化铝 (化学组成为 $Al_2O_3 \cdot nH_2O$) 加热脱水制得。许多学者采用了不同的方法来合成活性氧化铝，以提高其高热稳定性。目前经常采用溶液相法 (溶胶-凝胶反应) 来合成活性氧化铝，但该方法容易造成环境污染和资源浪费。为了克服这一缺点，研究人员开发了一种环保的低热固相前驱体方法，制备了具有改进性能 (相稳定性和比表面积) 的活性氧化铝。该方法合成的活性氧化铝与溶胶-凝胶法在比表面积和高热稳定性方面具有显著差异。在 1100 ℃ 下处理 4 h 后，用低温固相前驱体法得到的纯活性氧化铝保持了 γ 相，比表面积为 92 $m^2 \cdot g^{-1}$，孔隙体积为 0.68 $cm^3 \cdot g^{-1}$。另一方面，溶胶-凝胶法生产的纯活性氧化铝主要由 α 相组成，比表面积仅为 21 $m^2 \cdot g^{-1}$，孔隙体积较小，为 0.16 $cm^3 \cdot g^{-1}$。用 La 和 Ba 掺杂，在 1100 ℃ 下热处理 4 h 后，用低热固相前驱体法和溶胶-凝胶法得到的活性氧化铝样品的比表面积分别为 109 $m^2 \cdot g^{-1}$ 和 119 $m^2 \cdot g^{-1}$。高温加热时，低温固相前驱体法合成的活性氧化铝的比表面积损失百分比低于溶胶-凝胶法得到的样品，表明低温固相前驱体法一定程度上能抑制氧化铝在高温下的晶体相变 [174]。此外，活性氧化铝有较高的强度，并且在露点 −70 ℃ 以下依然可以发挥吸湿性。总之，活性氧化铝作为室内空气的除湿材料，对温度较低的空气有着相当不错的除湿效果，其解吸温度比沸石分子筛要低，可以看出活性氧化铝的前景非常可观 [175,176]。

5.3 相变集水的收集和释放

5.3.1 MOFs 基分子修饰

随着时间的推移，人们越来越追求高吸湿性的吸附剂 [177]。超分子的 MOF 颗粒展现出了极好的吸湿特性，MOF@MOF 制备核壳结构，改性之后由于壳骨架的孔径较小，表现出尺寸选择性，而核心骨架的大孔径允许较高的存储容量，二者协同作用可以极大地提升材料的吸湿能力。通过一种简单而高效的自组装策略，采用聚乙烯吡咯烷酮 (PVP) 制备了具有核壳结构的超颗粒 MOF-801@MIL-101(Cr)(M-8010)(图 5-20)。由于外壳 MOF-801 的预浓缩功能与核心 MIL-101 的高存储能力相结合，吸水能力分别比纯 MOF-801 和 MIL-101 高 390%，同时也实现了 M-8010 超粒子的快速水捕获和释放 (图 5-21)。在 10%～20% RH 条件下，它们的吸水能力约为 0.253 $L \cdot kg^{-1}$，这说明超颗粒在极干旱环境下具有巨大的吸湿潜力和稳定性 [178]。

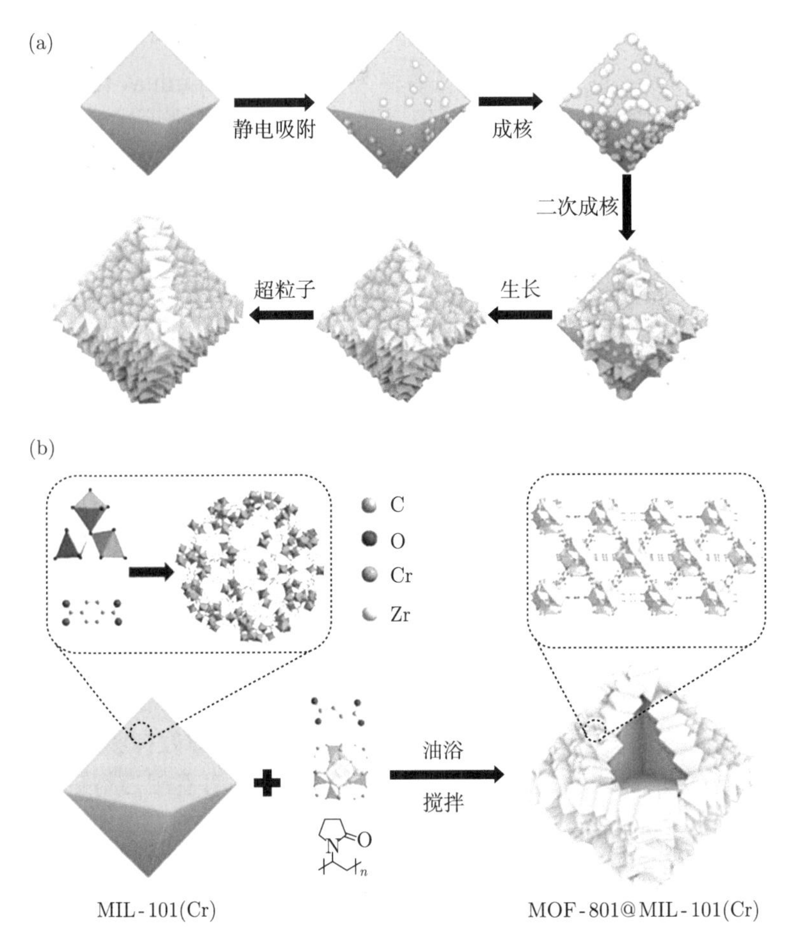

图 5-20　(a)MOF-801@MIL-101(Cr) 超颗粒的化学结构和自组装过程示意图；(b) 核壳层颗粒的形成机理示意图 [34]

对苯二甲酸和均苯三甲酸分别作为 MIL-101(Fe) 和 MIL-100(Fe) 的配体。金属来源为铁 (Fe)，铁是水中的一种非污染物，具有较高的水稳定性。MIL-101(Fe) 的粒径为 500～1000 nm，比表面积相对较小，具有较大的孔径；而 MIL-100(Fe) 的粒径为数十纳米，具有较大的比表面积和较小的孔径 [59,177,179,180]。基于以上考虑制备了 MIL-101(Fe)@MIL-100(Fe) 光催化异质结，外壳为 MIL-100(Fe)，内核为 MIL-101(Fe)。这种核壳结构保证了壳层具有更多的吸附活性位点，而核层具有更大的笼状结构来增大存储空间，在二者的协同作用下极大地提升了材料的吸附能力。

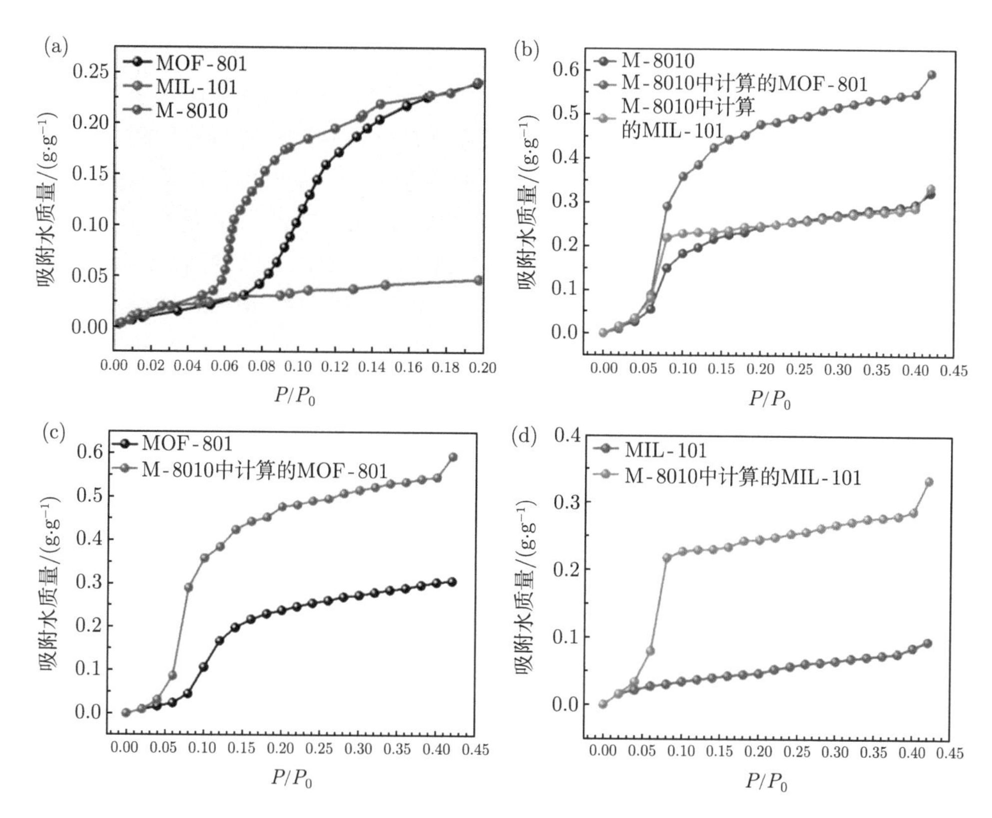

图 5-21 (a)MOF-801、MIL-101 和 M-8010 的水蒸气吸附等温线；(b)~(d)M-8010、M-8010 中计算的 MOF-801、M-8010 中计算的 MIL-101，MOF-801、M-8010 中计算的 M-8010，以及 MIL-101、M-8010 中计算的 MIL-101 等的水吸附等温线的比较。纵坐标 ($g \cdot g^{-1}$) 是指每克 MOF-801(黑色曲线)、MIL-101(红色曲线)、M-8010(蓝色曲线)、M-8010 的 MOF-801(亮紫色曲线) 和 M-8010 的 MIL-101(橙色曲线) 所吸附的水量 [34]

传统的吸湿盐在吸附空气中的水分子后会液化，容易造成吸附剂的泄漏。若使用多孔基质作为传统吸湿盐的载体，液化后的吸湿盐将被束缚在多孔骨架内，以此来实现吸湿盐的循环利用，延长大气环境水收集器的使用寿命。近年来，对新型大孔体积多孔基体的研究启发了新型复合吸附剂的设计和开发，即通过填充大量盐来实现高吸附能力 [181]。文献报道了几种盐 @ 凝胶基质的复合吸附剂，其中 $CaCl_2$@ 聚丙烯酰胺在 1.1 kPa 蒸气压下吸附 0.70 $g \cdot g^{-1}$ 水 (25 ℃，35% RH)，$CaCl_2$@ 海藻酸盐在 1.0 kPa 蒸气压下吸附 1.0 $g \cdot g^{-1}$ 水 (28 ℃，26% RH)，掺氯的聚吡咯 @N-异丙基丙烯酰胺在 0.8 kPa 蒸气压下吸附 0.7 $g \cdot g^{-1}$ 水 (25 ℃，

30% RH)[108,136,182-184]。

为解决吸湿性盐材料的吸附速率缓慢及热稳定性差的问题，研究人员还提出了通过离子溶液渗透法将高吸湿性盐氯化锂封装在多孔 MOF 材料中制备复合吸附材料的新思路。报道选择了一种水稳定性的高孔体积的 MOF 材料 MIL-101(Cr) 作为多孔基质，将氯化锂填入 MOF 中制备复合吸附材料。MIL-101(Cr) 材料的疏水性使得其固体粉末难以在盐溶液中充分分散，而超声等处理又容易破坏 MOF 本身的结构。作者采用了离子渗透的方法，即在水热合成并充分水洗后的 MOF 悬浊液中加入定量的氯化锂，充分搅拌后实现盐的大量浸入与负载。残留的盐溶液通过离心去除后使用醇类试剂快速清洗，维持内部盐溶液的同时清洗残留在表面的盐溶液。图 5-22 (b) 和 (c) 展现了合成的纯 MOF 材料具有较好的微观形貌和微孔孔道，图 5-22 (d) 和 (f) 展现了复合吸附材料内部均匀填充了大量的氯化锂。图 5-22 (g) 氮气吸附平衡曲线展现了纯 MOF 材料的孔体积高达 1.71 $cm^3 \cdot g^{-1}$，BET 比表面积高达 3311 $m^2 \cdot g^{-1}$。在填入了 51%的氯化锂后复合材料的孔体积依然高达 0.69 $cm^3 \cdot g^{-1}$，BET 比表面积高达 1179 $m^2 \cdot g^{-1}$。图 5-22(h) 为常压水蒸气氛围下的傅里叶红外光谱，该图中除氢键峰外，其余峰均与纯 MOF 材料的峰相对应，表明复合材料中氯化锂与 MOF 基质本身并无化学相互作用；较强的氢键表明了该材料在不同温度下水蒸气吸附量差异显著，是潜在的大气水环境收集材料。

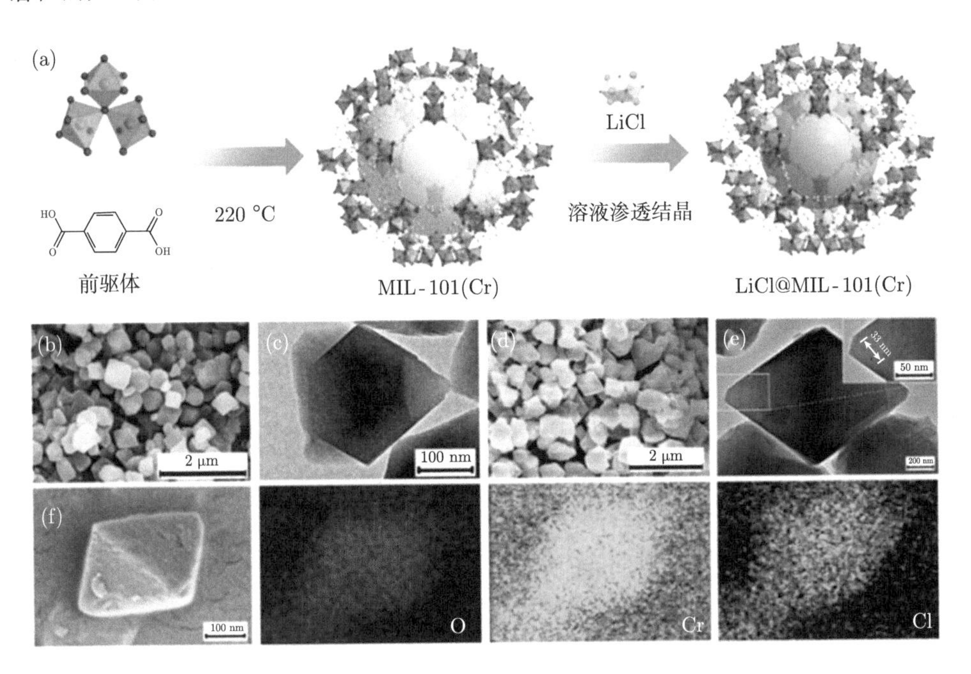

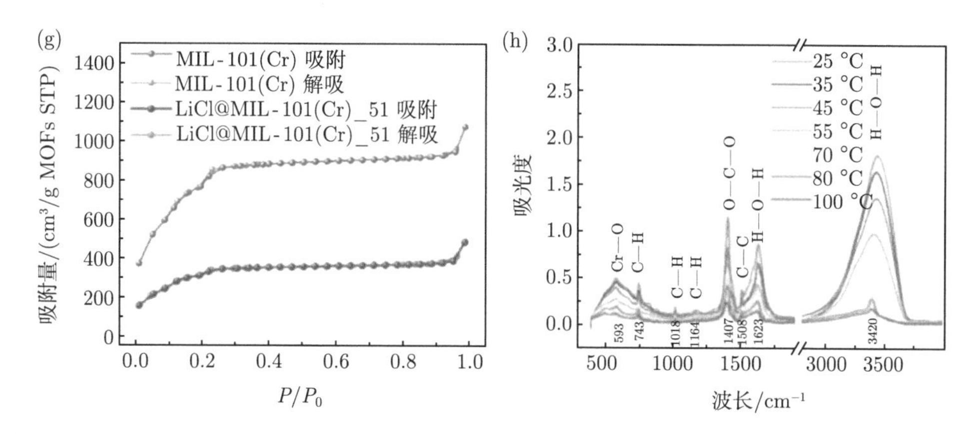

图 5-22 LiCl@MIL-101(Cr) 复合吸附剂的合成及形态特性。(a)LiCl@MIL-101(Cr) 的制造工艺示意图。首先采用水热合成的方法制备了 MIL-101(Cr) 的多孔 MOFs。然后，通过溶液渗透和结晶，将氯化锂封装在 MIL-101(Cr) 中。MIL-101(Cr) 的多孔基质不仅为储存氯化锂和水提供了较大的孔隙空间，而且改善了水蒸气的传质能力。深青色多面体为 Cr，红色为 O，灰色为 C，蓝色为 Li，绿色为 Cl。(b) MIL-101(Cr) 的 SEM 图像。(c)MIL-101(Cr) 的 TEM 图像。(d) LiCl@MIL-101(Cr) 的 SEM 图像显示，MOF 粉末保持了松散和多孔的结构。(e) LiCl@MIL-101(Cr) 的 TEM 图像显示，封装氯化锂后仍保留了 MOF 基质的部分有序纳米孔。(f) EDX(能量色散 X 射线分析) 元素映射显示氯化锂在 MIL-101(Cr) 基质中的均匀分布。(g) 在 77 K 时，MIL-101(Cr) 和 LiCl@MIL-101(Cr)_51 的 N_2 气体吸附-解吸等温线表明，尽管 MIL-101(Cr) 中封装了高达 51%的氯化锂，但在 AWH 过程中仍有足够的孔隙空间供蒸汽转移和储存液化水。(h)LiCl@MIL-101(Cr)_51 在 2.3 kPa 不同温度下的傅里叶红外光谱模式，说明 MIL-101(Cr) 与氯化锂之间没有化学相互作用力，强氢键带表明复合吸附剂中水量高 [182]

5.3.2 凝胶基分子修饰

由胶原、明胶、透明质酸、壳聚糖等多糖和纤维蛋白合成的水凝胶，凭借着优异的生物相容性、丰富的来源以及环保易制备的特点被广泛地应用于大气环境水收集过程中。传统的多糖水凝胶本身吸湿能力并不能达到一个理想水平，于是在凝胶中加入吸湿颗粒以提高吸湿性能。通过加入氯化锂 (LiCl) 和氯化钙 ($CaCl_2$) 等具有较强吸湿性和在低湿度时维持较高平衡吸水率的材料，再协同亲水性的凝胶聚合物，可以极大地提高聚合物凝胶的吸湿能力，在较宽的湿度范围内实现优异的吸水能力 [185]。值得注意的是，天然高分子水凝胶使用过程中常常会被细菌腐蚀而失效，并且天然高分子水凝胶吸附水的品质尚未报道，不能确定是否可以直接饮用 [111,124,186]。因此，人工合成的聚合物水凝胶由于具有更高的可修饰性，较天然水凝胶更有实际应用前景，通过将吸湿组分集成到聚合物凝胶网络，或者对凝胶三维网络进行分子修饰，可以大幅提高大气水收集性能。

用于大气水收集聚合物凝胶的分子修饰研究广泛集中在吸湿无机盐的引入。

吸湿剂的引入会显著改善聚合物凝胶的水分子吸附和解吸附行为，进而调节吸附-解吸附动力学。聚合物凝胶与盐的复合吸附剂协同作用于大气水收集的吸附与表面的捕获以及后续的渗透过程。在吸附阶段，水蒸气经历“扩散捕获-被盐吸附 (或形成水合物)-饱和溶液-渗透到水凝胶-液态水储存”的过程；在解吸阶段，凝胶吸附剂中储存的水经历“盐溶液解吸-蒸发-整体扩散-水蒸气释放-冷凝-淡水收集”的过程，如图 5-23 所示。吸湿盐复合吸附材料是目前最具有工程应用前景的材料，与 MOFs 和水凝胶相比，这些吸附剂通常在较宽的相对湿度范围内表现出更高的吸附能力。更重要的是，吸湿盐复合吸附剂具有较高的稳定性、较低的生产成本，且浸泡-干燥制备工艺简单，具有较大的规模化生产潜力，因此具有很强的应用潜力。

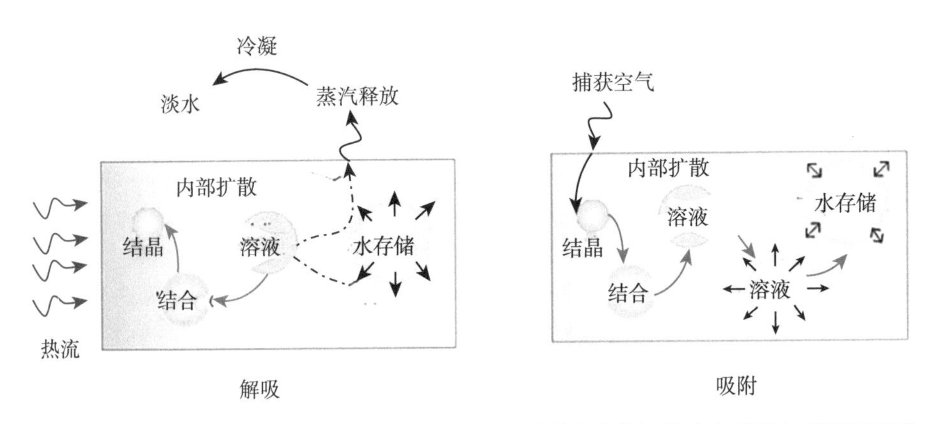

图 5-23　凝胶基复合吸附剂在大气水收集与释放过程中水分子的动态解吸与吸附示意图

Yu 等 [103] 使用化学交联的聚丙烯酰胺 (PAM) 水凝胶掺入 LiCl 来制备 PAM-LiCl 水凝胶，研究其在大气水收集过程中无机盐对吸附和解吸的影响，如图 5-24 所示。具体来讲，大气水分子吸附过程中，无机 LiCl 相是 PAM-LiCl 的活性吸湿中心。当暴露在湿气中时，PAM-LiCl 中的 LiCl 相将自发捕获和液化空气中的水分子。同时，亲水的盘状聚合物链在与液化水相互作用时会转变为更膨胀的构象，即溶胀 PAM-LiCl 以储存水。PAM-LiCl 的吸附动力学比纯吸湿剂 LiCl 快，这可能归因于较大的活泼吸湿部位，即微尺度的水凝胶网络基质有助于实现 LiCl 在 PAM-LiCl 中的均匀分布，避免 LiCl 晶体团聚，从而增加有效吸湿区，实现快速吸水。

聚合物凝胶的高分子链与水的相互作用在水释放过程中起着至关重要的作用。根据水分子与高分子链的相互作用强度，水凝胶中的水分子可以以三种状态存在：结合水、中间水和自由水。结合水是指与聚合物链形成氢键的水，由于结合结构保持在 0 ℃ 以下，因此不能冻结；自由水是指构型类似于主体水的水分子；

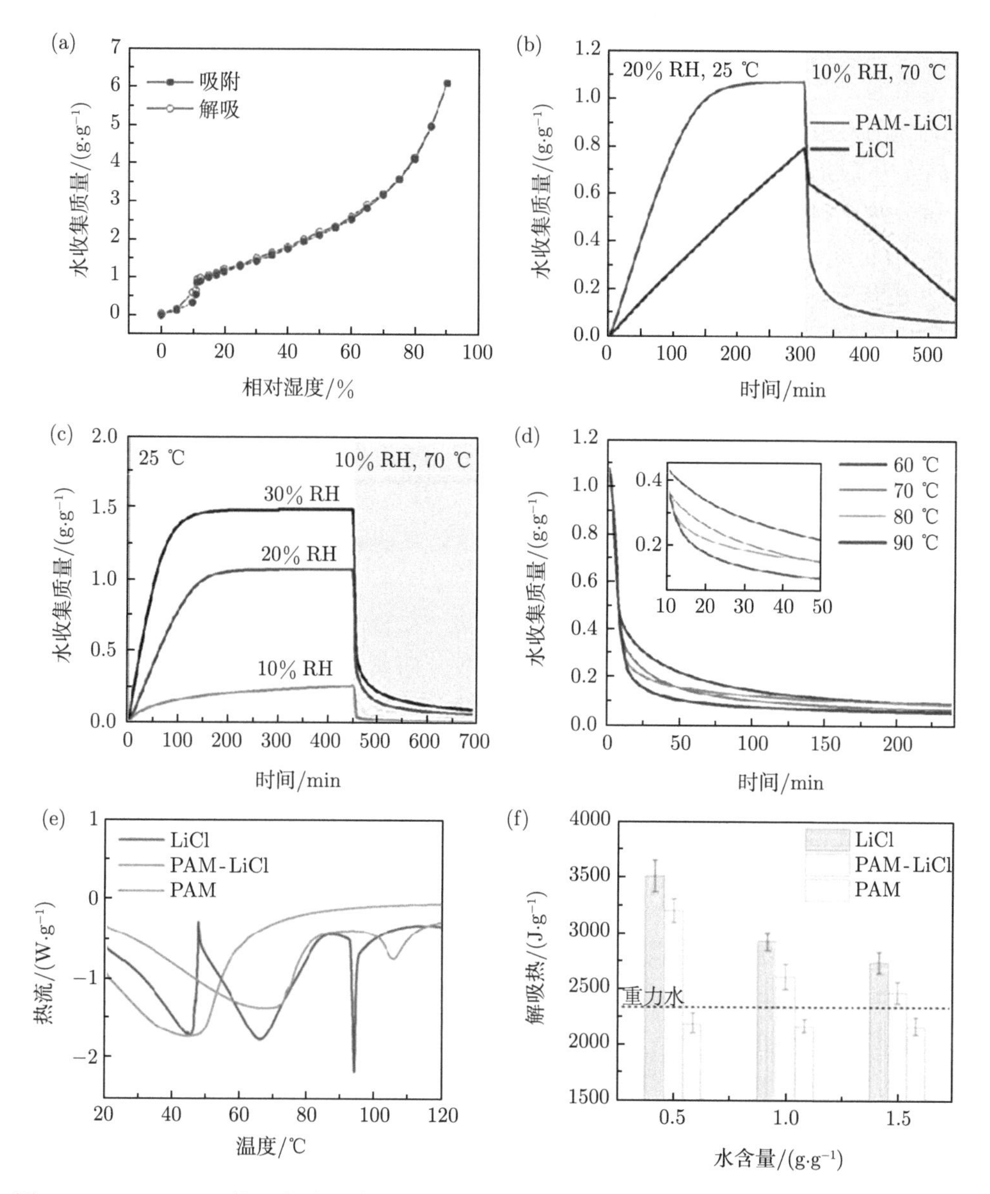

图 5-24 PAM-LiCl 的吸附/解吸性能。(a)25 ℃ 时的水吸附和解吸等温线。(b)PAM-LiCl 和 LiCl 的吸附和解吸动力学。吸附条件：RH = 20%，25 ℃；解吸条件：RH = 10%，70 ℃；解吸水汽压力等于 25 ℃ 时的饱和水汽压力，以模拟实际工况。(c)PAM-LiCl 在 25 ℃，RH = 10%、20%、30%条件下的吸附-解吸性能。(d)PAM-LiCl 在 60 ℃、70 ℃、80 ℃、90 ℃ 时的水解吸曲线。插图显示了前 10 min 到 50 min 的吸水变化。在所有解吸温度下，PAM-LiCl 样品在相同的水蒸气压力 3.17 kPa 下干燥，相当于 25 ℃ 下的饱和蒸气压。各温度下的 RH 为：16%，60 ℃；10%，70 ℃；7%，80 ℃；4%，90 ℃。(e) 差示扫描量热仪测定 LiCl、PAM-LiCl 和 PAM 解吸水时的热流曲线。(f)LiCl、PAM-LiCl、PAM 的解吸热 [104]

中间水位于结合水和自由水之间，以弱结合水的形式存在。自由水和中间水都是可冻结的 [187,188]。研究表明，PAM 凝胶的解吸热低于整体水，从而表明水分子从聚合物网络内部蒸发是一个较低能量的过程。与 LiCl 在 0.5 $g{\cdot}g^{-1}$、1.0 $g{\cdot}g^{-1}$ 和 1.5 $g{\cdot}g^{-1}$ 时的解吸热分别为 3511 $J{\cdot}g^{-1}$、2934 $J{\cdot}g^{-1}$ 和 2734 $J{\cdot}g^{-1}$ 相比，PAM-LiCl 的解吸热低得多，分别为 3200 $J{\cdot}g^{-1}$(0.5 $g{\cdot}g^{-1}$)、2608 $J{\cdot}g^{-1}$(1.0 $g{\cdot}g^{-1}$) 和 2468 $J{\cdot}g^{-1}$(1.5 $g{\cdot}g^{-1}$)(图 5-24(f))。这一数据表明，PAM 水凝胶网络的存在使 PAM-LiCl 的解吸热平均降低约 300 $J{\cdot}g^{-1}$；换言之，PAM 与水的相互作用在水分释放过程中起着至关重要的作用。其次，LiCl 等吸湿盐的溶解也会影响水分子中的氢键。Li^+ 具有 -514 $kJ{\cdot}mol^{-1}$ 的高水化热容，在水中溶解时会破坏四面体的氢键结构，Cl^- 是一种中等氢键受体，倾向于用 OH—和 Cl—取代 OH—O，这使得参与锂离子和氯离子水化的水分子不可冻结。随着 LiCl 逐渐吸收水分，金属离子附近的水分子表现得更像是有序结构的水 (可冻结水)。可冻结水与吸附剂的相互作用弱于非可冻结水，这使得可冻结水含量较高的吸附剂在相同水分含量下解吸所需的能量较低 [103,189]。

聚合物水凝胶在和吸湿盐复合后可以实现在较低的湿度环境中获得理想的吸水量。在吸湿过程中，水蒸气首先被吸湿成分捕获并液化，液态水随后被转移到聚合物水凝胶基质的内部进行储存。理想情况下，水凝胶基质的高膨胀倾向应促进这种储存，但是盐析效应导致聚合物链不必要的聚集，抑制了这些水凝胶的膨胀，限制了它们的水转移和储水能力，最终限制了水蒸气吸附能力 [190]。聚两性离子水凝胶由于存在吸水离子位，不仅可以在低相对湿度下获得较高的水吸附性能，并且两性离子水凝胶所具有的盐析效应能够在相同条件下促进吸湿盐对水蒸气的吸附。此外，由于两性离子抗聚电解质的作用，添加的盐可以捕获水蒸气，同时提高水凝胶的溶解度和溶胀性能。Wang 等 [190] 通过合成聚 [2-(甲基丙烯酰氧基) 乙基] 二甲基-(3-磺基丙基) 氢氧化铵 (PDMAPS) 两性离子水凝胶，并将 LiCl 吸湿盐嵌入 PDMAPS 中，合成了 PDMAPS/LiCl 吸湿凝胶，如图 5-25(a) 所示，LiCl 不仅使吸附剂具有较高的水汽吸附能力，而且促进了 PDMAPS 阳离子和阴离子基团的自缔合解离。此外，PDMAPS/CNT/LiCl 水凝胶在 22 次循环后仍保持较高的吸水-解吸能力 (约 1.26 $g{\cdot}g^{-1}$)，表明其具有较高的循环稳定性，如图 5-25(b)~(e) 所示。通过密度泛函理论 (DFT) 计算，对该盐析效应进行了评价和验证，表明盐析效应使两性离子水凝胶基质具有增强的溶胀能力，从而使吸附剂具有较高的大气环境水吸附性能 [191-193]。研究也指出，通过降低 PDMAPS/CNT/LiCl 水凝胶的厚度，可提高水的解吸能力和动力学。

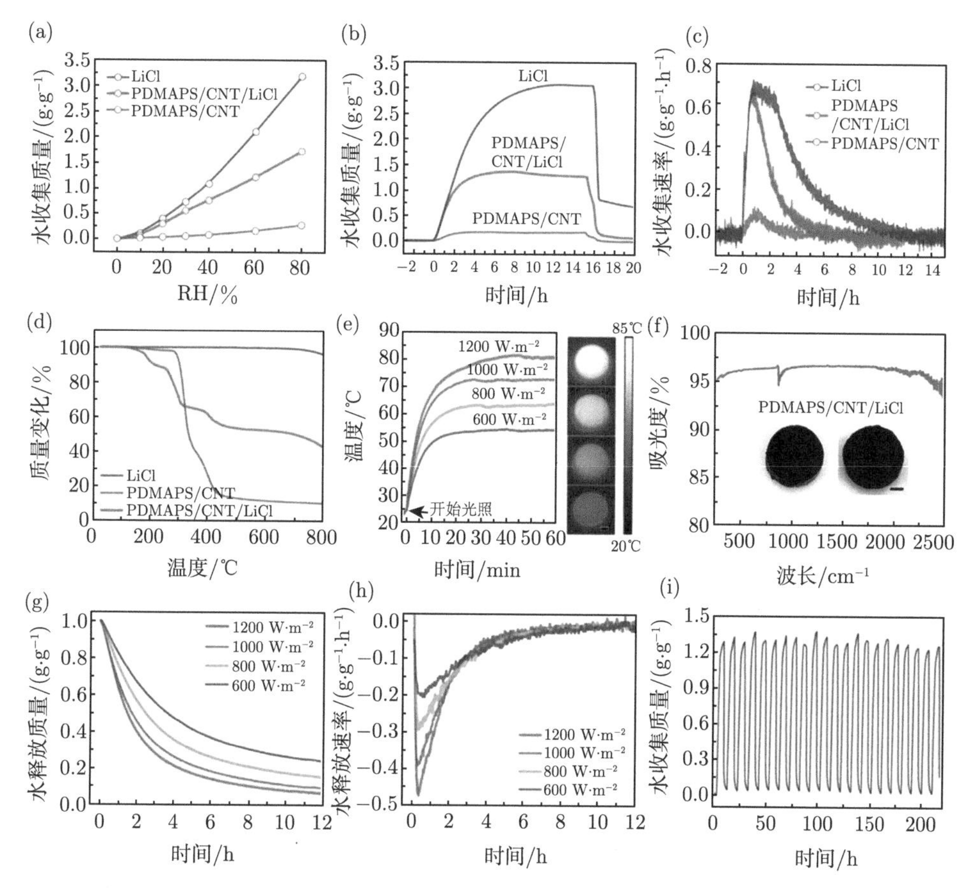

图 5-25 (a)25 ℃ 时的吸水等温线；(b) 静态吸水-解吸曲线；(c) 静态水收集速率；(d) 原始 LiCl、PDMAPS/CNT 和 PDMAPS/CNT/LiCl 的 TGA 曲线；(e) 不同光强下 PDMAPS/CNT/LiCl 水凝胶表面温度随时间变化的红外热像图；(f) PDMAPS/CNT/LiCl 的紫外-可见-近红外吸收光谱，插图是 PDMAPS/CNT/LiCl 水凝胶的两面照片；(e) 和 (f) 中的比例尺为 0.5 cm；不同光强下 PDMAPS/CNT/LiCl 水凝胶的 (g) 解吸曲线和 (h) 解吸速率；(i) 对 PDMAPS/CNT/LiCl 水凝胶进行 22 次水蒸气吸附-解吸试验，吸附在 25 ℃, 60% RH 下进行 6 h，解吸在 80 ℃，$\sim$ 0% RH 下进行 4 h[191]

虽然多孔聚合物凝胶具有较高的吸水率和可调的吸附与解吸附行为，但其结构稳定性仍然是一个关键的挑战。具体来说，被吸收的水可能会导致凝胶的体积膨胀，并逐渐恶化多孔结构，从而导致吸附动力学和性能的下降。此外，目前的聚合物凝胶在低湿度下的吸水量不理想，这限制了它们的实际应用。提高吸水能力可以从两个方面来考虑：提高固有的吸湿性和提高储水能力。首先，通过引入高水亲和化学组分，可以提高吸附剂的吸湿性 [194]。吸湿性主要影响吸附剂的工作湿度区间，而储水能力决定了最终的吸水量。增加亲水组分密度，创建多孔结构，或引入可膨胀聚合物链来打破固体吸附剂的不可变形缺陷，这些都被证明是提高吸湿率的有效途径。

尽管水凝胶可以提供较大的孔隙体积来包封吸湿性盐，但它们存在溶胀严重、比表面积较低、机械强度较低等缺点。而多孔 MOF 材料由于其大的纳米孔隙体积、大的比表面积、坚固的孔隙结构和可调节的化学特征成为最有希望的吸湿盐载体。新型的 LiCl@MOF 复合吸附剂可以实现每天多次集水循环。通过将吸湿盐限制在金属有机骨架基质 (LiCl@MIL-101(Cr)) 中，可以从干旱空气中高效地收集水分。通过整合盐化学吸附、裂解和溶液吸收的多步吸收过程，复合吸附剂在 1.2 kPa 蒸气压下具有 0.77 $g \cdot g^{-1}$ 的水吸附能力 (30% RH，30 ℃)[181]。

综上所述，对用于大气环境水收集的聚合物凝胶的研究需要考虑水分与吸附剂间的作用强度、孔隙率、孔结构、辅助设施以及亲疏水性这五个要素。具体来说：① 对于吸附剂材料来说，材料与水分子之间较强的相互作用有利于迅速地吸湿；但同时，这种相互作用又不能太强，以使吸附剂能以更少的能量快速再生。② 高孔隙率有利于增加吸附剂的吸附位点，但会降低吸附剂的热导率，增加界面热阻，从而阻碍解吸。③ 孔体积越大，可容纳的水就越多，但由于毛细凝聚现象，解吸需要更高的温度，即 “S” 型滞后。此外，多孔吸附剂孔隙的亲水性有利于水渗透到孔隙中，但可能会阻碍渗透水在孔隙内的扩散，从而减慢整体吸水速率。④ 在器件设计上，需要注意的是，传统 AWH 中额外的加热或冷却装置可以加速解吸和冷凝，但同时也大大增加了设备的重量，降低了 AWH 的质量容量。⑤ 亲水性冷凝表面由于其较低的成核能量阈值，在水蒸气凝结过程中可以促进液滴的成核，但这种增益随即被液滴分离的困难所抵消。超疏水表面有利于凝结液滴的脱落，但以降低成核密度为代价，这是集水中的另一个关键限制 [195]。

5.3.3　光热物质修饰

整个吸附材料仅仅具有高的吸湿能力是不足够的，水的脱吸附过程的难易程度及吸湿过程中的材料稳定性也需要考虑。除了高吸水量外，吸附剂的另一个重要特性是在低能耗下有效地释放收获的水。当前大气环境水收集得到的水脱吸附有以下两种办法：一种办法是通过光热转换，用热量将材料内部的水蒸发出来在外部重新冷凝被收集；另一种办法是通过外部环境的转变使材料本身发生相转变，改变材料内部亲疏水的性质，使存储的水分自动流出。在制备大气环境水收集器光热材料的过程中，碳材料和一些高分子材料是最为常用的光热修饰材料，碳基光热材料主要包括石墨烯、碳纳米管、活性炭和炭黑等 [196-203]；高分子基的光热材料主要有聚吡咯 (PPy)、聚多巴胺 [204-210]。通过对大气水收集介入光热效应，可以实现低能耗的水释放。具体来说，可以利用水蒸气吸附/吸收材料来捕获空气中的水蒸气，不需要消耗额外能量的分离湿负荷。而在高温驱动下，吸附材料通过光热效应释放水分，实现解吸和再生 [211]。

还原氧化石墨烯 (rGO) 作为从氧化石墨上剥离下来的单层材料，由于在表面及边缘上有大量含氧基团，材料更加容易和其他成分复合，同时可在水溶液以及极性溶剂中稳定存在 [212]。当氧化石墨烯作为光热吸收层时，人们常常将高吸湿的氯化锂作为大气环境水收集器的吸湿剂从而实现高效的水捕获和原位水液化，纤维素等亲水性骨架的凝胶作为多孔基底，具有多孔基的该类吸湿凝胶固有的多孔双层结构具有相互连接的微米和纳米级通道，使它即使在很低的湿度下也很容易吸收水分并且具有高的水存储能力。由这三部分组合而成的生物聚合物吸湿凝胶可以在低湿度下 (18% RH) 实现自动水收集，并且在太阳光下自动解吸，毫不费力地收集到液态水。此外，当凝胶的介质从水变成甘油等有机溶剂时，空气中水分子和基底之间形成的氢键数量增大，极大地提高了对大气环境水的吸附量 [213]。Wang 等 [214] 将 LiCl 限制在 rGO 和海藻酸钠 (SA) 基质中，开发了一种垂直排列的纳米复合吸附剂 LiCl@rGO-SA，如图 5-26(a) 和 (e)。LiCl@rGO-SA 吸附剂集 LiCl 的化学吸附、LiCl·H_2O 的潮解和 LiCl 水溶液的吸附为一体，吸水率高达自身质量的三倍。在 RH 为 15%、30%和 60%时，可分别获得 1.01 $g \cdot g^{-1}$、1.52 $g \cdot g^{-1}$ 和 2.76 $g \cdot g^{-1}$ 的超高吸水容量，如图 5-26(j)。此外，rGO-SA 基体的垂直排列和层次化的孔隙作为水蒸气转移通道，提供了较低的水转移阻力的显著优势，使得 LiCl@rGO-SA 表现出快速的吸附-解吸附动力学，如图 5-26(h) 和 (i)。将 LiCl@rGO-SA 吸附剂扩展为太阳能驱动的快速循环连续大气水收集器，其具有协

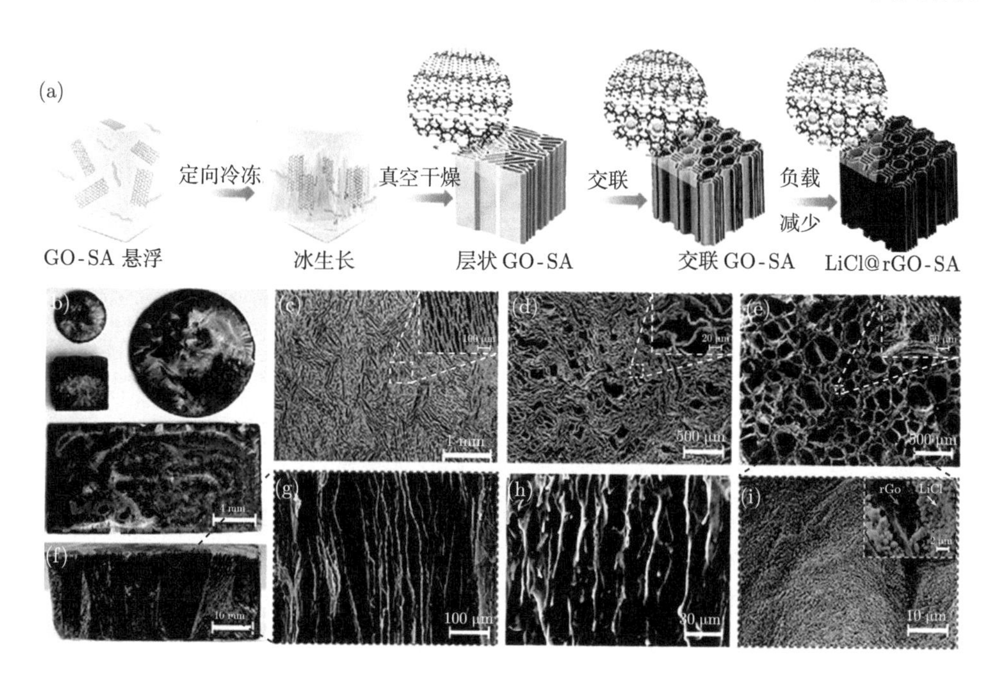

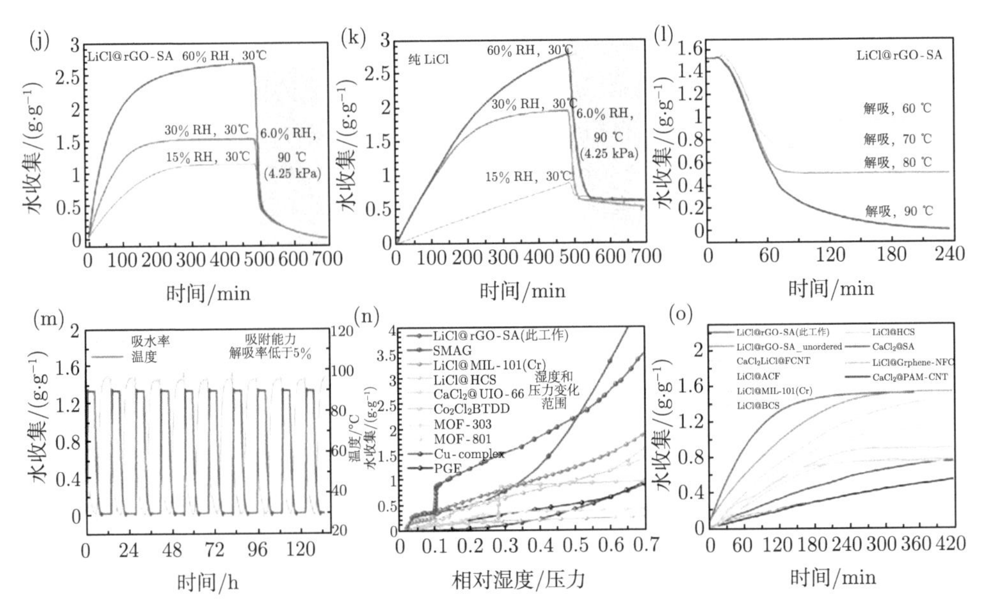

图 5-26　(a) 合成路线示意图。将 GO(黑色薄片) 和 SA(绿色链) 悬浮液在设计的模具内按最佳比例混合，然后通过冰生长诱导的定向冻结实现 GO 薄片的定向自组装。真空干燥后得到层状 GO-SA 基体。然后用 Ca^{2+} 交联 SA 链，通过盐溶液浸泡和干燥将 LiCl 晶体负载在 GO-SA 基体表面。(b) 不同大小和形状的 GO-SA 的光学图像。(c)～(e)GO-SA、交联 GO-SA 和 LiCl@rGO-SA 俯视的 SEM 图像。垂直剖面图的 GO-SA 基质光学图像 (f) 和 SEM 图像 (g) 显示了其良好的垂直排列的孔隙结构。(h) 竖直截面上 LiCl@rGO-SA 的 SEM 图像表明盐复合后垂直排列的结构保持良好。(i)LiCl@rGO-SA SEM 图片显示 LiCl 晶体均匀分布在基体表面；更有趣的是，LiCl 晶体没有结块，而是呈现为许多 200～900 nm 尺度的单个立方颗粒。(j)LiCl@rGO-SA 在 30 ℃，RH 为 15%、30%、60%的不同工况下的动态吸水过程和在 90 ℃，RH 为 6.0%下的动态解吸过程。(k) 相同测试条件下纯 LiCl 动态吸水和解吸过程的曲线。(l) 相同蒸气压 (4.25 kPa)，不同温度 (60 ℃，70 ℃，80 ℃，90 ℃) 下，LiCl@rGO-SA 动态解吸过程的曲线。(m) 在标准的一次太阳照射下，连续 8 次取水过程中 SAWH 装置不同部位的温度变化以及水吸集量。(n) 不同吸附材料在不同相对湿度和压力条件下的水收集能力。(o) 不同吸附材料随时间变化的水收集能力对比图 [215]

同传热和传质增强的功能。水收集器每天可实现 8 次连续集水循环，具有良好的循环稳定性，如图 5-26(m)。LiCl@rGO-SA 吸附剂具有干燥空气中的超高产水速率，高达 1050～ 2120 $mL·kg^{-1}·d^{-1}$，且不消耗任何其他能源。

碳纳米管 (CNT) 是一种具有特殊结构的一维量子材料。它不仅重量轻，六边形结构连接完美，而且具有许多优异的力学、电学和化学性能 [184]。碳纳米管的掺入不仅会给凝胶带来光热性能的提升，还会在一定程度上带来材料力学性能的提升。实验表明，将被亲水阳离子改性过的海藻酸钠、碳纳米管与凝胶复合，该水收集器具有优异的吸水能力 (5.6 $g·g^{-1}$)，并具有较高的光热转换效率。盐的结合增加了材料的水亲和性，多孔结构促进了蒸汽扩散到体系中。同时，碳纳米管确保了较高的光-热转换系数。整个系统具有较高的稳定性、高吸湿率、脱吸简单并且易于制备等优点 [124,144]。Zhang 等 [215] 利用 PAM、CNT 和 LiCl 复合开发了具有低驱动温度、高单位体积吸附容量和优化蜂窝结构的吸湿凝胶 (PCLG)，如图 5-27(a) 和 (b) 所示。PCLG 材料实现了 3.97 $g \cdot cm^{-3}$ 和 2.55 $g \cdot g^{-1}$ 的高水收集

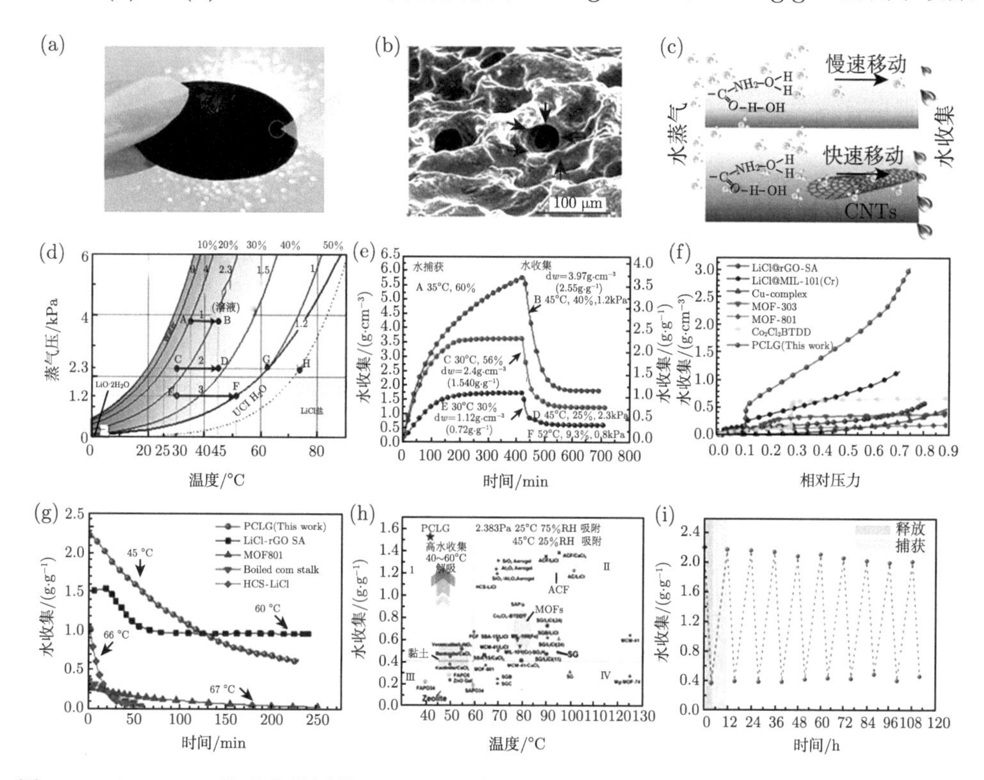

图 5-27 (a)PCLG 外观光学图像。(b)PCLG 的 SEM 图像。(c)CNT 在水凝胶中输送水蒸气的示意图。LiCl 在吸附循环中有三种状态：固体 (灰色区域)、结晶水合物 (黄色区域) 和溶液 (蓝色区域)。A-B 为上海典型湿润条件下的集水循环；C-D 为哈里杰 (Kharga)、上海和维沙卡帕特南 (Vishakhapatnam) 典型干旱条件下的集水循环：干旱、半湿润和湿润条件 (d)$LiCl \cdot H_2O$ 体系三相吸附循环的相图；横坐标为温度，纵坐标为水蒸气分压。(e) 在 A-B、C-D 和 E-F 循环中，PCLG 在 1.2 kPa、2.3 kPa 和 0.8 kPa 工况下的动态吸水过程。(f) 在 600 $W \cdot m^{-2}$、800 $W \cdot m^{-2}$ 和 1000 $W \cdot m^{-2}$ 光照下，复合水凝胶质量随时间的变化。(g) 不同物质随时间的水收集能力。(h)PCLG 在一个太阳辐照和 35 ℃ 冷凝温度下的解吸实验数据 (饱和条件：30 ℃，RH =30%)。T_{sn} 和 RHs 分别为水凝胶周围湿空气的温度和相对湿度；T_{cn} 和 RHc 分别为冷凝器周围湿空气的温度和相对湿度；T_s 为吸附剂表面温度；T_c 为冷凝器表面温度。(i) 水凝胶在连续 120h 内的水释放和水捕获能力 [216]

量；在自然光驱动下 (约 0.73 $kW \cdot m^{-2}$)，优化蜂窝结构的 AWH 装置在一定湿度和温度下，最高可收集 2.9 $L \cdot m^{-2} \cdot d^{-1}$ 的水，如图 5-27(f) 所示；根据 PCLG 的特性和 300 个气象站的数据，在湿润地区，该设备有望获得大气集水的产量高达 6 $L \cdot m^{-2} \cdot d^{-1}$ 的淡水。CNT 赋予 PCLG 良好的光热特性，在低辐照强度下能实现高效取水。PCLG 的解吸水量在 2.3 kPa 和 1.2 kPa 的水蒸气分压下分别高达 1.53 $g \cdot g^{-1}$ 和 0.47 $g \cdot g^{-1}$，单位面积取水量分别为 3.8 $kg \cdot m^{-2}$ 和 1.08 $kg \cdot m^{-2}$，是以前报道的 AWH 系统产水量的 2~4 倍，如图 5-27(e) 所示。

此外，一些高分子光热剂也被用于大气水收集，例如，聚吡咯 (PPy)、聚多巴胺 (PDA) 以及改性的 PPy 和 PDA[216,217]。为了实现更高效的吸湿和更加快速的脱吸，进而加快整个收集器的收集循环过程，采用吸湿性盐改性过的聚吡咯 (PPy-Cl) 作为添加剂与亲水性 PNIPAm 复合，以很好地实现聚合网络的水分捕获。改性后的聚吡咯不仅可以捕获空气中的水分子并将其液化，还可以对光进行响应，加速 PNIPAm 的构象变化。而亲水性的 PNIPAm 本身可以存储吸收的水分并且实现液态水的快速运输，克服了吸湿性盐的限制 [25]。将吸湿聚合物与储水亲水性凝胶协同结合，不仅仅依靠基于活性表面的蒸汽吸附，实现了聚合网络的水分捕获，因此在较大的湿度范围内表现出高吸湿效率。这种复合凝胶的分子互穿机制，将吸湿高分子和温度响应性亲水高分子相结合，实现了空气取水、原位储水及响应释水多功能的结合，如图 5-28(a) 和 (b) 所示。不同于传统的表面吸附性空气取水材料，该凝胶材料可利用吸湿高分子网络吸收水分并将其液化，液化后的水分可部分转移至亲水分子网络。而亲水分子网络的温度响应特性使所含的液态水在温度超过特定值时被快速排出，从而实现纯净淡水的收集 [136]。

5.3.4 水收集装置

蒸气压缩冷却设备由制冷剂、蒸发器、压缩机、冷凝器和膨胀阀组成 (图 5-29)。制冷剂在蒸发器内汽化，在这一过程中吸收外部空气介质中的热量，使得蒸发器表面的温度降低到水的露点以下，潮湿空气中的水在蒸发器表面发生相变，变成液态水被收集。随后气态的制冷剂被压缩机抽取，在压缩机内将机器的机械能变为热能，温度升高。之后高压高温的气体在冷凝器中经过充分的冷凝，变为液态制冷剂，进入下一个制冷循环。由于压缩机的存在，气态的制冷剂被分为了高压区和低压区，在压力差的驱动下，制冷剂在系统内不断地进行循环，其中压力差的大小完全取决于压缩机 [218,219]。

蒸气压缩冷却的效果和设备中各个部件息息相关，制冷剂的物理化学性能对蒸气压缩冷却的效果也起到至关重要的作用 [220,221]。制冷剂具有较长的应用历史，一种优异的制冷剂应当符合以下要求：① 具有优良的热力学特性，以便能在给定的温度区域内运行时有较高的循环效率。制冷剂的临界温度应当高于冷凝

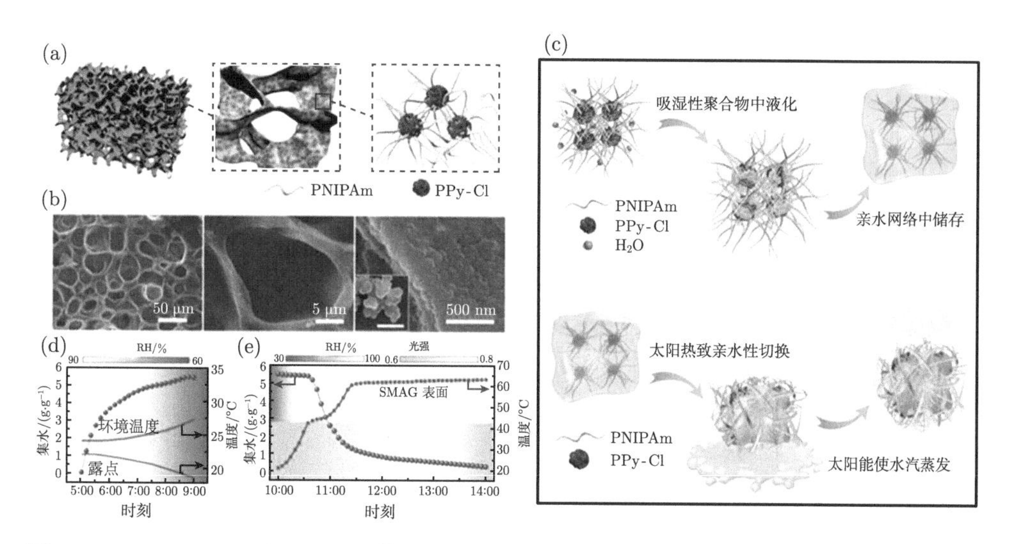

图 5-28 (a)PNIPAm 和 PPy-Cl 簇骨架、多孔结构及互穿网络的示意图。(b) 干燥后的吸湿凝胶在不同放大倍率下的 SEM 图像。多孔结构增强了吸附过程中水分与吸湿凝胶的相互作用。壁结构的粗糙表面表明 PNIPAm 基体中嵌有 PPy-Cl 簇，形成互穿网络。插图为纯 PPy-Cl 的形貌。(c)PNIPAm 和 PPy-Cl 互穿的吸湿凝胶的水分子吸附和解吸附的原理图。(d) 清晨室外捕获水分子的过程 (蓝色曲线)，其中红色曲线为环境温度，紫色曲线为露点，背景色图为环境的湿度。(e) 蓝色曲线为正午室外解吸水分子的过程，红色曲线为吸湿凝胶的表面温度，上底色图为内部湿度，下底色图为太阳通量 [137]

温度，冷凝温度时应当具有较高的饱和压力、较低的标准沸点、较小的比热容。② 具有优良的热物理性能。应当具有较高的传热系数、较低的黏度、较低的比容积以及较小的密度，以此来增强制冷剂传热传质强度，同时降低设备制造成本。③ 具有良好的化学稳定性。在工作温度下不发生分解，不与设备发生反应。④ 与润滑油有良好互溶性。研究表明，引入润滑油的制冷剂可以减少 15%的能源损耗，间接减少温室气体的排放，并且引入矿物润滑油的效果优于合成润滑油。⑤ 无毒、无刺激性、低可燃性。⑥ 有良好的电气绝缘性。⑦ 制备方法简单，材料易得。⑧ 环保。要求工质的消耗臭氧潜能值 (ODP) 与全球增温潜能值 (GWP) 尽可能小，以减小对大气臭氧层的破坏及缓解全球气候变暖。

制冷剂的出现最早可以追溯到 19 世纪，1805 年埃文斯 (O. Evans) 首次提出了在封闭循环中使用挥发性流体的思路，以将水冷冻成冰 [222]。他描述了这种系统，在真空下将乙醚蒸发，并将蒸气泵到水冷式换热器，冷凝后再次使用。随着人们对于制冷剂要求的不断提高，各类制冷剂层出不穷，目前制冷剂可以被分为四代 [223]。一些天然制冷剂如二氧化碳、氨、一氧化二氮、异丁烷、二氧化硫、氯甲酯等被称为零代。这些制冷剂在自然界中天然存在，对臭氧层几乎毫无破坏。这

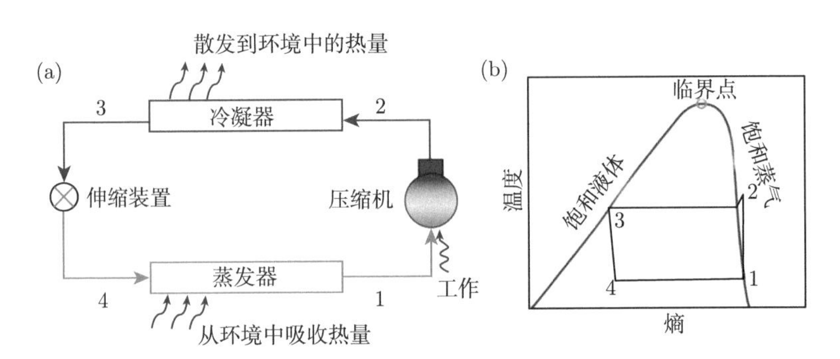

图 5-29　(a) 蒸气压缩制冷系统通过在相对较低的压力下煮沸蒸发器 (4→1) 中的工作流体 (制冷剂)，从低温源 (如制冷空间) 提取热量来操作。所产生的蒸气被压缩到更高的压力 (1→2)，然后被冷凝回液体 (2→3)，冷凝的热量被转移到一个相对高温的环境中 (大多数制冷和空调系统的环境空气)。最后将制冷剂降至启动压力，以完成循环 (3→4)。(b) 在热力学图上的循环。冷凝和蒸发过程 (理想情况下) 恒压，因此温度不变 (对于纯流体)；理想的压缩过程是恒定熵 [66]

些天然制冷剂的 GWP 为零或者接近零，ODP 也为零。以最常用的氨为例，其易于获得、价格低廉、压力适中、单位制冷量大、放热系数高、流动阻力小、泄漏时易发现，但同时氨也具有刺激性气味、有毒、尽管难点燃但是可以燃烧和爆炸、对一些有色金属具有腐蚀作用等缺点。通常将氨用在大型的低温系统内，家用冰箱则一般选用异丁烷。氯氟烃 (CFCs) 是第一代制冷剂，使用氟原子取代化合物中的氢原子，大大提升了制冷剂的稳定性，同时降低了其可燃性和毒性。如果保持化合物中氟原子的数量不变，使用同样的方法使其他卤素原子取代氢原子，则会起到完全相反的作用。二氯二氟甲烷 (CFC-12) 是第一代制冷剂中的代表性材料，其 ODP 为 0.73，GWP 为 10800，对臭氧层的破坏极大，与环保的理念背道而驰，并且具有一定毒性，对人体有较大危害。目前第一代制冷剂已经被完全淘汰 [224]。为了在保证制冷效果的情况下降低制冷剂对臭氧层的危害，缓解全球气候变暖，研究者们提出了第二代制冷剂氢氯氟烃 (HCFCs)。第二代制冷剂采用氢气还原碳卤键，作为 CFC-12 的替代物，很大程度上降低了对臭氧层的破坏，可以将氯元素传输到平流层，并且不易燃，毒性也被大大降低。众所周知的 HCFC-22 就是第二代制冷剂的代表，它的很多性质都和 CFC-12 十分相似，单位容积的制冷量比 CFC-12 大，接近于氨，其 ODP 为 0.043，相比于 CFC-12 有了明显降低，对大气臭氧层的伤害大大降低。但与 CFC-12 相比，HCFC-22 的化学稳定性有所降低，毒性有所增大。基于以上性能，HCFC-22 被广泛地应用于 $-40 \sim -60$ ℃ 之间的双级压缩 [225]。第三代制冷剂是氢氟烃 (HFCs)。这一代制冷剂采用强催化剂使氟原子代替所有氯原子，使得其 ODP 为零，因此对大气臭氧层不产生任何影响，但会在一定程度上加剧温室效应 [226,227]。其中代表性的制冷剂是 1,1,1,2-四氟乙烷 (HFC-134a)，它的毒性非常低，并且在空气中不可燃，但是在少量水分的存在下，将会对金属产生腐蚀作用或产生镀铜现象，所以对系统的干燥和清洁要求更高。为了实现更加环保节能的目的，研究人员研发了第四代制冷剂氢氟烯烃 (HFOs)，1,1,1,4,4,4,-六氟丁烯 (HFO-1336mzz(Z)) 是第四代制冷剂中的代表材料，内部存在的双键可以和大气中的羟基自由基反应，使得 HFOs 在大气中存在的寿命大大降低，不对大气臭氧层构成威胁。不仅如此，它还具有不易燃、毒性低的特点。尽管 HFOs 具备了各项理想的性能，但是其价格昂贵，目前尚未有大规模的应用，常作为添加剂与其他制冷剂复合使用 [222,228]。

综上所述，想要获得较好的蒸气压缩冷却效果：第一，可以根据环境选择合适的流体，并且适当地调试设备；第二，可以设计与当前热力学性能相同但是环保节能的制冷剂；第三，可以通过发现并实施新的热力学循环来提高制冷效果 [220,221]。

由于蒸气压缩冷却中常用的制冷剂如氟利昂等气体具有较强的温室效应，因此，开发新的环保制冷技术是一项紧迫的任务。此外，5G 网络和芯片等电子设备的小型化对其制冷技术提出了更高的要求，特别是航空车辆和相关部件的温度控制与冷却，给极端条件下制冷技术的服务性能带来了新的挑战。为了解决这些问题，迫切需要研究和开发更稳定、更可靠、更高性能的新型制冷技术。因此热电冷却系统重新回到了人们的视野 [229-231]。在 1834 年，佩尔捷 (Peltier) 发现当电流流过两种不同金属的连接处时，会产生加热或冷却效应，这就是佩尔捷效应 (图 5-30(b))[232]。其原理是当电流流过一个界面时，由于两种材料中载流子 (电子或空穴) 传输能量存在差异，周围的晶格会与其进行能量交换补偿能量差，在这一过程中热量被吸收 (冷却) 或排斥 (加热)，基于此实现了设备内的电热可逆转换。与蒸气压缩冷却相比，热电冷却具有以下优点 [232]：① 热电冷却的设备体积小，稳定性好，尺寸可以根据需求进行调整，且工作中无噪声。② 温差大且可控。③ 冷却过程不会对大气臭氧层造成伤害。④ 可回收热源并转变成电能，设备使用寿命长，易于控制。热电臂是热电制冷器中的基本元件，它由 p 型半导体材料和 n 型半导体材料组合制成，二者是电串联，热并联的关系 [233]。p 型和 n 型半导体直接连接形成一个 pn 结。当没有施加电压时，有一个大的内置电势阻碍空穴和电子的流动。一个合适的正电压可以降低势垒，并提供自由电子和空穴。随后，向内置电势扩散的载流子将从晶格中去除能量，导致 p-n 界面上温度降低。

热电冷却中常常采用半导体材料作为热电臂，它们被分为四大类，分别是 $Bi_{1-x}Sb_x$ 合金、Bi_2Te_3 基合金、$CsBi_4Te_6$、$Mg_3(Bi,Sb)_2$[231]。$Bi_{1-x}Sb_x$ 合金具有较小的能带间隙，所以室温下具有极高的电子迁移率，可以达到 $10^4\ cm^2{\cdot}V^{-1}{\cdot}s^{-1}$。$Bi_{1-x}Sb_x$ 合金声子和光子之间存在较弱的耦合作用，这显著降低了合金的导热系数，大大提升了材料的热电性能。并且研究表明，当 x 的数值在 0.07~0.22 之间时，能带具有最小的带隙，当 Sb 的占比在 15%~17%时，合金的热电性能达到

最优 [234]。Bi_2Te_3 基合金是当前室温下用得最多的商业组件，它通过晶格导热，可以调整 p 型载流子的浓度从而实现多带运输。区域熔融后具有更好的热电冷却性能，这都归因于其熔融后的均匀性、被充分控制的杂质以及择优取向的特点。$CsBi_4Te_6$ 是将更重的碱金属 Cs 引入传统的热电材料 Bi_2Te_3 中, 以期获得类似的效果。Cs_2Te 和 Bi_2Te_3 在 700 ℃ 的温度下反应，制备出 $Cs_2Bi_8Te_{13}$，进而提取出 $CsBi_4Te_6$，并将其制成单晶。单晶具有针状的一维外形，针的轴向是晶体生长最快的方向, 同时也是热电功率最大的方向。热电性能的测试表明, 新材料具有未曾预料到的优良热电特性，在低温区域内具有很高的应用价值。$Mg_3(Bi,Sb)_2$ 作为 BiTeSe 合金的替代者被提出来，具有良好的电子性能，其显著优势在于其性价比比商用 Bi_2Te_3 系统高 23%，为下一代热电冷却应用铺平了道路 [235-237]。

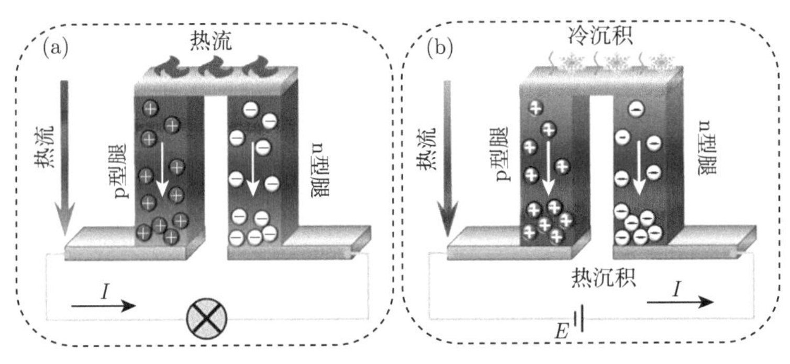

图 5-30　(a) 泽贝克效应原理；(b) 佩尔捷效应原理 [69]

虽然热电冷却优点众多，但利用热电材料制成的装置的效率 (<10%) 仍远比传统蒸气压缩冷却低。大幅度提升这些热电材料的效率，将对广泛用于露营的手提式制冷器、太空应用和半导体晶片冷却等产生相当重要的影响。热电冷却性能的优化提升可以从以下方面着手 [232]：① 通过控制引入微量外部元素和制备条件来调节晶体内部缺陷，尽量减少杂质污染，提高材料中载流体迁移率，提升材料的稳定性和应用可持续性。② 热电材料热电臂对制冷效果有重大影响。热电臂由热电材料、电接触材料、焊料层、导电层和陶瓷板组成。电接触材料是其中重要的一环，要求具备高的化学稳定性、高的结合强度、与其他部分相近的膨胀系数以及较低的接触电阻。尽可能地降低材料内部的接触电阻或者增加额外的辅助散热器设计均能够在一定程度上提升设备的制冷效果。③ 研究新型的能够在室温或者低温下应用的半导体金属材料，如 Cd_3As_2 等，这种半导体金属具有不对称的能带结构，造成电子和空穴具有不对称的迁移率，大大降低材料的导热系数，提升热电性能。④ 设计二维多层的热电材料，通过量子效应增强材料热电性能。⑤ 改善热电冷却系统结构，降低成本。⑥ 开发新型制备方法，如 3D 打印、磁控溅

射等。

传统的蒸气压缩冷却和热电冷却尽管具有很好的冷却效果，但是在冷却过程中仅有一小部分能量用于大气环境水的凝结，更多部分的能量被用于冷却在大气条件下被嵌入水汽中的空气体，这极大地造成了能量的浪费。膜辅助冷却可以很大程度上避免能源上的浪费，并且由于薄膜所施加的物理屏障可以防止颗粒和微生物进入渗透侧，暴露在空气中的膜也缺乏利于细菌生长的营养物质和其他有利于生物污染的因素，因此凝结水非常纯净和干净 [238-241]。综上所述，薄膜预期渗透性能不会随着时间的推移变化太大，设备可以持续高效地进行高质量的大气环境水收集。膜辅助冷却的收集设备由聚合物薄膜、冷凝器、缓冲罐、真空泵和循环泵组成，从大气气体中分离出并且凝结水蒸气 (图 5-31)[242-244]。设备中的核心薄膜，需要对大气水分子具有很高的选择性，并且保持很高的渗透性。当潮湿的空气流入膜材料，水分子被留在材料内部，经过冷凝器的冷凝被收集起来。这种冷却收集方法使用冷凝器和真空泵来提供膜渗透的驱动力，缓冲罐的加入使得设备渗透侧的体积有所增加，系统不太容易受到压力变化的影响，从而保持设备运行稳定。另外，通过引入循环泵可以在不影响水蒸气渗透的情况下增加总渗透侧压力。这种措施即使处于存在泄漏的情况下也能提高能源效率，因为它显著降低了真空泵的功率要求 [245-248]。中空纤维聚合物膜是当前应用最多的膜材料，它具备更高的致密度和更高的水气选择性，可以简化传统的水转移过程，降低制备操作能耗，可以被用在住宅和商业建筑上。为了使用更低的能量获得更好的效果，膜辅助冷却的设备需要适当增加冷凝器入口处的渗透压力值，使得水蒸气的饱和温度增高，设备内部温差增大，提高大气环境水的冷凝量。另外，在不同的压力下使用多个膜段也会大大地提升大气环境水的收集效率 [249-253]。

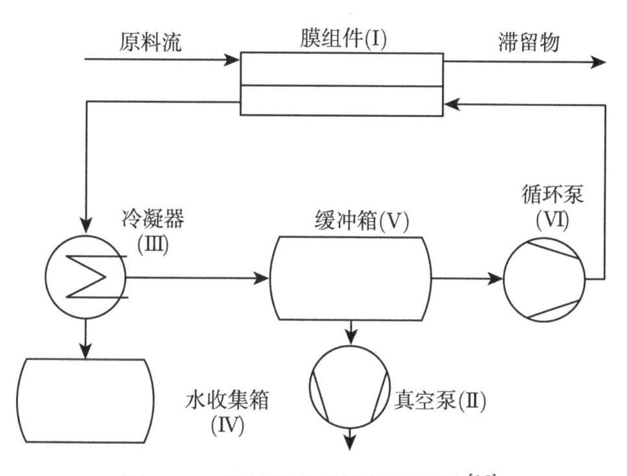

图 5-31 膜辅助冷却设备示意图 [16]

基于吸附的大气环境水收集的系统相比于被动冷却的收集设备要简单很多。MOFs 的大气环境水收集设备原型由一个 MOF 层、一个丙烯酸外壳和一个低温冷凝器组成。实验结果表明，在以 MOF-801 为吸湿材料的系统中，40 ℃ 的温度波动足以使 MOF-801 再生，每天可收获 ~0.24 $L·kg^{-1}$ 的水。这个原型在研究者所在机构的屋顶上测试后，成功地在亚利桑那州沙漠的气候条件下进行了测试 [98]。基于 MOF-801 的系统被安装在亚利桑那州沙漠 (图 5-32)，它由两个盒子组成：一个用于 MOF，另一个配备了一个盖。这款新型集水设备，将多孔 MOF 晶体压缩在太阳能吸热器与冷凝板之间，其原理是当空气流过 MOF 时，水分子被 MOF 束缚，接着等阳光照射加热设备，水分子变成蒸汽，于盒子内部冷凝成液态水并往下滴入收集器中。盖在夜间打开进行吸附阶段，在白天关闭进行解吸阶段。实验结果表明，在 20~40 ℃ 和 5%~40% RH 的环境条件下，MOF 材料每天的水收集量可达到 200~300 $mL·kg^{-1}$。该装置是从沙漠空气中获取可饮用的大气水的第一个突破。

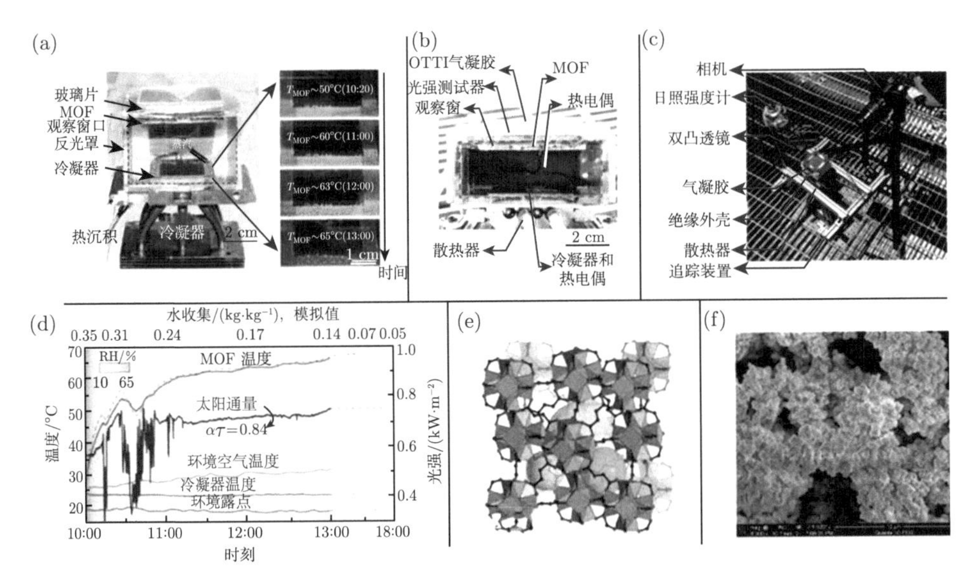

图 5-32　(a) 基于 MOF-801 的大气环境水收集系统的概念证明；(b) 基于 MOF-801 的大气环境水收集原型的图形表示；(c) 大气环境水收集设备测试图；(d)MOF 温度、太阳通量、环境空气温度、冷凝器温度和环境露点分布图；(e)MOF-801 的晶体结构；(f)MOF-801 的扫描电镜图像 [22]

对于实际应用来说，仅仅实现水分子的吸附是不够的，水分子在低能量下的解吸收集也是研究人员们的研究重点。水收集设备设计应该包括一个单一的每日循环，在较高湿度 (20%~40% RH) 下的夜间进行吸附，太阳能辅助解吸/水生产

在较低湿度 (10%～20% RH) 下进行。有报道提出了一种满足以上要求的装置来进行全天无间断的水收集过程 (图 5-33)，该装置由两个关键部件组成，一个吸附剂层 (MOF) 和一个外壳中的风冷冷凝器。MOF 层的背面被涂成黑色，作为太阳能吸收器。在夜间吸附过程中，外壳侧壁被打开，MOF 层被周围自然流动的空气充满，并与太空进行热量交换，实现辐射被动冷却。在日间制水过程中，外壳被封闭，太阳能吸收器侧覆盖着一个光学透明的隔热器 (OTTI 气凝胶)[97]。MOF 层通过暴露在太阳辐照度下而被加热，导致水的释放 (解吸)。由于浓度梯度，解吸的水蒸气从 MOF 层扩散到冷凝器。蒸汽在外壳中的积累导致饱和条件，因此，凝结过程发生在环境温度下。冷凝的热量通过散热器消散到环境中。吸附剂需要根据环境湿度来选择吸附水。研究人员选择了 MOF-801 作为测试样品，因为它具有位于 20% RH 左右的吸附，非常适合特定的气候测试。此外，MOF-801 具有水热稳定性，并具有良好的水吸附特性，包括对孔隙内外循环水具有高稳定性[98]。吸附等温线可以评估使用 MOF-801 在单次循环中可以收获的水量。测试地点夜间环境温度为 15～25 ℃，RH 为 30%，平衡吸收估计为 0.25 $kg \cdot kg^{-1}$。为了实现完全解吸 (10% RH)，白天环境 (冷凝器) 温度为 30 ℃(饱和蒸气压 $P_{sat} = 4.2$ kPa)，吸附剂必须加热至至少 77 ℃($P_{sat} = 42$ kPa)。

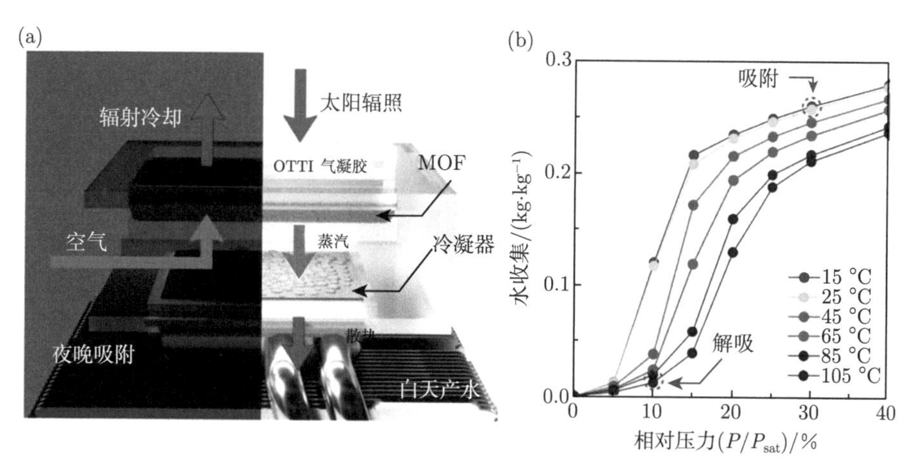

图 5-33 基于 MOF-801 的集水装置的工作原理和吸附等温线。(a) 集水装置进行吸附 (夜间，左半) 和太阳能辅助水生产 (白天，右半) 过程的示意图。在吸附过程中，空气在 MOF 层周围循环，来自空气中的水被吸附。被动辐射冷却通过将热辐射消散到晴朗寒冷的天空，从而降低 MOF 层的温度，提高吸附的有效 RH。在产水过程中，将 OTTI 气凝胶堆叠在 MOF 层之上，以抑制来自太阳能吸收器的对流热损失。解吸的蒸汽在冷凝器上冷凝，冷凝的热被热管散热器排斥到环境中。(b) 水吸附等温线 [97]

研究人员还提出了一种完全依赖于太阳光脱吸附的设备 (图 5-34)。与大多数

MOFs 一样，MOF-801 在红外和近红外区域表现出较低的吸收率、较低的导热系数和高热容，减少了使用太阳能进行直接加热。因此，将 MOF-801 与无孔石墨混合，以增强其热物理性能和吸收性能。水收集设备由两个主要部件组成：一个容纳 MOF 的吸水装置和包围它的外壳。理论上，冷凝器的温度应低于 20 ℃ 以实现冷凝，这种显著的温度梯度是通过设计吸水单元作为一个热绝缘体，在加热 MOF 时保持一个较低的冷凝器温度实现的。通过在所有暴露表面应用红外反射涂层，水吸附单元本身的太阳热损失最小化。立方体有一个外壳和吸水部分，外壳的侧壁作为冷凝器，为与周围环境的传热提供表面。外壳可以打开或关闭，在晚上，打开箱子的盖子，让 MOF 吸附沙漠空气中的湿气饱和；在白天，封闭箱子创建一个封闭的系统。潮湿的热空气从 MOF 流向冷凝器，并通过抑制对周围环境的传热来冷却。当达到露点时，就会发生凝结，液态水在外壳的底部聚集 [46]。

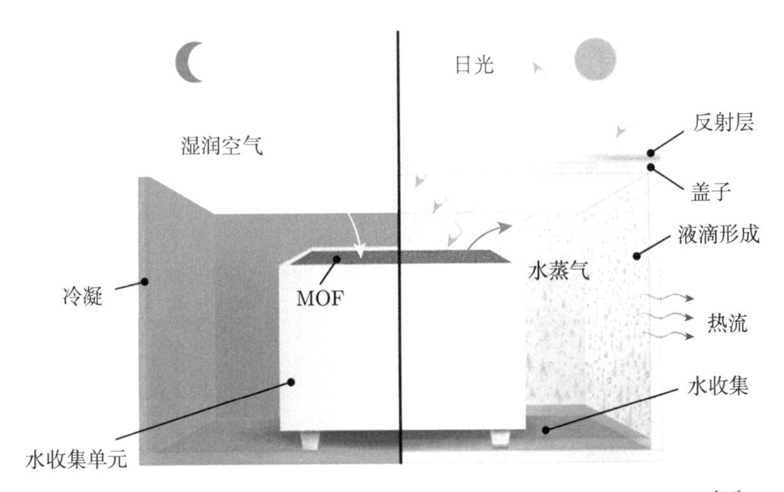

图 5-34 由一个吸水装置和一个框架组成的水收集设备的示意图 [46]

水凝胶是一种将水封闭在孔内的三维分子网络，由亲水聚合物链组成的分子网络可以使所获得的蒸汽中产生水分子组装，从而降低蒸发能耗。基于太阳能的大气水收集系统可以通过界面蒸发提高水释放速率。研究人员提出了一种基于太阳能的膜辅助蒸发系统，用于凝胶中的水分释放 (图 5-35)。太阳能膜辅助蒸发系统是采用台式系统进行的，太阳能蒸汽发生器在太阳能入射侧有一个高透明的玻璃窗，以获得最大限度的辐照。采用通过湿度控制器的气流作为扫描气体，用流量计测量入口气流速率；采用给水箱中的冷却管作为冷凝器收集出口蒸汽 [105,106,254−256]。环境收集使在无冷凝的配置下进行太阳能膜辅助蒸发成为可能，并将显著降低能源消耗。此外，在冷凝过程中，可以恢复蒸发后的潜热，从而提高给水的温度，在实际使用过程中提高蒸发速率。给水用泵循环，用流量计测量流量。给水箱放置在平衡器上以监测质量变化，连接到给水箱的阀门便于在给水循环中补充液体。值得注意的是，这样的设计只显示了太阳能膜辅助蒸发系统的能量回收能力，而给水的温度在所有相关测量中都是恒定的 [254]。实验表明，以环境空气为气体流动的情况下，一天内的水收集速率高达 2.4 $kg{\cdot}m^{-2}{\cdot}h^{-1}$。此外，由于每平方米原材料成本低至 0.36 万美元，并且充分地利用了太阳能，每立方米生产水的成本可能低至 0.3~1.0 美元。因此，太阳能膜辅助蒸发因其高性能、低成本和易于扩展的制造能力，在获取淡水资源方面具有巨大的实际应用潜力。

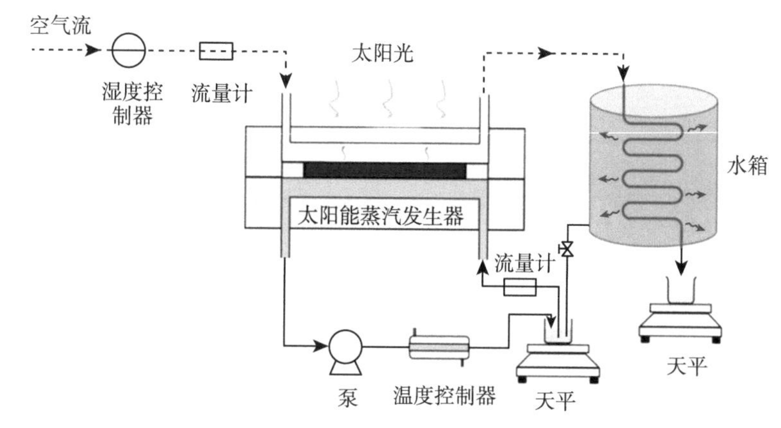

图 5-35 太阳能膜辅助蒸发系统 [254]

若将凝胶与光热材料进行复合，这种复合材料可以实现全天不间断的大气环境水收集。虽然光热有机凝胶与水分子之间的强相互作用可以实现光热有机凝胶从空气中的有效吸湿，但也会阻碍其对水的解吸。光热有机凝胶具有优越的光热转换性能，可以产生大量的热能，并将其定位于表面，从而提供足够的能量打破水与光热有机凝胶之间的相互作用，实现有效的水解吸。与光热水凝胶相比，甘油的比热容较小，在较高的太阳照射下，所得到的光热有机凝胶可以达到较高的温度 [158,257,258]。我们观察到，光热有机凝胶相应的表面温度在前 100 min 时迅速升高，随后随着含水量的降低而缓慢上升。结果表明，水合样品在太阳光照 12 h 后可以发生巨大的水解吸，其中用 90% RH、70% RH、50% RH、30% RH 处理的光热有机凝胶分别能释放 5.52 $kg{\cdot}m^{-2}$、3.11 $kg{\cdot}m^{-2}$、1.68 $kg{\cdot}m^{-2}$、0.43 $kg{\cdot}m^{-2}$ 的水。水合光热有机凝胶的水解吸速率先上升后下降，呈抛物线样趋势，值得注意的是，水合光热有机凝胶的最大水解吸速率达到了 1.77 $kg{\cdot}m^{-2}{\cdot}h^{-1}$。

这些太阳能蒸汽发生器也存在同样的缺点，即它们只能在足够的太阳能辐照下工作，它们的输出受到地球表面的太阳能密度和水蒸发所需的能量消耗大小的限制。如果这些材料能收获其他淡水资源，并持续生产清洁水，这些材料的应用场景将大大扩展。基于此，研究人员设计了一个漂浮的原型，可以在自然环境中全天收集。该结构由聚酯薄膜、纤维素基织物、聚氨酯泡沫塑料、金属丝和木棒组成。冷凝结构由轻质和廉价的聚酯薄膜构成。薄膜被切成几块，然后用钢丝做成的骨架粘在一起 (图 5-36(f) 和 (g))[107]。通过倾斜的聚合物薄膜和吸收能力强的纤维素织物，收集到的水被运输到储水袋中。PVA/PPy 凝胶样品由聚氨酯泡沫和尼龙网制成的支撑结构保持，整个浮动原型机的批发材料成本在 4 美元左右。浮动水收集器的独特特点是它的可折叠凝结结构，双模式进行全天的水收集。这种设计可以很容易地在家里复制或修改和生产，智能或远程模量也可以进一步添加到设备中，以实现对水采集模式的智能控制。

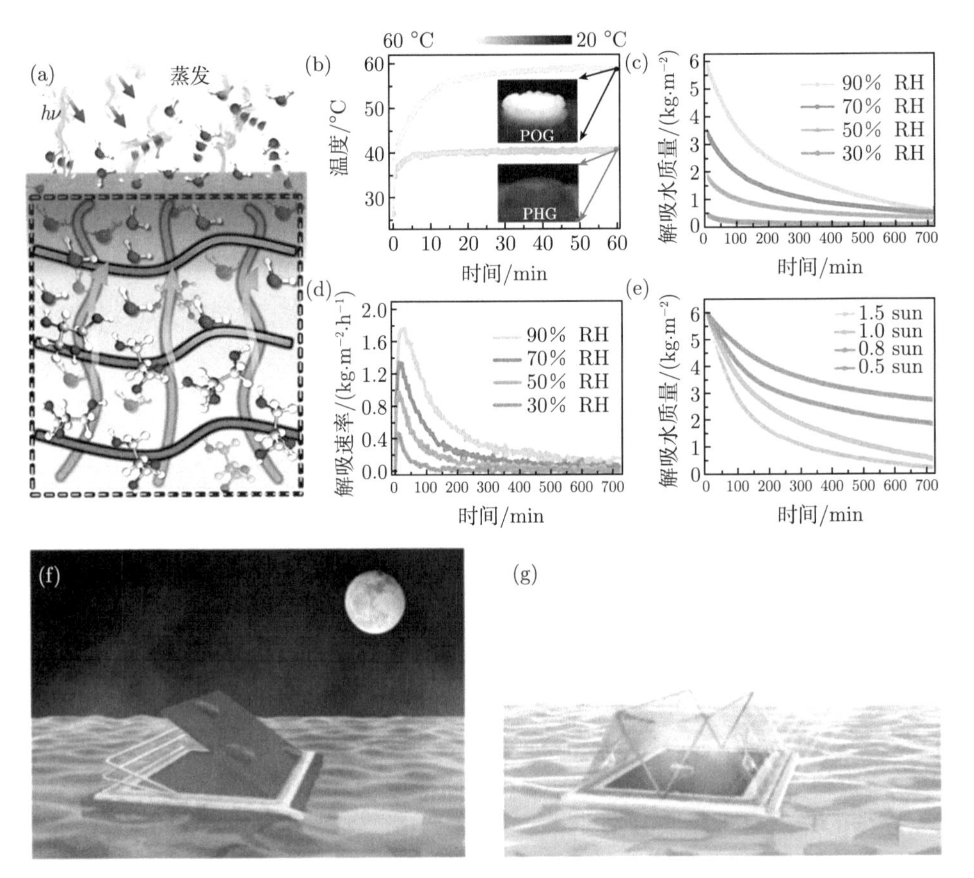

图 5-36　(a) 界面太阳驱动蒸发对水合光热有机凝胶的水解吸；(b) 光热有机凝胶 (POG) 和光热水凝胶 (PHG) 温度随时间的变化表明，在一个太阳光强度下，光热有机凝胶可以达到比光热水凝胶更高的温度；一个太阳光强度下不同湿度水合光热有机凝胶 (c) 水解吸质量和 (d) 随时间的解吸速率；(e) 在不同光照强度下，光热有机凝胶解吸水的能力 [158]；全天集水浮动装置 (f) 夜间和 (g) 日间模式示意图 [107]

人们对吸收太阳辐射并通过热传导将能量传递到水、驱动蒸发的低成本漂浮结构产生了兴趣。然而，水和漂浮结构之间的接触会导致污垢，并将蒸汽温度固定在沸点附近 [259,260]。有报道演示了一个太阳能蒸发结构 (图 5-37)，其中太阳能吸收器不接触水面。在这种非接触式的配置中，能量通过热辐射转移到水中，这种非接触式的传热模式有效避免了吸收器污染的问题。与太阳光不同，中、远红外热辐射可以非常有效地直接被水吸收，从而使水成为有效的热辐射吸收器。除了在物理上使太阳能蒸发结构与水解耦外，非接触式结构还使吸收器结构与水的沸点热解耦。由于结构不再固定在沸点，额外的热量可以从结构转移到产生的蒸汽，从而使其脱离饱和状态进入过热状态。通过过热，在单日条件下，蒸汽温度可以远远超过 100 ℃，而不需要增压。在这种情况下，非接触配置既解决污染问题，又提高可实现的蒸汽温度，从而为新的应用打开大门 [261]。

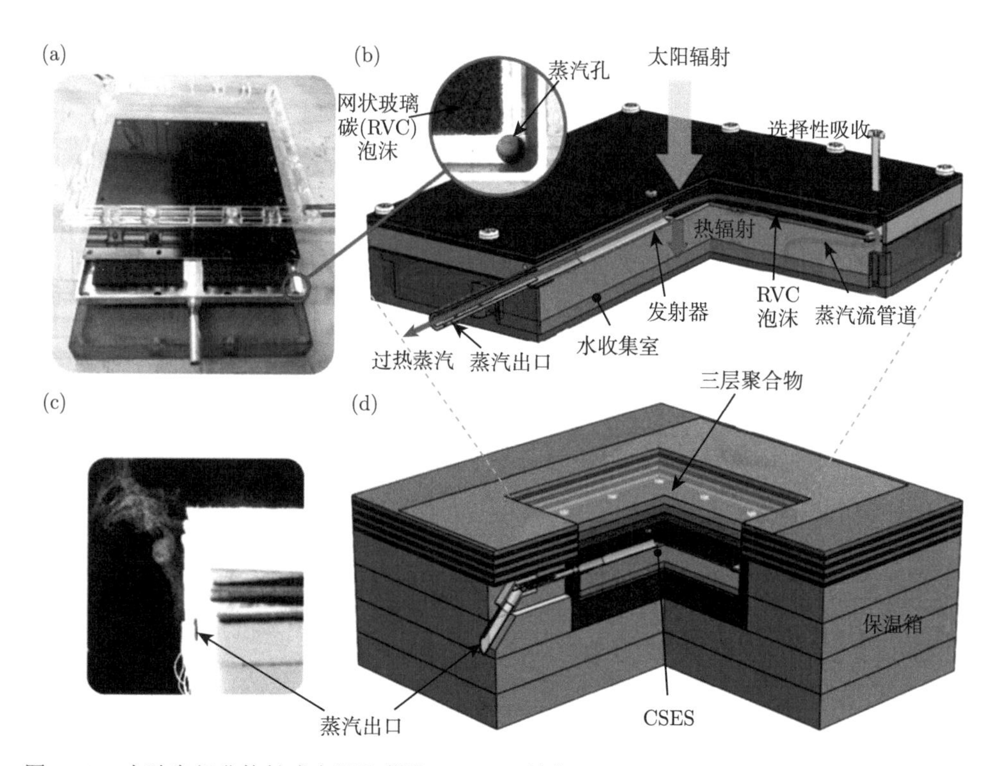

图 5-37 实验室级非接触式太阳能蒸发 (CSES) 结构。(a) 一张已拆卸的 CSES 装置的照片；(b)CSES 装置的切割示意图，显示主要部件和蒸汽流路径；(c) 由 CSES 在一次太阳照射下产生的蒸汽的照片；(d) 实验室装置的剖面示意图 [261]

基于吸附的设备还可以设计成各种各样的形状，如鳍状、多层塔状等，使用氯化钙作为干燥剂材料。在夜间，鳍状吸收器在大气中吸收水蒸气 (图 5-38(a))。

而在白天，鳍状吸收器被锥形表面紧密覆盖，并直接暴露在太阳下以解吸水蒸气 [262]。干燥剂材料与盖表面之间的压力差导致水蒸气蒸发和凝结。该系统的水收集速率为 630 $g \cdot m^{-2} \cdot d^{-1}$，效率为 11.26%～22.56%[263]。另外，研究人员对多层塔状系统在不同材料条件下进行了试验 (图 5-38(c))，结果表明，9 月份布床吸收水速率为 870 $g \cdot m^{-2} \cdot d^{-1}$，砂床吸收水速率为 310 $g \cdot m^{-2} \cdot d^{-1}$。此外，在潮湿的条件下，布床的工作效率为 16.5%，总水吸收速率为 1200 $g \cdot m^{-2} \cdot d^{-1}$。六层床的效率比四层床高 10.4%，砂床面积密度为 10 $kg \cdot m^{-2}$ 和 12 $kg \cdot m^{-2}$ 的系统效率分别为 4.8%和 5.9%[264,265]。

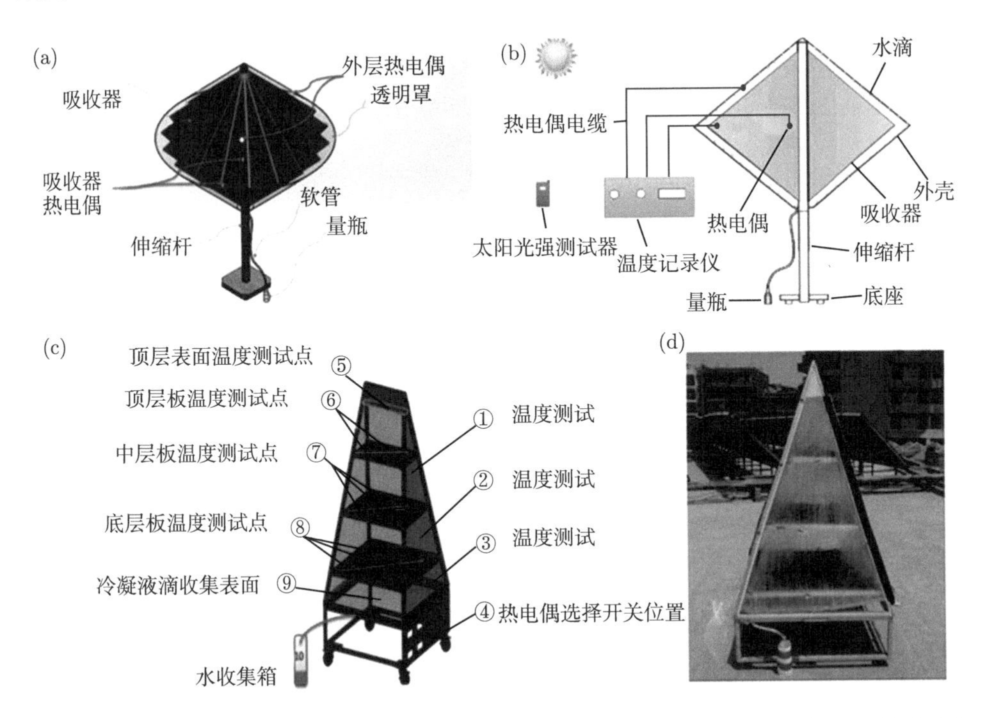

图 5-38　氯化钙干燥剂基 AWH 系统。(a) 鳍状大气环境水收集设备示意图；(b) 鳍状大气环境水收集设备测试仪器的剖面视图 [262]；(c) 多层塔状大气环境水收集实验装置示意图；(d) 多层塔状大气环境水收集设备实物图 [264]

5.4　相变大气集水的发展思考

人类在全力发展科技使生活变得更美好的同时，忽略了对大自然的影响。生产生活的污水排放不当，使得本就稀缺的淡水资源更加紧缺。科技的快速发展使自然环境受到一定程度的影响，导致全球的温室效应越演越烈。这也导致全球范围内的气候出现了许多不确定的变化，许多地区雾出现的频率和总天数逐年降低，这对采用非相变雾收集获取淡水的人们的生产生活造成了很大的威胁。

在全球的水循环系统中，空气中存储的丰富淡水资源常常被人们忽略，若能够将大气中的水资源充分利用，可以极大程度上缓解干旱地区淡水资源紧缺的难题。基于此，各种各样的大气水收集方式被提出，大致可以分为被动冷却大气环境水收集和基于吸附的大气环境水收集。被动冷却大气环境水收集需要外部能量的输入，使得设备表面的温度低于大气中水的露点，环境中水发生相变从而被收集。被动冷却中最常使用的三种方式分别是蒸气压缩冷却、热电冷却及膜辅助冷却。蒸气压缩冷却的优点在于当空气潮湿时，单位时间内收集到的水质量较大，但是当空气干燥时效率低，蒸发温度低，受出口空气露点的限制。热电冷却的设备结构排布也十分紧密，与蒸气压缩冷却方法相比，单位时间内收集到的水的质量低、能耗高，并且热电冷却需要电力输入，同时热端需要有效散热，冷却温度低。膜辅助冷却热端需要有效散热，冷却温度低，但是膜的传质性能有待提高。这种被动冷却的大气水收集设备应致力于将辐射冷却材料提供的冷却能量集中，即在较小的面积实现集中的高冷却功率以实现更低湿度下的冷凝。此外，要充分利用被动冷却的大气水收集设备的热管理性能，减少环境热量输入，进一步提高系统的整体冷却性能。

基于吸附的大气环境水收集在大气水收集 (AWH) 技术中优势明显，具有较高的适应性，对环境条件的限制较少，因为吸附剂在宽湿度范围内具有很强的亲和力，可以从空气中捕获水分。然而，高吸水率、低能量需求、快速动力学和循环稳定性的新型大气水吸附剂急需研究开发，以提高吸附剂的大气水收集效能。通过在 MOFs、聚合物凝胶以及其他的多孔基质中引入吸湿盐晶体以形成分子修饰的复合大气水收集吸附剂。不同于 MOFs 和聚合物凝胶的吸附湿度范围相对有限，分子修饰的复合大气水收集吸附剂可以在较宽的湿度范围内实现优异的吸水能力。在吸附技术中介入光热效应，由太阳能驱动收集水的释放，以满足低能耗低成本的工业要求。再者，聚合物凝胶中水的状态决定了水的蒸发和传输行为。通过调控聚合物网络来调节水的状态，可以进一步降低水的蒸发焓，改变体相水分子吸附和解吸附动力学 [258,266,267]。然而，由于空气质量流速小和环境蒸汽凝结温度的影响，大多数的大气水收集技术面临周期性运行时间长和单位质量内水收集量低的困难。此外，相对较低的吸附动力学和解吸附动力学之间的不匹配，导致收集效能和释放效能协调性下降 [268]。由于白天和夜间的湿度和温度差异较大，需要通过合理设计大气水收集吸附剂，交替收集和释放以保持夜间的高收集率和白天的高解吸率，进一步提高吸附-解吸附的循环性。

基于上述，大气水收集技术未来可以从以下两个方面进行创新和发展：第一，大气水收集材料的分子和结构设计。大部分吸附材料都存在吸附速率和解吸速率之间不适配的现象。目前报道的吸附剂中，吸附速率最高仅为解吸速率的四分之一，很难满足连续式系统所需的快速吸附解吸特性。因而，提高吸附-解吸附动力学成为实现连续系统的关键难题之一。此外，采用各向异性热导率和定向孔隙结构的吸附基材料可以带来额外的质量和能量效率。第二，合理优化吸附基大气水收集设备。未来应该提高设备的紧凑性和工艺性，设计便捷、智能的在干旱环境下的水收集设备，并在系统水平上进一步解决吸附与解吸速率之间不适配的问题，以实现更高的水释放量[269,270]。目前的大气环境水收集评估策略面临着以下挑战：① 由于对基本性能指标缺乏共识，不同大气水收集技术之间缺乏合理的对比性和公平性；② 由于缺乏全面的目标指导方针，整个大气环境水收集研究领域的具体发展方向尚不清楚。AWH 需要进一步合理设计以具有高吸附能力、快速传热传质性能和低再生能耗以及长期循环稳定性和低生产工艺成本，进一步实现可持续水生产的预期和干旱缺水地区的大规模使用。

参考文献

[1] Robert S S, Pilar C. Fog-water collection in arid coastal locations. Ambio, 1991, 20: 303-308

[2] Dolan F, Lamontagne J, Link R, et al. Evaluating the economic impact of water scarcity in a changing world. Nature Communications, 2021, 12: 1915

[3] Oki T, Kanae S. Global hydrological cycles and world water resources. Science, 2006, 313: 1068-1072

[4] Gleick P H. Water strategies for the next administration. Science, 2016, 354: 555-506

[5] Johnstone J A, Dawson T E. Climatic context and ecological implications of summer fog decline in the coast redwood region. Proceedings of the National Academy of Sciences, 2010, 107: 4533-4538

[6] Cheng J Y，You O L，Zhou Y Q，et al. Increasing cloud water resource in a warming world. Environmental Research Letters, 2021, 16: 124067

[7] Cess R D，Zhang M H，Ingram W J，et al. Cloud feedback in atmospheric general circulation models: An update. Journal of Geophysical Research: Atmospheres, 1996, 101: 12791-12794

[8] Katata G. Fogwater deposition modeling for terrestrial ecosystems: A review of developments and measurements. Journal of Geophysical Research: Atmospheres, 2014, 119: 8137-8159

[9] Shupe M D, Intrieri J M. Cloud radiative forcing of the arctic surface: The influence of cloud properties, surface albedo, and solar zenith angle. Journal of Climate, 2004, 17: 616-628

[10] Saha B B，Koyama S，Lee J B，et al. Performance evaluation of a low-temperature waste heat driven multi-bed adsorption chiller. International Journal of Multiphase Flow, 2003, 29: 1249-1263

[11] Chua H T, Ng K C, Malek A, et al. Modeling the performance of two-bed, sillica gel-water adsorption chillers. International Journal of Refrigeration, 1999, 22: 194-204

[12] Xu P, Ma X, Zhao X, et al. Experimental investigation of a super performance dew point air cooler. Applied Energy, 2017, 203: 761-777
[13] Lin J, Bui D T, Wang R, et al. On the fundamental heat and mass transfer analysis of the counter-flow dew point evaporative cooler. Applied Energy, 2018, 217: 126-142
[14] Singh R, Lazarus I J, Souliotis M. Recent developments in integrated collector storage (ICS) solar water heaters: A review. Renewable and Sustainable Energy Reviews, 2016, 54: 270-298
[15] LaPotin A, Kim H, Rao S R, et al. Adsorption-based atmospheric water harvesting: Impact of material and component properties on system-level performance. Accounts of Chemical Research, 2019, 52: 1588-1597
[16] Wang H, Yang H, Woon R, et al. Microtubular PEDOT-coated bricks for atmospheric water harvesting. ACS Applied Materials & Interfaces, 2021, 13: 34671-3468
[17] Chaitanya B, Bahadur V, Thakur A D, et al. Biomass-gasification-based atmospheric water harvesting in India. Energy, 2018, 165: 610-621
[18] Safarian S, Unnpórsson R, Richter C. A review of biomass gasification modelling. Renewable and Sustainable Energy Reviews, 2019, 110: 378-391
[19] Yang K, Pan T, Lei Q, et al. A roadmap to sorption-based atmospheric water harvesting: From molecular sorption mechanism to sorbent design and system optimization. Environmental Science & Technology, 2021, 55: 6542-6560
[20] Hodgson A, Haq S. Water adsorption and the wetting of metal surfaces. Surface Science Reports, 2009, 64: 381-451
[21] Gregory J K, Clary D C, Liu K, et al. The water dipole moment in water clusters. Science, 1997, 275: 814-817
[22] Bilal M, Sultan M, Morosuk T, et al. Adsorption-based atmospheric water harvesting: A review of adsorbents and systems. International Communications in Heat and Mass Transfer, 2022, 133: 105961
[23] Tu R, Hwang Y. Performance analyses of a new system for water harvesting from moist air that combines multi-stage desiccant wheels and vapor compression cycles. Energy Conversion and Management, 2019, 198: 111811
[24] Sultan M, Miyazaki T, Saha B B, et al. Steady-state investigation of water vapor adsorption for thermally driven adsorption based greenhouse air-conditioning system. Renewable Energy, 2016, 86: 785-795
[25] Lu H, Shi W, Guo Y, et al. Materials engineering for atmospheric water harvesting: Progress and perspectives. Advanced Materials, 2022, 34: 2110079
[26] Tu R, Hwang Y. Reviews of atmospheric water harvesting technologies. Energy, 2020, 201: 117630
[27] Ruiz-Lopez M F, Francisco J S, Martins-Costa M T C, et al. Molecular reactions at aqueous interfaces. Nature Reviews Chemistry, 2020, 4: 459-475
[28] Li R Y, Wu M C, Shi Y S, et al. Hybrid water vapor sorbent design with pollution shielding properties: Extracting clean water from polluted bulk water sources. Journal

of Materials Chemistry A, 2021, 9: 14731-14740

[29] Tu Y, Wang R, Zhang Y, et al. Progress and expectation of atmospheric water harvesting. Joule, 2018, 2: 1452-1475

[30] Zhou X, Lu H, Zhao F, et al. Atmospheric water harvesting: A review of material and structural designs. ACS Materials Letters, 2020, 2: 671-684

[31] Shi W, Guan W, Lei C, et al. Sorbents for atmospheric water harvesting: From design principles to applications. Angewandte Chemie (International Edition), 2022, 61: e202211267

[32] Yuan Y, Zhang H, Yang F, et al. Inorganic composite sorbents for water vapor sorption: A research progress. Renewable and Sustainable Energy Reviews, 2016, 54: 761-776

[33] Aristov Y I, Restuccia G, Cacciola G, et al. A family of new working materials for solid sorption air conditioning systems. Applied Thermal Engineering, 2002, 22: 191-204

[34] Wang D, Zhang J, Yang Q, et al. Study of adsorption characteristics in silica gel-water adsorption refrigeration. Applied Energy, 2014, 113: 734-741

[35] Mahajan O P, Youssef A, Walker P L. Surface-modified carbons for the drying of gas streams. Separation Science and Technology, 1982, 17: 1019-1025

[36] Eun T H, Song H K, Hun Han J, et al. Enhancement of heat and mass transfer in silica-expanded graphite composite blocks for adsorption heat pumps: Part I. Characterization of the composite blocks. International Journal of Refrigeration, 2000, 23: 64-73

[37] Jakubinek M B, Zhan B Z, White M A. Temperature-dependent thermal conductivity of powdered zeolite NaX. Microporous and Mesoporous Materials, 2007, 103: 108-112

[38] Li R, Shi Y, Wu M, et al. Improving atmospheric water production yield: Enabling multiple water harvesting cycles with nano sorbent. Nano Energy, 2020, 67: 104255

[39] Yang K J，Shi Y S，Wu M C，et al. Hollow spherical SiO_2 micro-container encapsulation of LiCl for high-performance simultaneous heat reallocation and seawater desalination. Journal of Materials Chemistry A, 2020, 8: 1887-1895

[40] Li R, Shi Y, Shi L, et al. Harvesting water from air: Using anhydrous salt with sunlight. Environmental Science & Technology, 2018, 52: 5398-5406

[41] Gordeeva L G, Restuccia G, Freni A, et al. Water sorption on composites "LiBr in a porous carbon". Fuel Processing Technology, 2002, 79: 225-231

[42] Zhang X J, Qiu L M. Moisture transport and adsorption on silica gel-calcium chloride composite adsorbents. Energy Conversion and Management, 2007, 48: 320-326

[43] Hanikel N，Prévot M S，Fathieh F，et al. Rapid cycling and exceptional yield in a metal-organic framework water harvester. ACS Central Science, 2019, 5: 1699-1706

[44] Hanikel N，Pei X K，Chheda S，et al. Evolution of water structures in metal-organic frameworks for improved atmospheric water harvesting. Science, 2021, 374: 454-459

[45] Nguyen H L, Hanikel N, Lyle S J, et al. A porous covalent organic framework with voided square grid topology for atmospheric water harvesting. Journal of the American Chemical Society, 2020, 142: 2218-2221

[46] Fathieh F, Kalmutzki M J, Kapustin E A, et al. Practical water production from desert air. Science Advances, 2018, 4: eaat3198

[47] Zheng Z, Hanikel N, Lyu H, et al. Broadly tunable atmospheric water harvesting in multivariate metal-organic frameworks. Journal of the American Chemical Society, 2022, 144: 22669-22675

[48] Hanikel N, Prévot M S, Yaghi O M. MOF water harvesters. Nature Nanotechnology, 2020, 15: 348-355

[49] Won S, Jeong S, Kim D, et al. Transformation of a cluster-based metal-organic framework to a rod metal-organic framework. Chemistry of Materials, 2022, 34: 273-278

[50] Yaghi O M. Evolution of MOF single crystals. Chem, 2022, 8: 1541-1543

[51] Zheng Z L, Nguyen H L, Hanikel N, et al. High-yield, green and scalable methods for producing MOF-303 for water harvesting from desert air. Nature Protocols, 2023, 18: 136-156

[52] Cong S, Yuan Y, Wang J, et al. Highly water-permeable metal-organic framework MOF-303 membranes for desalination. Journal of the American Chemical Society, 2021, 143: 20055-20058

[53] Lenzen D, Bendix P, Reinsch H, et al. Scalable green synthesis and full-scale test of the metal-organic framework CAU-10-H for use in adsorption-driven chillers. Advanced Materials, 2018, 30: 1705869

[54] Tannert N, Jansen C, Nießing S, et al. Robust synthesis routes and porosity of the Al-based metal-organic frameworks Al-fumarate, CAU-10-H and MIL-160. Dalton Transactions, 2019, 48: 2967-2976

[55] Lenzen D, Zhao J J, Ernst S J, et al. A metal-organic framework for efficient water-based ultra-low-temperature-driven cooling. Nature Communications, 2019, 10: 3025

[56] Cho K H, Borges D D, Lee U H, et al. Rational design of a robust aluminum metal-organic framework for multi-purpose water-sorption-driven heat allocations. Nature Communications, 2020, 11: 5112

[57] Lai J Y, Wang T Y, Zou C, et al. Highly-selective MOF-303 membrane for alcohol dehydration. Journal of Membrane Science, 2022, 661: 120879

[58] Barjasteh M, Vossoughi M, Bagherzadeh M, et al. Green synthesis of PEG-coated MIL-100(Fe) for controlled release of dacarbazine and its anticancer potential against human melanoma cells. International Journal of Pharmaceutics, 2022, 618: 121647

[59] Horcajada P, Surblé S, Serre C, et al. Synthesis and catalytic properties of MIL-100(Fe), an iron(Ⅲ) carboxylate with large pores. Chemical Communications, 2007: 2820-2822

[60] Fang Y, Yang Z, Li H, et al. MIL-100(Fe) and its derivatives: From synthesis to application for wastewater decontamination. Environmental Science and Pollution Research, 2020, 27: 4703-4724

[61] Yuan B, Wang X, Zhou X, et al. Novel room-temperature synthesis of MIL-100(Fe) and its excellent adsorption performances for separation of light hydrocarbons. Chemical Engineering Journal, 2019, 355: 679-686

[62] Seo Y K, Yoon J W, Lee J S, et al. Large scale fluorine-free synthesis of hierarchically porous iron(Ⅲ) trimesate MIL-100(Fe) with a zeolite MTN topology. Microporous and Mesoporous Materials, 2012, 157: 137-145

[63] Yoon J W, Lee J S, Lee S, et al. Adsorptive separation of acetylene from light hydrocarbons by mesoporous iron trimesate MIL-100(Fe). Chemistry-A European Journal, 2015, 21: 18431-18438

[64] Xian S, Peng J, Zhang Z, et al. Highly enhanced and weakened adsorption properties of two MOFs by water vapor for separation of CO_2/CH_4 and CO_2/N_2 binary mixtures. Chemical Engineering Journal, 2015, 270: 385-392

[65] Plaza M G, Ribeiro A M, Ferreira A, et al. Separation of C_3/C_4 hydrocarbon mixtures by adsorption using a mesoporous iron MOF: MIL-100(Fe). Microporous and Mesoporous Materials, 2012, 153: 178-190

[66] Mahmoodi N M, Abdi J, Oveisi M, et al. Metal-organic framework (MIL-100(Fe)): Synthesis, detailed photocatalytic dye degradation ability in colored textile wastewater and recycling. Materials Research Bulletin, 2018, 100: 357-366

[67] Barjasteh M, Vossoughi M, Bagherzadeh M, et al. MIL-100(Fe) a potent adsorbent of Dacarbazine: Experimental and molecular docking simulation. Chemical Engineering Journal, 2023, 452: 138987

[68] Horcajada P, Serre C, Vallet-Regí M, et al. Metal-organic frameworks as efficient materials for drug delivery. Angewandte Chemie (International Edition), 2006, 45: 5974-5978

[69] Song N, Sun Y C, Xie X, et al. Doping MIL-101(Cr)@GO in polyamide nanocomposite membranes with improved water flux. Desalination, 2020, 492: 114601

[70] Qiu S, Wang Y, Wan J, et al. Enhancing water stability of MIL-101(Cr) by doping Ni(Ⅱ). Applied Surface Science, 2020, 525: 146511

[71] Férey C, Mellot-Draznieks C, Serre C, et al. A chromium terephthalate-based solid with unusually large pore volumes and surface area. Science, 2005, 309: 2040-2042

[72] Zou M, Dong M, Zhao T. Advances in Metal-organic frameworks MIL-101(Cr). International Journal of Molecular Sciences, 2022, 23: 9696

[73] Tan B Q, Luo Y S, Liang X H, et al. Mixed-solvothermal synthesis of MIL-101(Cr) and its water adsorption/desorption performance. Industrial & Engineering Chemistry Research, 2019, 58: 2983-2990

[74] Soltanolkottabi F, Talaie M R, Aghamiri S, et al. Introducing a dual-step procedure comprising microwave and electrical heating stages for the morphology-controlled synthesis of chromium-benzene dicarboxylate, MIL-101(Cr), applicable for CO_2 adsorption. Journal of Environmental Management, 2019, 250: 109416

[75] Celeste A, Paolone A, Itié J P, et al. Mesoporous metal-organic framework MIL-101 at high pressure. Journal of the American Chemical Society, 2020, 142: 15012-15019

[76] Taghizadeh M, Tahami S. Recent developments in MIL-101 metal organic framework for heterogeneous catalysis. Reviews in Chemical Engineering, 2022, 39: 707-728

[77] Zhao H, Li Q, Wang Z, et al. Synthesis of MIL-101(Cr) and its water adsorption performance. Microporous and Mesoporous Materials, 2020, 297: 110044
[78] Feng Y, Ge T, Chen B, et al. A regulation strategy of sorbent stepwise position for boosting atmospheric water harvesting in arid area. Cell Reports Physical Science, 2021, 2: 100561
[79] Garibay S J, Cohen S M. Isoreticular synthesis and modification of frameworks with the UiO-66 topology. Chemical Communications, 2010, 46: 7700-7702
[80] DeStefano M R, Islamoglu T, Garibay S J, et al. Room-temperature synthesis of UiO-66 and thermal modulation of densities of defect sites. Chemistry of Materials, 2017, 29: 1357-1361
[81] Li J X，Chang G G，Tian G，et al. Near-linear controllable synthesis of mesoporosity in hierarchical UiO-66 by template-free nucleation-competition. Advanced Functional Materials, 2021, 31: 2102868
[82] Ameloot R, Vermoortele F, Hofkens J, et al. Three-dimensional visualization of defects formed during the synthesis of metal-organic frameworks: A fluorescence microscopy study. Angewandte Chemie (International Edition), 2013, 52: 401-405
[83] Petkov P S，Vayssilov G N，Liu J X，et al. Defects in mofs: A thorough characterization. Chem Phys Chem, 2012, 13: 2025-2029
[84] Rogge S M J，Wieme J，Vanduyfhuys L，et al. Thermodynamic insight in the high-pressure behavior of UiO-66: Effect of linker defects and linker expansion. Chemistry of Materials, 2016, 28: 5721-5732
[85] Jeremias F, Lozan V, Henninger S K, et al. Programming MOFs for water sorption: Amino-functionalized MIL-125 and UiO-66 for heat transformation and heat storage applications. Dalton Transactions, 2013, 42: 15967-15973
[86] Hossain M I，Cunningham J D，Becker T M，et al. Impact of MOF defects on the binary adsorption of CO_2 and water in UiO-66. Chemical Engineering Science, 2019, 203: 346-357
[87] Jajko G，Gutiérrez-Sevillano J J，Sławek A，et al. Water adsorption in ideal and defective UiO-66 structures. Microporous and Mesoporous Materials, 2022, 330: 111555
[88] Fang Z, Bueken B, de Vos D E, et al. Defect-engineered metal-organic frameworks. Angewandte Chemie International Edition, 2015, 54: 7234-7254
[89] Hao L, Li X, Hurlock M J, et al. Hierarchically porous UiO-66: Facile synthesis, characterization and application. Chemical Communications, 2018, 54: 11817-11820
[90] Cai G, Jiang H L. A modulator-induced defect-formation strategy to hierarchically porous metal-organic frameworks with high stability. Angewandte Chemie (International Edition), 2017, 56: 563-567
[91] Dang Y T，Hoang H T，Dong H C，et al. Modulated synthesis of Zr-based metal-organic frameworks: From nano to single crystals. Chemistry - A European Journal, 2011, 17: 6643-6651
[92] Cavka J H，Jakobsen S，Olsbye U，et al. A new zirconium inorganic building brick

forming metal organic frameworks with exceptional stability. Journal of the American Chemical Society, 2008, 130: 13850-13801

[93] Furukawa H, Gándara F, Zhang Y B, et al. Water adsorption in porous metal-organic frameworks and related materials. Journal of the American Chemical Society, 2014, 136: 4369-4381

[94] Wang Y C, Yang Q, Yi F L, et al. NH_2-UiO-66 coated with two-dimensional covalent organic frameworks: High stability and photocatalytic activity. ACS Applied Materials & Interfaces, 2021, 13: 29916-29925

[95] PakamorėI, Rousseau J, Rousseau C, et al. An ambient-temperature aqueous synthesis of zirconium-based metal-organic frameworks. Green Chemistry, 2018, 20: 5292-5298

[96] Xu W, Yaghi O M. Metal-organic frameworks for water harvesting from air, anywhere, anytime. ACS Central Science, 2020, 6: 1348-1354

[97] Kim H, Rao S R, Kapustin E A, et al. Adsorption-based atmospheric water harvesting device for arid climates. Nature Communications, 2018, 9: 1191

[98] Kim H, Yang S, Rao S R, et al. Water harvesting from air with metal-organic frameworks powered by natural sunlight. Science, 2017, 356: 430-434

[99] Jahan I, Islam M A, Rupam T H, et al. Enhanced water sorption onto bimetallic MOF-801 for energy conversion applications. Sustainable Materials and Technologies, 2022, 32: e00442

[100] Solovyeva M V, Gordeeva L G, Krieger T A, et al. MOF-801 as a promising material for adsorption cooling: Equilibrium and dynamics of water adsorption. Energy Conversion and Management, 2018, 174: 356-363

[101] Jahan I, Rupam T H, Palash M L, et al. Energy efficient green synthesized MOF-801 for adsorption cooling applications. Journal of Molecular Liquids, 2022, 345: 117760

[102] Prasetya N, Li K. Synthesis of defective MOF-801 via an environmentally benign approach for diclofenac removal from water streams. Separation and Purification Technology, 2022, 301: 122024

[103] Lu H Y, Shi W, Zhang J H, et al. Tailoring the desorption behavior of hygroscopic gels for atmospheric water harvesting in arid climates. Advanced Materials, 2022, 34: 2205344

[104] Zhang Z B, Fu H S, Li Z, et al. Hydrogel materials for sustainable water resources harvesting & treatment: Synthesis, mechanism and applications. Chemical Engineering Journal, 2022, 439: 135756

[105] Zhao F, Zhou X Y, Shi Y, et al. Highly efficient solar vapour generation via hierarchically nanostructured gels. Nature Nanotechnology, 2018, 13: 489-495

[106] Zhao F, Guo Y, Zhou X, et al. Materials for solar-powered water evaporation. Nature Reviews Materials, 2020, 5: 388-401

[107] Shi Y, Ilic O, Atwater H A, et al. All-day fresh water harvesting by microstructured hydrogel membranes. Nature Communications, 2021, 12: 2797

[108] Kallenberger P A, Fröba M. Water harvesting from air with a hygroscopic salt in a

hydrogel-derived matrix. Communications Chemistry, 2018, 1: 28

[109] Kou S, Peters L M, Mucalo M R. Chitosan: A review of sources and preparation methods. International Journal of Biological Macromolecules, 2021, 169: 85-94

[110] Vallejo-Domínguez D, Rubio-Rosas E, Aguila-Almanza E, et al. Ultrasound in the deproteinization process for chitin and chitosan production. Ultrasonics Sonochemistry, 2021, 72: 105417

[111] Yang J, Chen X, Zhang J, et al. Role of chitosan-based hydrogels in pollutants adsorption and freshwater harvesting: A critical review. International Journal of Biological Macromolecules, 2021, 189: 53-64

[112] Yu F, Chen Z, Guo Z Z, et al. Molybdenum carbide/carbon-based chitosan hydrogel as an effective solar water evaporation accelerator. ACS Sustainable Chemistry & Engineering, 2020, 8: 7139-7149

[113] Wei S, Ching Y C, Chuah C H. Synthesis of chitosan aerogels as promising carriers for drug delivery: A review. Carbohydrate Polymers, 2020, 231: 115744

[114] Sahariah P, Másson M. Antimicrobial chitosan and chitosan derivatives: A review of the structure-activity relationship. Biomacromolecules, 2017, 18: 3846-3868

[115] Pal P, Pal A, Nakashima K, et al. Applications of chitosan in environmental remediation: A review. Chemosphere, 2021, 266: 128934

[116] Hamedi H, Moradi S, Hudson S M, et al. Chitosan based hydrogels and their applications for drug delivery in wound dressings: A review. Carbohydrate Polymers, 2018, 199: 445-460

[117] Pellá M C G, Lima-Tenório M K, Tenório-Neto E T, et al. Chitosan-based hydrogels: From preparation to biomedical applications. Carbohydrate Polymers, 2018, 196: 233-245

[118] Guo Y, Dundas C M, Zhou X, et al. Molecular engineering of hydrogels for rapid water disinfection and sustainable solar vapor generation. Advanced Materials, 2021, 33: 2102994

[119] Goh C H, Heng P W S, Chan L W. Alginates as a useful natural polymer for microencapsulation and therapeutic applications. Carbohydrate Polymers, 2012, 88: 1-12

[120] Lee K Y, Mooney D J. Alginate: Properties and biomedical applications. Progress in Polymer Science, 2012, 37: 106-126

[121] Pereira R, Carvalho A, Vaz D C, et al. Development of novel alginate based hydrogel films for wound healing applications. International Journal of Biological Macromolecules, 2013, 52: 221-230

[122] Zheng Z, Qi J C, Hu L Q, et al. A cannabidiol-containing alginate based hydrogel as novel multifunctional wound dressing for promoting wound healing. Biomaterials Advances, 2022, 134: 112560

[123] Abka-Khajouei R, Tounsi L, Shahabi N, et al. Structures, properties and applications of alginates. Marine Drugs, 2022, 20: 364

[124] Entezari A, Ejeian M, Wang R. Super atmospheric water harvesting hydrogel with

alginate chains modified with binary salts. ACS Materials Letters, 2020, 2: 471-477
[125] Zainal S H, Mohd N H, Suhaili N, et al. Preparation of cellulose-based hydrogel: A review. Journal of Materials Research and Technology, 2021, 10: 935-952
[126] Kang H, Liu R, Huang Y. Cellulose-based gels. Macromolecular Chemistry and Physics, 2016, 217: 1322-1334
[127] Rahmanian V, Pirzada T, Wang S, et al. Cellulose-based hybrid aerogels: Strategies toward design and functionality. Advanced Materials, 2021, 33: 2102892
[128] Zhang W L，Chen X H，Zhao J M，et al. Cellulose template-based triboelectric nanogenerators for self-powered sensing at high humidity. Nano Energy, 2023: 108196
[129] Hou Y, Sheng Z, Fu C, et al. Hygroscopic holey graphene aerogel fibers enable highly efficient moisture capture, heat allocation and microwave absorption. Nature Communications, 2022, 13: 1227
[130] Sun J M，An B，Zhan K，et al. Moisture-indicating cellulose aerogels for multiple atmospheric water harvesting cycles driven by solar energy. Journal of Materials Chemistry A, 2021, 9: 24650-24660
[131] Lin X L，Wang P，Hong R T，et al. fully lignocellulosic biomass-based double-layered porous hydrogel for efficient solar steam generation. Advanced Functional Materials, 2022, 32: 2209262
[132] Guan W, Lei C, Guo Y, et al. Hygroscopic-microgels-enabled rapid water extraction from arid air. Advanced Materials, 2022: 2207786
[133] Zhou X, Guo Y, Zhao F, et al. Topology-controlled hydration of polymer network in hydrogels for solar-driven wastewater treatment. Advanced Materials, 2020, 32: 2007012
[134] Cao S, Thomas A, Li C. Emerging materials for interfacial solar-driven water purification. Angewandte Chemie (International Edition in English), 2022, 62(8): e202214391
[135] Zhang H, Zeng H, Eklund A, et al. Feedback-controlled hydrogels with homeostatic oscillations and dissipative signal transduction. Nature Nanotechnology, 2022, 17: 1303-1310
[136] Zhao F, Zhou X, Liu Y, et al. Super moisture-absorbent gels for all-weather atmospheric water harvesting. Advanced Materials, 2019, 31: 1806446
[137] Yan C, Kramer P L, Yuan R, et al. Water dynamics in polyacrylamide hydrogels. Journal of the American Chemical Society, 2018, 140: 9466-9477
[138] Xu X, Ozden S, Bizmark N, et al. A bioinspired elastic hydrogel for solar-driven water purification. Advanced Materials, 2021, 33: 2007833
[139] Zhang Z B，Wang Y J，Li Z，et al. Sustainable hierarchical-pored PAAS-PNIPAAM hydrogel with core-shell structure tailored for highly efficient atmospheric water harvesting. ACS Applied Materials & Interfaces, 2022, 14: 55295-55306
[140] Choi S W, Guan W, Chung K. Basic principles of hydrogel-based tissue transformation technologies and their applications. Cell, 2021, 184: 4115-4136
[141] Guo Y, Bae J, Fang Z, et al. Hydrogels and hydrogel-derived materials for energy and

water sustainability. Chemical Reviews, 2020, 120: 7642-7707

[142] Liu X, Liu J, Lin S, et al. Hydrogel machines. Materials Today, 2020, 36: 102-24

[143] Yang M, Luo H, Zou W Z, et al. Ultrafast solar-vapor harvesting based on a hierarchical porous hydrogel with wettability contrast and tailored water states. ACS Applied Materials & Interfaces, 2022, 14: 24766-24774

[144] Lyu T, Wang Z, Liu R, et al. Macroporous hydrogel for high-performance atmospheric water harvesting. ACS Applied Materials & Interfaces, 2022, 14: 32433-32443

[145] Li Q G, Wen C Y, Yang J, et al. Zwitterionic biomaterials. Chemical Reviews, 2022, 122: 17073-17154

[146] Fu Q, Hao S, Meng L, et al. Engineering self-adhesive polyzwitterionic hydrogel electrolytes for flexible zinc-ion hybrid capacitors with superior low-temperature adaptability. ACS Nano, 2021, 15: 18469-184782

[147] Li X H, Tang C J, Liu D, et al. High-strength and nonfouling zwitterionic triple-network hydrogel in saline environments. Advanced Materials, 2021, 33: 2102479

[148] Lei C X, Guan W X, Guo Y H, et al. Polyzwitterionic hydrogels for highly efficient high salinity solar desalination. Angewandte Chemie International Edition, 2022, 61: e202208487

[149] Lei C, Guo Y, Guan W, et al. Polyzwitterionic hydrogels for efficient atmospheric water harvesting. Angewandte Chemie International Edition, 2022, 61: e202200271

[150] Yang S, Tao X M, Chen W, et al. Ionic hydrogel for efficient and scalable moisture-electric generation. Advanced Materials, 2022, 34: 2200693

[151] Ye Y H, Oguzlu H, Zhu J Y, et al. Ultrastretchable ionogel with extreme environmental resilience through controlled hydration interactions. Advanced Functional Materials, 2023, 33(2): 2209787

[152] Wang M X, Zhang P Y, Shamsi M, et al. Tough and stretchable ionogels by *in situ* phase separation. Nature Materials, 2022, 21: 359-365

[153] Ni F, Xiao P, Zhang C, et al. Hygroscopic polymer gels toward atmospheric moisture exploitations for energy management and freshwater generation. Matter, 2022, 5: 2624-2658

[154] Zhang S, Shi W, Wang X. Locking volatile organic molecules by subnanometer inorganic nanowire-based organogels. Science, 2022, 377: 100-104

[155] Nosiglia M A, Colley N D, Danielson M K, et al. Metalation/demetalation as a postgelation strategy to tune the mechanical properties of catenane-crosslinked gels. Journal of the American Chemical Society, 2022, 144: 9990-9996

[156] Chen F, Zhou D, Wang J H, et al. Rational fabrication of anti-freezing, non-drying tough organohydrogels by one-pot solvent displacement. Angewandte Chemie International Edition, 2018, 57: 6568-6571

[157] Papini A, Tani G, Di Falco P, et al. The ultrastructure of the development of *Tillandsia* (Bromeliaceae) trichome. Flora-Morphology, Distribution, Functional Ecology of Plants, 2010, 205: 94-100

[158] Ni F，Qiu N X，Xiao P，et al. *Tillandsia*-inspired hygroscopic photothermal organogels for efficient atmospheric water harvesting. Angewandte Chemie International Edition, 2020, 59: 19237-19246

[159] Luo Z, Li W, Yan J, et al. Roles of ionic liquids in adjusting nature of ionogels: A mini review. Advanced Functional Materials, 2022, 32: 2203988

[160] Song Y，Xu N，Liu G L，et al. High-yield solar-driven atmospheric water harvesting of metal-organic-framework-derived nanoporous carbon with fast-diffusion water channels. Nature Nanotechnology, 2022, 17: 857-863

[161] Bhadra B N, Lee J K, Cho C W, et al. Remarkably efficient adsorbent for the removal of bisphenol A from water: Bio-MOF-1-derived porous carbon. Chemical Engineering Journal, 2018, 343: 225-234

[162] Kaneko K. Water capture in carbon cuboids. Nature Chemistry, 2015, 7: 194-196

[163] Borchardt L，Zhu Q L，Casco M E，et al. Toward a molecular design of porous carbon materials. Materials Today, 2017, 20: 592-610

[164] Ai W，Wang X W，Zou C J，et al. Molecular-level design of hierarchically porous carbons codoped with nitrogen and phosphorus capable of *in situ* self-activation for sustainable energy systems. Small, 2017, 13: 1602010

[165] Tian W, Zhang H, Duan X, et al. Porous carbons: Structure-oriented design and versatile applications. Advanced Functional Materials, 2020, 30: 1909265

[166] Wang Y, Chen J, Ihara H, et al. Preparation of porous carbon nanomaterials and their application in sample preparation: A review. TrAC Trends in Analytical Chemistry, 2021, 143: 116421

[167] Hao G P，Mondin G，Zheng Z K，et al. Unusual ultra-hydrophilic, porous carbon cuboids for atmospheric-water capture. Angewandte Chemie International Edition, 2015, 54: 1941-1945

[168] Heinke L, Kärger J. Correlating surface permeability with intracrystalline diffusivity in nanoporous solids. Physical Review Letters, 2011, 106: 074501

[169] Yu S, Xing G L, Chen L H, et al. Crystalline porous organic salts: From micropore to hierarchical pores. Advanced Materials, 2020, 32: 2003270

[170] Xing G, Yan T, Das S, et al. Synthesis of crystalline porous organic salts with high proton conductivity. Angewandte Chemie International Edition, 2018, 57: 5345-5349

[171] Zhao Y，Fan C Z，Pei C Y，et al. Colossal negative linear compressibility in porous organic salts. Journal of the American Chemical Society, 2020, 142: 3593-3599

[172] Furukawa H, Cordova K E, O'Keeffe M, et al. The chemistry and applications of metal-organic frameworks. Science, 2013, 341: 1230444

[173] Zhang S, Fu J, Das S, et al. Crystalline porous organic salt for ultrarapid adsorption/desorption-based atmospheric water harvesting by dual hydrogen bond system. Angewandte Chemie International Edition, 2022, 61: e202208660

[174] Xu H, Zhang C, Cai J, et al. Synthesis and characterization of activated alumina with high thermal stability by a low-heat solid-phase precursor method. Microporous and

Mesoporous Materials, 2022, 337: 111921

[175] Mou X, Chen Z. Experimental and predictive study on the performance and energy consumption characteristics for the regeneration of activated alumina assisted by ultrasound. Ultrasonics Sonochemistry, 2021, 70: 105314

[176] Ambarita H, Kawai H. Experimental study on solar-powered adsorption refrigeration cycle with activated alumina and activated carbon as adsorbent. Case Studies in Thermal Engineering, 2016, 7: 36-46

[177] Jin Y, Mi X, Qian J, et al. Modular construction of an MIL-101(FE)@MIL-100(FE) dual-compartment nanoreactor and its boosted photocatalytic activity toward tetracycline. ACS Applied Materials & Interfaces, 2022, 14: 48285-48295

[178] Hu Y, Wang Y Q, Wan X Y, et al. MOF supraparticles for atmosphere water harvesting at low humidity. Journal of Materials Chemistry A, 2022, 10: 15116-15126

[179] Wang D B, Jia F Y, Wang H, et al. Simultaneously efficient adsorption and photocatalytic degradation of tetracycline by Fe-based MOFs. Journal of Colloid and Interface Science, 2018, 519: 273-284

[180] Dai Y G, Zhang K X, Meng X B, et al. New use for spent coffee ground as an adsorbent for tetracycline removal in water. Chemosphere, 2019, 215: 163-172

[181] Xu J X, Li T X, Chao J W, et al. Efficient solar-driven water harvesting from arid air with metal-organic frameworks modified by hygroscopic salt. Angewandte Chemie International Edition, 2020, 59: 5202-5010

[182] Nandakumar D K, Zhang Y, Ravi S K, et al. Solar energy triggered clean water harvesting from humid air existing above sea surface enabled by a hydrogel with ultrahigh hygroscopicity. Advanced Materials, 2019, 31: 1806730

[183] Yao H, Zhang P, Huang Y, et al. Highly efficient clean water production from contaminated air with a wide humidity range. Advanced Materials, 2020, 32: 1905875

[184] Li R, Shi Y, Alsaedi M, et al. Hybrid hydrogel with high water vapor harvesting capacity for deployable solar-driven atmospheric water generator. Environmental Science & Technology, 2018, 52: 11367-11377

[185] Dai M, Zhao F, Fan J J, et al. A nanostructured moisture-absorbing gel for fast and large-scale passive dehumidification. Advanced Materials, 2022, 34: 2200865

[186] Guo Y, Guan W, Lei C, et al. Scalable super hygroscopic polymer films for sustainable moisture harvesting in arid environments. Nature Communications, 2022, 13: 2761

[187] Ikeda-Fukazawa T, Ikeda N, Tabata M, et al. Effects of crosslinker density on the polymer network structure in poly-*N*,*N*-dimethylacrylamide hydrogels. Journal of Polymer Science Part B: Polymer Physics, 2013, 51: 1017-1027

[188] Hu Q, Zhao H. Understanding the effects of chlorine ion on water structure from a Raman spectroscopic investigation up to 573 K. Journal of Molecular Structure, 2019, 1182: 191-196

[189] Ping Z H, Nguyen Q T, Chen S M, et al. States of water in different hydrophilic polymers—DSC and FTIR studies. Polymer, 2001, 42: 8461-8467

[190] Aleid S，Wu M C，Li R Y，et al. Salting-in effect of zwitterionic polymer hydrogel facilitates atmospheric water harvesting. ACS Materials Letters, 2022, 4: 511-520

[191] Gao Y, Zhang W, Li L, et al. Ionic liquid-based gels for biomedical applications. Chemical Engineering Journal, 2023, 452: 139248

[192] Wu S W，Wang T W，Du Y G，et al. Tough, anti-freezing and conductive ionic hydrogels. NPG Asia Materials, 2022, 14: 65

[193] Kamio E, Yasui T, Iida Y, et al. Inorganic/organic double-network gels containing ionic liquids. Advanced Materials, 2017, 29: 1704118

[194] Zhang S. Emerging biological materials through molecular self-assembly. Biotechnology Advances, 2002, 20: 321-339

[195] Xiang C, Deng F, Wang R. Passive rapid-cycling atmospheric water generator. Matter, 2022, 5: 2487-2490

[196] Zhang P P，Zhao F，Shi W，et al. Super water-extracting. super water-extracting gels for solar-powered volatile organic compounds management in the hydrological cycle. Advanced Materials, 2022, 34: 2110548

[197] Li C X，Cao S J，Lutzki J，et al. A covalent organic framework/graphene dual-region hydrogel for enhanced solar-driven water generation. Journal of the American Chemical Society, 2022, 144: 3083-3090

[198] Liu X H，Chen F X，Li Y K，et al. 3D hydrogel evaporator with vertical radiant vessels breaking the trade-off between thermal localization and salt resistance for solar desalination of high-salinity. Advanced Materials, 2022, 34: 2203137

[199] Yuan J, Lei X, Yi C, et al. 3D-printed hierarchical porous cellulose/alginate/carbon black hydrogel for high-efficiency solar steam generation. Chemical Engineering Journal, 2022, 430: 132765

[200] Zhao L M，Yang Z P，Wang J J，et al. Boosting solar-powered interfacial water evaporation by architecting 3D interconnected polymetric network in CNT cellular structure. Chemical Engineering Journal, 2023, 451: 138676

[201] Wilson H M, Lim H W, Lee S J. Highly efficient and salt-rejecting poly(vinyl alcohol) hydrogels with excellent mechanical strength for solar desalination. ACS Applied Materials & Interfaces, 2022, 14: 47800-47809

[202] Ma C，Liu Q L，Peng Q Q，et al. Biomimetic hybridization of janus-like graphene oxide into hierarchical porous hydrogels for improved mechanical properties and efficient solar desalination devices. ACS Nano, 2021, 15: 19877-19887

[203] Lu Y, Fan D, Wang Y, et al. Surface patterning of two-dimensional nanostructure-embedded photothermal hydrogels for high-yield solar steam generation. ACS Nano, 2021, 15: 10366-10376

[204] Jin Z, Li P, Meng Y, et al. Understanding the inter-site distance effect in single-atom catalysts for oxygen electroreduction. Nature Catalysis, 2021, 4: 615-622

[205] Wang Z X，Wu X C，Dong J M，et al. Porifera-inspired cost-effective and scalable “porous hydrogel sponge” for durable and highly efficient solar-driven desalination. Chemical

Engineering Journal, 2022, 427: 130905

[206] Geng S, Zhao H, Zhan G, et al. Injectable *in situ* forming hydrogels of thermosensitive polypyrrole nanoplatforms for precisely synergistic photothermo-chemotherapy. ACS Applied Materials & Interfaces, 2020, 12: 7995-8005

[207] Zhang M R, Xu F, Liu W J, et al. Antibacterial evaporator based on reduced graphene oxide/polypyrrole aerogel for solar-driven desalination. Nano Research, 2023, 16: 4219-4224

[208] Guo Z Y, Zhang Z Z, Zhang N, et al. A Mg^{2+}/polydopamine composite hydrogel for the acceleration of infected wound healing. Bioactive Materials, 2022, 15: 203-213

[209] Luo B Q, Wen J, Wang H, et al. A biomass-based hydrogel evaporator modified through dynamic regulation of water molecules: Highly efficient and cost-effective. Energy & Environmental Materials, 2023, 6: 20-30

[210] Ni F, Xiao P, Qiu N X, et al. Collective behaviors mediated multifunctional black sand aggregate towards environmentally adaptive solar-to-thermal purified water harvesting. Nano Energy, 2020, 68: 104311

[211] Poredoš P, Shan H, Wang R. Dehumidification with solid hygroscopic sorbents for low-carbon air conditioning. Joule, 2022, 6: 1390-1393

[212] Wang M Z, Sun T M, Wan D, et al. Solar-powered nanostructured biopolymer hygroscopic aerogels for atmospheric water harvesting. Nano Energy, 2021, 80: 105569

[213] Kim S, Liang Y, Kang S, et al. Solar-assisted smart nanofibrous membranes for atmospheric water harvesting. Chemical Engineering Journal, 2021, 425: 131601

[214] Xu J X, Li T X, Yan T S, et al. Ultrahigh solar-driven atmospheric water production enabled by scalable rapid-cycling water harvester with vertically aligned nanocomposite sorbent. Energy & Environmental Science, 2021, 14: 5979-5994

[215] Wang J Y, Deng C H, Zhong G D, et al. High-yield and scalable water harvesting of honeycomb hygroscopic polymer driven by natural sunlight. Cell Reports Physical Science, 2022, 3: 100954

[216] Zhou X, Zhao F, Guo Y, et al. Architecting highly hydratable polymer networks to tune the water state for solar water purification. Science Advances, 2019, 5: eaaw5484

[217] Zou Y, Chen X F, Yang P, et al. Regulating the absorption spectrum of polydopamine. Science Advances, 2020, 6: eabb4696

[218] Zolfagharkhani S, Zamen M, Shahmardan M M. Thermodynamic analysis and evaluation of a gas compression refrigeration cycle for fresh water production from atmospheric air. Energy Conversion and Management, 2018, 170: 97-107

[219] Peeters R, Vanderschaeghe H, Rongé J, et al. Fresh water production from atmospheric air: Technology and innovation outlook. iScience, 2021, 24: 103266

[220] McLinden M O, Seeton C J, Pearson A. New refrigerants and system configurations for vapor-compression refrigeration. Science, 2020, 370: 791-796

[221] Li S L, Kim J, Kim K R, et al. Emissions of halogenated compounds in East Asia determined from measurements at Jeju Island, Korea. Environmental Science & Technology,

2011, 45: 5668-5675

[222] Harby K. Hydrocarbons and their mixtures as alternatives to environmental unfriendly halogenated refrigerants: An updated overview. Renewable and Sustainable Energy Reviews, 2017, 73: 1247-1264

[223] Sicard A J, Baker R T. Fluorocarbon refrigerants and their syntheses: Past to present. Chemical Reviews, 2020, 120: 9164-9303

[224] Su C W, Goldberg E D. Chlorofluorocarbons in the atmosphere. Nature, 1973, 245: 27

[225] Lickley M J, Daniel J S, Fleming E L, et al. Bayesian assessment of chlorofluorocarbon (CFC), hydrochlorofluorocarbon (HCFC) and halon banks suggest large reservoirs still present in old equipment. Atmos Chem Phys, 2022, 22: 11125-11136

[226] Johnson E. Global warming from HFC. Environmental Impact Assessment Review, 1998, 18: 485-492

[227] Ravishankara A R，Turnipseed A A，Jensen N R，et al. Do hydrofluorocarbons destroy stratospheric ozone? Science, 1994, 263: 71-75

[228] Morosuk T, Tsatsaronis G. Advanced exergetic evaluation of refrigeration machines using different working fluids. Energy, 2009, 34: 2248-2258

[229] Sadati S E, Rahbar N, Kargarsharifabad H, et al. Low thermal conductivity measurement using thermoelectric technology—Mathematical modeling and experimental analysis. International Communications in Heat and Mass Transfer, 2021, 127: 105534

[230] Rahbar N, Asadi A. Solar intensity measurement using a thermoelectric module, experimental study and mathematical modeling. Energy Conversion and Management, 2016, 129: 344-353

[231] Mao J, Chen G, Ren Z. Thermoelectric cooling materials. Nature Materials, 2021, 20: 454-461

[232] Qin Y, Qin B, Wang D, et al. Solid-state cooling: Thermoelectrics. Energy & Environmental Science, 2022, 15: 4527-4541

[233] Ding J, Zhao W, Jin W, et al. Advanced thermoelectric materials for flexible cooling application. Advanced Functional Materials, 2021, 31: 2010695

[234] Sun W, Liu W D, Liu Q, et al. Advances in thermoelectric devices for localized cooling. Chemical Engineering Journal, 2022, 450: 138389

[235] Pan Y，Yao M Y，Hong X C，et al. $Mg_3(Bi,Sb)_2$ single crystals towards high thermoelectric performance. Energy & Environmental Science, 2020, 13: 1717-1724

[236] Yang J W，Li G D，Zhu H T，et al. Next-generation thermoelectric cooling modules based on high-performance $Mg_3(Bi,Sb)_2$ material. Joule, 2022, 6: 193-204

[237] Wang R Y，Guo Z，Zhang Q，et al. Origin of the unique thermoelectric transport in $Mg_3(Sb,Bi)_2$: Absence of d-orbital bonding in crystal cohesion. Journal of Materials Chemistry A, 2022, 10: 11131-11136

[238] Bergmair D, Metz S J, de Lange H C, et al. System analysis of membrane facilitated water generation from air humidity. Desalination, 2014, 339: 26-33

[239] Liu X, Qu M, Liu X, et al. Membrane-based liquid desiccant air dehumidification: A

comprehensive review on materials, components, systems and performances. Renewable and Sustainable Energy Reviews, 2019, 110: 444-466

[240] Qu M, Abdelaziz O, Gao Z, et al. Isothermal membrane-based air dehumidification: A comprehensive review. Renewable and Sustainable Energy Reviews, 2018, 82: 4060-4069

[241] Bai H, Zhu J, Chen X, et al. Steady-state performance evaluation and energy assessment of a complete membrane-based liquid desiccant dehumidification system. Applied Energy, 2020, 258: 114082

[242] Bergmair D, Metz S J, de Lange H C, et al. A low pressure recirculated sweep stream for energy efficient membrane facilitated humidity harvesting. Separation and Purification Technology, 2015, 150: 112-118

[243] Englart S, Rajski K. A novel membrane liquid desiccant system for air humidity control. Building and Environment, 2022, 225: 109621

[244] Charara J, Ghaddar N, Ghali K, et al. Cascaded liquid desiccant system for humidity control in space conditioned by cooled membrane ceiling and displacement ventilation. Energy Conversion and Management, 2019, 195: 1212-1226

[245] Zhao B, Wang L Y, Chung T S. Enhanced membrane systems to harvest water and provide comfortable air via dehumidification & moisture condensation. Separation and Purification Technology, 2019, 220: 136-144

[246] Cheon S Y, Cho H J, Jeong J W. Experimental study of vacuum-based membrane dehumidifier for HVAC system: Parametric analysis and dehumidification performance. Energy Conversion and Management, 2022, 270: 116252

[247] Liu J, Liu X, Zhang T. Performance of heat pump driven internally cooled liquid desiccant dehumidification system. Energy Conversion and Management, 2020, 205: 112447

[248] Zhao B, Yong W F, Chung T S. Haze particles removal and thermally induced membrane dehumidification system. Separation and Purification Technology, 2017, 185: 24-32

[249] Ge X, Zhang F, Wu L, et al. Current challenges and perspectives of polymer electrolyte membranes. Macromolecules, 2022, 55: 3773-3787

[250] Dai H L，Zhang G X，Rawach D，et al. Polymer gel electrolytes for flexible supercapacitors: Recent progress, challenges, and perspectives. Energy Storage Materials, 2021, 34: 320-355

[251] Qi R, Li D, Zhang L Z. Performance investigation on polymeric electrolyte membrane-based electrochemical air dehumidification system. Applied Energy, 2017, 208: 1174-1183

[252] Kang D G, Shin D K, Kim S, et al. Experimental study on the performance improvement of polymer electrolyte membrane fuel cell with dual air supply. Renewable Energy, 2019, 141: 669-677

[253] Kim K H, Ingole P G, Lee H K. Membrane dehumidification process using defect-free hollow fiber membrane. International Journal of Hydrogen Energy, 2017, 42: 24205-20212

[254] Lu H, Shi W, Zhao F, et al. High-yield and low-cost solar water purification via hydrogel-based membrane distillation. Advanced Functional Materials, 2021, 31: 2101036
[255] Jiang Q S, Tian L M, Liu K K, et al. Bilayered biofoam for highly efficient solar steam generation. Advanced Materials, 2016, 28: 9400-9407
[256] Guan Q F, Han Z M, Ling Z C, et al. Sustainable wood-based hierarchical solar steam generator: A biomimetic design with reduced vaporization enthalpy of water. Nano Letters, 2020, 20: 5699-5704
[257] Hu X, Zhu J. Tailoring aerogels and related 3D macroporous monoliths for interfacial solar vapor generation. Advanced Functional Materials, 2020, 30: 1907234
[258] Zhou X, Guo Y, Zhao F, et al. Hydrogels as an emerging material platform for solar water purification. Accounts of Chemical Research, 2019, 52: 3244-3253
[259] Neumann O, Feronti C, Neumann A C, et al. Compact solar autoclave based on steam generation using broadband light-harvesting nanoparticles. Proceedings of the National Academy of Sciences, 2013, 110: 11677-11681
[260] Zhang Y, Zhao D G, Yu F, et al. Floating rGO-based black membranes for solar driven sterilization. Nanoscale, 2017, 9: 19384-19389
[261] Cooper T A, Zandavi S H, Ni G W, et al. Contactless steam generation and superheating under one sun illumination. Nature Communications, 2018, 9: 5086
[262] Talaat M A, Awad M M, Zeidan E B, et al. Solar-powered portable apparatus for extracting water from air using desiccant solution. Renewable Energy, 2018, 119: 662-674
[263] William G E, Mohamed M H, Fatouh M. Desiccant system for water production from humid air using solar energy. Energy, 2015, 90: 1707-1720
[264] Gad H E, Hamed A M, El-Sharkawy I I. Application of a solar desiccant/collector system for water recovery from atmospheric air. Renewable Energy, 2001, 22: 541-556
[265] Elashmawy M, Alshammari F. Atmospheric water harvesting from low humid regions using tubular solar still powered by a parabolic concentrator system. Journal of Cleaner Production, 2020, 256: 120329
[266] Zhou X, Zhang P, Zhao F, et al. Super moisture absorbent gels for sustainable agriculture via atmospheric water irrigation. ACS Materials Letters, 2020, 2: 1419-1422
[267] Liu X, Beysens D, Bourouina T. Water harvesting from air: Current passive approaches and outlook. ACS Materials Letters, 2022, 4: 1003-1024
[268] Shan H, Li C F, Chen Z H, et al. Exceptional water production yield enabled by batch-processed portable water harvester in semi-arid climate. Nature Communications, 2022, 13: 5406
[269] Poredoš P, Shan H, Wang C, et al. Sustainable water generation: Grand challenges in continuous atmospheric water harvesting. Energy & Environmental Science, 2022, 15: 3223-3235
[270] Deng F, Chen Z, Wang C, et al. Hygroscopic porous polymer for sorption-based atmospheric water harvesting. Advanced Science, 2022, 9: 2204724

第 6 章　雾水收集的应用

通过上文的描述，本书对于仿生雾水收集的起源、原理和发展做了详尽的描述，本部分将围绕雾水收集的应用展开论述，去探究雾水收集应用的可行性以及现在乃至未来雾水收集的具体应用前景。

6.1　收集水利害分析

雾水收集作为现阶段最有优势的水收集循环领域，其最终的目的是实现水的再次利用。因此，需要使收集得到的水保持相对纯净，确保其符合使用标准 [1-5]。然而，在集水过程中，雾水收集材料是造成其污染的主要源头。因此在本部分，本书对雾水收集材料是否“绿色”进行探究，以此讨论雾水收集在实际应用中的可行性。

对于材料绿色性的探究，集中在是否对水体造成污染这个关键问题上。根据前文的描述，可以发现，由于需要对自然界生物结构的模仿，在加工过程中不可避免会使用多种化合物进行修饰，而修饰过后的表面对于水体的污染是值得探究的问题 [6,7]。对于雾水收集材料而言，可以依据材料表面结构和成分组成将其分为三类：液体注入性 [8,9]，亲疏相间性 [10-12]，以及新型多孔材料 [2,13,14]。下面将根据三种材料分别论述雾水收集材料在使用中的可行性。

1. *液体注入性雾水收集材料*

液体注入性雾水收集材料由于其高的集水效率和低的水附着性的特点而备受研究者的关注 [15]。但是，其对于雾水收集的可行性的实现有着两点致命的缺陷：首先是注入液体自身的化学安全性，其次是注入液体的泄漏问题。实际上，研究者在实际工作中也在思考相同的问题，并提出了一定的解决方法。对于第一个问题，我们在研究过程中提出了使用三甲基硅氧烷为末端的聚二甲基硅氧烷 (PDMS) 作为液体注入的材料 [16]。液态时的聚二甲基硅氧烷为黏稠液体，称为二甲基硅油，是一种具有不同聚合度链状结构的聚有机硅氧烷混合物。一般的二甲基硅油为无色、无味、无毒、不易挥发的液体，满足了材料无毒性的特点。我们在制备中通过在 ZnO 纳米棒上接枝聚二甲基硅氧烷，制备了润滑油酰化光滑表面 (LISS)，在紫外光照射下，残余无黏结硅油起润滑剂作用。此外，整个反应是绿色的，所涉及的化学试剂既便宜又环保。由于硅油与接枝聚二甲基硅氧烷之间的强作用力，硅油牢固地锁定在氧化锌表面，作为滑动角度较小的润滑层。LISS 不仅在室温下表现出优异的全疏水性，而且在高温液体 (如热水和油) 中也保持了优异的滑动能力。由于存在均匀的润滑层，经历 15 min 的高温煮沸试验，液体仍以 4° 以下倾斜角度在表面滑动。此外，在极端操作条件下，如高剪切速率 (7000 $r\cdot min^{-1}$)、长期浸泡 (400 h) 和强酸/碱，LISS 表现出优异的润滑稳定性。此外，LISS 还具有抗结冰、抗腐蚀等性能，对扩大 LISS 的实际应用范围具有重要意义。因此，优异的沸水/热液体排斥性和长期润滑稳定性，可提高 LISS 大规模应用的能力，是传统超滑表面制备的一个突破 (图 6-1)。

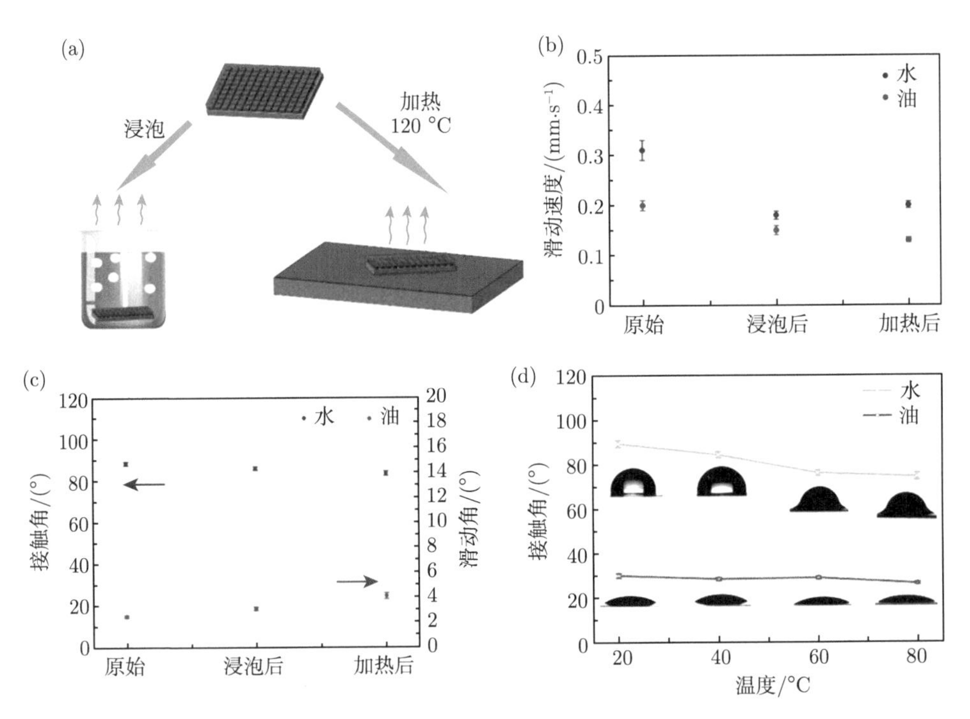

图 6-1　(a) 加热过程和在沸水中浸泡的示意图；(b) 5 μL 水或油在倾斜 5° 的原始、煮沸、加热后 Sample-1 表面的滑动速度；(c) 5 μL 水或油在原始、煮沸、加热后 Sample-1 表面的接触角和滑动角；(d) 水与油的接触角随液滴温度变化的趋势图 [16]

注液表面一般采用多孔或微纳米粗糙表面将注入液体在表面“锁住”，而表面的注入液在收集过程中，对水体的渗漏所导致的水质变化也是我们需要考虑的问题。对于“锁住”注入液体，研究者从结构和表面化学两个方向来解决该问题。

在结构上，研究者通过多孔材料自身的高孔隙率结合微纳米结构实现注入液体的“锁住”。Pei 等受仙人掌刺和猪笼草的超润湿性的启发，通过蚀刻纳米刺和向纳米纹理中注入液体润滑剂，设计了一种独特的三维 (3D) 超疏水液体注入

(SHBL) 框架 [17]。在 SHBL 框架上，充液界面能有效捕获微小液滴，进而加速液滴的生长、聚结和转移。此外，纳米脊柱的存在增加了毛细力，可以有效地将润滑剂锁定在 SHBL 框架上 (图 6-2)。因此，三维 SHBL 框架实现了高雾捕集率，并表现出良好的雾捕循环稳定性。

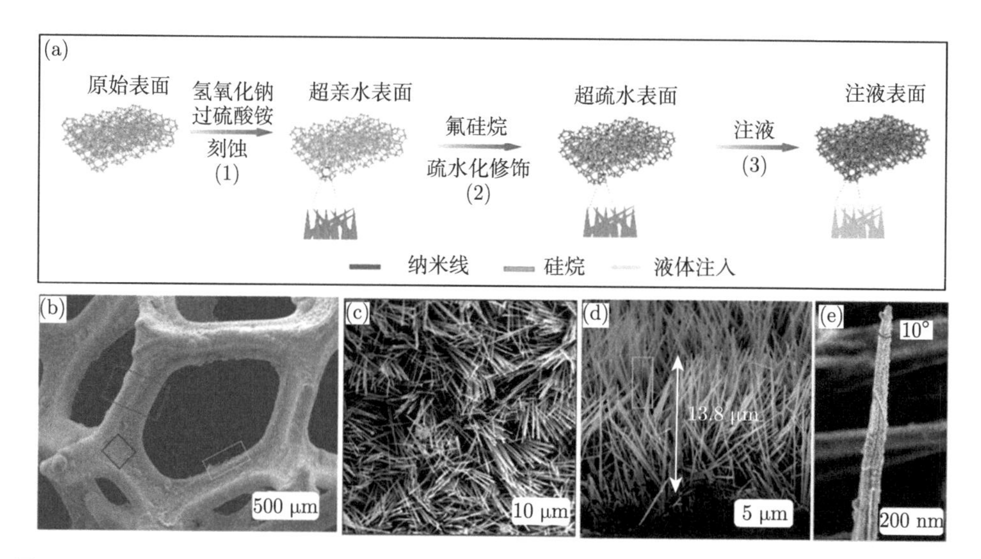

图 6-2 (a) SHBL 框架的制作过程；(b) SHBL 框架单孔的扫描电镜图像；(c) 纳米线覆盖表面的扫描电镜图像；(d) 纳米线厚度；(e) 纳米线角度 [17]

该工作发现液滴表面完全被润滑剂覆盖，液滴运动速度与液滴体积保持正相关关系。在 SHBL 表面，一方面，由于润滑剂的注入，表面张力降低，捕雾能垒降低，进而加速液滴的生长，最终液滴临界体积增大，液滴运动速度增大。另一方面，由于润滑剂的存在，液滴与衬底之间的摩擦阻力减小，这也是液滴运动速度加快的关键因素。最终，在协同作用下，液滴在单框表面快速运移。在此基础上，该工作进一步探讨了液滴在三维框架上的聚结和去除行为的机理。随后，液滴沿三维 SHBL 框架不断凝聚，诱导形成更大的液滴。最终，临界液滴可以快速形成，然后由于自身重力的增加而从 3D 框架中掉落。三维网络 SHBL 框架由具有纳米棘形结构的一维基本框架单元组成，具有较高的比表面积。三维镂空结构几乎不能引起雾流的偏离，因此从空气动力学的角度来看，更多的雾滴可以与表面碰撞。随着与液滴碰撞概率的增加，液滴被捕获的数量增加，导致液滴在表面的沉积效率增加。沉积效率与捕雾率之间存在线性相关关系。总体而言，SHBL 框架具有良好的捕雾效果，这主要得益于超疏水纳米脊柱之间的协同作用，使润滑剂有效固定，液体注入润滑剂使液滴快速生长和输送，三维框架增加了液滴的捕获位点和捕获概率等。以上表明，纳米脊柱可以提供更多的雾滴捕获点，提高雾的捕集性能，并固定表面的润滑剂。

对于设计结构来满足雾水收集的可行性，本书作者也进行了相应的研究工作 [18]，我们通过两步电化学反应制备了丝壁表面布满微纳米复合结构的三维框架；经过低表面能处理和注入润滑剂，得到了润滑剂注入的超疏水框架材料。由于框架本身的三维网格体系、材料表面的纳米棘状球簇结构和润滑剂层的协同作用，润滑剂注入的超疏水框架不仅具有优异的润滑剂保持能力，还表现出高效的液滴捕获、聚结和去除能力 (图 6-3)。润滑剂注入的超疏水框架在高速剪切和长时间保存之后，仍然保持良好的集雾性能。同时，它还具备显著的耐电化学腐蚀和抗结冰性能。这种同时具备突出耐受性和优异集水性能的材料在集水和相变传热领域具有巨大的应用潜力，有望被实际应用于改善干旱地区水资源短缺问题，并在集水、海水淡化和相变传热应用中具有巨大潜力，我们还观察分析了 SHBLF 和 SHBF 的雾收集过程特征。可以看到，SHBF 表面捕获的微小雾滴零散分布。SHBLF 表面附着的雾滴数量较多，并且距离更加集中，微小雾滴之间相互聚集的概率更高。SHBLF 比 SHBF 表面具有更多的亲水成核位点，这说明表面润滑剂层提供了更多的液滴成核密度。这是由于水-油界面张力低于水-空气界面张力，导致 SHBLF 表面捕获雾滴的能垒降低，雾滴更易被捕获。SHBLF 表面的由纳米丝堆积而成的棘状球簇结构被润滑剂所覆盖。微小雾滴接触到油层包覆的纳米棘刺时会被迅速捕获。相比 SHBF，SHBLF 的表面在早期捕获了更多的微小雾滴，表现出更优异的捕雾能力。值得注意的是，微小雾滴被吸附到表面上这一过程没有发生任何的热传递。框架表面的任意区域都能捕获液滴，但是液滴在不同粗糙度的表面上的聚结和生长速率却有差异。与光滑的区域相比，由于更大的直接接触面积，凹凸不平的表面能够捕获更多的雾滴。因此，粗糙表面能够促进微尺度液滴更快地聚结成大液滴，有效提高液滴生长速率。在雾收集过程进行时，可以观察到 SHBLF 表面上的微尺度液滴更早一步地聚结，形成了较大尺度的液滴，归因于表面微纳米结构与润滑剂层的共同作用，液滴的聚结和生长得到了进一步的促进。并且，相同的粗糙程度下，超疏水表面比亲水表面具有更快的液滴去除速率。这是由于在高度湿润的氛围下亲水表面极易形成一层水膜，水膜会严重延缓液滴的生长与脱落。超疏水表面具有极小的水滑动角和水接触角滞后，使得液滴在较小体积就能从表面脱落，有助于液滴的去除。但是超疏水表面表现出较高的表观水接触角，液滴与表面的接触面积较小，这降低了表面的热量传导性能，阻碍了液滴的冷凝。而润滑剂注入的超滑移表面降低了热力学成核势垒，具有更高的成核密度和传热系数，使得微尺度液滴更易聚结和冷凝。因此，SHBLF 表现出比 SHBF 更快的液滴聚结生长速率。

对于化学法实现雾水收集材料的可靠性，本书作者进行了研究，并取得了一定的成果。在我们的研究中，通过紫外光引发将聚二甲基硅氧烷接枝到氧化锌纳米棒上，形成 Zn—O—Si 键，并利用剩余未结合的硅油作为润滑剂，成功制备了生物相容的耐久润滑油灌注表面 (图 6-4)[19]。虽然已经有研究使用 PDMS 注入表面，但是我们的工作在制备方法和应用上有许多独特的创新和亮点。通过硅油与 PDMS 刷之间的强大的分子间作用力和硅油的高黏性，润滑剂能牢固地储存在超滑表面以抵抗沸水和热液。由于水的收集与表面结构和化学成分有关，具有层次结构的表面比单个结构 (纳米结构或微观结构) 能收集更多的水。我们采用简单的水热法将氧化锌纳米线生长在微锥体上以制备具有微纳结构的表面使其表现出较好的集水性能。与原始硅片、微锥硅片和超疏水表面 (SHSs) 相比，注液表面 (LISs) 在水捕集、供水、排水等方面具有优越的能力并且能够收集更多的水。此外，基于稳定的润滑油层，LISs 具有良好的收集热水蒸气的能力。为了探索恶劣环境的适应性，将 LISs 暴露在阳光下 7 天，经历多次加热/冷却循环，LISs 仍表现出良好的集水效率和可重复利用性。

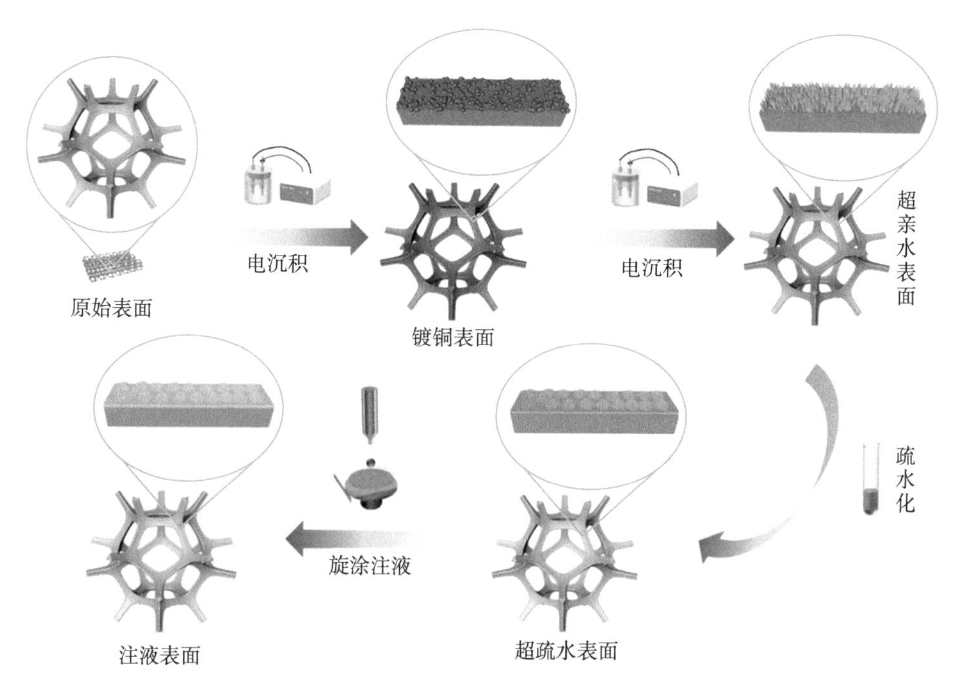

图 6-3 具有微纳复合结构的液体灌注框架的制备流程示意图 [18]

我们首先在表面上生长出 ZnO 作为化学接枝载体，而后将 PDMS 接枝到 ZnO 纳米线上，将 ZnO-Si 分级微纳表面覆盖一层硅油水平放置在紫外线灯下 15 cm 处 40 min。ZnO 光催化剂在光的照射下通过生成电子空穴对而产生活性自由基，导致许多有机分子氧化或分解，并导致多种二次反应。因此，被激活的分子部分地裂解了周围硅油的硅氧烷键。这些分段的硅氧烷基链基于 Zn—O—Si 键与 ZnO 光催化剂相连。残留的硅油作为润滑剂，形成超滑移表面。由于实现了超滑移表面的构建，捕雾过程中，纳米结构的纳米尺度间距所产生的高拉普拉斯压力，使得小水滴黏附在表面并进入 Wenzel 状态而被固定，这严重限制了水在 SHSs 上的滑动。因此，水滴在 SHSs 上的速度是可以忽略不计的，直到水滴足够大，可以在重力作用下移动。另外，SHSs 中保留的气层对传热有很强的抵抗作用。当注入硅油代替空气层时，由于润滑油的导热性高于气体，且接触角的滞后性可以忽略不计，所以 LISs 更倾向于液滴的生长和运动。与 LISs 相比，大多数液滴在 SHSs 上“轻推”间歇运动，则液滴在 LISs 上表现出明显的连续运动。在 LISs 上保持持续的高速运动是非常有益的，因为它对冷凝表面产生了极大的影响，为新的液滴成核奠定了基础。凝结传热是液滴迁移率的重要函数，对雾滴的收集具有重要意义。因此，传热性能优异的硅油浸渍表面具有较好的集雾能力。经测定，水中油脂含量为 43 mg·L^{-1} (化学需氧量 (COD) 为 43 mg·L^{-1})，对人体无害。此外，硅油已在美国食品药品监督管理局 (FDA) 的批准名单上，可以作为变形剂添加到食品中。因此，LISs 收集的水可以被饮用。

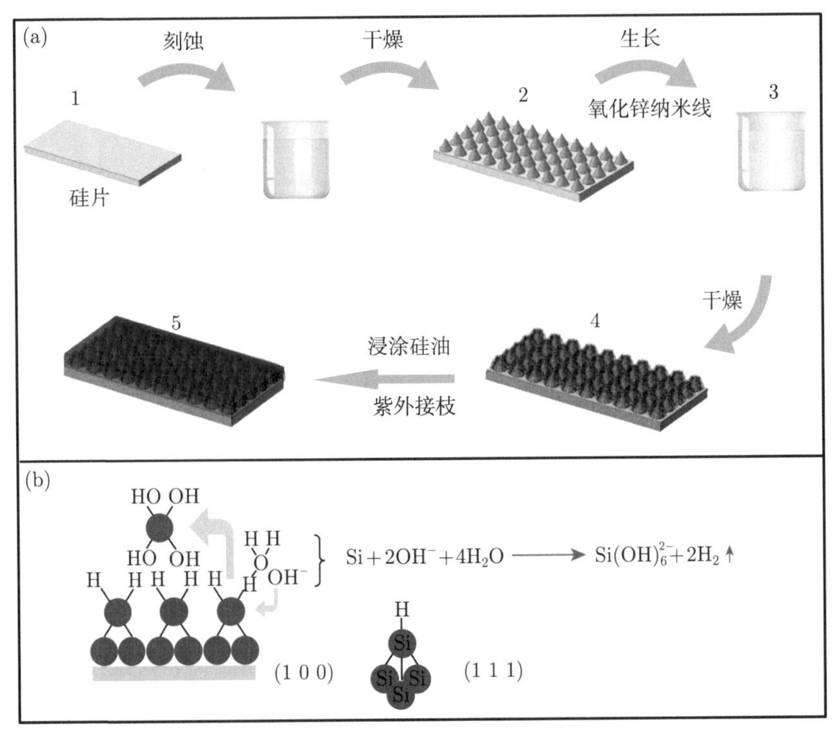

图 6-4　(a) 制备过程示意图；(b) 接枝反应机理图 [19]

在上述方法的基础上，本书作者将结构法和化学法结合，以实现雾水收集材料的可靠性。我们通过电化学和水热法实现了纳米树阵列纹理润滑框架，由于聚二甲基硅氧烷的二价键和氧化锌纳米棒的微纳米树阵列之间稳定结合，制备的 LIF 具有良好的稳定性和优异的润滑油保留能力 (图 6-5)。轴承高速旋转后，浸泡酸溶液和长期储存实验后，表面仍表现出优异的滑动性能。与原来的泡沫铜相比，由于可忽略的接触角滞后和低形核表面的屏障，超亲水泡沫铜和超疏水泡沫铜光滑的表面可以实现高效的雾收集效率。在以 7000 $r\cdot min^{-1}$ 转速旋转 10 s 或室温下放置 7 天后，其表面光滑，仍表现出良好的雾收集效率。通过简单的绿色方法和环保试剂制备了耐久的 LIF，有望在实际应用中得到广泛使用。在反应体系中，$NH_3\cdot H_2O$ 与 Zn^{2+} 部分成键逐渐释放 OH^-，产生相对稳定的晶体。过度碱性的环境，可部分溶解析出 ZnO。通过水热反应制备了纳米树阵列后，少量的二甲基硅氧烷油被注入具有纳米树阵列纹理的框架中。当暴露在紫外光下时，聚二甲基硅氧烷可以接枝到氧化锌纳米棒上。由于氧化锌光催化剂通过产生电子空穴对而产生活性自由基，在紫外光的照射下，大多数有机化合物被氧化或分解，发生多种二次反应。因此，被激活的分子部分地分裂了硅胶周围硅油的化学键。基于 Zn—O—Si 键，这些硅氧烷基链与氧化锌催化剂形成共价键。基于此，润滑剂注入表面成功地完成修饰。

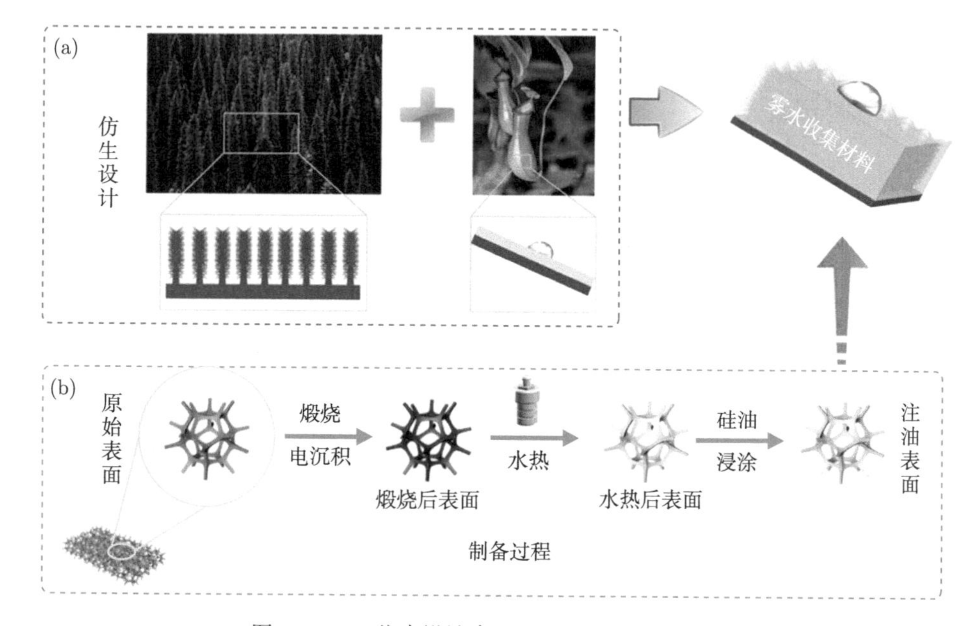

图 6-5 (a) 仿生设计来源；(b) 制备过程示意图

2. 亲疏相间性雾水收集材料

受沙漠中甲虫的启发，设计了一种亲水与疏水共存杂化表面，其中，亲水区域有利于对气相水汽的收集和凝结，而疏水区域有利于液滴的生长和滚落，两者结合实现高效的雾水收集。然而，对于雾水收集的可靠性而言，亲水材料和疏水修饰剂对于水体的污染是需要被考虑的，采取绿色合成或无毒的材料是解决这一问题的有效手段。而在研究报道中，研究者已经注意到这个问题并提出了尝试的解决手段。

Lee 等报道了一种通过亲水凝胶与疏水铜网共同构建的绿色雾水收集装置 [20]。在这项工作中，他们设计了一个以仙人掌茎为灵感的三维集水系统 (WHS)，该系统可以实现吸收雾的定向输送 (图 6-6)。生物灵感 WHS 由两种不同的功能

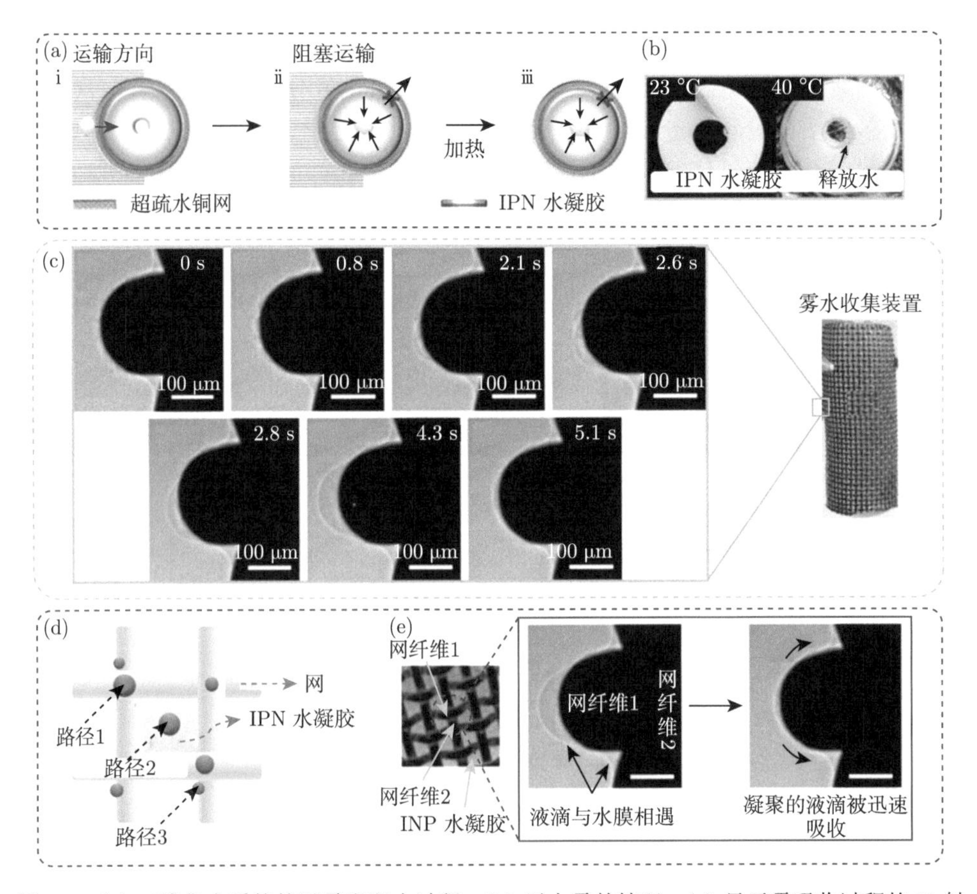

图 6-6　(a) 三维集水系统的吸雾和释水过程；(b) 无水雾的情况；(c) 显示雾吸收过程的 X 射线图像，在初始时间内，液滴成核后重复生长和聚结过程；(d) 雾滴向网状凸起、IPN 水凝胶和网状纤维之间空间迁移的三条路径的示意图；(e) 迅速吸收液滴的过程 [20]

组成：一种是防蒸发的有效吸水功能，另一种是按需防水功能。由具有良好保水能力的互穿聚合物网络 (IPN) 水凝胶和防止吸收的水再蒸发的超疏水铜网 (SHPM) 组成的圆柱形双结构系统 (DS) 模仿了覆盖角质层的黏液填充仙人掌茎的优异吸水能力。DS 集水速率为 209 $mg \cdot cm^{-2} \cdot h^{-1}$，集水性能较超亲水性 IPN 水凝胶、SHPM 和原始铜网 (PTM) 分别提高 1.2 倍、1.3 倍和 2 倍。通过 X 射线成像技术研究了 DS 的捕雾机理，并从 IPN 水凝胶的体积膨胀、网峰上微滴的吸收和网纤维之间水膜的厚度等方面描述了 DS 的捕水机理。此外，借助 IPN 水凝胶的热响应特性，验证了水凝胶的释水功能。这种仿生 WHS 可能有助于开发有效的三维雾收集器。装置所使用的 IPN 水凝胶和 SHPM 均为绿色无害，因此实现了雾水收集装置的环境友好性。

本书作者也进行了类似的无毒绿色的亲疏相间表面的设计与制备，采用简单的喷涂方法和硫醇选择性改性，成功制备了超亲水-超疏水的仿生杂化表面 (图 6-7)[21]。该表面由疏水微米粒子/亲水纳米粒子层次结构组成。疏水性颗粒由易被十八硫

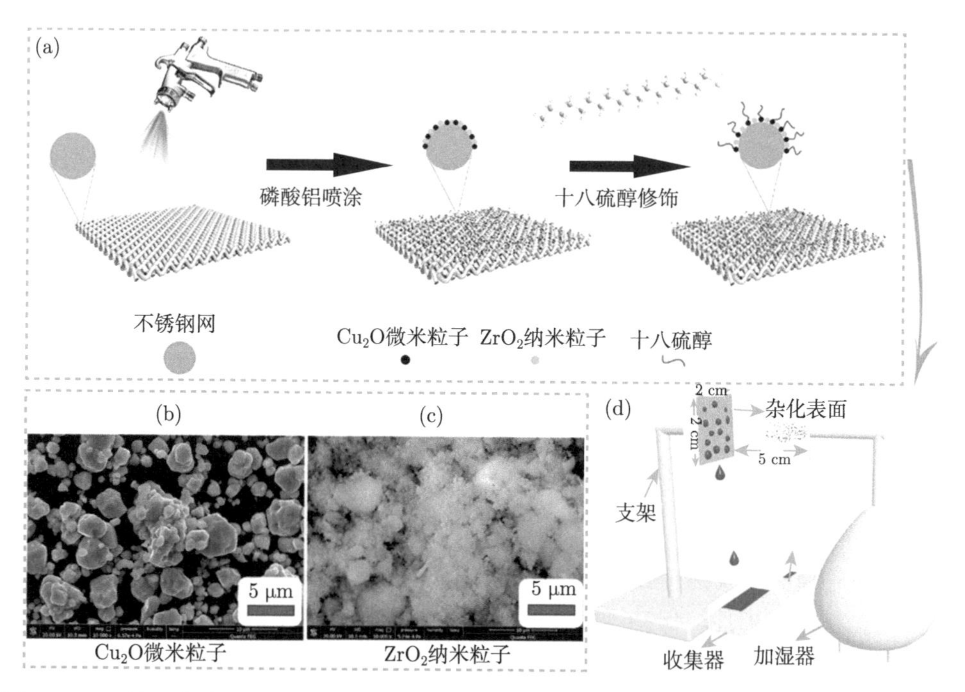

图 6-7 (a) 基于喷雾法高效捕雾的超亲水-超疏水混合表面的合成过程示意图。将 Cu_2O 微粒、ZrO_2 纳米颗粒和 AP 黏结剂的混合悬浮液用氮气压力为 0.2 MPa 的喷枪均匀喷在 2300 目 SSM 上。将得到的样品浸泡在 10 mm ODT/乙醇混合溶液中 30 min。(b) 氧化亚铜微米粒子尺寸。(c) ZrO_2 纳米粒子尺寸。(d) 一种自制的雾收集测试装置的示意图，该装置包括一个商用超声波加湿器、用于收集水的容器和承载样品的支架 [21]

醇 (ODT) 修饰的 Cu_2O 微米粒子组成，亲水性颗粒由不易被 ODT 修饰的 ZrO_2 纳米颗粒组成。当喷射悬浮液中 Cu_2O 颗粒与 ZrO_2 纳米颗粒的质量比为 8∶1 时，杂化样品的雾收集速率最高，约为 1707.25 $mg \cdot cm^{-2} \cdot h^{-1}$，是超亲水样品的 2 倍，捕雾能力显著增强。特殊的层次结构可促进集水行为。此外，该制造方法成本低，易于制造，使雾收集器的大规模制造成为可能。更为重要的是，本过程所采用的材料在加工后不会对水体造成毒害，提高了雾收集器的可靠性。

3. 新型多孔材料

新型多孔材料主要包括 MOF 和水凝胶两种材料。这类材料由于表面多孔和较大的比表面积，可以被负载上多种合成物，实现大气水收集；与之前两种材料所遇到的困境类似，这类材料自身可能存在的毒性也是研究者需要考虑的一个重要问题。所幸，研究者已经发现这个问题，并提出了相应的解决方法。对于 MOF 材料，Laha 等研究了一系列二元 (氨基丙基功能化层硅酸镁或氨基黏土，CuBTC) 和三元 (氨基黏土，氧化石墨烯，CuBTC) MOF 纳米复合材料的合成和表征，以及它们从室内大气中储存和收集水的性能 [22]。研究发现氨基黏土和氧化石墨烯与 CuBTC MOF 混合后，纳米复合材料的水热稳定性增强，吸水性提高了 39.5% (相对于大块 CuBTC)，最大集水效率提高了 67.2%。研究进一步推断了在无太阳照射的普通室内条件下，通过改变环境湿度、释放温度和按需吸附/解吸循环来收集水的动态。该三元纳米复合材料在相对湿度为 90%的情况下可实现收集 0.431 $g \cdot g^{-1}$ 的水，每天室内集水量最大值为 0.445 $g \cdot g^{-1}$。所制备的 MOF 对水体无污染性，且 MOF 可以适应多种环境下的收集，表明了其环保性和可靠性。

对于水凝胶材料，Wang 等报道了基于绿色材料——海藻酸钠的大气水收集水凝胶 [23]。在这项工作中报道了二元聚合物盐 (Bina) 与功能化多壁碳纳米管 (FCNT) 结合制备的一个例子，作为太阳能蒸发的高效光吸收剂 (图 6-8)。在这种复合材料 (Bina/FCNT) 中，未反应的盐保留在结构中，可以在较宽的相对湿度 (RH) 范围内快速吸附水。FCNT 作为一种光吸收剂，它吸收太阳能并将其转化为热能。Bina/FCNT 的超亲水性质和巨大的孔隙提供了对水的高亲和力，同时为蒸汽的快速输送提供了途径。FCNT 不仅增强了整个光谱范围内的光热转换，而且还作为机械支撑部件，保持了多孔网络结构的均匀性和完整性。这种相互连接的多孔结构也可以作为热障层，以减少热量损失，并将热量限制在蒸发表面。结果表明，优化后的 Bina/FCNT 结构可以通过减少导热 (Q_{cond}) 和最大化水从核心向蒸发表面的扩散来显著提高蒸发效率 (Q_{eva})。作为吸附剂，在相对湿度为 70%的条件下，Bina/FCNT 的吸附容量接近 5.6 $g \cdot g^{-1}$。此外，FCNT 的机械强度确保了吸附剂结构的稳定性。值得一提的是，与以往的研究相比，这种材料成本低，易于制造。除 Bina/FCNT 外，还可以制备含 FCNT 的海藻酸锂和海藻酸钙复合材料。这些材料被分别称为 L/FCNT 和 C/FCNT。最后，采用小型便携式原型机生产高质量的水。Bina/FCNT 复合材料是利用可再生太阳能收集水的新型干燥剂的一个例子。

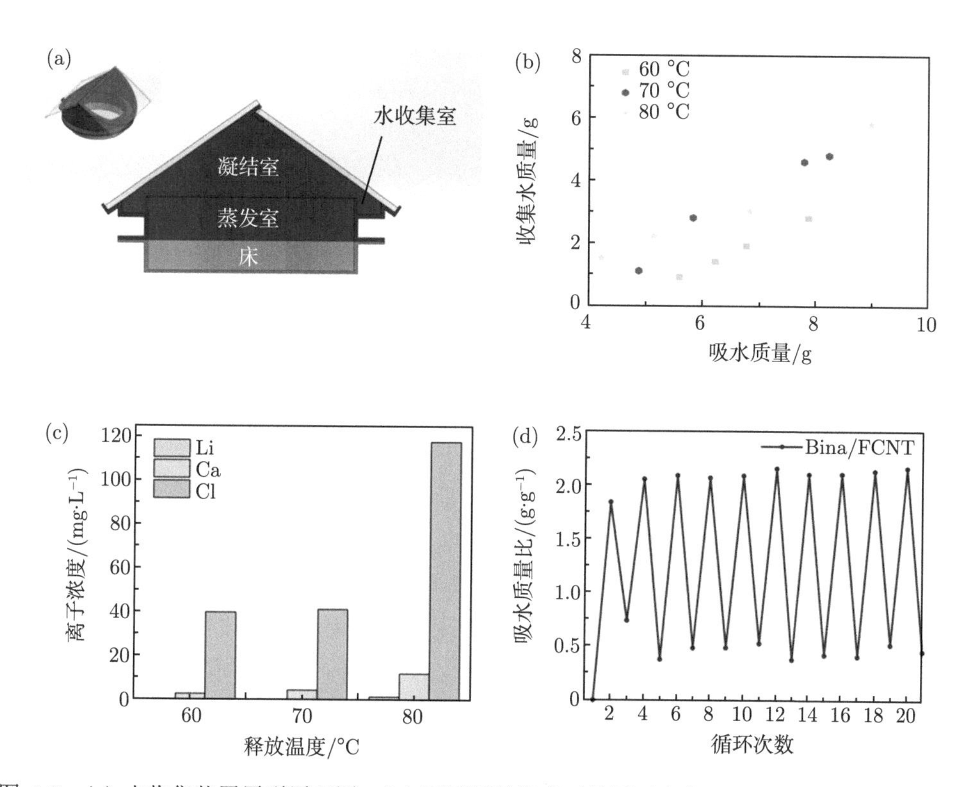

图 6-8 (a) 水收集装置原型原理图；(b) 不同解吸温度下装置对水的吸附和释放性能；(c) 不同解吸温度下产出水的质量；(d) 10 个循环的 Bina/FCNT 水热稳定性试验 [23]

在本节中，我们讨论了三种典型的雾水收集材料可靠性以及实现其可靠性的条件。在研究人员的努力下，雾水收集材料实现了可靠性的突破。可以预见的是，未来制备可靠的雾水收集材料的成本将会下降，这使得雾水收集装置能够实现大规模生产，并在实际生活中得到广泛应用。

6.2 微反应体系水来源

相较于收集露水和雾水所需完成的促液滴成核 (露)、液滴增长、液滴收集过程，从大气中收集水蒸气是自发地捕集到空气中游离的水分子，完成相转变反应，其宏观过程为蒸汽捕获和液体释放。可以见得，相变集水研究对于基材的亲水性能和吸脱附水的能力通常具有更高的要求，实现高能效的集水仍面临一定的挑战。

这决定了这种相变集水材料，如 MOF[24,25]、水凝胶 [26,27]、无机盐 [27,28]、聚合物膜 [28,29]、多孔碳材料 [30,31] 等在热能需求和原材料价格方面具有较为显著的局限性，对于投入批量的工业生产具有更高的难度。但是，这类材料无需露、雾收集的饱和湿度的先决条件，不受收集器所处的外部环境的限制，在绝大多数环境中都可以顺利完成集水任务，且不需要使自身表面温度低于露点或雾点来促使液滴凝结 [21,32,33]。因此，即便是在非饱和湿度的气候和地区，甚至极度干燥的沙漠地区，空气中的小液滴和蒸汽水也可以被顺利捕获，具有全年无停息运行的潜能。一些微反应体系需要稳定且特定的水源，来保证完整、良好的运行和最终理想效果的实现。在电能采集、化学反应等微反应体系中，相变集水材料可以通过自大气中获取水资源，来为这些系统提供稳定、可靠、优质的水源 [2,34-36]。例如，针对具有各种不相同的水质要求的微反应体系，相变集水装置可以使用不同的主体集水材料，其收集到的水可以在被释放后用于或者直接用于微反应中，有时也仅仅需要插入进一步简单的水质处理后满足体系使用的特殊需求，实现“一对一”式对应的个性化的水源提供。这些集水材料甚至可以被直接嵌入微反应体系的运行流程中，实现“大气集水-微反应”自供水的一体化的制备系统。这种集水材料也很适于作为医疗、能源获取等微反应体系的基材，与一些功能性材料复合后制成优秀的医用或能源材料。除此之外，一些非相变集雾、集露材料有时也可以为这些微反应提供优质的水来源。

本章将从目前开发的一些集水应用实例报道中论述雾水收集在微反应体系中作为水来源的应用潜能，分别分析不同微反应体系的个性化需求，以及这种集水材料或收集到的水在其中起到何作用。重点将论述某些雾水收集材料作为某些微反应体系的组件之一，完成个性化的集水及完整工作，以及其优势与潜能。

6.2.1 电能采集微体系

随着化石燃料等不可再生能源的快速消耗，能源危机的逐步逼近，人类迫切需要采用可再生的清洁能源来实现电能的获取，以满足不断增长的人口的庞大需求，且全球部分地区始终存在严峻的能源匮乏、水资源短缺等问题亟待解决 [37-40]。因此，近几年来，一些将清洁能源转换为电能的新器件受到了密切关注，如太阳能电池 [41]、机械发电机 [42]、热电器件 [43]、水基发电机 [44,45] 等。然而这些设备都具有特定的环境条件，且水基发电机需要连续不断或定期的水源补充，这大大限制了其实际使用时的适应性、持续性和广泛性，尤其是针对水资源匮乏地区和全年气候不稳定地区。作为水的一种广泛存在形式，蒸汽大量存在于大气中。大气中含有约 1.3 万立方千米的气态水，是全球径流总量的 6 倍 [46]。这种特别的水资源在任何地方都存在，即便是极为干旱的沙漠和干燥的气候下，因此大气集水技术为持续、广泛可用的能量获取提供了一个极具潜力的解决方案，它可在没有地区和气候时间限制的情况下完成能量转换。

对于一些大气水资源诱导的能量收集设备，它们协同太阳能和大气水能源耦合集能，这类能量收集设备所需的关键部件大体分为两个部分：一是集水装置，二是发电装置 (图 6-9)。为了能够满足全天候、无气候区域限制的持续集水需求，关键在于水资源的持续吸附补充。集水装置，是用于收集空气中飘浮的丰富的水分子的组装部件，其最核心的技术在于所使用的大气水收集材料。常用于大气水诱导的能量收集设备中完成大气集水工作的集水材料有 MOF、无机盐、水凝胶、气凝胶等。

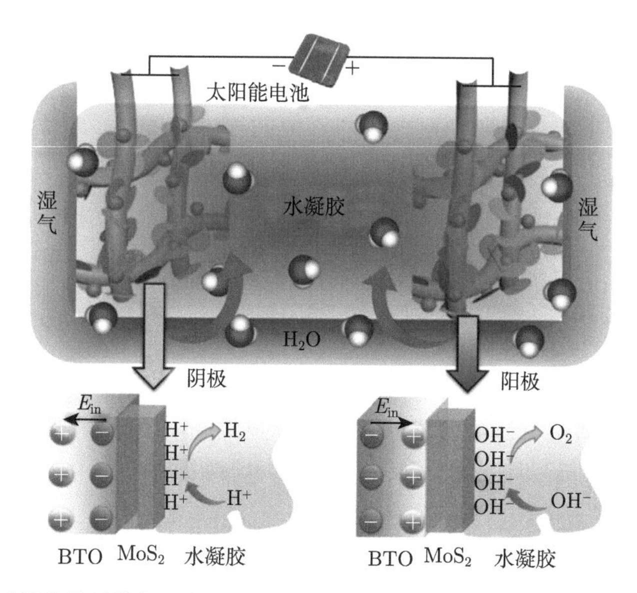

图 6-9 大气水诱导的能量收集设备示意图。关键部件为集水装置 (水凝胶) 和太阳能发电装置 (主要有太阳能转化光阳极，阴极电极)[47]

如图 6-10，由有机桥梁连接数个二级建筑单元 (无机团簇) 形成的网状多孔晶体 MOFs，具有良好的多孔性能、多类型的吸附机制、优异的吸附能力和高度可调的化学与结构特性，在近几年的报道中，这种新兴的材料被发现具有很好的吸水能力和较低的再生温度，因而它被许多研究者视为较有潜力的新型大气集水材料 [48-51]。用于能源收集设备的 MOFs 集水部件材料应具有优异、稳定、可持续的水分子捕集能力，以保证能量获取体系的充足水源供应。

上海交通大学王如竹教授带领能源、水和空气的创新研发团队 (Innovative Team for Energy Water & Air，ITEWA) 提出了一种基于空气湿度的水蒸气吸附诱导新型能量采集装置 [53]。该设备利用集水和集能的相互协同促进作用完成全天候的集水和能量收集。其中，采用了具有高孔隙容量的 MOFs 材料 MIL-101 (Gr) 作为承担大气水收集工作的集水部件。由于呈三维笼状结构的 MIL-101 (Gr) 具备水热稳定性优异、吸水量大、吸附速率快、解吸能量需求低等良好性质[54]，为整个采集微体系提供了稳定而充足的水资源。除了 MOFs 集水部件外，该能量采集设备的集水装置还包括冷凝器，其发电装置则是利用温差发电，此外，设备还包含具有太阳能光热转换功能和夜间红外辐射制冷的双功能涂层。双功能涂层置于顶部，与发电装置接触，而集水装置与发电装置之间通过铝块实现热传输过程。所有装置外覆盖了保温层，顶上覆盖的是聚乙烯膜以保证光能透过并到达双功能涂层表面，进而被采集转化为热能投入运行。如图 6-11(a)、(c)、(e)，设备在白天工作时，双功能涂层发挥光热转换的太阳能热收集器功能，给紧密接触的温差发电装置提供热侧，上部热侧和下部冷侧的温差驱使装置产生了泽贝克效应收集电能。MIL-101 (Gr) 具有独特的低解吸需热量和高解吸热的特点，以及研究者用泡沫铜作为载体通过简单的原位浸涂后实现的高导热性质，使完成集能的发电装置下部冷侧释放出的残余热量在被传递给 MIL-101 (Gr) 基泡沫铜后，集水部件发生水解吸，解吸后的水在冷凝器上凝结成水滴被收集，从而实现集水的冷凝步骤。同时水解吸热除去了大量热量，降低了发电装置下部冷侧的温度，促进发电装置完成温差发电。如图 6-11(b)、(d)、(f)，在夜间工作时，顶部的双功能涂层作为一

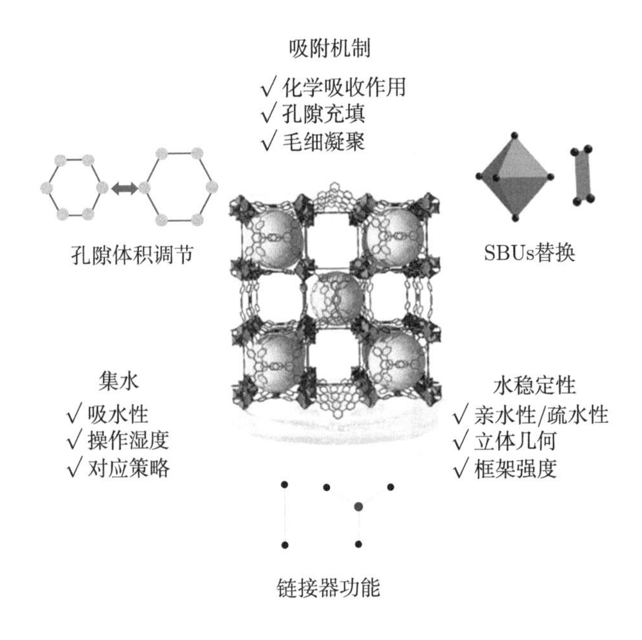

图 6-10　MOFs 空间结构及其多孔性和高度化学、孔隙等结构的可调性等性能展示，其吸附机制包括化学吸附作用、水团簇形成的孔隙填充过程、毛细管冷凝作用[52]

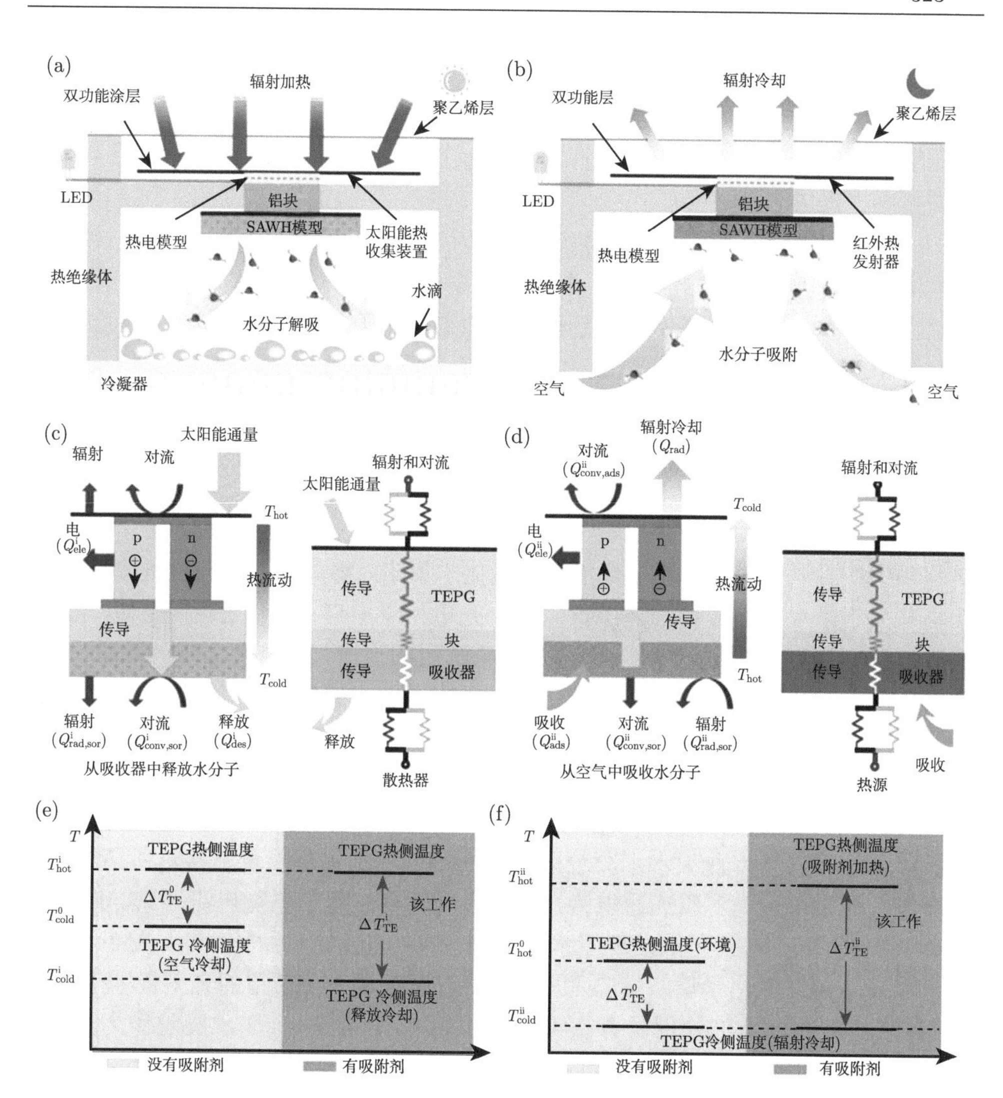

图 6-11 集能设备由 MIL-101 (Gr)MOFs 材料和冷凝器组成的集水装置、温差发电装置、双功能涂层、导热铝块、保温层、透明不阻光的聚乙烯膜组合而成。(a) 设备在白天工作时集水和集能示意图；(b) 设备在夜间工作时集水和集能示意图；(c) 设备内部能量在白天转化、转移过程和变化结果；(d) 设备内部能量在夜间转化、转移过程和变化结果；(e) 该集能设备与其他设备在白天能产生的温差对比；(f) 该集能设备与其他设备在夜间能产生的温差对比 [53]

个红外热辐射器，为集能装置上部进行冷却降温形成上部冷侧，而集水装置在下面吸附大气中的水蒸气，同时释放吸附热使集能装置下部升温，形成其下部热侧。由此形成冷侧和热侧的温度差，驱使集能装置在夜间也能持续不间断发电。同时集能装置还对集水装置起降温作用，从而提高了其对水分子的捕集能力。这个集水-集能耦合设备在实现高集水效率 (750 $g{\cdot}cm^{-2}$) 的同时，也实现了连续无间断的 24 h 能量采集。它在白天发电量高达 685 $mW \cdot m^{-2}$，在夜晚可达 21 $mW \cdot m^{-2}$，通过多个串联、并联组装后，它们不仅可以在世界上的任何地区和任何气候下由升压转换器帮助来持续稳定地维持发光二极管 (LED) 灯泡的明亮，而且能够为小型传感器提供电能。

除了由大型集水装置和发电装置协同构成的能量收集设备外，还有一些更小型的能量采集微体系，依赖于其中集水材料零件维持整个集能体系的顺利运转。对比前者，这种小型能量采集微体系最显著的特点是无水释放和冷凝过程。这类集能装置中的集水部件在收集大气中的水分后，不需要经过水释放和冷凝步骤，而是作为装置中的水源直接进一步完成能量采集。且这种能量采集微体系体积小、重量轻，可以根据实际应用时不同的设计和个性需求，选择性地串联或并联叠加能量大小，因此既可作为电子皮肤传感器、信息储存设备、健康检测器、便携式电源等微小型设备的电源提供持久的电能，也可以用于能源短缺地区的清洁能源转化和生产。一个常见的例子是依据光电化学策略，将具有光刺激-响应特性的光阳极与大气集水水凝胶耦合。该策略基于光电化学原理：使水在光阳极进行氧化反应，同时阴极发生还原反应，通过含水电解质的连接作用，连通外电路和阴、阳两极，从而实现太阳能到电能的转化。由于水凝胶电解质吸水剂具有稳定的三维纳米框架和高可定制的物理化学性质 (如形状的可调性等)，且容易获得稳定的高吸水能力和优异的机械灵活性，它在大气水诱导的能量收集设备集水部分主体吸水材料中脱颖而出，受到了广泛的关注 [55,56]。在这一类集能系统中，光阳极主要承担能量转换工作，而吸水水凝胶源源不断地为电池提供能量转换时所需的大量水分子，同时作为电解质连通电路，使体系能拥有完整的集能电流环路。近几年，Swee Ching Tan 教授团队发现了水凝胶-光阳极集能微体系的优势并发布了大量报道和清洁的光电化学集能策略。该团队最近设计了一种新型的光阳极-金属水凝胶集能装置 [57]。他们使用具有超吸湿性能的 Co 和 Zn 金属水凝胶作为大气水采集器。如图 6-12，在集能过程中，该装置被置于开放的大气环境，超吸湿的水凝胶会自发地不断吸附空气中的水分，这些水分子作为光阳极的水源，移动到光阳极界面，发生氧化分解，光生电子和空穴分别向光阳极和阴极移动，形成光电流。水凝胶的吸水能力决定了水分解的速度和最终产生的光电流的大小。对于电转化部件光阳极，此装置采用了正极化优化的 $BaTiO_3@BiVO_4$ 光阳极，不同于单一的 $BiVO_4$ 半导体光阳极中光生电子和空穴极易在表面重新组合，$BaTiO_3$ 纳米颗粒均匀分散进半导体后制得的铁电半导体更利于光生空穴从光阳极表面向发生有效水氧化的表面转移，同时利于光生电子被驱动到阴极氧化锡衬底，因而可以显著提升集能发电能力。利用加入四方铁电体 $BaTiO_3$ 形成了向外的电场，铁电体作为光阳极中的电荷分离和移动加速器起到加强能量产生的作用。该装置可以仅利用光照和环境湿度，实现集能发电，同时它还能够实现零初始能源输入的除湿和降温，对于节能除湿、清洁发电、雾水收集等多个领域内的应用具有深远意义。该团队对光阳极材料不断研究和改进，提供了许多能源节约、高效集能的新思路 [47,58]。这一类太阳能与大气水能耦合产电设备在许多领域中都具有显著优势。然而这一类设备的集能环境限于太阳能和大气水同时存在，对于一些地区，尽管集水材料能在低大气湿度时给体系提供充足水源，但太阳能供给的不可确定性和不稳定性使其具有不能满足发电需求的风险。这增加了获得这些能量的采集微体系的稳定和实用的难度，在实际使用时具有一定局限性。

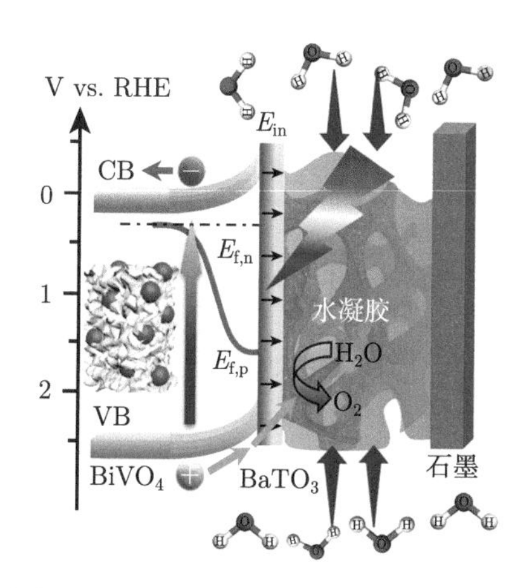

图 6-12 通过水凝胶集水实现发电的光阳极-金属水凝胶集能装置 [57]

还有一类大气水诱导的集能装置仅靠大气水分子发电，不依赖于太阳能。这类装置将采集水分子于气态和液态之间相转变过程中的势能进行转化，收集为电能，这一过程的原理是离子扩散湿电效应 [59]，具体过程如图 6-13(a) 所示。这种类型的集能装置一般需要一对惰性电极和一块拥有含氧官能团 (如—COOH、—OH、SO_3H 等) 的吸水材料，当空气中的水分子被吸附进吸水材料后，这些水会诱导吸水材料内部的含氧官能团发生解离，释放出大量的带正电荷或是负电荷的离子 [60]。由于阴离子尺寸较大和空间限域的结果，材料内部迁移的主要是阳离子 [61] (图 6-13(b))。在材料内部采用物理或化学方法形成的官能团梯度或者水分梯度的影响下，材料内部产生的离子会具有显著的离子浓度梯度差，进而驱使阳离子从高浓度向低浓度迁移扩散。这个过程中产生一个内置电场，导致两个电极间产生电势和电压，因此在外接负载形成回路后，可以实现电能输出。当水分子解吸时，阳离子会在阴离子造成的电场力作用下回到原位，形成一个完整的产电循环。如香港理工大学智能可穿戴系统研究院陶肖明教授团队开发了一种基于离子水凝胶的湿度发电机。制备了一种高吸水性、快速离子传输特性的离子水凝胶作为集水发电材料，构筑了一种高效、稳定的湿度发电机。离子水凝胶可以自发地吸附环境大气中的水分子，形成水分梯度，引起质子的解离和定向迁移，形成水凝胶内部的离子浓度梯度，从而在两个电极间产生电势。该装置可以在开放室内的大气环境中稳定输出 0.8 V 的电压，持续时间超过 1000 h[61]。这类湿度诱导集能装置的发电过程是依赖于大气水分子的动态吸脱附以及在吸水材料内部迁移扩散，大气水是这种发电装置的唯一物质来源，因此其普遍具有绿色环保、无有害物质产生、集能过程简捷快速、适用范围广、区域气候限制低等优势。这类发电装置的技术核心包括三个要素：离子扩散梯度构建、吸湿材料丰富的亲水官能团和良好水吸脱附能力。离子扩散梯度可以通过激光辐照、电化学极化等物理和化学方法或单向湿度刺激、结构设计来实现。吸水材料的快速高效吸脱水能力和官能团是保证装置能够产生电能且产电过程高度可逆的可持续发电性能的关键因素。因此，获取性质优异的集水材料对制造高效的湿度诱导的集能装置具有重要意义。

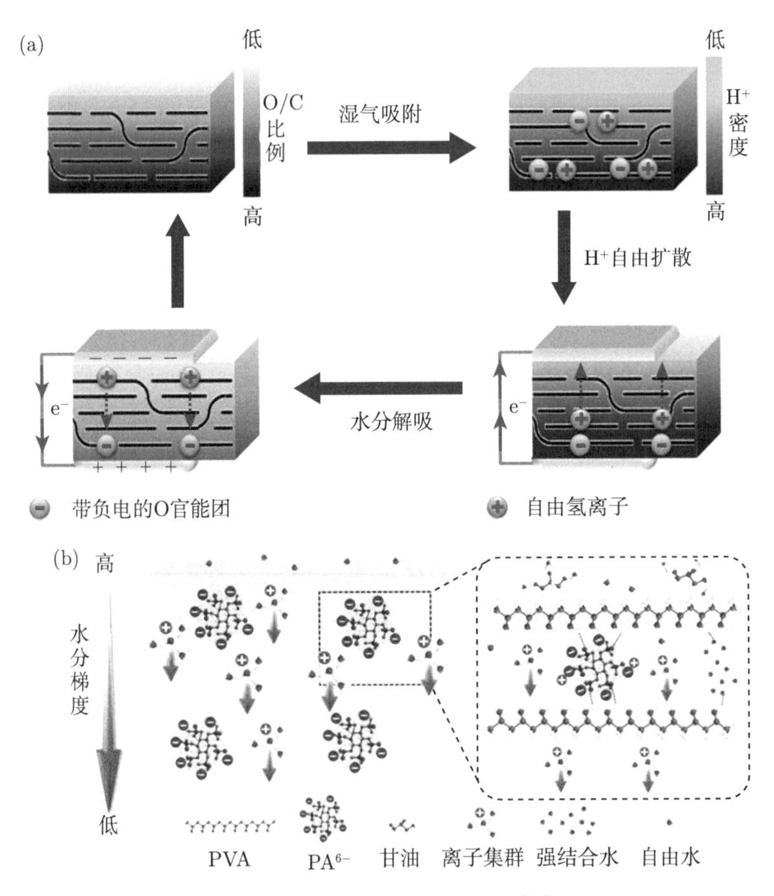

图 6-13　(a) 离子扩散湿电效应发电的装置工作过程示意图 [60]；(b) 阳离子从高浓度向低浓度迁移的示意图，以及材料内部结构中尺寸和空间限域对阴离子迁移的共同阻碍作用 [61]

近年来，仅依靠大气水分子发电的大气湿度诱导发电装置受到了广泛的关注，经过短短几年的研究发展，已取得了显著的进步。单个器件的输出电压从之前的几毫伏和几十毫伏提高到 1.5 V[59]。清华大学的曲良体教授团队通过同时对氧化石墨烯上的含氧官能团进行异构重组，以及对电极/材料接触界面的精心设计调整，开发了一种输出接近 1.5 V 的高压湿度诱导发电装置。通过简单快捷的集成还可以输出高达 18 V 的电压。

目前，通过规模化集成，大气湿气发电装置已成功驱动 LED、计算器、电子水墨屏、LED 阵列、手表、工业化电镀供电设备、医疗给药设备、药物输送设备等多种商业化设备，为它们提供稳定、持久的电能，且还可以用于制造便携式电源 (图 6-14)。

由于大气湿度诱导发电装置的工作原理依赖于吸附水分子发电，它对于湿度的灵敏感应性，使其成为一种极具潜力的自供电湿度传感器组成器件。由它维持工作状态的自供电湿度传感器可以应用于可穿戴柔性电子领域。通过与口罩的集成，可以完成对人类健康状态和情绪状态的无接触监测。根据人呼吸过程中产生的湿气可以判断其呼吸频率和每次呼吸的深浅，进而可判断人的心脏跳动等生理信号，从而分析得到一些生理或心理的基本信息。还可以通过与衣物的集成，监测人类皮肤的局部湿度状况，有助于感知人体某部位的生长、修复等生理状况，根据人类动作时的皮肤表面的湿度情况捕捉、识别人体动作信息。可穿戴柔性电子器件已成为当今热门的研究领域，该领域的研究者们针对其应变率、应变灵敏度、电路材料的柔性制备、与生物皮肤适应性、生物相容性等诸多方面进行深入研究和尝试、创新 [62-64]。其中，发电装置的设计是一个极为关键的问题。用于生物穿戴的柔性电子器件，其内部的发电装置必须具备柔性、轻质的特点。基于大气湿度诱导发电装置制造的自供电湿度传感器具有机械灵活、柔性、轻质、体积小、无需人工外部输入能量等优势，在便携式可穿戴柔性电子系统领域展现出巨大的应用潜能，因此在近几年内受到了许多科研工作者的关注。这种简单、轻便且无需人工操作即可发电的装置，对于人类实现无需手动充电的实时人体信息监控是一个极为重要的研究方向，有助于推动一个更现代化、科技化的未来社会的到来，并为未来医疗、法律判断、审讯、罪犯抓捕等多个领域提供重要的技术支持 (图 6-15)。

除了作为柔性穿戴型传感器监控人体状况外，自供电湿度传感器还可以用于某一区域的环境状态监测，如氨泄漏监测、森林火灾监测等 (图 6-16)。

另外，这种依靠大气湿度自供能的传感方法还被用来制造仿生集成系统，例如，依靠湿度传感器件构建人造生物神经元，与其他类型的多传感器集成，制成人造生物体内所需的智能响应神经系统；以及制造柔性机器人等，为智能化机器的研究提供新理论、奠定新基础 (图 6-17)。

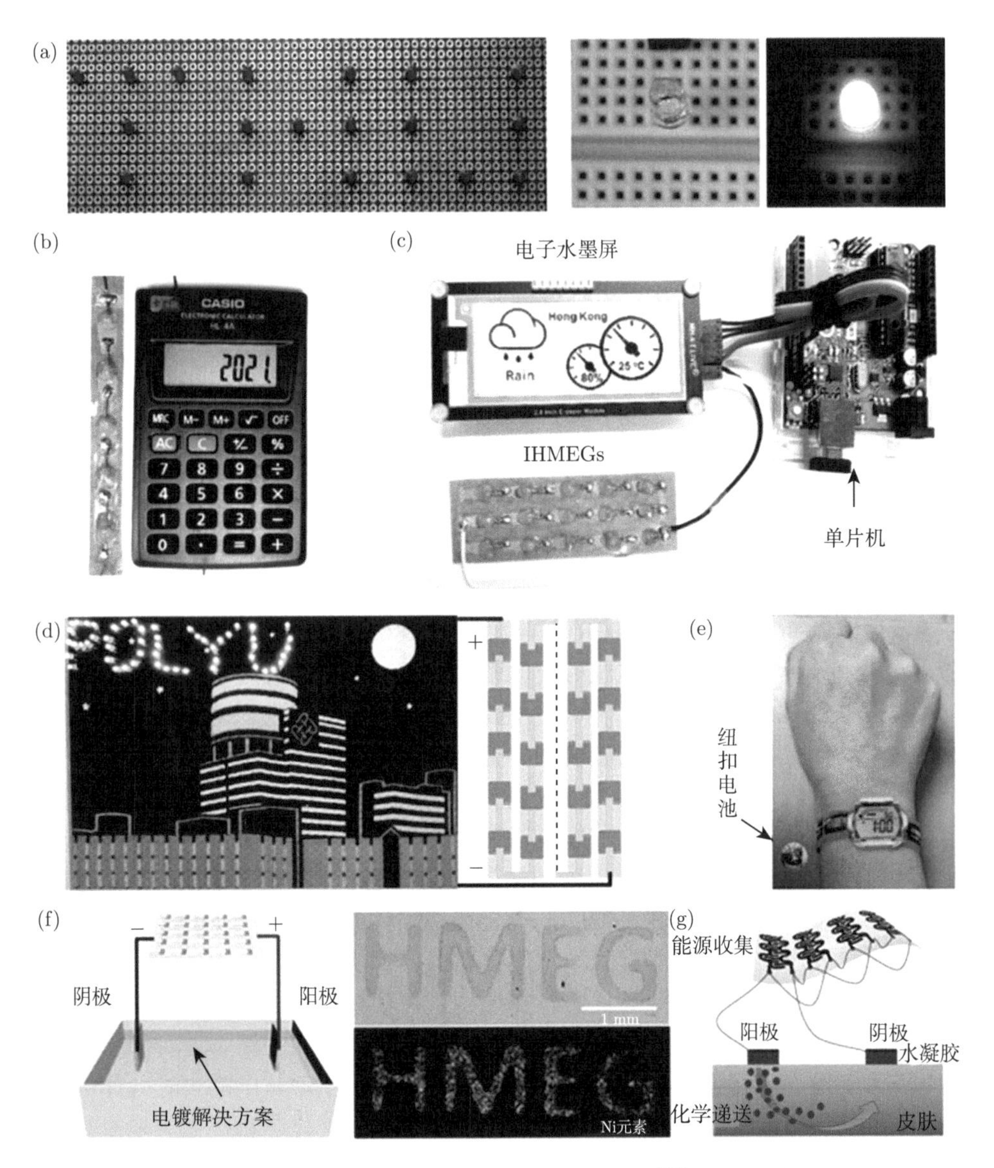

图 6-14　集成的大气湿度诱导发电装置的应用。(a) 点亮 LED[59]；(b) 计算器供电；(c) 电子水墨屏供电；(d) 点亮大型 LED 灯泡阵列；(e) 手表供电；(f) 自供电工业电镀 [61]；(g) 自供电和自动力的皮肤透皮给药 [65]

近期澳大利亚的战略元素 (Strategic Elements) 公司正准备与新南威尔士大学和联邦科学与工业研究组织 (CSIRO) 合作开发一种利用大气湿度发电电池取代目前全球普遍采用的有线手动充电方式，并表示将针对性投入电池供电健身可穿戴设备市场，例如许多人在使用的健康监测手环和手表。该公司对此项目充满信心，并已在 2022 年完成技术测试。这也证明了这种大气湿度驱动的集能器件有良好的实用性，其应用前景广阔。由于水凝胶相较于其他材料，具有高透明度、优异的灵活性、可控的离子导电率以及良好的生物相容性，因此，水凝胶在柔性电子传感器的集水发电材料的选取中具有独特而显著的优势。

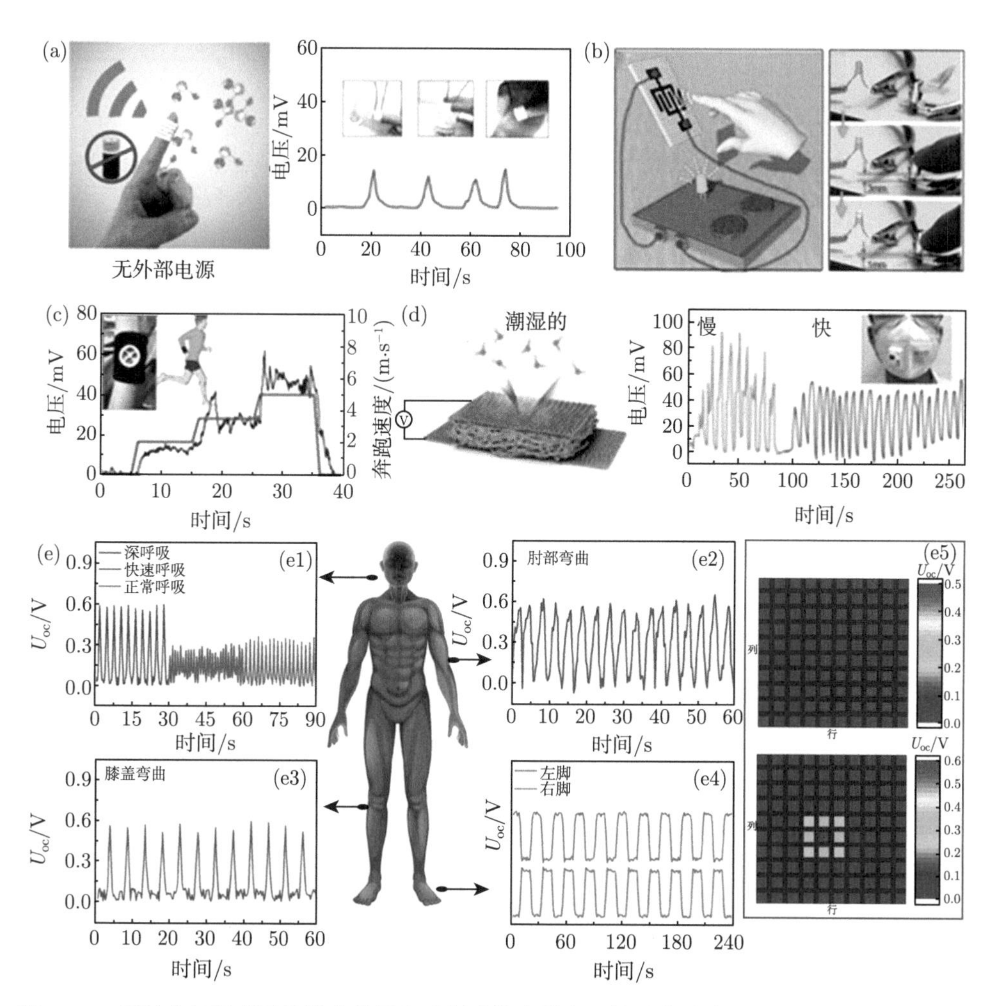

图 6-15 通过大气湿度诱导发电装置集成制造的自供电柔性湿度传感器的应用。(a) 自供电传感器监测人的皮肤表皮湿度 [66]；(b) 湿度发电装置与发光二极管和放大器结合使手指靠近该设备时，LED 灯发光 [67]；(c) 附着在人类皮肤上的自供电传感器可以获取人的运动信息和人体状态信息 [68]；(d) 依靠湿度发电装置获得包含人类呼吸快慢信息的电流 [69]；(e) 自供电皮肤传感器用于健康监测和自我动力传感：(e1) 呼吸监测，(e2) 肘关节弯曲监测，(e3) 膝盖弯曲监测，(e4) 行走监测，(e5) 传感器阵列用于物体的精确位置识别 [70]

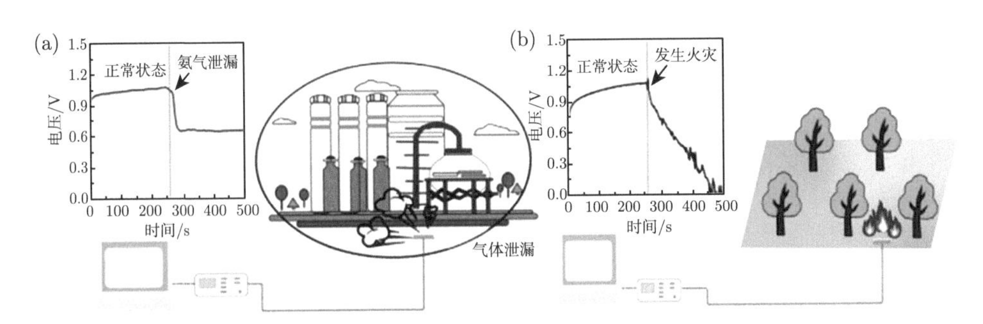

图 6-16　大气湿度诱导发电装置集成制造的自供电湿度传感器用于环境监测。基于湿度-温度传感器的 (a) 自供电氨气泄漏监测和 (b) 自供电的森林火灾监测 [71]

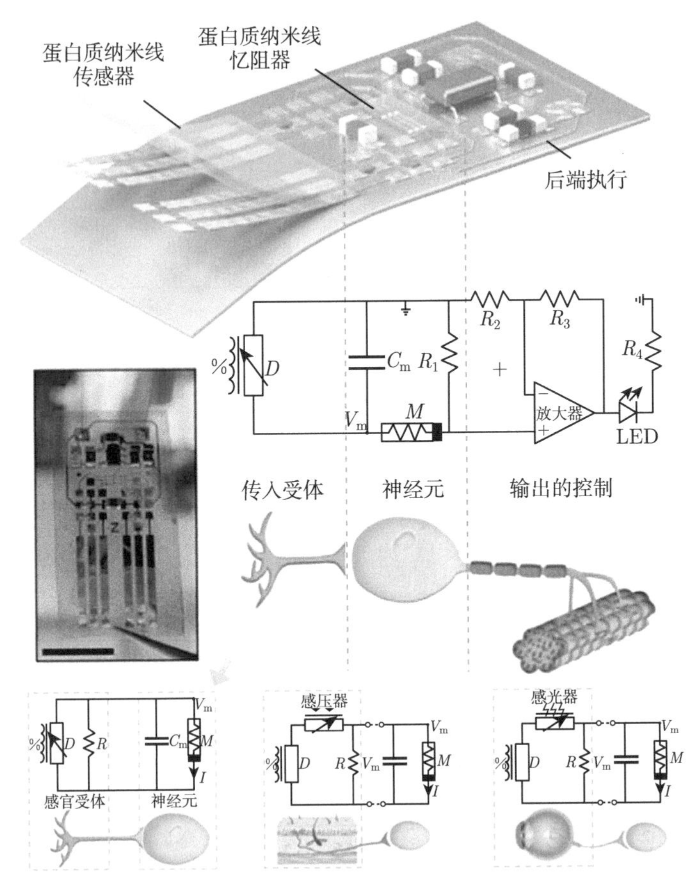

图 6-17　湿度传感器与其他压力和光学传感器集成的神经拟态系统。可以进行湿度、压力和光学的传感 [72]

大气湿度诱导发电装置在物联网领域也展现出巨大的应用潜能。传统的电池和电容器通常体积很大，且缩小其尺寸面临较大挑战，而物联网的部件是大量分布式的微小型传感器，如何为其供电是一个巨大挑战。而湿度发电器件直接从大气水分中获取能量，具有简捷、轻便、体积小的特点，可以轻松通过一些工业化的加工手段制成相应的供电器件，为物联网中的微小传感器提供充足的电能，且可以重复多次循环使用，具有清洁、节能、环保、无污染的特点。因此这种大气湿度诱导发电装置在物联网研究领域具有良好的前景。

6.2.2 化学反应微体系

大气水收集材料也具有在某些化学反应微体系中应用的潜在前景，例如光催化裂解水反应。作为当今的热门话题之一，光催化裂解水技术是制造太阳燃料、实现直接太阳能利用的重要方法，也是解决能源危机和环境问题的一种有效途径。1972 年日本科学家藤岛昭发现了二氧化钛光电极在紫外光的照射下表面的水分发生了分解，释放出了氢气和氧气的现象，从此开启了光催化裂解水制造可再生的清洁能源——氢气的新能源研究领域。太阳能丰富、清洁、可再生、易得的性质，以及这一过程的经济效益和环境效益，使这一领域受到了研究者们持续而热情的关注 [73-75]。氢气源自于水，依赖于太阳能等可再生能源的作用，因此，水作为其原料，极为重要。以往大多数光催化裂解水研究中，是通过将光催化剂投入水中或将水滴落到光催化剂上来维持水源的供应。大气水收集材料可以在无外界操控情况下，自发吸附周围环境中的水分子，并通过不断地吸附和扩散，快速地充盈水收集材料的各个角落，在一定条件下释放体内的水分子。将这种催化剂与大气湿度收集材料结合，其中催化剂作为裂解水的器件可以产生氢气和氧气，而大气水收集材料作为蓄水池提供水源，从而实现“集水-光催化”一体产氢。

西北工业大学的李炫华教授团队采用梯度升温外延生长的方法合成了晶格匹配的 Mo_2C-Mo_2N 异质结构，所制备的晶格匹配的 Mo_2C-Mo_2N 异质结构在酸性和碱性环境中均表现出了优越的电催化产氢活性 [76]。之后，团队还设计了一种新型的水蒸气裂解装置 (图 6-18)，采用晶格匹配的 Mo_2C-Mo_2N 作为产氢催化剂实现了高效节能的电催化水蒸气裂解产氢。

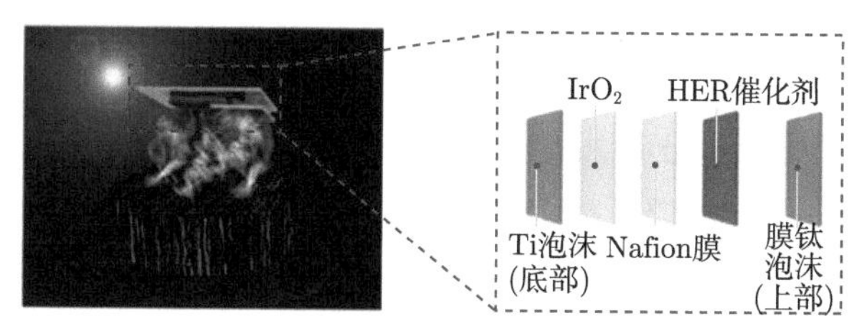

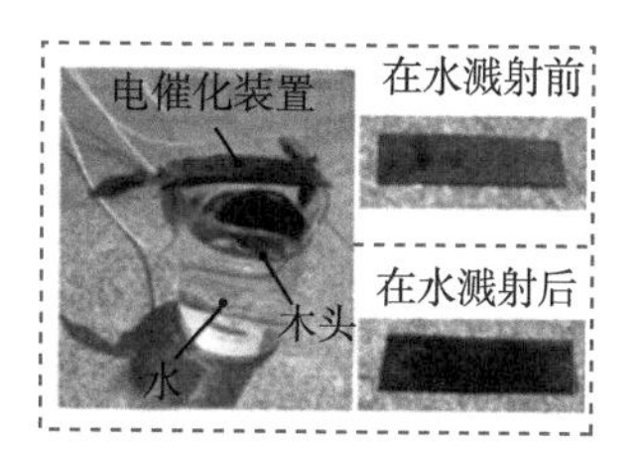

图 6-18 “大气集水-催化”一体的电催化裂解水装置 [76]

类似的，可以采用光阳极替代普通电极，使用天然丰富的太阳能作为初始输入能源，实现绿色环保的氢生产。这类设备可以高效、完整地完成一体化氢气生产，从而在无需人工或机械化的额外操作下，实现自动化的、源源不断的太阳能燃料的制备。前文提到的大气水收集诱导发电的光阳极电极电池，在光电反应实现电能转化的过程中，阳极和阴极区域会分别产生氧气和氢气 (图 6-19)，可以设计特殊的收集装置和设备通路协同完成氢气收集，实现绿色氢气 (绿氢) 收集，这一策略可能实现太阳能和大气水能的有效利用，并完成人类生活生产水资源、电能、氢气三种清洁能源的同时收集，具有采集效率高、转化效率高方面的先进性。

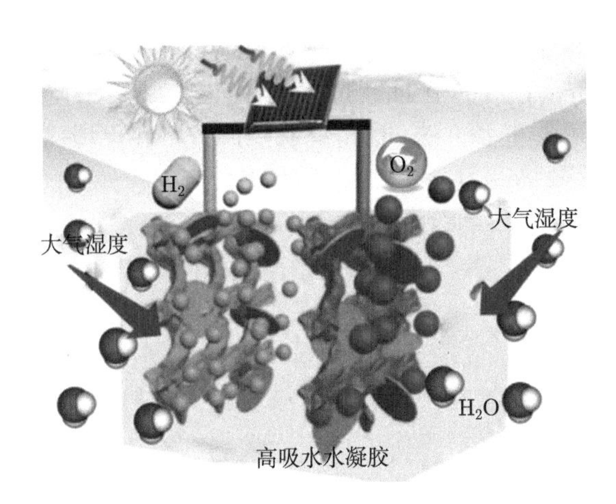

图 6-19　光诱导电池在光电反应进行过程中，吸收大气中的水分子和太阳光，并在阳极和阴极分别发生氧化反应与还原反应产生氧气和氢气 [47]

此外，大气水收集材料还可用于光催化反应合成重要工业化学品乙酸。如图 6-20，Dong 等 [77] 以 TiO_2 载体和负载孤立的单原子 Pt (Pt_1) 锚定磷钨酸多金属氧酸铵 (NPW) 亚纳米簇组成的催化剂，通过甲烷的厌氧氧化过程，采用 CH_4、CO_2 和 H_2O 作为主要原料，稳定、高效率地转化为乙酸。在此过程中，H_2O 作为不可或缺的温和性质氧化剂、重要的中间体稳定剂、O-供体和位点阻断剂，需要具有稳定持续的供应，利用大气水收集提供清洁的水资源，可以维持该反应持续、稳定地进行，进而源源不断地合成乙酸。该策略不仅可能起到节省人类赖以生存的水资源的作用，还可以提高装置的工作效率，缩短水净化和引入时间，降低乙酸的工业生产成本，具有策略上的先进性和工业生产上的优越性。

大气集水材料还可以用于许多不同的化学反应微体系中。它们显然能够在需要水作为主要原料或反应辅助材料的反应微体系中，作为微体系的蓄水池为系统提供稳定而持久的水来源，因此这些性质优异的大气水收集材料在化学反应体系中具有广阔的应用前景，正等待着研究者未来进一步去挖掘、探索，成功谱写辉煌灿烂的科技新篇章。

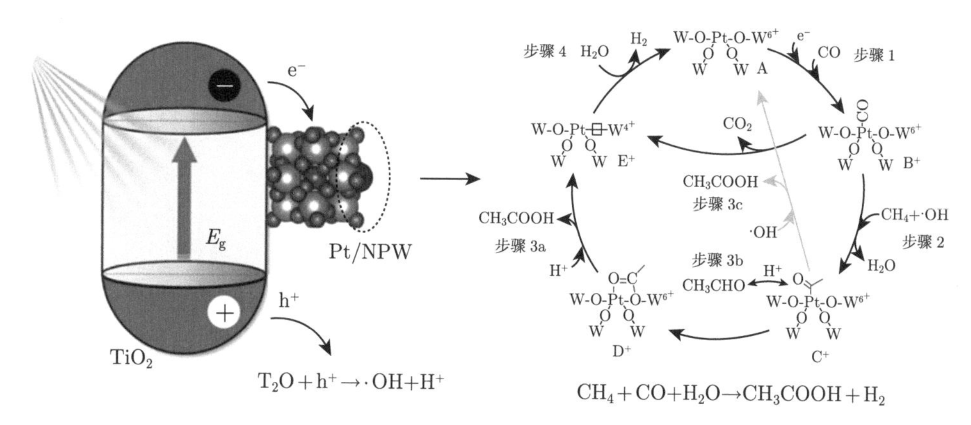

图 6-20 光催化反应制乙酸的生产过程和反应机理 [77]

6.3 干旱地区水供应工业

本节将会从水收集材料入手，提出目前最合适的系统和装置，最后我们将总结干旱地区水供应工业的可行性与未来前景。对于干旱条件而言，实现稳定且持久的水收集在水收集材料中尤为重要，考虑到自然因素，合成与制备大气水收集材料是符合实际的。因此，首先论述并总结目前成熟的大气水收集材料是必要的。

大气水收集材料的捕水过程主要包括捕雾和吸雾，水的解吸和冷凝，循环进行。冷凝过程可能会消耗外部能量。目前，太阳能和风能由于其可再生特性而成为可持续和低成本的候选能源，通常被用于驱动解吸过程。为了制造用于水收集的吸附剂，材料需要具有高度的吸湿性，并且表面可以接枝以极性和亲水基团为端部的稳定分子。为了增强雾捕获能力，可以构造具有大比表面积的多孔和结构化表面。由于大多数吸附性材料在太阳能供应下发挥作用，因此大多数吸附性材料都覆盖着吸光材料，以最大限度地提高光热转换效率。在吸附性材料的设计中还应考虑几个原则。一些使用的干燥剂是不稳定的，在长期使用期间可能会产生安全问题。吸附材料的设计必须考虑生物毒性，甚至在下一步的研究中需要进行定量评价。此外，针对特定地点和特定气候，对吸附材料的可行性和能耗进行评估后对材料设计进行定制，这对于材料的商业化至关重要 [78]。

在实际运用中，利用白天和夜间温度及相对湿度的自然变化来捕获和释放水的集水材料是一个理想的选择。通常，水在相对湿度较高、较冷的夜间被吸收，在白天气温升高时被解吸 (图 6-21(a))[79-82]。理想情况下，解吸所需的热量由太阳辐射提供，不需要额外的能量输入。Xin 等开发了 PNIPAm 海绵样棉织物，能够从潮湿的空气中自动收集和释放水分 [83]。空气中水的收集和释放是由沙漠典型昼夜温度变化所引发的，这表明了一种特殊的节能方法来收集水以供日常使用。在微观层面，温差引起温度响应聚合物的结构变化，并结合较高的表面粗糙度，诱导材料在超疏水态和超亲水态之间实现可逆切换。此后，研究人员从低能耗和便于材料加工的角度，重点研究了解决缺水问题的其他吸收材料，包括水凝胶、三维多孔框架、纺织品 (图 6-21(b))、纳米颗粒 (图 6-21(c))、二氧化硅纤维 (图 6-21(d))[84-88]。

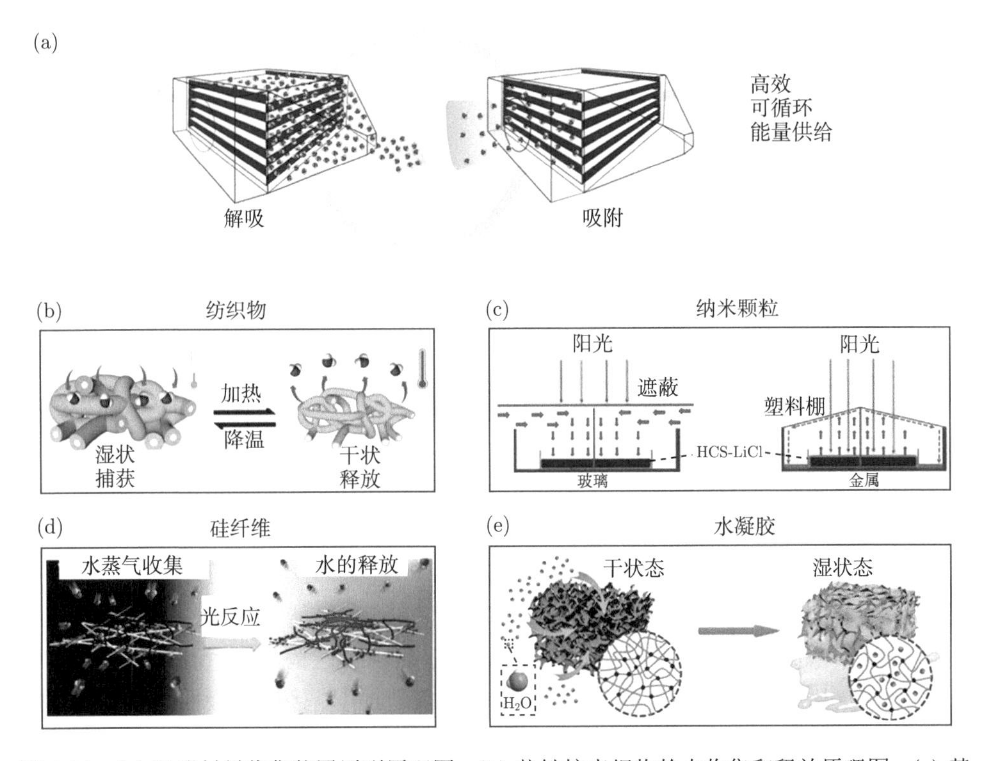

图 6-21 (a) 吸附材料收集装置原型原理图；(b) 热敏核壳织物的水收集和释放原理图；(c) 基于纳米颗粒的水收集过程示意图；(d) 基于二氧化硅纤维的水收集过程示意图；(e) 水凝胶集水过程示意图 [89]

例如，Kim 等开发了一种 Ni-IRMOF74-Ⅲ 金属有机骨架结构，其上附着偶氮吡啶分子 [90]。MOF 可以进行光化学诱导的顺式/反式转变，与其他类型的 MOF 基水收集器相比，该水收集器即使在非常小的温度波动条件下，MOF 也具有出色的水收集能力。水凝胶具有高亲水性和优良的储水能力，是一种很有前途的水收集和储水材料 [26,91-94]。Wang 等开发了一种由潮解盐和水凝胶组成的柔性混合光热吸附剂，可以收集空气中的雾 [94]。与其他水凝胶不同的是，该盐水凝胶含有吸湿、无毒、生态友好的 $CaCl_2$，即使在低湿度环境下也具有优异的吸水能力。由于水凝胶平台的存在，盐水凝胶在大量吸水后仍保持固体形态。盐水凝胶还掺杂了碳纳米管，并表现出典型的光热效应，在常规阳光照射下，可以快速释放水。得益于材料的合理设计，水凝胶能够在日落和日出时进行可循环的水收集和释放。

Li 等研究者制作了一个“易于在家组装”的原型装置，使用 35 g 干水凝胶，室外测试结果表明，组装的装置在阳光下吸附一夜后，可以在 2.5 h 内提供 20 g 淡水。此外，该小组还开发了另一种纳米蒸汽吸附剂，该吸附剂由含有 LiCl 的纳米碳空心胶囊组成 [26]。在相对湿度 (RH) 为 60%的条件下，蛋黄壳纳米颗粒可以在 3 h 内从环境空气中收集其重量的 100%的水蒸气。在面积功率为 1 kW·m^{-2} 的阳光照射下，吸收的水分可在半小时内释放出来。基于所提出的材料，他们建立了一种吸附装置，在室外条件下，一天内可以在 10 h 内进行 3 次吸附/解吸循环，每千克吸附剂产生约 1.6 kg 水。Yu 等开发了另一种超吸湿凝胶，它集成了吸湿氯掺杂聚吡咯 (PPy-Cl) 和可切换亲水性的聚 (N-异丙基丙烯酰胺) (PNIPAm) (图 6-21)[89]。利用这种凝胶，在较宽的相对湿度范围内，实现了数十倍于其重量的高效集水性能。由于 PNIPAm 的光热响应特性，可以通过将容器内的凝胶放置在自然阳光下轻松地进行膨胀凝胶的后续水释放。通过室外实验，他们发现，1 kg 干凝胶在 RH 为 90%和 60%的条件下，一天内分别能产生约 52.8 L 和 19.2 L 的水。其中，一个典型的循环由 50 min 的水分收集和 10 min 的水分释放组成。凝胶可以进一步切成片状，并包装在透明的尼龙网袋中，而不影响集水效率，这表明了一种可扩展的、潜在的低成本水收集设计。

迄今为止，基于上述吸湿策略而专门设计的吸附剂可实现每天一次的集水循环，但通过这种方法获得的淡水仍然不能满足日益增长的饮用水需求。通过一些缩短吸附-解吸周期的方法，收集效率仍然受到循环时间长的限制 [95]。此外，吸收的水分应该由阳光释放，在非晴天，淡水的最终生成受到明显阻碍。此外，由于不同国家和地区的气候差异，以及不同季节的气候变化，吸附剂的集水能力在不同地区和季节可能会出现明显的衰减，甚至失效。因此，在材料设计和制造过程中，必须考虑这些因素的潜在影响。在干旱地区，由于材料在低湿环境下的吸水能力较低，大多数集水材料的集水性能较差。研究人员正在开发新型复合材料，通过将吸湿盐限制在吸附剂基质中，从而在干旱空气中发挥作用 [96,97]。Wang 等首次通过二元亲水高分子盐的合理组合，研制出高效吸附材料 [23]。吸附材料不仅可以收集满足人们饮水需求的水，还可以通过吸附和解吸过程显示其调节室内湿度的能力，还可以作为被动热管理材料，具体是通过材料内部水的解吸过程来实现表面冷却 [98-100]。

在了解到目前适用于干旱地区水供应工业的吸附水收集材料之后，如何将这些材料有效地利用，也是我们值得思考的问题。在这里我们将介绍目前较为成熟先进的吸附装置。

吸附水收集材料通过吸附空气中的水蒸气，然后通过冷凝过程释放水分，提供了一种解决偏远地区和干旱沙漠缺水问题的方法。许多大学、研究所和公司都在努力制造高效的集水材料和开发产水系统/设备。迄今为止，已经推广了一些商用水发电设备，如 SkyWater、AirDrop 和 WaterSeer，以解决日常淡水短缺的问题。集水系统可分为外部耗能装置、太阳能动力装置和非耗能装置。外部耗能装置需要额外输入其他类型的能量，如电能和机械能，以保持持续的水收集。太阳能驱动装置应用自然阳光来触发自发的解吸-冷凝过程。

非耗能装置一般涉及表面精细结构的合理设计，实现水的捕获、凝结、定向运输。许多集水系统都是在不消耗外部能量的情况下建造的，主要形式是交错网格 [101-104]。为了提升受到蜘蛛网启发的集水装置的规模，Boreyko 等开发了一种由垂直线阵列 (雾竖琴) 组成的雾收集器 [105]。与网格 (包含垂直和水平导线) 相比，他们证明，如果合理设计雾竖琴的尺寸和间距，雾竖琴可以最大限度地避免堵塞问题，同时保持高捕获效率 (图 6-22(a))。结果表明，与等效网格相比，所提出的雾竖琴在雾收集率方面提高了 3 倍。Bhushan 还提出了另外两种二维集水网和三维集水塔，旨在实现高集水能力 [101,103]。集水塔分别覆盖着三角形的图案或锥形。这些微小的结构的优化设计促进了水的捕获和向塔中心的定向运输，几乎不需要额外的能量输入，从而实现连续的水收集 (图 6-22(b))。一些机构和公司致力于为发展中国家的农村社区开发实用和经济的雾收割机，用于日常使用、灌溉和重新造林，如 FogQuest 和 Warka Water。这些基于雾网设计的收割机能够在每年降雨量不足一毫米的地区和沙漠收集雾。当雾卷进来时，雾滴附着在聚丙烯或聚乙烯网上，随着时间的推移，尺寸越来越大。液滴长大后，滴入下面的水沟，水沟将收集的水输送到水箱中储存 (图 6-22(c))[106]。然而，这些系统中的雾网通常采用未经专门优化的水收集材料制成。为了进一步提高集水性能，可能需要改进核心材料的精细结构。

太阳能驱动装置通常利用白天和夜间温度及相对湿度的自然变化，以可循环的方式吸收和释放水 [32,107-114]。传统上，人们可以通过将空气冷却到露点以下来获取水分。这种方法称为基于冷却的大气水收集，通常由蒸气压缩制冷实现。然而，冷凝效率较低，特别是在低湿度环境下，且能耗不经济，因为冷却和制冷过程需要消耗大量的能量来克服潜热，降低了实际应用的意义。太阳能吸附-解吸系统为解决这一问题提供了一种全新的技术，无需消耗电力，其功能吸附剂材料的表面与水分子之间的相互作用可调，从而实现快速捕获和释放水 [107,108]。该系统使用吸附性材料捕获水分子，然后通过太阳能将水解吸。解吸水具有较高的露点，比冷却技术更容易冷凝。在吸附剂材料部分介绍的各种多孔材料的基础上，研究人员开发了几种类型的太阳能供电系统，以最大限度地提高集水效率。所研制的系统主要由含有多孔吸收材料的透明腔室、冷凝器和储液器组成。通常情况下，透明的房间在夜间是开放的，以吸收空气中的水分子。当太阳升起时，腔室关闭，以便从吸收材料中解吸水分。蒸发出来的水蒸气在腔室底部的冷凝器上不断凝结，最后流入储液器。研制的吸波材料包括耐盐气凝胶 [109]、MOF-801[32]、PNIPAAm 水凝胶多孔聚丙烯酸钠/石墨烯骨架 [20]。Wang 等介绍了几种典型吸附性材料集水系统在各种气候条件下的工作条件和集水效率 [112]。这些材料在夜间捕获/吸收水分，在白天释放

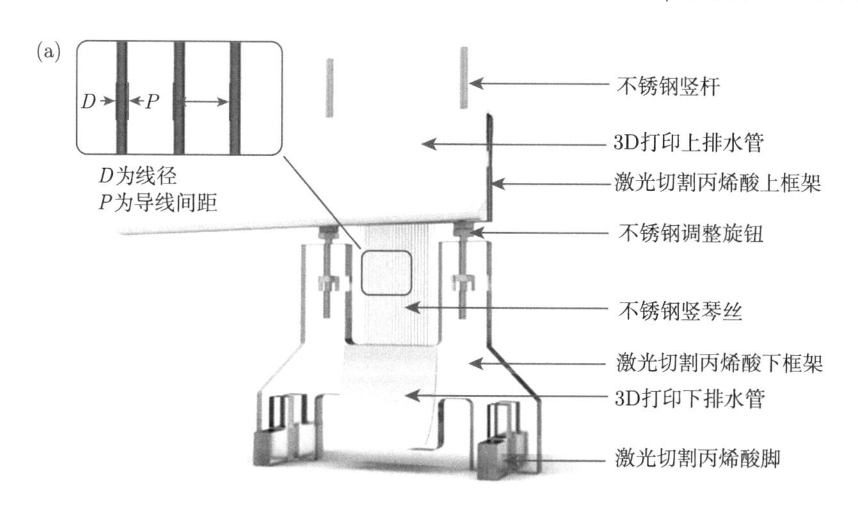

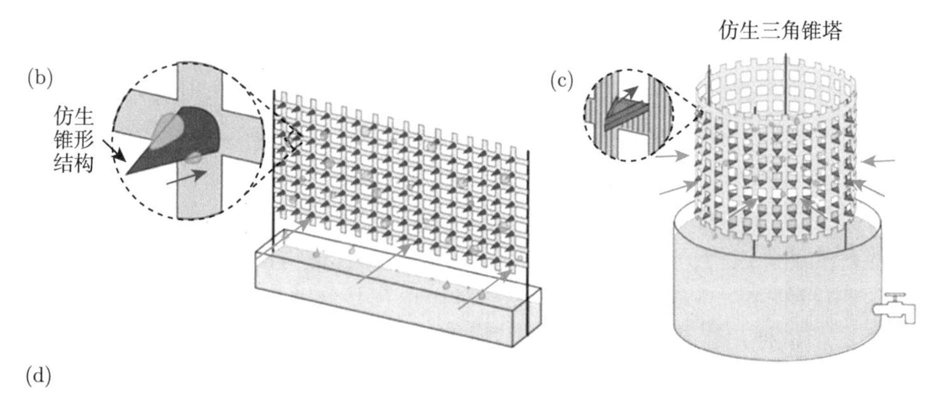

图 6-22 (a) 用于空中收集水的雾竖琴示意图 [105]；(b) 受甲虫和仙人掌启发的 2D 集水网覆盖锥形结构示意图 [101,103]；(c) 一个受甲虫和仙人掌启发的 3D 采水塔示意图，上面覆盖着三角形图案 [106]；(d) 雾水收集系统 (FogQuest) 包含 600 m^2 的雾网

水分。为了便于夜间的吸水效果，还可以混合/掺杂吸湿材料，如 $CaCl_2$。为了促进白天的光热效应，材料通常掺杂/涂覆吸热材料，如石墨烯、聚多巴胺等。例如，石墨烯和氧化石墨烯具有优异的光热效应，已被应用于吸水材料中，用于快速蒸发和收集水分 [109,115]。

Kim 等开发了一套集水装置，该装置采用多孔金属有机骨架 (MOF-801 ($Zr_6O_4(OH)_4$ (富马酸盐)$_6$)) 吸附材料，通过利用通量小于 1 个太阳的自然阳光的低品位热量从大气中捕获水 [116]。该装置主要由 MOF-801、冷凝器、散热器和储液器组成。吸湿 MOF-801 固定在太阳能吸收器的内壁上。在夜间，装置腔室打开，使 MOF-801 可以从空气中吸收水分子，并储存在 MOF-801 的孔隙中。白天利用自然阳光触发 MOF-801 中水分的解吸过程。蒸发出的水蒸气在底部冷凝器上自发凝结，最后被下面的蓄水池收集。在非集中太阳通量小于 1 个太阳 ($1\ kW\cdot m^{-2}$) 的条件下，该设备每天可在仅 20% 湿度的环境中，每千克 MOF 收集和输送 2.8 L 水。系统中不需要主动冷却，因为热解吸蒸汽可以通过被动散热器在较低的环境温度下凝结。为了提高设备的日产水量，研究人员致力于开发新的系统/设备。

Wang 等开发了一种双级大气集水系统，可提高产水率，并从顶部级回收冷凝潜热，以辅助底部级的解吸过程 [117]。通过减少热损失，日产水量约为单级装置的两倍。这种双级结构设计是实现高性能、可扩展的太阳能热大气集水的一种有前途的方法。由于大多数太阳能集水装置可以每天进行一次集水循环，不可避免地会影响长期的集水效率，因此需要一些其他材料和装置来进行连续集水。Ho 等报道了一种聚合物-金属有机骨架，可以不间断地吸附和释放水 [13]。该材料摆脱了依赖太阳照射的解吸过程。被捕获的水在介孔网箱和微孔窗口内结合和运输，从而实现自动水捕获和收集。Yashi 等开发了另一种可以在几分钟内完成吸附-解吸循环的体系 [118]。他们使用微孔铝基金属有机骨架 MOF-303 作为吸附材料。该集水器由 MOF、交换器、风扇、太阳能模块、电池、冷凝器和水箱组成。该系统由太阳能供电，在室内环境 (湿度 32%, 27 ℃) 下可产生 $1.3\ L\cdot kg_{MOF}^{-1}\cdot d^{-1}$，在莫哈韦沙漠 (湿度 10%，27 ℃) 下可产生 $0.7\ L\cdot kg_{MOF}^{-1}\cdot d^{-1}$，比之前报道的设备效率高得多。该战略通过快速、连续的集水周期为高效集水开辟了道路。在实验室和实际条件下的单元测试也验证了使用其他种类的 MOF 材料收集大气水的可行性。为了将这项技术推向市场，应该考虑到几个挑战。对于高孔隙率和大比表面积的吸附材料来说，宽的光吸收范围是必不可少的。此外，在保持吸附剂高吸附性和低成本的前提下，将其塑造成易于加工和储存的形式也很重要。然而，大多数设备都是密封或半密封系统，比如说冷凝器、散热器和蓄水池。因为设备和系统的优化显得非常重要，如何优化吸附-解吸循环，使其与不可预测的天气条件相匹配，是高产水的关键 [119]。

除太阳能外，还提出了其他类型的能源来驱动集水过程 [120-122]。一般来说，在输入能量和产水量之间存在权衡。被动集水可能依赖于辐射冷却和不可调冷凝，导致有限的产水量和对气候条件高度敏感的效率。当其他能量被用来进行主动冷凝时，在广泛的气候条件下，产水量可以显著提高。Damak 和 Varanasi 使用电力作为驱动能量以促进空气中雾的主动收集 [123]。

与固有的空气动力学限制的雾收集网格不同，它们通过离子发射器将周围的雾滴引入空间电荷，并使用电场将它们引导到收集器中。电能驱动的雾收集网为设计高性能雾收集系统提供了新的思路。Santiago 等报道了一种阳极氧化铝 (AAO) 膜，由于两侧润湿性不同，该膜能自发地将液滴从凝结表面输送到背面 (图 6-23(a))[120]。在 AAO 膜的基础上，他们开发了一种由装有 AAO 膜的腔室和热电冷却器组成的水冷凝装置。利用热电冷却器可以将 AAO 表面的温度控制在低于室温的水平，使空气中的水分子凝结在 AAO 膜上。由于水在 AAO 膜上的定向输送，利用电能驱动的凝水装置可以实现高效的集水过程。离心力还可以用来从空气中获取水源。Dai 等提出了一种水收集器，可以收集离心分离产生的空气雾 (图 6-23(b))[124]。该装置由一根两端开放的圆柱形管道组成。由纳米结构泡沫铜制成的核心材料被放置并固定在管道的中心。连续离心分离提高了集水效率。另一个例子是 Wang 等创造性地收集风力，将其转化为离心力，以促进表面凝结水滴向外环的定向输送 (图 6-23(c))[121]。此外，该风车还能感知风向，并实时调整其朝向，以最大限度地利用风力。这些工作为在复杂环境中应用的智能集水材料和设备的开发提供了一种替代方案。

在实际应用中，大气集水技术主要集中在为偏远干旱地区人类饮用水以及满足家禽或者植物的用水需求。一些典型的商业集水设备，如 SkyWater、AirDrop 和 WaterSeer，已被推广用于解决日常淡水短缺的问题。AirDrop 是一种典型的商用集水设备，由太阳能电池板、涡轮、中空铜冷凝器和储水箱组成。其中，太阳能电池板是地上部分，而铜冷凝器和水箱是地下部分。当然，这两个部分之间的温差可以达到大约 20 ℃。当太阳照射在太阳能电池板上时，电能就产生了，导致涡轮机旋转。旋转的涡轮连续进气，将空气输送到地下铜凝汽器。由于温差的存在，水蒸气在铜冷凝器壁面处凝结转化为液态水。液态水最终储存在地下水箱中，可以抽出来供日常使用。为了最大限度地提高空气中水的捕获效率，这里的铜冷凝器采用螺旋结构，内径较小，以增大空气与冷凝器的接触面积。该装置不仅提高了材料表面的水捕获能力，而且最大限度地减少了蒸发引起的水分损失。该策略为人类解决有限且不均匀的淡水资源问题提供了一种新的系统集成方法。

由于水是地球上所有生物生存的基础，集水材料和装置在农业应用中显示出巨大的潜力 [125-131]。这些集水材料不仅能够收集水分，还能防止水分蒸发，从而有助于提高植物在土壤中的萌发率。Zhu 等开发了一种具有亲水性和疏水性的氧化石墨烯材料 [128]。低剂量氧化石墨烯能显著提高菠菜和韭菜在土壤中的萌发率，其中氧化石墨烯的含氧官能团可以捕获和吸收水分，疏水的 sp^2 结构域定

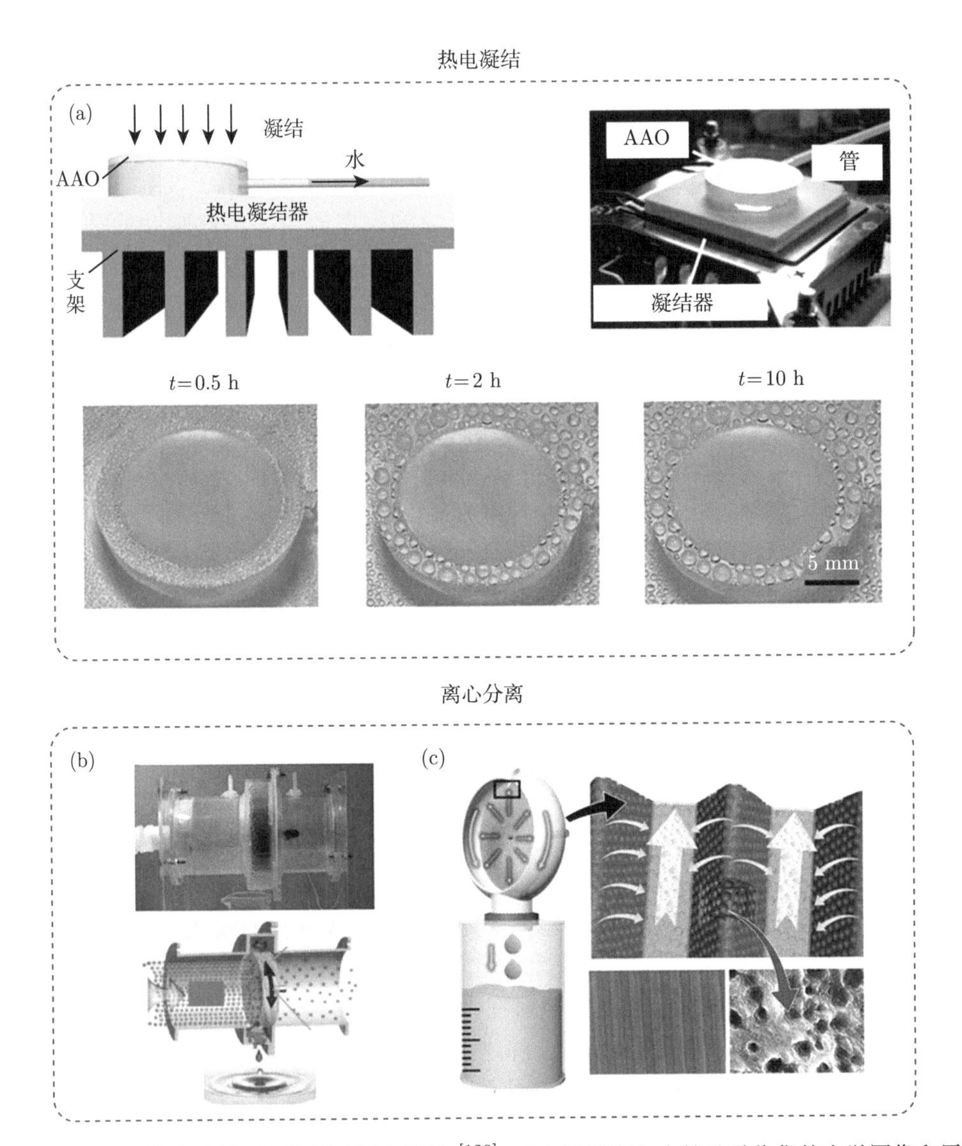

图 6-23　(a) 热电冷凝平台的原理图和照片 [120]；(b) 用于离心力辅助雾收集的光学图像和原理图 [124]；(c) 集水风车的设计概念图 [121]

向地将水滴输送到种子中，加速种子萌发。该研究很好地验证了材料的水分收获行为可以提高植物产量。此外，Tan 等开发了一种自动化且价格合理的太阳能智能农场设备，能够收集大气中的水用于灌溉 [127]。SmartFarm 系统的水收集和灌溉可以精细调整，以满足各种植物在当地气候的种植需求。其中，采用铜 (Ⅱ)-乙醇胺络合物 (Cu-complex) 作为集水材料，在阳光照射下，其最大吸水率可达 300%，产水速率为 2.24 $g \cdot g^{-1} \cdot h^{-1}$。吸附剂捕获大气中的水分，并在夜间储存在材料中。

在白天阳光照射后，水很快从材料中释放出来，水蒸气被限制在装置中，然后冷凝并落入土壤中用于灌溉。智能农场的运行显著减少了植物的灌溉用水量。该系统显示了智能农场灌溉设备在城市农业中的广泛应用潜力，例如用于大规模种植和生产各种蔬菜的屋顶农业。大气集水技术在解决不同地区、不同天气条件下的淡水短缺问题上具有独特的优势。开发的装置和系统使大气水收集易于操作和可持续应用，特别是在淡水饮用水生产和农业灌溉方面，其中一些技术已经商业化。然而，针对特定的天气条件和不同的国家/地区，材料优化和系统开发仍有很大的空间。

本节的最后对雾水收集材料在干旱工业中的应用做一个总结。缺乏清洁和可利用水资源已成为影响人类健康和发展的一个日益严重的问题；从自然界中获得灵感，许多具有特殊结构和成分的表面和材料被开发出来，能够捕获/吸附、冷凝和定向输送空气中的水，以供实际使用：以甲虫背 [132-134]、仙人掌脊 [135,136]、蜘蛛网 [137,138]、猪笼草 [139,140] 等为灵感，在采水材料快速发展的基础上，提出了各种创新的采水系统和装置，进一步提高采水效率，优化采水工艺。

实际环境和材料设计都会影响收集的水量。对于集水材料/表面的设计，我们可以通过增加材料的捕雾能力来提高集水效率，促进定向输送，抑制收集水的蒸发，提高多孔框架的吸附能力、降低解吸温度，提高太阳能热吸附剂的光谱吸收，由此得到：① 材料的捕雾能力可以通过粗糙表面的构造和以极性和亲水基团为端部的稳定分子的表面接枝来提高 [133,136]。② 合理设计地表形貌和润湿性，可促进向储层的定向运移 [140-142]。研究表明，锥脊、自泵面、光滑不对称凹凸面和化学梯度面有利于液滴的定向输送和收集。③ 在长时间的采收过程中，抑制水分再蒸发也是一个相当重要的环节，可采用密封和半密封系统，尽量减少蒸发，降低环境温度，抑制蒸发，合理设计冷凝器，以提高水的收集效率 [57,93,144]。对于吸附剂材料，可以特别考虑吸附剂的能耗，以及吸附剂的吸水、解吸和循环稳定性。

为了将集水材料转化为真正的设备/系统，可能需要将许多必要的附件与材料集成在一起 [143-150]。对于表面化学梯度和表面结构驱动的集水材料，该装置可以简单地由集水材料、排水系统和储水箱组成。还可以集成外部能量收集设备，以促进水收集过程。在太阳能驱动的吸附-解吸技术中，装置通常为密封或半密封系统，包括冷凝器、散热器和储水池。

虽然在各种集水材料和装置的开发上已经做出了相当大的努力，但在实际的日常生活和生产中，特别是在相对湿度较低的极端环境中，实现高效和自给自足的供水仍面临许多挑战。

第一，大部分集水材料都是在高湿度环境下进行集水的，而大部分供水有限的干旱地区都处于低湿度环境中。虽然已经有几种类型的材料/系统能够从相对湿度低于 30%的空气中收集水，但水的产量相对较低，并且收集周期相当长。特别是对于大气吸收材料和太阳能驱动的收获装置，其收获受到周期的严重限制。大多数已开发的系统被专门设计为每天进行一次集水循环，但这种方法获得的水量可能无法合理地满足日益增长的饮用水需求。第二，集水性能高度依赖于表面捕获、水凝结和运输，但由于凝水和输水要求相互矛盾，目前尚缺乏参数优化集水面的设计指导。第三，当材料/表面捕获大气中的水时，表面上的水同样面临蒸发的问题。如何防止集水过程中的蒸发损失还需要进一步研究。第四，随着该领域的研究重点从材料转向器件，研究成果的商业化可能涉及许多实际问题，如技术可扩展性、搭建的简易性、成本、耐用性、环境适应性等。

该领域未来的发展方向仍是将具有优异水收集率的新型材料合理地整合到实用的集水装置中，以便于在不同场景下的实际应用。除了影响集水性能的材料和表面结构外，温度、海拔、风、湿度等外部因素也应越来越重视以提高集水系统和设备的环境适应性。在极端干旱和寒冷的地区，相对湿度相当低。未来的集水研究更加关注低湿度条件下的应用，尽管这可能面临更大的挑战。不仅是因为偏远干旱地区的人类迫切需要淡水，植物和家禽也需要持续的供水。未来的水收集系统也可能被开发用于农业，这样家禽的水喂养和植物的灌溉能够以一种智能和自我负担得起的方式完成。集水系统还显示出通过吸附和解吸调节舱内湿度的能力，表明其在宇宙飞船和潜艇等密闭空间具有很高的应用潜力。

6.4　未来发展机遇

随着地球上人口的增长、经济和技术水平的不断提高，以及气候恶化加剧、水质恶化，许多国家和地区逐渐暴露出水资源短缺的问题。尽管地球上 70%的表面被水覆盖，但是只有 0.5%的水是生物可使用的淡水 [148]。据预计，到 2050 年，将会有约一半人口生活在缺水地区 [149]。对于人类的生存需求，寻找新的水源获取方式极为重要。目前已尝试从海水、废水中进行水净化，产生可用淡水，但是由于液态水资源的分布不均，这些策略受到水源区域的严格限制，在干旱的沙漠地区，即便是废水和海水都不能常见，每一滴水都弥足珍贵。因此，无处不覆盖的大气水资源凸显出其独特优势。大气中的水资源十分丰富，约占了其他淡水资源的 10%，这说明了，无论何时，我们周围的大气环境中都有约 13000 万亿升的水可供人类解决水资源难题。收集大气中的水资源作为人类的新水源是关键、可行的水资源问题解决方案之一。

从大气中提取水的策略主要包括集雾、集露、大气水吸附收集。雾水收集和露水收集主要依靠大气饱和湿度的条件。在饱和湿度下，大气中的水分子以微小液滴或水蒸气的形式存在，在低温表面容易凝结，其过程主要为液滴成核、液滴生长、液滴收集。因此这类在饱和湿度下集水的方法，可以在潮湿地区 (如武汉、广州、成都等城市) 以及干旱和沙漠地区的某些清晨进行大气水采集，用于各种需水行业或领域。不过这种方法在非饱和湿度的条件下无法实现水收集，受时间和气候、地区限制，且要降低材料自身表面温度需要能源的提供。作为无需非饱和湿度条件进行水收集的策略，大气水吸附收集可以通过精心设计和材料制备来实现全年无停息的集水，可以在沙漠、干旱气候下实现全天候的淡水收集。

无论是集雾、集露，还是大气水吸附收集，这些水收集材料都可以实现大气中淡水资源的利用，是缓解全球淡水资源问题的潜在方法。但要实际投入使用，还需要考量诸多方面，首先是水质的可靠性，收集到的水要满足无毒、无害、环保的质量要求。其次，集水材料和相应设备的稳定性也是重要的考量点之一。材料的可重复性、结构稳定性、物理化学性质的稳定性、可循环性和可持续性，以及集水流程运行时整体设备是否牢固和稳定运转，都决定了实际使用时能否成功连续集水和收集到的水质的稳定性和安全性。除此之外，经济效益也是研究者后续需要考量的一点，制造集水器的材料成本以及工艺过程的能源成本、匹配的设备制造成本、制造的设备可循环使用的时间和维修成本，决定了这类集水材料能否投入市场进行生产和利用。环境效益也是研究后期的考量因素之一，制造集水材料的过程和集水设备运行的过程中不应产生过大污染，以致加剧现存的全球共有的其他环境问题。集水材料要投入实际的生产和使用中，需要研究人员全面的考量和对材料本身及设备的不断改进和优化，以开拓更广阔的应用市场。

如今已有一些大气水收集材料的实际应用。一些公司已可提供为干旱地区人类活动集水的设备。设备采集并凝结得到的液态水可以供人类饮用，还可以作为工业生产、畜牧、农业灌溉等各种人类活动需要的水来源。我们认为还可以将这些水收集材料与常用的医疗设备等结合。在医疗中，水是极为重要的介质，大部分医疗手段都需要用到水或水溶液，如血液透析、内镜、口腔管理、器具消毒、器械处置等。医疗用水由于其将作用于生物体内或体外的特殊性，具有不同于饮用水、农业用水的严格要求，且不同用处的医疗用水的水质要求可能不同，不同医疗部门对于水中的颗粒物质含量、大小，致病菌含量，胶体含量，溶解盐，以及细菌产物量等的要求不尽相同，因此需要使用不同的设备对普通水源进行净化。大气水收集材料收集水源具有洁净、独立的特点，若我们根据不同的水质需求，选择性制备不同类型的水收集材料 (如加入可除菌的银离子)，并保证收集到空气中的水分接触的材料、器皿洁净，那么就可以直接用于治疗过程中，节省水处理的步骤，既节省了已在国家供水中心经过处理的淡水资源，又节省了净水所用的时间和净水过程消耗的能源，具有经济效益和环境价值。研究者们还在朝着优化包括干旱地区的任何地区和任何气候下能顺利完成集水的设备的集水性能、低能源需求和可持续时间的方向不断奋进。我们相信，在未来的某天，大气集水设备可以为全球各个地方的人口提供价格低廉、控制简单、清洁环保的水资源。这种高效环保的集水设备可以为全球供水系统提供灵活的分布和移动优势，为人口居住地的弹性规划和可持续城市的发展奠定基础，最终将实现有关国家安全的水资源问题的解决或缓解，确保无论在城市还是农村，还是在偏远地区和干旱的沙漠，居住人口都能获得所需的水资源。除了用于提供寻常的取用水外，有一些大气水收集材料还被用于与一些微体系的协同使用中，如电能收集、光催化裂解水等，在其中起到了关键或辅助作用。有些公司例如澳大利亚的 Strategic Elements 已注意到了这类前途光明的装置的优势 [150]，正在准备将大气水收集材料与清洁电能领域研究进行战略结合，制造能随时随地拥有自身电能的柔性电子器件并将其投入市场，获得大量收益。在全球能源短缺和碳中和的高度需求下，清洁、丰富、易得的绿色能源受到全人类的热切期盼，对于实现能源和人类社会的可持续发展具有重大意义。利用水资源产电、产氢、制工业用品乙酸等策略将为未来实现资源的可持续利用提供宝贵的新方向。此外，大气水收集还可以与其他类型的装置协同作用。例如，利用大气水收集过程中的热量变化，为另一装置提供热能或额外的降温辅助。Li 等 [99] 设计了一种大气水收集器冷却组件，将其安装在光伏面板的背面，可以在白天光伏面板工作时起到持续的降温作用。光伏系统面板可将太阳能转化为人类生产生活可用的电能，是目前最受人们欢迎的太阳能利用方式之一，然而光伏转换过程存在一个重要的问题——光伏面板极易大量发热。在充足阳光下，75%～96%的太阳能被用于产热浪费，因此显著提高了光伏面板的工作温度，降低了光伏面板的能源效率和使用寿命。在夜间，大气水收集器会自发地吸附空气中的水分子并将其储存在吸附剂内部，到了白天随着光伏面板吸收太阳能升温，热量被传导给大气水收集器，使大气水收集器被动释放，水分释放过程也是水分的蒸发过程，此过程会带走大量的热量从而使光伏面板在炎炎烈日的辐照下也可以保证安全的较低的工作温度，设计的该冷却协同装置在实际的高温或低温的户外环境下能使光伏面板装置温度降低 10 ℃ 以上，同时还可以提高面板约 13%～19%的发电量，具有极为显著的保护装置、延长使用寿命的作用，并起到了特殊的提效作用。此冷却方式既具有广泛的地区和气候适用性，又具备工程设计简单、易于操作，系统灵活可变的优势。大气水收集器仅依靠光伏面板转化太阳能的副产物废热完成水分子释放，两个装置耦合协调，水分子可以再次被收集用于淡水需求领域。设计者可针对个性需求与条件调查和分析，依据不同的装置与各种集水装置之间的协同耦合作用设计安排，制造可适用于个体户、家庭甚至可能是地区范围共享的低能耗、易操控的一体化多功能设备。这些设备不仅可以满足多种生活需求，同时能够实现整体零能源输入或低能耗，降低能源需求，并减少目前对于人类而言十分珍贵的不可再生能源的消耗。

未来，大气水收集材料的市场前景广阔，还有更多丰富多彩的大气水收集材料的应用等待着人类去探索和开发，因此，大气水收集器的科研工作者在研究如何改进材料各方面集水性能的同时，应关注其潜在的其他领域应用，与能源、细胞、机械等众多领域的研究者共同研讨、开辟更多具有潜能的新应用领域，为解决更多人类生存和进步问题提供宝贵的科研思路。

参 考 文 献

[1] Dong S, Xu Y, Wang C, et al. Atmospheric water harvester-assisted solar steam generation for highly efficient collection of distilled water. Journal of Materials Chemistry A, 2022, 10(4): 1885-1890

[2] Gong F, Li H, Zhou Q, et al. Agricultural waste-derived moisture-absorber for all-weather atmospheric water collection and electricity generation. Nano Energy, 2020, 74: 104922

[3] Shafeian N, Ranjbar A, Gorji T. Progress in atmospheric water generation systems: A review. Renewable and Sustainable Energy Reviews, 2022, 161: 112325

[4] Tian Y, Wang L. Bioinspired microfibers for water collection. Journal of Materials Chemistry A, 2018, 6(39): 18766-18781

[5] Yue H, Zeng Q, Huang J, et al. Fog collection behavior of bionic surface and large fog collector: A review. Advances in Colloid and Interface Science, 2022, 300: 102583

[6] Thimmappa R, Gautam M, Bhat Z M, et al. An atmospheric water electrolyzer for decentralized green hydrogen production. Cell Reports Physical Science, 2021, 2(11): 100627

[7] Wierik S, Gupta J, Cammeraat E L H, et al. The need for green and atmospheric water governance. WIREs Water, 2020, 7(2): e1406

[8] Gou X, Guo Z. Reed leaf-inspired anisotropic slippery lubricant-infused surface for water collection and bubble transportation. Chemical Engineering Journal, 2021, 411: 128495

[9] Li Y, Zhang Q, Chen R, et al. Stretch-enhanced anisotropic wetting on transparent elastomer film for controlled liquid transport. ACS Nano, 2021, 15(12): 19981-19989

[10] Li D, Fan Y, Han G, et al. Multibioinspired janus membranes with superwettable performance for unidirectional transportation and fog collection. Chemical Engineering Journal, 2021, 404: 126515

[11] Li C, Jiang L, Hu J, et al. Superhydrophilic–superhydrophobic multifunctional Janus foam fabrication using a spatially shaped femtosecond laser for fog collection and detection. ACS Applied Materials & Interfaces, 2022, 14(7): 9873-9881

[12] Ren F, Li G, Zhang Z, et al. A single-layer janus membrane with dual gradient conical micropore arrays for self-driving fog collection. Journal of Materials Chemistry A, 2017, 5(35): 18403-18408

[13] Yilmaz G, Meng F, Lu W, et al. Autonomous atmospheric water seeping MOF matrix. Science Advances , 2020, 6(42): eabc8605

[14] Hanikel N, Prévot M, Yaghi O. MOF water harvesters. Nature Nanotechnology, 2020, 15(5): 348-355

[15] Wang Y, Gao S, Xu W, et al. Nanogenerators with superwetting surfaces for harvesting water/liquid energy. Advanced Functional Materials, 2020, 30(26): 1908252

[16] Jing X, Guo Z. Fabrication of biocompatible super stable lubricant-immobilized slippery surfaces by grafting a polydimethylsiloxane brush: excellent boiling water resistance, hot liquid repellency and long-term slippery stability. Nanoscale, 2019, 11(18): 8870-8881

[17] Pei W, Li J, Guo Z, et al. Excellent fog harvesting performance of liquid-infused nano-textured 3D frame. Chemical Engineering Journal, 2021, 409: 128180

[18] Han X, Guo Z. Lubricant-infused three-dimensional frame composed of a micro/nanospinous ball cluster structure with salient durability and superior fog harvesting capacity. ACS Applied Materials & Interfaces, 2021, 13(38): 46192-46201

[19] Jing X, Guo Z. Durable lubricant-impregnated surfaces for water collection under extremely severe working conditions. ACS Applied Materials & Interfaces, 2019, 11(39): 35949-35958

[20] Lee S, Ha N, Kim H. Superhydrophilic–superhydrophobic water harvester inspired by wetting property of cactus stem. ACS Sustainable Chemistry & Engineering, 2019, 7(12): 10561-10569

[21] Feng J, Zhong L, Guo Z. Sprayed hieratical biomimetic superhydrophilic-superhydrophobic surface for efficient fog harvesting. Chemical Engineering Journal, 2020, 388: 124283

[22] Laha S, Maji T. Binary/ternary MOF nanocomposites for multi-environment indoor atmospheric water harvesting. Advanced Functional Materials, 2022, 32(34): 2203093

[23] Entezari A, Ejeian M, Wang R. Super atmospheric water harvesting hydrogel with alginate chains modified with binary salts. ACS Materials Letters, 2020, 2(5): 471-477

[24] Almassad H, Abaza R, Siwwan L, et al. Environmentally adaptive MOF-based device enables continuous self-optimizing atmospheric water harvesting. Nature Communications, 2022, 13(1): 4873

[25] Zheng Z, Hanikel N, Lyu H, et al. Broadly tunable atmospheric water harvesting in multivariate metal-organic frameworks. Journal of the American Chemical Society, 2022, 144(49): 22669-22675

[26] Li R, Shi Y, Wu M, et al. Improving atmospheric water production yield: Enabling multiple water harvesting cycles with nano sorbent. Nano Energy, 2020, 67: 104255

[27] Zhang Z, Fu H, Li Z, et al. Hydrogel materials for sustainable water resources harvesting & treatment: Synthesis, mechanism and applications. Chemical Engineering Journal,2022, 439: 135756

[28] Guo Y, Guan W, Lei C, et al. Scalable super hygroscopic polymer films for sustainable moisture harvesting in arid environments. Nature Communications, 2022, 13(1): 2761

[29] Zhang Y, Yang T, Shang K, et al. Sustainable power generation for at least one month from ambient humidity using unique nanofluidic diode. Nature Communications, 2022, 13(1): 3484

[30] Ying Y, Yang G, Tao Y, et al. Synergistically enabling fast-cycling and high-yield atmospheric water harvesting with plasma-treated magnetic flower-like porous carbons. Advanced Science, 2023, 10(3): 2204840

[31] Song Y, Xu N, Liu G, et al. High-yield solar-driven atmospheric water harvesting of metal-organic-framework-derived nanoporous carbon with fast-diffusion water channels. Nature Nanotechnol, 2022, 17(8): 857-863

[32] Kim H, Rao S, Kapustin E A, et al. Adsorption-based atmospheric water harvesting device for arid climates. Nature Communications, 2018, 9(1): 1191

[33] Haechler I, Park H, Schnoering G, et al. Exploiting radiative cooling for uninterrupted 24-hour water harvesting from the atmosphere. Science Advances, 7(26): eabf3978

[34] Zhang Y, Nandakumar D, Tan S. Digestion of ambient humidity for energy generation. Joule, 2020, 4(12): 2532-2536

[35] Lu W, Ding T, Wang X, et al. Anion-cation heterostructured hydrogels for all-weather responsive electricity and water harvesting from atmospheric air. Nano Energy, 2022, 104: 107892

[36] Yang K, Pan T, Pinnau I, et al. Simultaneous generation of atmospheric water and electricity using a hygroscopic aerogel with fast sorption kinetics. Nano Energy, 2020, 78: 105326

[37] Huang Y, Cheng H, Yang C, et al. All-region-applicable, continuous power supply of graphene oxide composite. Energy & Environmental Science, 2019, 12(6): 1848-1856

[38] Chen C, Zeng X, Yu L, et al. Planning energy-water nexus systems based on a dual risk aversion optimization method under multiple uncertainties. Journal of Cleaner Production, 2020, 255: 120100

[39] Li Y, Cui J, Shen H, et al. Useful spontaneous hygroelectricity from ambient air by ionic wood. Nano Energy, 2022, 96: 107065

[40] Kuang Y, Zhang Y, Zhou B, et al. A review of renewable energy utilization in islands. Renewable and Sustainable Energy Reviews, 2016, 59: 504-513

[41] Liu J, Aydin E, Yin J, et al. 28.2%-efficient, outdoor-stable perovskite/silicon tandem solar cell. Joule, 2021, 5(12): 3169-3186

[42] Wang Z, Liu W, He W, et al. Ultrahigh electricity generation from low-flrequency mechanical energy by efficient energy management. Joule, 2021, 5(2): 441-455

[43] Lei Y, Qi R, Chen M, et al. Microstructurally tailored thin β-Ag_2Se films toward commercial flexible thermoelectrics. Advanced Materials, 2022, 34(7): 2104786

[44] Xu W, Zheng H, Liu Y, et al. A droplet-based electricity generator with high instantaneous power density. Nature, 2020, 578(7795): 392-396

[45] Qin Y, Wang Y, Sun X, et al. Constant electricity generation in nanostructured silicon by evaporation-driven water flow. Angewandte Chemie (International Edition), 2020, 59(26): 10619-10625

[46] Lord J, Thomas A, Treat N, et al. Global potential for harvesting drinking water from air using solar energy. Nature, 2021, 598(7882): 611-617

[47] Yang L, Loh L, Nandakumar D K, et al. Sustainable fuel production from ambient moisture via ferroelectrically driven MoS_2 nanosheets. Advanced Materials, 2020, 32(25): e2000971

[48] Tao Y, Wu Q, Huang C, et al. Electrically heatable carbon scaffold accommodated monolithic metal-organic frameworks for energy-efficient atmospheric water harvesting. Chemical Engineering Journal, 2023, 451: 138547

[49] Hu Y, Fang Z, Wan X, et al. Carbon nanotubes decorated hollow metal-organic frameworks for efficient solar-driven atmospheric water harvesting. Chemical Engineering Journal, 2022, 430: 133086

[50] Zheng Z, Nguyen H, Hanikel N, et al. High-yield, green and scalable methods for producing MOF-303 for water harvesting from desert air. Nature Protocols, 2023, 18(2023): 136-156

[51] Han Y, Das P, He Y, et al. Crystallographic mapping and tuning of water adsorption in metal-organic frameworks featuring distinct open metal sites. Journal of the American Chemical Society, 2022, 144(42): 19567-19575

[52] Lu H, Shi W, Guo Y, et al. Materials engineering for atmospheric water harvesting: Progress and perspectives. Advanced Materials, 2022, 34(12): e2110079

[53] Li T, Wu M, Xu J, et al. Simultaneous atmospheric water production and 24-hour power generation enabled by moisture-induced energy harvesting. Nature Communications, 2022, 13(1): 6771

[54] Férey G, Mellot-Draznieks C, Serre C, et al. A chromium terephthalate-based solid with unusually large pore volumes and surface area. Science, 2005, 309(5743): 2040-2042

[55] Liu S, Yang R, Yang T, et al. Spontaneous energy generation at the air-hydrogel interface with ultrahigh ion activity. Journal of Materials Chemistry A, 2022, 10(39): 20905-20913

[56] Fu C, Lin J, Tang Z, et al. Design of asymmetric-adhesion lignin reinforced hydrogels with anti-interference for strain sensing and moist air induced electricity generator. International Journal of Biological Macromolecules, 2022, 201: 104-110

[57] Yang L, Nandakumar D, Miao L, et al. Energy harvesting from atmospheric humidity by a hydrogel-integrated ferroelectric-semiconductor system. Joule, 2020, 4(1): 176-188

[58] Yang L, Ravi S, Nandakumar D, et al. A hybrid artificial photocatalysis system splits atmospheric water for simultaneous dehumidification and power generation. Advanced Materials, 2019, 31(51): 1902963

[59] Huang Y, Cheng H, Yang C, et al. Interface-mediated hygroelectric generator with an output voltage approaching 1.5 volts. Nature Communications, 2018, 9(1): 4166

[60] Zhao F, Cheng H, Zhang Z, et al. Direct power generation from a graphene oxide film under moisture. Advanced Materials, 2015, 27(29): 4351-4357

[61] Yang S, Tao X, Chen W, et al. Ionic hydrogel for efficient and acalable moisture-electric generation. Advanced Materials, 2022, 34(21): 2200693

[62] Lim H, Kim H, Qazi R, et al. Advanced soft materials, sensor integrations, and appli-

cations of wearable flexible hybrid electronics in healthcare, energy, and environment. Advanced Materials, 2020, 32(15): e1901924

[63] Lee J, Llerena Zambrano B, Woo J, et al. Recent advances in 1D stretchable electrodes and devices for textile and wearable electronics: Materials, fabrications, and applications. Advanced Materials, 2020, 32(5): e1902532

[64] Cheng S, Lou Z, Zhang L, et al. Ultrathin hydrogel films toward breathable skin-integrated electronics. Advanced Materials, 2023, 35(1): 2206793

[65] Xu Y, Zhao G, Zhu L, et al. Pencil-paper on-skin electronics. Proceedings of the National Academy of Sciences of the United States of America, 2020, 117(31): 18292-18301

[66] Shen D, Xiao M, Xiao Y, et al. Self-powered, rapid-response, and highly flexible humidity sensors based on moisture-dependent voltage generation. ACS Applied Materials & Interfaces, 2019, 11(15): 14249-14255

[67] Cheng H, Huang Y, Qu L, et al. Flexible in-plane graphene oxide moisture-electric converter for touchless interactive panel. Nano Energy, 2018, 45: 37-43

[68] Li M, Zong L, Yang W, et al. Biological nanofibrous generator for electricity harvest from moist air flow. Advanced Functional Materials, 2019, 29(32): 1901798

[69] Lyu Q, Peng B, Xie Z, et al. Moist-induced electricity generation by electrospun cellulose acetate membranes with optimized porous structures. ACS Applied Materials & Interfaces, 2020, 12(51): 57373-57381

[70] Zhang X, Wang M, Wu Y, et al. Biomimetic aerogel for moisture-induced energy harvesting and self-powered electronic skin. Advanced Functional Materials, 2022, 33(7): 2210027

[71] Sun Z, Feng L, Wen X, et al. Nanofiber fabric based ion-gradient-enhanced moist-electric generator with a sustained voltage output of 1.1 volts. Materials Horizons, 2021, 8(8): 2303-2309

[72] Fu T, Liu X, Fu S, et al. Self-sustained green neuromorphic interfaces. Nature Communications, 2021, 12(1): 3351

[73] Li S, Ng Y, Zhu R, et al. In situ construction of elemental phosphorus nanorod-modified TiO_2 photocatalysts for efficient visible-light-driven H_2 generation. Applied Catalysis B: Environmental, 2021, 297: 120412

[74] Zhang M, Li F, Benetti D, et al. Ferroelectric polarization-enhanced charge separation in quantum dots sensitized semiconductor hybrid for photoelectrochemical hydrogen production. Nano Energy, 2021, 81: 105626

[75] Zheng X, Song Y, Liu Y, et al. $ZnIn_2S_4$-based photocatalysts for photocatalytic hydrogen evolution via water splitting. Coordination Chemistry Reviews, 2023, 475: 214898

[76] Zhang Y, Guo P, Guo S, et al. Gradient heating epitaxial frowth gives well lattice-matched Mo_2C-Mo_2N heterointerfaces that boost both electrocatalytic hydrogen evolution and water vapor splitting. Angewandte Chemie (International Edition), 2022, 61(47): e202209703

[77] Dong C, Marinova M, Tayeb K B, et al. Direct photocatalytic synthesis of acetic acid from methane and CO at ambient temperature using water as oxidant. Journal of the American Chemical Society, 2023, 145(2): 1185-1193

[78] Gordeeva L, Tu Y, Pan Q, et al. Metal-organic frameworks for energy conversion and water harvesting: A bridge between thermal engineering and material science. Nano Energy, 2021, 84: 105946

[79] Seo Y, Yoon J, Lee J, et al. Energy-efficient dehumidification over hierachically porous metal-organic frameworks as advanced water adsorbents. Advanced Materials, 2012, 24(6): 806-810

[80] Gido B, Friedler E, Broday D. Liquid-desiccant vapor separation reduces the energy requirements of atmospheric moisture harvesting. Environmental Science & Technology, 2016, 50(15): 8362-8367

[81] Rieth A, Yang S, Wang E N, et al. Record atmospheric fresh water capture and heat transfer with a material operating at the water uptake reversibility limit. ACS Central Science, 2017, 3(6): 668-672

[82] Ma D, Li P, Duan X, et al. A hydrolytically stable vanadium (Ⅳ) metal-organic framework with photocatalytic bacteriostatic activity for autonomous indoor humidity control. Angewandte Chemie International Edition, 2020, 59(10): 3905-3909

[83] Yang H, Zhu H, Hendrix M, et al. Temperature-triggered collection and release of water from fogs by a sponge-like cotton fabric. Advanced Materials, 2013, 25(8): 1150-1154

[84] Ni F, Xiao P, Qiu N, et al. Collective behaviors mediated multifunctional black sand aggregate towards environmentally adaptive solar-to-thermal purified water harvesting. Nano Energy, 2020, 68: 104311

[85] Ni F, Xiao P, Zhang C, et al. Micro-/macroscopically synergetic control of switchable 2D/3D photothermal water purification enabled by robust, portable, and cost-effective cellulose papers. ACS Applied Materials & Interfaces, 2019, 11(17): 15498-15506

[86] Kim S, Choi H. Switchable wettability of thermoresponsive core-shell nanofibers for water capture and release. ACS Sustainable Chemistry & Engineering, 2019, 7(24): 19870-19879

[87] Xing C, Huang D, Chen S, et al. Engineering lateral heterojunction of selenium-coated tellurium nanomaterials toward highly efficient solar desalination. Advanced Science, 2019, 6(19): 1900531

[88] Li R, Shi Y, Shi L, et al. Harvesting water from air: Using anhydrous salt with sunlight. Environmental Science & Technology, 2018, 52(9): 5398-5406

[89] Zhao F, Zhou X, Liu Y, et al. Super moisture-absorbent gels for all-weather atmospheric water harvesting. Advanced Materials, 2019, 31(10): 1806446

[90] Suh B L, Chong S, Kim J. Photochemically induced water harvesting in metal-organic framework. ACS Sustainable Chemistry & Engineering, 2019, 7(19): 15854-15859

[91] Liu X, Liu J, Lin S, et al. Hydrogel machines. Materials Today, 2020, 36: 102-124

[92] Wang M, Sun T, Wan D, et al. Solar-powered nanostructured biopolymer hygroscopic

aerogels for atmospheric water harvesting. Nano Energy, 2021, 80: 105569
[93] Kim B, Na J, Lim H, et al. Robust high thermoelectric harvesting under a self-humidifying bilayer of metal organic framework and hydrogel layer. Advanced Functional Materials, 2019, 29(7): 1807549
[94] Li R, Shi Y, Alsaedi M, et al. Hybrid hydrogel with high water vapor harvesting capacity for deployable solar-driven atmospheric water generator. Environmental Science & Technology, 2018, 52(19): 11367-11377
[95] Chen B, Zhao X, Yang Y. Superelastic graphene nanocomposite for high cycle-stability water capture–release under sunlight. ACS Applied Materials & Interfaces, 2019, 11(17): 15616-15622
[96] Xu J, Li T, Chao J, et al. Efficient solar-driven water harvesting from arid air with metal-organic frameworks modified by hygroscopic salt. Angewandte Chemie (International Edition), 2020, 59(13): 5202-5210
[97] Ejeian M, Entezari A, Wang R Z. Solar powered atmospheric water harvesting with enhanced LiCl /$MgSO_4$/ACF composite. Applied Thermal Engineering, 2020, 176: 115396
[98] Zhang Y, Wu L, Wang X, et al. Super hygroscopic nanofibrous membrane-based moisture pump for solar-driven indoor dehumidification. Nature Communications, 2020, 11(1): 1-11
[99] Li R, Shi Y, Wu M, et al. Photovoltaic panel cooling by atmospheric water sorption-evaporation cycle. Nature Sustainability, 2020, 3(8): 636-643
[100] Wang C, Hua L, Yan H, et al. A thermal management strategy for electronic devices based on moisture sorption-desorption processes. Joule, 2020, 4(2): 435-447
[101] Bhushan B. Design of water harvesting towers and projections for water collection from fog and condensation. Philosophical Transactions of the Royal Society A: Mathematical, Physical and Engineering Sciences, 2020, 378(2167): 20190440
[102] Chen D, Li J, Zhao J, et al. Bioinspired superhydrophilic-hydrophobic integrated surface with conical pattern-shape for self-driven fog collection. Journal of Colloid and Interface Science, 2018, 530: 274-281
[103] Zhang S, Huang J, Chen Z, et al. Bioinspired special wettability surfaces: From fundamental research to water harvesting applications. Small, 2017, 13(3): 1602992
[104] Wang J, Yi S, Yang Z, et al. Laser direct structuring of bioinspired spine with backward microbarbs and hierarchical microchannels for ultrafast water transport and efficient fog harvesting. ACS Applied Materials & Interfaces, 2020, 12(18): 21080-21087
[105] Shi W, Anderson M, Tulkoff J, et al. Fog harvesting with harps. ACS Appl Mater Interfaces, 2018, 10(14): 11979-11986
[106] Dodson L, Bargach J. Harvesting fresh water from fog in rural morocco: Research and impact dar si hmad's fogwater project in Aït Baamrane. Procedia Engineering, 2015, 107: 186-193
[107] Zhou X, Lu H, Zhao F. Atmospheric water harvesting: A review of material and struc-

tural designs. ACS Applied Energy Materials, 2020, 2(7): 671-684
[108] Wang J, Wang R, Tu Y, et al. Universal scalable sorption-based atmosphere water harvesting. Energy, 2018, 165: 387-395
[109] Wang X, Li X, Liu G, et al. An interfacial solar heating assisted liquid sorbent atmospheric water generator. Angewandte Chemie International Edition, 2019, 58(35): 12054-12058
[110] Tu Y, Wang R, Zhang Y, et al. Progress and expectation of atmospheric water harvesting. Joule, 2018, 2(8): 1452-1475
[111] Wang J, Dang Y, Meguerdichian A, et al. Water harvesting from the atmosphere in arid areas with manganese dioxide. Environmental Science & Technology Letters, 2019, 7(1): 48-53
[112] Hua L, Xu J, Wang R. Exergy-efficient boundary and design guidelines for atmospheric water harvesters with nano-porous sorbents. Nano Energy, 2021, 85: 105977
[113] Liu H, Jin R, Duan S, et al. Anisotropic evaporator with a T-shape design for high-performance solar-driven zero-liquid discharge. Small, 2021, 17(24): 2100969
[114] Zhuang S, Qi H, Wang X, et al. Advances in solar-driven hygroscopic water harvesting. Global Challenges, 2020, 5(1): 2000085
[115] Yao H, Zhang P, Huang Y, et al. Highly efficient clean water production from contaminated air with a wide humidity range. Advanced Materials, 2020, 32(6): 1905875
[116] Kim H, Yang S, Rao S R, et al. Water harvesting from air with metal-organic frameworks powered by natural sunlight. Science, 2017, 356(6336): 430-434
[117] LaPotin A, Zhong Y, Zhang L, et al. Dual-stage atmospheric water harvesting device for scalable solar-driven water production. Joule, 2021, 5(1): 166-182
[118] Hanikel N, Prévot M S, Fathieh F, et al. Rapid cycling and exceptional yield in a metal-organic framework water harvester. ACS Sustainable Chemistry & Engineering, 2019, 5(10): 1699-1706
[119] Xu W, Yaghi O S. Metal–organic frameworks for water harvesting from air, anywhere, anytime. ACS Central Science, 2020, 6(8): 1348-1354
[120] Liu K, Huang Z, Hemmatifar A, et al. Self-cleaning porous surfaces for dry condensation. ACS Applied Materials & Interfaces, 2018, 10(31): 26759-26764
[121] Wang Y, Liang X, Ma K, et al. Nature-inspired windmill for water collection in complex windy environments. ACS Applied Materials & Interfaces, 2019, 11(19): 17952-17959
[122] Yu Z, Zhu T, Zhang J, et al. Fog harvesting devices inspired from single to multiple creatures: Current progress and future perspective. Advanced Functional Materials, 2022, 32(26): 2200359
[123] Damak M, Varanasi K. Electrostatically driven fog collection using space charge injection. Science Advances, 2018, 4(6): eaao5323
[124] Ji K, Zhang J, Chen J, et al. Centrifugation-assisted fog-collecting abilities of metal-foam structures with different surface wettabilities. ACS Applied Materials & Interfaces, 2016, 8(15): 10005-10013

[125] Zhou X, Zhang P, Zhao F, Yu G. Super moisture absorbent gels for sustainable agriculture via atmospheric water irrigation. ACS Materials Letters, 2020, 2(11): 1419-1422

[126] Entezari A, Wang R Z, Zhao S, et al. Sustainable agriculture for water-stressed regions by air-water-energy management. Energy, 2019, 181: 1121-1128

[127] Yang J, Zhang X, Qu H, et al. A moisture-hungry copper complex harvesting air moisture for potable water and autonomous urban agriculture. Advanced Materials, 2020, 32(39): 2002936

[128] He Y, Hu R, Zhong Y, et al. Graphene oxide as a water transporter promoting germination of plants in soil. Nano Research, 2018, 11(4): 1928-1937

[129] Yang K, Pan T, Lei Q, et al. A roadmap to sorption-based atmospheric water harvesting: from molecular sorption mechanism to sorbent design and system optimization. Environmental Science & Technology, 2021, 55(10): 6542-6560

[130] Hu R, Wang N, Hou L, et al. A bioinspired hybrid membrane with wettability and topology anisotropy for highly efficient fog collection. Journal of Materials Chemistry A, 2019, 7(1): 124-132

[131] Tang X, Liu H, Xiao L, et al. A hierarchical origami moisture collector with laser-textured microchannel array for a plug-and-play irrigation system. Journal of Materials Chemistry A, 2021, 9(9): 5630-5638

[132] Liu Y, Zhai H, Li X, et al. High efficient fog-water harvesting via spontaneous swallowing mechanism. Nano Energy, 2022, 96: 107076

[133] Li J, Gao C, Pei W, et al. Elastic microstaggered porous superhydrophilic framework as a robust fogwater harvester. ACS Applied Materials & Interfaces, 2020, 12(42): 48049-48056

[134] Wen C, Guo H, Bai H, et al. Beetle-inspired hierarchical antibacterial interface for reliable fog harvesting. ACS Applied Materials & Interfaces, 2019, 11(37): 34330-34337

[135] Guo L, Kumar S, Yang M, et al. Role of the microridges on cactus spines. Nanoscale, 2022, 14(2): 525-533

[136] Bai H, Zhao T, Wang X, et al. Cactus kirigami for efficient fog harvesting: Simplifying a 3D cactus into 2D paper art. Journal of Materials Chemistry A, 2020, 8(27): 13452-13458

[137] Knapczyk-Korczak J, Stachewicz U. Biomimicking spider webs for effective fog water harvesting with electrospun polymer fibers. Nanoscale, 2021, 13(38): 16034-16051

[138] Li C, Liu Y, Gao C, et al. Fog harvesting of a bioinspired nanocone-decorated 3D fiber network. ACS Applied Materials & Interfaces, 2019, 11(4): 4507-4513

[139] Zhang P, Zhang L, Chen H, et al. Surfaces inspired by the nepenthes peristome for unidirectional liquid transport. Advanced Materials, 2017, 29(45): 1702995

[140] Chen H, Zhang L, Zhang P, et al. A novel bioinspired continuous unidirectional liquid spreading surface structure from the peristome surface of nepenthes alata. Small, 2017, 13(4): 1601676

[141] Wang Y, Zhang L, Wu J, et al. A facile strategy for the fabrication of a bioinspired

hydrophilic-superhydrophobic patterned surface for highly efficient fog-harvesting. Journal of Materials Chemistry A, 2015, 3(37): 18963-18969

[142] Uddin M N, Desai F J, Rahman M M, et al. A highly efficient fog harvester of electrospun permanent superhydrophobic-hydrophilic polymer nanocomposite fiber mats. Nanoscale Advances, 2020, 2(10): 4627-4638

[143] Su Y, Chen L, Jiao Y, et al. Hierarchical hydrophilic/hydrophobic/bumpy Janus membrane fabricated by femtosecond laser ablation for highly efficient fog harvesting. ACS Applied Materials & Interfaces, 2021, 13(22): 26542-26550

[144] Guo Y, Bae J, Fang Z, et al. Hydrogels and hydrogel-derived materials for energy and water sustainability. Chemical Reviews, 2020, 120(15): 7642-7707

[145] Wang B, Zhou X, Guo Z, et al. Recent advances in atmosphere water harvesting: Design principle, materials, devices, and applications. Nano Today, 2021, 40: 101283

[146] Baumgardner R E, Kronmiller K G, Anderson J B, et al. Development of an automated cloud water collection system for use in atmospheric monitoring networks. Atmospheric Environment, 1997, 31(13): 2003-2010

[147] Gad H E, Hamed A M, El-Sharkawy I I. Application of a solar desiccant/collector system for water recovery from atmospheric air. Renewable Energy, 2001, 22(4): 541-556

[148] Sultana F. Water justice: Why it matters and how to achieve it. Water International, 2018, 43(4): 483-493

[149] Boretti A, Rosa L. Reassessing the projections of the world water development report. NPJ Clean Water, 2019, 2(1): 15

[150] Hashemi S A, Ramakrishna S, Aberle A G. Recent progress in flexible-wearable solar cells for self-powered electronic devices. Energy & Environmental Science, 2020, 13(3): 685-743

第 7 章　结论与展望

近年来，淡水资源短缺已成为世界性问题。开发高效的雾水收集装置，从雾中收集淡水，已经逐步发展成一种解决淡水危机的可持续方案。自 1976 年科学家们发现纳米布沙漠中的甲虫可以从雾中获取水分开始 [1]，科研工作者们从中获得灵感，从仿生角度出发，开发出了多种雾水收集工程材料。并进一步优化设计，成功研制出众多雾水收集器件 [2,3]，如图 7-1 所示。基于仿生材料制备而成的雾水收集器件，具有理论雾捕获能力强、成本低和应用场景不受限制等优点，在解决淡水资源短缺问题上表现出了巨大的应用前景。

图 7-1　雾水收集工程材料 [4]

目前，各种各样的集水材料已被广泛报道。研究者不再是简单地仿生单个生物体表，而是将具有不同润湿特性的生物体表组合为模型，对雾水收集四个步骤需要的相应材料进行优化设计，进一步提升装置的捕雾效率。

本书第 1 章中，分析了目前全球水资源的分布现状，阐述了雾水收集及开发雾水收集工程材料的必要性。着重强调了受自然界生物启发的仿生设计思路, 并介绍了如何评估雾水收集工程材料的集水性能。

第 2 章中，列举了仿生雾水收集的自然原型，详细介绍了自然界中生物原型的雾水收集策略，并列举了具有代表性的仿生设计思路，其中包括仙人掌、铁兰、猪笼草、沙漠甲虫、蜘蛛、沙漠蜥蜴等生物。

第 3 章中，阐述了水收集的基本理论，剖析了水分子成核机制、液滴生长理论及液滴在表面传输机理，并建立了关于吸附机制的大气水收集理论模型。

第 4 章和第 5 章中，着重讲解了两类雾水收集体系，即非相变仿生雾水收集体系和基于吸附机制的相变大气环境蒸汽水收集体系。详细介绍了在非相变仿生雾水收集工程中常用到的收集基底材料的关键特性，包括材料的结构设计、表面润湿性适配等，并对雾水收集材料的结构协同、智能化设计及发展进行了深入思考。同时，对相变大气环境集水的两大类型理论进行阐述，介绍了近些年来开发出的相变大气环境集水材料的种类，对实际集水过程中收集和释放两个过程给出了一些自己的解决思路。

第 6 章中，围绕雾水收集的潜在应用展开论述，科学评估了雾水收集应用的可行性，展望了现在乃至未来雾水收集的应用前景。

最后，在前期研究的基础上，对当前仿生雾水收集工程材料面临的挑战和未来的发展方向进行了总结和展望。

7.1 仿生雾水收集的研究现状及挑战

正如泰勒斯所说，“水是生命之源”。淡水是地球上所有生物体生存的必需品，对人类的日常生活和生产活动起着至关重要的作用 [5]。淡水资源短缺，被认为是一种全球系统性风险 [6-9]。2016 年的研究表明，全球三分之二的人口 (40 亿人) 一年中至少有一个月生活在适度缺水的环境中 [7]。每年有 70 万人因饮用水不足而死亡 [10]。对于年降雨量极少的沙漠等极端环境地区而言，淡水资源尤其宝贵。世界上，沙漠几乎占据了地球陆地总面积的四分之一 [11]。我们可以将沙漠分为四种类型，分别是亚热带沙漠、季节性冬季沙漠、沿海沙漠和极地沙漠 [12,13]。其中亚热带沙漠是最热的，由于其气候干燥，水分蒸发迅速。而沿海沙漠与亚热带沙漠位于同一纬度，由于近海洋流寒冷，平均温度要低得多。还有就是寒冷的季节性冬季沙漠，其特点是季节之间的温差很大，从夏季的 38 ℃ (100.4 °F) 到冬季的 12 ℃ (53.6 °F)。极地地区也被认为是另一类 “沙漠”，因为这些地区几乎所有的水都以冰的形式存在。

我国曾为了解决北方，尤其是黄淮海流域的淡水资源短缺问题，在 2012 年 9 月开展了南水北调工程。受到造价及地域限制，这种调水方式难以应对突发情况。

而将瓶装水或水罐车运送给受影响的地区的方式，也受限于有限的水容量和相对昂贵的连续输送费用。因此，可持续的现场取水技术更具实用性和前景。

目前，现场取水技术存在两种形式：海水淡化和雾水收集。海水淡化方式有蒸馏法、露汽化法、反渗透法、电渗析法和电吸附法 [14,15]。这些技术即使在小规模应用中，都需要可获得的苦咸水源和专业的操作维护人员，其技术要求高和成本效益低等问题限制了该技术的推广和应用 [16,17]。此外，在远离海洋的内陆地区，通过海水淡化技术获取淡水也同样存在以上难题。相反，大气随处可得，从大气中集水，值得尝试。我们呼吸的空气中含有大量的水，但这些水资源常常受到忽视。大气中的水通常以三种形式存在：空中的云、陆地的雾以及空气中的水蒸气。大气中的水是一个巨大的可再生水库，可以满足人类对水的需要。如何将这些水用来“解渴”，是目前解决淡水资源短缺的核心问题。与海水淡化不同的是，雾水收集对全球水循环的影响是最小的。同时，由于大气中的水的来源通常是干净的，水质足以满足饮用与其他家庭和农业用途要求。因此，从空气中收集水，在为干旱地区的社区供水 [18-20]、通过分散式系统生产便携式水和后期应急供水等方面显示出巨大的应用前景 [21]。此外，雾水收集不仅能用于沙漠集水，还可用于水墨屏、计算器、手表、便携电源、火灾监测、呼吸监测、传感器等发电、光催化裂解水、电解水产清洁能源绿氢等，应用前景广泛。

因此，开发快速的集水材料和集水装置，以解决沙漠等极端环境地区的淡水缺口，极其重要。世界各地的沙漠生物都进化出了特殊的生物结构，以适应沙漠环境下的生存。基于此，仿生雾水收集被认为是一种高效且经济效益高的集水方式。研究者们通过模仿沙漠甲虫、蜘蛛丝、仙人掌、猪笼草等 (图 7-2(a)) 具有雾水收集能力的动植物的雾捕获原理和水传输机制 (图 7-2(b))，设计了一系列的仿生雾水收集装置。

目前，雾水收集技术已经取得了一定的进展，并显示出经济效益，但仍面临一些挑战，包括集水材料成本高、集水装置亟待进一步优化设计、雾水收集缺乏支持性政策等 [22]。如何应对以上挑战，如何利用好雾水收集技术解决取水距离长或取水成本高等地区饮用水的问题，是科研工作者亟待解决的问题。作者认为，缺水是偏远干旱地区一个永久性、长期性的难题，需要利用科技的手段加以解决，措施如下：

(1) 重新审视国家水管理行动计划并评估雾水收集带来的价值；

(2) 优化集水装置设计，以进一步提升雾水收集能力，并权衡雾水收集对经济、社会、环境和健康的影响；

(3) 更新国家水政策和预算、水价和补贴方案以及成本回收机制，包括雾水收集系统；

(4) 建设当地供水机构，提升社区管理能力，以推进社区雾水收集系统的建设实施；

(5) 建立雾水收集体系，展示雾水收集功能，提升决策者提供支持行动的信心；

(6) 提高公众节水意识，鼓励在有条件的地区推广使用雾水收集系统。

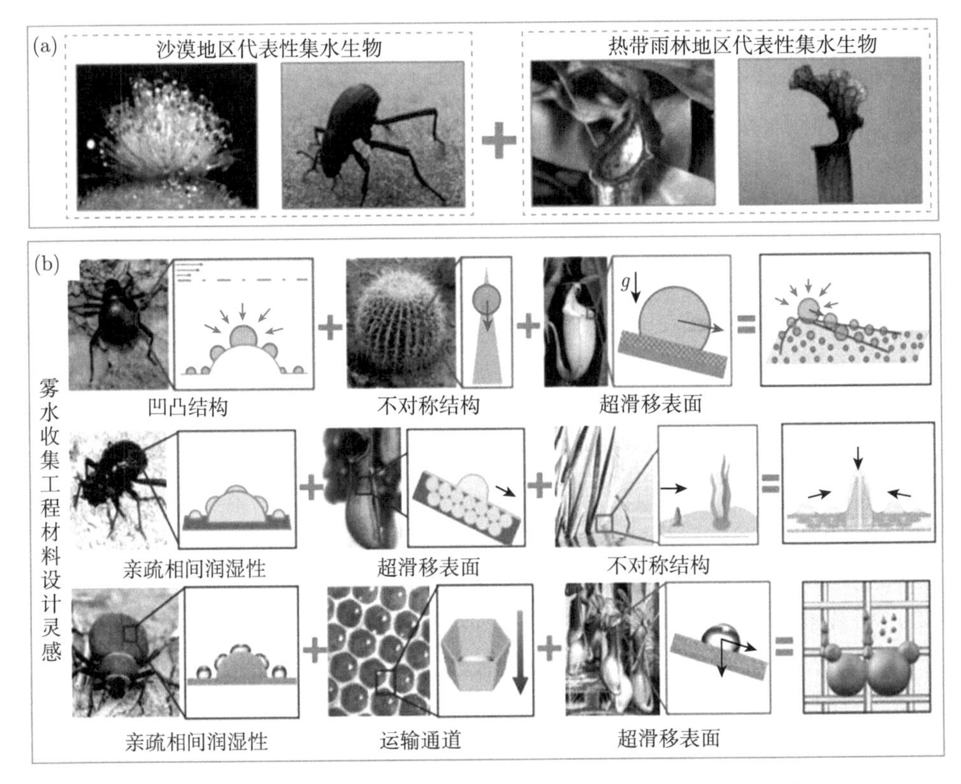

图 7-2　(a) 代表性的沙漠、雨林热带集水生物，提供设计灵感；(b) 利用自然界生物的不同特征设计雾水收集工程材料 [13]

7.2　仿生雾水收集的发展前景及机遇

综上所述，虽然雾水收集已取得了一定的进展，但仿生雾水收集工程材料制备技术还不够成熟，与商业化应用还存在一定距离。目前，生物仿生雾水收集工程材料面临着制造工艺复杂、结构复杂、收集效率低等难题。令人欣慰的是，这些难题可以通过专业化材料加工装备、表面/界面工程以及多种功能材料联用等策略来解决，凸显了雾水收集工程材料的良好发展前景 (图 7-3)。为了进一步推动雾水收集工程材料在实际环境中的应用，需要从多个方面思考雾水收集工程材料存在的关键问题。

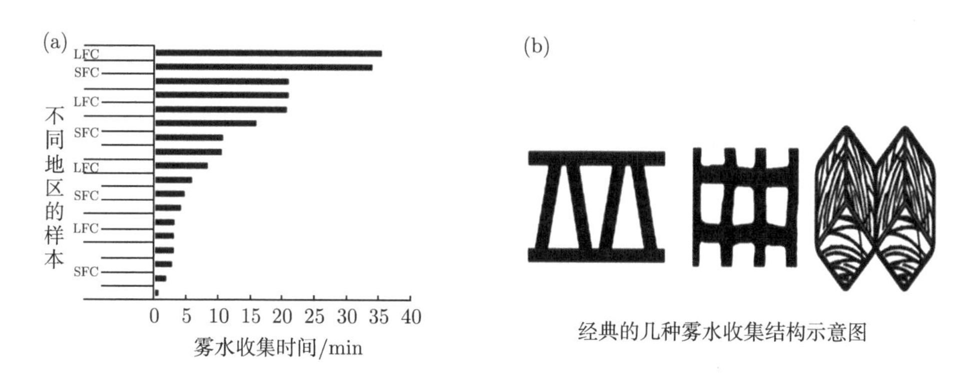

图 7-3 仿生雾水收集的发展前景和挑战。(a) 全球不同地区的雾水收集量；(b) 典型的几种雾水收集结构示意图 [23]

(1) 拓宽仿生对象。自然界是庞大的，仍然存在着很多未被我们所发现的生物集水策略，仍然存在着一些未知的、水资源管理效率更高的物种。这值得研究人员进一步去认识和研究，进而丰富仿生对象。与此同时，自然界更是不断动态演变的，自然界中的生物体也是不断进化的。随着生物体的不断进化，新的雾水收集生物会不断涌现，其集水策略或许可以为开发具有优异性能的仿生雾水收集工程材料提供灵感。

(2) 深入剖析集水机制。本书中虽讨论了雾水收集理论和机理，但亟待进一步探究。目前，大量的研究工作注重于雾水收集工程材料的最终集水结果，但很少有人关注材料本身的性质与最终雾收集效率之间的关系。例如，用不同的材料基底仿生沙漠甲虫集水表面乃至表面润湿性配比的问题，至今未有系统理论和机理去解释。

(3) 突出多功能协同发展。在设计雾水收集材料时，研究人员应该努力将不同的生物体表结构特征结合起来。将各种生物体表的特殊结构优点整合到一个集成系统中，可以进一步提高雾水收集材料和设备的性能。沙漠蜥蜴就是一个很好的例子，它们利用皮肤将水从多个来源输送到嘴里。向沙漠蜥蜴学习并结合其他物种的优点，可以实现包括反重力输水和雾水收集并自发灌溉等潜在应用。

(4) 材料仍需优化升级。未来雾水收集工程材料设计中，需要重视材料的耐久性和稳定性测试。因为在实际的集水过程中，材料难免会受到风沙、细菌、外力等因素的影响，所以如何应对这些因素的影响，是当前雾水收集工程材料从实验室走向实际应用的关键。此外，如何在动态变化的湿度条件或低湿度条件下进行集水，仍极具挑战。

(5) 制定统一测试标准。在雾水收集的过程中，存在诸多外部因素，例如雾流速度、空气温度和环境湿度，它们都会影响雾水收集效率。如今，很多研究报道的试验条件不同、参数设定不同，难以有效评估这些雾水收集工程材料的综合性能。因此，需要建立统一的集雾效率评价标准。

(6) 科学评估集水质量。开发雾水收集装置，意在解决淡水资源问题，因此，对捕获水的安全性应予以关注。前期研究过多的是关注集水效率，忽略了水的安全性问题。在长期的雾水收集过程中，潮湿的样品表面容易滋生细菌，功能性涂层可能会随着液滴脱落，这些都会影响到水的安全性。除此之外，捕雾网、集雾板甚至干燥剂收集器可能会被藻类和细菌以及鸟粪污染，因此所获得的水可能需要在饮用前进一步处理。

(7) 科学制定一体化装置。材料是基础。如何更合理地优化设计雾水收集工程材料，实现雾水收集工程装置在实际环境中的高效集水，是未来在设计时需要重点探讨的问题。集成是关键。在设计雾水收集装置时，研究人员应当注重功能材料的配合使用，优化设计出一体化的雾水捕获-收集装置。

随着全球人口的快速增长，本就短缺的淡水资源将威胁到人类生命活动的基本需求。在一些干旱地区，很难找到未受污染的水源。但是，空气中的雾水是一种潜在的、可利用的水源。雾水收集将是一种有前景的水收集策略，收集到的水可以用于饮用、灌溉，以及牲畜饮料和森林恢复，特别是在干旱和半干旱地区。这将推动和促进具有特殊润湿特性仿生材料的发展。虽然有许多研究尝试制造集水材料，但由于生产成本高、集水效率低、难以规模化，远远不能满足实际应用的要求。因此，迫切需要开发低成本、可宏量制备的仿生材料，设计高效雾水收集器件，以提供一种从雾或露水中获取淡水的简单和可持续的方法。作者坚信，来自大自然的灵感是雾水收集工程材料的起点，进一步深化对雾水收集工程材料的研究，努力缩小基础研究与应用研究之间的差距，并将最终目标放在材料开发和装置优化上，一定能够提高雾水收集效率和雾水收集量，最终为全球水危机提供一个有效解决方案。

参考文献

[1] Parker A R, Lawrence C R. Water capture by a desert beetle. Nature, 2001, 414: 33-34

[2] Yang H, Zhu H, Hendrix M M, et al. Temperature-triggered collection and release of water from fogs by a sponge-like cotton fabric. Advanced Materials, 2013, 25: 1150-1154

[3] Bai H, Wang L, Ju J, et al. Efficient water collection on integrative bioinspired surfaces with star-shaped wettability patterns. Advanced Materials, 2014, 26: 5025-5030

[4] Zhang Y, Cai Y, Shi J, et al. Multi-bioinspired hierarchical Janus membrane for fog harvesting and solar-driven seawater desalination Desalination, 2022, 540: 115975

[5] Yu Z, Zhu T, Zhang J, et al. Fog harvesting devices inspired from single to multiple creatures: Current progress and future perspective. Advanced Functional Materials, 2022, 32: 2200359

[6] Bogardi J J, Dudgeon D, Lawford R, et al. Water security for a planet under pressure:

Interconnected challenges of a changing world call for sustainable solutions. Current Opinion in Environmental Sustainability. 2012, 4: 35-43

[7] Mekonnen M M, Hoekstra A Y. Four billion people facing severe water scarcity. Science Advances, 2016, 2: e1500323

[8] Schiermeier Q. Water risk as world warms. Nature, 2014, 505: 10-11

[9] Brown P S, Bhushan B. Bioinspired materials for water supply and management: Water collection, water purification and separation of water from oil. Philosophical Transactions of the Royal Society A: Mathematical, Physical and Engineering Sciences, 2016, 374: 20160135

[10] Macedonio F, Drioli E, Gusev A A, et al. Efficient technologies for worldwide clean water supply. Chemical Engineering and Processing: Process Intensification, 2012, 51: 2-17

[11] Abd El-Ghani M M, Huerta-Martínez F M, Hongyan L, et al. Arid deserts of the world: Origin, distribution, and features//Plant Responses to Hyperarid Desert Environments. Cham: Springer International Publishing, 2017: 1-7

[12] El-Baz F. Origin and evolution of the desert. Interdisciplinary Science Reviews, 1988, 13: 331-347

[13] He G, Zhang C, Dong Z. Survival in desert: Extreme water adaptations and bioinspired structural designs. iScience, 2023, 26: 105819

[14] Bao W, Tang X, Guo X, et al. Porous cryo-dried mxene for efficient capacitive deionization. Joule, 2018, 2: 778-787

[15] Gude V G. Desalination and sustainability—An appraisal and current perspective. Water Research, 2016, 89: 87-106

[16] Zheng Y, Caceres Gonzalez R A, Hatzell K B, et al. Large-scale solar-thermal desalination. Joule, 2021, 5: 1971-1986

[17] Liu H, Huang Z, Liu K, et al. Interfacial solar-to-heat conversion for desalination. Advanced Energy Materials, 2019, 9: 1900310

[18] Fessehaye M, Abdul-Wahab S A, Savage M J, et al. Fog-water collection for community use. Renewable and Sustainable Energy Reviews, 2014, 29: 52-62

[19] Narayan G P, Sharqawy M H, Summers E K, et al. The potential of solar-driven humidification-dehumidification desalination for small-scale decentralized water production. Renewable and Sustainable Energy Reviews, 2010, 14: 1187-1201

[20] Peter-Varbanets M, Zurbrügg C, Swartz C, et al. Decentralized systems for potable water and the potential of membrane technology. Water Research, 2009, 43: 245-265

[21] Tu Y, Wang R, Zhang Y, et al. Progress and expectation of atmospheric water harvesting. Joule, 2018, 2: 1452-1475

[22] Qadir M, Jiménez G, Farnum R, et al. Fog water collection: Challenges beyond technology. Water, 2018, 10: 372

[23] Noman M A M, Wiener J, Petru M, et al. Structural design of efficient fog collectors: A review. Environmental Technology & Innovation, 2020, 20: 101169